Handbuch der
Wärmeverbrauchsmessung

Franz Adunka

Handbuch der Wärmeverbrauchsmessung

- **Grundlagen**
- **Methoden**
- **Probleme**

3. Auflage

VULKAN-VERLAG ESSEN

Die Deutsche Bibliothek - CIP-Einheitsaufnahme

Adunka, Franz:
Handbuch der Wärmeverbrauchsmessung : Grundlagen * Methoden * Probleme/
Franz Adunka. - Essen: Vulkan-Verl., 1999

ISBN 3-8027-2373-2

Das Werk ist urheberrechtlich geschützt. Die dadurch begründeten Rechte, insbesondere die der Übersetzung, des Nachdrucks, der Entnahme von Abbildungen, der Funksendung, der Wiedergabe auf photomechanischem oder ähnlichem Weg und der Speicherung in Datenverarbeitungsanlagen bleiben, auch nur bei auszugsweiser Verwertung, vorbehalten.

© Vulkan-Verlag, Essen - 1999

Printed in Germany

Die Wiedergabe von Gebrauchsnamen, Handelsnamen, Warenbezeichnungen usw. in diesem Werk berechtigt auch ohne besondere Kennzeichnung nicht zu der Annahme, saß solche Namen im Sinne der Warenzeichen- und Markenschutz-Gesetzgebung als frei zu betrachten wären und daher von jedermann benutzt werden dürften.

Das vorliegende Werk wurde sorgfältig erarbeitet. Dennoch übernehmen Herausgeber und Verlag für die Richtigkeit von Angaben, Hinweisen und Ratschlägen sowie für eventuelle Druckfehler keine Haftung.

Vorwort

> Es ist nötig, alles zu messen, was meßbar ist,
> und zu versuchen, meßbar zu machen,
> was es noch nicht ist
>
> Galileo Galilei

Das vorliegende Buch über Wärmeverbrauchsmessung erscheint nun bereits in der dritten Auflage, was auf weiterhin reges Interesse an der gegenständlichen Problematik hinweist.

Es wurde der bekannte Aufbau in großen Zügen beibehalten, der auf den wissenschaftlichen Grundlagen aufbauend den Stand der Technik der Wärmeverbrauchsmessung darstellt. Dabei werden sämtliche bekannten Verfahren der sogenannten exakten Wärmemessung, die mit Wärmezählern realisiert werden, besprochen, als auch die Hilfsverfahren, die sich der Heizkostenverteiler bedienen, einer Gerätegruppe, die zwar bei manchen Technikern verfemt, aber trotzdem aus der Heizkostenverrechnung nicht wegzudenken ist.

In dieser Neuauflage wurden auch die bekanntgewordenen Neuerungen und Untersuchungen berücksichtigt, was insbesondere die folgenden Gebiete betrifft:

- Neue **Europanormen** für Wärmezähler und Heizkostenverteiler. Für Wärmezähler wurde 1997 die sechsteilige Europanorm EN 1434, für Heizkostenverteiler 1995 die Europanormen EN 834 und EN 835 publiziert.
- **Einbaustörungen** bei Durchflußsensoren. Diese Problematik wurde in den vergangenen Jahren näher untersucht; die entsprechenden experimentellen Ergebnisse werden präsentiert.
- Prüfung und **Meßunsicherheitsermittlung** von Wärmezählern. Diese Thematik bekam in den letzten Jahren in der Meßtechnik eine zunehmende Bedeutung. Angewendet auf Probleme der Wärmemessung ergeben sich wichtige Einsichten.
- **Meßdatenübertragung**. Dieses komplexe Thema wird für die Meßdatenerfassung bei Wärmezählern wie Heizkostenverteilern immer wichtiger.

Insbesondere der letzte Punkt erfordert Spezialistentum, weshalb ich die Herren Dipl.-Ing. Mag. **Reinhard Dittler** und Ing. **Otto Plhal** gebeten habe, den entsprechenden Anhang (A.6) zu verfassen. Herr Dipl.-Ing. **Peter Schleißner** hat mir viele praktische Tips gegeben und hat damit wesentlichen Anteil an den Kapiteln 11 und 12.

Ihnen wie auch Herrn Dr. **Hans-Joachim Faustmann**, der mir durch seine konstruktive Kritik am Inhalt des Buches und durch die Lektorarbeit eine große Hilfe war, gilt mein ganz besonderer Dank.

Zuletzt möchte ich mich auch noch bei Frau Dipl.-Ing. **Petra Peter-Antonin** vom Vulkan-Verlag für die stets angenehme Zusammenarbeit bedanken.

Der Verfasser

Wärmezähler der Extra-Klasse:
Damit können Sie sicher messen

CF 50 Rechenwerk

Mit allen Volumenmeßteilen und Temperaturfühlern einsetzbar.

Die Schlumberger-Produktpalette umfaßt die gesamte Bandbreite, die für eine genaue und sichere Wärmeverbrauchsmessung notwendig ist: Volumenmeßteile, Rechenwerke, Temperaturfühler, Kompaktwärmezähler …

Mehrbereichswärmezähler von Schlumberger bieten Ihnen verläßliche und metrologisch richtige Verbrauchsdaten (metrologische Klasse C) die auch über Fernauslesesysteme übermittelt werden können.

CF-Sensor V als Kompakt-Wärmezähler

Festwertspeicher und hohe meßtechnische Auflösung. Elektronische Flügelradabtastung. Platzsparend.

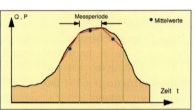

CF 50 Rechenwerk

Maximalwertspeicherung

Bei der Kompaktwärmezähler-Baureihe „CF-Sensor V" können Sie die Nenngröße dem erforderlichen Wärmebedarf jederzeit anpassen (Mehrfachzulassung).
Bei wechselndem Energiebedarf oder im Zuge der Nacheichung beglaubigen Sie oder Ihr Partner die vorhandenen Zähler in der gewünschten Nenngröße.

Unsere Zähler zeichnen sich durch kleinste Anlaufgrenzen aus, gehören der Klasse C an bieten eine optimale Ablesbarkeit und eine sichere Datenübermittlung.
Eine sichere Wärmeverbrauchsmessung ist gewährleistet.

Schlumberger ist führender Hersteller von qualitativ hochwertigen Zählern für die kommunale Energiewirtschaft.

Schlumberger

Allmess Schlumberger GmbH
Am Voßberg 11
D-23758 Oldenburg i. H.
Tel.: 04361 / 625 - 0
Fax: 04361 / 625 - 250

Infoline: 04361 / 625 - 0

Ihr Erfolg zählt.

Inhaltsverzeichnis

Teil 1: Grundlagen

1 Einführung

1.1	Energie	1-1
1.1.1	Übersicht	1-1
1.1.2	Erscheinungsformen der Energie	1-3
1.1.2.1	Wärme	1-3
1.1.2.2	Mechanische Bewegungsenergie	1-3
1.1.2.3	Energie im Gravitationsfeld	1-4
1.1.2.4	Elektromagnetische Energie	1-4
1.1.2.5	Chemische oder Bindungsenergie	1-4
1.1.2.6	Kernenergie	1-5
1.1.3	Arbeit, spezifische Wärme und Enthalpie	1-5
1.1.4	Beschränkungen bei der Energieumwandlung	1-7
1.1.5	Einige Definitionen	1-9
1.1.6	Wirkungsgrad der Energiegewinnung	1-11
1.1.7	Energieinhalt und Energiedichte	1-12
1.1.8	Einheiten	1-12
1.1.9	Energieträger	1-14
1.1.9.1	Fossile Energieträger	1-14
1.1.9.2	Sonnenenergie	1-16
1.1.9.3	Windkraft	1-17
1.1.9.4	Biomasse	1-18
1.1.10	Energie und Umwelt	1-18
1.2	Wärmeübertragung	1-24
1.2.1	Wärmeleitung	1-24
1.2.2	Konvektion	1-25
1.2.3	Wärmestrahlung	1-28
1.2.4	Wärmedurchgang	1-30
1.3	Grundstrukturen der Wärmeversorgung	1-31
1.4	Übersicht über Wärmeerfassungsgeräte	1-37
1.4.1	Wärmezähler	1-37
1.4.2	Heizkostenverteiler	1-38

2 Thermodynamik wärmeübertragender Systeme

2.1	Übersicht	2-1
2.2	Die indirekte Messung der Wärmeleistung	2-2
2.2.1	Flüssige Wärmeträger	2-2
2.2.2	Dampfförmige Wärmeträger	2-4
2.2.2.1	Der Phasenübergang Flüssigkeit-Dampf	2-5
2.2.2.2	Die Enthalpieänderung beim Phasenübergang	2-6
2.3	Die direkte Messung der Wärmeleistung	2-7
2.3.1	Leistungsgleichung für einen Modellheizkörper	2-7
2.3.1.1	Allgemeines	2-7
2.3.1.2	Konvektion	2-8
2.3.1.3	Strahlungsanteil	2-11
2.3.1.4	Zum Temperaturprofil der Heizkörperoberfläche	2-13
2.3.1.5	Ansatz für die Wärmeleistung	2-17
2.3.1.6	Einfluß des Heizmittelstromes auf die Wärmeleistung	2-19
2.3.2	Weitere Einflüsse auf die Wärmeleistung	2-20
2.3.2.1	Außenwand	2-20

2.3.2.2	Anschlußart der Heizkörper	2-22
2.3.2.3	Gibt es horizontale Temperaturgradienten?	2-23
2.3.2.4	Wirkung von Heizkörperverkleidungen	2-25
2.3.2.5	Einfluß erzwungener Konvektion	2-25
2.3.3	Potenzgesetz	2-26

Teil 2: Exakte Wärmeenergiemessung

3 Differenzverfahren

3.1	Realisierung des Meßprinzips	3-1
3.2	Physikalische Eigenschaften der Wärmeträger	3-5
3.2.1	Physikalisch relevante Größen	3-5
3.2.1.1	Allgemeines	3-5
3.2.1.2	Wasser als Wärmeträger	3-7
3.2.1.3	Das Gemisch Wasser-Äthylenglykol	3-10

4 Meßtechnische Definitionen

4.1	Was ist ein Meßgerät	4-1
4.2	Duchflußsensoren	4-4
4.3	Temperaturfühlerpaar	4-5
4.4	Rechenwerk	4-6
4.5	Eichfehlergrenzen für Vollständige Wärmezähler	4-7
4.6	Kritische Betrachtungen zur Festlegung der Fehlergrenzen eines Wärmezählers	4-8
4.7	Weitere wichtige meßtechnische Begriffe	4-9

5 Durchflußmessung

5.1	Grundlagen der Durchflußmessung	5-1
5.1.1	Fluide	5-1
5.1.2	Kontinuitätsgleichung	5-2
5.1.3	Bernoulli-Gleichung	5-3
5.1.4	Einfluß der Reibung	5-6
5.1.5	Zusammenhang zwischen Geschwindigkeit und Durchfluß	5-9
5.1.6	Druckverlust	5-11
5.1.7	Zur Qualifizierung von Durchflußsensoren	5-11
5.1.7.1	Kenngrößen	5-11
5.1.7.2	Sensoreigenschaften von Durchflußmeßgeräten	5-14
5.1.7.3	Sekundäre Kenngrößen	5-18
5.2	Verfahren der Durchflußmessung	5-20
5.2.1	Allgemeine Bemerkungen	5-20
5.2.2	Übersicht über Durchflußsensoren für die Wärmemessung	5-20
5.3	Mittelbare Volumenzähler	5-21
5.3.1	Flügelradzähler	5-21
5.3.2	Woltmanzähler	5-24
5.3.3	Konstruktive Details zu den Flügelrad- und Woltmanzählern	5-28
5.3.4	Schwingstrahlzähler	5-30
5.3.5	Wirbelzähler (Vortex-Prinzip)	5-31

5.3.6	Ultraschall-Durchflußmessung	5-35
5.3.6.1	Prinzip	5-35
5.3.6.2	Laufzeitmessung	5-36
5.3.6.3	Laufzeitdifferenzmessung	5-37
5.3.6.4	Ultraschallmessung nach dem Doppler-Effekt	5-42
5.3.6.5	Bewertung der Ultraschallverfahren	5-43
5.3.7	Magnetisch-induktive Durchflußmessung	5-44
5.3.7.1	Übersicht	5-44
5.3.7.2	Zur Theorie der magnetisch-induktiven Zähler	5-46
5.3.7.3	Meßsignalverarbeitung	5-48
5.3.7.4	Ausführungsformen magnetisch-induktiver Durchflußzähler	5-48
5.3.7.5	Vor- und Nachteile magnetisch-induktiver Durchflußzähler	5-49
5.3.8	Staudruckverfahren	5-50
5.3.9	Wirkdruckverfahren	5-52
5.3.9.1	Allgemeine Betrachtungen	5-52
5.3.9.2	Ausführungsformen von Wirkdruckgeräten	5-54
5.3.9.3	Zum Druckverlust	5-55
5.3.9.4	Fehler bei der Durchflußmessung mit Wirkdruckgeräten	5-56
5.3.9.5	Bewertung der Wirkdruckverfahren	5-57
5.4	Massendurchflußmessung	5-57
5.5	Laser-Doppler-Velozimetrie (LDV)	5-60
5.5.1	Durchflußmessung durch Laufzeitmessung	5-60
5.5.2	Messung mittels Dopplereffekt	5-60

6 Temperatur- und Temperaturdifferenzmessung

6.1	Allgemeines	6-1
6.2	Temperaturdefinition, Temperaturskalen und Fixpunkte	6-1
6.3	Sensoreigenschaften von Thermometern	6-4
6.3.1	Empfindlichkeit	6-5
6.3.2	Ansprechgeschwindigkeit	6-7
6.3.3	Genauigkeit	6-8
6.3.4	Stabilität	6-9
6.4	Berührungsthermometer	6-10
6.4.1	Allgemeines	6-10
6.4.2	Elektrische Berührungsthermometer	6-10
6.4.2.1	Metall-Widerstandsthermometer	6-10
6.4.2.2	Schaltungstechnische Probleme mit Widerstandsthermometern	6-13
6.4.3	Halbleiter-Widerstandsthermometer	6-15
6.4.4	Silizium-Temperatursensoren	6-17
6.4.5	Quarzthermometer	6-18
6.4.6	Thermoelemente	6-18
6.4.6.1	Grundlagen	6-18
6.4.6.2	Ausführungsformen von Thermoelementen	6-20
6.4.6.3	Elektrische Schaltungen von Thermoelementen	6-21
6.4.6.4	Parasitäre Thermospannungen bei Widerstandsthermometern	6-22
6.5	Temperaturdifferenzmessung	6-23
6.5.1	Paarungsfehler	6-23
6.5.2	Dynamische Meßfehler	6-25
6.6	Temperaturverteilung in der Rohrströmung	6-33
6.6.1	Turbulente Rohrströmung	6-33
6.6.2	Laminare Rohrströmung	6-34
6.6.3	Energietemperatur	6-34
6.6.4	Linear gemittelte Temperatur	6-34

6.6.5	Fehlerbetrachtungen	6-35
6.7	Einbaufehler von Temperaturfühlern	6-36
6.7.1	Allgemeines	6-36
6.7.2	Thermometer für Kleinwärmezähler	6-39
6.7.3	Thermometer für größere Rohrnennweiten	6-40
6.7.4	Bewertung	6-42
6.7.4.1	Längeneinfluß	6-42
6.7.4.2	Einfluß des Volumendurchflusses	6-43
6.7.4.3	Weitere Einflüsse	6-43
6.7.5	Modellvorstellungen	6-44
6.7.5.1	Bestimmungsgleichungen	6-45
6.7.5.2	Standardfühler	6-50
6.7.6	Einbau-Differenzfehler	6-55
6.8	Anlegefühler	6-56
6.8.1	Betrachtungen zum Wärmedurchgang durch eine Rohrwand	6-56
6.8.2	Betrachtungen zur Meßgenauigkeit	6-59

7 Wärmezähler

7.1	Grundlegende Betrachtungen	7-1
7.2	Systematische Fehler bei der Produktbildung im Rechenwerk	7-3
7.3	Mechanische Wärmezähler	7-11
7.4	Elektronische Wärmezähler	7-12
7.4.1	Wärmezähler nach analogen Meßprinzipien	7-12
7.4.2	Wärmezähler nach digitalen Meßprinzipien	7-12
7.4.3	Wärmezähler mit mikroprozessorgesteuerten Rechenwerken	7-14
7.5	Ausführungsformen moderner Wärmezähler	7-15
7.6	Spezielle Probleme bei Wärmezählern	7-18
7.6.1	Kontaktwiderstand	7-18
7.6.1.1	Zur Definition des Kontaktwiderstandes	7-19
7.6.1.2	Praktische Auswirkungen des Kontaktwiderstandes	7-21
7.6.2	Einfluß der Leitungswiderstände auf die Genauigkeit der Temperaturdifferenzmessung	7-22
7.6.3	Zur Größe der Tastrate	7-23
7.6.5	Unsymmetrische Montage der Temperaturfühler	7-25
7.7	Zur Zuverlässigkeit von Wärmezählern	7-27
7.8	Europäische Norm für Wärmezähler	7-31
7.8.1	Teil 1: Allgemeine Anforderungen	7-31
7.8.2	Teil 2: Anforderungen an die Konstruktion	7-31
7.8.3	Teil 3: Datenaustausch und Schnittstellen	7-34
7.8.4	Teil 4: Prüfungen für die Bauartzulassung	7-34
7.8.5	Teil 5: Ersteichung	7-36
7.8.6	Teil 6: Einbau, Inbetriebnahme, Überwachung und Wartung	7-38

8 Prüfung von Wärmezählern

8.1	Übersicht über Prüftechniken	8-1
8.2	Prüfung der Durchflußsensoren	8-2
8.3	Prüfung der Temperaturfühler	8-7
8.4	Wärmezähler mit fix angeschlossenen Temperaturfühlern	8-7
8.5	Einzelprüfung der Temperaturfühler	8-8
8.6	Prüfung des Rechenwerkes	8-10
8.7	Normalmeßeinrichtungen für die Prüfung von Wärmezählern	8-11

8.7.1	Normalmeßeinrichtungen zur Bestimmung des Volumens bzw. der Masse	8-11
8.7.2	Ermittlung des Volumens durch Wägung und Temperaturmessung	8-15
8.7.3	Masterzähler	8-17
8.7.4	Normalthermometer	8-18
8.7.5	Prüf- und Normalwiderstände	8-20
8.8	Randbedingungen beim Bau von Wärmezähler-Prüfständen	8-21
8.8.1	Volumenprüfstand	8-21
8.8.2	Flüssigkeitsthermostate	8-23
8.8.3	Prüfeinrichtungen für das Rechenwerk	8-24
8.9	Rückverfolgbarkeit	8-24

9 Meßunsicherheitsermittlung in der Wärmeverbrauchsmessung

9.1	Erläuterung der Methode	9-1
9.1.1	Modellannahmen	9-1
9.1.2	Verteilungsfunktionen	9-6
9.1.3	Kombinierte Verteilungsfunktion	9-12
9.1.4	Korrelierte Eingangsdaten	9-14
9.2	Meßunsicherheitsermittlung bei der Wärmezählerprüfung	9-17
9.2.1	Prüfung von Durchflußsensoren nach dem Wägeverfahren	9-18
9.2.1.1	Allgemeines	9-18
9.2.1.2	Ermittlung der Meßunsicherheit	9-20
9.2.1.3	Erweiterte Meßunsicherheit	9-22
9.2.2	Prüfung von Temperaturdifferenzsensoren für die Wärmemessung	9-23
9.2.2.1	Allgemeines zur Temperatursensorprüfung	9-23
9.2.2.2	Quellen der Meßunsicherheit	9-24
9.2.2.3	Erweiterte Meßunsicherheit	9-25
9.2.3	Meßunsicherheitsermittlung von Rechenwerken von Wärmezählern	9-25
9.2.3.1	Allgemeines	9-25
9.2.3.2	Meßunsicherheitsbeiträge (relative Varianzen)	9-26
9.2.3.3	Gesamtunsicherheit der Rechenwerksprüfung bei separierbaren Widerstandsthermometern	9-27
9.2.4	Gesamtunsicherheit der Rechenwerksprüfung mit fix angeschlossenen Temperatursensoren	9-28
9.2.5	Vollständige Wärmezähler	9-29

10 Einbau und Dimensionierung von Wärmezählern

10.1	Einbau der Wärmezähler	10-1
10.1.1	Messung vor dem Wärmeaustauscher	10-1
10.1.2	Messung hinter dem Wärmeaustauscher	10-2
10.1.3	Anlagen mit Beimischung	10-2
10.1.4	Anlagen zur Versorgung mehrerer parallel angeschlossener Einzelabnehmer	10-3
10.2	Dimensionierung von Wärmezählern	10-4
10.2.1	Allgemeines	10-4
10.2.2	Durchflußsensoren	10-5
10.2.3	Temperaturfühler	10-6
10.2.4	Rechenwerke	10-7
10.2.5	Messung dampfförmiger Wärmeträger	10-7
10.3	Praktische Erfahrungen mit der Erfassung von Betriebszuständen in Heizanlagen	10-8
10.4	Hydraulische Störungen	10-17

10.4.1	Allgemeines	10-17
10.4.2	Ausgewählte Ergebnisse	10-19
10.4.3	Diskussion der Ergebnisse, Regeln für den Einbau von Durchflußsensoren	10-27
10.4.4	Luft im Wärmeträger	10-27

Teil 3: Heizkostenverteilung

11 Theorie der Heizkostenverteilung

11.1	Allgemeine Überlegungen	11-1
11.2	Bauphysikalische Einflüsse	11-5
11.2.1	Wärmeflüsse in Gebäuden	11-5
11.2.2	Nutzerverhalten	11-8
11.2.2.1	Grundsätzliche Überlegungen	11-8
11.2.2.2	Praktische Erfahrungen	11-13
11.3	Methoden der Heizkostenverteilung	11-15
11.3.1	Pauschalverrechnung	11-15
11.3.2	Verbauchsorientierte Heizkostenverteilung	11-15
11.4	Verhaltensbestimmte Einflußfaktoren auf den Wärmeverbrauch	11-18
11.4.1	Allgemeines	11-18
11.4.2	Befragungseinheit	11-18
11.4.3	Heizbeginn	11-19
11.4.4	Heizverhalten	11-19
11.4.5	Vorzugstemperaturen	11-20
11.4.6	Regelung	11-20
11.4.7	Lüftungsverhalten	11-22
11.4.8	Gegenüberstellung der Idealtypen	11-22
11.4.9	Einstellung zur Heizkostenverteilung	11.23
11.4.10	Die kognitive Dissonanz	11-24
11.4.11	Schlußfolgerungen	11-26
11.5	Künftige Entwicklungen	11-27

12 Heizkostenverteiler

12.1	Übersicht und Einteilung der Meßsysteme	12-1
12.2	Heizkostenverteiler nach dem Verdunstungsprinzip (HKVV)	12-2
12.3	Elektronische Heizkostenverteiler (HKVE)	12-9
12.3.1	Meßsysteme	12-9
12.4	Betrachtungen zur Anzeigegenauigkeit von Heizkostenverteilern	12-11
12.4.1	Allgemeines	12-11
12.4.2	Häufigkeitsverteilung der Wärmeleistungen bzw. Übertemperaturen	12-13
12.4.3	Jahresmeßfehler von HKVV	12-16
12.4.4	Jahresmeßfehler von HKVE	12-17
12.5	Bewertungsfaktoren	12-19
12.5.1	Der Bewertungsfaktor K_Q	12-20
12.5.2	Der Bewertungsfaktor K_C	12-21
12.5.3	Der Bewertungsfaktor K_T	12-23
12.5.4	Einfluß der Klimastatistik	12-23
12.5.5	Zur Anwendung der Bewertungsfaktoren	12-26
12.5.6	Gesamtbewertungsfaktor	12-27
12.6	Skalenarten	12-27

12.7	Ensembleverhalten, Verteilfehler	12-27
12.8	Kommentare zu den Europanormen EN 834 und 835	12-34
12.8.1	EN 835	12-34
12.8.2	EN 834	12-43

Teil 4: Anhänge

A.1	Physikalische Tabellen	A-1
A.2	Wärmekoeffizienten von Wasser	A-4
A.3	Wärmekoeffizienten verschiedener Frostschutzmittel	A-7
A.4	Wichtige Definitionen nach EN 1434	A-40
A.5	Zur Metrologierichtlinie, Entwurf 1/1999, Anforderungen an Wärmezähler	A-45
A.6	Datenübertragung (*Dittler, Plhal*)	A-48

Index   I-1

Teil 1

Grundlagen

1 Einführung

Die Wärmeversorgung hat für die Menschheit, vor allem in gemäßigten Klimazonen, eine gewaltige Bedeutung, hängt doch von der Wärmeversorgung oft das Überleben ab. Die Bedeutung betrifft sowohl die Versorgungssicherheit als auch die Auswirkungen auf das Klima der Erde. So weiß man heute, daß die Nutzung von Energiequellen durch die menschlichen Kulturen das Klima der Erde beeinflußt. Dies betrifft nicht nur die Nutzung von Energiequellen für die Wärmeversorgung, aber der Anteil dafür ist gewaltig. Zumindest in den OECD-Staaten ist dieser Anteil mit etwa 40 % der eingesetzten Primärenergie dominant. Wenn man den Anteil der Primärenergie für Zwecke der Wärmeversorgung drastisch reduzieren will und muß, wirkt sich dies daher auch entsprechend stark auf den gesamten Primärenergieeinsatz der Erde aus.

Es gibt nun mehrere Möglichkeiten dies zu tun. Eine ist sicher ein verbesserter Wärmeschutz der Wohnobjekte, was zu einem großen Teil bereits bei Neubauten und sanierten Bauten geschehen ist. Bei gleichem Komfort erreicht man einen deutlich gesenkten Primärenergieaufwand. Die zweite Möglichkeit besteht in der Reduzierung der in Industriestaaten sehr hohen Komfortansprüche. Dazu ein Beispiel: Seit dem zweiten Weltkrieg hat sich die durchschnittliche Raum-Innentemperatur von vorerst 20 °C auf 22 °C ... 23 °C gesteigert. Nimmt man eine durchschnittliche Außentemperatur in der Heizperiode von 3 °C an, dann entspricht dies, bei ansonsten gleichen Verhältnissen, einer Steigerung des Wärmekonsums von etwa 12 % bis 18 %. Wie erreicht man aber eine allgemeine Komfortreduzierung? Durch Aufklärung einerseits, was aber sehr lange dauert, andererseits und auch rascher durch Verbrauchsmessung. Diesem Thema ist der Hauptteil des vorliegenden Buches gewidmet.

Zur Einführung soll aber in einer Gesamtschau vorerst das Thema Energie allgemein behandelt werden, anschließend werden wir die für unseren Zusammenhang wichtigen Wärmeübertragungsvorgänge besprechen. Letztlich soll in diesem Kapitel auch eine kurze Übersicht über die Strukturen der Wärmeversorgung gegeben werden.

1.1 Energie

1.1.1 Übersicht

Energie kann man nutzen, ihre Wirkungen beschreiben, trotzdem weiß man eigentlich nicht, was Energie ist.[1] Vielleicht (oder sogar wahrscheinlich) ist alle Materie im gesamten Weltall als Kondensat von Energie entstanden, als sich, vor vielleicht 15 Milliarden Jahren, unsere bekannte Welt aus einem Anfangszustand mit unendlich hoher Dichte

---

[1] So definierte vor mehr als hundert Jahren *Rankine*: „Als Energie eines materiellen Systems in einem bestimmten Zustand bezeichnet man den, in Arbeitseinheiten gemessenen, Betrag aller Wirkungen, die außerhalb dieses Systems hervorgebracht werden, wenn es aus seinem Zustand auf eine beliebige Weise in einen willkürlich festgelegten Nullzustand übergeht." Alles klar?

und Temperatur entwickelte. Die danach auftretende Energieform war in erster Linie Strahlungsenergie (elektromagnetische). Erst später, nach etwa 10^6 Jahren, bildeten sich jene Strukturen heraus, die uns heute bekannt sind.

Im täglichen Leben begegnen uns Energieformen wie die Gravitation oder Schwerkraft, der wir ständig ausgesetzt sind, mechanische Bewegungsenergie, chemische Energie (Bindungsenergie), Kernenergie usw. Die Wärme, die wir von der Sonne empfangen und die uns letztlich am Leben erhält, ist dabei nur eine spezielle Form von Energie, nämlich elektromagnetische, deren Infrarotanteil (Wellenlänge $\lambda > 760$ nm) wir als Wärme empfinden und die für unser Überleben auf dem Planeten Erde notwendig ist.

Jede Aktivität ist mit einem Energieverbrauch gekoppelt, wobei das Wort **Energieverbrauch** letztlich nur **Energieumwandlung** bedeutet, Umwandlung von einer in eine andere Energieform.

Solche **Energieumwandlungen** unterliegen dabei zwei Prinzipien, die man wegen ihrer Allgemeingültigkeit als Naturgesetze bezeichnet:

1. Das erste Prinzip wird durch den **ersten Hauptsatz der Thermodynamik** beschrieben und besagt, daß Energie bei Umwandlungen nicht verlorengehen kann. Man spricht vom **Erhaltungssatz der Energie**. Die Gesamtenergie im Weltall geht, wie wir zu wissen glauben, nicht verloren, sie wird nur von einem Zustand in einen anderen umgewandelt. Uns Menschen hilft diese Tatsache bei unseren täglichen Problemen aber nicht, da wir laufend Energieformen ineinander umwandeln, die für uns weiter nicht mehr brauchbar sind. Ein typisches Beispiel ist die Umwandlung von elektrischem Strom in Wärme. Das Umwandlungsprodukt ist zwar im Augenblick brauchbar, beispielsweise zur Raumerwärmung, es „fließt" aber zur Umgebung ab, verteilt sich letztlich über das ganze Weltall und kann nicht mehr in eine andere Energieform, beispielsweise elektrischen Strom, zurückverwandelt werden. Wird dagegen die Energieform elektrischer Strom in mechanische Energie verwandelt, z.B. in Rotationsenergie eines Motors, so könnte man, zumindest in Gedanken, diesen Motor wieder dazu verwenden, einen Generator anzutreiben, der elektrischen Strom erzeugt. Sieht man von den unvermeidlichen Umwandlungsverlusten ab, die im konkreten Fall aber nur einige Prozent betragen, geht also keine Energie „verloren". Es kommt also offensichtlich darauf an, welche Energieformen an der Umwandlung beteiligt sind. Hier Klarheit zu schaffen, dient das zweite Prinzip.

2. Es wird als **zweiter Hauptsatz der Thermodynamik** oder **Entropiesatz** bezeichnet und beschreibt die Art der Umwandlung näher und führt die **Qualität** der Energie als ein weiteres Grundprinzip der Natur ein. So kann Energie einer geordneten Form vollständig in Energie einer weniger geordneten Form umgewandelt werden. Ein Beispiel dafür haben wir bereits kennengelernt, nämlich die Umwandlung von mechanischer Energie in Wärme. Umgekehrt kann jedoch Energie einer ungeordneten Form (Wärme) nur teilweise in Energie einer geordneten Form (z.B. mechanische Energie oder elektromagnetische Energie) umgewandelt werden. Der Anteil der Energie einer beliebigen Form, der in Energie einer geordneten Form umgewandelt werden kann, wird als **Exergie** bezeichnet, der Rest heißt **Anergie**. Mechanische und elektromagnetische Energie bestehen

SIEMENS

**Für die Zukunft gerüstet:
der Wärmezähler
ULTRAHEAT 2WR4**

Zuverlässigkeit, Komfort und Wirtschaftlichkeit sind mit dem neuen Wärmezähler von Siemens kein Widerspruch. Der ULTRAHEAT® 2WR4 mißt absolut genau. Die verschleißfreie Ultraschalltechnik und der Verzicht auf bewegliche Teile machen´s möglich. Meßstabilität und -dynamik, Langlebigkeit und minimale Ausfälle sind weitere wirtschaftliche Vorteile des 2WR4.
Und: Alle Kommunikations- und Stromversorgungsmodule können rückwirkungsfrei nachgerüstet werden. Das macht diesen Zähler so sicher für die Zukunft.

Mehr Info?
Siemens AG
Infoservice
EV/Z142
Postfach 23 48
90713 Fürth
Fax (0911) 9 78-33 21

HYDROMETER

Staatlich anerkannte Prüfstelle für Meßgeräte für Wasser und Wärme

MESSEN

REGELN

STEUERN

DOSIEREN

REGISTRIEREN

Unsere Stärke:

Volumenmeßteile für Wärmemengenzähler

 D-91522 Ansbach   Telefon: (09 81) 18 06-0
Postfach 1462   Telefax: (09 81) 18 06-615

ausschließlich aus Exergie, Wärme dagegen, je nach Temperaturniveau, nur zu einem bestimmten Anteil.

Zur ökonomischen Nutzung der Energie, die aufgrund der beschränkten Vorräte ein naheliegendes politisches Prinzip sein muß, soll die Energieumwandlung daher möglichst wenig Anergie liefern,[2] m.a.W. es sollte bei der Energieumwandlung kein Exergieverlust auftreten. Mehr noch, bei der Energieumwandlung soll möglichst wenig neue Anergie entstehen. Bevor wir jedoch diese Prozesse näher analysieren, wollen wir zunächst einige Erscheinungsformen der Energie beschreiben.

1.1.2 Erscheinungsformen der Energie

1.1.2.1 Wärme

Sie ist letztlich die Energie der ungeordneten Bewegung von Atomen und Molekülen. Wird ihre Bewegung stärker, steigt die Temperatur. Die kinetische Energie der Bewegung eines Teilchens ist also mit der Temperatur verknüpft, und kann durch folgende, auf *Boltzmann* zurückgehende Beziehung beschrieben werden:

$$W_T = k_B T \qquad (1.1)$$

k_B heißt Boltzmannkonstante mit dem Zahlenwert $1{,}380658 \cdot 10^{-23}$ J/K, T ist die absolute Temperatur in Kelvin. Besteht ein Körper aus N Teilchen, hat er den folgenden Energieinhalt:

$$W = N\, k_B T = m\, c\, T = U \qquad (1.2)$$

m bedeutet dabei die Masse des Körpers und c seine spezifische Wärme (siehe Kapitel 1.1.3). Die einem Körper innewohnende Energie ist somit untrennbar mit seiner Temperatur verbunden. Man bezeichnet diese Energieform als innere Energie U des Körpers; man spricht auch vom Wärmeinhalt.

1.1.2.2 Mechanische Bewegungsenergie

Sie ist die Energie der geordneten Bewegung von Körpern und wird auch als kinetische Energie bezeichnet. Ist die Masse eines Körpers m, seine Geschwindigkeit v, so ist die kinetische Energie W_{kin} durch den folgenden Ausdruck gegeben:

$$W_{kin} = \frac{m\, v^2}{2} \qquad (1.3)$$

---

[2] Die direkte Umwandlung von Strom (reine Exergie) in Wärme (Anergie) ist demzufolge sehr ungünstig. Trotzdem gibt es Fälle, wo dies auch aus ökonomischen Gründen getan wird, dann z.B. wenn Stromüberschuß aus Wasserkraft vorliegt, z.B. in Norwegen. Dies hat auch den Vorteil, daß, anders als bei der Stromerzeugung aus fossilen Energieträgern, kein CO_2 in die Atmosphäre gelangt.

1.1.2.3 Energie im Gravitationsfeld (potentielle Energie)

Wird ein Körper der Masse m im Gravitationsfeld auf die Höhe h gehoben, dann steigt seine potentielle Energie um

$$E_{pot} = m\,g\,h \qquad (1.4)$$

g bedeutet die Schwerkraft (g ≈ 9,81 m/s²). Wird der Körper auf das Ausgangsniveau zurückgebracht, kann die potentielle Energie wieder in kinetische Energie umgewandelt werden. Nach Gl. (1.3) ergibt sich daraus eine Geschwindigkeit von: $v = \sqrt{2gh}$.

1.1.2.4 Elektromagnetische Energie

Sie ist einerseits mit der thermischen Strahlung eines Körpers verbunden. Die ausgestrahlte Energie pro Zeiteinheit τ und Flächeneinheit ist von der Temperatur abhängig und ist nach *Stefan* und *Boltzmann* [3] durch die Beziehung

$$P = \frac{dW}{d\tau} = \varepsilon\,\sigma_0\,T^4 \qquad (1.5)$$

gegeben, worin P die Strahlungsleistung, σ_0 die universelle Strahlungskonstante mit dem Wert: $\sigma_0 = 5{,}67 \cdot 10^{-8}$ W·m^{-2}·K^{-4} und ε das Emissionsverhältnis sind. Es hat für sogenannte *schwarze Körper*, das sind Körper, bei denen alles einfallende Licht absorbiert (und somit nichts reflektiert) wird, den Wert 1; für alle anderen Körper aber ist ε < 1.

Elektromagnetische Energie ist aber andererseits auch mit den Wirkungen des elektrischen Stromes verbunden. Ist I die elektrische Stromstärke und U die elektrische Spannung, so ist die im elektromagnetischen Feld gespeicherte Energie:

$$W_{el} = U\,I\,\tau \qquad (1.6)$$

1.1.2.5 Chemische oder Bindungsenergie

Sie tritt bei der Bindung von Atomen zu Molekülen oder bei der Bindung mehrerer Moleküle zu einem Verband auf. Dabei sind nur die äußeren Hüllen der Atome beteiligt. Da die Bindung von Atomen zu Molekülen ein energetisch günstigerer Zustand ist als bei einzeln vorliegenden Atomen, ist die Bindungsenergie negativ. Um Bindungen zu lösen, ist daher die Bindungsenergie aufzuwenden.

---

[3] *Josef Stefan* (1835 - 1894), geboren in Klagenfurt, Professor für Experimentalphysik an der Universität Wien, schuf die experimentelle Grundlage, *Ludwig Boltzmann* (1844 - 1906), geboren in Wien, Professor für theoretische Physik in Wien, Graz und München, war Schüler *Stefans* und leitete die Gl. (1.5) aus theoretischen Überlegungen ab.

Beispiel: Bei der Bindung von Kohlenstoff C und Sauerstoff O_2 zu CO_2 wird Bindungsenergie frei. Man schreibt:

$$C + O_2 \rightarrow CO_2 + \text{Energie} \tag{1.7}$$

1.1.2.6 Kernenergie

ist die Bindungsenergie von Kernbausteinen, d.s. Protonen und Neutronen zu Atomkernen. Bei der Bindung von Kernbausteinen zu Atomkernen wird Energie frei. Solche Vorgänge laufen bei sehr hohen Temperaturen in den Sternen ab, wobei letztlich Wasserstoff zu Helium verschmilzt (Kernfusion). Pro gebildetem Heliumkern wird eine Energie von 26 MeV frei. Die bei der Fusion freiwerdende Energie ist also sehr hoch und könnte, wenn man sie auf der Erde kontrolliert ablaufen läßt, die Energieprobleme der Menschheit lösen. Aber auch durch die Spaltung sehr schwerer Kerne in zwei leichtere wird Energie frei. Man spricht von Kernspaltung oder Fission. Bei der Spaltung eines Urankernes wird dabei eine Energiemenge von 235 MeV frei, pro kg ^{235}U eine Menge von $30 \cdot 10^6$ kWh (= 30 GWh!).

1.1.3 Arbeit, spezifische Wärme und Enthalpie

Als Arbeit A wird die Energiedifferenz beim Übergang zwischen zwei Energiezuständen bezeichnet. So leistet ein Elektromotor bei verlustfreiem Betrieb eine Arbeit, die gleich ist der Menge an in mechanische Energie umgewandelter elektromagnetischer Energie. Ein anderes Beispiel: Die durch eine gespannte Uhrfeder verrichtete Arbeit ist gleich der Verminderung der potentiellen Energie der Feder.

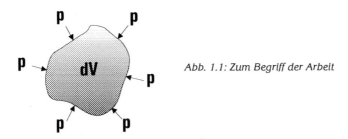

Abb. 1.1: Zum Begriff der Arbeit

Wirkt auf ein Volumen V ein Druck p, dann ändert sich das Volumen aufgrund der Druckeinwirkung um dV; die aufgewendete Arbeit ist daher:

$$dA_m = p\, dV \tag{1.8}$$

Den Energiesatz kann man auch so ausdrücken, daß bei Zufuhr der Wärmeenergie (Wärmemenge) dW ein Teil dazu verwendet wird, die innere Energie um dU zu erhöhen, ein anderer Teil, um mechanische Arbeit (A_m = p dV) zu leisten:

$$dW = dU + p\, dV \qquad (1.9)$$

Führt man einer Substanz mit der Masse 1 (z.B. Einheit: kg) die Wärmemenge dW zu, so wird sich dadurch ihre Temperatur um dT erhöhen. Der Quotient dW/dT ist die spezifische Wärme c des Körpers, für die aus Gl. (1.9) folgt:

$$c = \frac{dW}{dT} = \frac{dU}{dT} + p\frac{dV}{dT} \qquad (1.10)$$

Bei Gasen unterscheidet man zwischen der spezifischen Wärme c_V bei konstantem Volumen und jener bei konstantem Druck: c_p. Für c_V erhält man aus Gl. (1.10):

$$c_V = \frac{dU}{dT} \qquad (1.11)$$

Ist c_V unabhängig von der Temperatur, was für ideale Gase erfüllt ist, erhält man mit der Bedingung, daß für T = 0 auch U = 0 ist:

$$U = c_V\, T \qquad (1.12)$$

Die innere Energie eines idealen Gases ist seiner absoluten Temperatur proportional. Diese Aussage gilt aber nicht für Flüssigkeiten und Festkörper.

In vielen Fällen finden Vorgänge bei konstantem Druck statt, bei denen neben einer Änderung der inneren Energie noch eine äußere Arbeitsleistung bestritten werden muß. Statt der inneren Energie betrachtet man die gesamt aufgewendete Energie, die man in diesem speziellen Fall als **Enthalpie H** bezeichnet. Sie hat besonders große praktische Bedeutung in der Technik und wird uns im Kapitel 2 wieder begegnen.

$$H = U + p\, V \qquad (1.13)$$

Für eine kleine Änderung der Enthalpie dH erhält man:

$$dH = dU + p\, dV + V\, dp \qquad (1.14)$$

oder mit Gl. (1.9)

$$dW = dH - V\, dp \qquad (1.15)$$

Die Wärmekapazität ist analog zu Gl. (1.10):

$$c = \frac{dW}{dT} = \frac{dH}{dT} - V\frac{dp}{dT} \qquad (1.16)$$

Für die spezifische Wärme bei konstantem Druck erhält man nach Gl. (1.14):

$$c_p = \frac{dH}{dT} = \frac{dU}{dT} + p\frac{dV}{dT} \qquad (1.17)$$

Wegen Gl. (1.11) und dem idealen Gasgesetz: $p\,V = R_G\,T$, das Druck p, Volumen V und Temperatur T über die universelle Gaskonstante verbindet, folgt weiters:

$$c_p = c_V + p\frac{dV}{dT} = c_V + R_G \qquad (1.18)$$

Während sich für Gase c_p und c_V durch den zweiten Summanden in Gl. (1.18) unterscheiden, ist für Medien mit geringer Volumenausdehnung dV/dT, also Flüssigkeiten und Festkörper, $c_p \approx c_V$.

1.1.4 Beschränkungen bei der Energieumwandlung

Energie hat bei jeder Umwandlung die Tendenz, aus einer geordneten in eine weniger geordnete Form überzugehen. Dies ist eine andere Aussage des zweiten Hauptsatzes der Thermodynamik, den wir bereits erwähnt haben. Die Umwandlung von Energie eines geordneten Zustandes (z.B. kinetische Energie) in Energie eines ungeordneten Zustandes (z.B. Wärme) ist vollständig möglich, der umgekehrte Fall leider nicht. So wird beim Abbremsen eines Autos kinetische Energie vollständig in Wärme umgewandelt. Weiteres Beispiel: In einem kalorischen Kraftwerk kann Energie aus Brennstoffen (Kohle, Erdöl etc.) nur zu etwa 40 % in elektrische Energie (hoher Ordnungszustand) umgewandelt werden.

Die Beschränkung der Energieumwandlung kann am Beispiel der Energieumwandlung in einer - idealen - Wärmekraftmaschine studiert werden (siehe Abb. 1.2):

Die Maschine arbeitet in einem sogenannten Kreisprozeß etwa folgendermaßen: Es werde der Maschine eine Wärmemenge W_1 zugeführt, wobei im Anfangszustand der Kolben möglichst weit links ist und ein Gasvolumen V_1 einschließt, das die Temperatur T_1 hat. [4] Durch die Wärmezufuhr dehnt sich das Gas bei gleichbleibender Temperatur T_1 auf das Volumen V_2 aus. Danach werde die Temperatur auf T_3 gesenkt und das Volumen bis zum maximalen Volumen V_3 erhöht. Bei dieser Ausdehnung wird der Kolben nach rechts gedrückt und leistet an der Kurbelwelle eines Motors Arbeit A. Beim Rücklauf des Kolbens wird das Gasvolumen komprimiert, wobei zunächst die Wärmemenge W_2 abgegeben wird und die Temperatur T_2 konstant bleibt. Das entsprechende Volu-

---

[4] Die Temperatur ist eine thermodynamische Größe und wird in Kelvin [K] gemessen. Für praktische Verhältnisse wird die Celsius-Skala verwendet, deren Nullpunkt bei 273,15 K = 0 °C liegt. Zur Unterscheidung werden wir die thermodynamische Temperatur mit **T** bezeichnen, die Celsius-Temperatur dagegen mit **t**. Die physikalisch „richtige" Temperatur ist jedoch immer die thermodynamische (siehe dazu auch die Ausführungen im Kapitel 6!)

men ist V_4. Danach wird das Gas auf die Temperatur T_1 erwärmt, wobei das Volumen den Minimalwert V_1 annimmt, den es im Ausgangszustand hatte.

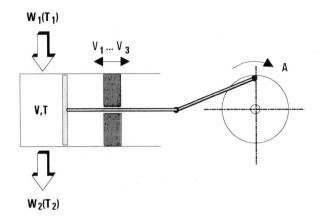

Abb. 1.2: Zum Prinzip der beschränkten Energieumwandlung in einer Wärmekraftmaschine

Bei dieser Energieumwandlung wird also die Wärmeenergie W_1 zugeführt (bei der hohen Temperatur T_1), verrichtet an der Kurbelwelle Arbeit A und gibt Abwärme W_2 (bei der tieferen Temperatur T_2) ab. Es gilt daher:

$$W_1(T_1) = A + W_2(T_2) \tag{1.19}$$

Der Wirkungsgrad η_{th} für die Erzeugung mechanischer Arbeit (bzw. elektromagnetischer Energie aus Wärme) läßt sich nun aus der folgenden Beziehung ermitteln:

$$\eta_{th} = \frac{\text{geleistete Arbeit}}{\text{aufgenommene Wärme}} = \frac{A}{W_1} = \frac{T_1 - T_2}{T_1} \tag{1.20}$$

Der **thermodynamische** (oder auch *Carnot*sche-) Wirkungsgrad [5] ist also umso größer, je höher die Temperatur T_1 (absolut !) bei der Wärmezufuhr und je tiefer die Temperatur T_2 bei der Wärmeabfuhr ist. Der Idealfall ergibt sich für die Temperatur $T_2 = 0$ mit einem Wirkungsgrad von 100 %, weil die gesamte zugeführte Wärme W_1 in mechanische Arbeit A umgewandelt wird.

Den Temperaturen T_1 und T_2 sind in der Realität Grenzen gesetzt; z.B. erreicht man bei Dampfkraftwerken:

$$T_1 \approx 800 \text{ K} (= 527 \text{ °C}) \text{ und } T_2 \approx 313 \text{ K} (= 40 \text{ °C}) \tag{1.21}$$

---

[5] Nach *Sadi Carnot* (1796-1832), französischer Ingenieur (Sohn des *Lazare Carnot*, Minister unter Napoleon), der in einer grundlegenden Arbeit die Relation zwischen mechanischer Arbeit und Wärme untersuchte. Er starb mit 36 Jahren als Opfer einer Cholera-Epidemie

Damit erhält man einen theoretischen Wirkungsgrad von:

$$\eta_{th} = \frac{800\ K - 313\ K}{800\ K} \approx 0{,}6 \quad \text{oder} \quad 60\ \% \tag{1.22}$$

Im Realfall ist der Wirkungsgrad mit etwa 40 % wesentlich kleiner. Der Grund dafür liegt in der Tatsache, daß der Kreislauf nicht langsam genug ablaufen kann, um die Wärmezufuhr bei konstanter Temperatur T_1 und die Wärmeabgabe bei konstant bleibender Temperatur T_2 zu ermöglichen. Weitere Wärmeverluste in allen Phasen des Kreislaufes führen letztlich zu dem angegebenen niedrigen Wirkungsgrad.

Die Wirkungsgrade des Dampfkraftwerksprozesses können heute allerdings durch mehrere Methoden deutlich erhöht werden, wobei eine Methode für unseren Zusammenhang von ganz besonderem Interesse ist, die Kraft-Wärme-Kopplung, bei der die Temperatur der Abwärme für den Fernwärmeprozeß genützt wird. Man erreicht dann Wirkungsgrade von der Größenordnung 80 %.

1.1.5 Einige Definitionen

Am Beginn der Energieumwandlung steht die **Primärenergie**, wie die fossilen Energieträger oder erneuerbare Energieträger (Wasserkraft, Sonnenenergie u.ä.). Diese werden in **Sekundärenergie** umgewandelt, z.B. Stromerzeugung im Dampfkraftwerk aus Kohle als Primärenergieträger. Bei diesem Umwandlungsprozeß entstehen Verluste, da nur ein Teil der Primärenergie in Strom umgewandelt wird; der andere Teil tritt als **Verlustenergie** auf.

Als **End-** oder **Gebrauchsenergie** wird die dem Verbraucher vor der letzten technischen Umwandlung in **Nutzenergie** zur Verfügung stehende Energie bezeichnet. Die Differenz zwischen Endenergie und Nutzenergie kann z.B. auf Leitungs- oder Umwandlungsverluste am Ort der Energieverwendung (z.B. im Wärmeaustauscher zwischen einem primären und sekundären Fernwärmenetz oder im Transformator eines elektrischen Netzes (z.B. bei der Umspannung von der Verteilspannung 10 kV auf das Verbrauchernetz 3 x 230/400 V) zurückgeführt werden.

Letztlich wurde noch der Begriff **Energiedienstleistung** definiert, der die allerletzte Umwandlungsstufe bzw. die Dienstleistung bezeichnet, die durch Einsatz der Energie erreicht werden soll. So besteht beispielsweise bei der Raumheizung die Energiedienstleistung im Umstand, daß der Raum ein behagliches Klima hat. Die Nutzenergie, die dafür aufgewendet werden muß, ist in jedem Fall Wärme, die aber je nach Aufbringungsart für das gleiche Objekt unterschiedlich sein wird.

Beispiel 1.1: Strom wird in einem Dampfkraftwerk erzeugt. Die *Primärenergie* steckt im Erdöl. Nach der ersten Umwandlung ist die *Sekundärenergie* elektrischer Strom mit hoher Spannung. Bis zum Verbraucher muß die elektrische Spannung auf ein im Haushalt verwendbares Niveau von z.B. 230 V umgewandelt werden. Nach dieser zweiten Umwandlung steht *Endenergie* zur Verfügung (Strom mit einer Spannung von 220 V). Wird nun an die Steckdose ein Radio angeschlossen, dann erfolgt nochmals eine Umwandlung von elektrischem Strom, und zwar in Schallenergie, die letztlich die *Nutz-*

energie darstellt. Die Energiedienstleistung stellt also jene Kette von Maßnahmen dar, damit der Nutzer z.B. klassische Musik aus seinem Radio empfangen und genießen kann.

Tabelle 1. 1: Zugängliche Energiequellen und -umwandlungen

Quelle	Energieträger	Umwandlung in
Fossile Brennstoffe	Kohle, Öl, Erdgas	Wärme, elektrischen Strom, mechanische Arbeit
Sonne * * * * * *	Holz Biomasse (Brenn- und Treibstoff) Solarzellen (el. Strom) Flachkollektoren Fokussierende Kollektoren Sonnenteiche Aufwindkraftwerk	Wärme, elektrischenStrom Wärme, elektrischen Strom elektrischen Strom Warm- bzw. Heißwasser Warm- bzw. Heißwasser elektrischen Strom elektrischen Strom
Wärme	aus Wasser, Boden, Luft über Wärmepumpe aus natürlichen Heißdampfquellen aus tiefer Erdkruste aus tropischen Meeren aus Müll	Heizwärme Heizwärme, elektrischen Strom Heizwärme, elektrischen Strom Heizwärme, elektrischen Strom Fernwärme
Wind	elektrischer Strom	
Wasserkraft	Laufwasser (Gefälle) Laufwasser (Mündung, Osmose) Gezeiten Meereswellen Meeresströmungen Grönland-Schmelzwasser	elektrischen Strom elektrischen Strom elektrischen Strom elektrischen Strom elektrischen Strom elektrischen Strom
Kernspaltung	Uran, Plutonium	elektrischen Strom
Kernfusion	Wasserstoff	elektrischen Strom
Erdgas aus tiefer Erdkruste	liefert im wesentlichen Methan	Wärme, elektrischen Strom
Deponien	liefert Deponiegas, das zu einem großen Anteil aus Methan besteht	Wärme, elektrischen Strom

In Abb. 1.3 sind diese Begriffe graphisch veranschaulicht, in Abb. 1.4 ist ein Beispiel für den Energiefluß in einem Heizungssystem gezeigt.

Einführung

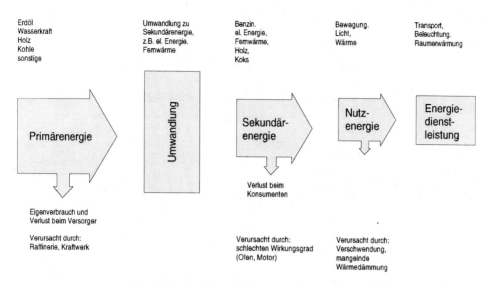

Abb. 1.3: Zur Definition wichtiger energetischer Begriffe

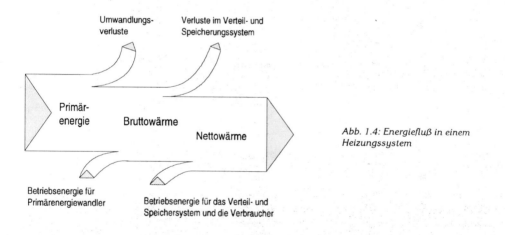

Abb. 1.4: Energiefluß in einem Heizungssystem

1.1.6 Wirkungsgrad der Energiegewinnung

Der Weg von der Primärenergie zum Verbraucher ist gekennzeichnet durch eine Reihe von Energieumwandlungen. Das Verhältnis von erzeugter Nutzenergie zu eingesetzter Primärenergie wird als **Wirkungsgrad der Energieumwandlung** bezeichnet.

Ebenso wichtig wie der naturgesetzlich gegebene Wirkungsgrad für eine Energieumwandlung ist der technisch bedingte Energie-Erntefaktor. Man versteht darunter das Verhältnis der durch Umwandlung in einer Anlage dem Nutzer verfügbar gemachte Energiemenge bestimmter Form, summiert über die gesamte Lebensdauer einer Anla-

ge, zum Energieaufwand verschiedener Form für Bau, Unterhalt und Betrieb der Anlage und gegebenenfalls auch zur Vermeidung bzw. Behebung externer Schäden.[6]
Für ein Dampfkraftwerk, das mit Kohle betrieben wird, ergibt sich z.B. ein Energie-Erntefaktor aus:

$$\varepsilon = \frac{\text{abgegebene el. Energie während der Lebensdauer des Kraftwerks}}{\text{Energieaufwand für Bau, Unterhalt, Betrieb (Kohle) während der Lebensdauer}} \qquad (1.23)$$

Für das gewählte Beispiel ergibt sich etwa ein Erntefaktor von 4 bis 8, für ein Windkraftwerk ca. 8. Dampfkraftwerke mit Kraft-Wärme-Kopplung ergeben schon höhere Erntefaktoren von 6 bis 12. Die höchsten Energie-Erntefaktoren von 10 bis 20 erreichen Wasserkraftwerke.

Eine Energiequelle ist letztlich nur dann von Wert, wenn man zu ihrer Nutzung weniger Energie aufwenden muß, als man Energie vergleichbarer Nützlichkeit gewinnen kann.

1.1.7 Energieinhalt und Energiedichte

Für die Primärenergie entscheidend ist die Energiedichte im Falle fossiler Energieträger. Diese wird auch als Heizwert des Energierohstoffes bezeichnet. Die derzeit am häufigsten eingesetzten Energieträger Erdöl und Erdgas weisen die höchsten **Energieinhalte** auf, gefolgt von Kohle und den erneuerbaren Biomasseprodukten wie Holz.

Im Falle der Nutzung der Sonnenenergie ist deren Strahlungsleistung bzw. deren **Energiedichte** wichtig; für die Umweltwärme wiederum ist das Temperaturniveau die charakteristische Größe.

1.1.8 Einheiten

In der Energiewirtschaft sind leider einige, nicht allgemeinverständliche Einheiten in Gebrauch. So gilt nach dem Einheitengesetz zwar grundsätzlich für die Energie das Joule (J) und die Leistung das Watt (W), aber durch die unterschiedlich gebräuchlichen Vielfachen kommt es auch hier zu einem heillosen Durcheinander. So werden gerne die Energieangaben in Petajoule (10^{15} J) gemacht, wobei, wegen der Zeiteinheit Sekunde (s) kein unmittelbarer Zusammenhang mit der üblichen Energieeinheit des täglichen Lebens, der kWh (Zeitangabe also in h) gefunden wird. Es gelten somit die folgenden Umrechnungen:

$$1\,J = 1\,Ws = \frac{1\,Wh}{3600} = 0{,}0002777\,Wh$$

---

[6] Die Ermittlung der externen Kosten stellt einen der größten Unsicherheitsfaktoren dar, da hier auch jene Kosten zu berücksichtigen sind, die erst in Zukunft auftreten werden. Darunter fallen beispielsweise Kosten für die Reparatur von Umweltschäden, die heute noch weitgehend unbekannt sind und deren Größenordnung auch derzeit nicht abschätzbar ist.

oder:

$$1 \text{ PJ} = 10^{15} \text{ Ws} = 2{,}777 \cdot 10^{11} \text{ Wh} = 2{,}777 \cdot 10^{8} \text{ kWh} = 2{,}777 \cdot 10^{5} \text{ MWh} = 277{,}7 \text{ GWh}$$

Als weitere übliche Einheit wird verwendet:

$$1 \text{ Wa (Wattjahr)} = 8760 \text{ Wh} = 3{,}1536 \cdot 10^{7} \text{ Ws} = 3{,}1536 \cdot 10^{7} \text{ J}$$

So entsprechen dem Primär-Weltenergiebedarf von etwa 12 TWa = $1 \cdot 10^{17}$ Wh = $3{,}78 \cdot 10^{20}$ J.

Umgerechnet pro Kopf der Weltbevölkerung (ca. $6 \cdot 10^{9}$) ergibt sich ein Jahres-Energiebedarf von etwa 17,5 MWh/Person und Jahr oder pro Tag: 48 kWh/Person.

Zwei weitere, in der Energiewirtschaft gebräuchliche Einheiten sind die sogenannte **Steinkohleneinheit (SKE)** und die **Öleinheit (ÖE)**:

- Die Steinkohleneinheit leitet sich ab vom Energieinhalt von 1 kg Steinkohle (mittel): 1 kg SKE = 8,141 kWh = $29{,}3076 \cdot 10^{6}$ J.
- Die Öleinheit leitet sich wieder ab vom Energieinhalt des Erdöls und beträgt: 1 kg ÖE = 11,63 kWh = $41{,}468 \cdot 10^{6}$ J.

In den Tabellen 1.2 und 1.3 sind einige übliche Energie- und Leistungseinheiten und ihre Umrechnung ineinander gezeigt, in Tabelle 1.4 die Schreibweise von Größenangaben.

Tabelle 1.2: Energieeinheiten

Einheit	kcal	kJ	kWh	kg SKE	kg ÖE
1 kcal [7]	1	4,1868	0,001 163	0,000 143	0,000 099
1 kJ	0,239	1	0,000 278	0,000 034	0,000 024
1 kWh	860	3 600	1	0,123	0,086
1 kg SKE	7 000	29 304	8,14	1	0,700
1 kg ÖE	10 103	41 468	11,63	1,429	1

Tabelle 1.3: Leistungseinheiten

Einheit	kcal/h	kW	PS	kpm/s
1 kcal/h	1	0,001 16	0,001 58	0,118
1 kW	860	1	1,36	102
1 PS	633	0,736	1	75
1 kpm/s	8,44	0,009 81	0,013 3	1

---

[7] Die Einheit Kalorie bzw. Kilokalorie (kcal) ist zwar nach dem SI, dem Internationalen Einheitensystem verboten, ist aber nach wie vor sehr gebräuchlich und wird deshalb hier der Vollständigkeit halber angeführt.

Tabelle 1.4: Schreibweise von Größenangaben

Name	Zeichen	Wert	Benennung
piko	p	= 10^{-12}	billionstel
nano	n	= 10^{-9}	milliardstel
mikro	µ	= 10^{-6}	millionstel
milli	m	= 10^{-3}	tausendstel
Kilo	k	= 10^{3}	Tausend
Mega	M	= 10^{6}	Million
Giga	G	= 10^{9}	Milliarde
Tera	T	= 10^{12}	Billion
Peta	P	= 10^{15}	- [8]
Exa	E	= 10^{18}	Trillion
-	-	= 10^{24}	Quadrillion

1.1.9 Energieträger

1.1.9.1 Fossile Energieträger

Die von der Menschheit verwendeten dominierenden Energieträger unterliegen langfristig einem Wandel. War bis ins 18. Jahrhundert der Energieträger Holz, ein erneuerbarer Energieträger dominierend, wurden durch die zunehmende Industrialisierung Energieträger mit einer hohen Energiedichte (z.B. kWh/kg) benötigt. Im 19. Jahrhundert wurde daher, vor allem auch wegen der leichten Verfügbarkeit, Kohle zum dominanten Energieträger. Im Laufe des zwanzigsten Jahrhunderts wurde Kohle durch Erdöl abgelöst, das in Zukunft vielleicht durch Erdgas ersetzt wird. In Abb. 1.5 ist der Marktanteil F einzelner Energieträger in einer längeren Zeitschau dargestellt, in Tabelle 1.5 typische Energieinhalte. Offenbar lösen sich die jeweils dominanten Energieträger nach mehr oder weniger langer Zeit ab.

Wir wollen uns im folgenden etwas ausführlicher mit den klassischen fossilen Energieträgern beschäftigen, dominieren sie doch seit etwa 200 Jahren das energiewirtschaftliche Geschehen und sind damit auch für die Wärmeversorgung von großer Bedeutung.

Sie stellen jedoch die Menschheit vor ein Dilemma. Die Verbrennung fossiler Energieträger deckt 88 % des weltweiten Energieverbrauches und macht viele der menschlichen Aktivitäten erst möglich. Zugleich können aber die bei der Verbrennung freigesetzten Gase der Umwelt enorm schaden und eventuell den Planeten Erde unbewohnbar machen.

---

[8] Für 10^{15} ist keine Benennung definiert.

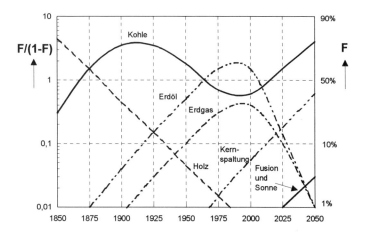

Abb. 1.5: Marktdurchdringung einzelner Primärenergieträger. Auf der Abszisse ist das Kalenderjahr vermerkt. Nach einer Studie der IIASA, Laxenburg (A), 1984

Tabelle 1.5: Einige Energieinhalte (Heizwerte) für gängige Energieträger

Energieträger	Heizwert je Mengeneinheit
Steinkohle	7,7 kWh/kg
Braunkohle	7,03 kWh/kg
Braunkohlenbriketts	5,36 kWh/kg
Erdöl, roh	11,81 kWh/kg
Flüssiggas	12,86 kWh/kg
Normalbenzin nach ÖNORM	11,56 kWh/kg
Superbenzin nach ÖNORM	11,56 kWh/kg
Leuchtpetroleum	12,11 kWh/kg
Flugpetroleum (Kerosin)	12,11 kWh/kg
Dieselkraftstoff	11,83 kWh/kg
Gasöl für Heizzwecke	11,83 kWh/kg
Heizöl, insgesamt	11,39 kWh/kg
Sonstige Produkte der Erdölverarbeitung	11,61 kWh/kg
Naturgas (ca.) [9]	10 kWh/ m^3_N
Stadtgas	6,69 kWh/m^3_N
Wasserstoffgas	33 kWh/kg = 2,31 kWh/l

Wegen der Begrenztheit der Reserven an fossilen Energieträgern einerseits, aber andererseits wegen der zunehmenden ökologischen Probleme, wie der vom Menschen verursachten Erwärmung der Erde, wird nichts anderes übrigbleiben, als jene Energiequel-

---

[9] m_N^3 bedeutet Normkubikmeter und bezieht sich auf einen Druck von 1 bar und eine Temperatur von 293,15 K = 20 °C.

len zu verwenden, die keine Umweltschäden verursachen. Das sind nach heutigem Wissen

- die Sonne,
- der Wasserstoff und
- die Kernenergie.

Andere Möglichkeiten gibt es derzeit leider nicht!

Es werden daher große Anstrengungen unternommen, diese Energiequellen technologisch und auch wirtschaftlich zu nutzen. Dazu gibt es eine Reihe von Verfahren, die hier in Frage kommen und die zum Teil sehr ausgereift sind, aber meist aus wirtschaftlichen Gründen für eine sofortige Nutzung noch nicht in Frage kommen. Andere Verfahren sind aber sehr wohl ausgereift und können auch heute bereits wirtschaftlich konkurrenzfähig zur „klassischen Energieversorgung" herangezogen werden. Das bekannteste Beispiel stellt die Elektrizitätserzeugung aus Wasserkraft dar, deren Umweltverträglichkeit außer Frage steht, deren Errichtung Arbeitsplätze schafft, gegen die bestenfalls ökologische Gründe sprechen (Hainburg!). Um bei diesem Beispiel zu bleiben: Es gibt einige wenige Staaten, die ihren Elektrizitätsbedarf vorwiegend aus Wasserkraft decken. Als extremes Beispiel ist hier Norwegen zu nennen, das seinen Elektrizitätsbedarf fast zu 100 % aus Wasserkraft deckt, und wo auch Strom für Heizzwecke verwendet wird. Obwohl letzteres im allgemeinen ein „energetisches Verbrechen" darstellt, da reine Exergie (Strom) in reine Anergie (Wärme) umgesetzt wird, ist doch der ökologische Vorteil, der Wegfall von CO_2 bei der Energieumwandlung ins Auge springend. Vor allem ist hier die lokale Verfügbarkeit ein schlagendes Argument. Immerhin ist die CO_2-Problematik, wie wir noch später sehen werden, ein gewaltiges ökologisches Problem für die Menschheit.

1.1.9.2 Sonnenenergie

Wie bereits ausgeführt, ist der überwiegende Anteil des Primärenergieangebotes auf die Sonne zurückzuführen. Man denke beispielsweise an die fossilen Energieträger: Auch sie sind ausschließlich auf die Einwirkung der Sonne auf die Erde zurückzuführen - ohne Sonne kein Leben und daher auch keine fossilen „Abfallprodukte". Auch die Wasserkraftnutzung läßt sich über das Klima auf die Wirkung der Sonne zurückführen.

Im engeren Sinne wollen wir aber unter Sonnenenergienutzung hier lediglich jene Energieumwandlungsvorgänge verstehen, die ohne eine Zwischenstufe (z.B. Sonne → Klima → Wasserkraft) ablaufen. Es sind im wesentlichen zwei Umwandlungsvorgänge, die wir kennen: Umwandlung von Solarstrahlung in Wärme bzw. in elektrischen Strom. Der erste Vorgang läuft über Solarkollektoren ab, der zweite über Solarzellen, die den Photoeffekt nutzen, der am wirkungsvollsten in Halbleitern genutzt werden kann.

Für die Wärmeversorgung sind lediglich **Solarkollektoren**, vor allem in der Form der sogenannten Flachkollektoren interessant. Sie sind weit verbreitet und dienen in erster Linie zur Erzeugung von warmem Wasser. Da ihre Ergiebigkeit aber unmittelbar vom Angebot an Solarstrahlung abhängt, ist ihr Einsatzbereich sehr eingeengt. Um das täglich schwankende Angebot ausreichend nutzen zu können, ist es erforderlich, stets auch einen Warmwasserspeicher vorzusehen. In der häufigsten Anwendung, der solaren Schwimmbaderwärmung, stellt das Schwimmbad selbst den Speicher dar. In anderen Fällen muß ein entsprechend groß dimensionierter Speicher vorgesehen werden, um eine kontinuierliche Warmwasserversorgung sicherzustellen.

Für Hochtemperaturanwendungen werden **konzentrierende Kollektoren** angeboten, die für industrielle Anwendungen in Frage kommen, bzw. für höchste Temperaturen zur elektrischen Energieerzeugung.

Solarzellen werden zur elektrischen Stromerzeugung dort eingesetzt, wo andere Möglichkeiten nicht in Frage kommen. Der Grund für dieses Inseldasein ist auf die derzeit noch sehr hohen Kosten der **Photovoltaik** zurückzuführen. Um einen Betrieb einer Photovoltaikanlage mit Wechselstrom zu ermöglichen, benötigt man eine Reihe von Modulen, die Solarzellen in Reihen- und Parallelschaltung enthalten.[10] Weiters wird ein Wechselrichter benötigt, der aus der generierten Gleichspannung eine Wechselspannung der benötigten Ausgangsspannung (z.B. 230 V), Kurvenform und Frequenz (Sinuswelle, 50 Hz) macht. Je nach Größe der Anlage kostet eine kWh 0,4 bis 1,1 Euro.

Photovoltaik wird daher nur dort eingesetzt, wo alle anderen Möglichkeiten der Elektrizitätsversorgung versagen: im Weltall zur Energieversorgung von Satelliten, bei Armbanduhren, Taschenrechnern, Energieversorgung von Almhütten u.ä.

Die Zukunftsaussichten für Photovoltaik sind aber nicht so schlecht, wie es scheinen mag. Die momentan noch sehr hohen Kosten für solche Anlagen hängen von der verwendeten Herstellungstechnologie ab - und hier könnte sich manches rasch ändern. Es ist nicht nur die Technologie, die den Preis bestimmt, sondern in erster Linie die Nachfrage. Und die könnte sich sehr rasch erhöhen, wenn künftig, wegen der Klima-Problematik, eine Umstrukturierung der bisherigen Energieversorgungsstrukturen notwendig sein wird. Immerhin entstehen bei der Stromerzeugung mit Solarzellen keine umweltschädigenden Stoffe wie CO_2, Methan u.a. Allerdings entstehen bei der Fertigung von Solarzellen manchmal auch Schadstoffe, z.B. bei Zellen, die Halbleiter aus Gallium-Arsenid verwenden.

1.1.9.3 Windkraft

In Staaten mit sehr hohem Windanfall, wie Dänemark, nimmt die Nutzung der Windkraft zur Stromerzeugung einen nicht beträchtlichen Stellenwert ein. In einigen Gegenden Österreichs, z.B. in Wien, ist ebenfalls die Windhäufigkeit groß, so daß die Nutzung zur Stromerzeugung naheliegend ist. Die Stromerzeugung aus Windkraft ist im Prinzip genau so problemlos wie jene in Wasser- oder Dampfkraftwerken. Ein gewisses Problem stellt die Windhäufigkeit dar. Man benötigt daher zur problemlosen Nutzung eine zweite Versorgungsschiene. Als Energiequelle für die Wärmeversorgung kommt Windkraft, außer in Versorgungsnischen, nicht in Frage.

---

[10] Die Spannung einer Zelle beträgt ca. 0,5 V. Um auf ein brauchbares Spannungsniveau zu kommen, ist daher die Reihenschaltung einer größeren Anzahl von Solarzellen notwendig. Um größere Ströme zu erzeugen, ist die Parallelschaltung von Zellen notwendig.

1.1.9.4 Biomasse

Es entstehen, speziell im alpinen Bereich (Österreich, Schweiz), ständig große Mengen an Biomasse wie Holz, Stroh, Geothermie, Deponiegase u.ä. (siehe Abb. 1.6). Den weitaus größten Anteil nimmt Brennholz mit 62,9 % sowie Hackschnitzel mit etwa 7,6 % ein. Die Verwertung von Holz für Heizzwecke erfolgt naturgemäß überwiegend im ländlichen Raum. Im letzten Jahrzehnt sind dort eine große Zahl von Klein-Fernwärmewerken entstanden, die als Brennstoff in erster Linie Holz, Hackschnitzel, Stroh und eventuell noch Biogas verwenden.[11] Damit konnte erstens die Luftqualität verbessert und durch die kontrollierte Wärmeerzeugung auch der Wirkungsgrad der Verbrennung gesteigert werden. Nebenbei ist der Anschluß an ein "Nah-Wärmenetz" naturgemäß auch mit hohem Komfort verbunden, den eine Einzelofenfeuerung nicht bieten kann.

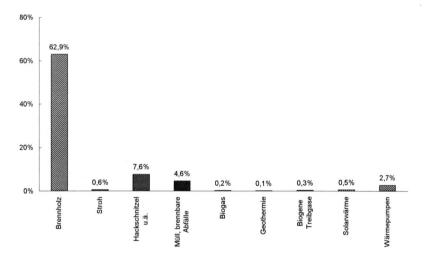

Abb. 1.6: Erneuerbare Energie am Beispiel Österreichs (ohne Wasserkraft)

1.1.10 Energie und Umwelt

Es wurde bereits mehrfach erwähnt, daß die starke Zunahme der Bevölkerung auf dem Planeten Erde in Verbindung mit der maßlosen Energieverschwendung einzelner Staaten (USA, Kanada, teilweise Europa) zu klimatischen Veränderungen führen kann, die zwar derzeit noch nicht eindeutig nachgewiesen, aber aus verschiedenen indirekten Beobachtungen höchst wahrscheinlich sind. Ganz besonderen Einfluß auf dieses Geschehen hat naturgemäß die Wärmeversorgung.

Unmittelbare Ursachen für klimatische Änderungen könnten z.B. sein :

☞ Verstärkung der CO_2-Emission in die Atmosphäre,

---

[11] In Österreich gab es 1997 359 Biomasse-Fernwärmeanlagen mit einer Leistung von (insgesamt) 490 MW

☛ Erhöhung der natürlichen Emission von Methan, Schwefel, Stickoxiden u.a. Stoffen,
☛ verstärkte Produktion von Ozon (O_3) an der Erdoberfläche,
☛ Abbau des Ozons in der Stratosphäre durch FCKW's und andere Stoffe

Wir wollen im folgenden einen kurzen Überblick über diese Einflüsse geben.

Das Klima der Erde entsteht durch das Zusammenwirken vieler Einflußgrößen:
☛ Sonneneinstrahlung,
☛ Wolkenbildung,
☛ in der Atmosphäre vorhandene Gase wie H_2O, CO_2, O_3, Methan (CH_4) u.a.
☛ Größe (Fläche) und Tiefe der Wasserflächen, im speziellen der Ozeane,
☛ Land- und Eisflächen,
☛ Wärme- und Stofftransporte in den Ozeanen u.a.[12]

In Abb. 1.7 sind diese Wechselwirkungsmechanismen dargestellt.

Durch die extrem langsam ablaufende Evolution der Erde hat sich ein relativ konstanter Klimazustand eingestellt, der durch eine mittlere Temperatur der Erde von ca. 15 °C beschrieben werden kann. Voraussetzung für diese Tatsache ist aber, daß sich die Zusammensetzung der den Treibhauseffekt bestimmenden atmosphärischen Gase langfristig nicht ändert. Das trifft zwar für die meisten Gase der Erdatmosphäre zu, nicht aber für einige wenige wie CO_2 und Methan.

CO_2 wird bei sehr vielen tierischen und menschlichen Aktivitäten frei. Allein bei der Ausatmung wird neben unverbrauchtem Sauerstoff CO_2 frei. In der Natur hat sich ein Gleichgewicht und über die Jahrtausende hinweg ein konstanter CO_2-Pegel von etwa 280 ppm[13] oder 0,28 ‰ eingestellt. Dieses Gleichgewicht hat sich mit der beginnenden Industrialisierung zu höheren Werten verschoben (siehe Abb. 1.8), da fossile Energiereserven, die sich vor allem im Zeitalter seit dem Carbon (d.h. vor etwa 350 Millionen Jahren) gebildet haben, nun in wenigen Jahrhunderten freigesetzt und letztlich in CO_2 umgewandelt werden. Schlimm ist an dieser Tatsache nur, daß gleichzeitig damit eine Veränderung der Treibhaustemperatur einhergeht.

Wir haben bereits festgestellt, welche Auswirkungen die Atmosphäre der Erde auf deren Temperatur hat. Immerhin sorgt die Atmosphäre dafür, daß die Erde im Mittel ein dem Leben förderliches Klima aufweist. Die Temperaturerhöhung durch den Treibhauseffekt wurde mit etwa 30 K abgeschätzt.[14] Da CO_2 einen entscheidenden Anteil am Zustandekommen des Treibhauseffektes hat, wird auch eine Änderung der CO_2-

---

[12] Wird es auf der Erde wärmer, wird mehr Süßwasser schmelzen und in die Ozeane gelangen. Dies wird beispielsweise jenes großräumige Strömungssystem beeinflussen, wo kaltes, salzreiches Tiefenwasser, das vor Grönland absinkt, entlang des Ozeanbodens nach Süden strömt, sich erwärmt und wieder längs der Oberfläche Wärme nach Norden transportiert. Wird dieser Mechanismus geändert, könnte es zu dramatischer Klimaverschlechterung im Norden Europas kommen.

[13] 1 ppm ist ein Millionstel einer Größe, hier auf das Volumen bezogen (part per Million) bzw.: 0,0001 % oder 0,001 ‰.

[14] Es gibt Abschätzungen, denen zufolge der Treibhauseffekt 33 K beträgt. Für unsere Überlegungen ist dies aber belanglos.

Konzentration in der Atmosphäre die Mitteltemperatur der Erde verändern.[15] Aus Abschätzungen erhält man folgenden Zusammenhang: Eine Veränderung der CO_2- Konzentration um 100 ppmv ergibt eine Temperaturänderung um ca. 0,7 K.

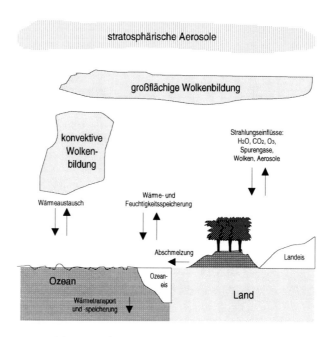

Abb. 1.7: *Einflußgrößen auf das Klimasystem Erde*

Derzeit (Stand etwa 1990) werden etwa 6 Milliarden Tonnen Kohlenstoff in die Atmosphäre emittiert. Dies entspricht einer Kohlendioxidfreisetzung von etwa 22 Milliarden Tonnen. Hauptverursacher sind dabei nicht so sehr die Industrieländer (die auch), sondern in erster Linie die Entwicklungsländer, die eine sehr stark steigende Industrialisierung aufweisen.

Die Zunahme der Kohlendioxidkonzentration in der Atmosphäre beträgt derzeit etwa 0,7 % jährlich. Die Zunahme wäre noch wesentlich größer, würde nicht etwa die Hälfte der Menge des vom Menschen freigesetzten Anteils (anthropogener Anteil) zu einem großen Anteil vom Oberflächenwasser der Meere aufgenommen (etwa 50 %) und zu einem kleineren Anteil durch Zuwachs der Biomasse gebunden.[16] Aber auch diese Speicher sind irgendwann einmal voll; in der Folge können die Zuwächse nur mehr von der Atmosphäre aufgenommen werden, was in den nächsten Jahrzehnten zu

---

[15] Den größten Anteil am Treibhauseffekt hat Wasserdampf (etwa 2/3). Da mit zunehmender Erwärmung der Erde auch mehr Wasserdampf in die Atmosphäre gelangt, wird dieser auch einen Beitrag zum „anthropogenen" Treibhauseffekt liefern.

[16] siehe dazu beispielsweise: Spektrum der Wissenschaft, Dossier 5: Klima und Energie (ohne Zeitangabe, etwa 1996)

erwarten ist. Darüberhinaus ist durch den Gehalt der Atmosphäre an anthropogenen Gasen wie FCKW´s eine Ausdünnung der Ozonschicht in großen Höhen zu beobachten. Da Ozon in diesen Lagen normalerweise die für das Leben extrem schädliche UVB-Strahlung ausfiltert, sind künftig Schädigungen des Lebens auf der Erde in nichtabschätzbarem Ausmaß die Folge. Einen leichten Geschmack vom künftigen Szenario geben ja bereits die Verhältnisse auf der Südhalbkugel der Erde wieder, wo bereits ein gewaltiges Ozondefizit im Bereich in und um die Antarktis jeden Winter zu beobachten ist.

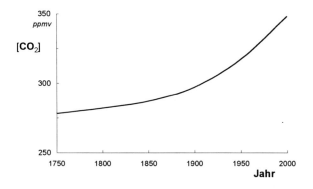

Abb. 1.8: Veränderung der CO_2-Konzentration in der Atmosphäre in den letzten 250 Jahren

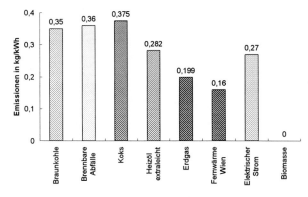

Abb. 1.9: Beiträge verschiedener Energieträger zur anthropogenen CO_2-Emission

Durch steigende Temperaturen der Meere könnte tote Materie schneller mikrobakteriell abgebaut werden, was das gebundene CO_2 in den Weltmeeren in die Atmosphäre transportieren würde.

Insgesamt ist daher zu erwarten, daß die anthropogene CO_2-Freisetzung durch den Menschen bis etwa zur Mitte des kommenden Jahrhunderts zu einem Anstieg der Konzentration auf etwa 560 ppmv führen wird, was nach unserer obigen Abschätzung einer Erhöhung der mittleren Temperatur der Erde um etwa 1,5 K entspricht.[17] In Abb. 1.9 sind die Beiträge einzelner Energieträger zum anthropogenen Treibhauseffekt gezeigt.

---

[17] Zum anthropogenen Treibhauseffekt liegen verschiedene Modelle vor, die alle etwas unterschiedliche Werte ergeben. Der hier angegebene Wert von 1,5 K dürfte als Mittelwert ziemlich wahrscheinlich sein.

Unter den „klassischen Energieträgern" fällt positiv die Fernwärme auf;[18] ganz besonders günstig liegt natürlich die Biomasse, da deren Beitrag zur CO_2-Emission wegen der geschlossenen biologischen Kreisläufe Null ist.

Neben Kohlendioxid werden aber auch andere treibhausrelevante Stoffe in die Atmosphäre emittiert. Diese Stoffe wie Methan, Distickstoffoxid, halogenierte Kohlenwasserstoffe, Ozon aus bodennahen Schichten tragen ebenfalls zum anthropogenen Treibhauseffekt bei und werden in Äquivalenten von Kohlendioxid[19] ausgedrückt.

Das wahrscheinlich gefährlichste Gas dürfte **Methan** sein, das eine vielfache Wirkung wie CO_2 hat, aber eine geringere Verweilzeit in der Atmosphäre von etwa 10 Jahren aufweist. Methanquellen sind in erster Linie Feuchtgebiete wo Reis angebaut wird, Verdauungstrakte der Rinder, Verbrennung von Biomasse, Mülldeponien, Begleitgase bei der Förderung fossiler Brennstoffe. Der Methanpegel steigt derzeit um ca. 1 %.

Distickstoffoxid (N_2O)wird im Boden mikrobakteriell gebildet. In Höhen bis zu etwa 10 km ist es chemisch inert; abgebaut wird es erst nach seiner Diffusion in der Stratosphäre, die ab Höhen von 10 km beginnt. Dort schädigt es die Ozonschicht. Die Verweilzeit in der Atmosphäre beträgt etwa 150 Jahre. Problematisch ist der Einfluß des Distickstoffoxids erst durch den anthropogenen Anteil geworden, der durch den Einsatz von Stickstoff-Kunstdünger und durch Verbrennung von Biomasse ausgelöst wurde.

Vollhalogenierte Kohlenwasserstoffe sind Chlor-, Fluor- und Brom- (Halogene!) Verbindungen, die seit einigen Jahrzehnten verwendet und beispielsweise als Kühlmittel in Klima- und Kälteanlagen und als Lösungs- und Reinigungsmittel eingesetzt werden. Sie sind chemisch extrem reaktionsträge und verbleiben deshalb für Zeiträume von etwa 100 Jahren in der Atmosphäre. Sie sind sehr treibhauswirksam und werden erst durch ihre allmähliche Diffusion in die Stratosphäre durch Reaktion und Zerstörung von Ozon abgebaut.

In Tabelle 1.6 ist die Klimawirksamkeit einzelner Gase, ausgedrückt durch das GWP (Global Warming Potential) dargestellt, in Tabelle 1.7 sind die wichtigsten schädlichen Treibhausgase mit ihren Eigenschaften zusammengestellt.

Tabelle 1.6: Klimawirksamkeit von Spurengasen

Gas	GWP
CO_2	1
CH_4	8
N_2O	270
FCKW 11	3400
FCKW 12	7100

---

[18] Die Daten stammen von der Fernwärme Wien, deren überwiegende Wärmeproduktion (ca. 70 %) aus Kraft-Wärme-Kopplung stammt.

[19] Faßt man alle treibhausrelevanten Gase in der Atmosphäre zusammen und vergleicht ihre jeweilige Wirkung (Treibhauswirksamkeit pro Molekül multipliziert mit seiner Konzentration in der Atmosphäre) mit der von Kohlendioxid, entsteht der **äquivalente Kohlendioxidgehalt** der Luft.

Zur Begrenzung der Schäden an der Atmosphäre und damit am Klima dieses Planeten soll einem internationalen Abkommen zufolge (Montreal-Protokoll, 1990) die Nutzung vollhalogenierter Kohlenwasserstoffe noch in diesem Jahrhundert weltweit beendet werden. Wird die Emission dieser Gase sofort eingestellt, werden sie frühestens innerhalb der nächsten zweihundert Jahre aus der Atmosphäre verschwinden.

Tabelle 1.7: Derzeitige Anteile der verschiedenen Verursacherbereiche weltweit am zusätzlichen anthropogenen Treibhauseffekt[20]

	Anteile	Aufteilung auf die Spurengase	Ursachen
Energie einschließlich Verkehr	50 %	40 % CO_2 10 % CH_4 und O_3 (O_3 wird durch die Vorläufersubstanzen NO_x, CO und NMVOC gebildet)	Emissionen der Spurengase aufgrund der Nutzung der fossilen Energieträger Kohle, Erdöl und Erdgas sowohl im Umwandlungsbereich, insbesondere bei der Strom- und Fernwärmeerzeugung sowie Raffinerien, als auch in den Energiesektoren (Handwerk, Dienstleistungen, öffentliche Einrichtungen etc.), Industrie und Verkehr.
Chemische Produkte wie FCKW, Halogene u.a.	20 %	20 % FCKW, Halone etc.	Emissionen der FCKW, Halone etc.
Vernichtung der Tropenwälder	15 %	10 % CO_2 5 % andere Spurengase, insbesondere N_2O, CH_4 und CO	Emissionen durch Verbrennung und Verrottung tropischer Wälder einschließlich verstärkter Emissionen aus dem Boden.
Landwirtschaft und andere Bereiche (Mülldeponien etc.)	15 %	15 % in erster Linie CH_4, N_2O und CO_2	Emissionen aufgrund von: * anaeroben Umsetzungsprozessen (CH_4) durch Rinderhaltung, Reisfelder etc.) * Düngung (N_2O) * Mülldeponien (CH_4) * Zementherstellung (CO_2) etc.

Auf die Thematik „Energie" bezogen, die ja hier ausschließlich zur Diskussion steht,[21] bedeutet dies die Suche nach einer klimafreundlichen Energienutzung. Wie müssen also Energieversorgungssysteme der Zukunft aussehen?

Da die derzeit dominanten fossilen Energieträger zur Neige gehen, werden in Zukunft **ausschließlich regenerative Energieträger** eingesetzt werden. Zu dieser Gruppe wären auch noch Energieträger hinzuzufügen, die in großer Menge vorhanden sind wie Wasserstoff. Obwohl es politisch derzeit nicht opportun erscheint, wird man langfristig auch um das Problem der Kernkraft nicht herumkommen. Es war im Herbst 1978 sicher eine weitgehend gefühlsmäßige Entscheidung, die zur Ablehnung des Kernkraftwerkes Zwentendorf führte und in der Folge eine entsprechende Verfassungs-

---

[20] nach *Klaus Heinloth:* Energie und Umwelt, B. G. Teubner, Stuttgart, vdf, Verlag der Fachvereine, Zürich, 1993

[21] Die „Ausschließlichkeit" der Behandlung vieler Fragen ist oft vernünftig, um ein Problem überhaupt lösen zu können. Das bedeutet, daß man, um eine Sache überhaupt durchschauen zu können, eine „lineare" Denkweise einführen muß. Man ändert lediglich einen Parameter und achtet auf die Wirkung. Tatsächlich wird aber ein Prozeß meist durch viele Parameter bestimmt. Die „westliche" Denkweise war durch diese Vorgangsweise bisher sehr erfolgreich, scheint aber nun auf größere Schwierigkeiten zu stoßen, wie man an der komplexen Energie-Klima-Problematik bemerkt. Nicht umsonst sind die ostasiatischen Staaten durch die völlig andere Vorgangsweise bei der Lösung von Problemen aufgrund ihrer anderen (östlichen) Denkweise bevorzugt.

änderung in Österreich verursachte. Vielleicht wäre heute die Ablehnung der Kernkraft nicht so stark, wäre nicht 1986 dieser katastrophale Unfall in Tschernobyl passiert. Er war sicherlich in erster Linie auf die entsetzlich schlampigen Verhältnisse in der damaligen Sowjetunion zurückzuführen und erst in zweiter Linie auf das grundsätzliche Gefahrenpotential, mit dem die Kernkraft nun einmal verbunden ist.

Neben der klassischen Kernspaltung wäre ein gewaltiger Schritt in Richtung Lösung der Energieversorgungsfrage der Bau von Fusionskraftwerken. Es wird aber noch sehr lange dauern, bis ein funktionsfähiges Fusionskraftwerk gebaut werden kann.

Was aber schon heute funktioniert, ist die Energieversorgung auf der Basis von „klassischen" regenerativen Energieträgern wie Wasserkraft, Holz, Biomasse, Photovoltaik, Windkraft etc. Einige dieser Energieträger zeichnen sich zwar durch ein vergleichsweise hohes Preisniveau aus, doch zeichnet sich für die ganze Energieversorgung bereits jetzt ein Grundsatz ab: So billig wie heute wird Energie nie wieder sein!

1.2 Wärmeübertragung

Die treibende Kraft für eine Wärmeübertragung ist stets in einem Temperaturgefälle zu suchen. Wärme kann auf drei verschiedene Arten übertragen werden, durch Leitung, Konvektion und Strahlung.

1.2.1 Wärmeleitung

Wärmeleitung ist von Bedeutung in festen Körpern, Flüssigkeiten und Gasen. Sie tritt nicht auf im Vakuum. Der durch Leitung übertragene Wärmestrom P ist abhängig vom Temperaturgefälle dt/dx, der dem Wärmestrom zugeordneten Fläche A und einer Größe λ, der sogenannten Wärmeleitzahl:

$$P = -\lambda A \frac{dt}{dx} \quad \text{bzw.} \quad P = -\lambda A \, \text{grad} \, t \qquad (1.24)$$

Wir wollen im folgenden anhand einiger Beispiele wichtige Fälle erläutern.

Wärmeleitung in einer ebenen Wand: Dieser Fall entspricht der Wärmeleitung in einer Heizkörperwand (siehe Abb.1.10). Für den Wärmestrom erhält man mit Gl. (1.24)

$$P = \lambda A \frac{t_1 - t_2}{\delta} \qquad (1.25)$$

Wärmeleitung durch mehrere ebene, homogene Schichten: Dieser Fall entspricht der Wärmeleitung in einer aus mehreren Schichten bestehenden Hauswand. Der Wärmestrom durch alle Schichten muß natürlich gleich sein, so daß man setzen kann:[22]

---

[22] Manchmal wird der Wärmeleitwiderstand auch durch $R_{ges} = (t_1 - t_n)/P$ dargestellt. Wir wollen aber im folgenden die Definition nach Gl. (1.27) beibehalten

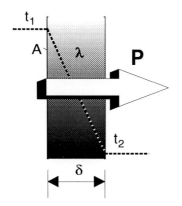

Abb. 1.10: Zur Wärmeleitung in einer ebenen Wand

$$P = \frac{\lambda_1}{\delta_1} A (t_1 - t_2) = \frac{\lambda_2}{\delta_2} A (t_2 - t_3) = \ldots = \frac{A}{R_{ges}} (t_1 - t_n) \qquad (1.26)$$

wenn mit

$$R = (\frac{\delta_1}{\lambda_1} + \frac{\delta_2}{\lambda_2} + \frac{\delta_3}{\lambda_3} + \ldots) \qquad (1.27)$$

der **Wärmeleitwiderstand** bezeichnet wird.

1.2.2 Konvektion

Der Wärmeübergang zwischen strömenden Flüssigkeiten oder Gasen und den Begrenzungen ist wesentlich komplizierter als die oben besprochene Wärmeleitung. Der Grund dafür ist darin zu suchen, daß neben den Stoffeigenschaften, wie Wärmeleitzahl, Viskosität, Dichte etc. auch noch Eigenschaften der Strömung, wie die Reynoldszahl, zu berücksichtigen sind.

Die äußerst komplexen Verhältnisse kann man mit dem von Prandtl eingeführten Grenzschichtkonzept lösen. Dabei wird angenommen, daß nicht nur eine Strömungsgrenzschicht vorliegt, sondern auch eine Temperaturgrenzschicht, innerhalb der sich die Temperatur vom Wert an der Wand ($\rightarrow t_w$) zum Wert in der ungestörten Strömung ($\rightarrow t_\infty$) ändert.

Betrachten wir zur Illustration ein einfaches Beispiel. Eine Platte werde in x-Richtung von einem Fluid angeströmt (siehe Abb. 1.11).

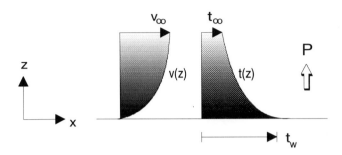

Abb. 1.11: Ausbildung der Geschwindigkeits- und Temperatur-Grenzschicht an einer angeströmten Platte

Da die Geschwindigkeit des Fluids an der Plattenoberfläche verschwindet (Haftbedingung), ändert sich in der Grenzschicht die Geschwindigkeit vom Wert Null bis zum Wert im ungestörten Raum. Da die Geschwindigkeit in der Nähe der Plattenoberfläche sehr klein ist, erfolgt die Wärmeabfuhr von der Platte (P) in erster Linie durch Wärmeleitung. In etwas weiterer Entfernung von der Plattenoberfläche, dort wo die Geschwindigkeit bereits endliche Beträge annimmt, sorgt die Strömung für die Kühlung der Grenzschicht.

Die Berechnung des konvektiven Wärmeüberganges ist nur für laminare Strömung und einfache geometrische Profile möglich. In allen anderen Fällen behilft man sich mit semiempirischen Ansätzen. So kann man beispielsweise für den abgeführten Wärmestrom ansetzen:

$$P = \alpha_k \, A \, (t_\infty - t_w) \qquad (1.28)$$

α_k bezeichnet man als (konvektive) Wärmeübergangszahl. Mit dem obigen Ansatz ist das Problem allerdings nicht gelöst, sondern nur verlagert. Es geht nun darum, für jedes Problem einen geeigneten Ansatz für die Wärmeübergangszahl zu finden. Man ist dabei auf semiempirische Ansätze angewiesen, indem man in theoretische Ansätze freie Parameter einbringt, deren Wert man Experimenten entnimmt.

Es hat sich als sinnvoll herausgestellt, wie in der Strömungsmechanik, auch in der Wärmeübertragung Kenngrößen zu definieren, die gefundene Gesetzmäßigkeiten zu ordnen und ähnliche Fälle zu vergleichen gestatten.

Die wohl wichtigste Kennzahl ist die **Nußeltzahl**, die eine dimensionslose Wärmeübergangszahl darstellt. Sie ist durch den Ausdruck

$$Nu = \frac{\alpha \, l}{\lambda} \qquad (1.29)$$

gegeben, worin neben der Wärmeübergangszahl (α_k) l eine charakteristische Länge und λ die Wärmeleitzahl des Fluids darstellt.

Die Nußeltzahl ist bei **erzwungener Konvektion**, ein Fall der dann vorliegt, wenn die Geschwindigkeit der Strömung durch äußere Maßnahmen erzwungen wird, abhängig von der Reynoldszahl Re und der Prandtlzahl Pr.

$$Nu = f(Re, Pr) \qquad (1.30)$$

Der Fall der **freien Konvektion** tritt dann auf, wenn sich durch Temperaturunterschiede bedingt, eine Strömung einstellt. Dieser Fall ist typisch für die am heißen Heizkörper entlangstreichende, durch die Erwärmung sich ausdehnende und nach oben steigende Luft. Die dabei entstehende Strömung führt Wärme vom Heizkörper ab.

Die Nußeltzahl hängt für diesen Fall von der sogenannten Grashofzahl Gr, einer Kennzahl für die freie Konvektion, und der Prandtlzahl Pr ab:

$$Nu = f(Gr, Pr) \qquad (1.31)$$

Die erwähnten Kennzahlen sind dabei folgendermaßen definiert:

$$Re = \frac{v\, l}{\nu} \qquad (1.32)$$

$$Pr = \frac{\nu}{a} \qquad (1.33)$$

$$Gr = \frac{g\, \Gamma\, \Delta t\, l^3}{\nu^2} \qquad (1.34)$$

wobei

a ... die Temperaturleitzahl: $a = \dfrac{\lambda\, \rho}{c}$ $\qquad (1.35)$
g ... die Erdbeschleunigung
Δt ... die wirksame Übertemperatur ($t_w - t_\infty$)
Γ ... den Volumenänderungskoeffizienten des Fluids
v ... die Geschwindigkeit
ν ... die kinematische Viskosität des Fluids
l ... eine charakteristische Länge

bedeuten. Wir werden diese Beziehungen an späterer Stelle wieder benützen (siehe Kapitel 2).

1.2.3 Wärmestrahlung

Jeder Körper emittiert für T > 0 elektromagnetische Strahlung. Im interessierenden Temperaturbereich liegt diese Strahlung im Infrarotbereich. Die Wärmeübertragung durch Strahlung ist von der Wellenlänge, von der Temperatur, von Eigenschaften der beteiligten Körper und der Geometrie der Anordnung abhängig.

Betrachten wir zunächst einen einzelnen Körper: Er kann empfangene Strahlung absorbieren, reflektieren oder durchlassen. Der absolut **schwarze Körper** absorbiert, der absolut **weiße Körper** reflektiert alle Strahlung und der **diathermane Körper** läßt alle Strahlung durch. In Wirklichkeit gibt es nur den **grauen Körper**, der nur einen Teil der empfangenen Strahlung absorbiert und den Rest reflektiert. Die meisten technischen Oberflächen, mit Ausnahme der Metalle, stellen graue Körper dar.[23]

Nach dem **Kirchhoffschen Gesetz** emittiert jeder Körper die gleiche Menge an Strahlung, die er absorbiert. Für die Emission des schwarzen Körpers gilt das **Plancksche Strahlungsgesetz**, das die Intensität der ausgesandten Strahlung in Abhängigkeit von der Wellenlänge λ beschreibt:

$$P(\lambda) = \frac{2hc^2}{\lambda^5} e^{(1 - \frac{hc}{k_B \lambda T})} \qquad (1.36)$$

In dieser Gleichung bedeutet u.a.

h ... das Plancksche Wirkungsquantum (= $6,6260755 \cdot 10^{-34}$ Js)
c ... die Lichtgeschwindigkeit (= $2,99732458 \cdot 10^8$ m/s)
k_B ... die Boltzmann-Konstante (= $1,380658 \cdot 10^{-23}$ J/K)
T ... die thermodynamische Temperatur [K]

Die Beziehung nach Gl. (1.36) ist in Abb. 1.12 graphisch dargestellt. Die gesamte, über alle Wellenlängen integrierte, senkrecht zur emittierenden Oberfläche ausgestrahlte Wärmeleistung folgt aus Gl. (1.36) zu:

$$P_{st,s} = \int_0^\infty P(\lambda)\, d\lambda \qquad (1.37)$$

Schließlich ergibt die Integration über alle Raumwinkel die gesamte ausgestrahlte Wärmeleistung P_{st}:

$$P_{st} = \sigma_o T^4 \qquad (1.38)$$

---

[23] Das andere Verhalten der Metalle hängt mit deren elektrischer Leitfähigkeit zusammen. Interessanterweise verhalten sich aber flüssige Metalle wieder anders als feste und zwar ähnlich wie graue Strahler.

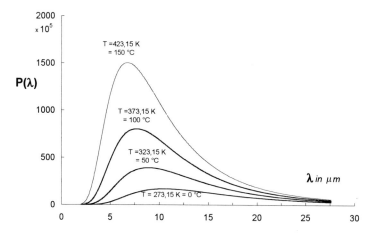

Abb. 1.12: Zur Abhängigkeit der spezifischen spektralen Wärmestrahlung P(λ) von der Wellenlänge λ. Auf der Ordinate sind relative Einheiten aufgetragen

Diese, als Stefan-Boltzmannsches Strahlungsgesetz bezeichnete Beziehung gilt nur für die Strahlung des schwarzen Körpers in den unendlich großen, leeren Raum. Die entsprechende Beziehung für den grauen Körper lautet

$$P_{st}' = \varepsilon \, \sigma_o \, T^4, \tag{1.39}$$

worin mit ε das Emissionsverhältnis bezeichnet wird, das Verhältnis der Strahlungsleistung eines grauen und eines schwarzen Körpers. Die Größe σ_o ist die Strahlungskonstante des schwarzen Körpers mit dem Zahlenwert $5{,}68 \cdot 10^{-8}$ W.m^{-2}.K^{-4}.

Ist die Umgebung des betrachteten Körpers nicht der unendlich große und leere Raum, empfängt er aus der Umgebung einen Strahlungswärmestrom, der von der Temperatur der Umgebung und vor allem von den geometrischen Verhältnissen abhängt.

Ist der vom Körper 1 ausgesandte Wärmestrom durch die Gl. (1.39) gegeben (P_{st1}), der vom Körper 2 reflektierte Wärmestrom durch einen äquivalenten Betrag (P_{st2}), und fällt der Anteil r von der Ausstrahlung des Körpers 2 auf den Körper 1 zurück, wobei die Wiederabsorption reflektierter Strahlung vernachlässigt wird, dann findet man für den Netto-Wärmestrom

$$\begin{aligned} P_{1,2} &= P_{st1} - P_{st2} = \varepsilon_1 \, A_1 \, \sigma_o \, T_1^4 - r \, \varepsilon_2 \, A_2 \, \sigma_o \, T_2^4 = \\ &= \varepsilon_{1,2} \, A_1 \, \sigma_o \, (T_1^4 - T_2^4) \end{aligned} \tag{1.40}$$

Mit dem resultierenden Emissionsverhältnis $\varepsilon_{1,2}$ bringt man die Gl. (1.40) in die Form der Gl. (1.39). Seine Größe hängt vor allem von der Geometrie des Wärmeaustausches ab.

Für beliebige Geometrien (siehe Abb. 1.13) kann man für den ausgetauschten Strahlungs-Wärmestrom schreiben:

$$P_{1,2} = \frac{\varepsilon_1 \varepsilon_2 A_1 \Phi_{12} \sigma_o}{1-(1-\varepsilon_1)(1-\varepsilon_2)\Phi_{12}\Phi_{21}} (T_1^4 - T_2^4) \qquad (1.41)$$

In dieser Gleichung bedeuten die Größen Φ_{12} und Φ_{21} die Einstrahlzahlen, für die gilt:

$$\Phi_{12} = \int\int_{A_1 A_2} \frac{\cos\beta_1 \cos\beta_2}{s^2} dA_1\, dA_2 \qquad (1.42)$$

und

$$\Phi_{21} = \frac{A_1}{A_2} \Phi_{12} \qquad (1.43)$$

Sie sind bei bekannter Geometrie der strahlungsaustauschenden Flächen berechenbar (siehe dazu auch Abb. 1.13).

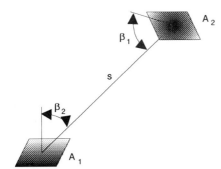

Abb. 1.13: Strahlungsaustausch zwischen zwei Flächen

1.2.4 Wärmedurchgang

Die Wärmeleitung durch eine ebene ein- oder mehrschichtige Wand haben wir bereits weiter oben behandelt. Sei die Wand links und rechts beispielsweise von Luft umgeben, dann ist noch die Frage offen, **wie** der **Wärmeübergang** von der Luft auf die Wand bzw. von der Wand auf die Luft erfolgt. Zur Berechnung des gesamten Wärmetransportes von der Luftschicht 1 durch die Wand zur Luftschicht 2 sind somit die konvektiven Wärmeübergangszahlen α_1 und α_2 maßgebend. Für den gesamten Wärmestrom P erhält man, wenn man die den einzelnen Mechanismen - wie Wärmeübergang Luft-Wand, Wärmeleitung durch die Wand (bzw. die Wände) und Wärmeübergang Wand-Luft - entsprechenden Wärmeströme gleichsetzt (siehe auch Abb. 1.14)):

$$P = \alpha_1 A (t_1 - t_{w1}) = \frac{\lambda}{s} A (t_{w1} - t_{w2}) = \alpha_2 A (t_{w2} - t_2) = k A (t_1 - t_2) \qquad (1.44)$$

oder

$$P = \frac{A}{\frac{1}{\alpha_1} + \sum_i \frac{s_i}{\lambda_i} + \frac{1}{\alpha_2}} (t_1 - t_2) = k A (t_1 - t_2) \qquad (1.45)$$

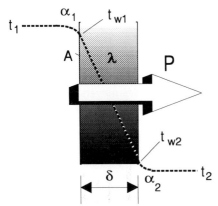

Abb. 1.14: Zum Wärmedurchgang durch eine ebene Wand

k wird als **Wärmedurchgangszahl** bezeichnet. Sie ist ein Maß für den Wert des transportierten Wärmestromes durch eine gegebene Anordnung und ist abhängig von der Wärmeleitzahl der Wand, aber auch von den Wärmeübergangszahlen an den Außenflächen. Letztere enthalten sowohl konvektive als auch Strahlungsanteile. Für andere geometrische Verhältnisse erhält man etwas abweichende Ausdrücke für die Wärmedurchgangszahl. Die in der Literatur angegebenen Ausdrücke für die Wärmedurchgangszahlen unterscheiden sich manchmal, da diese auf unterschiedliche Flächen bzw. Abmessungen bezogen werden. Im Falle des Wärmedurchganges durch die Wand ist die Bezugsfläche naturgemäß die auf beiden Seiten der Wand identische Fläche A, im Falle des Wärmedurchganges durch ein zylindrisches Rohr kann man sich entweder auf die Innen- oder Außenfläche oder überhaupt nur auf die Länge L beziehen. Die Wärmedurchgangszahl kann daher im letzten Fall als Wärmeverlustleistung pro Meter Länge und Kelvin Temperaturdifferenz der Medien innerhalb bzw. außerhalb der Wand angesehen werden.

1.3 Grundstrukturen der Wärmeversorgung

Wir wollen nun in das eigentliche Thema des Buches einsteigen. Dazu wollen wir uns zunächst einen kurzen Überblick über die derzeit üblichen Strukturen der Wärmeenergieversorgung beschaffen.[24]

---

[24] siehe dazu auch *F. Adunka:* Wärmeversorgung. Für Bauingenieure und Architekten, Metrica-Verlag, Wien, 1993

Die Wärmeversorgung des Endabnehmers erfolgt entweder durch

- **Eigenversorgung** mittels herkömmlicher Methoden wie Holz-, Koks- und Ölöfen, aber auch Gasetagenheizung. Vor allem im urbanen Bereich wird die Wärmeversorgung mittels Gasöfen (Thermen) aus zwei Gründen immer beliebter. Vorerst ist der Gaspreis konkurrenzlos niedrig, zum anderen erspart man mit einer Therme die Abrechnungsprobleme, die sich bei einer zentralen Wärmeversorgung ergeben.
- **Elektrische Heizungen** wie beispielsweise Nachtspeicheröfen, elektrische Radiatoren etc. Es wurde bereits erwähnt, daß der Einsatz von elektrischer Energie für die Wärmeversorgung problematisch ist. In Versorgungsnischen und dann, wenn das Angebot an elektrischer Energie nicht anders genützt werden kann, ist allerdings die Verwendung von elektrischer Energie zur Wärmeversorgung sinnvoll. Dies ist eben bei Nachtspeicheröfen der Fall, die vom Energieversorgungsunternehmen zu dem Zeitpunkt geladen werden, zu dem ein Überangebot an elektrischer Energie, eben in der Nacht, vorliegt. Am Rande sei erwähnt, daß sowohl bei elektrischer Heizung, als auch bei Gasversorgung die zugeführte Energie über Elektrizitäts- bzw. Gaszähler problemlos gemessen werden kann.
- **Warmwasser-Zentralheizungen** für einen oder mehrere Nutzer oder Blockheizungen, bei der ein oder mehrere Wohnblöcke oder industrielle Abnehmer von einem gemeinsamen Kesselhaus versorgt werden. Diese Versorgungsschiene ist heute sehr gebräuchlich vor allem dort, wo eine entsprechende Anschlußdichte gegeben ist.
- **Fernwärmeversorgung**: Seit dem zweiten Weltkrieg hat die Fernwärmeversorgung eine große Bedeutung erlangt. Man unterscheidet dabei zwischen Fernheizwerken, deren einzige Aufgabe die Erwärmung des Wärmeträgers auf die vorgesehene Vorlauftemperatur ist. Dafür kommen einerseits konventionelle Kesselanlagen in Frage, im urbanen Bereich aber zunehmend Müllverbrennungs- und Sondermüllentsorgungsanlagen. Wird die Wärmeerzeugung mit der elektrischen Stromerzeugung gekoppelt, spricht man von Fernheizkraftwerken.
- **Versorgung mit erneuerbaren Energien:**[25] Dafür kommen vor allem in Frage: Solarkollektoren für die Warmwasserbereitung, Wärmepumpen für Niedertemperatur-Heizsysteme.
- **Multivalente Energiesysteme**. Man versteht darunter Heizsysteme, die sich zur Deckung des Wärmebedarfes auf unterschiedliche Quellen stützen, beispielsweise die Kombination einer Wärmepumpe mit einem klassischen Kessel. Man spricht von einem bivalenten Heizsystem. Die Wärmepumpe deckt den Hauptanteil des Wärmebedarfes für Außentemperaturen größer als etwa 0 bis 3 °C, darunter sinkt die Leistungsziffer stark ab. Unterhalb dieser Außentemperatur wird dann der klassische Kessel aktiviert.

Bezüglich der Wirkungsgrade ist, mit Ausnahme der multivalenten Heizsysteme, eindeutig der Versorgung mit Blockheizung, Fernheiz- oder Fernheizkraftwerk der Vorzug zu geben. Ausschlaggebend sind die bei höherer Wärmeleistung besseren Kesselwirkungsgrade. Bei der Fernheizung wird durch die praktizierte **Kraft-Wärme-Kopplung**,

---

[25] Wir wollen darunter nicht die klassischen erneuerbaren Energieträger, wie Holz, verstehen.

also die kombinierte Erzeugung elektrischer und thermischer Energie, ein sehr hoher Wirkungsgrad erreicht, eine Tatsache, die die Wärmeenergiekosten drastisch reduziert. Durch die gemeinsame Erzeugung von elektrischem Strom und Wärme sind aber einige Maßnahmen erforderlich. So ist das Temperaturniveau, mit dem der Wärmeträger im Kondensator zur Verfügung steht, in der Regel zu niedrig. Man muß daher Gegendruckturbinen verwenden, die zwar eine Einbuße an elektrischer Leistung liefern, was aber durch den Gewinn an nutzbarer Fernwärmeleistung mehr als ausgeglichen wird.

Aus Gründen des Umweltschutzes wird in neuerer Zeit die Wärmeversorgung aus dem Fernwärmenetz besonders gefördert. Wir wollen daher einige Worte zu dieser Art der Wärmeversorgung verlieren.

Die Erzeugung der Fernwärme wurde bereits weiter oben besprochen; die Wärmeverteilung erfolgt auf mehrere Arten. In **Warmwassernetzen** erfolgt die Wärmeübertragung mit Wasser in Zwei-, Drei- und Vierleiternetzen.

- Im Zweileiternetz wird die Wärme- und Warmwasserversorgung gekoppelt. In der **Vorlaufleitung** wird das heiße Wasser zum Verbraucher transportiert, und dort einerseits zur Heizungs- und andererseits zur Warmwasserversorgung des Endverbrauchers verwendet. In der Rücklaufleitung fließt das um die Temperaturabkühlung im Verbraucher abgekühlte Wasser zum Wärmeerzeuger zurück.

- Das **Dreileiternetz** besteht aus zwei Vorlaufleitungen und einer Rücklaufleitung. Eine Vorlaufleitung dient zum Transport des Heizungswassers, die andere Vorlaufleitung mit konstanter Temperatur dient zum Transport des Gebrauchs-Warmwassers. Die Rücklaufleitung ist für die Wärme- und Warmwasserversorgung gemeinsam.

- Mit dem **Vierleiternetz** schließlich erfolgt die Wärme- und Warmwasserversorgung getrennt, was gewisse Vorteile hat, wie weiter unten erörtert wird.

Vereinzelt sind auch noch **Dampfnetze** in Betrieb, die aber, wegen der hohen Temperaturen, Sicherheitsprobleme aufwerfen. Sie werden sowohl nach dem Zweileiternetz, als auch nach dem **Einleiternetz** gebaut, bei dem das Kondensat nach entsprechender Auskühlung weggeschüttet wird.

In den meisten Fällen werden die Verbraucher, wegen der hohen Übertragungstemperaturen, nicht unmittelbar an das Fernwärmenetz angeschlossen, sondern mittels sogenannter Umformerstationen, die einen Wärmeaustauscher enthalten. Meist werden zwei Wärmeaustauscher verwendet, einer für die Wärme-, ein anderer für die Gebrauchs-Warmwasserversorgung.

Das Fernwärmenetz nennt man dann das Primärnetz, das eigentliche Heizungsnetz nach dem Wärmeaustauscher das Sekundärnetz.

In Abb. 1.15 ist ein geordnetes Jahresbelastungsdiagramm eines Fernheiznetzes gezeigt, das natürlich prinzipiell auch für eine Einzelheizung gilt. In diesem Diagramm ist die über der Jahresstundenzahl aufgetragene Wärmeleistung P dargestellt. Dabei ist ersichtlich, daß die maximale Wärmeleistung nur während einer relativ kurzen Zeit benötigt wird, während die meiste Zeit eine vergleichsweise niedrige Wärmeleistung erforderlich ist.

Die Fläche unter der Kurve ergibt die jährlich in das Netz gelieferte Wärmemenge. Auf die Vollast bezogen kann man eine *Vollaststundenzahl* angeben, die ein Maß für die Netzauslastung darstellt.

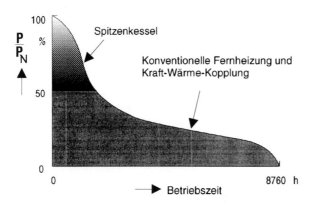

Abb. 1.15: *Geordnetes Jahresbelastungsdiagramm eines Fernheiznetzes (schematisch). Die während relativ kurzer Zeit benötigte maximale Netzleistung wird durch Spitzenkessel gedeckt, während die Grundlast durch konventionelle Fernheizung, in neuerer Zeit auch durch Kraft-Wärme-Kopplung geliefert wird.*

Der Verbrauch an Wärmeenergie hängt natürlich ganz entscheidend von den klimatischen Bedingungen, wie Außentemperatur, Windstärke und Sonneneinstrahlung ab. Als stärkster Einfluß ist jedenfalls die Außentemperatur zu werten. In Abb. 11.3 (Kapitel 11) ist dazu die Häufigkeit der Außentemperatur für vier österreichische Städte gezeigt. Obwohl die Klimata doch unterschiedlich sind, läßt sich doch aus der Darstellung herauslesen, daß niedrige Außentemperaturen relativ selten auftreten, während die meiste Zeit der Heizperiode Temperaturen über etwa $t_a = 3$ °C auftreten.

Als praktische Bewertungsgröße führt man den Begriff der sogenannten **Heizgradtage** (abgekürzt: **HGT**) ein. Er stellt die Summe der Differenzen zwischen der mittleren Raumlufttemperatur von 20 °C und dem Tagesmittel der Außentemperatur über alle Heiztage der Heizzeit bei einer Heizgrenztemperatur von x °C mittlerer Außentemperatur dar.[26] Die Heizgrenztemperatur wird unterschiedlich angegeben: In Deutschland mit 15 °C [27], in Österreich mit 12 °C mittlerer Außentemperatur.[28]

Für einen Tag mit der mittleren Außentemperatur - 20 °C beträgt die Heizgradtagszahl: 40. Ein typischer Wert für die Gradtagszahl einer Heizperiode in Mitteleuropa ist 3000 bis 4000.

Für den momentanen Betrieb einer Heizanlage ist die Außentemperatur die entscheidende Größe. Wind und Sonneneinstrahlung beeinflussen zwar ebenfalls den Wärmeverbrauch, aber nicht so entscheidend wie die Außentemperatur. Je tiefer die Außentemperatur ist, umso größer muß die bereitgestellte Wärmeleistung sein. Diese hängt erstens vom Volumendurchfluß ab, den die Heizungspumpe aufbringen muß, und von der Temperaturdifferenz zwischen der Vorlauf- und Rücklaufleitung nach dem Kessel oder dem Wärmeaustauscher. Bei konstantem Durchfluß wird daher ein mit der Außentemperatur korrelierter Wert der Vorlauftemperatur so eingestellt, daß ein gewünschter Wert der Rücklauftemperatur bzw. der Temperaturdifferenz zwischen Vor-

---

[26] Definition nach ÖNORM B 8110, Teil 1, Ausgabe 1983
[27] *Recknagel/Sprenger:* Taschenbuch für Heizung + Klimatechnik, Oldenburg, München, Wien, 1983
[28] siehe ÖNORM B 8110

und Rücklauf resultiert. Beispielsweise ist die Vorlauftemperatur bei -15 °C, der sogenannten Auslegungs-Außentemperatur, 90 °C und die Rücklauftemperatur 70 °C.

Dieser Zusammenhang gilt genauso bei einem Primär- wie bei einem Sekundärnetz, lediglich die Temperaturniveaus sind unterschiedlich. Um eine hohe Wärmeleistung zu übertragen, versucht man in Fernheiznetzen die Vorlauftemperatur möglichst hoch zu halten. Diese Maßnahme wird durch die mit der Temperatur rasch ansteigenden Verluste und den maximal möglichen Vordruck begrenzt. Bei flüssigem Wärmeträger muß natürlich der Vordruck immer weit über dem Dampfdruck der Flüssigkeit bei der höchsten Vorlauftemperatur sein. Sekundärseitig ist die Vorlauftemperatur i.a. mit 90 °C begrenzt. Wird mit der Heizung auch eine zentrale Warmwasseranlage betrieben, dann darf die Vorlauftemperatur nicht unter 70 °C fallen.

In den Abbildungen 1.16 und 1.17 sind diese Verhältnisse für das Primär- und das Sekundärnetz illustriert. Als Auslegungs-Außentemperatur wurden $t_a = -15$ °C angenommen, als Heizgrenze 12 °C.

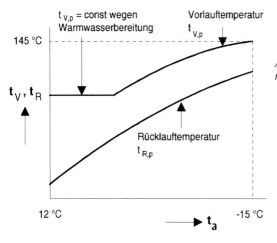

Abb. 1.16: Verhältnisse im Fernwärmenetz (Primärnetz)

Für die Wärmeverteilung in einem Wohn- oder Geschäftshaus sind mehrere Arten der Rohrleitungsführung üblich. Prinzipiell unterscheidet man dabei die Anspeisung jeder Etage mit mehreren Steigsträngen und jene mit nur einem Steigstrang, die sogenannte horizontale Verteilung. Die Unterschiede beider Rohrleitungsführungen zeigen die Abbildungen 1.18 und 1.19.

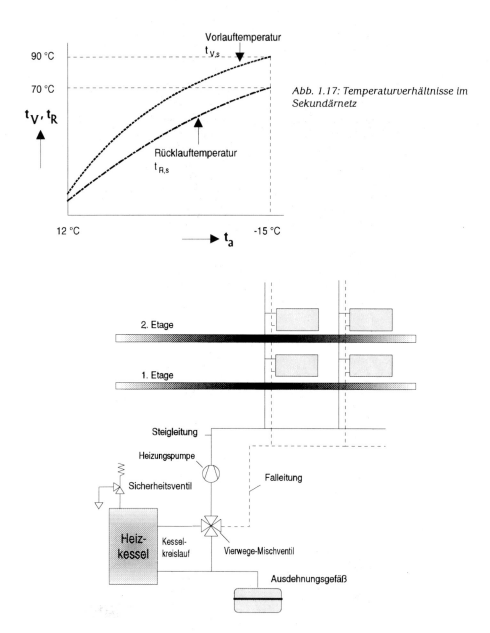

Abb. 1.17: Temperaturverhältnisse im Sekundärnetz

Abb. 1.18: Zentralheizungsanlage mit mehreren vertikalen Steigsträngen. Die übereinanderliegenden Heizkörper werden jeweils an die gleichen Steig- und Fallstränge angeschlossen

Aus Kostengründen wurden in der Vergangenheit die Heizkörper übereinanderliegender Wohnungen durch Steigstränge miteinander verbunden. Eine Verbrauchsmessung mit Wärmezählern ist, wie weiter unten noch ausgeführt wird, praktisch nicht möglich. Anders ist die Situation bei der horizontalen Verteilung. Dort werden alle Heizkörper einer Etage aus einem einzigen Steigstrang gespeist. Besteht die Etage aus mehreren Nutzereinheiten und sollen Wärmezähler eingesetzt werden, ist die Auftrennung in Wohnungsringe nötig.

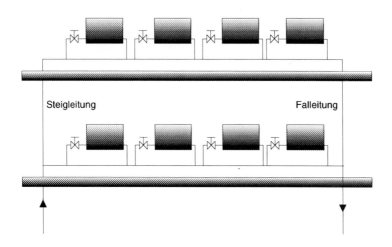

Abb. 1.19: Hausinstallation mit horizontaler Verteilung über zwei Etagen am Beispiel eines Einrohrsystems

1.4 Übersicht über Wärmeerfassungsgeräte

Wir haben im vergangenen Abschnitt erwähnt, daß Wärmezähler sinnvollerweise nur bei einer bestimmten Rohrleitungsführung verwendet werden können. Um dies zu verstehen, wollen wir zunächst die prinzipielle Wirkungsweise von Wärmemeßgeräten erläutern.

1.4.1 Wärmezähler

Wie später ausführlich dargelegt wird, messen Wärmezähler den vom Verbraucher abgegebenen Wärmestrom, indem die Differenz der Enthalpien des Wärmeträgers im Vorlauf und im Rücklauf bestimmt wird. Die Bestimmung der Enthalpiedifferenz erfolgt in der Praxis durch getrennte Messung der Vor- und Rücklauftemperatur (t_V und t_R) einerseits und des Volumendurchflusses Q andererseits.

Soll mit einem solchen Meßgerät beispielsweise der Wärmeverbrauch einer Wohnung bestimmt werden, dann ist notwendig, daß alle Heizflächen vom gleichen Volumendurchfluß durchströmt werden, den auch der Wärmezähler erfaßt; man spricht vom Wohnungsring. Diese Situation ist in Abb. 1.20 dargestellt.

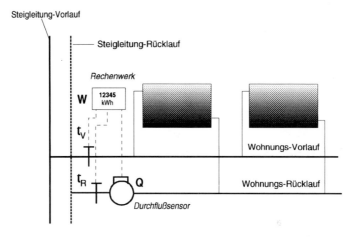

Abb. 1.20: Verwendung von Wärmezählern zur Messung des Wärmeverbrauches in einer Nutzereinheit
t_V ... Vorlaufthermometer
t_R ... Rücklaufthermometer
Q ... Volumenmeßteil zur Bestimmung des Volumendurchflusses

Liegt kein geschlossener Wohnungsring vor, muß entweder jeder Heizkörper mit einem eigenen Wärmezähler versehen werden - was als wirtschaftlich unzumutbar angesehen wird - oder zu einem anderen Meßverfahren ausgewichen werden.

1.4.2 Heizkostenverteiler

Als *anderes* Meßverfahren ist nur die direkte Erfassung der Wärmeabgabe von Heizflächen mittels der sogenannten Heizkostenverteiler (HKV) bekannt. Dabei wird an jedem Heizkörper ein temperaturempfindlicher Sensor angebracht, dessen Signal zeitlich integriert ein Maß für die in einem bestimmten Zeitraum abgegebene Wärmemenge darstellt. Problematisch an dieser Art der Verbrauchserfassung sind die folgenden Punkte:

- ☞ Der Zusammenhang zwischen Oberflächentemperatur und Wärmeleistung einer Heizfläche, jener Größe, die vordergründig interessiert, ist abhängig von Bauart, Anschlußart, Einbausituation und noch einigen anderen Faktoren, die im allgemeinen nicht erfaßbar sind.
- ☞ Der richtige Montageort für den Oberflächen-Temperatursensor ist ebenso wie der obige Zusammenhang nicht eindeutig bekannt. Es gibt zwar eine Unzahl von Untersuchungen zu diesem Gegenstand, die aber insgesamt eher widersprechende Ergebnisse liefern.

☞ Weiters gibt es noch eine Anzahl von Korrektur- oder Bewertungsgrößen, die vom speziellen Betriebszustand des einzelnen Heizkörpers abhängen, der aber a priori nicht bekannt ist.

☞ Ein weitere Schwäche der Heizkostenaufteilung mit HKV, aber auch mit der Erfassung der Wärmeabgabe einzelner Heizkörper mit Wärmezählern, liegt in der Nichterfaßbarkeit der Wärmeabgabe der Zuleitungsrohre. Da zeitweise die Zuleitungsrohre mit Absicht nicht isoliert wurden, da „die Wärme sowieso der Wohnung zugute kommt", sind diese nichterfaßten Wärmemengen so groß, daß eine Heizkostenverteilung im klassischen Sinne ad absurdum geführt wird. Diese Situation wird noch dadurch verschärft, daß durch die sehr gut isolierte Bauweise der letzten beiden Jahrzehnte der Wärmebedarf oft drastisch gesunken ist. Es bleibt also kaum mehr etwas zu verteilen, wobei dann Effekte, wie sie oben angeschnitten wurden, natürlich umso stärker zu Buch schlagen.

Abschließend sei noch die Frage aufgeworfen, ob es eine gerechte Heizkostenverteilung überhaupt geben kann.
Wie aus den bisherigen knappen Ausführungen klargeworden sein dürfte, ist die individuelle Heizkostenverrechnung an die über Heizflächen gekoppelte Wärmezufuhr gebunden. Jeder Wärmeaustausch, der zwischen den einzelnen Nutzereinheiten erfolgt, kann aber bestenfalls geschätzt werden. Hier sei das Schlagwort vom **Wärmediebstahl** genannt, der dann auftritt, wenn ein Nutzer durch Unterbeheizung seiner Wohnung Wärmeströme von den nächsten Nachbarn empfängt. Da diese Wärmeströme aber nur schwer erfaßbar sind - und im übrigen auch bei der Eigenversorgung auftreten -, kann man sie nur durch einen hohen Isoliergrad gering halten. In der Literatur werden recht unterschiedliche Angaben über die Größe des „Wärmediebstahls" veröffentlicht. Beispielsweise spricht *Philipp* von Werten bis zu 40 %,[29] weitere Quellen geben wieder andere Schätzwerte an. Dies ist auch klar, wenn man bedenkt, daß der Wärmediebstahl von Fall zu Fall sehr unterschiedlich ist (siehe dazu auch die Ausführungen im Kapitel 11). Die Wärmediebstähle lassen sich zwar nie ganz vermeiden, durch eine gute Isolation aber zumindest stark reduzieren, wie *Panzhauser* zeigte.[30]

Bei etwa gleichen Heizgewohnheiten sind diese Wärmeströme auch nicht sehr groß, da ihr Betrag vom Temperaturunterschied zwischen den Wohneinheiten abhängt, allerdings auch von der Dicke und vom Material der Trennwände. Wesentlich größer sind dagegen die Wärmeströme, die über die Außenhaut des Gebäudes an die Umgebung abgegeben werden, ist doch der treibende Temperaturunterschied wesentlich größer als jener zwischen den Wohneinheiten eines Gebäudes. Genauer werden diese Verhältnisse im Kapitel 11 untersucht.

Bei diesen Überlegungen wurden starke Vereinfachungen vorgenommen. Wie später noch gezeigt wird, sind die tatsächlichen Verhältnisse wesentlich komplexer; trotzdem glaubt der Verfasser, daß die praktizierten Verfahren der Heizkostenverrechnung durchaus brauchbar sind, wenn auch einige Verfahren reformbedürftig sind.

---

[29] *K. Philipp:* Erfahrungen der Nachbarn, in „Verbrauchsabhängige Heizkostenverrechnung", Seminar am 16.2.1982 an der TU Wien

[30] *E. Panzhauser:* Verhaltens- und bautechnische Einflußfaktoren auf den Heizenergieverbrauch, wie bei Fußnote 29

2 Thermodynamik wärmeübertragender Systeme

2.1 Übersicht

Zur Diskussion der Thermodynamik wärmeübertragender Systeme wird der in Abb. 2.1 dargestellte Heizkreislauf zugrundegelegt. Aus einem Wärmereservoir wird das Wärmeträgerfluid der Temperatur t_V (Vorlauftemperatur) entnommen, durch das wärmeverbrauchende System transportiert und fließt nach Abkühlung auf die Temperatur t_R (Rücklauftemperatur) zum Wärmereservoir zurück. Es wird angenommen, daß sich die Temperatur des Wärmereservoirs durch die Entnahme des Wärmeträgers nicht wesentlich ändert.

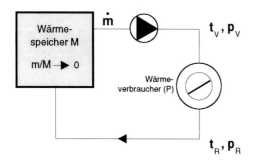

Abb. 2.1: Prinzipschema eines Heizkreislaufes

Die an das System in der Zeiteinheit abgegebene Wärmemenge, die Wärmeleistung P, muß daher vom Wärmereservoir nachgeliefert werden. Die vom Wärmeverbraucher abgegebene Wärmemenge kann nun auf zwei Arten bestimmt werden:

Einmal können die in das System hinein- und aus ihm herausfließenden Wärmeströme ermittelt werden, deren Differenz dem Verbrauch gleichkommt (Kapitel 2.2).

Zum anderen kann die Wärmeabgabe des Systems an die Umgebung (oder ein weiteres System) direkt, d.h. durch Messung des von der Oberfläche des Verbrauchers abgegebenen Wärmestroms, bestimmt werden. Diese Methode ist prinzipiell gleichwertig mit der ersten (Kapitel 2.3)

Für die erste Methode, die wir **Differenzverfahren** nennen wollen, ist die Kenntnis der Vor- und Rücklauftemperaturen und des Massen- oder Volumenstromes notwendig, der den Verbraucher durchfließt. Wie weiter unten gezeigt wird, ist für eine exakte Messung die Kenntnis der physikalischen Eigenschaften des Wärmeträgers nötig.

Für die zweite Methode müssen die von jedem Oberflächenelement des Verbrauchers abgegebenen Wärmeströme bestimmt werden. Dies ist zwar sehr schwierig, aber prinzipiell möglich. Es ist also nicht nur mit der Differenzmethode eine im physikalischen Sinne exakte Messung möglich, sondern auch mit der direkten Messung der von der Oberfläche abgegebenen Wärmeströme. Die meßtechnische Realisierung beider Methoden ist allerdings nur mit unterschiedlicher Genauigkeit möglich. Während nämlich mit den auf dem Differenzverfahren beruhenden **Wärmezählern** eindeutig die physikalische Größe **Wärmemenge** ermittelt wird und der Einfluß der Oberflächeneigenschaften des Systems in die Messung **nicht** eingeht, ist die direkte Messung der vom Verbraucher abgegebenen Wärmemenge durch Messung der von der Oberfläche abgegebenen Wärmeströme mit vernünftiger Genauigkeit praktisch nicht durchführbar. In der Praxis versucht man daher von Haus aus nicht Wärmezähler nach der **Oberflächenmethode** zu bauen, sondern begnügt sich mit einer etwas abgemagerten Version, dem **Heizkostenverteiler,** bei dem allerdings von einer anderen Motivation ausgegangen wird.

2.2 Die indirekte Messung der Wärmeleistung

2.2.1 Flüssige Wärmeträger

Bei der in Abb. 2.1 skizzierten Anordnung setzen wir nun stationäre Verhältnisse voraus. Dazu wird ein konstanter Massenstrom dm/dt angenommen, der den Wärmestrom P_V in das wärmeverbrauchende System transportiert. Das System verlassen dann zwei Wärmeströme: Ein Wärmestrom P_R, der in einer Leitung fließend zum Wärmereservoir zurückströmt, und ein weiterer Wärmestrom P, die eigentliche Wärmeleistung des Systems, der über die Oberfläche abgegeben wird. Über die Oberfläche des in Abb. 2.2 dargestellten Systems wird innerhalb eines Zeitraumes $\Delta\tau$, den wir, um stationäre Verhältnisse voraussetzen zu können, genügend groß wählen, Wärme mit der Umgebung oder einem weiteren wärmeverbrauchenden System ausgetauscht.

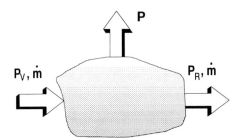

Abb. 2.2: Zur Definition der Wärmeströme

Der zugeführte Wärmestrom P_V muß die abgeführten Wärmeströme decken. Nach dem ersten Hauptsatz der Thermodynamik (Energiesatz) kann also die folgende Energiebilanz gebildet werden:

$$P_V = P_R + P + \dot{m}(p_R v_R - p_V v_V) \qquad (2.1)$$

Im dritten Term der rechten Seite ist auch noch die zu leistende Verschiebearbeit berücksichtigt: $(p_R v_R - p_V v_V)$. v_V und v_R sind dabei die auf die Masseneinheit bezogenen Volumina im Vor- und Rücklauf und p_V und p_R die entsprechenden Drücke. Die Gl. (2.1) läßt sich nun mit dem Energiesatz weiter umformen:

$$P_V - P_R = \dot{m}\left[(u_V - u_R) + \frac{w_V^2 - w_R^2}{2} + g(z_V - z_R)\right] = P + \dot{m}(p_R v_R - p_V v_V) \qquad (2.2)$$

In dieser Gleichung bedeuten:

u_V, u_R ... die spezifischen inneren Energien
w_V, w_R ... die Eintritts- bzw. Austrittsgeschwindigkeiten des Massenstromes und
z_V, z_R ... eventuell unterschiedliche geodätische Höhen zwischen dem Ein- und Ausgang des Systems.

Ist der Rohrquerschnitt für Ein- und Austritt gleich, dann ist $w_V = w_R$. Ist außerdem $z_V = z_R$, dann folgt mit der Definition der spezifischen Enthalpie (= Enthalpie pro Masseneinheit):

$$h = u + p\,v \qquad (2.3)$$

nach Gl. (2.2):

$$P = \dot{m}\,(h_V - h_R) = \dot{m}\,\Delta h \qquad (2.4)$$

Zur Bestimmung der abgegebenen Wärmemenge ist Gl. (2.4) noch über die Zeit zu integrieren, so daß wir schließlich erhalten:

$$W = \int_{\Delta\tau} \dot{m}\,\Delta h\,d\tau \qquad (2.5)$$

τ bedeutet in dieser Gleichung die Zeit und $\Delta\tau$ den Meßzeitraum.

Die Gl. (2.5) wird aber in der Praxis nicht verwendet, da die Enthalpiedifferenz Δh nicht direkt gemessen werden kann. Um daher eine für die Praxis verwendbare Gleichung zu erhalten, benutzt man die Tatsache, daß die Enthalpie neben dem Druck in erster Linie von der Temperatur abhängt. Aus $h = h(t,p)$ folgt

$$dh = \left(\frac{\partial h}{\partial t}\right)_p dt + \left(\frac{\partial h}{\partial p}\right)_t dp \qquad (2.6)$$

Da per definitionem $(\partial h/\partial t)_p = c_p(t)$ gleich der spezifischen Wärme bei konstantem Druck ist und bei inkompressiblen oder nahezu inkompressiblen Medien $(\partial h/\partial p)$ sehr klein ist, kann man in guter Näherung schreiben:

$$dh = c_p(t)\,dt \qquad (2.7)$$

Damit kann die Gl. (2.5) umgeformt werden in

$$W = \int_{\Delta\tau}\int_{t_R}^{t_V} \dot{m}\,c_p(t)\,dt\,d\tau \qquad (2.8)$$

Mit $\overline{c_p}$ als der mittleren spezifischen Wärme im Intervall $[t_V, t_R]$ folgt weiters:

$$W = \int_{\Delta\tau} \dot{m}\,\overline{c_p}\,(t_V - t_R)\,d\tau \qquad (2.9)$$

Für die Prüfung der Wärmezähler kann man im Prinzip die Gl. (2.9) anwenden, da es für den Massenstrom Meßverfahren gibt. Die auf diesen Meßverfahren beruhenden Meßgeräte sind aber noch sehr teuer, so daß in der Praxis fast ausnahmslos volumetrische Meßverfahren zur Anwendung kommen.
Mit dem Zusammenhang:

$$m = V\,\rho \quad \text{bzw.} \quad \dot{m} = \dot{V}\,\rho \qquad (2.10)$$

mit V als dem Volumen und ρ als der Dichte, läßt sich die Gl. (2.9) weiter umformen in

$$W = (t_V - t_R)\,\overline{c_p} \int_{\Delta\tau} \dot{V}\,\rho(t_i)\,d\tau \qquad (2.11)$$

Mit dem Index i, der für V (= Vorlauf) bzw. R (= Rücklauf) steht, ist der Tatsache Rechnung getragen, daß die Volumenstrommessung entweder im Vor- oder Rücklauf erfolgen kann und daß außerdem die Dichte eine temperaturabhängige Größe ist.
Faßt man die Dichte und die mittlere spezifische Wärme zu der Größe k_i zusammen, die für eine Messung

☛ im Vorlauf den Betrag $\quad k_V = \rho(t_V)\,\overline{c_p} \qquad (2.12a)$

☛ im Rücklauf den Betrag $\quad k_R = \rho(t_R)\,\overline{c_p} \qquad (2.12b)$

hat, so schreibt man statt Gl. (2.11):

$$W = k_{V(R)} \int_{\Delta\tau} (t_V - t_R)\,\dot{V}\,d\tau \qquad (2.13)$$

Die Größe $k_{V(R)}$ heißt **Wärmekoeffizient**. Sie ist neben der Temperaturdifferenz $(t_V - t_R) = \Delta t$, die man auch **Spreizung** nennt, auch noch vom absoluten Betrag der Vor- und Rücklauftemperatur abhängig.
$\mathbf{k_{V(R)}}$ ist für Wasser von der Größenordnung „1 kWh·m^{-3}·K^{-1}". Für eine exakte Wärmemengenmessung muß der Betrag von $k_{V(R)}$ genau bekannt sein, worauf wir später noch näher eingehen werden.

2.2.2 Dampfförmige Wärmeträger

Bisher wurde vorausgesetzt, daß der Wärmeträger im Verbraucher in flüssiger Phase vorliegt. Diese Voraussetzung wollen wir nun fallenlassen und untersuchen, welche Besonderheiten auftreten, wenn der Wärmeträger die flüssige und dampfförmige Phase annehmen kann. Dazu wollen wir vorerst einige Eigenschaften von Dampf besprechen.

2.2.2.1 Der Phasenübergang Flüssigkeit-Dampf

Betrachten wir die Abb. 2.3, die den Phasenübergang flüssig/gasförmig beim Wärmeträger Wasser darstellt.

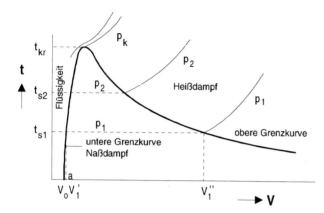

Abb. 2.3: Phasenübergang flüssig/gasförmig beim Wärmeträger Wasser

In Abb. 2.3 ist ein Temperatur-(t) Volumen-(V) Diagramm für den Wärmeträger Wasser dargestellt. Mit steigender Temperatur t bis zur Temperatur t_{kr} bleibt der Wärmeträger flüssig und nimmt ein Volumen ein, das kleiner ist als das durch die „untere Grenzkurve Naßdampf" gegebene. Wird bei der Temperatur t_{s1} das Volumen erhöht, dann tritt bei Überschreitung der unteren Grenzkurve Verdampfung ein. Der zugehörige Druck ist der sogenannte Sättigungsdampfdruck. Den Zustand, bei dem die beiden Phasen flüssig und gasförmig nebeneinander existieren, nennt man Sättigungszustand. Der zur Temperatur t_{s1} gehörende Dampfdruck sei p_1, das zugehörige Grenzvolumen $V_1{'}$. Wird das Volumen bei konstantem Druck p_1 weiter vergrößert, liegen zwei Phasen nebeneinander vor, flüssig und gasförmig. Bei Erreichung des Volumens $V_1{''}$ ist sämtliche Flüssigkeit verdampft; Wasser liegt nur mehr in gasförmigem Zustand vor, also in einer einzigen Phase. Den gasförmigen Zustand oberhalb $V_1{''}$ nennt man überhitzten Dampf oder Heißdampf, den Zustand darunter Naßdampf. Naßdampf ist also stets ein Zweiphasengemisch aus Wasser und gasförmigem Wasser.

Ähnliche Verhältnisse liegen beim Zustand mit t_{s2} vor, bei dem der Druck p_2 herrscht. Wird die Temperatur t weiter erhöht, wird schließlich ein Punkt erreicht, bei dem die flüssige Phase, ohne das Naßdampfgebiet, sofort in überhitzten Dampf übergeht. Dieser Zustand wird als kritischer Zustand bezeichnet. Er ist für Wasser durch die kritische Temperatur t_{kr} = 374,15 °C und den kritischen Druck p_{kr} = 221,2 bar charakterisiert.

In der Praxis der Wärmeversorgung ist man in der Regel weit unter diesen kritischen Werten. Da die entsprechenden Temperaturen und Drücke viel niedriger sind, ist auch die Möglichkeit von Naßdampf gegeben. Für die Wärmemessung ist dieser Zustand schwierig zu erfassen, da zwei Phasen nebeneinander vorliegen. Wir wollen daher für die folgenden Überlegungen überhitzten Dampf annehmen, der in Abb. 2.3 durch die obere Grenzkurve definiert ist.

2.2.2.2 Die Enthalpieänderung beim Phasenübergang

Die Enthalpie des Wärmeträgers im Vorlauf ist die Summe aus

- der Enthalpie des Sättigungszustandes h_s, bei dem Wasser und Dampf nebeneinander vorliegen,
- der Verdampfungsenthalpie, die aufgewendet werden muß, um Wasser in den dampfförmigen Zustand überzuführen. Die Verdampfungsenthalpie ist gleich der Kondensationsenthalpie h_k, jenem Enthalpiebeitrag der frei wird, wenn Dampf zu kondensieren beginnt,
- und der Enthalpie, die der Differenz zwischen Vorlauf- und Sättigungstemperatur entspricht.

Die Enthalpie des Wärmeträgers bei der Vorlauftemperatur ist somit:

$$h_V = h_s + h_k + \int_{t_s}^{t_V} c_{p,D} \, dt = h_s + h_k + h_{s,V} \qquad (2.14)$$

Bei der Abkühlung des Dampfes wird bei Unterschreitung des Sättigungszustandes t_s

- die Kondensationsenthalpie h_k,
- der Enthalpiebeitrag des Dampfes $h_{s,V}$
- sowie jener Enthalpiebeitrag frei, der dem Temperaturunterschied des Sättigungszustandes t_s und der Rücklauftemperatur $t_R < t_s$ entspricht:

$$\Delta h = \int_{t_s}^{t_V} c_{p,D}(t) \, dt + h_k + \int_{t_R}^{t_s} c_{p,f}(t) \, dt \qquad (2.15)$$

In den Gleichungen (2.14) und (2.15) bedeuten

$c_{p,D}$ ... die spezifische Wärme bei konstantem Druck des (überhitzten) Dampfes
$c_{p,f}$ ... die spezifische Wärme bei konstantem Druck des flüssigen Wärmeträgers

Ist speziell $t_s = t_R$, dann ist die im Verbraucher abgegebene Enthalpie gleich

$$\Delta h = \int_{t_s}^{t_V} c_{p,D}(t) \, dt + h_k = \Delta h_o + h_k, \qquad (2.16)$$

bzw. für m kg Masse des Wärmeträgers:

$$W = \Delta H = m \, (h_k + \Delta h_o) \qquad (2.17)$$

Die Kondensationswärme für Wasserdampf h_k ist für die in Frage kommenden Betriebszustände wesentlich größer als Δh_o. Für einen Druck von 10 bar ist beispielsweise $dh/dt \approx 2,8$ kJ.kg^{-1}.K^{-1}, während die Kondensationsenthalpie: h_k = 2015 kJ/kg ist.

Sind die Genauigkeitsanforderungen nicht allzu hoch, dann genügt es mitunter, lediglich die Kondensatmenge zu messen (z.B. mit Flügelrad- oder Trommelzählern), ein Verfahren, das dann durchaus üblich ist.

2.3 Die direkte Messung der Wärmeleistung

Während wir uns bisher mit der Wärmeleistungs- bzw. Wärmeenergiemessung beschäftigt haben, die den Umweg über die Erfassung der Differenz von zu- und abfließenden Wärmeströmen benützt, wollen wir uns im folgenden mit der direkten Messung der von Heizflächen abgegebenen Wärmeströme beschäftigen. Obwohl diese Meßtechnik im Vergleich zu der bisher behandelten Methode sehr einfach ist - sie läßt sich im wesentlichen auf einfache Temperaturdifferenzmessungen zurückführen - liegt die Problematik in der Theorie der Methode selbst. Wir werden uns daher in diesem Unterkapitel etwas ausführlicher mit der Physik der Heizflächen beschäftigen, um im Kapitel 4 die entsprechenden Meßmethoden ausarbeiten zu können.

2.3.1 Leistungsgleichung für einen Modellheizkörper

2.3.1.1 Allgemeines

Zur Behandlung des Problems der Wärmeabgabe von Heizflächen betrachten wir einen Modellheizkörper in der Form eines nichtprofilierten Plattenheizkörpers, z.B. mit einer Länge von 1 m und einer Höhe von 0,9 m. Dieser Heizkörper wurde u.a. auch deshalb ausgewählt, da er repräsentativ für neu errichtete Heizanlagen ist und dazu sehr viele Messungen vorliegen.

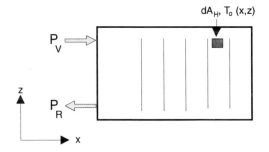

Abb. 2.4: Zur Geometrie des Plattenheizkörpers

Um zunächst den Einfluß des stets auftretenden Oberflächen-Temperaturprofils auszuschalten, sei ein infinitesimales Oberflächenelement $dA_H = dx\,dz$ betrachtet (siehe Abb. 2.4). Für dieses Element kann eine einheitliche Temperatur T_o vorausgesetzt werden. Zur weiteren Vereinfachung sei angenommen, daß diese geheizte Platte von Wänden in so großem Abstand umgeben sei, daß das Verhältnis der Heizkörperoberfläche A_H zur

Fläche der Wände A_w annähernd verschwindet. Weiters sei die Wärmeabgabe der Heizkörperränder vernachlässigt.

Bezüglich der Heizkörperumgebung seien noch die folgenden Annahmen getroffen:

1. Die Raumlufttemperatur $T_L(x,y,z)$ sei räumlich konstant und - wenn nichts anderes ausgesagt - 20 °C [1].
2. Die Strömung längs des Heizkörpers sei einzig und allein durch Dichteunterschiede der Luft, also freie Konvektion, verursacht. Sekundärströmungen, wie Eigenkonvektion des Raumes, Zugerscheinungen durch schlecht schließende Fenster, aber auch durch Ventilation erzwungene Luftbewegungen seien zunächst ausgeschlossen.
3. Die den Raum umschließenden Wände haben eine konstante Temperatur, die - soferne nichts anderes angenommen wird - gleich der Raumlufttemperatur ist.

Bezüglich eines Oberflächenelementes dA_H läßt sich nun die folgende Aussage treffen. Der von der Heizfläche abgegebene Wärmestrom setzt sich aus zwei unabhängigen, aber in ihrer Wirkung überlagerten Anteilen zusammen:

1. dem aufgrund von Dichteunterschieden der am Heizkörper entlangstreichenden Luft auftretenden konvektiven Anteil und
2. dem durch die Wechselwirkung zwischen den Oberflächen des Heizkörpers und den umschließenden Wänden auftretenden Strahlungswärmestrom.

Wir wollen weiters annehmen, daß das Medium Luft für den Strahlungsanteil durchlässig sei.

Bevor wir versuchen werden, eine Heizkörpergleichung aufzustellen, wollen wir die beiden in Frage kommenden Wärmeübertragungs-Mechanismen etwas näher betrachten.

2.3.1.2 Konvektion

Durch die Erwärmung der am Heizkörper entlangstreichenden Luft bildet sich eine Auftriebsströmung aus. Sie ist nur auf eine sehr dünne Grenzschicht beschränkt, in der auch die wirksame Übertemperatur der Heizfläche gegenüber der umgebenden, als ruhend angenommenen Luft abgebaut wird.

Der typische Verlauf der Strömungsgeschwindigkeit und der Übertemperatur in der Grenzschicht ist in Abb. 1.11 gezeigt.

Zumindest für Luft kann man die thermische Grenzschichtdicke gleich der Strömungsgrenzschichtdicke setzen (δ_s bzw. δ_T, siehe auch Abb. 1.11). Die Strömung in der Grenzschicht ist zunächst laminar (z > 0). Für diesen Fall ist die Grenzschichtdicke durch

---

[1] Wir wollen in diesem Kapitel fast ausschließlich die Temperatur als absolute Temperatur verstehen und mit Großbuchstaben bezeichnen. Wird die Temperatur in °C angegeben, wird sie klein geschrieben.

$$\frac{\delta_T(z)}{z} = 3{,}81\,(Gr.Pr)^{1/4} \tag{2.18}$$

gegeben.[2]

Die *Prandtl*zahl Pr kann man für Luft gleich 0,71 setzen. Für die *Grashof*zahl Gr gilt mit g als der Erdbeschleunigung, ν als der kinematischen Viskosität und der Annahme, daß Luft ein ideales Gas darstellt:

$$Gr = \frac{g\,z^3\,\Delta T_L}{\nu^2\,T_L} \tag{2.19}$$

Die aus Gl. (2.18) folgenden typischen Grenzschichtdicken für Heizkörper sind von der Größenordnung kleiner als ein Millimeter. Die Wärmeabgabe durch freie Konvektion ist demnach ein örtlich lokalisiertes Phänomen.

Mit zunehmender Höhe am Heizkörper nimmt die Geschwindigkeit der Strömung zu, um bei Erreichen eines kritischen Wertes der *Grashof*zahl Gr_{kr} turbulent zu werden. So gibt *Gröber* einen kritischen Wert für den Übergang laminar/turbulent von $Gr_{kr} = 10^9$ an [3], während *Eckert* [4] zwischen einem unteren Wert von 4.10^8 und einem oberen Wert unterscheidet, der „um gut eine Zehnerpotenz höher" liegt. Das stimmt auch mit Angaben von *Saunders* überein, der die kritische *Grashof*zahl bei $1{,}4.10^9$ ansetzt [5].

Nimmt man daher für $Gr_{kr} \approx 10^9$ an, dann erhält man beispielsweise für den Modellheizkörper eine Zuordnung zu einer kritischen Übertemperatur $\Delta T_{o,kr}$, die bei etwa 12 K liegt.

Trotz des offensichtlichen Vorliegens einer Übergangsströmung zwischen dem rein laminaren und dem rein turbulenten Strömungszustand wirkt sich dies nach *Gröber* nicht merklich auf den Wärmeübergangskoeffizienten aus. Diese Aussage deckt sich mit Messungen des Autors [6], und auch *Raiß* und *Töpritz* vermuteten bereits früher, daß die Wärmeübertragung „überwiegend bei laminarer Grenzschichtströmung erfolgt"[7]. Die Theorie (*Schmidt und Beckmann*[8]) liefert für die lokale, dimensionslose Wärmeübergangszahl in Luft

$$Nu = 0{,}368\,Gr^{1/4}, \tag{2.20}$$

woraus man durch Integration über die Heizkörperhöhe H findet:

---

[2] J.P. Holman: Heat transfer, 5th edition, McGraw Hill, 1983
[3] Gröber, Erk, Grigull: Die Grundgesetze der Wärmeübertragung, Springer-Verlag, Berlin, 1981
[4] E.R.G. Eckert: Einführung in den Wärme- und Stoffaustausch, Springer-Verlag, Berlin, 1966
[5] A. Saunders: Natural convection in liquids, Proc.roy.Soc. Lon(A), 172(1939), p. 55 ff
[6] F. Adunka, L. Pongràcz: Zur Wärmeübertragung des Plattenheizkörpers, Gas, Wasser, Wärme 40(1986), Nr. 12, S. 376 ff und HLH 38(1987), Nr. 2, S. 55 ff
[7] W. Raiß, E. Töpritz: Über die Wärmeleistung von Plattenheizkörpern, HLH 17(1966), Nr. 1, S. 1 ff
[8] E. Schmidt, W. Beckmann: Das Temperatur- und Geschwindigkeitsfeld von einer Wärme abgebenden senkrechten Platte bei natürlicher Konvektion, Techn. Mech. u. Thermodyn. 1(1930), S. 341 u. 391 ff

$$\alpha_k \approx 0{,}4907 \frac{\lambda}{H} \left(\frac{g\, H^3}{\nu^2\, T_L} \right)^{1/4} \Delta T_o^{1/4}$$

bzw.

$$\alpha_k \approx 1{,}418\, \Delta T_o^{1/4} \qquad (2.21)$$

wenn man die mittlere Wärmeübergangszahl durch

$$\langle Nu \rangle = \frac{4\, Nu_{z=H}}{3} \qquad (2.22)$$

definiert. Diese für die laminare Strömung geltende Beziehung ist auch experimentell nachweisbar. So hat der Autor aus Messungen der Wärmeleistung am Modellheizkörper die mittlere Wärmeübergangszahl bestimmt [9]. Die mittlere Wärmeübergangszahl läßt sich in der Form

$$\alpha_k = b\, \Delta T_o^{1/4} \qquad (2.23)$$

darstellen, wobei die Größe „b" eine Höhenabhängigkeit von

$$b \propto H^{-1/4} \qquad (2.24)$$

zeigt.

Diese Abhängigkeit bezieht sich naturgemäß nur auf den konvektiven Anteil der Heizkörperleistung, nicht aber auf den Strahlungsanteil. *Raiß* und *Töpritz* [10] wiesen diese Abhängigkeit auch bei ihren Messungen nach.

Der konvektive Leistungsanteil kann mit Gl. (2.23) für beliebige Plattenheizkörper (allerdings für Bauhöhen nicht über 1 m) in der allgemeinen Form

$$P_k = \alpha_k\, A_H\, \Delta T_o = b\, A_H\, \Delta T_o^{5/4} \qquad (2.25)$$

geschrieben werden.

Die bisherigen Überlegungen setzen einen Modellheizkörper mit einheitlicher Temperatur voraus. Tatsächlich ist aber mit der Wärmeabgabe von Heizflächen stets auch ein Temperaturprofil der Oberfläche verbunden, das den konvektiven Wärmeaustausch beeinflußt. Die Auswirkung dieses Temperaturprofils werden wir noch untersuchen.

---

[9] siehe Fußnote 6
[10] siehe Fußnote 7

2.3.1.3 Strahlungsanteil

Ein schwieriges, aber prinzipiell lösbares Problem stellt die Berechnung des Strahlungsanteiles der Heizkörperleistung dar. Unbekannt sind a priori:

- die spezielle Umgebung, in der der Heizkörper montiert ist
- die Strahlungseigenschaften der am Strahlungsaustausch mitwirkenden Flächen
- die Strahlungseigenschaften der Heizkörperumgebung

Vor einer generellen Aussage zum Strahlungsanteil der Heizkörper seien daher die genannten Punkte näher beleuchtet.

Zur Frage der Umgebung: Ist der Heizkörper in einem leeren Raum aufgestellt, dann kann man mittels der sogenannten Einstrahlzahlen für jede beliebige, aber bekannte Umgebung den Strahlungs-Wärmeaustausch berechnen, ein Problem, das in jedem Lehrbuch der Wärmeübertragung mehr oder weniger ausführlich abgehandelt wird. Da jedoch die spezielle Umgebung, in der der Heizkörper montiert wird, unbekannt ist, können auch die Einstrahlzahlen nicht exakt bestimmt werden. So wird auch der Strahlungsanteil des Heizkörpers verändert, wenn vor den Heizkörper beispielsweise eine Sitzgruppe gestellt wird.

Ein vernünftiger Ansatz scheint daher zu sein, wenn man von einer bestimmten Umgebungsgeometrie Abstand nimmt und lediglich voraussetzt, daß die zum Strahlungsaustausch beitragende Oberfläche des Heizkörpers $q.A_H$ (mit $q < 1$) klein ist gegen die umhüllende, den Heizkörper völlig umschließende Oberfläche der Wände bzw. Einrichtungsgegenstände.

Nimmt man für die beteiligten Körper: Heizkörper und Umgebung jeweils einheitliche Temperaturen an, dann findet man für den ausgetauschten Wärmestrom die Beziehung (siehe z.B. [11]):

$$P_{st} = \varepsilon_{o,w} \, \sigma_o \, (T_o^4 - T_w^4) \, q \, A_H, \qquad (2.26)$$

mit

$$\varepsilon_{o,w} = \frac{1}{\frac{1}{\varepsilon_o} + q \frac{A_H}{A_w}(\frac{1}{\varepsilon_w} - 1)} \qquad (2.27)$$

In Gl. (2.26) bzw. (2.27) bedeutet ε_o das Emissionsverhältnis[12] der Heizkörperoberfläche, ε_w jenes der umhüllenden Flächen, A_H und A_w die zugehörigen Flächen und T_o und T_w deren Temperaturen. q ist der Anteil der Heizkörperoberfläche, der zum Strahlungsaustausch beiträgt. σ_o ist die Strahlungskonstante des schwarzen Körpers mit dem Zahlenwert $5,68.10^{-8}$ $W.m^{-2}.K^{-4}$, $\varepsilon_{o,w}$ ist das resultierende Emissionsverhältnis.

---

[11] F. Adunka: Zur Wärmeleistung des Plattenheizkörpers, Ges.Ing. 104(1983), H. 5, S. 230 ff, und F. Adunka, W. Kolaczia: Zur Anwendung des Potenzgesetzes und zum Einfluß der Umgebung auf die Wärmeleistung von Heizkörpern, Ges.Ing. 105(1984), H. 5, S. 241 ff

[12] Das Emissionsverhältnis stellt das Verhältnis des Emissions-Wärmestromes eines grauen Strahlers zum Emissions-Wärmestrom des schwarzen Körpers dar. Das Emissionsverhältnis kann daher maximal 1 sein.

In den bisherigen Überlegungen wurde - dies ist auch an den Gleichungen (2.26) und (2.27) abzulesen - graue Strahlung vorausgesetzt. Dies bedeutet, daß die Strahlung des Körpers prinzipiell dem Stefan-Boltzmannschen Gesetz

$$P = \sigma_o T_o^4 \qquad (2.28)$$

folgt, wobei aber nun die Strahlungskonstante vom Idealwert σ_o abweicht und durch

$$\sigma = \varepsilon\, \sigma_o \qquad (2.29)$$

zu ersetzen ist.

Für das vorliegende Problem der Berechnung des Strahlungsaustausches kann das resultierende Emissionsverhältnis nach Gl. (2.27) berechnet werden. Da in fast allen Fällen $qA_H/A_w \ll 1$ ist, kann in guter Näherung $\varepsilon_{o,w} \approx \varepsilon_o$, also gleich dem Emissionsverhältnis der Heizkörperoberfläche gesetzt werden. Für übliche Heizkörperlacke findet man für ε_o Werte von ca. 0,95.

Der Heizkörper strahlt in senkrechter Richtung zur Oberfläche am stärksten; ist er aber metallisch blank oder mit einem metallischen Anstrich versehen, strahlt er am stärksten parallel zur Oberfläche. Es ist also sehr wichtig, Heizkörper mit einem geeigneten Anstrich zu versehen, wobei es auf die Farbe praktisch nicht ankommt.

Für Heizkörper, die in obigem Sinne graue Strahler darstellen, kann man für die Richtungsabhängigkeit des Strahlungsstromes das Lambertsche Kosinusgesetz ansetzen, das allerdings für Ausstrahlung parallel zur Oberfläche nicht gilt. Am Wert für ε_o ist daher gegebenenfalls eine Korrektur anzubringen, die den oben angegebenen Wert etwas verringert.

Für das Mauerwerk sowie für Möbelstücke erhält man gleichfalls Werte von der oben angegebenen Größenordnung.

Bezüglich des Strahlungsaustausches von Heizkörper und Fenster wäre zu bemerken, daß Glas zwar für elektromagnetische Wellen im sichtbaren Bereich durchlässig ist, nicht aber für Infrarotwellen. Für Glas kann man daher nach Literaturangaben Werte für das Emissionsverhältnis von etwa 0,95 setzen.

In Gl. (2.27) wurde mit der Größe q der Tatsache Rechnung getragen, daß bei manchen Heizkörpern nur ein Bruchteil der gesamten Oberfläche, nämlich $q.A_H$, zum Strahlungsanteil beiträgt. Als Beispiel sei der Rippenheizkörper angeführt, bei dem durch Zustrahlung der einzelnen Glieder etwa gleicher Temperatur ein Großteil der Strahlung abgekoppelt ist. In grober Näherung kann man die Hüllfläche des Heizkörpers als verbindliche Größe für $q.A_H$ heranziehen.

Das schwierigste Problem ist das der nichthomogenen Wandtemperaturen. Die Raumströmungen bedingen Lufttemperaturprofile mit einem Minimum am Boden und einem Maximum an der Decke (oder in der Nähe der Decke). Aufgrund dieser Gradienten sind auch Unterschiede in den Wandtemperaturen zu erwarten, die die Berechnung des Strahlungs-Wärmeaustausches nach Gl. (2.26) erschweren. In dieser Gleichung ist ja eine einheitliche Wandtemperatur T_w vorausgesetzt, die es genaugenommen nicht gibt.

Nach Gl. (2.26) wären nun die Einstrahlzahlen für jedes Flächenelement des Heizkörpers mit allen Flächen gleicher Temperatur der Umhüllung zu ermitteln. Dies ist eine sehr mühsame Aufgabe und zwar grundsätzlich, aber wegen der eingangs gemachten Bemerkungen nicht allgemein lösbar. Bei Betrachtung der in der Literatur angegebenen Größenordnung der Profile der Raumlufttemperatur kommt jedoch zugute, daß diese bei Radiatorenheizungen, mit Heizkörpern an den Außenwänden, eher gering sind [13]. Ohne großen Fehler kann daher in Gl. (2.26) ein Mittelwert für T_w eingesetzt werden, wie er etwa in der unteren Raumhälfte zu finden ist.

Die den Strahlungsanteil charakterisierende Größe q ist von der speziellen Bauart des Gliederheizkörpers abhängig. Für Gußradiatoren geben *Schmidt* und *Kraußold*[14] bei freier Aufstellung einen leistungsbezogenen Strahlungsanteil von etwa 30 %, bei Aufstellung vor einer Wand ca. 17 % an. Bei neueren Bauarten von Gliederheizkörpern dürfte der Strahlungsanteil - wegen der schmaleren Bauform - etwas höher liegen. Für den Modellheizkörper liegt er mit ca 60 % ziemlich hoch.

Bei Konvektoren ist zwar der Strahlungsanteil noch wesentlich geringer als beim Gliederheizkörper; der konvektive Anteil läßt sich aber nicht in ähnlich einfacher Weise wie jener des Plattenheizkörpers beschreiben. Nach *Hesslinger*[15] hängt er neben der Schachthöhe auch vom Abstand der Lamellen und deren Größe ab.

2.3.1.4 Zum Temperaturprofil der Heizkörperoberfläche

Die Wärmeabgabe von Heizflächen ist stets mit einer Abkühlung des Wärmeträgers verbunden. Zur Abschätzung der Gesetzmäßigkeiten betrachten wir die Abb. 2.5, die die Strömung des Wärmeträgers im Modellheizkörper skizziert. Wir wollen voraussetzen, daß die Abkühlung des Wärmeträgers ausschließlich in den vertikalen Kanälen erfolgt. Mit dieser Annahme ist der Temperaturgradient auf die z-Richtung beschränkt.

Mit der Wärmedurchgangszahl k und der inneren Oberfläche A_i, der konvektiven Übertemperatur bezüglich des Wärmeträgers $\Delta T = T_i - T_L$, mit T_L als der Raumlufttemperatur und T_i als der Temperatur des Wärmeträgers im vom betrachteten Oberflächenelement dA_i umschlossenen Volumen, und den Bezeichnungen der Abb. 2.5 folgt für die von der Heizfläche abgegebene Leistung:

$$dP = k(z)\, \Delta T(z)\, dA_i = \dot{m}\, c_p(T_i)\, dT_i \qquad (2.30)$$

Mit u als dem Umfang des Oberflächenelementes dA_i und der Beziehung $dA_i = u\, dz$ findet man weiters:

---

[13] F. *Adunka:* Meßtechnische Grundlagen der Heizkostenverteilung, VDI Fortschrittberichte, Reihe 19, Nr. 21, VDI-Verlag, Düsseldorf, 1987,
  Recknagel, Sprenger: Taschenbuch für Heizungs- und Klimatechnik, R. Oldenburg-Verlag, München-Wien, 1984
[14] E. *Schmidt,* H. *Kraußold:* Die Wärmeabgabe von Gliederheizkörpern, Ges.Ing. 55(1932), H. 5, S. 1ff
[15] S. *Hesslinger:* Beitrag zur Berechnung der Wärmeleistung von Konvektoren, Fortschrittberichte der VDI-Zeitschrift, Reihe 6, Nr. 134, 1983, siehe auch: Wärmeübergang bei Konvektoren mit Schacht, HLH 36(1985), Nr. 5, S. 217 ff und HLH 36(1985), Nr. 6, S. 305 ff

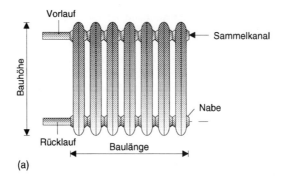

Abb. 2.5: Zur Abkühlung des Wärmeträgers im Heizkörper
(a) Bezeichnungen am Heizkörper
(b) Durchflußschema Anschluß: Vorlauf oben, Rücklauf unten. Die Abkühlung erfolgt in erster Linie in den senkrechten Kanälen
(c) Ausschnitt aus einem senkrechten Kanal

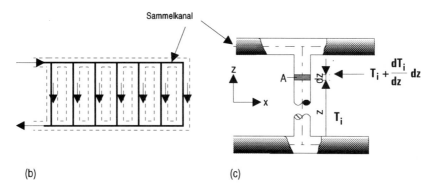

$$\frac{\Delta T(z)}{\frac{dT_i}{dz}} = \frac{\dot{m}\, c_p\, T_i}{k(z)\, u} \qquad (2.31)$$

Für einen bestimmten Betriebszustand, gekennzeichnet durch einen bestimmten Massenstrom und konstante Werte der Vorlauf- und der Raumlufttemperatur, ist $\dot{m}\, c_p\, T_i$, aber auch $k(z)$ konstant, woraus die Konstanz der rechten Seite von Gl. (2.31) folgt. An dieser Gleichung erkennt man die direkte Proportionalität der örtlichen Übertemperatur $T(z)$ und des Temperaturgradienten dT_i/dz.

Wegen $dT_i = d(T_i - T_L)_{T_L = const} = d\Delta T$ ist $\dfrac{d\Delta T(z)}{\Delta T(z)} = const.$ \qquad (2.32)

Die Annahme der Konstanz der rechten Seite von Gl. (2.32) ist nicht ganz richtig, ist doch erstens die spezifische Wärme c_p im betrachteten Temperaturbereich zwar annähernd, aber nicht exakt konstant. Weiters sind auch in der Wärmeübergangszahl k(z), definiert durch die Beziehung

$$\frac{1}{k(z)} = \frac{1}{\alpha_i} + \frac{A_a}{A_i}\frac{\delta}{\lambda} + \frac{A_a}{A_i}\frac{1}{\alpha_a} \qquad (2.33)$$

mit α_i und α_a als den Wärmeübergangszahlen im Kanal und an der äußeren Oberfläche, δ als der Wandstärke des Heizkörpers und λ als der Wärmeleitzahl der Rohrwand, wohl der erste und zweite Ausdruck annähernd konstant, sicher aber nicht der letzte, der den Wärmeübergang an der Oberfläche beschreibt und naturgemäß von der z-Koordinate abhängt.

Unter Kenntnis dieser Einschränkung wollen wir nun die Konstanz von α_a annehmen und die Integration der Gl. (2.32) ausführen. Sie liefert für die mittlere Übertemperatur

$$\Delta T_{ln} = \frac{T_V - T_R}{\ln\frac{T_V - T_L}{T_R - T_L}} = \frac{t_V - t_R}{\ln\frac{t_V - t_L}{t_R - t_L}} = \Delta t_{ln} \qquad (2.34)$$

und für die dieser Übertemperatur entsprechende Höhe am Heizkörper z_m:

$$\frac{z_m}{H} = 1 + x \ln x \qquad (2.35)$$

mit

$$x = \frac{\Delta T_{ln}}{(t_V - t_R)} \qquad (2.36)$$

In Abb. 2.6 ist der Ort der mittleren Übertemperatur in Abhängigkeit von der Spreizung, der Differenz zwischen der Vorlauf- und Rücklauftemperatur, dargestellt. Wie deutlich zu sehen ist, steigt der Ort der mittleren Übertemperatur z_m mit zunehmender Spreizung, bzw. Drosselung des Heizmittelstromes, über die geometrische Mitte zu größeren Höhen am Heizkörper an.

Da nach Gl. (2.33) der Temperaturunterschied ΔT zwischen Wärmeträger und Oberfläche vom Wärmeübergang: Wärmeträger/Heizkörperinnenwand und von der Wärmeleitung in der Heizkörperwand abhängt, kann man wegen der relativen Konstanz der entsprechenden Wärmedurchgangszahl eine unmittelbare Proportionalität der Übertemperaturen, bezogen auf den Wärmeträger und auf die Oberfläche finden [16]:

---

[16] *A. Hampel:* Verhalten der Temperaturen an Heizkörperoberflächen, in: Anwendungstechn. Grundlagen der ista-Heizkostenverteiler auf Verdunstungsbasis, herausgegeben von der ista-Verwaltung, Mannheim, 1980

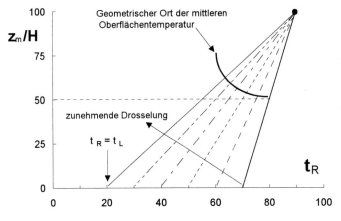

Abb. 2.6: Geometrischer Ort der mittleren Oberflächentemperatur (schematisch)
Annahme: lineares Temperaturprofil

$$\Delta T_o = \Delta T - (T_m - T_o) = (1 - \frac{\delta T}{\Delta T}) = \xi \, \Delta T, \qquad (2.37)$$

mit ξ von der Größenordnung 0,95. Wie *Hampel* zeigte, ist das Verhältnis $\Delta T_o/\Delta T$ ein lineares, somit ξ eine Konstante.[17]

Die Größe Δt_{ln} in Gl. (2.35), die sogenannte „logarithmische Übertemperatur" bildet daher nicht nur das Temperaturprofil im Wärmeträger selbst, sondern auch an der Oberfläche ab. Wir werden künftig den Index „ln" weglassen und unter der mittleren Übertemperatur immer die logarithmische Übertemperatur verstehen.

Die logarithmische Übertemperatur ist eine im ersten Moment recht unübersichtliche Größe. In erster - aber recht guter - Näherung kann man oft auch die sogenannte „arithmetische Übertemperatur" ΔT_{ar} verwenden. Entwickelt man nämlich den Nenner in Gl. (2.34) in eine Reihe und bricht nach dem quadratischen Glied ab, dann erhält man für die arithmetisch gemittelte Übertemperatur

$$\Delta T_{ar} \approx \frac{T_V + T_R}{2} - T_L \qquad (2.38)$$

Die arithmetische Übertemperatur ist stets etwas größer als die logarithmische Übertemperatur. Für $t_V = 90\ °C$, $t_R = 70\ °C$ und $t_L = 20\ °C$ ist $\Delta t_{ln} = 59,44$ K und $\Delta t_{ar} = 60$ K, also kein allzugroßer Unterschied. Für $t_V = 90\ °C$, $t_R = 30\ °C$ und $t_L = 20\ °C$ ist $\Delta t_{ln} = 30,83$ K, hingegen $\Delta t_{ar} = 40$ K.

Man sieht an diesem Beispiel bereits sehr deutlich die Anwendungsgrenzen der arithmetischen Übertemperatur. Für geringe Spreizungen ist die Näherung recht gut, während für gedrosselte Heizmittelströme bereits beträchtliche Abweichungen auftreten.

---

[17] siehe Fußnote 16

2.3.1.5 Ansatz für die Wärmeleistung

Zur Formulierung einer Leistungsgleichung für den Modellheizkörper ist zunächst der von einem Oberflächenelement dA_H ausgehende Wärmestrom zu ermitteln. Betrachten wir dazu die Abb. 2.4. Für das Oberflächenelement kann man mit den Gleichungen (2.25) und (2.26) einen differentiellen Wärmestrom formulieren, der sich aus den beiden Anteilen: freie Konvektion und Strahlung zusammensetzt [18]:

$$dP(x,y) = dP_{st} + dP_k \qquad (2.39)$$

Bezeichnet man mit

$$T_o(x,z)-T_L = \Delta T_o(x,z) \qquad (2.40)$$

die konvektive und mit

$$T_{os}(x,z)-T_w = \Delta T_{os}(x,z) \qquad (2.41)$$

die Strahlungsübertemperatur,[19] entwickelt den Ausdruck

$$T_{os}^4 - T_w^4 = (T_w + \Delta T_{os})^4 - T_w^4$$

mittels der Beziehung

$$(T_w + \Delta T_{os})^4 - T_w^4 = 4\, T_w^3\, \Delta T_{os} + 6\, T_w^2\, \Delta T_{os}^2 + 4\, T_w\, \Delta T_{os}^3 + \Delta T_{os}^4, \qquad (2.42)$$

dann erhält man für $dP(x,z)$:

$$dP(x,z) = [4\, \varepsilon_{o,w}\, \sigma_o\, T_w^3\, \Delta T_{os} + 6\, \varepsilon_{o,w}\, \sigma_o\, T_w^2\, \Delta T_{os}^2 + 4\, \varepsilon_{o,w}\, \sigma_o\, T_W\, \Delta T_{os}^3$$
$$+ \varepsilon_{o,w}\, \sigma_o\, \Delta T_{os}^4 + 0{,}368\, \frac{\lambda}{z} \left(\frac{g\, z^3}{v^2 T_L} \right)^{1/4} \Delta T_o^{5/4}]\, dx\, dy, \qquad (2.43)$$

wenn für die lokale Wärmeübergangszahl die Gl. (2.20) benützt wird.

Wäre die Oberfläche einheitlich temperiert, dann könnte die Gl. (2.43) unmittelbar integriert werden. Für diesen, näherungsweise gültigen Fall kann man setzen:

$$P = (a_1\, \Delta T_{os} + a_2\, \Delta T_{os}^2 + a_3\, \Delta T_{os}^3 + a_4\, \Delta T_{os}^4 + b\, \Delta T_o^{5/4})\, A_H \qquad (2.44)$$

Für ΔT_{os} und ΔT_o sind dabei die mittleren Übertemperaturen, entsprechend den Gleichungen (2.40) und (2.41), einzusetzen.

---

[18] F. Adunka: Zur Wärmeleistung des Plattenheizkörpers, Ges.Ing. 104(1983), H. 5, S. 230 ff,
F. Adunka, W. Kolaczia: Zur Anwendung des Potenzgesetzes und zum Einfluß der Umgebung auf die Wärmeleistung von Heizkörpern, Ges.Ing. 105(1984), H. 5, S. 241 ff

[19] Bei der thermischen Strahlung muß stets die absolute Temperatur, bei Konvektionsvorgängen darf aber auch die Celsiustemperatur verwendet werden. Es ist aber kein Fehler, wenn man für alle Wärmeaustauschvorgänge die absolute Temperatur verwendet, was wir für dieses Kapitel vereinbart haben

Für die Größen a_i und b ergeben sich aus Gl. (2.43):

$$a_1 = 4\,\varepsilon_{o,w}\,\sigma_o\,T_w^3$$
$$a_2 = 6\,\varepsilon_{o,w}\,\sigma_o\,T_w^2$$
$$a_3 = 4\,\varepsilon_{o,w}\,\sigma_o\,T_w$$
$$a_4 = \varepsilon_{o,w}\,\sigma_o$$

$$b = \frac{4}{3}\,0{,}368\,\frac{\lambda}{z}\left(\frac{g\,z^3}{\nu^2\,T_L}\right)^{1/4} \qquad (2.45)$$

Eine detaillierte Untersuchung unter Berücksichtigung eines linearen Oberflächen-Temperaturprofils liefert die Gl. (2.46):

$$P = (a_1\,K_1\,\Delta T_{os} + a_2\,K_2\,\Delta T_{os}^2 + a_3\,K_3\,\Delta T_{os}^3 + a_4\,K_4\,\Delta T_{os}^4 + b\,K_o\,\Delta T_o^{5/4})\,A_H \qquad (2.46)$$

mit den Größen a_i und b nach Gl. (2.45) und K_i nach Gl. (2.47):

$$K_1 = 1 \qquad K_4 = 1+d^2/2+d^4/80$$
$$K_2 = 1+d^2/12 \qquad K_o \approx 1-0{,}0179\cdot d$$
$$K_3 = 1+d^2/4 \qquad\qquad\qquad\qquad\qquad (2.47)$$

Die Bedeutung der Größe „d" erkennt man aus der folgenden Abschätzung:

Für den Normzustand, der durch die Parameter[20]

- Vorlauftemperatur: 90 °C
- Rücklauftemperatur: 70 °C
- Raumlufttemperatur: 20 °C

definiert ist und dem der Normheizmittelstrom $\dot{m}_N$ entspricht, ist die Größe

$$d = \frac{T_V - T_R}{\Delta T_o} \approx \frac{T_V - T_R}{\Delta T_{ar}} = \frac{1}{3} \qquad (2.48)$$

charakteristisch für den Drosselzustand eines Heizkörpers. Für stärkere Drosselzustände wächst **d** und erreicht für $T_R \approx T_L$, wenn also die Rücklauftemperatur etwa der Umgebungstemperatur entspricht, den Grenzwert 2. **d** variiert also in den Grenzen $0 \leq d \leq 2$, wobei die untere Grenze dem Fall: $T_V = T_R$ entspricht.

Untersucht man nun die Auswirkung eines linearen Temperaturprofils auf Gl. (2.46), dann erkennt man, daß mit steigendem Drosselzustand

---

[20] Nach der Europanorm EN 442 ist der Normzustand folgendermaßen definiert: Vorlauftemperatur: 75 °C, Rücklauftemperatur: 65 °C und Raumlufttemperatur 20 °C. Dies ist sicher eine bessere Wahl als die bisherige, doch wollen wir aus Kontinuitätsgründen bei der ursprünglichen Definition bleiben, weil die genaue Definition des Normzustandes für unsere Betrachtungen irrelevant ist.

☛ der konvektive Leistungsanteil erniedrigt und
☛ der Strahlungsanteil erhöht

wird. Diese, für ein lineares Temperaturprofil gewonnene Aussage gilt bei nichtlinearen Temperaturprofilen, wie sie vor allem bei starken Drosselzuständen zu beobachten sind, noch verstärkt.

2.3.1.6 Einfluß des Heizmittelstromes auf die Wärmeleistung

Da der vom Heizkörper abgegebene Wärmestrom letztlich dem Wärmeträger entnommen wird, kann man die folgende Identität ansetzen:

$$\left[\sum_i a_i \, K_i \, \Delta T^i_{os} + b \, K_o \, \Delta T^{5/4}_o \right] A_H = \dot{m} \, \overline{c_p} \, (T_V - T_R), \qquad (2.49)$$

wodurch der Heizmittelstrom über K_i auch mit dem Profilparameter d verknüpft ist.

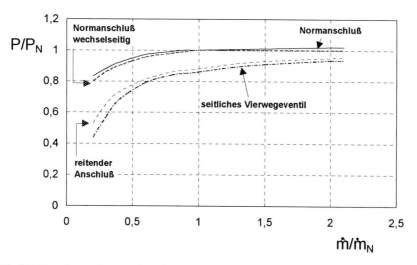

Abb. 2.7: Experimentell ermittelte Abhängigkeit der Heizkörperleistung vom Heizmittelstrom für verschiedene Heizkörpertypen und Anschlußarten. Auf der Ordinate ist die Wärmeleistung, normiert auf die Norm-Wärmeleistung aufgetragen (nach [21])

Es ist klar, daß sich die Heizkörperleistung so lange nicht entscheidend ändert, als die Verringerung des Massenstromes durch Erhöhung der Spreizung $(T_V - T_R)$ kompensiert werden kann. Dies ist natürlich nur so lange möglich, als die Rücklauftemperatur über der Raumlufttemperatur liegt. Erst wenn diese theoretische Grenze unterschritten wer-

---

[21] D. Schlapmann: Wärmeleistung und Oberflächentemperaturen von Raumheizkörpern, HLH 27(1976), Nr. 9, S. 317 ff

den müßte, ändert sich die Heizkörperleistung entscheidend. In diesem Sinne ist auch die Abb. 2.7 zu verstehen, die experimentell ermittelte Leistungskurven dreier unterschiedlicher Heizkörpertypen zeigt. In einem Intervall des Heizmittelstromverhältnisses $0{,}6 \leq \dot{m}/\dot{m}_N \leq 2{,}2$ variiert die Leistung um ± 2 %, während sie unterhalb 0,6 rasch abfällt.

In Abb. 2.8 ist das Ergebnis einer theoretisch ermittelten Leistungscharakteristik gezeigt. Dabei wurde ein Heizkörper mit einem resultierenden Emissionsverhältnis von $\varepsilon_{o,w} = 0{,}2$, also ein typischer Gliederheizkörper, angenommen. Wenn auch die Annahme eines linearen Temperaturprofiles, vor allem für größere Drosselzustände, unrealistisch ist, so gibt doch dieses Modell den prinzipiellen Verlauf sehr gut wieder.

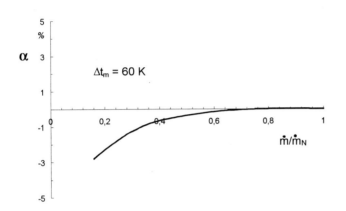

Abb. 2.8: Einfluß des Heizmittelstromes auf die Wärmeleistung für eine konstante Übertemperatur von 60 K (nach[22]), $\varepsilon_{o,w} = 0{,}2$, $\Delta T_{OS} = \Delta T_O$; $\alpha = \Delta P/P(d = 1/3)$

2.3.2 Weitere Einflüsse auf die Wärmeleistung

2.3.2.1 Außenwand

Heizkörper werden in der Regel vor Außenwänden aufgestellt. Dies deshalb, weil sonst Zugerscheinungen auftreten (siehe z.B. [23]). Damit stellt sich das Problem, daß durch die gegenüber der Raumlufttemperatur erniedrigte Temperatur der Außenwand ein relativ geringer, aber merkbarer Leistungsanteil unmittelbar an die Außenluft abgegeben wird, ohne zur Raumheizung beizutragen. Die Erwärmung der Außenwand über das Niveau der mittleren Raumlufttemperatur ist auf den Strahlungs-Wärmeaustausch zwischen der Rückseite des Heizkörpers und der gegenüberliegenden Außenwand zurückzuführen. Damit treten zwei Effekte auf, die die Heizkörperleistung reduzieren: [24,25]

---

22 F. Adunka: Meßtechnische Grundlagen der Heizkostenverteilung, VDI Fortschrittberichte, Reihe 19, Nr. 21, VDI-Verlag, Düsseldorf, 1987
23 F. Adunka: Wärmeversorgung. Für Bauingenieure und Architekten, Metrica-Verlag, Wien, 1993
24 H. Esdorn u.a.: Der Einfluß der Rückwandtemperatur auf die Leistung von Plattenheizkörpern, wkt 24(1972), H. 9, S. 251
25 N. Nadler: Energieersparnis durch Wärmeschutzmaterialien hinter Heizkörpern bei Außenwandaufstellung, Diplomarbeit TU Berlin, HRI 1981

(1) Durch Verringerung des Temperaturabstandes der Heizkörperrückseite und der Außenwand sinkt wegen $(T_{o,R}^4-T_a^4)$ der Strahlungsanteil der Wärmeleistung.

(2) Wegen der erhöhten Temperaturen der Heizkörper-Rückseite ($T_{o,R}$ und T_a) wird die Lufttemperatur im Schacht hinter dem Heizkörper über die mittlere Raumlufttemperatur angehoben und damit auch der konvektive Leistungsanteil verringert.

Insgesamt resultiert ein asymmetrischer Leistungsbeitrag der Vorder- und der Rückseite des Heizkörpers.

Für einen Plattenheizkörper im Normzustand (z.B. für den von uns gewählten Modellheizkörper) erhält man Leistungsreduzierungen, die abhängig sind von der Wärmedurchgangszahl der Außenwand (k_a), der Wärmeübergangszahl an der Außenseite der Außenwand (α_a) und schließlich den Emissionsverhältnissen der Heizkörperrückseite und der Außenwand. Letztere Größen können durch einen Wärmeübergangskoeffizienten α_s umschrieben werden, wobei die Beziehung

$$\varepsilon_{o,w} A_H (T_o^4-T_a^4) = \alpha_s A_H (T_o-T_a) \qquad (2.50)$$

Verwendung findet. Mit diesen Bezeichnungen findet man die in Abb. 2.9 gezeigte Leistungsänderung eines Plattenheizkörpers im Normzustand, abhängig von der Wandtemperatur und dem Verhältnis α_s/α_a.

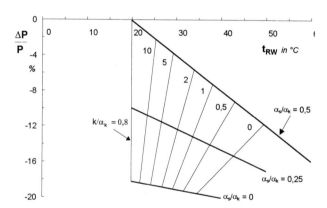

Abb. 2.9: Relative Leistungsänderung eines Plattenheizkörpers im Normzustand in Abhängigkeit von der Temperatur t_{RW} der Außenwand und vom Verhältnis α_s/α_k (nach Esdorn u.a. [26])

Dadurch ergeben sich bedeutende Leistungseinbußen, je nach

☞ Wärmedurchgangszahl k_a und
☞ Emissionsverhältnissen der Heizkörperrückseite und der Außenwand.

---

[26] H. Esdorn u.a.: Der Einfluß der Rückwandtemperatur auf die Leistung von Plattenheizkörpern, wkt 24(1972), H. 9, S. 251

Grundsätzlich wird dieser Effekt umso geringer, je kleiner der Strahlungsanteil des Heizkörpers ist. Er wird also für Gliederheizkörper und mehrlagige Plattenheizkörper wesentlich niedriger ausfallen, als für Einfachplatten.

2.3.2.2 Anschlußart der Heizkörper

Wir haben bisher stillschweigend vorausgesetzt, daß Heizkörper nach „Norm" mit Vorlauf oben und Rücklauf unten angeschlossen sind, wobei es gleichgültig ist, ob die Anschlüsse gleichseitig oder kreuzweise erfolgen.

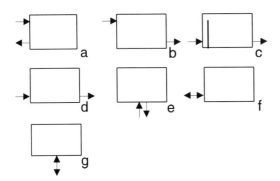

Abb. 2.10: Heizkörperanschlüsse: a) Normanschluß b) Normanschluß wechselseitig c) reitend mit Umlenkung d) reitend e) Minotherm f) seitlich mit Vierwegeventil g) mittig mit Vierwegeventil

In der Praxis werden aber auch andere Anschlußarten verwendet. Die wichtigsten zeigt die Abb. 2.10, Fälle c bis g. Der reitende Anschluß wird vor allem bei Einrohrheizungen verwendet, bei denen die Heizkörper im Nebenschluß an die Versorgungsleitung angeschlossen werden. Die Temperaturverteilung ist im Vergleich zum Normanschluß nicht so homogen; vor allem ist der Bereich der Vorlaufeinspeisung etwas kühler als beim Normanschluß.

In manchen Ländern ist besonders auch die Anschlußart nach Abb. 2.10, Fall e bzw. g (Minothermanschluß bzw. mittiger Anschluß mit Vierwegeventil) üblich. Hier steigt das heiße Vorlaufwasser durch Konvektion auf (Fall e) bzw. wird durch eine Lanze geführt. In Abb. 2.11a und b (siehe Farbeinlage) sind Infrarotaufnahmen dieser Anschlußarten gezeigt. In beiden Fällen ist die Zone über dem Anschluß wesentlich wärmer als die Umgebung. Im Fall des Minothermanschlusses ist allerdings diese Zone breiter als beim Vierwegeanschluß mit Lanze.

Im Gegensatz zum recht homogenen Temperaturprofil des Plattenheizkörpers mit Normanschluß, das in Abb. 2.12 dargestellt ist, ist die Oberflächen-Temperaturverteilung beim Minothermanschluß und auch beim mittigen Vierwegeanschluß keineswegs nur eindimensional (siehe Farbeinlage). Schon gar nicht ist die mittlere Oberflächentemperatur im geometrischen Mittel zu finden.

In neuerer Zeit setzt sich immer stärker der seitliche Vierwegeanschluß nach Abb. 2.10 f durch. Wie beim reitenden Anschluß tritt in den ersten Kanälen eine Mischung von heißem Vorlaufwasser mit bereits abgekühltem Wasser auf. Die wirksame Vorlauftem-

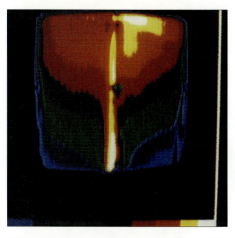 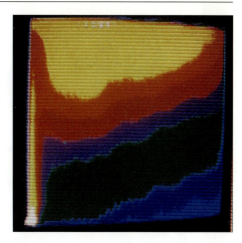

Abb. 2.11: Infrarotaufnahmen an einlagigen Plattenheizkörpern
   a: Minothermanschluß
   b: Vierwegeventil mit Lanze.
   Die Aufnahmen wurden beim Normzustand gemacht

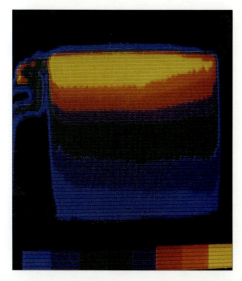 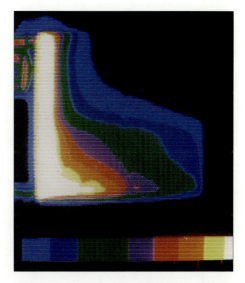

Abb. 2.12: Infrarotaufnahme der Temperaturverteilung an der vorderen Platte eines Doppelplattenheizkörpers mit zwei Lagen Konvektionsrippen. Die Aufnahme wurde beim Normzustand gemacht.

Abb. 2.14: Oberflächentemperaturprofil eines Plattenheizkörpers, bei dem sich in der rechten Hälfte Luft angesammelt hat.

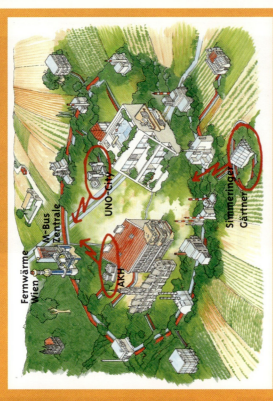

Datenfernübertragung mit M-Bus bietet folgende Vorteile:

☞ Datenweiterleitung an Gebäudeleittechniken
☞ Zählerherstellerunabhängigkeit
☞ Kundenkomfort (keine Vor-Ort-Ablesung notwendig)
☞ Geringe Wartungs- und Montagekosten
☞ Kurze Reaktionszeit bei Zählerstörung und Anlageproblemen
☞ Reduzierung der Arbeitseinsätze durch Online-Meßdaten
☞ Energieeinsparung durch Optimierung der Heizungsanlage auf Grund vorliegender Momentanwerte

Derzeit werden im sozialen Wohnbau über 2500 Zähler und bei Großabnehmern über 400 Zähler mittels M-Bus fernausgelesen

Genauere Informationen über dieses Projekt gibt es auch im Internet unter der Adresse:
http://www.fernwaerme.co.at/mbus
email: michael.utz@fernwaerme.co.at oder christian.gruber@fernwaerme.co.at
Fernwärme Wien Ges.m.b.H. A-1090 Wien, Spittelauer Lände 45

peratur T_V' wird daher etwas niedriger sein als die Vorlauftemperatur in der Zuleitung (T_V). Nach *Bitter* [27] erhält man für die Leistungsreduktion gegenüber dem Normzustand ca. 7,5 %. Bereits in Abb. 2.7 ist der bei verschiedenen Anschlußarten auftretende Leistungsabfall gezeigt.

Einen gravierenden Einfluß auf die Heizkörperleistung hat auch in den Kanälen eingeschlossene Luft. Dies kann in Extremfällen dazu führen, daß einzelne Sektoren des Heizkörpers, die Luft enthalten, nicht durchströmt werden und daher kalt bleiben. In Abb. 2.13 ist ein Beispiel für das Temperaturprofil eines Plattenheizkörpers gezeigt, der im oberen Drittel mit Luft gefüllt ist. In Abb. 2.14 (siehe Farbeinlage) ist in einem weiteren Beispiel die Temperaturverteilung an der Oberfläche eines Plattenheizkörpers dargestellt, der an der linken Seite angeschlossen ist und bei dem sich in der rechten Hälfte Luft angesammelt hat.

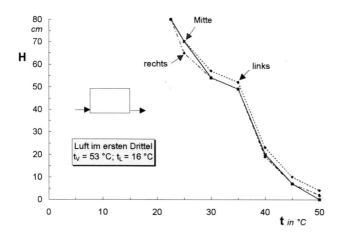

Abb. 2.13: Vertikales Temperaturprofil eines Plattenheizkörpers mit Luftansammlung im oberen Drittel (nach Schleißner [28])

2.3.2.3 Gibt es horizontale Temperaturgradienten?

In Kapitel 2.3.1.4 haben wir aufgrund verschiedener Annahmen eine Abschätzung zum vertikalen Temperaturgradienten eines Heizkörpers gemacht. Dabei fanden wir, daß der Temperaturgradient lediglich eine Komponente in senkrechter Richtung (z) hat, deren Größe im wesentlichen vom Temperaturunterschied von Vor- und Rücklauf sowie vom Massenstrom abhängt, der durch einen senkrechten Kanal fließt. Es wurde stillschweigend auch angenommen, daß die Wärmeabgabe lediglich in den senkrechten Kanälen erfolgt und alle Massenströme gleich sind (siehe dazu auch Abb. 2.5). Es erheben sich daher die Fragen,

- ☞ ob die Annahme einer gleichmäßigen Durchströmung richtig ist und
- ☞ ob nicht auch die Sammelkanäle einen Beitrag zur Wärmeabgabe liefern.

---

[27] H. Bitter: Leistungsminderung von Heizkörpern mit speziellen Anschlüssen, wkt 25(1973), H. 9, S. 343 ff
[28] Private Mitteilung von Dipl.Ing. *Peter Schleißner*, Bundesforschungs- und Prüfzentrum Arsenal, Wien

Zunächst zur ersten Frage. Die Durchströmung eines Heizkörpers wurde vom Autor anhand eines Plattenheizkörpers mit n parallelen senkrechten Kanälen mit kreisförmigem Querschnitt untersucht.[29] Die Kanallänge wurde mit 0,5 m gewählt. Das Ergebnis dieser Berechnungen zeigt die Abb. 2.15.

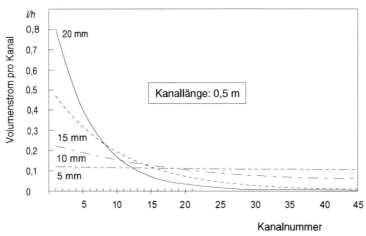

Abb. 2.15: Durchflußverteilung in einem Heizkörper mit n senkrechten Kanälen gleichen, kreisförmigen Querschnitts. Parameter: Kanaldurchmesser

Offenbar ist es sehr wichtig, daß die Kanalquerschnitte nicht zu groß sind. Im konkreten Fall, einem Plattenheizkörper mit einer Kanallänge von 0,5 m, darf der Kanaldurchmesser nicht größer als 5 mm sein, um eine gleichmäßige Wärmeabgabe und damit einen Temperaturgradienten an der Oberfläche zu erzwingen, der nur eine Komponente in senkrechter Richtung z, aber keine in x-Richtung hat.

Nun zur zweiten Frage: Natürlich liefern auch die Sammelkanäle einen Beitrag zur Wärmeabgabe des Körpers. Dieser Beitrag läßt sich aus den Oberflächen der Sammelkanäle und den entsprechenden Temperaturen abschätzen. Wesentlicher aber ist für unseren Zusammenhang, daß die Oberflächen der Sammelkanäle gering sind im Verhältnis zur gesamten Heizkörperoberfläche und die entsprechenden Temperaturen durch die vergleichsweise großen Massenströme, von denen sie durchströmt werden, ebenfalls relativ konstant sind, woraus nur ein lediglich geringer Temperaturgradient in x-Richtung folgt. Letztere sind nur dann von der Größenordnung der senkrechten Temperaturgradienten, wenn sich Luft im Heizkörper sammelt. Wegen der geringen Dichte von Luft, sammelt sich diese bevorzugt am oberen Ende und vis-a-vis der Einspeisestelle. Ein Beispiel für diesen Fall zeigten bereits die Abb. 2.13 und 2.14.

---

[29] *F. Adunka:* Verhalten von Warmwasserheizkörpern bei stark gedrosselten Heizmittelströmen; Messungen an Elektroheizkörpern, Forschungsbericht, herausgegeben vom Verband der Elektrizitätswerke Österreichs, 1990; siehe auch *F. Adunka:* Heizkostenverteilung bei Heizkörpern mit stark gedrosselten Durchflüssen, HLH 43(1992), Nr.11, S. 583 ff;

2.3.2.4 Wirkung von Heizkörperverkleidungen

Heizkörper werden oft aus optischen Gründen in Nischen eingebaut oder verkleidet. Nach Untersuchungen von *Schlapmann* [30] und *ter Linden* [31] ist der Einfluß der seitlichen Begrenzung, die in der Regel einen Abstand von mehr als 100 mm vom Heizkörper hat, unwirksam. Diese Beobachtung kann der Autor aufgrund eigener Messungen bestätigen.

Dagegen verringert sich die Wärmeabgabe der Heizfläche durch die obere Nischenbegrenzung oder das Fensterbrett. *Schlapmann* zeigte in der erwähnten Arbeit auch, daß bei unterschiedlichen Heizkörper-Bauarten unterschiedliche Leistungsminderungen auftreten. So ist die Abnahme der Wärmeleistung bei Gliederheizkörpern wesentlich geringer als bei Plattenheizkörpern. Dies beruht darauf, daß die Luftströmung zwischen den Gliedern durch das Fensterbrett kaum beeinflußt wird, während bei Plattenheizkörpern die Luft im Spalt zwischen Rückseite des Heizkörpers und Wand durch das Fensterbrett stark umgelenkt wird. Daher wächst auch die Leistungsminderung bei Mehrfachplatten gegenüber Einfachplatten an.

2.3.2.5 Einfluß erzwungener Konvektion

Die Wärmeleistung von Heizkörpern setzt sich, wie schon mehrfach erwähnt, aus den beiden Anteilen: Wärmestrahlung und Konvektion zusammen. Der konvektive Anteil basiert voraussetzungsgemäß auf freier Konvektion. Tatsächlich sind die Bedingungen nicht so ideal und es kann zu einer Überlagerung von freier und erzwungener Konvektion kommen, wenn eine Sekundärströmung, verursacht durch ein schlecht schließendes Fenster oder eine Tür, oder auch durch einen Ventilator erzeugt wird.

In Abb. 2.16 ist der Einfluß einer überlagerten erzwungenen Konvektion auf die Wärmeleistung des Modellheizkörpers gezeigt. Wie üblich ist die Wärmeleistung über der Übertemperatur aufgetragen. Besonders deutlich ist der Einfluß der erzwungenen Konvektion bei geringen Übertemperaturen ausgeprägt, während er mit zunehmender Übertemperatur stark abnimmt.

Dieses Verhalten ist näherungsweise berechenbar, wenn man zunächst mit der Heizkörperhöhe und der überlagerten Geschwindigkeit der erzwungenen Konvektion eine Reynoldszahl Re_{erzw} und mit dieser und der aus der freien Strömung folgenden Grashofzahl Gr eine resultierende Reynoldszahl Re_{res} nach der Formel

$$Re_{res} = [p \cdot Re_{erzw}^2 + q \cdot Gr]^{1/2} \qquad (2.51)$$

bildet. Die Konstanten p und q haben in der Literatur folgende Werte [32]:

---

[30] D. *Schlapmann:* Leistungsminderung beim Nischeneinbau von Heizkörpern, Ki Klima+Kälteingenieur 5(1976), S. 193 ff

[31] A.J. *ter Linden:* De Warmteafgifte von de Radiatoren, CICC 58. 2e Journee. Methodes d' Investigations et Enseignements de Recherches sur les Corps de Chauffe, S. 38 ff (zitiert nach Fußnote 26)

[32] DIN 4704, Teil 1: Prüfung von Raumheizkörpern - Prüfregeln
DIN 4704, Teil 2: Prüfung von Raumheizkörpern - offene Prüfkabine
DIN 4704, Teil 3: Prüfung von Raumheizkörpern - geschlossene Prüfkabine

$$p = 1, \quad q = 0{,}4 \qquad (2.52)$$

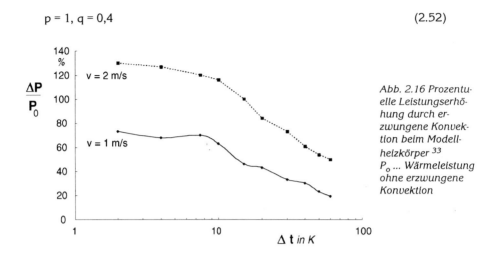

Abb. 2.16 Prozentuelle Leistungserhöhung durch erzwungene Konvektion beim Modellheizkörper [33]
P_o ... Wärmeleistung ohne erzwungene Konvektion

Aufgrund eigener Messungen kann der Autor diese Zahlen nicht bestätigen, wenn auch die Gl. (2.51) grundsätzlich richtig ist.

Die Abb. 2.16 läßt auch schön erkennen, wie empfindlich die Heizkörperleistung auch auf die schwächsten erzwungenen Strömungen reagiert, die am Aufstellungsort der Heizkörper oft vorhanden sind. Offensichtlich ist dies auch einer der Gründe für die Streuungen, die bei der experimentellen Bestimmung der Heizkörperleistung oft beobachtet werden.

2.3.3 Potenzgesetz

In der Praxis wird statt des weiter oben abgeleiteten Zusammenhanges zwischen der Übertemperatur einer Heizfläche und deren Leistung (Gl. (2.46)) eine empirische Formel verwendet, die als „Potenzgesetz" bezeichnet wird:

$$P' = P_m \left(\frac{\Delta t'}{\Delta t_m} \right)^n \qquad (2.53)$$

In dieser Beziehung ist Δt_m die maximale, in der Heizperiode auftretende Übertemperatur, P_m die zugeordnete Leistung und n der sogenannte Heizkörperexponent. P' und $\Delta t'$ sind beliebige Leistungen bzw. Übertemperaturen, für die i.a. gilt: $P' < P_m$ und $\Delta t' < t_m$. Zu beachten ist, daß die Größen P_m und Δt_m nicht dem Normzustand entsprechen müssen und im allgemeinen kleiner sind als die Normgrößen. Diese Bemerkung ist deshalb angebracht, da zwar viele Heizungen für den Normzustand ausgelegt sind, aber in der Praxis die entsprechenden Randbedingungen nicht eingehalten werden.

---

[33] F. Adunka, L. Pongrácz: Zur Wärmeübertragung des Plattenheizkörpers, Gas, Wasser, Wärme 40(1986), Nr. 12, S. 376 ff und HLH 38(1987), Nr. 2, S. 55 ff

Der Exponent n ist charakteristisch für jeden Heizkörper; er wird bei der Leistungsprüfung empirisch ermittelt. Dazu wird meist die Heizkörperleistung bei einigen Übertemperaturen größer als 30 K bestimmt und aus dem Zusammenhang

$$n = \frac{\log P' - \log P_m}{\log \Delta t' - \log \Delta t_m} \qquad (2.54)$$

der Exponent n berechnet. Ob das Potenzgesetz, das eigentlich kein Gesetz, sondern ein rein empirischer Zusammenhang ist, auch noch für $\Delta t < 30$ K gilt, wurde bislang nicht ausreichend untersucht, da geringe Übertemperaturen bzw. Leistungen sehr schwer zu messen sind. Die später noch zu besprechenden Untersuchungen im Wiener Arsenal zeigten jedoch, daß gerade Übertemperaturen im Wohnungsbereich kleiner als 30 K sehr häufig auftreten. Der Autor hat daher einige repräsentative Heizkörper ausgewählt und den Zusammenhang zwischen Leistung und Übertemperatur vor allem bei geringen Wärmeleistungen untersucht.[34]

Zur Untersuchung der Zusammenhänge wollen wir einen Modellheizkörper auswählen, der folgende Eigenschaften hat:

Einfachplatte: Höhe 900 mm, Länge 1000 mm, nichtprofiliert,
Anschluß entsprechend Abb. 2.10a

In Abb. 2.17 ist die Leistungscharakteristik dieses Modellheizkörpers bei einem Massenstrom von etwa 50 kg/h gezeigt. Dieser Massenstrom entspricht dem Normheizmittelstrom.

Wie die Darstellung zeigt, ist das oben erwähnte Potenzgesetz, das in doppeltlogarithmischer Darstellung eine Gerade liefert, für $\Delta t \geq 20$ K recht gut erfüllt. Für $\Delta t < 20$ K treten aber Abweichungen auf, deren Auswirkung auf die Heizkostenverteilung in [35] untersucht wurde. Es zeigte sich, daß im Bereich 20 K $\leq \Delta t \leq$ 60 K die Näherung durch das Potenzgesetz recht gut ist, daß aber für $\Delta t < 20$ K deutliche Abweichungen auftreten, wie die Abb. 2.18 zeigt.

Diese Einschränkung ist aber nur dann erfüllt, wenn statt des experimentell ermittelten Heizkörperexponenten ein etwas kleinerer Wert verwendet wird; im konkreten Beispiel statt n = 1,22 → n = 1,19, also ein um ca 3 % niedrigerer Wert.

---

[34] F. Adunka, W. Kolaczia: Zur Anwendung des Potenzgesetzes und zum Einfluß der Umgebung auf die Wärmeleistung von Heizkörpern; Ges.Ing. 105(1984), H. 5, S. 241 ff

[35] F. Adunka, L. Pongrácz: Zur Wärmeübertragung des Plattenheizkörpers, Gas, Wasser, Wärme 40(1986), Nr. 12, S. 376 ff und HLH 38(1987), Nr. 2, S. 55 ff

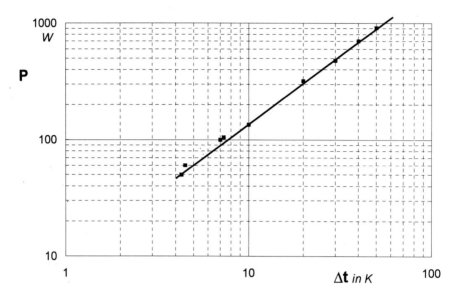

Abb. 2.17: Leistungscharakteristik des Modellheizkörpers. Massenstrom ca 50 kg/h

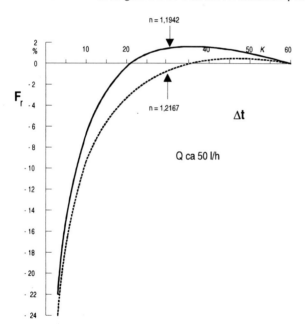

Abb. 2.18: Restfehler aufgrund der Verwendung des Potenzgesetzes n = 1,21 (experimentell), n = 1,1942 ... günstigster Wert

Teil 2

Exakte Wärmeenergiemessung

3 Das Differenzverfahren

Wir haben im Kapitel 2 bereits die Thermodynamik des Differenzverfahrens besprochen. Nun wollen wir daran anknüpfen und untersuchen, wie Meßgeräte, die auf diesem Verfahren beruhen, funktionieren und welche Eigenschaften der Wärmeträger auf die richtige Funktion Einfluß haben.

3.1 Realisierung des Meßprinzips

Die Realisierung des Differenzverfahrens beruht auf den Gleichungen

$$P = \overline{c_p} \, \dot{m} \, \Delta t = \overline{c_p} \, \rho(t_i) \, \dot{V}(t_i) \tag{3.1}$$

für die Wärmeleistung und

$$W = \int_{\Delta\tau} \dot{m} \, \overline{c_p} \, (t_V - t_R) \, d\tau = \int_{\Delta\tau} \dot{V} \, k(t_V, t_R) \, [t_V(\tau) - t_R(\tau)] \, d\tau \tag{2.9}$$

für die Wärmeenergie. Es ist also stets das Produkt von Volumen-($\dot{V}$ = Q) oder Massendurchfluß ($\dot{m}$) zu bilden und mit wärmeträgerspezifischen Daten ($\overline{c_p}$, $\rho(t_i)$ bzw. $\overline{c_p}$) zu bewerten. Dieses Produkt, das die Wärmeleistung darstellt, ist zur Ermittlung der in einem bestimmten Zeitraum $\Delta\tau$ abgegebenen Wärmeenergie zeitlich zu integrieren.

Ein Meßgerät, das auf diesem Verfahren beruht, muß also aus den folgenden Komponenten bestehen:

- einem Durchflußsensor, der entweder den Volumendurchfluß $\dot{V}$ = Q oder den Massenstrom $\dot{m}$ = Q_m erfaßt. Als solche kommen alle bekannten Durchflußzähler in Frage, in der Praxis jedoch in erster Linie Flügelrad- und Woltmanzähler sowie Ultraschallzähler. Mit deren Eigenschaften beschäftigt sich das Kapitel 6.

- einer Temperaturmeßeinrichtung, bestehend aus je einem Temperatursensor für den Vorlauf und den Rücklauf mit der Aufgabe, die Temperaturdifferenz, auch „Spreizung" genannt, zu bilden. Als Temperatursensoren werden fast ausschließlich Platin-Widerstandsthermometer aufgrund deren überragenden Stabilitätseigenschaften verwendet. Andere Verfahren sowie die Probleme, die sich auf Grund der Paarung zum Zweck der Temperaturdifferenzmessung, des Einbaues von Thermometern in Rohrleitungen und der dynamischen Eigenschaften von Wärmeversorgungsanlagen ergeben, werden in Kapitel 7 behandelt.

☛ einem Rechenwerk, das die Aufgabe hat, die Signale vom Durchflußsensor und der Temperaturmeßeinrichtung gemäß der Gleichung (3.1) zu verknüpfen und gegebenenfalls nach Gl. (2.9) zu integrieren. Das Rechenwerk hat ferner die Aufgabe, die gewonnenen Größen anzuzeigen, wobei bei Verwendung eines Mikroprozessors für diese Aufgabe weitere Größen angezeigt werden können wie das Volumen, das den Durchflußsensor im Meßzeitraum durchflossen hat, die Vor- und Rücklauftemperatur, die Temperaturdifferenz u.a. Die speziellen Eigenschaften von Wärmezählern aufgrund des Zusammenwirkens ihrer Teilgeräte werden in Kapitel 8 besprochen.

☛ In der Regel hat ein Wärmezähler auch noch eine eigene Energieversorgung, beispielsweise einen Netzanschluß oder eine Batterie. Rein mechanische Wärmezähler, wie sie früher verwendet wurden, entnehmen die Antriebsenergie dem Wärmeträger auf Kosten eines höheren Druckverlustes, zumindest eine Bauart verwendete als Energieversorger ein Peltierelement.

In Abb. 3.1 ist das Funktionsschema eines Wärmezählers gezeigt.

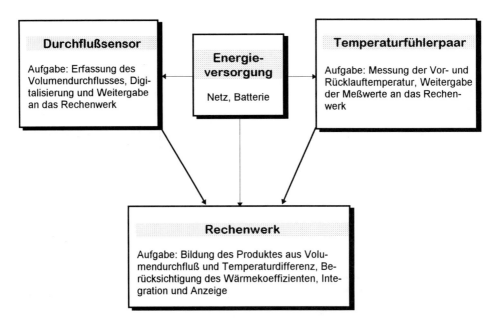

Abb. 3.1: Funktionskomponenten eines Wärmezählers

Jeder Wärmezähler hat die oben genannten Funktionselemente: Durchflußsensor, Temperaturfühlerpaar und Rechenwerk, die als eigene Teilgeräte vorliegen können, aber nicht müssen. So kann man bei sogenannten **Vollständigen Wärmezählern** keine Teilgeräte mehr sehen, da das Gerät als meßtechnische Einheit arbeitet.

Der Durchflußsensor kann unter bestimmten Umständen durch Temperaturdifferenzmessungen ersetzt werden, wie man am Beispiel der sogenannten Wärmeleitbrücke erkennt.

Dabei wird zwischen der Vor- und Rücklaufleitung eines Wärmeversorgungssystems eine Wärmeleitbrücke so angebracht, daß darüber ein Wärmestrom fließt. Dieser Wärmestrom darf naturgemäß nicht so groß sein, daß die Wärmeleitbrücke sich zu stark erwärmt und einen zusätzlichen Verbraucher darstellt. In Abb. 3.2 ist das Meßprinzip dargestellt.

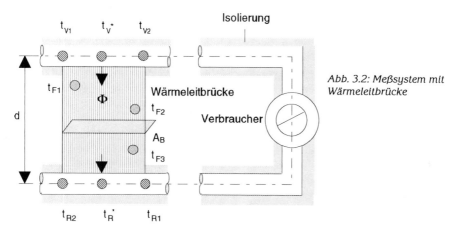

Abb. 3.2: Meßsystem mit Wärmeleitbrücke

Durch den Wärmestrom Φ_1 wird sich der Wärmeträger im Vorlauf stromabwärts von der Temperatur t_{V1} auf die Temperatur t_{V2} abkühlen und der Wärmeträger im Rücklauf von t_{R1} auf t_{R2} erwärmen.

Wird angenommen, daß die spezifische Wärme c_p annähernd konstant ist, was speziell im Bereich der Wohnungswärmemessung erfüllt ist, dann kann man die folgenden Identitäten finden:

$$\Delta t_1 = t_{V1} - t_{V2} = t_{R2} - t_{R1} \qquad (3.2)$$

und

$$\Delta t_2 = t_{V2} - t_{R1} = t_{V1} - t_{R2} \qquad (3.3)$$

Weiters seien die für den Wärmeübergang maßgebenden Temperaturen: t_V und t_R, woraus mit der Wärmedurchgangszahl **k**, definiert durch

$$\frac{1}{k A_B} = \frac{1}{\alpha_1 A_1} + \frac{d}{\lambda A_B} + \frac{1}{\alpha_2 A_2} \qquad (3.4)$$

für den Wärmestrom $\Phi_1 = P_1$ folgt:

$$\Phi_1 = k A_B \Delta t_2^* \qquad (3.5)$$

In diesen Gleichungen bedeuten:

- A_1 und A_2 die Übergangsflächen vom Vor- und Rücklaufrohr und der Wärmeleitbrücke,
- α_1 und α_2 die entsprechenden Wärmeübergangszahlen,
- A_B den mittleren Querschnitt der Wärmeleitbrücke,
- λ deren Wärmeleitfähigkeit und
- Δt_2^* die mittlere Temperaturdifferenz zwischen Vor- und Rücklauf, für die gilt

$$\Delta t_2^* = t_V^* - t_R^* \qquad (3.6)$$

mit t_V^* und t_R^* als den entsprechenden mittleren Temperaturen.

Der Wärmestrom Φ_1 muß gleich sein dem der Abkühlung des Wärmeträgers im Vorlauf entsprechenden Wärmestrom:

$$\Phi_1' = \dot{m}\, c_p\, (t_{V1} - t_{V2}) \qquad (3.7)$$

und dem der Erwärmung des Wärmeträgers im Rücklauf entsprechenden Wärmestrom

$$\Phi_1'' = \dot{m}\, c_p\, (t_{R2} - t_{R1}) \qquad (3.8)$$

Beide Wärmeströme sind wegen der Annahme, daß die spezifische Wärme im Vor- und Rücklauf etwa gleich sei, identisch.
Die vom Verbraucher abgegebene Wärmeleistung ist nun

$$P = \dot{m}\, c_p\, \Delta t_2, \qquad (3.9)$$

wenn angenommen wird, daß die Rohrleitung zwischen der Meßeinrichtung und dem Verbraucher ideal isoliert ist.
Aus Gl. (3.5) und (3.7) folgt:

$$\dot{m}\, c_p = k\, A_B\, \frac{\Delta t_2^*}{\Delta t_1}, \qquad (3.10)$$

womit man die Gleichung (3.9) auch in der Form

$$P = k\, A_B\, \frac{\Delta t_2\, \Delta t_2^*}{\Delta t_1} \qquad (3.11)$$

schreiben kann. Man erhält also das interessante Ergebnis, daß die Ermittlung der vom Verbraucher abgegebenen Leistung auf die Bestimmung dreier Temperaturdifferenzen reduzierbar ist. Die Bestimmung des Massendurchflusses wird also durch eine Temperaturdifferenzmessung ersetzt.

Eine Weiterentwicklung dieses Gedankens basiert auf der Nutzung des Temperaturfeldes in der Wärmeleitbrücke. So findet man mindestens drei lokale Temperaturen t_{F1}, t_{F2} und t_{F3}, für die gilt:

$$t_{F2} - t_{F3} = K_1 (t_V^* - t_R^*) = K_2 (t_V^* - t_{R1})$$
$$t_{F1} - t_{F2} = K_3 (t_{V1} - t_V^*) \qquad (3.12)$$

mit den Konstanten K_1 bis K_3, die nach Literaturangaben unabhängig von den Strömungsbedingungen und damit von den Wärmeübergangszahlen sind. Die Montageorte für die zur Erfassung der drei Temperaturen anzubringenden Meßfühler lassen sich theoretisch und/oder empirisch optimieren.

3.2 Physikalische Eigenschaften der Wärmeträger

In Heizkreisläufen wird fast ausschließlich Wasser als Wärmeträger verwendet. Der Grund dafür liegt in der Verfügbarkeit von Wasser und in seiner hohen spezifischen Wärme, der höchsten der bekannten Wärmeträger. Es wird damit pro Volumeneinheit die höchste Energiedichte (J/m^3) transportiert .

Für verschiedene Anwendungsfälle kommen aber auch andere Wärmeträger zum Einsatz, die in den meisten Fällen Wasserlösungen sind. Ihr einziger Zweck ist die Erniedrigung des Gefrierpunktes, der bei Wasser mit 0 °C vergleichsweise hoch liegt. Die Eigenschaften dieser Lösungen - und vor allem des reinen Wassers selbst - wollen wir nun untersuchen. Wegen der Vielzahl der möglichen Wärmeträger werden wir uns jedoch Beschränkungen auferlegen müssen.

3.2.1 Physikalisch relevante Größen

3.2.1.1 Allgemeines

Für die Wärmeenergiemessung sind unmittelbar die beiden Größen: spezifische Enthalpie h und Dichte ρ maßgebend. Die spezifische Enthalpie ist allgemein durch

$$h(t) = \int_0^t c_p(t')\, dt' + h_k \qquad (3.13)$$

definiert, wenn man den allgemeinen Fall des Phasenüberganges durch h_k einbezieht. Ohne Phasenübergang läßt sich die spezifische Enthalpie stets durch ein Polynom der Form

$$h(t) = h_o + a_1 t + a_2 t^2 + \dots \qquad (3.14)$$

darstellen. Auch für die Dichte ist wegen des stetigen Verlaufes eine analoge Entwicklung möglich:

$$\rho(t) = \rho_o + b_1 t + b_2 t^2 + ... \qquad (3.15)$$

Der Wärmekoeffizient nach Gl. (2.12a) und (2.12b) kann auch durch

$$k_i = \frac{\Delta h}{\Delta t} \rho(t_i) \qquad (3.16)$$

ausgedrückt werden, wobei der Index i entweder für V (= Vorlauf) oder R (=Rücklauf) steht. Mit Gl. (3.14) und (3.15) ergibt sich

$$k_i = [a_1 + a_2 (t_V + t_R) + a_3 (t_V^2 + t_V t_R + t_R^2) + ...] \cdot [\rho_o + b_1 t_i + b_2 t_i^2 + ...] \qquad (3.17)$$

bzw. wenn man statt der Enthalpie die zu Gl. (3.14) analoge Entwicklung

$$c_p = c_{po} + c_1 t + c_2 t^2 + c_3 t^3 + ... \qquad (3.18)$$

ansetzt und die Gl. (2.7) berücksichtigt:

$$k_i = \left[c_{po} + c_1 \frac{t_V + t_R}{2} + c_2 \frac{t_V^2 + t_V t_R + t_R^2}{3} + c_3 \frac{t_V^3 + t_V t_R^2 + t_V^2 t_R + t_R^3}{4} + ... \right] \\ \left[\rho_o + b_1 t_i + b_2 t_i^2 + b_3 t_i^3 + ... \right] \qquad (3.19)$$

Durch Vergleich mit Gl. (3.17) erhält man:

$$c_{po} = a_1; \ c_1 = 2 a_2; \ c_2 = 3 a_3; \ c_3 = 4 a_4; \ ... \qquad (3.20)$$

Bevor wir uns den speziellen Eigenschaften einzelner Wärmeträger zuwenden, wollen wir noch die Zulässigkeit der in Gl. (2.6) bzw. Gl. (2.7) gemachten Vernachlässigung des Drucktermes $(\partial h/\partial p)_t \approx 0$ prüfen.

Da der Druckeinfluß letztlich im Wärmekoeffizienten k_i zutage tritt, wollen wir die Änderung dieser Größe nach Gl. (3.16) mit dem Druck untersuchen.

Nehmen wir vorerst an, daß der Druckeinfluß gering ist, dann können wir Differentiale durch Differenzen ersetzen und erhalten:

$$\frac{\Delta k}{\Delta p} = \frac{1}{\Delta t} \left[(\frac{\partial \Delta h}{\partial p}) \rho(t_i) + \Delta h \frac{\partial \rho}{\partial p} \right] \qquad (3.21)$$

Da $\rho(p)$ für alle in Frage kommenden Temperaturen etwa gleich ist - dies gilt allerdings strenggenommen nur für Wasser - kann man ρ durch

$$\rho = \rho_{po} + \alpha_p \, p + \beta_p \, p^2 \qquad (3.22)$$

nähern. Damit wird

$$\frac{\partial \rho}{\partial p} = \alpha_p + 2\beta_p \, p \qquad (3.23)$$

und

$$\frac{\Delta k}{k} = \left[\frac{1}{\Delta h}(\frac{\partial \Delta h}{\partial p}) + \frac{(\alpha + 2\beta_p \, p)}{\rho(t_i)} \right] \Delta p \qquad (3.24)$$

Δp bedeutet die Druckänderung gegenüber einem beliebig gewählten Ausgangsdruck. In Heizanlagen ist Δp meist klein; man kann daher in Gl. (3.23) wegen der geringen Kompressibilität von Flüssigkeiten $\beta_p = 0$ setzen und erhält:

$$\frac{\Delta k}{k} = \left[\frac{1}{\Delta h}(\frac{\partial \Delta h}{\partial p}) + \frac{(\alpha_p)}{\rho(t_i)} \right] \Delta p \qquad (3.25)$$

Wir wollen nun anhand konkreter Daten für die Enthalpie und Dichte die Zulässigkeit von $(\partial h/\partial p)_t \approx 0$ nachweisen. Das wollen wir beim wohl häufigsten Wärmeträger, nämlich Wasser, tun.

3.2.1.2 Wasser als Wärmeträger

In der Abb. 3.3 ist der Temperaturverlauf der spezifischen Wärme bei konstantem Druck von Wasser, bzw. in Abb. 3.4 jener der Dichte dargestellt. Der Verlauf der Dichte ist dagegen fast geradlinig mit der Steigung $\approx$ 4,2 kJ/kg. In Tabelle 3.1 sind die Entwicklungskoeffizienten für den Wärmeträger Wasser nach den Gl. (3.14) und (3.15) für einen Druck von 10 bar angegeben.

Zur Abschätzung des Druckeinflusses auf den Wärmekoeffizienten betrachten wir die Abb. 3.5 und 3.6, die die relative Änderung der spezifischen Enthalpie und der Dichte von Wasser mit dem Druck zeigen. Während der Einfluß des Druckes auf die Dichte praktisch unabhängig von der Temperatur ist, ist die spezifische Enthalpie sowohl von der Temperatur als auch vom Druck abhängig.

Wir wollen in einem Beispiel die relative Änderung des Wärmekoeffizienten berechnen, wenn der Ausgangsdruck p_o = 5 bar und die Druckänderung 5 bar beträgt (p_1 = 10 bar). Die Vorlauftemperatur sei 140 °C und die Rücklauftemperatur 30 °C. Damit wird aus Gl. (3.25): $F_k(p) = (\Delta k/k).100 = -0.17$ %, also ein in der Regel vernachlässigbarer Betrag, da die übliche Meßungenauigkeit diesen berechneten systematischen Fehler im allgemeinen weit übersteigt. Damit ist nun letztlich auch gezeigt, daß mit der Enthalpie das richtige thermodynamische Potential gewählt wurde.

Für den praktischen Gebrauch gab *Magdeburg* Tabellen des Wärmekoeffizienten an.[1] Diese sind in Schritten von 10 K gestuft. Die Enthalpie- und Dichtewerte sind dabei den VDI-Wasserdampftafeln entnommen.[2] Für den praktischen Gebrauch hat es sich als nützlich erwiesen, Näherungspolynome zu verwenden. Der Autor hat solche Polynome für einen Druck von 10 bar angegeben,[3] wobei allerdings einschränkend zu bemerken wäre, daß sie zwar im üblichen Temperaturbereich von 20 °C bis 140 °C brauchbare Näherungen liefern, während sich für t < 20 °C und t > 140 °C größere Abweichungen ergeben.

Stuck hat daher in einer größeren Untersuchung die prinzipielle Möglichkeit der Näherung des Wärmekoeffizienten durch Polynome studiert.[4] Für den Temperaturbereich von 1 °C bis 200 °C und 1 bar $\leq$ p $\leq$ 20 bar erhielt er folgendes Ergebnis: Für die Volumenmessung im Vorlauf läßt sich der Wärmekoeffizient durch zwei Polynome dritten Grades ausreichend genau darstellen; für die Volumenmessung im Rücklauf ist dagegen die Approximation des Wärmekoeffizienten selbst durch Polynome sechsten Grades auf besser als 0,2 % nicht möglich.

Tabelle 3.1: Zahlenwerte der Koeffizienten für die Näherung der spezifischen Enthalpie und der Dichte von Wasser für einen Druck von 10 bar. Die Koeffizienten entsprechen der Schreibweise nach Gl. (3.13) und (3.15)

	spezifische Enthalpie in $kJ.kg^{-1}.K^{-1}$	Dichte in $kg.m^{-3}$
Polynom 2. Grades	$h_0 = 1,1659$	$\rho_0 = 1002,820$
	$a_1 = 4,1494$	$b_1 = -0,1431$
	$a_2 = 3,426.10^{-4}$	$b_2 = -2,89.10^{-3}$
Polynom 3. Grades	$h_0 = 1,2571$	$\rho_0 = 1001,914$
	$a_1 = 4,1818$	$b_1 = -7,36.10^{-2}$
	$a_2 = -2,929.10^{-4}$	$b_2 = -4,23.10^{-3}$
	$a_3 = 3,095.10^{-6}$	$b_3 = 6,1.10^{-6}$
Polynom 4. Grades	$h_0 = 1,4907$	$\rho_0 = 1001,274$
	$a_1 = 4,1617$	$b_1 = -1,81.10^{-2}$
	$a_2 = 2,14.10^{-4}$	$b_2 = -5,652.10^{-3}$
	$a_3 = -1,575.10^{-8}$	$b_3 = 1,952.10^{-5}$
	$a_4 = 1,37.10^{-8}$	$b_4 = -4,01.10^{-8}$

---

[1] H. *Magdeburg:* Tabellen des Wärmekoeffizienten k von Wasser für die Prüfung von Wärmezählern, PTB-Mitt. 84(1974), Nr. 6, S. 401 ff

[2] E. *Schmidt:* Zustandsgrößen von Wasser und Wasserdampf in SI-Einheiten (früher VDI-Wasserdampftafeln), Springer-Verlag, Berlin, Heidelberg, New York, 1983

[3] F. *Adunka:* Fehlergrenzen und Prüfverfahren für Wärmezähler, Gas/Wasser/Wärme 35(1981), Nr. 10, S. 324 ff

[4] D. *Stuck:* Tabellen des Wärmekoeffizienten für Wasser als Wärmeträgermedium, Wirtschaftsverlag nw, Bremerhaven, 1986

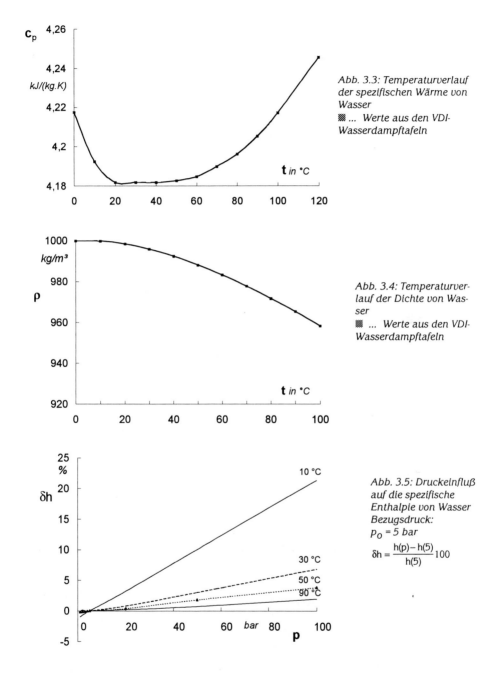

Abb. 3.3: Temperaturverlauf der spezifischen Wärme von Wasser
▓ ... Werte aus den VDI-Wasserdampftafeln

Abb. 3.4: Temperaturverlauf der Dichte von Wasser
▓ ... Werte aus den VDI-Wasserdampftafeln

Abb. 3.5: Druckeinfluß auf die spezifische Enthalpie von Wasser
Bezugsdruck:
$p_0 = 5$ bar

$$\delta h = \frac{h(p) - h(5)}{h(5)} 100$$

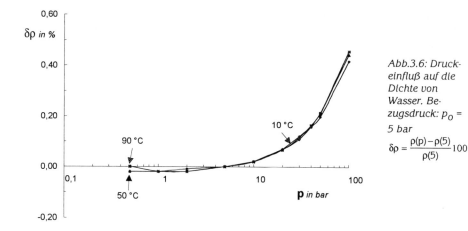

Abb.3.6: Druckeinfluß auf die Dichte von Wasser. Bezugsdruck: $p_0 = 5$ bar

$$\delta\rho = \frac{\rho(p) - \rho(5)}{\rho(5)} 100$$

3.2.1.3 Das Gemisch Wasser-Äthylenglykol

Das System Wasser/Äthylenglykol (kurz **Glykol** genannt) ist ein Zweistoffsystem, das im eutektischen Punkt den tiefsten Gefrierpunkt von - 60 °C hat (siehe dazu die Abb. 3.7). Es ist neben Wasser/Propylenglykol die häufigste Frostschutzmittellösung. Dem eutektischen Punkt entspricht eine Zusammensetzung von 65 Vol.-% Glykol und 35 Vol.-% Wasser. Ein höherer Glykolanteil ist sinnlos, da dadurch der Gefrierpunkt wieder ansteigt. Im allgemeinen wird ein Glykolanteil von maximal 50 Vol.-% ausreichend sein, um das Einfrieren nur zeitweise betriebener Heiz- oder Solaranlagen zu verhindern. Dies ist auch aus anderen Gründen sinnvoll:

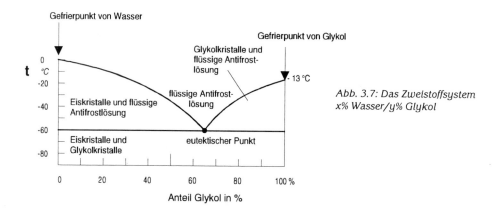

Abb. 3.7: Das Zweistoffsystem x% Wasser/y% Glykol

Erstens sinkt mit steigendem Glykolanteil die transportierte Energiedichte, was nur durch erhöhten Heizmittelstrom ausgeglichen werden kann (siehe dazu die Abbildungen 3.8 und 3.9), und zum anderen steigt die Viskosität sehr stark mit sinkender Temperatur und steigendem Glykolanteil an (siehe Abb. 5.15).

Dies hat zwar auf die Wärmeenergiemessung keine unmittelbare Auswirkung, sehr wohl aber eine mittelbare, indem manche Bauarten von Volumenmeßteilen sehr empfindlich auf Änderungen der Viskosität, vor allem im unteren Meßbereich ansprechen. Dies trifft im besonderen auf Volumenmeßteile nach dem Turbinenzählerprinzip zu, deren unterer Meßbereich durch die Viskosität beeinflußt wird (siehe dazu die Abb. 5.14).

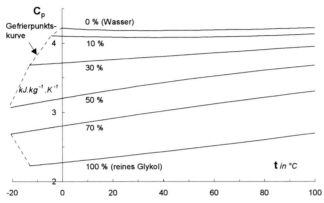

Abb. 3.8: Spezifische Wärme c_p für Wasser/Äthylenglykol-Mischungen

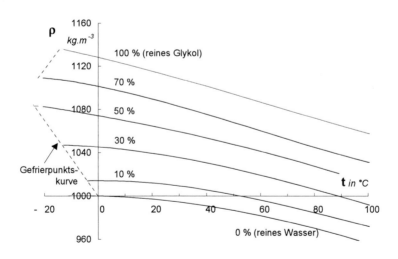

Abb. 3.9: Dichte für Wasser/Äthylenglykol-Mischungen in kg/m^3

4 Meßtechnische Definitionen

> Wer vom Zweifel ist besessen
> muß die Maße selber messen

In diesem Kapitel werden wir einige allgemeine Betrachtungen zu den Wärmeerfassungsgeräten anstellen, uns überlegen, was eigentlich ein Meßgerät ist, Begriffe wie Meßbereich etc. definieren und uns dann mit den meßtechnischen Anforderungen der neuen Europanorm EN 1434 beschäftigen.[1] Für unsere Überlegungen in diesem Kapitel ist im besonderen der Teil 1: Allgemeine Anforderungen wichtig.

4.1 Was ist ein Meßgerät

Wir haben bisher schon Wärmezähler als Meßgeräte bezeichnet, nicht aber Heizkostenverteiler. Es erhebt sich also zunächst die Frage nach der Definition eines Meßgerätes. Dazu ziehen wir das Internationale Wörterbuch der Metrologie (Abkürzung: VIM) heran.[2] Dort heißt es:

„4.1 **Meßgerät:** Gerät, das allein oder in Verbindung mit zusätzlichen Einrichtungen für Messungen gebraucht werden soll"

Diese Definition hilft uns zwar auch nicht weiter, ist sie doch zu allgemein gehalten; wir wollen daher eine eigene Definition versuchen: Ein Meßgerät bildet die zu messende Größe MG [z.B. Wärmeleistung] in die Meßgröße [angezeigter Wert A] eindeutig ab und zeigt den Meßwert in Einheiten der Meßgröße an.[3] Im Beispiel des Wärmezählers wird die zu messende Größe Wärmeleistung in ein Ausgangssignal, nämlich die Anzeige (z.B. am Display) abgebildet. Die Abbildung kann linear sein, muß es aber nicht. Wesentlich ist nur, daß der Zusammenhang $A = f(MG)$ eindeutig ist. Zwar ist diese Abbildung immer fehlerhaft, doch ändert dies nichts am Prinzip.[4]

Überlegen wir uns nun, was der Heizkostenverteiler eigentlich mißt: Zunächst werden eine oder mehrere repräsentative Temperaturen an einem Heizkörper gemessen, entsprechend bewertet und durch Bewertungsfaktoren als Wärmeleistung bzw. -energie angezeigt. Die Konversion: Temperatur → Wärmeleistung hängt aber ganz entschei-

---

[1] EN 1434 Wärmezähler, Teil 1: Allgemeine Anforderungen; Teil 2: Bauartanforderungen; Teil 3: Datenübertragung; Teil 4: Bauartzulassung; Teil 5: Ersteichung; Teil 6: Einbauhinweise, Ausgabe 1997

[2] International vocabulary of basic and general terms in metrology (VIM), second edition 1993, Herausgeber: ISO, Genf; deutsche Ausgabe: Internationales Wörterbuch der Metrologie, 2. Auflage 1994, Herausgeber: DIN, Beuth-Verlag GmbH, Berlin, Wien, Zürich

[3] Nach dieser Definition wäre ein elektrisches Widerstandsthermometer kein Meßgerät, da es zur Ausgabe eines Meßwertes einer Anzeigeeinheit (Multimeter) und einer Umrechnungseinheit (Widerstand → Temperatur) bedarf. Wir wollen diese Definition nicht zu eng sehen und annehmen, daß sie auch für Widerstandsthermometer, die Repräsentanten der Temperaturfühler eines Wärmezählers, gilt.

[4] Nach DIN 1319 (Grundlagen der Meßtechnik) und auch anderen Dokumenten ist der Begriff des Fehlers im allgemeinen durch Meßabweichung zu ersetzen. Streng gilt dies für zufällige Meßabweichungen; systematische Meßabweichungen, wie sie uns in diesem Buch fast ausschließlich begegnen, dürfen aber nach wie vor als **Fehler** bezeichnet werden, wenn der Betrag der systematischen Meßabweichung wesentlich größer als der der zufälligen ist. Wir werden daher systematische Meßabweichungen weiterhin als Fehler bezeichnen.

dend von den Eigenschaften des gegenständlichen Heizkörpers ab - und die werden meßtechnisch **nicht** erfaßt. Dies ist zwar nicht prinzipiell unmöglich, aber praktisch ausgeschlossen, denn dazu müßte man bei der Kalibrierung eines Heizkostenverteilers auch den zugehörigen Heizkörper mitliefern. Nach unserer Definition ist daher ein Heizkostenverteiler kein Meßgerät.

Welche Größen charakterisieren nun ein Meßgerät, im speziellen einen Wärmezähler?

(1) Für jedes Meßgerät, und somit auch für einen Wärmezähler, ist die Meßbarkeit der zu erfassenden physikalischen Größe eine unabdingbare Forderung. Es muß also in der Lage sein, die augenblickliche Meßgröße **Wärmeleistung** auch tatsächlich mit einer akzeptablen Genauigkeit zu erfassen. Dies ist aber nur in einem begrenzten Intervall, dem **Meßbereich** des Gerätes möglich. Die **Meßgleichung** für Wärmezähler:

$$P = k_i \, Q \, (t_V - t_R), \qquad (4.1)$$

zeigt bereits, daß die Definition nur *eines* Meßbereiches nicht möglich ist, ist doch zur Bestimmung der Wärmeleistung die Erfassung der Meßgrößen Volumendurchfluß (oder Massenstrom) **und** Temperaturdifferenz nötig. Die Angabe des Meßbereiches eines Wärmezählers ist darum mit den Meßbereichen für den Volumendurchfluß und die Temperaturdifferenz untrennbar verbunden. Wie werden nun im konkreten Fall der, bzw. die Meßbereiche definiert?

Ganz allgemein gilt nach dem VIM die folgende Definition:

„5.4 **Meßbereich**: Wertebereich der Meßgröße, für den die Meßabweichungen eines Meßgerätes innerhalb vorgegebener Grenzen liegen sollen"

Auf unseren Fall angewendet heißt dies: Der Meßbereich für den Volumendurchfluß ist nach unten durch den kleinsten, vom Volumenmeßteil gerade noch mit ausreichender Genauigkeit erfaßbaren **Mindestdurchfluß** q_i (früher: Q_{min}) begrenzt, nach oben durch den **maximalen Durchfluß** oder **Höchstdurchfluß** q_S, (früher: Q_{max}), der durch die mechanische Belastbarkeit bzw. durch den damit verbundenen Druckverlust gegeben ist.[5] Von diesem maximalen Durchfluß ist noch der **Nenndurchfluß** q_p (früher: Q_n) zu unterscheiden, der eine Dauerbelastbarkeit des Durchflußsensors definiert. Er wird auch zu dessen Kennzeichnung herangezogen.

Die Notwendigkeit der Verwendung eines maximalen Durchflusses neben einem Nenndurchfluß wird durch die Tatsache motiviert, daß manche Bauarten von Durchflußsensoren - vor allem die nach dem Turbinenzählerprinzip arbeitenden - im Betrieb auch kurzfristig bei höheren Durchflüssen als dem Nenndurchfluß be-

---

[5] Nach der Europanorm werden zur Bezeichnung des Durchflusses Kleinbuchstaben verwendet, also q_p statt wie üblich Q_p. Wir werden in diesem Kapitel diese Bezeichnung beibehalten, uns aber ansonsten an die alten Bezeichnungen anlehnen. Genauso wird in der erwähnten Norm für die Temperatur der Buchstabe Θ eingeführt, den wir, wie ebenfalls üblich, durch t (Celsius-Skala) ersetzen werden.

trieben werden. Ein längerer Betrieb beim maximalen Durchfluß würde zwar zur Zerstörung des Gerätes oder, wie bei MID's oder Ultraschallzählern, zur Erhöhung der Meßabweichung führen, eine kurzfristige Überschreitung hat aber letztlich keine bleibenden Konsequenzen.

Als weitere Charakteristika der Durchflußsensoren sind noch die **Nenntemperatur** (t_n) und der **Nenndruck** (PN) zu nennen. Darüberhinaus hat auch noch der **Druckverlust** zwischen dem Eingangs- und Ausgangsstutzen, der in der Regel auf den Nenndurchfluß bezogen ist, eine große praktische Bedeutung.

Als historisch zu werten ist allerdings der Begriff **Trenngrenze** oder **Übergangsdurchfluß** Q_t, der den Meßbereich für den Volumendurchfluß in einen oberen und einen unteren Meßbereich trennt. Die entsprechenden Begriffsbildungen sind in Abb. 4.1 graphisch veranschaulicht. In EN 1434 wurde dieser Begriff eliminiert, da er durch den Verlauf der Fehlergrenzen mit dem Durchfluß sinnlos geworden ist.

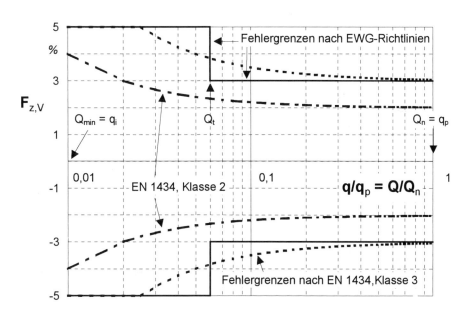

Abb. 4.1: Zur Veranschaulichung der verschiedenen Begriffe für den Volumendurchfluß und der Fehlergrenzen nach den alten (EWG-Richtlinien) und neuen Vorschriften (EN 1434)

(2) Der Meßbereich für die Temperaturdifferenz ist nach unten zu durch die **Mindesttemperaturdifferenz** Δt_{min} begrenzt und nach oben durch die **maximale Temperaturdifferenz** Δt_{max} (früher: **Nenntemperaturdifferenz** Δt_n). Diese Grenzen sind, im Gegensatz zu den Verhältnissen beim Durchflußsensor, meist nicht durch die thermische Belastbarkeit vorgegeben, sondern durch die Einhaltung von Mindest-Genauigkeitsanforderungen an die Temperaturdifferenzmessung. Da die Messung der Temperaturdifferenz bei unterschiedlichem Temperaturniveau

erfolgen kann, hat man noch den Begriff des **Temperaturbereiches** definiert, der durch die niedrigste Rücklauf- und die höchste Vorlauftemperatur bestimmt ist. Innerhalb dieses Intervalles müssen die Fehlergrenzen für $\Delta t_{min} \leq \Delta t \leq \Delta t_{max}$ eingehalten werden. In Abb. 4.2 sind die obigen Begriffsbildungen graphisch dargestellt.

(3) Der **Meßbereich** des Rechenwerkes wird sinngemäß durch einen Meßbereich für die Temperaturdifferenz und einen solchen für den Volumendurchfluß bestimmt. Im Gegensatz zu den beiden Komponenten Durchflußsensor und Temperaturmeßeinrichtung sind diese beiden Meßbereiche nicht durch rein physikalische Parameter bestimmt, sondern durch die Genauigkeit, mit der die Signale für den Volumendurchfluß und die Temperaturdifferenz nach Gl. (4.1) verarbeitet werden können. Im folgenden wollen wir nun einige allgemeine Beurteilungskriterien für die Wärmezählerkomponenten besprechen.

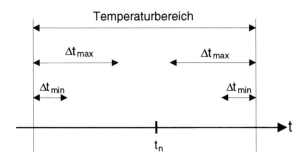

Abb. 4.2: *Zur Definition der Begriffe Temperaturbereich, Mindest- und maximale Temperaturdifferenz und Nenntemperatur t_n des Volumenmeßteiles (Durchflußsensors). Der Temperaturbereich ist durch die höchste Vorlauf- und die niedrigste Rücklauftemperatur bestimmt. Innerhalb dieses Intervalles müssen die Fehlergrenzen für die Temperaturdifferenz, die durch die Größe der Mindest- und der Nenntemperaturdifferenz limitiert ist, eingehalten werden. Die extreme Lage dieser Größen ist eingezeichnet. Streng davon zu unterscheiden ist die Nenntemperatur des Durchflußsensors, die dessen höchste zulässige Betriebstemperatur darstellt.* [6]

4.2 Durchflußsensoren

Als Durchflußsensoren (oder früher: Volumenmeßteile) werden meist Wasserzähler bzw. Meßwerke von Wasserzählern, d.h. Wasserzähler ohne eigentliche Anzeigeeinrichtung, verwendet. Deren Eigenschaften werden später besprochen, so daß an dieser Stelle nur allgemeine Beurteilungskriterien zu erörtern sind.

Wie bereits erwähnt, wird der Meßbereich einerseits durch den Mindestdurchfluß und andererseits durch den maximalen Durchfluß begrenzt. Wasserzähler und Meßsysteme von Wasserzählern dürfen nicht ständig mit dem höchsten Durchfluß betrieben

---

[6] Die Nenntemperatur ist in EN 1434 nicht definiert. Die Bezeichnung stammt aus nationalen Eichvorschriften.

werden, weshalb als Kennzeichnung des Gerätes der Nenndurchfluß als Dauerlast eingeführt wurde.

Der höchste Durchfluß hat daher für Wasserzähler, genauer Warm- bzw. Heißwasserzähler, nur eine sekundäre Bedeutung, ist er doch als Charakteristikum des Zählers nicht geeignet; er ist vor allem durch die mechanische Belastbarkeit des Meßflügels und den maximalen Druckverlust gegeben. Aus rein anlagebedingten Gründen sollte letzterer den Wert von 1 bar bei q_S nicht überschreiten. Der Verlauf der Fehlerkurve in Abb. 4.1 legt eine Festlegung der Fehlergrenzen durch eine Beziehung der Form:

$$F_{z,V} = a + \frac{b}{q}, \qquad (4.2)$$

mit a und b als Konstante, nahe. Um die meßtechnische Qualität beurteilen zu können, hat man nach EN 1434 zwei Genauigkeitsklassen eingeführt. In der Klasse 2 lauten beispielsweise die Fehlergrenzen:

$$F_{z,V} = \pm\,(2 + 0{,}02\,\frac{q_p}{q})\,\%, \text{ aber nicht mehr als} \pm 5\,\% \qquad (4.3)$$

Zähler der Klasse 2 sind für erhöhte Genauigkeitsansprüche gedacht; dagegen sind Zähler der Klasse 3 typisch für Haushalts-Wärmezähler. Ihre Fehlergrenzen lauten:

$$F_{z,V} = \pm\,(3 + 0{,}05\,\frac{q_p}{q})\,\%, \text{ aber nicht mehr als} \pm 5\,\% \qquad (4.4)$$

Die Fehlergrenzen sind in Abb. 4.1 eingezeichnet. Sie verlaufen stetig von $F_{z,V} = \pm\,3\,\%$ für $q \to \infty$ und werden stetig größer mit sinkendem Durchfluß. Allerdings darf $F_{z,V}$ den Wert $\pm\,5\,\%$ nicht übersteigen.

4.3   Temperaturfühlerpaar

Für den in Frage kommenden Bereich der Vor- und Rücklauftemperaturen werden in erster Linie Metall-Widerstandsthermometer verwendet. Die Erfahrung lehrt, daß bei den herrschenden hohen Anforderungen an die Meßgenauigkeit und die Stabilität nur Platinfühler in Frage kommen. Daneben ist auf die Zuordnung der Temperaturfühler für Vor- und Rücklauf besonderes Augenmerk zu richten. Wird der Zusammenhang Widerstand (R) ↔ Temperatur (t) durch eine Beziehung der Form:

$$R(t) = R_o\,(1 + A\,t + B\,t^2) \qquad (4.5)$$

ausgedrückt, dann sind neben dem Grundwiderstand R_o noch die Temperaturkoeffizienten A und B für die Fehler der Temperatur- bzw. Temperaturdifferenzmessung verantwortlich.

Im allgemeinen wird der Fehler der Temperaturdifferenzmessung sowohl vom Temperaturniveau (t_V bzw. t_R), aber auch von der Temperaturdifferenz selbst abhängen. Eine genaue Analyse im Kapitel 6 wird zeigen, daß dem Einfluß der Temperaturdifferenz die größere Bedeutung zukommt. Kleinere Temperaturdifferenzen sind klarerweise schwieriger zu messen als große, was sich auch in der Festlegung des Verlaufes der Fehlergrenzen niederschlägt. Entsprechend dieser Tatsache sind die Fehlergrenzen nach EN 1434 durch einen Verlauf entsprechend Gl. (4.2) festgelegt. Im Unterschied zu den Fehlergrenzen für Durchflußsensoren gibt es beim Temperaturfühlerpaar keine Klasseneinteilung, da wie wir später (siehe Kapitel 9) sehen werden, man mit der üblichen Festlegung an den physikalisch möglichen Grenzen angelangt ist. Die Fehlergrenzen lauten:

$$F_{z,T} = \pm (0{,}5 + 3\,\frac{\Delta t_{min}}{\Delta t})\,\% \qquad (4.6)$$

4.4 Rechenwerk

Die vom Volumenmeßteil und den Temperaturfühlern kommenden Signale werden im Rechenwerk verarbeitet, wobei nun Fehler auftreten, die von der Produktbildung und der Integration herrühren.

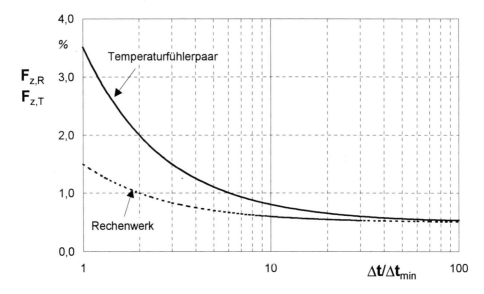

Abb. 4.3: Fehlergrenzen für das Temperaturfühlerpaar und das Rechenwerk nach EN 1434

Die Integrationsfehler können im allgemeinen auf folgende Ursachen zurückgeführt werden:

(1) Bei kleiner Temperaturdifferenz und damit kleinem Meßsignal sind es Driften der Eingangsverstärker und die Analog/Digital-Wandler, die Fehler verursachen können.

(2) Bei linearer Signalverarbeitung treten Fehler durch den von der Vor- und Rücklauftemperatur abhängigen Wärmekoeffizienten **k** auf, der im allgemeinen nur als Mittelwert berücksichtigt wird. Diese Fehler sind grundsätzlich berechenbar, wenn die physikalischen Eigenschaften des Wärmeträgers bekannt sind.

(3) Durch das Zusammenwirken der Fühler und des Rechenwerkes entstehen Zusatzfehler, die durch die Krümmung der Temperaturfühler verursacht sind. In günstigen Fällen, wie beispielsweise bei Verwendung von Platinfühlern beim Wärmeträger Wasser, führt die negative Krümmung (B/A < 0) zu einer teilweisen Kompensation des Wärmekoeffizienten (siehe Kapitel 7). Der Gesamtfehler setzt sich daher aus einem Fehler, herrührend von der Produktbildung und der Integration zusammen, und aus einem von der Güte der Kompensation des Wärmekoeffizienten herrührenden Anteil. Der erste Anteil besteht wegen Punkt (1) aus einem Konstantanteil und aus einem Anteil, der der Temperaturdifferenz indirekt proportional ist. Einen ähnlichen Verlauf zeigt auch der Fehler der Temperaturdifferenzmessung.

Die Fehlergrenzen nach EN 1434 lauten:

$$F_{v,R} = \pm (0{,}5 + \frac{\Delta t_{min}}{\Delta t}) \, \% \qquad (4.7)$$

Sie sind gemeinsam mit den Fehlergrenzen des Fühlerpaares in Abb. 4.3 dargestellt.

4.5 Eichfehlergrenzen für Vollständige Wärmezähler

Wärmezähler werden in zwei Ausführungsformen hergestellt:[7]

- **Vollständige Wärmezähler**, die keine abtrennbaren Teile besitzen (Definition nach EN 1434). Sie werden üblicherweise auch als Kompakt-Wärmezähler bezeichnet und stellen ein komplettes Meßsystem dar.

- **Kombinierte Wärmezähler**, die aus Teilgeräten wie Rechenwerk, Temperaturfühlerpaar und Durchflußsensor aufgebaut sind. Entscheidend ist an diesen Zählern, daß die einzelnen Teilgeräte im Prinzip als eigenständige Meßgeräte angese-

---

[7] siehe dazu die Definitionen im Anhang 4

hen werden und auch als solche getrennt von den anderen Teilgeräten geprüft werden können.

Abgesehen von dieser Äußerlichkeit funktionieren Vollständige und Kombinierte Wärmezähler nach dem gleichen Meßprinzip; im besonderen sind die gleichen Fehlergrenzen für die Teilgeräte anzuwenden. Die Fehlergrenzen des gesamten Wärmezählers setzen sich dann aus den Teilfehlergrenzen algebraisch zusammen, unabhängig davon, in welcher speziellen Ausführung ein Wärmezähler vorliegt. Sie lauten:

Klasse 2: $\quad F_{z,E} = \pm (3 + 4\,\dfrac{\Delta t_{min}}{\Delta t} + 0{,}02\,\dfrac{q_p}{q})\,\%$ \hfill (4.8)

Klasse 3: $\quad F_{z,E} = \pm (4 + 4\,\dfrac{\Delta t_{min}}{\Delta t} + 0{,}05\,\dfrac{q_p}{q})\,\%$ \hfill (4.9)

4.6 Kritische Betrachtungen zur Festlegung der Fehlergrenzen eines Wärmezählers

Wärmezähler werden aus der Sicht des gesetzlichen Meßwesens als „Meßanlage" angesehen, die sich aus den Teilgeräten: Rechenwerk, Durchflußsensor und Temperaturfühlerpaar zusammensetzt. Es sind nun verschiedene Kombinationen der Teilgeräte zu einem Wärmezähler denkbar; stets aber läßt sich ein Wärmezähler durch die genannten Funktionskomponenten beschreiben.

Hinsichtlich der zulässigen Meßabweichung des Gesamtgerätes $F_{z,E}$ gilt nach der gegenständlichen Norm die Vorschrift der linearen Zusammensetzung aus den zulässigen Meßabweichungen der Teilgeräte:

$$F_{z,E}^{(n)} = F_{z,V} + F_{z,R} + F_{z,T}, \hspace{2cm} (4.10)$$

worin $F_{z,V}$ die zulässige Meßabweichung des Durchflußsensors, $F_{z,R}$ jene des Rechenwerkes und $F_{z,T}$ jene des Temperaturfühlerpaares ist.

Mit der Zusammensetzungsvorschrift nach (4.10) distanziert man sich von einer älteren Denkweise, die auf der Basis einer Untersuchung von *Albach* und *Magdeburg*[8] eine geometrische Zusammensetzung der gesamten zulässigen Meßabweichung aus den Meßabweichungen der Teilgeräte empfahl:

$$F_{z,E}^{(a,l)} = \sqrt{F_{z,V}^2 + F_{z,R}^2 + F_{z,T}^2} \hspace{2cm} (4.11)$$

Diese Überlegungen wurden zumindest in Österreich in die bis 1998 geltenden nationalen Eichvorschriften für Wärmezähler einbezogen. So waren die Fehlergrenzen für den

---

[8] W. Albach, H. Magdeburg: Maximum permissible errors of heat meters, private, nicht publizierte Mitteilung der Autoren

Vollständigen Wärmezähler kleiner als die algebraische Summe der Fehlergrenzen der Teilgeräte.

Die Vorgangsweise nach Gl. (4.11) setzte eine statistische Kombination der Teilgeräte zu einem Wärmezähler zusammen, d.h. eine im Prinzip zufällige Kombination von Teilgeräten zu einem Wärmezähler. Für die Kombination: Rechenwerk mit angeschlossenen Temperaturfühlern und einem Durchflußsensor ist die Gl. (4.11) durch die folgende Beziehung zu ersetzen:

$$F_{z,E}^{(a,2)} = \sqrt{F_{z,V}^2 + F_{z,R,T}^2} \qquad (4.12)$$

Die aus den Gleichungen (4.11) und (4.12) resultierenden zulässigen Meßabweichungen der Teilgeräte waren, wie die Erfahrung gezeigt hat, in einigen Fällen zu knapp gewählt, keineswegs aber war die Zusammensetzungsvorschrift falsch. Die geänderte Vorgangsweise entsprechend Gl. (4.8) und (4.9) ist daher im Falle der statistischen Kombination der Teilgeräte zu einem Wärmezähler unrichtig; sie läßt für das Gesamtgerät wesentlich größere Fehlergrenzen zu als die alten Vorschriften.

4.7 Weitere wichtige meßtechnische Begriffe

Dieses Buch handelt von einem meßtechnischen Spezialgebiet, der Wärmeverbrauchsmessung. In diesem Zusammenhang sind einige grundlegende Begriffe zu definieren, die im Laufe des letzten Jahrzehnts einer genaueren Definition, manchmal auch einer Wandlung unterlagen. Die Begriffe, die hier zur Diskussion stehen sind: Messen, Prüfen, Kalibrieren.

Wenn wir nun den Vorgang des Messens selbst definieren wollen, so kann man dies von zwei Seiten her versuchen: Von der **Seite des Zweckes** ergibt sich die folgende - erste - Definition:[9],[10]

Definition 1: Unter Messen versteht man die Gesamtheit der Tätigkeiten und Vorgänge zum Zweck der objektiven experimentellen Beschaffung quantitativer Angaben über bestimmte materielle Eigenschaften eines physikalisch existenten Objektes. Die Meßergebnisse dienen als Grundlage für das Treffen von Entscheidungen im Hinblick auf Sachfragen und/oder Aktionen.

Diese Definition schließt aber nicht das **Prüfen** ein, worunter man beispielsweise versteht, ob sich eine bestimmte Produkteigenschaft innerhalb vorgegebener Grenzen befindet. Ein typischer Fall des Prüfens ist, ob ein bestimmter Durchmesser eines Werkstückes eingehalten wird. Zur Ausführung der Prüfung benötigt man zwei Lehren, die den Grenzen der zulässigen Toleranz entsprechen. Eine weitere Prüftätigkeit wäre das Eichen, bei dem geprüft wird, ob bestimmte, gesetzlich festgelegte Fehlergrenzen ein-

---

[9] P. Profos: Meßfehler, Teubner Studienbücher, Stuttgart, 1984
[10] F. Adunka: Meßunsicherheiten. Theorie und Praxis, Vulkan-Verlag, Essen, 1998

gehalten werden.[11] Konkret kann geprüft werden, ob ein Gewichtsstück die für seine Genauigkeitsklasse vorgesehenen Fehlergrenzen einhält. Das geschieht beispielsweise dadurch, daß bei einer gleicharmigen Balkenwaage das zu prüfende Gewichtsstück auf eine Waagschale gelegt wird, während abwechselnd Gewichtsstücke, die der Masse an der unteren bzw. der oberen Grenze der zulässigen Fehlergrenzen entsprechen, auf die andere Waagschale gelegt werden. Schlägt die Waage in jedem Fall in eine andere Richtung aus, kann angenommen werden, daß das zu prüfende Gewichtsstück innerhalb der Fehlergrenzen liegt; erfolgt der Ausschlag bei beiden Prüfungen jeweils in die gleiche Richtung, werden die Fehlergrenzen überschritten.

Die bisher genannten Fälle waren mit der Ermittlung quantitativer Werte verbunden; man spricht auch vom **quantitativen Prüfen**. Im Gegensatz dazu heißt eine Prüfung **qualitativ**, wenn nicht ein bestimmter Zahlenwert ermittelt wird, sondern lediglich ein Zustand festgestellt wird. Beispiele dafür sind: Prüfung der Dichte einer Wasserleitung, visuelle Prüfung, ob der Gummi des Autoreifens einen Riß hat, ob es regnet oder nicht usw. Wenn wir dies berücksichtigen, können wir die Definition des Messens folgendermaßen erweitern:

Definition 2: Messen heißt, eine zu messende Größe als Vielfaches einer allgemein anerkannten Einheit derselben physikalischen Dimension durch Vergleich mit einer Maßverkörperung dieser Einheit zu bestimmen.

Unter einer **Maßverkörperung** versteht man dabei ein Gerät, das dazu bestimmt ist, während seines Gebrauches in stets gleichbleibender Weise einen oder mehrere Werte einer Größe darzustellen oder zu liefern. Im o.a. Beispiel der (eichtechnischen) Prüfung eines Gewichtsstückes stellt die Maßverkörperung eines der Gewichtsstücke dar, das die obere bzw. untere Grenze der Fehlergrenzen repräsentiert. Weitere Maßverkörperungen sind: ein elektrischer Widerstand mit der Aufschrift 1 Ω als Maßverkörperung für die physikalische Größe: Elektrischer Widerstand[12]; ein Parallelendmaß für die Maßverkörperung der Länge.

Eine Spezialform des Prüfens ist das **Eichen**, bei dem die Einhaltung der Fehlergrenzen eines Meßgerätes geprüft wird. Im Gegensatz zu einer normalen, quantitaven Prüfung darf die Eichung nur von den Eichbehörden durchgeführt werden, in Ausnahmefällen, z.B. bei einer EWG-Eichung, auch von dazu befugten Stellen (Staatlich anerkannte Prüfstellen und Beglaubigungsstellen)

Die obige Definition des Messens gilt auch für das **Zählen**, das einen Grenzfall des Messens darstellt. Man versteht darunter das Ermitteln der Anzahl von jeweils gleichartigen Elementen oder Ereignissen wie elektrischen Impulsen, Umdrehungen einer Welle, die bei dem zu untersuchenden Meßobjekt in Erscheinung treten. Weitere Beispiele: Anzahl der zweispurigen Fahrzeuge, die in einem bestimmten Zeitraum eine bestimmte Strecke passieren, Zählen der Blutkörperchen in einem definierten Volumen usw.

---

[11] Umgangssprachlich wird das Wort **Eichen** häufig dann verwendet, wenn man bei einem Meßgerät den Zusammenhang zwischen der Meßgröße (z.B. el. Stromstärke) und der Skalierung (Teilstriche an der Skala) feststellen möchte. Genaugenommen ist aber der Begriff Eichen nur für die Prüftätigkeit der staatlichen Eichbehörden festgelegt.

[12] Im konkreten Fall repräsentiert er die Widerstandseinheit

Im Zusammenhang mit nichtgesetzlichen Aufgaben ist noch der Begriff des **Kalibrierens** wichtig. Diese Tätigkeit stellt keine Prüfung dar, bei der ja nur qualitativ oder quantitativ Eigenschaften eines Meßobjektes überprüft werden, sondern es wird der Zusammenhang zwischen der Anzeige eines Meßgerätes und der Meßgröße bestimmt. Das VIM definiert wie folgt:

„6.11 **Kalibrierung**: Tätigkeit zur Ermittlung des Zusammenhanges zwischen den ausgegebenen Werten eines Meßgerätes oder einer Meßeinrichtung oder den von einer Maßverkörperung oder von einem Referenzmaterial dargestellten Werten und den zugehörigen, durch Normale festgelegten Werten einer Meßgröße unter vorgegebenen Bedingungen"

Im Gegensatz zum Eichen stellt die Kalibrierung eine Feststellung des Momentanzustandes her. Aussagen über das künftige Verhalten eines Meßgerätes können aus der Kalibrierung nicht abgeleitet werden. Die Eichung dagegen läßt zwei Aussagen zu:

- Das Meßgerät hält im Augenblick der Eichung die Eichfehlergrenzen ein;
- während der sogenannten Eichgültigkeitsdauer (Nacheichfrist) hält das Meßgerät zumindest die Verkehrsfehlergrenzen ein.

Die Verkehrsfehlergrenzen sind meist größer als die Eichfehlergrenzen (für Wärmezähler beispielsweise das Doppelte) und berücksichtigen, daß

- die Meßgeräteeigenschaften einer zeitlichen Veränderung unterliegen und
- die Prüfeinrichtung ebenfalls eine nicht vernachlässigbare Meßunsicherheit hat.

Außerdem könnte eine eventuelle Befundprüfung, die der Kontrolle dient, ob das Meßgerät innerhalb der Eichgültigkeitsdauer noch die Verkehrsfehlergrenzen einhält, auf einer anderen Prüfeinrichtung durchgeführt werden.

Weitere Begriffe werden wir im Kapitel 8 (Prüfung von Wärmezählern) kennenlernen.

5 Durchflußmessung

5.1 Grundlagen der Durchflußmessung

Die Durchflußmessung hat eine enorme wirtschaftliche Bedeutung, werden doch allein in Österreich im rechtsgeschäftlichen Verkehr über Durchflußmeßgeräte zumindest 10 Milliarden Euro jährlich verrechnet. Dies beginnt beim einfachen Hauswasserzähler, führt über Wärmezähler, Gaszähler, Zähler für flüssige Lebensmittel (Milch) bis zu den Zählern für fossile Treibstoffe. Aber Durchflußzähler werden nicht nur im sogenannten eichpflichtigen Verkehr eingesetzt, wenn also ein Entgelt auf der Grundlage der Zähleranzeige berechnet wird, sondern auch in Industrieanlagen, wo sie für Steuer- und Regelungszwecke eingesetzt werden.

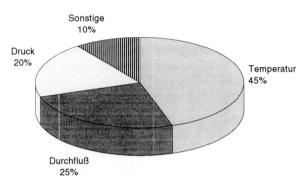

Abb. 5.1: Die häufigsten, bei industriellen Meßprozessen verwendeten Sensoren

Neben den Temperatursensoren, die naturgemäß die höchste Bedeutung für das menschliche Leben haben, sind Durchflußzähler die zweithäufigst verwendeten industriellen Sensoren überhaupt (siehe Abb. 5.1).

Aufgrund des enormen Verrechnungsvolumens hat naturgemäß die Genauigkeit dieser Geräte eine ausschlaggebende Bedeutung. Es hat daher in den vergangenen zweihundert Jahren nicht an Ideen gefehlt, neuere und bessere Meßprinzipien anzugeben, um das erwähnte Ziel zu erreichen. Die Wirkungsmechanismen allein sind es aber nicht, mit denen eine genaue Messung erreicht werden kann. Es sind weitere Faktoren zu berücksichtigen, wie beispielsweise die richtige Wahl des Meßpfades bei Ultraschallzählern.

Auf diese und verwandte Probleme wird im folgenden Kapitel eingegangen, das die Grundlagen der Durchflußmessung behandelt und das naturgemäß auch für unser spezielles Thema, die Wärmemessung, wichtig ist.

5.1.1 Fluide

In dieser Einleitung wollen wir jene Grundlagen aus der Strömungslehre besprechen, die für das Verständnis der im folgenden zu behandelnden Problematik nötig sind.

Die Strömungslehre handelt von den Bewegungen der Flüssigkeiten und Gase, die man heute unter dem Oberbegriff **Fluide** zusammenfaßt. Unter einschränkenden Bedingungen kann man oft mit **idealen Fluiden** rechnen, die im Gegensatz zu **realen Fluiden** reibungsfrei und inkompressibel sind. In idealen Fluiden treten nur Normalspannungen auf, in realen Fluiden auch Tangentialspannungen.

Das Wesentliche realer Fluide sind also endliche Tangential- oder Scherspannungen, deren Ursache in Reibungserscheinungen zwischen den einzelnen Fluidballen begründet ist. Ein weiteres Charakteristikum realer Fluide ist deren Kompressibilität. Sie ist für Flüssigkeiten zwar klein, aber nicht vernachlässigbar. Bemerkbar macht sie sich in der Abhängigkeit der Dichte vom Druck.

Reale Fluide werden dadurch beschrieben, daß man das Strömungsbild mittels Methoden der Potentialtheorie berechnet und den Einfluß der Reibung durch das **Grenzschichtkonzept** berücksichtigt. Dabei wird der Einfluß der Reibung auf eine relativ dünne Schicht längs der Berandung der Strömung reduziert. Außerhalb der Grenzschicht verhält sich die reale annähernd wie eine ideale Strömung.

Zur Darstellung von Strömungen gibt man die Richtung der Geschwindigkeit an beliebig ausgewählten Punkten an, wodurch man ein Stromlinienbild erhält, das durch einzelne Stromfäden charakterisiert ist. Für diese Stromfäden gelten gewisse grundlegende Beziehungen, auf die wir im folgenden näher eingehen wollen.

5.1.2   Kontinuitätsgleichung

Die Kontinuitätsgleichung ist eine Form der Massenerhaltung, spezialisiert auf bewegte Massen. Sie sagt aus, daß für zwei beliebige Querschnitte der Massenstrom erhalten bleibt. Da der Massenstrom durch $A \cdot v \cdot \rho$ ausgedrückt werden kann, wobei A der Querschnitt ist, v die Geschwindigkeit und ρ die Dichte, kann man für zwei beliebige Querschnitte schreiben (Indizes 1 und 2, Abb. 5.2):

$$A_1 v_1 \rho_1 = A_2 v_2 \rho_2 = \dots \qquad (5.1)$$

Ändert sich die Dichte nicht, was vor allem für Flüssigkeiten angenommen werden kann, dann kann man die Gl. (5.1) einfacher schreiben als

$$A_1 v_1 = A_2 v_2 \quad \text{oder} \quad A_1/A_2 = v_2/v_1 \qquad (5.2)$$

Mit anderen Worten: Bei Verengung des Querschnittes steigt die Geschwindigkeit dort entsprechend an, bei Erweiterung des Querschnittes sinkt die Geschwindigkeit.

Die Größe $Q_v = A \cdot v$ wird als **Volumendurchfluß** bezeichnet (Einheit m^3/s oder Teile und Vielfache davon, wie l/h), die Größe $Q_m = A \cdot v \cdot \rho$ als **Massendurchfluß** (in der Einheit kg/s oder Teile und Vielfache davon, wie kg/h oder t/h)[1]. Besonders die physi-

---

[1] Wie weiter unten noch näher ausgeführt wird, ist die Geschwindigkeit über den Rohrquerschnitt nicht konstant. Ist die Geschwindigkeitsverteilung zylindersymmetrisch, berechnet man den Durchfluß mittels:

$$Q = 2\pi \int_0^R v(r)\, r\, dr$$

Für den Fall asymmetrischer Geschwindigkeitsprofile (z.B. nach Rohrkrümmern) gilt allgemein:

$$Q = \iint_{x\,y} v(x,y)\, dx\, dy$$

kalische Größe Volumendurchfluß wird uns im folgenden ständig begegnen. Für die Rohrströmung ist im übrigen die Geschwindigkeit dem Volumendurchfluß direkt proportional.

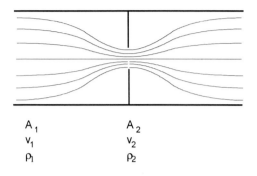

Abb. 5.2: Zur Kontinuitätsgleichung

A_1 A_2
v_1 v_2
ρ_1 ρ_2

5.1.3 Bernoulli-Gleichung

Während die Kontinuitätsgleichung auch für reale Fluide gilt, setzen wir für die folgenden Überlegungen eine reibungsfreie Strömung voraus. Wir wollen dabei von der Abb. 5.3 ausgehen, die ein Fluidelement darstellt, das als Zylinder mit dem Querschnitt A und der Länge ds ausgebildet und gegen das Lot um einen Winkel ϕ geneigt ist. Auf das Fluidelement wirken dabei die folgenden Kräfte:

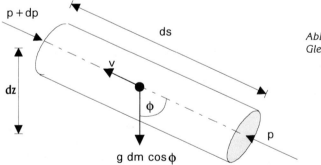

Abb. 5.3: Zur Bernoulli-Gleichung

- Druckkräfte: p und $p + dp = p + \dfrac{\partial p}{\partial s} ds$ \hfill (5.3)

- die Schwerkraft: $g\, dm = \rho\, A\, g \cos\phi\, ds$ \hfill (5.4)

- die Trägheitskraft: $\rho\, A\, ds\, \dfrac{\partial v}{\partial t}$ \hfill (5.5)

In diesen Gleichungen bedeuten
p ... den Druck

A ... den Querschnitt des Fluidelementes
ρ ... die Fluiddichte
g ... die Erdbeschleunigung
Alle anderen Größen sind der Abb. 5.3 zu entnehmen.

Die Kräftebilanz liefert die Bernoulli-Gleichung, die eine Energiegleichung darstellt. Sie lautet:

$$\frac{p}{\rho} + g\,z + \frac{v^2}{2} = \text{const.} \tag{5.6}$$

Die einzelnen Terme entsprechen der Druckenergie (p/ρ), der potentiellen Energie (g z) und der kinetischen Energie (v²/2), bezogen auf eine Masse 1. Meist kann man den Term g.z bei Vorgängen auf gleicher geodätischer Höhe vernachlässigen. Mit dieser Einschränkung kann man die Bernoulli-Gleichung auch in der folgenden Form:

$$p_{ges} = p_s + \frac{\rho\,v^2}{2} = p_s + p_d = \text{const} \tag{5.6a}$$

schreiben, wobei nun p_{ges} als Gesamtdruck interpretiert werden kann, der sich aus dem statischen Druck p_s und dem dynamischen Druck p_d, hervorgerufen von der Geschwindigkeit v, ergibt.

Der *statische Druck* entspricht dem Gewicht einer ruhenden Wassersäule auf die darunterliegende Fläche. Bei einer strömenden Flüssigkeit entspricht er dem inneren Druck, den ein mitgeführtes Druckmeßgerät zeigen würde. Er ist auch jener Druck, der auf die Rohrwand ausgeübt wird. Der statische Druck kann durch ein erhöhtes Wassergefäß ausgeübt, aber auch durch eine Pumpe aufgebracht werden.

Der *dynamische Druck* dagegen ist derjenige Druck, den eine strömende Flüssigkeit auf ein auftretendes Hindernis ausübt. Man bezeichnet ihn daher manchmal - je nach Situation - auch als Staudruck. Er ist von der Geschwindigkeit abhängig, wie aus Gl. (5.6a) zu erkennen ist. In Abb. 5.4 sind die Druckverhältnisse längs eines Rohres mit unterschiedlichen Querschnitten dargestellt.

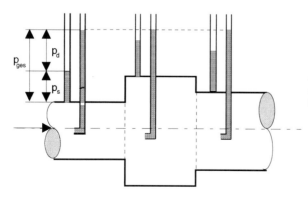

Abb. 5.4: *Darstellung der Druckverhältnisse entlang eines Rohrsystems*

An engen Stellen, an denen nach Bernoulli die Geschwindigkeit sehr groß wird, sinkt der statische Druck entsprechend ab. Bei extremen Verhältnissen kann dies zu einem Unterdruck auf die Wandung führen und u.U. zu Fehlzirkulationen (Rückströmungen) Anlaß geben. Bei geringen, aber nicht extrem geringen Geschwindigkeiten ist der statische Druck hoch. Dies wirkt sich vorteilhaft in einem Rohrsystem aus, das viele Abgänge, z.B. Verteiler, hat. Damit wird eine bessere Wasserverteilung auf die einzelnen Abzweiger erreicht.

Die Bernoulli-Gleichung gilt nur, wenn *kein Energieaustausch mit der Umgebung* stattfindet. Ihre Anwendung sei an zwei Beispielen demonstriert.

Umströmung eines Hindernisses

Es werde ein Hindernis in die Strömung eingebracht, wie es schematisch in Abb. 5.5 skizziert ist. Die Strömung wird im Punkt A auf Null abgebremst. Nach Gl. (5.6) ist wegen g z = const der Druck im Staupunkt A:

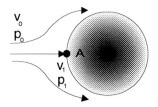

Abb. 5.5: Zur Umströmung eines Hindernisses

$$p_1 = p_o + \rho \frac{v_o^2}{2}$$

Im Staupunkt tritt also eine Druckerhöhung auf, die auf Kosten der kinetischen Energie geht.

Diffusor

Durch Erweiterung oder Verengung eines Rohres (Winkel ß!) wird aufgrund der Gl. (5.6) Druckenergie in kinetische Energie umgewandelt und umgekehrt (siehe Abb. 5.6). Der Druck an der Stelle 2 ist nach Gl. (5.6):

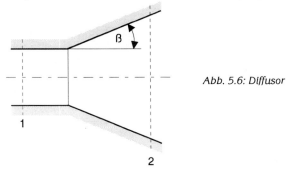

Abb. 5.6: Diffusor

$$p_2 = p_1 + \rho \, \frac{v_1^2 - v_2^2}{2}$$

Bei zu großem Erweiterungswinkel (über etwa 4 ... 7°) löst sich die Strömung von der Wand ab, und es treten Energieverluste auf (Wirbelbildung).

5.1.4 Einfluß der Reibung

Die Bernoulli-Gleichung setzt die Konstanz der Strömungsenergie längs einer Stromlinie voraus. Reale Fluide sind zwar nicht reibungsfrei, in der Praxis ist jedoch der Reibungseinfluß eher untergeordnet, was die Rechtfertigung für die in vielen Fällen gehandhabte Anwendung der Bernoulli-Gleichung ist.

Den Reibungseinfluß kann man empirisch durch eine **Verlusthöhe** z_v berücksichtigen, die für jede spezielle Aufgabe bestimmt werden muß. Die Bernoulli-Gleichung lautet dann:

$$\frac{p_1}{\rho} + \frac{v_1^2}{2} + g(z_1 - z_2) = \frac{p_2}{\rho} + \frac{v_2^2}{2} + g \, z_v \qquad (5.7)$$

Die Reibungserscheinungen in Flüssigkeiten bewirken das Haften der Fluide an Begrenzungswänden, aber nicht nur an diesen: Die einzelnen Flüssigkeitsschichten haften aneinander. Bereits Newton fand, daß die Schubspannung τ abhängig ist vom Geschwindigkeitsgradienten quer zur Strömungsrichtung (dv/dr) und von einer Größe, die die physikalischen Eigenschaften des Fluids beschreibt, die dynamische Viskosität η. Das **Newtonsche Schubspannungsgesetz**

$$\tau = \eta \, \frac{dv}{dr} \qquad (5.8)$$

drückt diesen Sachverhalt aus. Dieses Gesetz gilt aber genaugenommen nur bei sogenannten **laminaren Strömungen**. Die Unterscheidung zwischen **laminaren** und **turbulenten Strömungen** fiel erst auf, als man den Reibungseinfluß verstehen lernte.

Laminare Strömungen sind dadurch gekennzeichnet, daß die Geschwindigkeit nur Komponenten in Strömungsrichtung hat, aber keine in Querrichtung. **Turbulente Strömungen** sind aber gerade durch das Auftreten dieser Querbewegungen charakterisiert, die für eine starke Durchmischung der turbulenten Strömung verantwortlich sind.

Reynolds zeigte in seinem berühmten Farbfadenversuch (um 1880) das Zerfließen eines in die Strömung eingebrachten Farbfadens bei Überschreiten einer bestimmten Grenzgeschwindigkeit. Unterhalb dieser Geschwindigkeit breitet sich der Farbfaden unvermischt stromabwärts aus. Diesen Zustand bezeichnete er als **laminar**, jenen oberhalb der Grenzgeschwindigkeit als **turbulent**. Reynolds zeigte weiters, daß dieser Umschlag außer von der Strömungsgeschwindigkeit auch noch von einer charakteristischen Abmessung D und von der kinematischen Viskosität ν abhängt. Die Größe

$$\text{Re} = \frac{v\,D}{v} \tag{5.9}$$

ist dimensionslos und wird als **Reynoldszahl** bezeichnet. Sie hat für den Umschlag laminar/turbulent bei der Rohrströmung den Betrag 2300 (**kritische Reynoldszahl** Re_{kr}). Die Reynoldszahl ist für eine gegebene Anordnung und ein definiertes Medium (z.B. Wasser bei 50 °C) direkt proportional der Strömungsgeschwindigkeit. Der Vorteil in der Verwendung der Reynoldszahl statt der Strömungsgeschwindigkeit ist jedoch der, daß man Strömungszustände in beliebigen Rohren und beliebigen Medien miteinander vergleichen kann, z.B. die Strömung in einer menschlichen Arterie mit jener im Zuleitungsrohr zu einem Wasserzähler.

Der oben angegebene Grenzwert für den Umschlag von laminarer in turbulente Strömung ist aber nur als Richtwert anzusehen, da man laminare Strömung etwa bis zum Fünffachen des kritischen Wertes nachweisen konnte, wogegen die Strömung unterhalb der kritischen Reynoldszahl immer laminar ist.

Die Reynoldszahl ist wohl die wichtigste Kenngröße der Strömungslehre. Sie ist nicht nur für die Rohrströmung von Interesse, sondern beispielsweise auch für die Umströmung einer Platte etc. Im letzteren Fall hat allerdings die kritische Reynoldszahl einen anderen Betrag ($> 10^5$).

Im Falle **laminarer Strömung** kann man die Geschwindigkeitsverteilung der Rohrströmung mittels der Gl. (5.8) und der Kräftebilanz an einem herausgegriffenen Zylinderstück mit dem Radius r herleiten. Aus der Bilanz der wirkenden Kräfte, der Druckkräfte F_p und der Schubspannungskräfte F_s, findet man dafür (siehe auch Abb.5.7):

$$F_p + F_s = 0 \tag{5.10}$$

Mit

$$F_p = \Delta p\, r^2\, \pi \quad \text{und} \quad F_s = -\eta \frac{dv}{dr} 2\, r\, \pi\, l \tag{5.11}$$

folgt daraus mit der Randbedingung, daß an der Rohrwand, also bei r = R die Geschwindigkeit verschwindet, durch Integration:

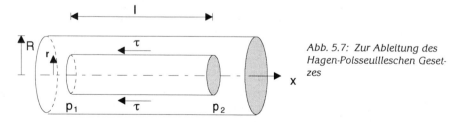

Abb. 5.7: Zur Ableitung des Hagen-Poisseuilleschen Gesetzes

$$v(r) = \Delta p\, \frac{R^2 - r^2}{4\, \eta\, l} \tag{5.12}$$

Da $v(r)$ ein Maximum hat für $r = 0$:

$$v_{max} = \frac{\Delta p}{4\eta l} R^2,\qquad(5.13)$$

folgt damit:

$$v(r) = v_{max}\left(1 - \frac{r^2}{R^2}\right),\qquad(5.14)$$

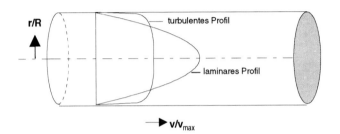

Abb. 5.8: Geschwindigkeitsprofile laminarer und turbulenter Strömungen (schematisch)

Die Gl. (5.12) wird als **Hagen-Poisseuillesches Gesetz** bezeichnet. Es gilt ausschließlich für laminare Strömungen, da ihm das ebenfalls nur für laminare Strömungen geltende Newtonsche Schubspannungsgesetz (siehe Gl. (5.8)) zugrundeliegt.

Die Geschwindigkeitsverteilung über den Rohrquerschnitt ist parabolisch (Abb. 5.8): Während die Geschwindigkeit an der Rohrwand verschwindet, nimmt sie in der Rohrmitte ein Maximum an, das durch Gl. (5.13) gegeben ist.

Eine interessante Folgerung aus dem Hagen-Poisseuilleschen Gesetz ergibt sich, wenn man den Durchfluß in einem Rohr berechnet. Nimmt man eine zylindersymmetrische Strömung an, dann ist die Geschwindigkeitsverteilung in der Strömung durch die Gleichung (5.14) gegeben. Für einen Radius r eines Kreisringes mit der Dicke dr ist der Beitrag zum Durchfluß: $dQ = 2\pi r\, v(r)\, dr$. Die Integration über den gesamten Querschnitt des Rohres ergibt dann:

$$Q = 2\pi \int_0^R r\, v(r)\, dr = 2\pi \int_0^R r\, v_{max}\left(1 - \frac{r^2}{R^2}\right) dr = 2\pi v_{max} R^2 \frac{1}{4} = \Delta p \frac{\pi R^4}{8\eta l},\qquad(5.15)$$

ein bemerkenswertes Ergebnis, hängt doch, bei ansonsten gleichen Bedingungen (Δp), der Volumendurchfluß von der vierten Potenz des Rohrdurchmessers ab. Dies hat u.a. in der Medizin Bedeutung, wenn ein Blutgefäß durch Sklerose zuwächst und die Sauerstoffversorgung durch den zu geringen Volumendurchfluß nicht mehr gewährleistet ist. Auch kennt jeder Asthmatiker das Problem bei der Ein- bzw. Ausatmung, wenn die Bronchialgefäße sich krampfartig verengen. Bereits eine Verengung des Durchmessers um 20 % ergibt bereits eine Senkung des Volumendurchflusses um 59 % gegenüber dem ungestörten Fall!

Die Gleichung für v_{max} läßt sich noch umstellen, woraus folgt:

$$v_{max} = \Delta p \frac{R^2}{4\eta l} \rightarrow \Delta p = \frac{4\eta l}{R^2} v_{max} = \frac{\rho}{2} v_m^2 \frac{l}{D} \lambda_{lam},\qquad(5.16)$$

worin $\lambda_{lam} = \frac{64}{Re}$ und $Re = \frac{v_m D}{\nu}$ (5.17)

bedeutet und v_m die mittlere Geschwindigkeit im Strömungsquerschnitt ist, die sich aus der Beziehung: $Q = v_m A$ ergibt.

Für den Fall turbulenter Strömung fehlt eine Gleichung der Form (5.14). Man behilft sich mit einem Ansatz äquivalent zu Gl. (5.16):

$$\Delta p = \frac{\rho}{2} v_m^2 \frac{l}{D} \lambda_{turb},\qquad(5.18)$$

worin nun allerdings die Größe λ_{turb} (noch) nicht theoretisch berechenbar ist. Ein bekannter Ansatz nach *Blasius* ergibt die folgende Beziehung:

$$\lambda_{turb} = \frac{0{,}3164}{Re^{1/4}},\qquad(5.19)$$

der bis etwa $Re \approx 10^5$ gültig ist. Ähnliche empirische Beziehungen gelten für höhere Reynoldszahlen.

Aus der *Blasius*-Beziehung folgt unter Zuhilfenahme einiger plausibler Annahmen eine Beziehung für die Geschwindigkeitsverteilung in der turbulenten Rohrströmung:

$$v(r) = v_{max}\left[1 - \frac{r}{R}\right]^m \qquad(5.20)$$

Der Exponent hat etwa den Betrag $m = 1/7$, ist aber leider abhängig von der Reynoldszahl. Diese Geschwindigkeitsverteilung ist ebenfalls in Abb. 5.8 eingetragen. Im Gegensatz zur laminaren ist die turbulente Geschwindigkeitsverteilung ziemlich gleichförmig, sie ändert sich nur an der Rohrwand sehr stark.

5.1.5 Zusammenhang zwischen Geschwindigkeit und Durchfluß

Mit den Gleichungen (5.14) und (5.20) ist der Verlauf der Geschwindigkeit im Falle zylindersymmetrischer (= axialsymmetrischer) Rohrströmungen bei laminarer und turbulenter Strömung gegeben.

Im Falle der Bestimmung des Durchflusses Q wird nun jene mittlere Geschwindigkeit v_m gesucht, die dem Zusammenhang

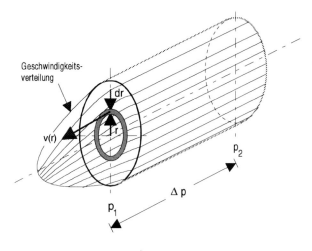

Abb. 5.9: Zur Ermittlung des Durchflusses aus der Geschwindigkeitsverteilung im Falle der Rohrströmung
Δp ... Druckdifferenz

$$Q = 2\pi \int_0^R v(r)\, r\, dr = v_m\, A \qquad (5.21)$$

gehorcht (siehe dazu die Abb. 5.9). Da für die Rohrströmung: $A = \pi R^2$ ist, folgt daraus weiters:

$$v_m = \frac{Q}{\pi R^2} = \frac{2}{R^2} \int_0^R v(r)\, r\, dr \qquad (5.22)$$

Für laminare Strömungen ergibt die Mittelung mit dem Strömungsprofil nach Gl. (5.14):

$$v_m = \frac{v_{max}}{2}, \qquad (5.23)$$

wogegen für den Fall turbulenter Strömungen mit Gl. (5.20) folgt:

$$v_m = \frac{2 v_{max}}{(m+1)(m+2)} \qquad (5.24)$$

Ein meßtechnisch wichtiger Fall tritt dann ein, wenn aus der Geschwindigkeit unmittelbar auf den Durchfluß geschlossen werden soll, z.B. aus einer punktförmigen Messung bzw. aus einer linear über den Querschnitt gemittelten Geschwindigkeit. Letzteres wird bei der Ultraschallmessung mittels Durchschallung eines Rohres realisiert. Die Mittelwertbildung erfolgt dann nicht nach Gl. (5.22), sondern nach

$$v'_m = \frac{1}{2R} \int_{-R}^{R} v(r)\,dr, \qquad (5.25)$$

woraus für die entsprechenden Mittelwerte folgt:

- für laminare Strömung: $\quad v'_m = \dfrac{2}{3} v_{max} = \dfrac{4}{3} v_m \qquad (5.26)$
- für turbulente Strömung: $\quad v'_m = \dfrac{2m\, v_{max}}{(m+1)} \qquad (5.27)$

Der Unterschied zwischen dem gemessenen Mittelwert v_m' und dem tatsächlichen v_m muß durch einen geeigneten Korrekturfaktor berücksichtigt werden.

5.1.6 Druckverlust

Um den Einfluß des Druckverlustes von Durchflußmeßgeräten abschätzen zu können, verwendet man eine Beziehung ähnlich Gl. (5.16) bzw. Gl. (5.18); der Druckverlust selbst kann aber im allgemeinen nur experimentell ermittelt werden. In der Praxis bestimmt man daher den Druckverlust bei einem bestimmten Durchfluß (z.B. Q_n) und kann ihn, wenn alle anderen bestimmenden Größen konstant sind, für einen beliebigen Durchfluß nach folgender Gleichung berechnen:

$$\Delta p(Q) = \Delta p_n \left(\frac{Q}{Q_n} \right)^2 \qquad (5.28)$$

5.1.7 Zur Qualifizierung von Durchflußsensoren

5.1.7.1 Kenngrößen

Ein Meßgerät ist prinzipiell für die Erfassung einer bestimmten, physikalisch definierten Meßgröße gebaut, wobei die Darstellung dieser Meßgröße nur innerhalb eines bestimmten Wertebereiches dieser Größe möglich ist. Um hier ein Beispiel zu nennen: Mit einer Brückenwaage kann man zwar die Meßgröße „Masse" (bzw. „Wägewert") bestimmen, es wird aber schwerlich gelingen, mit diesem Meßgerät die Masse einer Briefmarke zu bestimmen. Umgekehrt ist auch die Wägung eines Lastwagens mit einer Briefwaage nicht möglich.

Für jedes Meßgerät ist daher die Meßbarkeit der zu erfassenden physikalischen Größe eine unabdingbare Forderung. Spezialisieren wir unsere Überlegungen auf Durchflußzähler, dann müssen diese Geräte in der Lage sein, die augenblickliche Meßgröße Durchfluß auch tatsächlich mit einer vernünftigen Genauigkeit zu erfassen. Wie im obigen Beispiel gezeigt wurde, ist dies aber nur in einem begrenzten Intervall, dem **Meßbereich** des Gerätes möglich.

Wie wird nun im konkreten Fall der Meßbereich definiert?

Der Meßbereich für den Volumendurchfluß ist nach unten durch den kleinsten, vom Zähler gerade noch mit ausreichender Genauigkeit erfaßbaren **Mindestdurchfluß** $Q_{min} = q_i$ begrenzt, nach oben durch den **maximalen Durchfluß** $Q_{max} = q_s$, der durch die mechanische Belastbarkeit bzw. durch den damit verbundenen Druckverlust gegeben ist. Von diesem maximalen Durchfluß ist noch der **Nenndurchfluß** oder **permanente Durchfluß** $Q_n = q_p$ zu unterscheiden, der eine Dauerbelastbarkeit des Zählers definiert. Er wird auch zur Kennzeichnung herangezogen.

Die Notwendigkeit der Verwendung eines maximalen Durchflusses neben einem Nenndurchfluß wird durch die Tatsache motiviert, daß manche Bauarten von Zählern - vor allem die nach dem Turbinenzählerprinzip arbeitenden - im Betrieb auch kurzfristig bei höheren Durchflüssen als dem Nenndurchfluß betrieben werden. Ein längerer Betrieb beim Nenndurchfluß würde zwar zur Zerstörung des Gerätes oder, wie bei MID's oder Ultraschallzählern, zur Erhöhung der Meßfehler führen, eine kurzfristige Überschreitung hat aber letztlich keine bleibenden Konsequenzen.

Als weiteres Charakteristikum ist noch der **Nenndruck** (PN) zu nennen. Darüberhinaus hat auch noch der **Druckverlust** zwischen dem Eingangs- und Ausgangsstutzen, in der Regel auf den Nenndurchfluß bezogen, eine große praktische Bedeutung (siehe auch Gl. (5.18)).

Als nur mehr historisch zu werten ist der Begriff **Trenngrenze** oder **Übergangsdurchfluß** Q_t, der den Meßbereich für den Volumendurchfluß in einen oberen und einen unteren Meßbereich trennt.[2] Nach der neuen Nomenklatur gemäß EN 1434, Teil 1, ist diese Trennung in einen oberen und einen unteren Durchflußbereich hinfällig. Die entsprechenden Begriffsbildungen sind in Abb. 5.10 graphisch veranschaulicht.

Wie bereits erwähnt, wird der Meßbereich einerseits durch den Mindestdurchfluß und andererseits durch den maximalen Durchfluß begrenzt. Beispielsweise dürfen Wasserzähler nicht ständig mit dem maximalen Durchfluß betrieben werden, weshalb als Kennzeichnung des Gerätes der Nenndurchfluß als Dauerlast eingeführt wurde.

Der maximale Durchfluß hat z.B. für Wasserzähler nur eine sekundäre Bedeutung, ist er doch als Charakteristikum des Zählers nicht geeignet; er ist vor allem durch die mechanische Belastbarkeit des Meßflügels und den maximalen Druckverlust gegeben. Aus rein anlagebedingten Gründen sollte letzterer den Wert von 1 bar bei Q_{max} nicht überschreiten. Auch bei Zählern, die oft nur aus einem Rohrstück bestehen, wie Ultraschallzähler nach dem Prinzip der Laufzeitdifferenzmessung, wird ein maximaler Durchfluß festgelegt, der allerdings nicht auf Festigkeitsgründen beruht, sondern in der Art der Meßwertverarbeitung begründet ist.

Der Verlauf der Fehlerkurve, wie er in Abb. 5.11 dargestellt ist, legt eine Zweiteilung des Meßbereiches nahe, die in der Regel durch den Übergang von laminarer zu turbulenter Strömung motiviert ist. Für andere Meßsysteme ist der Verlauf der Fehlerkurve oft ein anderer; in jedem Fall kann man die Fehlerkurve durch ein Band der Breite

$$\pm \left| F_o + \frac{C}{Q} \right| \qquad (5.29)$$

---

[2] Der Begriff der Trenngrenze ist eigentlich nur bei Wasser- und Wärmezählern üblich und dürfte durch neue Begriffsbildungen zum Aussterben verurteilt sein.

begrenzt denken, wobei F_o ein konstanter Fehleranteil ist und der Term C/Q einen mit kleiner werdendem Volumendurchfluß Q ansteigenden Fehleranteil bedeutet.

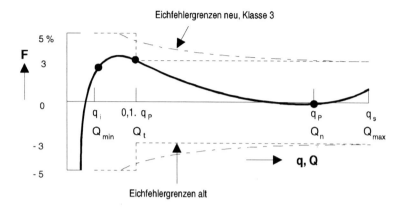

Abb. 5.10: Zur Definition der verschiedenen Begriffe für den Volumendurchfluß

Bei elektrischen Meßgeräten bezieht man gerne die zulässigen Meßfehler auf den Endwert, also auf die maximale Meßgröße, in unserem Fall auf Q_{max} (bzw. Q_n). Ist der zulässige Meßfehler dort F_E, dann ist er bei $x.Q_{max}$ (bzw. $x.Q_n$), mit $x < 1$:

$$F_x = \frac{F_E}{x} \qquad (5.30)$$

Ist $x = 0,1$, dann ist der zulässige Meßfehler 10 mal so groß, als bei $x = 1$ (bezogen auf Q_{max} bzw. Q_n). Bei registrierenden Meßgeräten, wie Wasserzählern, Elektrizitätszählern, Gaszählern, Wärmezählern, wird der Meßfehler nicht auf den Endwert, sondern auf den Momentanwert bezogen. In Abb. 5.11 ist der Unterschied zwischen diesen beiden Fehlerdefinitionen dargestellt, wobei in beiden Fällen für den Nenndurchfluß ein Fehler gleicher Größe angenommen wurde.

Die Größe der nach dem Turbinenzählerprinzip arbeitenden Volumenmeßteile wird nach dem Nenndurchfluß festgelegt; üblich ist aber immer noch die Größenangabe nach der Nennweite, d.h. dem lichten Durchmesser des Anschlußrohres. So hat beispielsweise ein Woltmanzähler der Nennweite DN 100 einen Nenndurchfluß von Q_n = 60 m³/h. Für einen Zähler nach einem anderen Meßprinzip, beispielsweise nach dem Prinzip des MID, ist die Relation zwischen Nenndurchfluß und Nennweite eine ganz andere.

Bei Zählern ohne bewegte Teile ist die Unterscheidung in Nenn- und Maximaldurchfluß keine von der mechanischen Belastbarkeit abhängige, sondern meist nur vom Druckverlust oder von der Meßwertverarbeitung. Zumindest für Zähler mit einem Flügel- oder Turbinenrad ist aber das Verhältnis des maximalen zum Nenndurchfluß meist gleich 2.

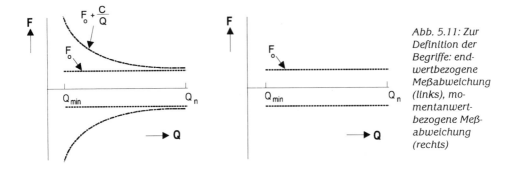

Abb. 5.11: Zur Definition der Begriffe: endwertbezogene Meßabweichung (links), momentanwertbezogene Meßabweichung (rechts)

5.1.7.2 Sensoreigenschaften von Durchflußmeßgeräten

Neben dem wohl wichtigsten Kriterium für die Bewertung eines Durchflußmeßgerätes, dem Meßbereich, findet man aber noch weitere Eigenschaften, die für die Beurteilung eines Gerätes ebenfalls wichtig sind. Solche Eigenschaften sind beispielsweise:

- die Empfindlichkeit
- die Ansprechgeschwindigkeit
- die Genauigkeit
- die Stabilität und
- die Linearität der Anzeigecharakteristik

Je nach Einsatz des Durchflußmeßgerätes wird die eine oder andere Eigenschaft mehr oder weniger Bedeutung haben. Zur Abschätzung der Wichtigkeit wollen wir nun die einzelnen Forderungen etwas näher betrachten.

Empfindlichkeit

Bei Durchflußmeßgeräten interessiert entweder der Volumen- oder Massendurchfluß als Momentanwert oder dessen zeitliches Integral, das Volumen bzw. die Masse. Die Empfindlichkeit E als Maß für die Reaktion des Durchflußsensors auf eine kleine Änderung der Meßgröße (Durchfluß) sei nun definiert als die pro Durchflußeinheit dQ erzielte Signaländerung dS:

$$E = \frac{dS}{dQ} \qquad (5.31)$$

Die Signaländerung kann dabei beispielsweise der Skalenwert der Anzeigeeinrichtung (ein Digit der kleinsten Anzeigeeinheit) oder - bei einem Frequenzausgang - die Auflösung der Frequenz sein. Es ist klar, daß die Empfindlichkeit so groß als notwendig sein sollte, aber nicht so groß als möglich.

Ansprechgeschwindigkeit

Für die Messung veränderlicher Vorgänge, wie schwankende Durchflüsse, ist das Verhalten des Durchflußmeßgerätes unter definierten Signaländerungen interessant. So kann zum Beispiel das Verhalten des Durchflußmeßgerätes unter sprungförmigen Lastwechseln interessieren, wenn sich also der Durchfluß sehr rasch zwischen Null und einem maximalen Wert ändert. Dabei wird die gesamte Anzeigecharakteristik des Durchflußmeßgerätes innerhalb kurzer Zeit zweimal durchlaufen: von $0 \rightarrow Q_n$ und $Q_n \rightarrow 0$. Betrachten wir dazu ein praktisches Beispiel: Ein Woltmanzähler für Wasser wird nach dem Start-Stopp-Verfahren geprüft. Beim Starten des Kalibriervorganges wird dazu ein Schieber so weit geöffnet, bis der gewünschte Durchfluß erreicht wird. Hat die gewünschte Wassermenge den Prüfling passiert, wird der Schieber wieder geschlossen. Die Situation ist in Abb. 5.12 dargestellt.

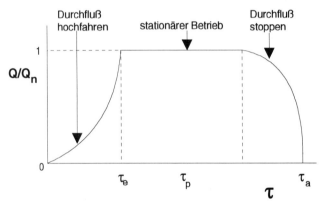

Abb. 5.12: Verlauf des Prüfvorganges an einem Wasserzähler.
t_e ist die Einschaltzeit, t_p die eigentliche Prüfzeit und t_a die Ausschaltzeit

Durch die Charakteristik des Schiebers bedingt werden bestimmte Durchflüsse bei Start und Stopp mit unterschiedlichem Gewicht auftreten. So haben beim Startvorgang geringe Durchflüsse stärkeren Einfluß, beim Stoppvorgang hingegen große Durchflüsse. Wird mit

$$g_1(Q) = \left(\frac{Q}{Q_n}\right)^2 \tag{5.32}$$

die Übergangsfunktion für den Einschaltvorgang [3] und mit

---

[3] Ohne Beweis: Wird das Ventil zeitproportional geöffnet, kann $Q(t) \sim t^{1/2}$ angenommen werden. Das bedeutet, daß während des Einschaltvorganges geringe Durchflüsse stärker ins Gewicht fallen als große. Beim Ausschaltvorgang ist es natürlich gerade umgekehrt.

$$g_2(Q) = 1 - (\frac{Q}{Q_n})^2 \qquad (5.33)$$

die entsprechende Funktion für den Ausschaltvorgang bezeichnet, dann folgt für die zusätzlichen Fehler des Prüflings durch Gewichtung mit $g_1(Q)$ und $g_2(Q)$:

$$F_{r,E} = \frac{\int_0^{Q_n} g_1(Q) F(Q) dQ}{\int_0^{Q_n} g_1(Q) dQ} \qquad (5.34)$$

bzw

$$F_{r,A} = \frac{\int_0^{Q_n} g_2(Q) F(Q) dQ}{\int_0^{Q_n} g_2(Q) dQ} \qquad (5.35)$$

$F_{r,E}$ bedeutet dabei den Restfehler für den Einschaltvorgang und $F_{r,A}$ jenen für den Ausschaltvorgang.

Man erhält mit dem angegebenen Modell für die beiden Fehlerbeiträge:

$F_{r,E} = -0,01\ \%$ (5.36a)
$F_{r,A} = -0,10\ \%,$ (5.36b)

also insgesamt einen Restfehler von -0,11 %.

Um nun abschätzen zu können, welchen Fehleranteil am Meßvorgang dies tatsächlich ergibt, wollen wir folgendes Zahlenbeispiel betrachten:

Es soll ein Durchflußsensor mit einem Durchfluß von 100 m³/h (= Nenndurchfluß) geprüft werden. Die Prüfzeit soll zumindest 2 Minuten betragen, woraus sich für das erforderliche Prüfvolumen ein Wert von 3333 l ergibt. Als Normalgerät wird eine Waage mit einem Behälter verwendet, der ca. 600 l faßt. Zur Errreichung des vorgegebenen Prüfvolumens ist somit ein sechsmaliger Füllvorgang notwendig.

Aus dem Experiment wurde für den Einschaltvorgang ein Zeitaufwand von etwa τ_e = 6 s, für den Ausschaltvorgang von etwa τ_a = 3 s ermittelt. Die eigentliche Prüfzeit τ_p beim Nenndurchfluß Q_n ist ca. 18 s.

Ermittelt man mit Abb. 5.13 das gesamte, in den Meßbehälter eingebrachte Volumen, so ergibt sich ein Wert von 611,1 l, woraus sich ein gemittelter Durchfluß von Q_m = 81,48 m³/h ergibt. Bei kurzen Prüfzeiten ist nicht so sehr der ermittelte Zusatzfehler wichtig, als die fehlerhafte Durchflußbestimmung aus dem gesamten Prüfvolumen und der gesamten Prüfzeit $\tau_p{'} = \tau_e + \tau_p + \tau_a$.

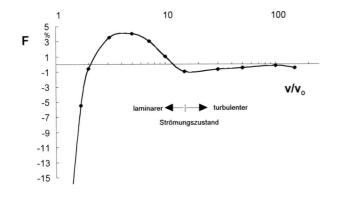

Abb. 5.13: Standardisierte Fehlerkurve eines Wasserzählers zum Zwecke der Ermittlung des Dynamikfehlers

Genauigkeit

Für Durchflußmeßgeräte sind durch verschiedene Vorschriften, wie gesetzliche Regelungen (Eichgesetz), Normen, aber auch Vereinbarungen Fehlergrenzen festgelegt. Ein Beispiel für solche Festlegungen sind die in Abb. 5.10 eingezeichneten Fehlergrenzen für Wasserzähler.[4] Sie sind relativ großzügig gestaltet, was durch den vergleichsweise geringen Wert des Meßgutes begründet ist (1 m^3 kostet je nach Bundesland zwischen Euro 1,- und 4,-). Dagegen sind die Fehlergrenzen für Mineralölzähler, Milchzähler u. ä. mit ± 0,5 % wesentlich enger gestaltet. Schließlich kostet ein m^3 Benzin derzeit etwa Euro 800,-, was im Vergleich zu Wasserzählern genaugenommen noch wesentlich engere Fehlergrenzen erfordern würde. Hier setzt allerdings der Stand der Technik natürliche Grenzen.

Stabilität

Die Konstanz des Anzeigeverhaltens eines Durchflußzählers ist eine wesentliche Voraussetzung für die Einhaltung der Fehlergrenzen über einen längeren Zeitraum. Verschiedene Einflüsse, wie chemische und mechanische, führen jedoch dazu, daß sich das Fehlerverhalten langfristig ändert. Um hierfür ein Bewertungskriterium zu haben, wurden die sogenannten „Verkehrsfehlergrenzen" geschaffen, die in der Regel dem 1,5 bis 2-fachen Betrag der Eichfehlergrenzen entsprechen. Darüberhinaus sind die Verkehrsfehlergrenzen aber auch deshalb geschaffen worden, um bei einer eventuellen Nachkalibrierung eines Durchflußzählers (beispielsweise im Zuge einer „Befundprüfung") innerhalb der Nacheichfrist den Einfluß unterschiedlicher Prüfeinrichtungen und deren unterschiedliche Prüfstandsfehler auszugleichen.

---

[4] Die dort eingezeichneten Fehlergrenzen entsprechen den EWG-Richtlinien für Warmwasserzähler.

5.1.7.3 Sekundäre Kenngrößen

Die im folgenden genannten Kenngrößen von Durchflußmeßgeräten werden als sekundäre bezeichnet, können aber im Einzelfall eine nicht zu vernachlässigende Bedeutung erhalten.

Temperatur

Bei den meisten Bauarten von Durchflußmeßgeräten spielt der Einfluß der Temperatur eine nicht zu vernachlässigende Rolle. So reagieren im besonderen Geräte, die auf dem Turbinenzählerprinzip basieren (Flügelrad- und Woltmanzähler) sehr empfindlich auf die Änderung der Temperatur des Meßgutes. Dieser Einfluß läßt sich auf mehrere Ursachen zurückführen. Eine Ursache liegt in der Veränderung der Größe der Meßkammer mit der Temperatur; der entsprechende Fehlerbetrag ist in vielen Fällen abschätzbar. So zeigen beispielsweise manche Bauarten von „Magnetisch-induktiven Durchflußmeßgeräten" (MID) typische Verschiebungen der Fehlerkurven, die auf die thermische Ausdehnung der Meßrohrauskleidung zurückzuführen sind. Ein weiterer thermischer Effekt, der im unteren Meßbereich ($Q \geq Q_{min}$) von Flügelradzählern beobachtet wird, wird durch die Verschiebung des Umschlagpunktes von laminarer in turbulente Strömung verursacht, was wiederum auf die starke Abhängigkeit der kinematischen Viskosität von der Temperatur zurückgeführt werden kann. Je nach Bauart können weitere Einflüsse auftreten, die hier im einzelnen nicht dargelegt werden können.

Viskosität

Wie gerade erwähnt, spielt bei manchen Bauarten von Durchflußmeßgeräten die Viskosität eine nicht zu vernachlässigende Rolle. So ist besonders bei reinen Volumenzählern der Einfluß der Viskosität auf die Fehlerkurve wichtig, da die geringen Fehlergrenzen derartige Einflüsse relativ groß erscheinen lassen. Es ist daher angebracht, Volumenzähler mit jenem Meßgut und bei jener Temperatur zu kalibrieren, die im praktischen Einsatz des Gerätes auftreten.

Bei den bereits mehrfach erwähnten Flügelradzählern, die in der Wasser- und Wärmemeßtechnik in millionenfacher Zahl zum Einsatz kommen, ist der Einfluß der Viskosität besonders stark ausgeprägt. Um hier ein Gefühl für die Größenordnung zu geben, ist in Abb. 5.14 die Verschiebung der Fehlerkurve eines Flügelradzählers gezeigt, der statt Wasser ein Wasser-Glykolgemisch messen sollte.[5] Die Viskosität dieses Gemisches unterscheidet sich deutlich von der reinen Wassers und ist außerdem sehr stark von der Temperatur abhängig (siehe Abb. 5.15).

---

[5] Dies kommt tasächlich in der Wärmemeßtechnik vor, wenn Zähler in Heizanlagen eingebaut werden, die nur zeitweise betrieben werden und zur Verhinderung des Einfrierens statt mit Wasser mit einem Wasser-Glykolgemisch, zwecks Senkung des Gefrierpunktes, gefüllt sind.

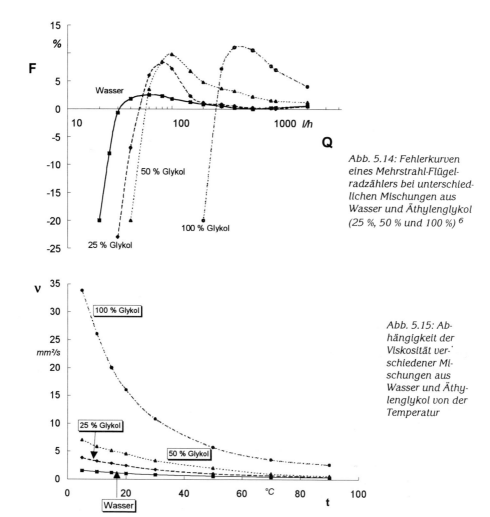

Abb. 5.14: Fehlerkurven eines Mehrstrahl-Flügelradzählers bei unterschiedlichen Mischungen aus Wasser und Äthylenglykol (25 %, 50 % und 100 %) [6]

Abb. 5.15: Abhängigkeit der Viskosität verschiedener Mischungen aus Wasser und Äthylenglykol von der Temperatur

---

[6] F. Adunka, W. Kolaczia: Zur Fehlerkurve der Flügelradzähler bei Flüssigkeiten mit hoher Viskosität, Fernwärme international FWI 13(1984), H. 6, S. 329 ff

5.2 Verfahren der Durchflußmessung

5.2.1 Allgemeine Bemerkungen

Zur Messung des Volumens, Volumendurchflusses bzw. Massendurchflusses gibt es zahlreiche Verfahren, deren Besprechung den Rahmen dieser Darstellung sprengen würde. Wir wollen uns daher im folgenden in erster Linie mit den verwendbaren Verfahren für die Wärmemessung beschäftigen. Dabei gibt es einige Randbedingungen für die Auswahl, die beispielhaft durch die folgenden Parameter charakterisiert sind:

- Temperaturbeständigkeit im Temperaturbereich von $> 0\ °C \leq t < 150\ °C$, in Ausnahmefällen auch bis 200 °C
- Druckfestigkeit, gegeben durch den maximalen Betriebsdruck bis etwa PN 40 (Nenndruck: 40 bar)
- möglichst große Meßbereiche, charakterisiert durch $q_p/q_i \approx 25\ ...\ 100$; in manchen Fällen wäre auch $q_p/q_i > 100$ wünschenswert. Daneben sollen auch die Fehlergrenzen eingehalten werden, die, je nach Klasse, bei $q_p \pm 2\ \%$ bzw. $\pm 3\ \%$ betragen, bei q_i aber in keinem Fall $\pm 5\ \%$ überschreiten dürfen.
- Stabilität der metrologischen Charakteristika über einen längeren Zeitraum, zumindest aber fünf Jahre
- Preisgünstigkeit

Damit sind bestimmte Verfahren bereits von Haus aus ausgeschlossen. Die im folgenden beschriebenen Verfahren sind daher immer unter diesen Einschränkungen zu sehen und zu bewerten.

5.2.2 Übersicht über Durchflußsensoren für die Wärmemessung

Die Erfassung des Volumens V oder der Masse m des Fluids kann entweder direkt durch Summation von Teilvolumina ($V = \Sigma \Delta V$) oder Teilmassen ($m = \Sigma \Delta m$) erfolgen oder durch zeitliche Integration der Meßgrößen **Volumendurchfluß** $Q_V = dV/dt$ bzw. **Massendurchfluß** $Q_m = dm/dt$. In Tabelle 5.1 sind die wichtigsten Durchflußmeßverfahren im Überblick gezeigt.

Die direkte Messung des Volumens basiert auf Zählern mit beweglichen Trennwänden, die genau abgegrenzte Teilvolumina aufsummieren und zur Anzeige bringen. Zähler nach dem oben angegebenen Prinzip sind sehr genau, wobei diese Genauigkeit aber mit einem relativ beschränkten Meßbereich von meist 1:10 (Q_{min}/Q_{max} bzw. q_i/q_s)) erkauft wird. Diese Meßverfahren zeichnen sich zwar durch eine hohe Genauigkeit aus, werden aber vor allem aus Preisgründen kaum eingesetzt.

Für die Praxis haben sich daher Meßverfahren aus der zweiten Gruppe bewährt, die das Volumen aus der Geschwindigkeit der Rohrströmung ableiten. Mit der Umrechnung Geschwindigkeit - Volumenstrom (Durchfluß) - Volumen sind allerdings einige Probleme verbunden, die die gewünschte Genauigkeit manchmal negativ beeinflussen.

So geht man bei diesen Zählern von einer Geschwindigkeitsverteilung in der Rohrströmung aus, die dem Idealverlauf entspricht (siehe dazu die Ausführungen in Punkt 5.1.4), in der Praxis aber nicht immer vorhanden ist, weil beispielsweise der Zähler nach einem Rohrkrümmer montiert ist, durch eine Einschnürung in der Rohrleitung das Geschwindigkeitsprofil verändert wird oder durch eine vorstehende Dichtung Ablösungen auftreten, die ebenfalls die Meßgenauigkeit der Zähler beeinflussen. [7]

Tabelle 5.1: Übersicht über die wichtigsten Durchflußmeßverfahren

unmittelbare Volumenmeßverfahren mit	mittelbare Volumenmeßverfahren mit	Massendurchflußmeßverfahren
Ringkolbenzähler	Flügelradzähler	Coriolisverfahren
Drehkolbenzähler	Woltmanzähler	Drehimpulsübertragung
Ovalradzähler	Schwingstrahlzähler	thermische Verfahren
Hubkolbenzähler	Wirbelzähler (Vortex-Prinzip)	
Trommelzähler	Ultraschallzähler	
	Magnetisch-induktive Zähler	
	Wirkdruckzähler	
	Staudruckzähler	

Abgesehen von diesen Nachteilen haben diese Geräte jedoch den Vorteil der Robustheit, eines relativ niedrigen Preises und eines sehr großen Meßbereiches. So erreicht man heute Meßbereiche, die bereits größer als $q_p/q_i \approx 100$ sind. Ein typisches Beispiel für Zähler mit derart hohen Meßbereichen sind Flügelradzähler, mit denen wir uns jetzt näher auseinandersetzen wollen.

5.3 Mittelbare Volumenzähler

5.3.1 Flügelradzähler

Der Flügelradzähler ist eine der einfachsten Bauarten eines Durchflußsensors für die Wasser- und Wärmemessung, die weit über hundert Jahre bekannt ist und vor allem zur Messung kleinerer Wassermengen eingesetzt wird.[8] Sein Haupteinsatzgebiet ist die Kaltwassermessung, aber auch in der Warmwasser- und Wärmemessung hat er sich seit vielen Jahren bewährt, wobei allerdings besondere temperatur- und korrosionsbeständige Konstruktionen nötig sind. [9]

---

[7] H. G. Kalkhof: Experimentelle Ermittlung des Einflusses von Querschnittsänderungen, Krümmern und Absperrschiebern in der Rohrleitung auf das meßtechnische Verhalten von Woltmanzählern, Wasser/Abwasser 116(1975), H. 3, S 117 ff

[8] Den ersten Mehrstrahl-Flügelradzähler baute bereits 1865 *Werner von Siemens*

[9] G. Dittrich: Meßtechnisches Verhalten der Wasserzähler im Zusammenhang mit dem Eichgesetz. In: Tagungsheft der wasserfachlichen Aussprachetagung, 1971, Wiesbaden

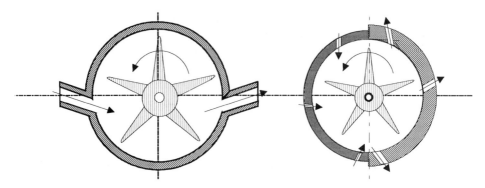

Abb. 5.16: Einstrahl-Flügelradzähler (links) und Mehrstrahl-Flügelradzähler (rechts)

Flügelradzähler gibt es in der Ausführung als Einstrahl- und als Mehrstrahlzähler. Beide Ausführungsformen sind in der Abb. 5.16 schematisch dargestellt.

Beim **Einstrahlzähler** strömt das Fluid durch einen Einströmkanal, trifft nahezu senkrecht auf das Flügelrad bzw. seine "Paletten" auf und verläßt den Meßraum durch den Ausströmkanal. Wesentlich für die Funktion ist die asymmetrische Anströmung des Flügelrades, durch die erst eine Drehmomentenbildung möglich ist. Beim **Mehrstrahlzähler** sorgt ein Flügelbecher dafür, daß das Fluid durch mehrere Einströmkanäle auf das Flügelrad auftrifft, umgelenkt wird und den Flügelbecher durch die Ausströmkanäle wieder verläßt. Verbunden mit der wesentlich gleichförmigeren Lagerbelastung ist der Mehrstrahlzähler auch unempfindlicher gegenüber Störungen im Ein- bzw. Auslaufrohr, als der Einstrahlzähler. Gemeinsame Charakteristik der Flügelradzähler ist die Anbringung von Staurippen ober- und unterhalb des Flügelrades, die erst die Proportionalität von Drehzahl und Strömungsgeschwindigkeit über einen weiten Durchflußbereich ermöglicht.

Die Fehlerkurve eines Flügelradzählers kann grob in drei Bereiche unterteilt werden:

- Der Bereich (1) ist der Anlaufbereich, der dadurch charakterisiert ist, daß sich das Flügelrad gerade zu drehen beginnt. In diesem Bereich ist der Zähler als Meßgerät *nicht* verwendbar.
- Der Bereich (2) ist der *untere* Meßbereich. Hier steigt die Fehlerkurve stark über die Nullinie an, während sie im
- Bereich (3), dem *oberen* Meßbereich, nahezu auf der Nullinie liegt.

In Abb. 5.17 ist die Fehlerkurve eines Mehrstrahl-Flügelradzählers der Nennweite DN 50 dargestellt. Auf der Abszisse ist die über der Anlaufgeschwindigkeit normierte Strömungsgeschwindigkeit im Zulaufrohr aufgetragen. Der für die Messung von Heizungswasser interessierende Temperatureinfluß auf die Fehlerkurve ist deutlich zu erkennen. Er ist vor allem im unteren Meßbereich stark ausgeprägt und muß daher in der Praxis unbedingt berücksichtigt werden.

Im oberen Meßbereich ist der Temperatureinfluß geringer und überschreitet meist nicht 2 % vom Meßwert. Qualitativ läßt sich der Kurvenverlauf folgendermaßen verstehen:

Im Bereich des Anlaufes ($v/v_o \approx 1$) sind die im Zulaufrohr - und daher auch im Wasserzähler selbst - herrschenden Geschwindigkeiten sehr klein, weshalb die entsprechende Reynoldszahl sicher kleiner ist als der kritische Wert Re_{kr}:

$$Re_{kr} = \frac{v\,D}{\nu} \approx 2300 \qquad (5.37)$$

der für den Umschlag laminar/turbulent typisch ist. Im Bereich sehr großer Strömungsgeschwindigkeiten ($v/v_o \to \infty$) wird der nach Gl. (5.37) definierte Grenzwert überschritten und es liegt turbulente Strömung vor. Im Zulaufrohr werden daher je nach Geschwindigkeit bzw. Durchfluß laminare oder turbulente Strömung mit unterschiedlicher Geschwindigkeitsverteilung herrschen. Diese Geschwindigkeitsprofile sind es auch, die den speziellen Verlauf der Fehlerkurve der Flügelradzähler erklären. Im Zähler selbst herrschen natürlich gänzlich andere Strömungsverhältnisse als im Zulaufrohr; in erster Näherung kann man aber sagen, daß - zumindest bei Einstrahlzählern - die Geschwindigkeitsverteilung auf der Flügelpalette annähernd jener im Zulaufrohr entspricht, da ja der auftreffende Fluidstrahl als Freistrahl eine ähnliche Geschwindigkeitsverteilung hat, wie der Flüssigkeitsstrahl im Zulaufrohr.

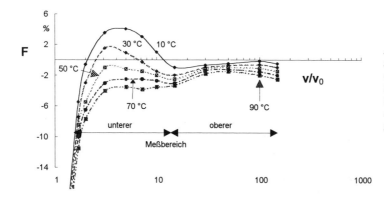

Abb. 5.17 Typische Fehlerkurve eines Mehrstrahl-Flügelradzählers in Warmwasserausführung, DN 50 [10]

Das im laminaren und turbulenten Strömungszustand unterschiedliche Geschwindigkeitsprofil beeinflußt in erster Linie das treibende Drehmoment, welches proportional dem Quadrat der örtlichen Geschwindigkeit $v(r)$ ist, und liefert daher im laminaren Fall höhere Werte als im turbulenten. Für die Berechnung des bremsenden Drehmomentes kann davon ausgegangen werden, daß die Lagerreibung einen nahezu geschwindigkeitsunabhängigen Beitrag liefert, das Zählwerk - falls vorhanden - einen schwachen, aber geschwindigkeitsproportionalen und die Staurippen einen quadratischen Anteil. Vernachlässigt man den linearen Anteil, dann setzt sich das Bremsmoment aus einem konstanten Anteil und einem quadratisch von der Umfangsgeschwindigkeit des Flügel-

---

[10] F. Adunka: Ein Modell für den Warmwasser-Flügelradzähler, Techn. Messen-tm 49(1982), H.12, S. 453 ff

rades abhängigen Anteil zusammen.[11] Die Lösung der Drehmomentengleichung ergibt letztlich eine Fehlerkurve, die im unteren Meßbereich die typische „Überhöhung" zeigt und im oberen Meßbereich - für $v/v_o \to 0$ - gegen die Nullinie konvergiert.

Die zulässige **Nenntemperatur** ist für Einstrahlzähler, die für die Wohnungswärmemessung verwendet werden, meist 90 °C; manchmal auch 110 °C oder 130 °C. Mehrstrahlzähler werden ebenfalls für diese Nenntemperaturen gebaut, allerdings auch für höhere Temperaturen wie 150 °C oder 180 °C. Solche Geräte verlangen dann aber nach Metalleinsätzen, die im allgemeinen wegen des höheren Gewichtes des Meßflügels nur geringere Meßbereiche erlauben. ($q_p/q_i \le 50$). Als **Betriebsdruck** ist in der Regel 16 bar (PN 16) ausreichend.

5.3.2 Woltmanzähler [12]

Während der Flügelradzähler dadurch gekennzeichnet ist, daß die Flügelradpaletten senkrecht von der Strömung beaufschlagt werden, sind beim Woltmanzähler die Paletten schräg zur Strömung gestellt. Mit dieser Maßnahme ist eine Verringerung des Druckverlustes verbunden, was für größere Durchflußstärken wegen des quadratischen Zusammenhanges zwischen Durchfluß und Druckverlust wünschenswert ist. Die beiden Grundtypen sind in Abb. 5.18 im Schnittbild dargestellt.

Dieser Grundtyp des Woltmanzählers ist der Typ **WP**, bei dem die Flügelradachse parallel zur Strömungs- und Rohrachse angeordnet ist. Allerdings resultiert durch die Schrägstellung der Paletten eine höhere Anlaufgeschwindigkeit v_o.

Um aber die Vorteile des Flügelradzählers - z.B die geringen Werte des Anlaufdurchflusses - mit jenen des Woltmanzählers - z.B. ein geringer Druckverlust - zu vereinen, wurde eine eigene Bauart, der Woltmanzähler der Type **WS** geschaffen, dessen Flügelachse zwar ebenfalls parallel zur Strömungsachse steht, aber senkrecht zur Rohrachse angeordnet ist. Er kombiniert dadurch einen geringen Anlaufdurchfluß mit einem im Vergleich zur Type WP allerdings etwas größeren Druckverlust. Ist die Größe des Meßbereiches von sekundärer Bedeutung, ist der Typ WP vorzuziehen.

Die Flügelpaletten stellen keine geraden Flächen dar, sondern sind Schraubenflächchen. Für einen bestimmten Drehzahlbereich wird dadurch eine stoßfreie Impulsübertragung von der Strömung auf den Woltmanflügel ermöglicht.

Wir wollen nun noch einen kurzen Streifzug durch die Theorie der Woltmanzähler machen.

Im stationären Zustand muß die Summe der treibenden Drehmomente M_T gleich sein den bremsenden Momenten:

$$M_T - M_B = 0 \qquad (5.38)$$

---

[11] H. G. *Kalkhof:* Zur Theorie der mittelbaren Volumenzähler, Bopp & Reuther Techn. Mitt. 65(1965), S 1 ff und
H. G. *Kalhof:* Zur Fehlerkurve der Turbinenzähler, Erdöl und Kohle-Erdgas-Petrochemie 21(1968), S. 627 ff

[12] In der Literatur werden diese Zähler manchmal als Woltma**n**zähler, das andere Mal als Woltma**nn**zähler bezeichnet. Wir wollen dem Brockhaus folgen und den Hamburger Wasserbauingenieur Reinhard Woltman (1757-1837) mit seinem richtigen Namen, nämlich Woltma**n** nennen.

Diese Drehmomente hängen von der Drehzahl, der Strömungsgeschwindigkeit, von den Laufradabmessungen und den physikalischen Eigenschaften der Meßflüssigkeit ab. Das Laufrad wird in achsialer Richtung durchströmt, wobei das Fluid auf das Laufrad ein treibendes Moment ausübt, das sich aus der Eulerschen Turbinengleichung ergibt. Betrachten wir dazu die Abb. 5.19, in der die Geschwindigkeitsdreiecke für die Ein- und Austrittsseite dargestellt sind. Nach der Turbinengleichung ist dieses Drehmoment gleich der Änderung des Drehimpulses und somit abhängig vom Massendurchfluß $Q_m = \rho A v_m$ und der Änderung der Geschwindigkeit zwischen dem Ein- und Ausgangsstutzen:

$$v = v_{a,u} - v_{e,u} \tag{5.39}$$

Die Strömung tritt mit der mittleren Geschwindigkeit v_m in das mit der Umfangsgeschwindigkeit $u = r_m \cdot \omega$ umlaufende Laufrad ein ($v_{e,u} = 0$), wird durch die Schaufeln um den Winkel ß umgelenkt und verläßt das Laufrad mit einer durch die Schaufelstellung definierten Geschwindigkeit w_a. Wegen der Kontinuitätsgleichung bleibt bei konstantem Querschnitt A auch die mittlere Geschwindigkeit v_m erhalten.

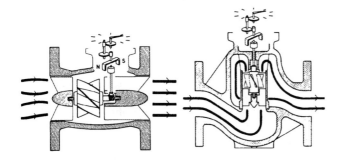

Abb. 5.18: Prinzipieller Aufbau der Woltmanzähler: links der Woltmanzähler mit Meßflügel parallel zur Strömungs- und Rohrachse (Typ WP), rechts der Woltmanzähler mit Meßflügel parallel zur Strömungs-, aber senkrecht zur Rohrachse (Typ WS)

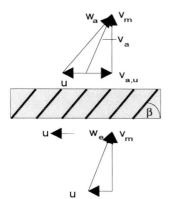

Abb. 5.19: Geschwindigkeitsdreiecke am Ein- und Auslauf von Woltmanzählern

Wie man den Geschwindigkeitsdreiecken entnimmt, erhält die Geschwindigkeit der Austrittsströmung eine Komponente in Umfangsrichtung, für die man findet:

$$v_{a,u} = v_m \cot \beta - u \tag{5.40}$$

Für das treibende Drehmoment schreibt man letztlich:

$$M_T = \rho A r_m v_m [v_m \cot \beta - u] \tag{5.41}$$

Wie beim Flügelradzähler kann man auch beim Woltmanzähler das Bremsmoment in zwei Anteile aufspalten: ein annähernd konstantes Lagerreibungsmoment M_o und ein, dem Strömungswiderstand der Schaufeln entsprechendes Bremsmoment. Letzteres kann dem Quadrat der mittleren Strömungsgeschwindigkeit proportional gesetzt werden:

$$M_B = M_o + K v_m^2 \tag{5.42}$$

Im stationären Zustand ist $M_B = M_T$, woraus folgt:

$$\rho A r_m v_m [\cot \beta - \frac{r_m \omega}{v_m}] = M_o + K v_m \tag{5.43}$$

Für das Betriebsverhalten des Zählers ist die Größe

$$f = \frac{\text{Umfangsgeschwindigkeit}}{\text{mittlereStrömungsgeschwindigkeit}} = \frac{r_m \omega}{v_m}$$

maßgebend, für die aus Gl. (5.43) folgt:

$$f = \cot \beta - \frac{K}{\rho A r_m} - \frac{M_o}{\rho A r_m v_m^2} \tag{5.44}$$

Für $v_m \to \infty$ wird:

$$f(v_m \to \infty) = \left(\frac{r_m \omega}{v_m}\right)_{max} = \cot \beta - \frac{K}{\rho A r_m} \tag{5.45}$$

Aus Gl. (5.44) erhält man ferner für die Anlaufgeschwindigkeit:

$$v_o = \left[\frac{M_o}{\rho A r_m (\cot \beta - \frac{K}{\rho A r_m})} \right]^{\frac{1}{2}} \quad (5.46)$$

Mit diesem Wert und den Gleichungen (5.44) und (5.45) erhält man schließlich für f:

$$f = \left(\frac{r_m \omega}{v_m} \right)_{max} \left[1 - \left(\frac{v_o}{v_m} \right)^2 \right] \quad (5.47)$$

Die aufgrund der Gl. (5.47) berechnete Charakteristik ist in Abb. 5.20 dargestellt. Sie zeigt eine sehr rasch ansteigende Kurve, die für $v_m/v_o \to \infty$ einem Grenzwert zustrebt.

Vergleicht man diesen theoretischen Ansatz mit experimentellen Ergebnissen, so fällt eine Diskrepanz hinsichtlich des Kurvenverlaufes bei geringen Werten von v_m/v_o auf. Die bereits von den Flügelradzählern bekannte Überhöhung ist hier auf den von der Grenzschichtausbildung abhängigen Strömungswiderstand zurückzuführen, der in der Konstante **K** enthalten ist. Er reicht jedoch nicht aus, um die Größe der Überhöhung zu erklären; offenbar spielt hier wieder die Geschwindigkeitsverteilung der Rohrströmung, die zum Teil auch auf den Flügelschaufeln wirksam ist, eine entscheidende Rolle.

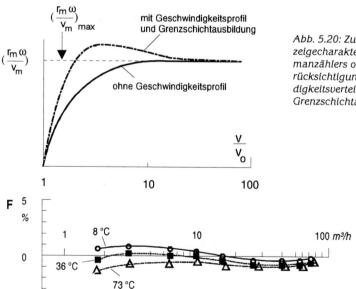

Abb. 5.20: Zum Verlauf der Anzeigecharakteristik eines Woltmanzählers ohne und mit Berücksichtigung der Geschwindigkeitsverteilung und der Grenzschichtausbildung

Abb. 5.21: Experimentell ermittelte Fehlerkurven eines Woltmanzählers der Type WS, Nennweite DN 100 ($Q_n = 60\ m^3/h$)

Die den relevanten Fluidtemperaturen entsprechenden Fehlerkurven kann man - wie *Kalkhof* zeigte - durch Kurven mit veränderter Viskosität ersetzen.[13]
Die Zähler der Type **WS** haben einen Meßbereich, der bei $Q_n : Q_{min} \approx 100$ liegt; jener der Type **WP** liegt um den Faktor 2 niedriger.

Wegen des resultierenden Drehimpulses an der Ausgangsseite des Zählers ist es für Zwecke der Prüfung des Zählers notwendig, genügend lange Beruhigungsstrecken, oder einen Strömungsgleichrichter vorzusehen. In Abb. 5.21 ist ein Beispiel für experimentell ermittelte Fehlerkurven eines Woltmanzählers der Type WS gezeigt.

Da die Strömung am Eingang des Zählers drehimpulsfrei sein muß, sind diese Maßnahmen auch für die Eingangsseite vorzusehen. Untersuchungen über die Einflüsse verschiedener Rohreinbauten auf das Anzeigeverhalten von Woltmanzählern wurden von *Kalkhof* ausgeführt.[14] Seine Messungen ergaben für eine bestimmte Zählerbauart ungestörte Ein- und Auslaufstrecken, die weniger als 10 D bzw. 5 D (D = Innendurchmesser der Rohrleitung, in der der Zähler montiert ist) betragen sollen; diese Angaben können, nach der Erfahrung des Autors, nicht in allen Fällen bestätigt werden. Manche Bauarten verlangen ungestörte Ein- und Auslaufstrecken, die weit über die oben genannten Beträge hinausgehen. Näheres dazu wird später noch ausgeführt (siehe Kapitel 8).

5.3.3 Konstruktive Details zu den Flügelrad- und Woltmanzählern

Sowohl Flügelrad-, als auch Woltmanzähler in Warm- bzw. Heißwasserausführung (einmal bis Nenntemperatur 90 °C, das andere Mal darüber) werden als sogenannte **Trockenläufer** ausgeführt. Das bedeutet, daß der Meßraum, der vom Wärmeträger durchströmt wird und in dem sich das Flügelrad befindet, von der Anzeigeeinheit (= Übersetzungswerk und Zählwerk) streng getrennt ist. Die Übertragung der Drehbewegung erfolgt heute ausnahmslos durch eine magnetische Kupplung.

Die Verlagerung der Fehlerkurve zum Zwecke der Justierung erfolgt durch die Reguliereinheit, die entweder von außen zugänglich ist, oder durch Ausbau des Meßeinsatzes betätigt werden kann. Bei Mehrstrahl-Flügelradzählern stellt sie einen hydraulischen Nebenschluß dar; es werden somit mehr oder weniger große Mengen ungezählt den Zähler passieren. Bei Einstrahl-Flügelradzählern erfolgt die Regulierung meist durch Verdrehen der den Meßraum nach oben abschließenden und mit Staurippen versehenen Metallplatte.

Zur Erfassung des Volumens kann entweder ein konventionelles Zählwerk verwendet werden oder von der Drehbewegung des Flügelrades ein elektrisches Signal abgeleitet werden. Im ersten Fall kann die Zeigerbewegung durch ein Kontaktwerk abgetastet und in eine Folge von Schaltimpulsen umgewandelt werden. Eine weitere Möglichkeit der Umwandlung der Zeigerbewegung in ein volumenproportionales Signal ergibt

---

[13] H. G. *Kalkhof:* Zur Fehlerkurve der Turbinenzähler, Erdöl und Kohle-Erdgas-Petrochemie 21(1968), S. 627 ff

[14] H. G. *Kalkhof:* Experimentelle Ermittlung des Einflusses von Querschnittsänderungen, Krümmern und Absperrschiebern in der Rohrleitung auf das meßtechnische Verhalten von Woltmanzählern, Wasser/Abwasser 116(1975), H. 3, S 117 ff

sich durch optoelektronische Abtastung. Diese Möglichkeit wird vor allem bei der Prüfung von Volumenmeßteilen benützt.

Neuere Bauarten verzichten überhaupt auf eine Anzeigeeinheit am Volumenmeßteil und tasten die Flügelumdrehungen mittels Ultraschall, durch Änderung der Leitfähigkeit, durch HF-Dämpfung etc. ab. Damit ist in der Regel eine Vergrößerung des Meßbereiches gegeben (siehe dazu Abb. 5.22).

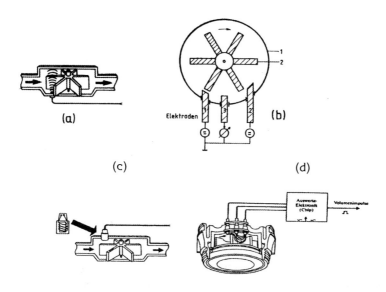

Abb. 5.22: Verschiedene Systeme der Flügelradabtastung bei Flügelrad- und Woltmanzählern
    (a)   Ultraschallabtastung
    (b)   Leitfähigkeitsänderung durch ein bewegtes Flügelrad
    (c)   Schwingkreisdämpfung
    (d)   kapazitive Messung

Die Nenndurchflüsse sind international genormt (ISO 4064/I). So lauten die Nenndurchflüsse für Flügelradzähler

    $0{,}6/(0{,}75)/1/1{,}5/2{,}5/3{,}5/6/10/15$ m³/h

und für Woltmanzähler

    $15/25/40/60/100/(125)/150 \ldots$ m³/h

Es sind allerdings auch von der Norm abweichende Nenndurchflüsse in Gebrauch. Besonders durch die Wärmezählernorm EN 1434, Teil 2, gibt es andere zulässige Nenndurchflüsse.

In ISO 4064/I bzw. in den EWG-Richtlinien für Warmwasserzähler[15] sind Relationen zwischen Q_n (q_p) und Q_t bzw. Q_{min} (q_i) vorgesehen; sie sind in Tabelle. 5.2 angegeben. Dort sind auch „metrologische Klassen" definiert, die man den verschiedenen Verhältnissen zuordnen kann. Das Verhältnis $Q_{max}/Q_n = q_s/q_p$ beträgt dort grundsätzlich 2.[16] Wenn sich auch dieses Klassensystem eingebürgert hat, wird es doch nach EN 1434 nicht mehr weitergeführt.

Tabelle 5.2: Relationen zwischen Q_n, Q_t und Q_{min}

metrologische Klasse	$Q_n < 15$ m³/h		$Q_n \geq 15$ m³/h	
	Q_{min}/Q_n	Q_t/Q_n	Q_{min}/Q_n	Q_t/Q_n
A	0,04	0,10	0,08	0,20
B	0,02	0,08	0,04	0,15
C	0,01	0,06	0,02	0,10
D	0,01	0,015	0,01	0,05

Die Meßeinsätze sind für Nenntemperaturen bis etwa 130 °C aus Kunststoffen, z.B. Ryton, gefertigt, für höhere Temperaturen aus Metall. Üblicherweise besteht das Unterlager des Meßflügels aus einem kalottenförmigen Halbedelstein, z.B. Saphir, der auf einem Hartmetallstift läuft. Das Oberlager ist im wesentlichen ein nur radial führendes Gleitlager. Die Zählwerke bestehen fast ausnahmslos aus Kunststoff.

5.3.4 Schwingstrahlzähler

Es gibt einige Zähler dieser Bauart auf dem Markt, die alle auf dem sogenannten **Coanda-Effekt** basieren, einem Effekt, der aus der Klimatechnik gut bekannt ist. Zu seiner Erklärung betrachten wir die Abb. 5.23, die schematisch eine Öffnung nahe der Decke eines Raumes zeigt. Ein Luftstrahl, der aus dieser Öffnung ausgeblasen wird, legt sich durch den sich im Raum zwischen Strahl und Decke ausbildenden Unterdruck an die Decke an.

Bei praktisch allen Zählern nach diesem Meßprinzip nimmt der zu messende Fluidstrom durch hydraulische Rückkopplung einen bistabilen Zustand ein[17]. In einer speziellen Ausführung dieses Zählers wird ein Teilstrom des zu messenden Durchflusses in eine Kammer geleitet und dort an einem Staukörper in zwei Teilstrahlen zerlegt und nach dem Staukörper wieder zusammengeführt. Für die einwandfreie Funktion ist nötig, daß die Strömung in der Meßkammer turbulent ist.

---

[15] Richtlinien für Warmwasserzähler: Nr. 79/830/EWG

[16] Es soll nicht verschwiegen werden, daß die Organisationen OIML, ISO und CEN über die Neufassung von Normen für Wasserzähler beraten. Dabei will man von dem bisherigen System der Klassifikation abgehen. Allerdings ist momentan (1998) nicht abzuschätzen, welche Richtung man tatsächlich einschlagen wird.

[17] R. F. Boucher: Minimum flow optimization of fluidic flowmeters, Meas. Sci. Technol. 6(1995), p. 872 ff

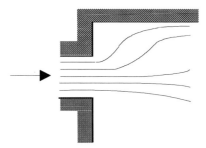

Abb. 5.23: Zur Erläuterung des Coanda-Effektes

Leider sind diese Geräte relativ empfindlich gegenüber Störungen in der Einlaufstrekke; es ist daher für einen reibungsfreien Betrieb dafür zu sorgen, daß entsprechend lange ungestörte Einlaufstrecken vorhanden sind. In Abb. 5.24 ist eine typische Fehlerkurve eines Schwingstrahlzählers kleiner Nennweite (DN 19, $Q_n = q_p = 1 m^3/h$) gezeigt.

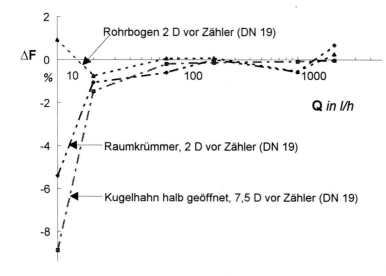

Abb. 5.24: Störbeeinflussung eines Schwingstrahlzählers durch einen halb geöffneten Kugelhahn.
ΔF ... Fehlerverschiebung durch die Störung

5.3.5 Wirbelzähler (Vortex-Prinzip)

Hinter einem Prallkörper lösen sich Wirbel ab, deren Frequenz in einem bestimmten Bereich der Reynoldszahl der Strömungsgeschwindigkeit proportional ist (siehe auch Abb. 5.25). Bereits 1878 untersuchte *Strouhal*, ein Schüler *Kohlrausch's*, die Wirbelablösung hinter einem Prallkörper; 1912 lieferte *Theodor von Kàrmàn* die zugehörige Erklärung, indem er die Stabilität der abgelösten Wirbel untersuchte. Er fand, daß sich bei konstanter Anströmgeschwindigkeit ein konstantes Verhältnis von Wirbelabstand a und Wirbelfolge b ergibt.

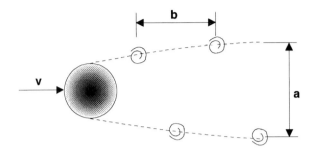

Abb. 5.25: Zur Kàrmànschen Wirbelstraße

Der Effekt, der als **Kàrmànsche Wirbelstraße** bezeichnet wird, ist in erster Linie als schädlicher Effekt in der Bautechnik bekannt. Er führte u.a zum Einsturz der Tacoma-Bridge im Jahre 1940, die durch einen Sturm mit einer Geschwindigkeit von 67 km/h zu Drehschwingungen angeregt wurde und nach etwa 1¼ Stunden einstürzte. Die Ursache dieser Schwingungen war die periodische Wirbelablösung, wie Kàrmàn noch am gleichen Tag zeigen konnte. Ähnliche Unglücksfälle wurden aus England berichtet, wo in Gruppen stehende Kühltürme von Kraftwerken einstürzten. Aber auch die Zerstörung hoher Kamine und Materialermüdungen an Bohrinselständern gehen auf das Konto der Kàrmànschen Wirbelstraße.[18]

Voraussetzung zur Verwendung des Effektes in der Meßtechnik ist ein konstantes Verhältnis von Strömungsgeschwindigkeit und Wirbelfrequenz. Dazu wurden umfangreiche Untersuchungen über Abmessung und Form der wirbelerzeugenden Prallkörper durchgeführt, die folgende Aussagen zulassen:

Zuerst ist die Frage zu klären, wann bzw. wo sich die Strömung vom Prallkörper ablöst. Umströmte Körper stellen ein Hindernis in der Strömung dar; Druck und Geschwindigkeit werden daher längs der Oberfläche variieren. Vom Staupunkt ausgehend fällt der Druck, um bei 1-1' ein Minimum zu durchlaufen und danach wieder anzusteigen (siehe Abb. 5.26).

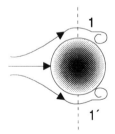

Abb. 5.26: Zur Ablösung der Strömung hinter einem Prallkörper

---

[18] Th. von Kàrmàn: Die Wirbelstraße, Hoffmann und Campe, Hamburg, 1968; siehe auch B. Eck: Technische Strömungslehre, Springer, Berlin, Heidelberg, New York, 1966

In der Grenzschicht ist die kinetische Energie kleiner als in der Kernströmung, weshalb es bei steilem Druckanstieg auf der Leeseite zur Rückströmung und letztlich zur Strömungsablösung und Wirbelbildung kommt. Die Ablösung kann durch vorstehende Kanten etc. erzwungen werden, was für eine definierte Wirbelbildung sehr von Vorteil ist. Es wurden viele mögliche Prallkörperformen untersucht, für die die Strouhal-Zahl S, definiert durch

$$S = \frac{f\,d}{v} \qquad (5.48)$$

in einem weiten Bereich konstant ist. In Gl. (5.48) bedeuten

f ... die Wirbelfrequenz
d ... eine charakteristische Abmessung (z.B. den Durchmesser) des Prallkörpers und
v ... die Strömungsgeschwindigkeit

Für S/d = const folgt aus Gl. (5.48) eine direkte Proportionalität von Wirbelfrequenz und Strömungsgeschwindigkeit bzw. - bei definiertem Querschnitt - Durchfluß.

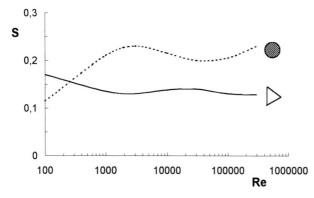

Abb. 5.27: Abhängigkeit der Strouhalzahl S von der Reynoldszahl für zwei verschiedene Prallkörperformen [19]

Die Abb. 5.27 zeigt die Strouhalzahl für zwei Prallkörperformen in Abhängigkeit von der Reynoldszahl Re. Der für den Prallkörper mit Dreiecksform gefundene Verlauf der Strouhalzahl in einem großen Intervall der Reynoldszahl ist gleichförmiger als beim Kreisquerschnitt. Dieses Verhalten ist auch zu erwarten, da der Druckanstieg an der strömungsabgewandten Seite beim Dreieck steiler ist als beim Kreiszylinder.

In der Abb. 5.28 sind Beispiele für Prallkörper gezeigt, für die die Konstanz in einem weiten Reynoldszahlbereich gewährleistet ist.[20]

Zur Erfassung der Wirbelfrequenz können sehr unterschiedliche Verfahren zur Anwendung kommen. So ist es beispielsweise möglich, die mit der Wirbelablösung ver-

---

[19] K. W. Bonfig: Technische Durchflußmessung unter Berücksichtigung neuartiger Verfahren, Vulkan-Verlag, Essen, 2. Auflage, 1987; H. Bernard: Wirbelstraßen-Durchflußmessung, Vortrag am Seminar: „Neue Entwicklungen der modernen Durchflußmessung", Veranstalter: ÖFI, Wien, 28. und 29. 11. 1989

[20] K. W. Bonfig: Wirbelfrequenzdurchflußmessung, messen+prüfen/automatik, Dez. 1979, S. 954 ff

bundenen Druckschwankungen durch Dehnungsmeßstreifen zu erfassen. Weiters kann man die Widerstandsänderung von Thermistoren in der oszillierenden Strömung zur Signalbildung heranziehen. In Abb. 5.29 ist eine typische Fehlerkurve eines Wirbelzählers gezeigt.

Der Meßbereich der Wirbelzähler liegt bei $Q_{max}:Q_{min} \approx 15$; über das Dauerverhalten und über die Störsicherheit liegen noch keine schlüssigen Ergebnisse vor, die ein endgültiges Urteil zu fällen gestatten.

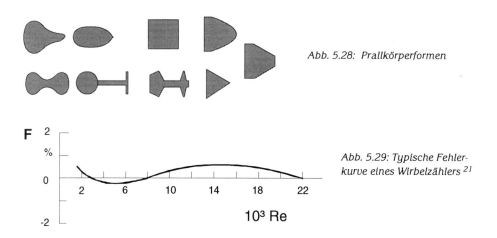

Abb. 5.28: Prallkörperformen

Abb. 5.29: Typische Fehlerkurve eines Wirbelzählers [21]

In jedem Fall ist jedoch die Beeinflußbarkeit durch wirbelbildende Objekte sowie Druckschwankungen in der Strömung bekannt. Letztere können zu Fehlanzeigen führen, falls nicht der Abstand vom wirbelerzeugenden Objekt mindestens 40 D entspricht oder, bei kürzeren Einlaufstrecken, ein Strömungsgleichrichter vorgesehen wird.

Für die Wärmemessung sind diese Geräte nur beschränkt einsetzbar, da gerade diesbezügliche Erfahrungen die Verwendung nicht in jedem Fall empfehlen.[22] Besonders trifft dies auf registrierende Geräte zu, also wenn es um die Registrierung des Wärmeträgervolumens in einem bestimmten Zeitraum geht und zufällige Störungen nicht erkannt werden. Bei einer Momentanwerterfassung, beispielsweise im Zuge einer Wärmeleistungsmessung ist dieses Problem nicht so kritisch, da große Abweichungen durch Störungen sofort auffallen.

---

[21] H. J. Kastner: Der Wirbelzähler, ein Durchflußmeßgerät ohne bewegliche Teile, Regelungstechnische Praxis 1978, H. 8, S. 229 ff
[22] private Mitteilung der Fernwärme Wien/Hr. K.H. Lechtermann

5.3.6 Ultraschall-Durchflußmessung

Die Beeinflussung der Ultraschallausbreitung durch die Strömung ist schon einige Zeit bekannt und technisch ausgereift. So gibt es auch zahlreiche Durchflußsensoren, die von der einschlägigen Industrie angeboten werden, einige Ausführungsformen sind speziell für die Zwecke der Wärmemessung gebaut worden. Bevor wir darauf näher eingehen, wollen wir zunächst die entsprechenden Meßprinzipien studieren.

5.3.6.1 Prinzip

Schallwellen erleiden durch ein bewegtes Fluid entweder[23]

- eine Änderung der Fortpflanzungsgeschwindigkeit
- eine Richtungsänderung (Aberration) oder
- eine Frequenzänderung durch Streuung an im Fluid mitbewegten Fremdstoffteilchen (Doppler-Effekt)

Beim ersten Verfahren wird von der Überlagerung von Strömungs- und Schallgeschwindigkeit ausgegangen und üblicherweise die Laufzeitdifferenz von Schallwellen ermittelt, die einmal in Richtung der Strömungsgeschwindigkeit, das andere Mal in umgekehrter Richtung ausgesandt werden.

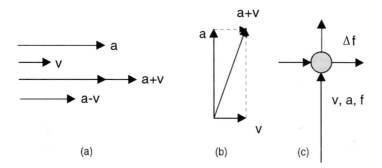

Abb. 5.30: *Möglichkeiten der Geschwindigkeits- bzw. Durchflußmessung mit Ultraschall*
 (a) *Laufzeitverfahren,*
 (b) *Richtungsänderung,*
 (c) *Frequenzverschiebung durch Streuung*
 a ... Schallgeschwindigkeit
 v ... Strömungsgeschwindigkeit

Das zweite Verfahren beruht auf der Mitnahme der Schallwellen durch das Strömungsmedium, einem Effekt, der als Aberration vor allem aus der Astronomie bekannt ist;

---

[23] Carlos Knapp-Boetticher: Geschwindigkeits- und Mengenmessung strömender Flüssigkeiten mittels Ultraschall, Dissertation ETH-Zürich, 1958

das dritte Verfahren beruht letztlich auf der Streuung von Schallwellen an Fremdstoffteilchen, die im Fluid mitgeführt werden und speziell bei Heizungswasser in ausreichender Menge vorhanden sind.

Von diesen drei Verfahren, deren Meßprinzipien in Abb. 5.30 skizziert sind, hat sich vor allem die Laufzeitdifferenzmessung durchgesetzt.

5.3.6.2 Laufzeitmessung

Im Gegensatz zu den üblichen Strömungsgeschwindigkeiten haben Schallwellen eine um drei Größenordnungen höhere Ausbreitungsgeschwindigkeit **a**; z.B. ist eine typische Ausbreitungsgeschwindigkeit 1500 m/s, wogegen die Strömungsgeschwindigkeit **v** von Wasser von der Größenordnung 1,5 m/s ist.

Sendet man nun eine Schallwelle mit der Geschwindigkeit a in Richtung des mit der Geschwindigkeit v strömenden Fluids, so folgt für die Laufzeit der Schallwellen über eine Strecke L der Betrag

$$t = \frac{L}{a+v} \approx \frac{L}{a}\left(1 - \frac{v}{a}\right) \qquad (5.49)$$

Liegt beispielsweise die Meßstrecke um einen Winkel Φ zur Strömung geneigt, so muß man auch die Geschwindigkeitsverteilung der Strömung über den Rohrleitungsquerschnitt berücksichtigen. Für das Beispiel einer laminaren Strömung im Rohr ist die Situation in Abb. 5.31 dargestellt. Bei dieser Art der Messung erhält man nur einen Mittelwert von v: $\bar{v}$, und es wird:

$$t = \int_L \frac{1}{a + v \cos \Phi} \, ds \approx \frac{L}{a}\left[1 - \frac{\bar{v} \cos \Phi}{a}\right] \qquad (5.50)$$

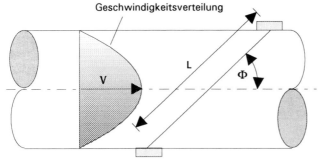

Abb. 5.31: Zur Laufzeitmessung mittels Durchschallung eines Rohres

Will man aus Gl. (5.50) beispielsweise die mittlere Strömungsgeschwindigkeit ermitteln, so erhält man:

$$\bar{v} = a \frac{1 - \frac{t\,a}{L}}{\cos \Phi} \qquad (5.51)$$

Ist das Fluid Wasser, die Länge L = 1,5 m, dann beträgt die Laufzeit des Ultraschallsignals etwa 1 ms. Für eine Geschwindigkeitsänderung von 1 m/s ergibt sich für die Laufzeitänderung jedoch nur etwa 0,7 µs. Die direkte Laufzeitmessung ist daher für die praktische Anwendung ungeeignet, da es schwer ist, so kleine Änderungen von Größen absolut darzustellen.

5.3.6.3 Laufzeitdifferenzmessung

In der Praxis geht man daher einen anderen Weg, indem man nicht Laufzeiten, sondern Laufzeitdifferenzen mißt. Man führt dazu zwei Messungen gleichzeitig oder schnell hintereinander durch, wobei eine Messung stromauf-, die andere Messung stromabwärts erfolgt (siehe Abb. 5.32).

Man ordnet Sender und Empfänger an zwei gegenüberliegenden Kanal- oder Rohrwänden antiparallel oder gekreuzt an. Sind die beiden Laufstrecken L genau gleich lang, dann folgt mit den Laufzeiten t_1 und t_2:

$$\bar{v} = \frac{a\,(1 - \frac{a\,t_1}{L})}{\cos \Phi} = - \frac{a\,(1 - \frac{a\,t_2}{L})}{\cos \Phi} \qquad (5.52)$$

woraus mit $\Delta t = t_2 - t_1$ für $\bar{v}$ folgt:

$$\bar{v} = \frac{a^2 \, \Delta t}{2 L \cos \Phi} \qquad (5.53)$$

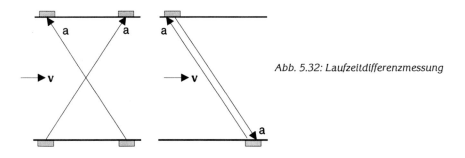

Abb. 5.32: Laufzeitdifferenzmessung

Ist a sehr genau bekannt, wird man $\bar{v}$ aus den unterschiedlichen Laufzeiten t_1 und t_2 von zwei sehr kurzen Schallimpulsen durch Differenzbildung sofort erhalten. Praktische Ausführungen nach diesem Prinzip wollen wir nun etwas ausführlicher besprechen.

In Abb. 5.33 ist das Meßprinzip eines nach dem Laufzeitdifferenzverfahren gebauten Ultraschallzählers für kleine Durchflüsse, z.B. $q_p = 1,5$ m³/h, gezeigt.[24]

Zwei Ultraschallwandler, in Form von Piezoquarzen, sind stirnseitig dem sogenannten Wellenleiter vorgelagert. Die Wandler schwingen mit einer Frequenz von etwa 1 MHz; sie senden gleichzeitig Schallwellen aus, die stromabwärts bzw. stromaufwärts zum gegenüberliegenden Wandler laufen, empfangen und teilweise wieder reflektiert werden. Da $\cos \Phi$ im konkreten Fall 1 ist, vereinfacht sich die Gl. (5.53) zu

$$\bar{v} = \frac{a^2}{2L} \Delta t \qquad (5.54)$$

Mit dem beschriebenen Verfahren kann tatsächlich die mittlere Strömungsgeschwindigkeit erfaßt werden, da das Strömungsprofil nach *Lechner* durch eine Flächenmessung gemittelt und damit dessen Einfluß eliminiert wird.[25] Dazu sind allerdings geführte Wellen nötig, was durch erzwungene Ausbreitung der Wellen in einem Wellenleiter erreicht wird.

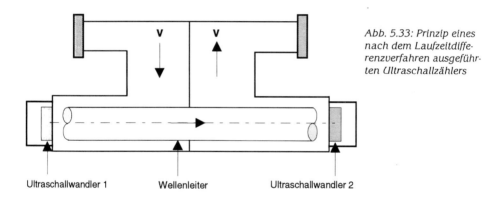

Abb. 5.33: Prinzip eines nach dem Laufzeitdifferenzverfahren ausgeführten Ultraschallzählers

Die Korrektur des temperaturabhängigen Wertes der Schallgeschwindigkeit erreicht man durch einen im Rücklauf eingebauten Thermistor, der im Temperaturbereich von 30 °C < t < 90 °C eine zur Temperaturabhängigkeit von a gegenläufige Anzeigecharakteristik hat (siehe Abb. 5.34).

In Abb. 5.35 ist eine typische Fehlerkurve eines Ultraschallzählers dieser Bauart gezeigt.

---

[24] *C. Meisser:* Wärmezähler mit statischer Volumenstrommessung, Landis & Gyr Mitt. 28(1981), H. 1, S. 20 ff
[25] *H. Lechner:* Strömungsprofilunabhängige Durchflußmessung mittels Ultraschall, Landis & Gyr Mitt. 28(1981), H. 2, S. 16 ff

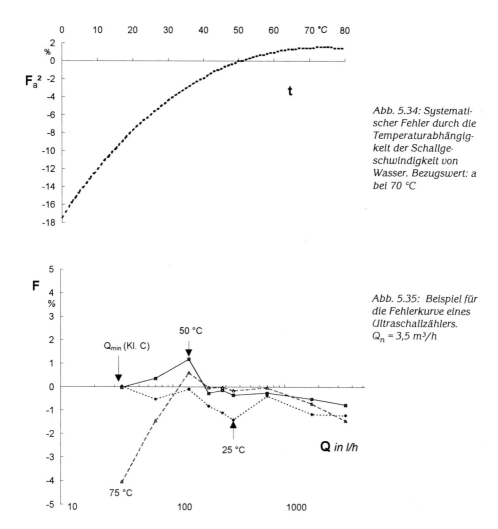

Abb. 5.34: Systematischer Fehler durch die Temperaturabhängigkeit der Schallgeschwindigkeit von Wasser. Bezugswert: a bei 70 °C

Abb. 5.35: Beispiel für die Fehlerkurve eines Ultraschallzählers. $Q_n = 3{,}5\ m^3/h$

Bei einer weiteren Ausführungsform wird die Ausbreitungsrichtung des Ultraschallsignals durch Interferenz erzwungen (Fabrikat Siemens, Nürnberg). Die zur Ultraschallerzeugung verwendeten Wandler tragen eine kammartig verzahnte Struktur von Elektroden auf einer polarisierten Scheibe aus piezoelektrischem Material. Man bezeichnet diese Anordnung als **Interdigitalwandler**. Jeder Finger dieses Elektrodensystems bewirkt bei elektrischer Erregung die halbkreisförmige Abstrahlung von Schallwellen.[26]

Nach dem Interferenzprinzip löschen sich die Ultraschallwellen teilweise aus oder verstärken sich. Bei geeigneter Auswahl der Gitterkonstante d und der Frequenz f (bzw.

---

[26] A. von Jena: Ultraschall-Durchfluß-Sensor für die Wärmemengenmessung, nicht publiziertes Manuskript; H. Kühnlein: Ein neuartiger Ultraschall-Wärmezähler, Fernwärme international FWI-Sonderheft, Nov. 1984, S. 27 ff

der sich in der Flüssigkeit einstellenden Wellenlänge λ) ergibt sich ein Interferenzmuster, wie es in Abb. 5.36 dargestellt ist.

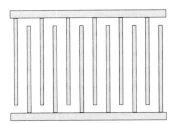 

Abb. 5.36: Ultraschallwandler mit Elektrodenstruktur und Interferenzmuster

Es treten zwei keulenförmige Schallzonen auf (Hell-dunkel-Bereich), die im gewählten Beispiel gegenüber dem Lot auf die piezoelektrische Scheibe unter einem Winkel von 45° Schallstrahlen aussenden. Die Wellenfronten sind dabei immer parallel zu den Fingern der Elektrodenstruktur.

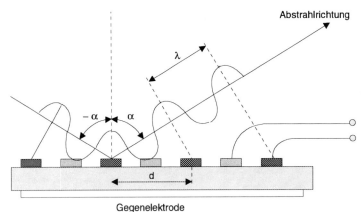

Abb. 5.37: Konstruktive Interferenz der Kammelektrode und Definition des Abstrahlwinkels

Aus der Interferenzbedingung folgt (siehe Abb. 5.37)

$$\lambda = d \sin \alpha \tag{5.55}$$

und außerdem gilt:

$$a = f \lambda, \tag{5.56}$$

wobei **a** die effektive Schallgeschwindigkeit im Ausbreitungsmedium ist. „Effektiv" heißt, daß im Falle eines fließenden Mediums zur Schallgeschwindigkeit a_o die wirksame Komponente

$$v = v_o \sin \alpha \tag{5.57}$$

hinzukommt, die die Fließgeschwindigkeit v_o und den Winkel α zwischen der Schallrichtung und der Fließrichtung berücksichtigt. Es gilt also:

$$\lambda = \frac{(a_o \pm v_o \sin \alpha)}{f} \tag{5.58}$$

Das doppelte Vorzeichen rührt von den zwei Schallstrahlen her (siehe Abb. 5.36).
Im realen Fall ist v_o und $v_o \cdot \sin \alpha$ (Größenordnung 1 m/s) sehr klein gegenüber a_o (Größenordnung 10^3 m/s). Für die Berechnung des Abstrahlwinkels α können diese Größen vernachlässigt werden. Man erhält dann aus Gl. (5.58):

$$\lambda = \arcsin\left(\frac{a_o f}{d}\right) \tag{5.59}$$

Der Abstrahlwinkel kann also über die Frequenz beeinflußt werden.
Nachdem es also möglich ist, Wandler herzustellen, die schräg zu ihrer Oberfläche abstrahlen, und der Winkel elektrisch beeinflußt werden kann, ist der Aufbau einer Meßstrecke, wie in Abb. 5.38 gezeigt, möglich.
Die beiden Schallköpfe, die als Sender und Empfänger wirken, bilden, bündig mit den Reflektoren in ein Rohr mit rechteckigem Profil eingefügt, die Meßstrecke mit bekanntem Querschnitt. Die ausgestrahlte Ultraschallwelle läuft in der skizzierten Weise, z.B. in Fließrichtung über die Reflektoren vom Sender zum Empfänger. Während einer Einstellphase wird die Sendefrequenz f_1 so eingestellt, daß zwischen Sende- und Empfangsspannung eine bestimmte Phasenlage besteht. Dann erfolgt die Frequenzmessung, aus der die Wellenlänge λ folgt. Nun werden die Funktionen der Wandler vertauscht, d.h. aus dem Sender wird ein Empfänger und umgekehrt. Über einen phasenempfindlichen Regelkreis wird nun die Sendefrequenz f_2 so eingestellt, daß zwischen den Wandlern die gleiche Anzahl von Wellenzügen wie vorher vorliegt. Damit ist die Wellenlänge stromauf und stromab die gleiche. Dieser Regelkreis wird **Lambda-Locked-Loop (LLL)** genannt.

Für die Differenzfrequenz folgt schließlich:

$$f_1 - f_2 = \frac{2 v_o}{d} \tag{5.60}$$

Die Differenzfrequenz $\Delta f = f_1 - f_2$ ist also ein Maß für die Strömungsgeschwindigkeit v_o, bzw. mit Berücksichtigung des Rohrquerschnittes, für den Volumendurchfluß. Im Idealfall ist Δf unabhängig von der Schallgeschwindigkeit.
Bei Meßverfahren für größere Durchflüsse werden die Schallwandler außen am Rohr angebracht, sog. „clamp-on-Verfahren". So einfach diese Methode auch erscheint, so abhängig ist sie leider von den speziellen Eigenschaften der Rohrwand, die a priori meist nicht im Detail bekannt sind. Leider gibt es für große Durchflüsse keine idealen

Meßverfahren, weswegen die clamp-on-Methode, trotz ihrer unbestrittenen Nachteile, eine Alternative zu anderen Meßverfahren ist.

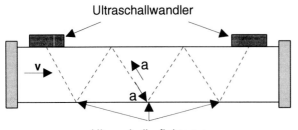

Abb. 5.38: Anordnung zur Durchflußmessung mit "Interdigitalwandlern"

5.3.6.4 Ultraschallmessung nach dem Doppler-Effekt

Trifft ein gebündelter Ultraschallstrahl mit definierter Frequenz f_1 auf ein Teilchen im Fluid, so findet an diesem eine Streuung statt, wobei der gestreute Strahl eine Frequenzverschiebung erleidet. Die Frequenzverschiebung $\Delta f = f_1 - f_2$ ist abhängig von geometrischen Größen, der Sendefrequenz des Ultraschallstrahles und der Strömungsgeschwindigkeit v:

$$\Delta f = \frac{2 f_1 \cos \alpha}{a} v \qquad (5.61)$$

In dieser Gleichung bedeuten:

f_1 ... die Sendefrequenz des Ultraschalls
f_2 ... die Dopplerfrequenz des gestreuten Strahles
a ... die Schallgeschwindigkeit
v ... die Strömungsgeschwindigkeit
α ... den Winkel zwischen der Strömungsrichtung und der Ausbreitungsrichtung des Ultraschalles

Sind die geometrischen Größen und die Schallfrequenz f_1 konstant, hängt die Messung der Strömungsgeschwindigkeit nur vom Frequenzunterschied Δf ab. Es wird allerdings die Strömungsgeschwindigkeit der mitgeführten Teilchen im Fluid gemessen, die einen Schlupf zur Strömungsgeschwindigkeit haben können. In Abb. 5.39 ist ein Beispiel für eine Meßanordnung gezeigt.

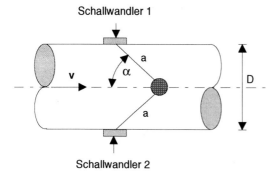

Abb. 5.39: Anordnung zur Ultraschallmessung mit dem Dopplereffekt

Die beiden Ultraschallwandler (Piezoquarze) sind symmetrisch zur Rohrachse angeordnet. Der Schallwandler 1 emittiert Schallwellen mit typischen Frequenzen von 5 MHz, der andere Schallwandler empfängt das gestreute Signal. Die Frequenzverschiebung Δf (Größenordnung: 15 kHz) ist klein gegenüber der Sendefrequenz f_1; es entsteht eine Schwebung, die über ein Tiefpaßfilter vom hochfrequenten Anteil getrennt wird. Die Strömungsrichtung geht allerdings in das Meßergebnis nicht ein.

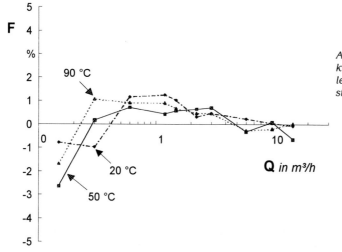

Abb. 5.40: Typische Fehlerkurve eines Ultraschallzählers mit gedrehtem Schallstrahl

5.3.6.5 Bewertung der Ultraschallverfahren

Die Ultraschallmessung zeichnet sich vor allem dadurch aus, daß sie

- das Strömungsprofil nicht beeinflußt,
- keinen zusätzlichen Druckverlust erzeugt,

☛ in weiten Grenzen von der Dichte und Viskosität des Meßgutes unabhängig ist.

Sehr wohl kann aber die Temperatur eine gewisse Rolle spielen, wie an anderer Stelle bereits erwähnt wurde. Auch ist das Meßprinzip von der Geschwindigkeitsverteilung in der Strömung abhängig. Bei manchen Verfahren wird lediglich eine lineare Mittelung (eindimensional) über den Querschnitt vorgenommen, bei anderen Verfahren wird versucht, eine zweidimensionale Mittelung zu erzielen, wie beispielsweise beim Verfahren nach Abb. 5.33 (siehe dazu auch die Ausführungen im Kapitel 5.1.6). Andere Verfahren drehen den Schallstrahl durch Reflexionen so, daß über viele Pfade eine recht gute Mittelung erfolgt. Die Abb. 5.40 zeigt eine typische Fehlerkurve eines solchen Meßgerätes.

Als Ultraschallwandler verwendet man piezoelektrische Kristalle, wie Quarz, Bariumtitanat, Bleizirkonat u.ä. Typische Frequenzen liegen im Bereich von 0,5 bis 10 MHz.

5.3.7 Magnetisch-induktive Durchflußmessung

5.3.7.1 Übersicht

Dem magnetisch-induktiven Durchflußzähler (MID) liegt das Faradaysche Induktionsgesetz zugrunde: Wird ein elektrischer Leiter, der mit der Geschwindigkeit v bewegt wird, von einem magnetischen Feld durchsetzt, dann entsteht senkrecht zum Magnetfeld und zur Bewegungsrichtung ein elektrisches Feld **E**, das zwischen geeignet angebrachten Elektroden eine Potentialdifferenz liefert.[27]

Der elektrische Leiter ist in unserem Falle das flüssige Fluid, für das im allgemeinen gefordert wird, daß es eine Mindestleitfähigkeit von etwa 5 ... 20 S/cm besitzen soll, was z.B. für Wasser in der Regel auch erfüllt ist.

Im Jahre 1832, kurz nach der Entdeckung des nach ihm benannten Induktionsgesetzes, versuchte Faraday die Strömungsgeschwindigkeit der Themse zu messen, wobei ihm als Magnetfeld das Erdfeld diente. Daß ihm beim damaligen Stand der Technik kein Erfolg beschieden war, wird klar, wenn man die Größe des erhaltenen Nutzsignales abschätzt.

Für das Nutzsignal erhält man allgemein

$$U_N = k\,B\,D\,v, \qquad (5.62)$$

wenn mit B die Stärke des Magnetfeldes, mit D der Elektrodenabstand und mit v die Strömungsgeschwindigkeit bezeichnet wird. k ist eine Konstante von der Größenordnung 1, von der noch zu sprechen sein wird.

Setzt man nun in Gl. (5.62) die Stärke B des Erdfeldes von ca. 0,2 G = $2 \cdot 10^{-5}$ T ein und wählt die Fließgeschwindigkeit zu 3 m/s, dann wird bei einem Elektrodenabstand

---

[27] K.W. Bonfig: Die Technik der magnetisch-induktiven Durchflußmessung, Teil 1: Grundlagen der magn.-ind. Durchflußmessung mit Wechselfeld, ATM V 1249-16 (Juni 1975), S. 105 ff;
Teil 2: Magnetisch-induktive-Durchflußmessung mit geschaltetem Gleichfeld, ATM V 1249-17 (Juli/August 1975), S 113 ff

von 1 m die Spannung zwischen den Elektroden ca 60 µV, ein Betrag, der zur damaligen Zeit, allein schon wegen der verschiedenen Störspannungen, nicht meßbar war.
Erst 1930 gelang Williams der Nachweis des linearen Zusammenhanges zwischen Strömungsgeschwindigkeit und Nutzspannung. Um elektrochemische Effekte zu unterbinden, mußte er allerdings Kupferelektroden und als Fluid eine Kupfersulfatlösung verwenden.[28]

Um den Einfluß elektrochemischer Störspannungen auszuschalten, wurde bereits in den Dreißigerjahren mit Wechselfeldern experimentiert. Damit wurde zwar ein Problemkreis ausgeschaltet, es traten aber neue Störungen auf, die ihre Ursache in den mit Wechselfeldern verknüpften Wirbelströmen haben, deren Größe von der elektrischen Leitfähigkeit des Strömungsmediums abhängt. Außerdem tritt bei Verwendung magnetischer Wechselfelder die Gefahr der Einkopplung von Störspannungen in den Meßkreis auf.

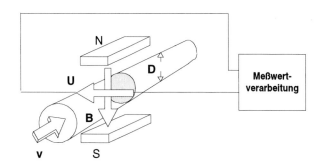

Abb. 5.40: Zum Prinzip der magnetisch-induktiven Durchflußmessung

D ... Rohrinnendurchmesser
B ... magnetische Induktion
U ... Potentialdifferenz
v ... Strömungsgeschwindigkeit

Seit dem zweiten Weltkrieg wurden viele experimentelle und theoretische Arbeiten zu den MID durchgeführt. Man kann heute sagen, daß die Grundphänomene geklärt sind und auch die Meßsignalverarbeitung einen Stand erreicht hat, der sehr präzise Messungen gestattet.

In den Fünfzigerjahren führte *Shercliff* den Begriff der **Wertigkeit** ein, der den Beitrag eines Stromfadens an einem bestimmten Punkt der Elektrodenebene zur Nutzspannung angibt.[29] Damit gelang es, auch nichtrotationssymmetrische Strömungsprofile zu untersuchen. Aufgrund dieser Arbeiten versuchte man ein Magnetfeld so zu formen, daß das Produkt aus Wertigkeit und magnetischer Induktion über den gesamten Querschnitt konstant ist; diese Maßnahme lieferte auch bei sehr stark asymmetrischen Strömungsprofilen, z.B. nach einem Raumkrümmer, richtige Meßergebnisse. Durch die Verwendung inhomogener Felder gelang es auch, die Baulänge der MID so stark zu verkürzen, daß heute die Baulänge dieser Geräte vergleichbar mit jener normaler Wasserzähler ist.[30] Um 1970 wurde das Prinzip des MID mit getaktetem Gleichfeld angege-

---

[28] K.W. Bonfig: Die Entwicklung der magnetisch-induktiven Durchflußmessung und ihre theoretischen Grundlagen, ATM V 1249-7(Mai 1970), S 103 ff
[29] J.A. Shercliff: The Theory of Electromagnetic Flow Measurement, Cambridge University Press, 1962
[30] Th. Rummel, B. Ketelsen: Inhomogenes Magnetfeld ermöglicht induktive Durchflußmessung bei allen in der Praxis vorkommenden Strömungsprofilen, Regelungstechnik 14(1966), H. 6, S. 266 ff

ben, ein Verfahren, das heute von den meisten Herstellern in etwas modifizierter Form verwendet wird.[31]

5.3.7.2 Zur Theorie der magnetisch-induktiven Zähler

Wir haben weiter oben eine Abschätzung der Nutzspannung auf der Basis des Faradayschen Induktionsgesetzes durchgeführt. Diese Vorgangsweise führt zwar zu richtigen Ergebnissen, ist aber von der theoretischen Grundlage her nicht korrekt.

Ausgangsbasis für die Berechnung der Nutzspannung sind die Lorentz-invarianten Maxwell-Gleichungen, die für das gesuchte Potential die Gleichung

$$\Phi = \operatorname{div}(\mathbf{v} \times \mathbf{B}) = \mathbf{B}\operatorname{rot}\mathbf{v} - \mathbf{v}\operatorname{rot}\mathbf{B} \qquad (5.63)$$

liefern.

Der Term ($\mathbf{v}\operatorname{rot}\mathbf{B}$) stammt von den induzierten Strömen, die aber wegen der im allgemeinen geringen Leitfähigkeit vernachlässigbar sind.[32] Damit wird die Ausgangsgleichung der magnetisch-induktiven Durchflußmessung:

$$\Phi = \vec{B}\operatorname{rot}\vec{v} \qquad (5.64)$$

Die Integration dieser Gleichung liefert für die Nutzspannung:

$$U_N = \int_{x,y,z} [\vec{v}\,\vec{B}]\,\vec{W}\,d^3x, \qquad (5.65)$$

mit dem sogenannten Wertigkeitsvektor $\vec{W}$, der durch die Geometrie der Anordnung bestimmt ist.

Für ein rotationssymmetrisches Strömungsprofil und ein homogenes Magnetfeld vereinfacht sich die Gl. (5.65) zu

$$U_N = k\,B\,D\,v \qquad (5.66)$$

Die Wertigkeitsfunktion $\vec{W}$, die von *Shercliff* eingeführt wurde, ist in Abb. 5.41 dargestellt.[33] In „k" wird der Einfluß der Wertigkeitsfunktion auf die Signalbildung zusammengefaßt.

Für den Durchfluß folgt mit der flächengewichteten mittleren Strömungsgeschwindigkeit :

$$Q = \frac{D^2\pi}{4}\bar{v} = k\,B\,\frac{\pi D}{4}\,U_N \qquad (5.67)$$

---

[31] K.W. Bonfig: Zur Theorie, Problematik und Verwirklichung der ind. DFM mit getaktetem Gleichfeld, Diss. TU München, 1969/70
[32] A. Kronmüller, F. Barakat: Prozeßmeßtechnik I, Oldenburg Verlag, 1974
[33] K.W. Bonfig: Technische Durchflußmessung unter Berücksichtigung neuartiger Verfahren, Vulkan-Verlag, Essen, 2. Auflage, 1987

In Gl. (5.67) sind mit B, dem Betrag der magnetischen Induktion, für eine gegebene Anordnung auch alle anderen Größen konstant, so daß zwischen der Nutzspannung U_N und dem Durchfluß eine lineare Beziehung besteht.

Die Zahlen in der Darstellung für $\vec{W}$ geben den relativen Anteil einzelner Stromfäden an der Nutzspannung an. Besonders hohe Anteile zeigen beispielsweise die Bereiche in der Umgebung der Elektroden, während andere Bereiche wieder geringere Beiträge liefern.

Diese Tatsache hat Bedeutung für die Auswirkung unsymmetrischer Strömungsprofile auf die erforderlichen ungestörten Einlaufstrecken der MID. So kann man zeigen, daß die Fehler durch stark gestörte Profile, z.B. durch Abdecken eines größeren Querschnittsanteiles, oft nur unmerkbar gering sind, was eine große Bedeutung für den praktischen Betrieb hat.[34] Nach *Bonfig* läßt sich sagen, daß bei der magnetisch-induktiven Durchflußmessung wesentlich kürzere Einlaufstrecken erforderlich sind, als bei allen anderen vergleichbaren Verfahren zur Durchflußmessung.[35]

Wir haben bisher stets homogene Magnetfelder vorausgesetzt. Es hat sich aber gezeigt, daß inhomogene Magnetfelder dann besonders günstig sind, wenn das Produkt (**v** x **B**) im Bereich der Elektroden maximal ist. Das ist für praktische Anordnungen, einfach durch die stets auftretenden Streufelder, fast immer erfüllt.

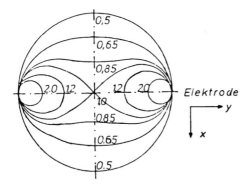

Abb. 5.41: *Wertigkeitsfunktion nach Shercliff. Die angegebenen Zahlenwerte stellen den relativen Einfluß einzelner Zonen auf die Signalbildung dar.*

---

[34] S. Tsangaris, E. Leiter: Strömungs-Asymmetrie und Meßgenauigkeit bei ind. Durchflußmessung, Technisches Messen tm 48(1981), H. 9, S. 307 ff

[35] K.W. Bonfig: Neue Entwicklungen bei den magnetisch-induktiven Durchflußmessern, Vortrag am Seminar: „Neue Entwicklungen der modernen Durchflußmessung" des Österr. Fortbildungs-Institutes am 28. und 29. 11. 1989 in Wien

5.3.7.3 Meßsignalverarbeitung

Das große Problem der magnetisch-induktiven Durchflußmessung besteht im schlechten Nutzsignal/Störsignal-Abstand. Die typischen Nutzspannungen liegen in der Größenordnung von Millivolt, z.B. 1 mV pro 1 m/s Fließgeschwindigkeit, die Störspannungen dagegen liegen um eine bis zwei Größenordnungen über diesem Betrag.

Die Störspannungen haben ihre Ursache in unterschiedlichen elektrochemischen Gleichgewichtspotentialen, die nach *Bonfig* auf

- Unterschiede in den Elektrodenmaterialien durch Verunreinigungen
- Unterschiede und Veränderungen der Oberflächenbeschaffenheit (Oxid- und Deckschichten) und
- Unterschiede in der Anlagerung von Gasblasen und Teilchen zurückzuführen sind.[36]

Die Störspannungen sind leider einem zeitlichen Wechsel unterworfen und daher nicht a priori kompensierbar. Die aus Stör- und Nutzsignal zusammengesetzte Meßspannung kann man sich als Spannungsquelle mit hohem Innenwiderstand vorstellen. Zur Meßsignalverarbeitung ist daher auch ein sehr hochohmiger Meßverstärker erforderlich, dessen Eingangswiderstand sehr viel größer sein muß, als der Innenwiderstand der Spannungsquelle. Im Falle niederohmiger Messung treten des weiteren noch störende Polarisationsspannungen auf, deren Größen im wesentlichen dem Signalstrom proportional sind.

5.3.7.4 Ausführungsformen magnetisch-induktiver Durchflußzähler

MID mit Wechselfeld

Störspannungen, die ihre Ursache in elektrochemischen Prozessen haben, können durch Verwendung eines magnetischen Wechselfeldes ausgeschaltet werden. Nachteilig an diesem Verfahren ist nun aber, daß neben der Einkopplung von fremden Stör-Wechselfeldern auch noch die Leiterschleife, gebildet durch: Zuleitung zur Elektrode-Elektrode-Flüssigkeit-Elektrode-Zuleitung zum Meßumformer bei nicht idealem symmetrischem Aufbau wie die Sekundärwicklung eines Transformators wirken kann, die von dem starken Primärfeld durchsetzt wird.

Das Nutzsignal ist zwar zur Störspannung um 90° phasenverschoben, was eine Trennung beider relativ einfach ermöglicht, doch setzt dies im allgemeinen stationäre Verhältnisse voraus, die aber nicht immer gelten.

Bei MID mit sinusförmigem Wechselfeld haben die Nutzspannung und die Netzspannung die gleiche Kurvenform und Frequenz, weshalb induktiv oder kapazitiv eingekoppelte Störspannungen nicht als solche erkennbar sind, außer bei einem Nullabgleich.

---

[36] K.W. *Bonfig:* Neue Entwicklungen bei den magnetisch-induktiven Durchflußmessern, Vortrag am Seminar: „Neue Entwicklungen der modernen Durchflußmessung" des Österr. Fortbildungs-Institutes am 28. und 29. 11. 1989 in Wien

MID mit geschaltetem Gleichfeld

Aus den eingangs erwähnten Gründen sind MID mit magnetischem Gleichfeld praktisch ungeeignet zur Durchflußmessung. Andererseits haben aber auch MID mit magnetischem Wechselfeld Eigenschaften, die nicht ideal sind. Um 1970 kam daher die Idee auf, die günstigen Eigenschaften der Gleichfeldgeräte mit denen der Wechselstromgeräte zu verbinden, indem man ein geschaltetes Gleichfeld verwendet, das entweder periodisch ein- und ausgeschaltet oder umgepolt wird. In Abb. 5.42 ist das Funktionsprinzip dargestellt.

In den feldfreien Zeiträumen wird jeweils die Spannung zwischen den Elektroden gemessen, die naturgemäß eine Störspannung ist, während bei eingeschaltetem Feld eine Nutzspannung auftritt, die eine Überlagerung der Nutz- und der Störsignale darstellt. Durch Mittelung der Störspannung im feldfreien Zeitraum und Subtraktion vom Meßwert bei eingeschaltetem Feld kann die gesuchte Nutzspannung bestimmt werden. Die einzige Voraussetzung des Verfahrens ist, daß sich die Störspannung in aufeinanderfolgenden feldfreien Zeiträumen nicht stärker als linear ändert. Bei Betrieb mit umgepoltem Magnetfeld ergeben sich analoge Verhältnisse.

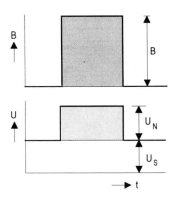

Abb. 5.42: MID mit geschaltetem Gleichfeld

5.3.7.5 Vor- und Nachteile magnetisch-induktiver Durchflußzähler

Die Wassermessung mit MID ist ein prinzipiell ausgereiftes Verfahren, das wegen der dargestellten Wirkungsweise zwar sehr einfache Meßwertaufnehmer hat, deren Meßwertverarbeitung aber wegen des ungünstigen Störspannungsabstandes einer sehr aufwendigen Elektronik bedarf. Trotzdem sind die Vorteile ins Auge springend: Keine bewegten Teile, weitgehende Unabhängigkeit vom Betriebsdruck, geringe Temperaturabhängigkeit, vernachlässigbarer Druckverlust, relativ hoher Meßbereich (heute ca. $Q_n:Q_{min} \approx 100$) und vor allem linearer Zusammenhang zwischen Durchfluß und Nutzspannung.

Als Nachteile stehen dem leider immer noch gegenüber: Geringere Störsicherheit als bei vergleichbaren Verfahren, und speziell in Heizungsnetzen die Gefahr der Ablagerung von Schwebeteilchen in der nichtleitfähigen Auskleidung (Teflon etc.) zwischen den Elektroden, was u.U. zum teilweisen Kurzschluß des Meßsignals und damit zu großen negativen Meßfehlern führen kann, wie *Köppl* nachwies.[37] Auch die Forderung nach einer gewissen Mindestleitfähigkeit kann, speziell im Fernwärmenetz, als Nachteil gebucht werden. Trotzdem werden MID gerne dort eingesetzt, wo - wegen des großen Durchflusses - keine anderen Meßverfahren vergleichbarer Genauigkeit verwendbar sind.

Eine besonders sinnvolle Anwendung finden MID als Masterzähler in Prüfanlagen für Wasserzähler und Volumenmeßteile von Wärmezählern dann, wenn die Genauigkeit dieser Geräte durch Wägung laufend überprüft werden kann. Für diesen Anwendungsfall gibt es bereits eine langjährige positive Erfahrung. Obwohl die Größe des Meßfehlers von sekundärer Bedeutung ist, wenn er nur zeitlich konstant ist, ist es doch von Vorteil, wenn er so klein als möglich ist. Beide Attribute erfüllen MID, zumindest im Einsatz als Masterzähler in hervorragender Weise. Eine typische Fehlerkurve eines MID mit besonders hohem Meßbereich zeigt die Abb. 5.43.

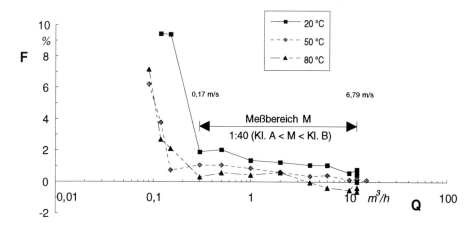

Abb. 5.43: *Fehlercharakteristik eines MID. Ausführung mit Wechselfeld, Auskleidung: Teflon*

5.3.8 Staudruckverfahren

Das Prinzip des Meßverfahrens soll an Hand der Abb. 5.44 erläutert werden.[38]

In einem Meßrohr befinden sich zwei Drucksonden. Eine Sonde ist der Strömung zugewandt und ermittelt den Gesamtdruck, d.h. den statischen und dynamischen Druckanteil. Die Abgriffsbohrungen für den Gesamtdruck sind an einer Stelle angebracht, an der die mittlere Geschwindigkeit im Meßrohr vorliegt. Für den Gesamtdruck, den die Sonde 1 ermittelt, gilt:

---

[37] H. *Köppl:* Untersuchungen zur Fehleranalyse bei magnetisch-induktiven Durchflußmessern im SMA-Fernwärmenetz, Vortrag beim Seminar: "Aufgaben und Probleme der Großwärmemessung" der Technischen Akademie Mannheim, 1987

[38] H. *Mall:* Das Staudruckmeßverfahren für Wärmezähler, Fernwärme intern.-FWI 9(1980), H. 5, S. 384 ff

$$p_1 = p_{stat} + \rho \frac{v_m^2}{2} \qquad (5.68)$$

Die zweite, der Strömung abgewandte Sonde ermittelt den statischen Druck der Strömung:

$$p_2 = p_{stat} \qquad (5.69)$$

Durch Differenzbildung erhält man ein Meßsignal, das dem Quadrat der mittleren Strömungsgeschwindigkeit proportional ist, bzw.: $v_m \propto \sqrt{\Delta p}$

Die beiden Drucksonden sind im rechten Winkel gegeneinander phasenverschoben, um eine Beeinflussung durch Störungen des Strömungsprofiles zu vermeiden. Der Ort der mittleren Geschwindigkeit, an dem die Drucksonden montiert sind, ist für kreisförmige Querschnitte und turbulente Strömungen immer im gleichen Abstand von der Rohrwand. Für diesen Punkt gilt:

$$r/R = 0{,}762, \qquad (5.70)$$

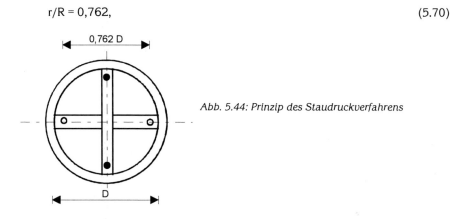

Abb. 5.44: Prinzip des Staudruckverfahrens

wenn R der halbe Rohr-Innendurchmesser ist.

Aus Gl. (5.68) ist zu ersehen, daß Meßgeräte, die auf dem Staudruckverfahren basieren, einen systematischen Temperaturfehler aufweisen, der von der Temperaturabhängigkeit der Dichte herrührt. Für Wasser ergeben sich so systematische Fehler, die für zwei um 100 K unterschiedliche Temperaturen um etwa 2 % differieren.

Ebenso wie bei den noch zu besprechenden Wirkdruckgeräten ist der Meßbereich durch $v_m \propto \sqrt{\Delta p}$ eingeschränkt.

5.3.9 Wirkdruckverfahren

5.3.9.1 Allgemeine Betrachtungen

Wirkdruckgeräte werden für Nennweiten größer als DN 500 und Durchflüsse größer als 1000 m³/h eingesetzt, in Durchflußbereichen also, wo es wenige andere Verfahren gibt. Zunächst aber einige Worte zu ihrer Wirkungsweise:

Wir wollen für unsere Überlegungen inkompressible Medien voraussetzen und uns zunächst an die Bernoulli-Gleichung für einen Stromfaden erinnern. Sie stellt einen Energiesatz für einen Massenpunkt mit m = 1 dar und verbindet die potentielle Energie (g z) mit der kinetischen Energie (v²/2) und der Druckenergie (p/ρ). z stellt dabei die geodätische Höhe eines betrachteten Punktes dar, v die Geschwindigkeit und p den statischen Druck.

Da die Bernoulli-Gleichung $\frac{p}{\rho} + g z + \frac{v^2}{2}$ = const. nur für einen Stromfaden und eine verlustfreie Strömung gilt, muß man bei ihrer Anwendung auf die Rohrströmung, um mit Mittelwerten rechnen zu können, einen Profilbeiwert ξ und eine Verlusthöhe z_v einführen. Für zwei unterschiedliche Querschnitte, die nacheinander stromabwärts liegen, gilt dann

$$\frac{p_1}{\rho} + g z_1 + \xi \frac{v_1^2}{2} + z_v = \frac{p_2}{\rho} + g z_2 + \xi \frac{v_2^2}{2} \qquad (5.71)$$

Ist, wie es bei Wirkdruckverfahren immer vorausgesetzt werden kann, z = const, dann kann man den der potentiellen Energie entsprechenden Term streichen. Ebenso wollen wir die Dichte ρ als konstant voraussetzen, was bei Flüssigkeiten in der Regel zulässig ist.

Setzen wir zunächst ideale Fluide voraus, dann wird bei Wirkdruckverfahren das Fluid stets gezwungen, durch Rohrverengungen rascher zu fließen. Aus dem Druckabfall an der Engstelle kann der Massendurchfluß Q_m errechnet werden. Mit der Kontinuitätsgleichung folgt für diesen aus Gl. (5.71):

$$Q_m = A_2 \sqrt{2 \Delta p \rho} \qquad (5.72a)$$

Betrachten wir nun reale Strömungen, wird die Gl. (5.72a) zwar für den Kern der Strömung gelten, nicht aber für wandnahe Schichten, für die die Grenzschichtausbildung zu einer Verlangsamung der Strömung führt, zum Teil auch zur Rückströmung, verbunden mit Wirbelbildung und Strömungsablösung.

In der Praxis sind reale Fluide durch zwei charakteristische Werte zu kennzeichnen:

Der **Durchflußkoeffizient** C liefert den Zusammenhang zwischen dem tatsächlichen und den theoretischen Durchfluß und wird durch die Beziehung

$$C = \frac{Q_m \sqrt{1-\beta^4}}{\frac{d^2 \pi}{4} \sqrt{2\Delta p \rho}}, \qquad (5.73)$$

bestimmt, worin ß das Durchmesserverhältnis $\beta = \sqrt{A_2/A_1}$ darstellt. Der Durchflußkoeffizient hat für verschiedene Einbauverhältnisse den gleichen Zahlenwert, wenn geometrische Ähnlichkeit vorliegt und die Strömungen gleiche Reynoldszahl aufweisen. Der Ausdruck

$$\alpha = \frac{C}{\sqrt{1-\beta^4}} \qquad (5.74)$$

heißt **Durchflußzahl** und erlaubt, die Gl. (5.72a) in der modifizierten Form:

$$Q_m = \alpha A_2 \sqrt{2\Delta p \rho} \qquad (5.72b)$$

zu schreiben. Berücksichtigt man noch die Kompressibilität der Fluide durch die Expansionszahl ε:

$$\varepsilon = \frac{Q_m \sqrt{1-\beta^4}}{A_2 C \sqrt{2\Delta p \rho}}, \qquad (5.75)$$

dann kann man letztlich den Massendurchfluß durch die Gleichung

$$Q_m = \alpha \varepsilon A_2 \sqrt{2\Delta p \rho} \qquad (5.72c)$$

ausdrücken. Soll der Volumendurchfluß Q ermittelt werden, ist die Gleichung (5.72c) durch die Dichte zu dividieren und wir erhalten:

$$Q = \alpha \varepsilon A_2 \sqrt{\frac{2\Delta p}{\rho}} \qquad (5.76)$$

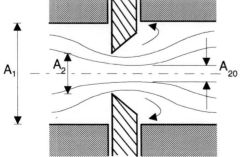

Abb. 5.45: Zum Strömungsverlauf in einer Blende

5.3.9.2 Ausführungsformen von Wirkdruckgeräten

Die Einengungen eines Rohrquerschnittes kann man verschiedenartig gestalten:
Bei **Blenden** wird der Rohrquerschnitt an einer definierten Stelle eingeschnürt (siehe Abb. 5.45). Die Breite der Blende ist im allgemeinen vernachlässigbar gegenüber dem lichten Rohrdurchmesser. Ein Beispiel für die verschiedenen Möglichkeiten die Druckdifferenz abzunehmen, ist in Abb. 5.46 dargestellt. Durch die scharfe Kante bedingt, löst sich die Strömung von der Wand ab.

Während bei Blenden die Strömung an der scharfen Kante abreißt, wird dies bei **Düsen** durch eine besondere Formgebung verhindert. Die Abb. 5.47 zeigt die Geometrie der **Lang-Radius-Düse** bzw. der **Deutschen Normdüse**. Während die Lang-Radius-Düse, mit der Kontur einer Ellipse, eine von der Reynoldszahl abhängige Durchflußzahl hat, zeigt die Deutsche Normdüse mit ihrer kreisförmigen Kontur eine nahezu konstante Durchflußzahl.

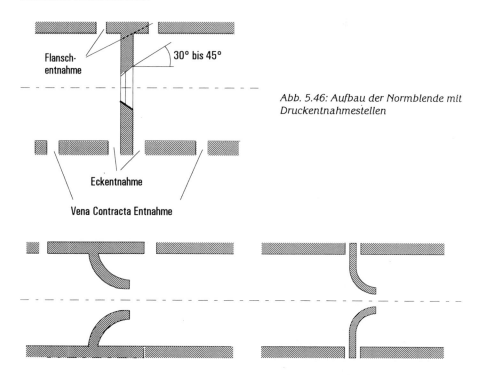

Abb. 5.46: Aufbau der Normblende mit Druckentnahmestellen

Abb. 5.47: Zum Aufbau der Lang-Radius-Düse und der Deutschen Normdüse

Eine weitere Ausführungsform ist die Venturidüse bzw. das Venturirohr. Um die Druckrückbildung weiter zu verbessern, baut man an die Deutsche Normdüse einen Diffusor an (siehe Abb. 5.48 und 5.6). Zwischen die Normdüse und den Diffusor wird noch ein 0,4 D langes zylindrisches Rohrstück angeordnet. Dieses Zwischenstück dient zur

Vermeidung von Rückwirkungen des Diffusors auf die Normdüse. Diese Anordnung wird **Normventuridüse** genannt.

Um die Ablösung zu verhindern, sollte der Öffnungswinkel nicht größer als etwa 4 ... 7° sein, was allerdings zu großen Baulängen führen kann. Um den schwer herstellbaren, abgerundeten Düseneinlauf herzustellen, setzt man das Venturirohr aus konischen und geraden Rohrstücken zusammen.

Wenn man nun die Vor- und Nachteile dieser Geräte gegenüberstellt, dann fällt auf, daß man einen Vorteil, wie den großen Wirkdruck, bei Blenden durch eine starke Störung der Strömung und einen hohen bleibenden Druckverlust erkaufen muß. Außerdem ist bei Blenden die Gefahr der Abrundung der scharfen Einlaufkante groß. Im letzten Fall würde sich die Kontraktionszahl und damit die Durchflußzahl ändern.

Bei gleichem Öffnungsverhältnis erzeugen Düsen nur etwa 40 % des Wirkdruckes gleichwertiger Blenden, wobei allerdings bei Düsen alle wesentlichen Baumaße in Abhängigkeit von den geometrischen Größen d und D festgelegt werden können.

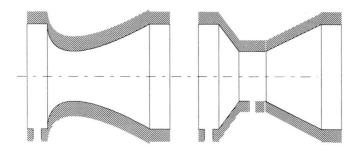

Abb. 5.48: Schematischer Aufbau des Venturirohres (links) und der Normventuridüse (rechts)

5.3.9.3 Zum Druckverlust

Wegen der Strömungsverhältnisse erfolgt die Rückbildung der kinetischen Energie in Druckenergie nur unvollständig; es bildet sich also ein bleibender Druckverlust aus. Wegen

$$Q = \alpha\, A_2 \left(\frac{2\,\Delta p}{\rho}\right)^{1/2} \qquad (5.77)$$

ist mit $A_2 = \beta^2\, A_1 = \beta^2\, \dfrac{D^2\,\pi}{4}$:

$$Q = \beta^2\, \alpha\, \frac{D^2\,\pi}{4} \left(\frac{2\,\Delta p}{\rho}\right)^{1/2} \qquad (5.78)$$

Danach ist bei allen Drosselgeräten bei gleichem ß² und gleichem Durchfluß der gleiche Wirkdruck zu erwarten. Man untersucht daher den Druckverlust in Abhängigkeit von der Größe ß.

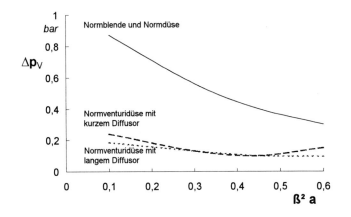

Abb. 5.49: Zum Druckverlust der Wirkdruckgeräte [39]

Es zeigt sich, daß der Druckverlust der Blende und Düse etwa gleich groß ist, hingegen bei den verschiedenen Ausführungsformen des Venturirohres bzw. der Venturidüse wesentlich geringer (siehe Abb. 5.49).

Nach DIN 1952 [40] kann der bleibende Druckverlust für alle Wirkdruck-Meßgeräte näherungsweise auch durch

$$\Delta p_v \approx \frac{1 - \alpha \beta^2}{1 + \alpha \beta^2} \Delta p \qquad (5.79)$$

ausgedrückt werden. α ist die Durchflußzahl nach Gl. (5.75) und β^2 das Öffnungsverhältnis (A_2/A_1). Der relative Druckverlust des klassischen Venturirohres liegt im allgemeinen zwischen 5 % und 20 % des Wirkdruckes, bei Blenden und Düsen kann er wesentlich größer sein.

5.3.9.4 Fehler bei der Durchflußmessung mit Wirkdruckgeräten

Wirkdruckgeräte sind sehr empfindlich gegenüber Störungen des Geschwindigkeitsprofiles der Strömung. Den größten Einfluß haben nichtachsenparallele Komponenten der Strömungsgeschwindigkeit, die einen Drehimpuls (Drall) erzeugen. Korrekturfaktoren werden in der DIN 1952 nicht angegeben, da der Einfluß des Dralles schwer abzuschätzen ist. Auf jeden Fall hängt aber die Meßgenauigkeit von der Länge der ungestörten Einlauf- bzw. Auslaufstrecke, in Abhängigkeit vom Rohrdurchmesser, ab. In Tabelle 5.3 sind einige typische Beruhigungsstrecken für Blenden, Düsen und Venturidüsen angegeben.

---

[39] H.G. Kalkhof: Mengenmessung von Flüssigkeiten, Carl Hanser Verlag, München, 1964
[40] siehe Fußnote 39

Tabelle 5.3: Erforderliche Beruhigungsstrecken für Blenden, Düsen und Venturidüsen. Die angebenen Beruhigungsstrecken verstehen sich als Vielfaches des Durchmessers D des Anschlußrohres.

Einlaufseite									Auslaufseite
Durchmesserverhältnis	90° Krümmer oder T-Stück	mehrere 90°-Krümmer in gleicher Ebene	mehrere 90°-Krümmer in versch. Ebene	Reduzierstück von 2D auf D auf Länge 1,5D bis 3D	Rohrerweiterung von 0,5D auf D über Länge D bis 2D	Schieber voll geöffnet	Ventil voll geöffnet	Alle angegebenen Armaturen
0,20	10	14	34	5	16	12	18	4
0,30	10	14	34	5	16	12	18	5
0,40	14	18	36	5	16	12	20	6
0,50	14	20	40	6	18	12	22	6
0,60	18	26	48	9	22	14	26	7
0,65	22	32	54	11	25	16	28	7
0,70	28	36	62	14	30	20	32	7
0,75	36	42	70	22	38	24	36	8
0,80	46	50	80	30	54	30	44	8

5.3.9.5 Bewertung der Wirkdruckverfahren

Sie gehören zu den meist benutzten Durchfluß-Meßgeräten.

Ihre **Vorteile** sind:

- Nach Norm hergestellte Geräte benötigen keine besondere Kalibrierung,
- vor allem Blenden sind einfach und billig herzustellen,
- sie sind geeignet für die meisten Gase und Flüssigkeiten,
- sie sind geeignet für große Bereiche der Nennweiten und der Durchmesserverhältnisse
- sie besitzen keine bewegten Teile.

Ihre **Nachteile** sind:

- Sie verursachen einen bleibenden Druckverlust,
- der Zusammenhang zwischen Meßgröße (Durchfluß) und Meßsignal (Druckdifferenz) ist nichtlinear,
- sie reagieren empfindlich auf Störungen des Geschwindigkeitsprofiles, besonders nach Raumkrümmern,
- Materialabtragungen und Schmutzablagerungen an der Drosselstelle sowie Dichteschwankungen des Meßgutes erhöhen den Meßfehler.

5.4 Massendurchflußmessung

Für die Wärmemessung sind die Verfahren der direkten Massenstrommessung vom Prinzip her sicher die geeignetsten, tritt doch in der Formel für die Definition der Wärmeleistung neben der Enthalpiedifferenz eigentlich der Massendurchfluß als bestimmende Größe auf. Während also der Umweg über eine Volumendurchflußmessung auch eine Temperaturmessung erfordert, fällt dieser Umweg bei der direkten Massendurchflußmessung weg.

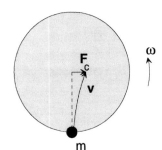

Abb. 5.50: Zur Erläuterung der Corioliskraft am Beispiel der gegen den Mittelpunkt einer Kreisscheibe gerichteten Bewegung eines Massenpunktes

In neuerer Zeit sind Meßverfahren bekanntgeworden, die die Massendurchflußmessung mit einer relativ hohen Genauigkeit gestatten. Eines dieser Verfahren, das wir hier besprechen wollen, basiert auf der **Corioliskraft**, einem Effekt, der bei rotierenden Systemen als Zusatzkraft zur Fliehkraft auftritt. Sie äußert sich beispielsweise bei einem gegen den Mittelpunkt einer rotierenden Scheibe bewegten Massenpunkt als Ablenkung quer zur Bewegungsrichtung (siehe Abb. 5.50). Die Größe dieser Kraft ist durch den Vektor $\vec{F}_C$ gegeben:

$$\vec{F}_c = 2\,m\,(\vec{\omega} \times \vec{v}) \tag{5.80}$$

In dieser Gleichung bedeutet

- m ... die Masse
- ω ... die Winkelgeschwindigkeit, mit der sich die Scheibe bewegt
- v ... die Geschwindigkeit des Massenpunktes

Die Corioliskraft ist direkt dem Produkt aus Masse und Geschwindigkeit proportional, sofern die Winkelgeschwindigkeit konstant ist. Die Richtung der Corioliskraft ist durch das Vektorprodukt von ω und **v** gegeben, steht also senkrecht auf die von **ω** und **v** gebildete Ebene.

In einer realisierten Anordnung (siehe Abb. 5.51) wird ein fest eingespanntes U-Rohr zu Drehschwingungen mit der Winkelgeschwindigkeit ω angeregt. Fließt durch das U-Rohr ein Fluid, so treten an beiden Schenkeln Corioliskräfte auf, die antiparallel sind und zu einer Verwindung des U-Rohres führen. Das bezüglich der Symmetrieachse des Rohres auftretende Drehmoment ist

$$dM_c = 2\,dF_c\,r = 4\,dm\,v\,\omega\,r \tag{5.81}$$

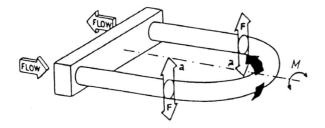

Abb. 5.51: Prinzip eines Massendurchflußmessers basierend auf der Corioliskraft[41]

Bezeichnet man mit dQ_m = dm v den Massendurchfluß, dann ergibt sich für das Gesamtmoment

$$M_C = 4 Q_m \omega r \qquad (5.82)$$

Das Drehmoment ist somit direkt proportional dem Massendurchfluß. Wegen der für kleine Auslenkungen linearen Beziehung zwischen Drehmoment und Verdrehungswinkel kann durch Bestimmung des Verdrehungswinkels innerhalb eines Schwingungszyklus der Massendurchfluß ermittelt werden. In Abb. 5.52 ist der Drehwinkel innerhalb eines Schwingungszyklus dargestellt.

Statt des Drehwinkels kann auch die Zeitdifferenz ermittelt werden, mit der die beiden Rohrschenkel die Nullage passieren.

Massendurchflußmesser sind von Stoffeigenschaften und vor allem von der Temperatur weitgehend unabhängig. Sie haben einen Meßbereich, der 1:100 übersteigt; ihr Meßfehler innerhalb dieses Meßbereiches liegt, nach Angaben der Hersteller, innerhalb eines Bandes von 0,2 %, was durch Messungen des Autors, allerdings in einem geringeren Meßbereich von 1:10, bestätigt werden kann. Wegen ihrer hohen Genauigkeit sind sie vor allem für Anwendungen einsetzbar, die einen geringen Meßbereich mit sehr hohen Meßgenauigkeiten erfordern.

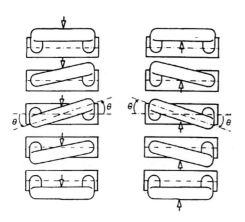

Abb. 5.52: Variation des Drehwinkels innerhalb eines Schwingungszyklus

---

[41] K.W. Bonfig: Technische Durchflußmessung unter Berücksichtigung neuartiger Verfahren, Vulkan-Verlag, Essen, 2. Auflage, 1987

5.5 Laser-Doppler-Velozimetrie (LDV)

Seit einiger Zeit sind Durchflußmeßverfahren auf der Basis der Laser-Doppler-Velozimetrie bekannt. Dieses Verfahren zeichnet sich durch hohe Genauigkeit aus und ist durch die Möglichkeit der punktförmigen Geschwindigkeitsermittlung bekanntgeworden. Damit können beispielsweise Geschwindigkeitsprofile von Rohrströmungen untersucht werden, was vor allem für die Untersuchungen von hydraulischen Störungen interessant ist.

5.5.1 Durchflußmessung durch Laufzeitmessung

Da sich Laserstrahlen sehr genau fokussieren lassen, kann man eine Geschwindigkeits- oder Durchflußmessung in einem Kanal auf eine Laufzeitmessung zwischen zwei ausgewählten Querschnitten zurückführen. Solche Messungen werden vor allem in der Schadstoffmessung zur Bestimmung der Geschwindigkeit von Teilchen verwendet. Einzige Voraussetzung ist, daß der Teilchendurchmesser größer ist als die Wellenlänge des verwendeten Lichtes.

5.5.2 Messung mittels Dopplereffekt

Sendet eine ruhende Quelle Licht mit der Frequenz f_o aus, so beobachtet ein ruhender Beobachter die gleiche Frequenz f_o. Bewegt sich aber der Beobachter relativ zur Quelle, so nimmt er bei einer Bewegung auf die Quelle zu eine um Δf höhere Frequenz wahr, dagegen bei einer Bewegung von der Quelle weg eine um $\Delta f'$ niedrigere Frequenz. Dieser Effekt wird als Dopplereffekt bezeichnet (siehe auch Ultraschallmessung).

Fällt ein Lichtstrahl in ein strömendes Medium ein, so wird Licht von dem im Meßgut befindlichen Teilchen aus dem Strahl gestreut. Hat ein Partikel die Geschwindigkeit v, so ergibt die Theorie einen linearen Zusammenhang zwischen der Frequenzverschiebung $\Delta f = f_D$ und v:

$$v = \Delta x \, f_D \qquad (5.83)$$

Δx ist der Interferenzstreifenabstand, der eine Gerätekonstante darstellt und nur vom Schnittwinkel der beiden Sendestrahlen φ nach folgender Beziehung abhängt:

$$\Delta x = \frac{\lambda}{2 \sin \varphi} \qquad (5.84)$$

λ ist die Wellenlänge des verwendeten Laserlichtes. In Abb. 5.53 ist eine Anordnung zur Geschwindigkeitsmessung bewegter Teilchen gezeigt.

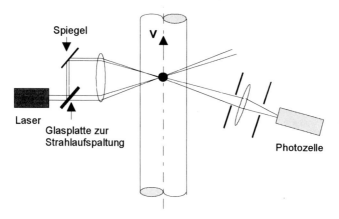

Abb. 5.53: *Aufbau eines Durchflußmessers auf Basis der Laser-Doppler-Velozimetrie*

Für eine typische Frequenz eines Helium-Neon-Lasers mit einer Wellenlänge λ_o = 632,8 nm beträgt die Dopplerverschiebung für eine Geschwindigkeit von 1 m/s typischerweise ca. 1 MHz. Mit diesem Verfahren lassen sich Geschwindigkeiten von 0,01 mm/s bis 1000 m/s berührungs- und rückwirkungsfrei messen.

Die Laser-Doppler-Velozimetrie (LDV) ist in den letzten Jahren stetig weiterentwickelt worden und steht nun auch als brauchbares Volumendurchfluß-Meßgerät zur Verfügung.[42][43] Es wird eingesetzt zur berührungs- und druckverlustfreien Bestimmung der lokalen Fließgeschwindigkeit,

- hat eine hohe räumliche und zeitliche Auflösung,
- ist ein prinzipiell kalibrierfreies Fundamentalmeßverfahren,
- ist geeignet als Gebrauchsnormal für den Prüfstellenbetrieb,
- ist weitgehend temperaturunabhängig,
- hat einen sehr großen Meßbereich von etwa 1 : 1000, der eigentlich nur durch die Signalverarbeitung begrenzt wird.

Als Nachteil wäre der hohe technische Aufwand, verbunden mit dem hohen Preis anzuführen. Besonders interessant ist diese Technik, wie bereits erwähnt, zur Bestimmung der Strömungsprofile nach hydraulischen Störungen, wie sie von *Müller u.a.* und *Bublitz* beschrieben wurden.

---

[42] D. Bublitz, S. Frank, H. Siekmann: Einsatz eines Laser-Doppler-Velozimeters als Volumenstrom-Meßgerät hoher Genauigkeit, Euroheat & Power-Fernwärme international 10/1996, S. 588-598

[43] U. Müller, H. Siekmann, D. Stuck: Untersuchungen an einem Halbleiter-Laser-Doppler-Velozimeter als Volumenstrom-Meßgerät hoher Genauigkeit für den Einsatz in Fernwärme-Versorgungsanlagen. TU-Berlin, 1993, PTB-Bericht W-56

6 Temperatur- und Temperaturdifferenzmessung

6.1 Allgemeines

Die Temperaturmessung hat im täglichen Leben einen sehr hohen Stellenwert, wie aus der in Abb. 5.1 gezeigten Grafik zu erkennen ist, nach der ca. 45 % aller benötigten Meßstellen auf die Meßgröße Temperatur fallen.

Entsprechend dieser Bedeutung gibt es eine Unzahl von Meßaufnehmern und Meßverfahren, deren Besprechung den Rahmen dieser Darstellung sprengen würde. Wir werden daher im folgenden nur jene Temperatursensoren und Meßverfahren besprechen, die für unseren Zusammenhang, die Wärmeenergiemessung, von Interesse sind.

Ausgehend von der Darstellung der Temperaturskalen werden wir daher im folgenden die wichtigsten Temperatursensoren besprechen. Bei diesen ist die Entwicklung noch im Fluß und es werden laufend neue Sensoren angeboten, die sich aber in den meisten Fällen auf bekannte Grundprinzipien zurückführen lassen. Anschließend werden wir die speziellen Probleme diskutieren, die sich bei der Temperaturdifferenzmessung und beim praktischen Einsatz im Zuge der Wärmemessung ergeben.

6.2 Temperaturdefinition, Temperaturskalen und Fixpunkte

Bereits im vorwissenschaftlichen Zeitalter war der Temperaturbegriff ein subjektives Maß für den Wärmezustand eines Körpers. Da für den Menschen ein Temperaturgefühl dem Überleben dient, besitzen wir in unserer Haut Rezeptoren, die auf die Meßgröße **Temperatur** T ansprechen. Das subjektive Temperaturempfinden hängt aber nicht nur von der Meßgröße Temperatur ab, sondern auch von deren zeitlicher Änderung $dT/d\tau$, der Größe der gereizten Hautoberfläche und der Feuchtigkeit.

Erste Versuche, ein objektives Temperaturmaß zu gewinnen, gehen auf die alten Griechen zurück, gewisse Untersuchungen auch auf Galilei. Das erste brauchbare Thermometer wurde jedoch erst 1657 vom *Großherzog der Toskana* gebaut, wobei er die Beobachtung heranzog, daß sich Flüssigkeiten beim Erwärmen ausdehnen.

Im 17. Jahrhundert waren allerdings die Grundlagen für eine exakte Temperaturdefinition noch nicht geschaffen - dies blieb dem 18. Jahrhundert vorbehalten, in dem mehrere Forscher, zum Teil unabhängig voneinander, Temperaturskalen schufen, die noch heute gebräuchlich sind und mit den Namen **Celsius**, **Reaumur** und **Fahrenheit** verknüpft sind.

Im deutschen Sprachraum ist die wohl verbreitetste Temperaturskala die des schwedischen Astronomen **Celsius** (1742), der vorschlug, das Temperaturintervall zwischen dem Schmelz- und dem Siedepunkt des Wassers in hundert gleiche Teile - **Grade** - zu teilen, wobei er ursprünglich dem Siedepunkt Null Grad und dem Schmelzpunkt t = 100 Grad zuordnete. Die heute übliche, umgekehrte Bezeichnung wurde erst später, 1750, von dem Schweden **Strömer** eingeführt. Als physikalisches Zeichen für die Celsius-Temperatur wird **t** verwendet.

Man erkannte bald, daß die Ableitung der Temperatur von den Eigenschaften bestimmter Stoffe unbefriedigend ist, und strebte eine von Stoffeigenschaften befreite Definition an, und zwar mit Hilfe eines Naturgesetzes.

Als solches bot sich das ideale Gasgesetz an, das die Größen Temperatur T, in diesem Fall die noch zu bestimmende absolute Temperatur, Druck p und Volumen V verknüpft. Die Temperatur läßt sich bei Konstanthaltung einer Größe, z.B. des Volumens, durch Messung des Druckes bestimmen.

Eine Realisierung dieses Gedankens stellt das sogenannte Gasthermometer dar, für das es verschiedene Ausführungsformen gibt. Ein Beispiel ist in Abb. 6.1 gezeigt, ein Gasthermometer, das mit konstantem Volumen arbeitet.

Nach dem Gasgesetz gilt für ein Mol eines Gases:

$$p V_m = R_m T, \qquad (6.1)$$

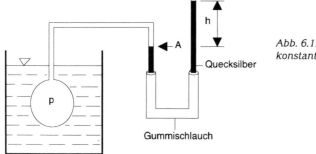

Abb. 6.1: Gasthermometer, das mit konstantem Volumen arbeitet

mit V_m als dem Molvolumen und R_m als der Gaskonstante folgt für ein konstantes Volumen und zwei Zustände, gekennzeichnet durch die Indizes **0** und **1**:

$$\frac{P_1}{T_1} = \frac{P_0}{T_0} = \text{const.} \quad \text{oder} \quad T_1 = T_0 \frac{P_1}{P_0} \qquad (6.2)$$

Der Druck, unter dem das eingeschlossene Gas steht, wird durch eine Quecksilbersäule bestimmt, deren Höhe bei verschiedenen Temperaturen so verändert wird, daß bei A stets der gleiche Quecksilberstand herrscht.

Es zeigte sich bald, daß auch die Anzeige eines Gasthermometers vom verwendeten Gas und vom Druck abhängig ist. So stellte 1887 der Franzose **Chappuis** fest, daß zwischen 0 °C und 100 °C ein Gasthermometer, das mit Wasserstoff gefüllt ist, eine niedrigere Temperatur zeigt, als bei Füllung mit Stickstoff oder Sauerstoff bzw. Luft. Die Unterschiede verschwinden erst bei niedrigerem Druck und nicht zu tiefen Temperaturen. Der Grund liegt im Verhalten der Gase, die sich nur näherungsweise durch die ideale Gasgleichung (6.1) beschreiben lassen. In der Folge wurde vom **CIPM** („Comité International des Poids et Mesures") die Wasserstoffskala eingeführt, die mit einem Wasserstoffthermometer konstanten Volumens mit einem Anfangsdruck von p = 1,333 224 bar arbeitet.

J. Enzinger Warmwassermengenmessung Ges.m.b.H

Wir sind ein junges Unternehmen, das sich mit der Eichung, Justierung, Kalibrierung und dem Service von Wasser- und Wärmezählern aller Bauarten und Größen beschäftigt. Unser Prüfspektrum reicht von Kaltwasser-, über Warmwasser- bis zu Wärmezählern, wobei wir Durchflüsse von etwa 6 l/h bis 150 m^3/h mit Meßunsicherheiten darstellen können, die allen relevanten Normen, im besonderen auch der EN 1434, entsprechen.

Unser Unternehmen ist als „Abfertigungsstelle für Wasser- und Wärmezähler" von der österreichischen Eichbehörde zugelassen, aber auch vom Wirtschaftsministerium als erste **Beglaubigungsstelle für Wasser- und Wärmezähler** in Österreich seit 1995 akkreditiert. Wir erfüllen sämtliche Anforderungen nach **EN 45001**, wurden aber auch bereits 1994 nach **ISO 9002** zertifiziert. Nach Inkrafttreten der Metrologierichtlinie werden wir die einzige private **Benannte Stelle** in Österreich werden. Rufen Sie uns an und verlangen unseren Geschäftsführer, Herrn Josef Enzinger.

A-2751 Matzendorf, Bahngasse 11c
Tel.: +43/2628/636 40
Fax: +43/2628/636 40-9

Temperatur-Kalibrierung

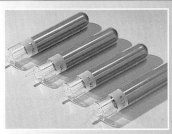

Fixpunkt-Kalibriereinrichtungen
◆ nach ITS90 ◆ Internationale Normale

Professionelle Vergleichsbäder
◆ Meßunsicherheit im mK-Bereich

Referenzthermometer
◆ Kennlinien programmierbar
◆ Meßunsicherheit 1mK

Fordern Sie unseren Gesamtkatalog an.

Klasmeier Kalibrier- und Meßtechnik GmbH
Browerstr. 39 · D-36039 Fulda · Tel. (0661) 55011 · Fax (0661) 57498
Internet: http://www.kk-isotech.fulda.net
E-mail: KK-ISOTECH@FULDA.NET

Mit uns auf Erfolgskurs!

Keine Unsicherheit, kein Risiko. Unsere Produktefamilie **CALEC®** **MB** und **CALEC® light** bietet Ihnen jede individuelle Lösung von der Übergabe- und Verteilstation bis zur Grossmessstelle. Mit hoher Messgenauigkeit für ebenso hohen Nutzen.

Rufen Sie uns an!

AQUAMETRO AG
Ringstrasse 75
CH-4106 Therwil
Tel. ++41 61 725 11 22
Fax ++41 61 725 15 95

Gay-Lussac stellte 1802 fest, daß sich der Druck bzw. das Volumen eines Gases je °C Temperaturerhöhung um den Faktor: $\alpha = 1/273{,}15$ seines Ausgangswertes ändert. Variiert man entweder den Druck bei konstantem Volumen oder umgekehrt, kann man dafür auch schreiben:

$$\frac{p_1 V_1}{p_o V_o} = 1 + \alpha\, t = \alpha\left(t + \frac{1}{\alpha}\right) = \alpha\, T \tag{6.3}$$

Für $t = -1/\alpha$ verschwindet der Klammerausdruck, was einer Temperatur von $t = -273{,}15$ °C entspricht. Man bezeichnet diesen Wert als absoluten Nullpunkt, da es ja nach dieser Definition offensichtlich keine niedrigere Temperatur gibt. Die Benennung von T als absolute Temperatur geht auf **William Thomson** zurück, der diesen Begriff 1851 einführte. Thomson, der spätere **Lord Kelvin**, führte 1852 eine reproduzierbare Temperaturskala ein, die **Thermodynamische Temperaturskala**, die unabhängig von der Höhe der Temperatur und von Stoffeigenschaften ist und sich lediglich auf den zweiten Hauptsatz der Thermodynamik gründet. Zur Festlegung dieser Temperaturskala braucht man neben dem absoluten Nullpunkt nur noch einen weiteren Fixpunkt, für den auf der 10. Generalkonferenz für Maß und Gewicht (1954) der **Tripelpunkt des Wassers** festgelegt wurde. Er entspricht einer Temperatur von $T = 273{,}16$ K oder 0,01 °C. Für die Einheit der **Thermodynamischen Temperatur,** die zu Ehren von Lord Kelvin als **1 Kelvin** bezeichnet wird, gilt seit damals die Definition:

1 Kelvin ist der 273,16 te Teil der thermodynamischen Temperatur des Tripelpunktes von Wasser.

Die Kelvin- und die Celsius-Skala unterscheiden sich lediglich durch den Nullpunkt, die Teilung ist gleich. So gilt für die Temperaturdifferenz $\Delta t = \Delta T = 1$ K $= 1$ °C. Für den Nullpunkt der Celsius-Skala gilt: 0 °C $= 273{,}15$ K. Wir werden die absolute Temperatur künftig mit **T** bezeichnen, die Celsius-Temperatur mit **t**.

Für praktische Messungen ist die thermodynamische Temperaturskala unbequem. Man hat daher eine praktische Temperaturskala eingeführt, die nun nach neuen Messungen weitgehend mit der thermodynamischen Temperaturskala übereinstimmt. Man wählt dazu eine Anzahl gut reproduzierbarer Temperaturfixpunkte aus, deren Werte mit einem Gasthermometer bestimmt und danach durch Übereinkunft festgelegt werden (siehe Tabelle 6.1). Zwischen den Fixpunkten wird die Temperatur in der Regel durch Normalthermometer interpoliert.

Derzeit gilt die **Internationale Temperaturskala 1990 (ITS-90)**, die die bis dahin gültige **Internationale Praktische Temperaturskala 1968 (IPTS 68)** ablöste.[1] Eine Übersicht über die wichtigsten Fixpunkte ist in Tabelle 6.1 angegeben. Zwischen den Fixpunkten sind Interpolationsvorschriften angegeben, so beispielsweise im Bereich von - 200 °C bis 650 °C die Interpolation mittels Widerstandsthermometern. Oberhalb von etwa 660 °C bis zum Erstarrungspunkt des Kupfers wird die Temperatur aus der gemessenen Thermospannung eines Platin-10 %Rhodium-Platin-Thermopaares

---

[1] The International Temperature Scale of 1990, ITS-90, herausgegeben vom National Physical Laboratory, Teddington; eine gute Übersicht über die Verfahrensvorschriften der ITS-90 gibt der Artikel von *H. Preston-Thomas:* The International Temperature Scale of 1990 (IST-90), Metrologia 27, 3-10(1990)

abgeleitet. Für Temperaturen darüber wird die Strahlungsdichte eines schwarzen Körpers der Temperatur T bei der Wellenlänge λ in Beziehung gesetzt zur spektralen Strahlungsdichte der durch den Goldpunkt festgelegten Bezugstemperatur bei der gleichen Wellenlänge.

Neben der besprochenen Temperaturskala wird mitunter auch noch die **Logarithmische Temperaturskala** benützt. Während man bei der Thermoynamischen Temperaturskala davon ausgeht, daß sich eine Temperaturänderung dT in einer Änderung einer thermischen Eigenschaft dE äußert und der Zusammenhang gilt:

$$dE = k_1 \, dT, \tag{6.4}$$

wird bei der **Logarithmischen Temperaturskala** eine Temperaturänderung dT_L der relativen Änderung der thermischen Eigenschaft dE/E gleichgesetzt:

$$\frac{dE}{E} = k_2 \, dT_L \tag{6.5}$$

Zwischen der logarithmischen Temperatur T_L (in °L) und der Thermodynamischen Temperatur T (in *Kelvin*) ergibt sich dabei folgender Zusammenhang:

$$T_L = 738{,}10 \log T - 1798{,}4, \tag{6.6}$$

wenn zwecks Normierung für den Eispunkt: 0 °L und den Siedepunkt: 100 °L gesetzt wird. Durch diese Skala ergibt sich für den absoluten Nullpunkt der Wert -∞ - ein anschauliches Ergebnis. In Tabelle 6.1 sind neben der Thermodynamischen Temperatur T einiger definierender Temperaturfixpunkte der ITS-90 auch die entsprechenden Logarithmischen Temperaturen T_L angegeben.

6.3 Sensoreigenschaften von Thermometern

Derzeit werden für die Temperaturerfassung fast ausschließlich passive Bauelemente verwendet, also Bauelemente, die keine elektrische Spannung abgeben, und aus dieser Gruppe in erster Linie Widerstandsthermometer. Für den Einsatz dieser Fühler zur Temperaturmessung kann man analog zu den Durchflußsensoren die Eigenschaften der Sensoren hinsichtlich:

- Empfindlichkeit
- Ansprechgeschwindigkeit
- Genauigkeit
- Stabilität und
- Linearität der Sensorcharakteristik

untersuchen. Je nach Einsatz des Fühlers wird die eine oder andere Eigenschaft größere oder geringere Bedeutung haben. Zur Abschätzung der Wichtigkeit wollen wir nun die einzelnen Forderungen etwas näher betrachten.

Tabelle 6.1: Fixpunkte der ITS-90

Fixpunkt	Thermodynamische Temperatur T in K bzw. °C	Logarithmische Temperatur T_L in °L
Dampfdruckpunkt des Heliums	3 ... 5 K	-1446,2 ... -1282,5
Tripelpunkt des Gleichgewichts-Wasserstoffs	13,8033 K	-956,98
Siedepunkt des Gleichgewichts-Wasserstoffs bei p= 33321,3 Pa [2]	17,035 K	-889,55
Tripelpunkt des Neons	24,5561 K	-772,32
Tripelpunkt des Sauerstoffs O_2	54,3584 K	-517,60
Tripelpunkt des Argons	83,8058 K	-378,83
Tripelpunkt des Quecksilbers	234,3156 K = -38,8344 °C	-49,25
Tripelpunkt des Wassers	273,16 K = 0,01 °C	-0,08
Schmelzpunkt von Gallium	302,9146 K = 29,7646 °C	33,06
Erstarrungspunkt von Indium	429,7485 K = 156,5985 °C	145,18
Erstarrungspunkt von Zinn	505,078 K = 231,928 °C	196,95
Erstarrungspunkt von Zink	692,677 K = 419,527 °C	298,20
Erstarrungspunkt von Aluminium	933,473 K = 660,323 °C	393,83
Erstarrungspunkt von Silber	1234,93 K = 961,78 °C	483,54
Erstarrungspunkt von Gold	1337,33 K = 1064,18 °C	509,08
Erstarrungspunkt von Kupfer	1357,77 K = 1084,62 °C	513,94

6.3.1 Empfindlichkeit

Die Empfindlichkeit wird definiert als die pro Temperatureinheit erzielte Signalgröße. Wegen ihrer Bedeutung wollen wir unsere Überlegungen auf *Widerstandsthermometer* spezialisieren, also Thermometer, deren Widerstand streng von der Temperatur abhängt. Die Signaländerung ist dann gleich der Spannungsänderung am Thermometer, wenn dieses vom Meßstrom i durchflossen wird. Nimmt man einen Widerstands-Temperatur-Zusammenhang der Form

$$R = R_0 (1 + At + Bt^2) \tag{6.7}$$

an, wobei A und B der lineare und der quadratische Temperaturkoeffizient sind, dann gilt für eine kleine Signaländerung und $B/A \ll 1$ der folgende Zusammenhang:

$$A = \frac{1}{R}\frac{dR}{dt} \tag{6.8}$$

und

$$\frac{dU}{dt} = R\,A\,i = P_v \frac{A}{i} \tag{6.9}$$

---

[2] 1 bar = 10^5 Pa; 33 321,3 Pa = 0,333 213 bar.

Der Meßstrom i kann wegen der Eigenerwärmung Θ_e nicht beliebig groß gewählt werden. Letztere ist abhängig von der Verlustleistung $P_v = i^2 R$ und dem Wärmeübergang vom Meßelement zum Meßmedium.

Der Einfluß der Eigenerwärmung wird durch den Eigenerwärmungskoeffizienten

$$K = \frac{P_v}{\Theta_e} \qquad (6.10)$$

ausgedrückt, wobei ein linearer Zusammenhang zwischen Verlustleistung P_v und Eigenerwärmung Θ_e angenommen wird. Diese Vorgangsweise ist im Bereich kleiner Meßströme durchaus berechtigt.

Mit der Gl. (6.10) folgt für die Empfindlichkeit

$$\frac{dU}{dT} \approx A R^{1/2} (K \Theta_e)^{1/2}, \qquad (6.11)$$

wobei nun (dU/dT) die für eine zulässige Eigenerwärmung Θ_e erreichte Empfindlichkeit ist.

Die Empfindlichkeit wird also durch

1. Erhöhen des Temperaturkoeffizienten A
2. Erhöhen des Nennwiderstandes R_o und
3. Erhöhen des Eigenerwärmungskoeffizienten K

verbessert.

Zu (1): Am Temperaturkoeffizienten A läßt sich bei reinen Metallen, bei denen er von Haus aus am größten ist, nichts ändern. Durch Zulegieren anderer Metalle kann der Temperaturkoeffizient nur kleiner werden.

Zu (2): Eine Erhöhung des Widerstandes kann durch Erhöhen der Widerstandslänge oder durch Verringerung des Querschnittes erreicht werden. Dies führt aber im allgemeinen zu Widerstandsgrößen, die in der Praxis untragbar sind oder zu sehr dünnen Widerstandsdrähten führen, bei denen die zulässige Eigenerwärmung leicht überschritten wird.

Zu (3): Der Eigenerwärmungskoeffizient wird i.a. von den Wärmeübergangs- und Wärmedurchgangswiderständen zwischen Wärmeträgermedium und Meßdraht und außerdem von der wirksamen Fläche des Wärmeüberganges abhängen. Für eine niedrige Eigenerwärmung muß man für gute thermische Kopplung zwischen Meßwiderstand und innerem Schutzrohr sorgen. Hier ist die kritische Größe nicht der Widerstandswert, sondern die wirksame Fläche.

In Abb. 6.2 ist beispielhaft der Einfluß der Oberfläche auf die Eigenerwärmung dargestellt. Es zeigt sich, daß eine Vergrößerung der Oberfläche - im Beispiel - über etwa 200 mm² wenig an der Eigenerwärmung ändert, daß aber eine Unterschreitung dieses Wertes zu einem sehr starken Anstieg der Eigenerwärmung führt.

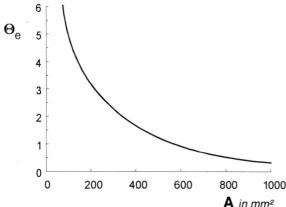

Abb. 6.2: Eigenerwärmung von Keramik- und Glas-Meßwiderständen bei einer elektrischen Verlustleistung von 1 mW in Abhängigkeit von der Größe der zylindrischen Oberfläche.[3] Θ_e in relativen Einheiten

Eine weitere Möglichkeit zur Verringerung der Eigenerwärmung besteht darin, mit impulsförmigem Meßstrom zu arbeiten. Bei gleicher zulässiger Eigenerwärmung kann dann der Meßstrom beträchtlich erhöht werden.

6.3.2   Ansprechgeschwindigkeit

Für die Messung rasch veränderlicher Vorgänge werden gerne Thermoelemente, in der Form von Miniatur-Mantelthermoelementen verwendet, die wegen ihrer geringen Masse sehr geringe Ansprechzeiten haben.

Zur Charakterisierung der Ansprechzeiten sind mehrere Größen gebräuchlich (siehe auch die Abb. 6.3). Üblicherweise wird die Reaktion auf einen Temperatursprung Δt_o untersucht, wobei die Sprungantwort oft durch eine Funktion der Form (τ ...Zeit):

$$\Delta t_F = \Delta t_o \left[1 - e^{-\tau/\tau_F}\right] \qquad (6.12)$$

beschreibbar ist. In diesem Fall ist der Einstellvorgang (Sprungantwort) durch eine einzige Zeitkonstante τ_F charakterisiert.

Manche Einstellvorgänge folgen allerdings nicht dieser einfachen Funktion. In diesem Fall ist es sinnvoller, empirisch ermittelbare Größen heranzuziehen, z. B. die folgenden:

$\tau_{0,1}$ ist jene Zeit die verstreicht, bis 10 % der Temperaturänderung Δt_o erfaßt werden, analog sind $\tau_{0,5}$ und $\tau_{0,9}$ jene Zeiten, die der Erfassung von 50 % bzw. 90 % der Temperaturänderung entsprechen. [4]

---

[3]   W. Obrowsky, J. Scholz: Stand und Entwicklungstendenzen der Temperaturmessung mit Widerstandsthermometern, VDI-Berichte Nr. 198 (1973), S. 93 ff

[4]   L. Bliek, E. Fay, W. Gitt: Ein Meßverfahren zur einfachen Ermittlung des Übertragungsverhaltens von Temperaturaufnehmern, tm-Technisches Messen 46(1979), Nr. 7/8, S 283 ff

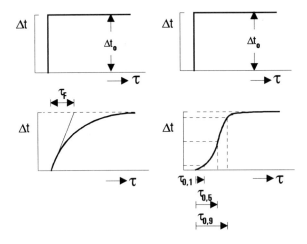

Abb. 6.3: Zur Definition der verschiedenen Ansprechzeiten. In der unteren Hälfte ist jeweils die Reaktion auf einen Temperatursprung dargestellt

Prinzipiell ist festzuhalten, daß die Zeitkonstante der Fühler in jedem Fall um zumindest eine Größenordnung kleiner sein muß als die möglichen Änderungsgeschwindigkeiten des zu messenden Mediums.

6.3.3 Genauigkeit

Für Widerstandsthermometer sind in DIN-EN 60751 [5] bzw. DIN 43 760 [6] die zulässigen Abweichungen der Widerstandswerte vom Sollwert festgelegt. Die Sollwerte in diesen Normen entsprechen naturgemäß keinen physikalischen Gesetzen - wenn sie sich auch an solche anlehnen - sondern sind rein empirisch ermittelte Durchschnittswerte aus einer großen Zahl von Meßelementen für Widerstandsthermometer.

Nach den genannten Normen gibt es die beiden Genauigkeitsklassen A und B, denen zulässige Abweichungen entsprechen, die in der Tabelle 6.2 angegeben sind. Durch die mehr oder weniger starke Abweichung der Widerstands-Temperaturkurve von der Linearität ist eine Zuordnung bei mehreren Temperaturen vorzunehmen.

---

[5] DIN EN 60751: Platin-Widerstandsthermometer, Ausgabe 1996
[6] DIN 43 760: Metallwiderstandsthermometer, Ausgabe 1980

Tabelle 6.2: Zulässige Toleranzen der Widerstandswerte für Platin- und Nickelfühler nach DIN-EN 60751 bzw. DIN 43 760

	Temperatur in °C	Grundwert in Ω	Zulässige Abweichung $(\pm)$ °C	
			Klasse A	Klasse B
Platin	0	100	0,15	0,3
	100	138,51	0,35	0,8
	200	175,86	0,55	1,3
Nickel[1)]	0	100	0,20	
	100	161,8	0,80	
	200	223,2	1,3	

[1)] Für Nickel ist nur eine Genauigkeitsklasse definiert

6.3.4 Stabilität

Die Konstanz eines Temperaturfühlers ist eine wesentliche Voraussetzung zur Einhaltung der Fehlergrenzen im Sinne der Eichung bzw. Kalibrierung. Verschiedene Einflüsse, wie chemische und mechanische, führen dazu, daß sich das Meßsignal langfristig ändert.

Mechanische Verformungen werden i.a. bei der Produktion eines Widerstandsthermometers eingebracht und verschwinden durch thermische Behandlung zum Teil wieder. Trotzdem kann es vorkommen, daß gewisse Restverformungen erst im Betrieb abgebaut werden und sich damit der Widerstandswert ändert. Diese Veränderungen wirken sich zwar auf den Gesamtwiderstand R, im allgemeinen aber nicht auf die Größe

$$\frac{dR}{dt} = R\, A \qquad (6.13)$$

aus.

Eine besonders hohe Stabilität erreicht man, wenn man die Widerstandsdrähte spannungsfrei aufhängt, d.h. sie nicht in den Isolator einbettet, sondern freitragend aufhängt. Diese Konstruktionen werden aber in erster Linie für Kalibrierstandards verwendet, nicht aber für handelsübliche Widerstandsthermometer.

Betrachtet man die wichtigsten Ausführungsformen von Temperatursensoren, so stellt man fest, daß die Wirkungsweise praktisch aller Thermometer darauf beruht, daß Wärme zwischen dem Meßgut und dem Thermometer ausgetauscht wird. Bei den sogenannten **Berührungsthermometern** erfolgt dieser Wärmeaustausch durch Leitung und Konvektion, bei den **Strahlungsthermometern** durch Wärmestrahlung.

Im folgenden wollen wir uns zunächst mit den Berührungsthermometern befassen und mit den mechanischen Ausführungsformen beginnen.

6.4 Berührungsthermometer

6.4.1 Allgemeines

Unter Berührungsthermometern versteht man alle Thermometer, die mit dem Meßgut in Kontakt gebracht werden. Im Gegensatz dazu erfassen Strahlungsthermometer die Temperatur berührungslos.

Im folgenden Abschnitt wollen wir einige, für die Wärmemessung wichtige Temperatursensoren, ihre Funktion und Eigenschaften besprechen. Dabei werden wir uns auf elektrische Thermometer beschränken, da alle anderen Ausführungsformen wie Glasthermometer, Metallausdehnungsthermometer, Flüssigkeitsfederthermometer für unseren Zusammenhang keine Bedeutung mehr haben.

6.4.2 Elektrische Berührungsthermometer

6.4.2.1 Metall-Widerstandsthermometer

Für die heute geforderten Genauigkeiten kommen oft nur Metall-Widerstandsthermometer in Frage. Die Bedeutung der Widerstandsthermometer in Technik und Wissenschaft zeigt die Weltjahresproduktion, die derzeit weit über 10^6 Stück/Jahr für Platin- und mehr als 10^7 für Halbleiterthermometer beträgt. Als Widerstandsmaterial für hohe Genauigkeitsansprüche hat sich vor allem Platin bewährt. Es ergibt die mit Abstand stabilsten Meßwiderstände bei allerdings beachtlichem Preis.

In der Praxis werden sowohl Widerstandsthermometer mit angeschlossener Zuleitung, als auch Widerstandsthermometer mit Anschlußkopf verwendet. Die ersteren werden gerne für den Einbau in Rohrleitungen kleiner Dimension, die letzteren in Leitungen größerer Dimension eingesetzt.

Den Aufbau eines Widerstandsthermometers mit Anschlußkopf zeigt die Abb. 6.4, ein Thermometer mit fix angeschlossener Zuleitung die Abb. 6.5.

Metall-Widerstandsthermometer zeigen einen Widerstands-Temperatur-Zusammenhang, der durch eine Gleichung der Form (6.14) beschrieben werden kann. Für Platin-Widerstandsthermometer lautet diese Gleichung für den Temperaturbereich -200 °C $\leq$ t $\leq$ 0 °C:

$$R(t) = R_o \left(1 + A\,t + B\,t^2 + C\,(t\text{-}100\ °C)\,t^3\right) \qquad (6.14)$$

und für den Bereich von 0 °C $\leq$ t $\leq$ 850 °C:

$$R(t) = R_o \left(1 + A\,t + B\,t^2\right) \qquad (6.15)$$

Die Koeffizienten A, B und C sind in den bereits erwähnten Normen DIN-EN 60751 und DIN 43 760 festgelegt. Wir wollen sie künftig mit dem Index "N" versehen. Die derzeit gültigen Werte können der Tabelle 6.3 entnommen werden.

Tabelle 6.3: Normkoeffizienten der Widerstandsthermometer aus Platin nach DIN-EN 60751 und Nickel nach DIN 43 760 (Koeffizienten in Gl. (6.14) bzw. (6.15))

Widerstandsmaterial	A_N in K^{-1}	B_N in K^{-2}	C_N in K^{-3}
Platin	$3,9083 \cdot 10^{-3}$	$-5,775 \cdot 10^{-7}$	$-4,183 \cdot 10^{-12}$
Nickel	$5,485 \cdot 10^{-3}$	$6,55 \cdot 10^{-6}$	$2,805 \cdot 10^{-11}$

Während für Messungen im Zusammenhang mit der **ITS-90** spektralreines Platin verwendet wird, sind für Laboratoriums- und Betriebsmessungen Meßwiderstände üblich, die leichte Beimengungen enthalten. Der Grund für diese Maßnahme ist ein zweifacher: Erstens ändern die legierten Platinwiderstände ihren Temperaturkoeffizienten infolge Aufnahme von Fremdstoffen wesentlich weniger als reinstes Platin. Man kann daher bei der Fertigung technischer Thermometer mit Trägerkörpern aus Keramik die vorgeschriebenen Kennlinien und die nach den genannten Normen zulässigen Abweichungen leichter einhalten. Zweitens neigt reinstes Platin bei höheren Temperaturen zur Zerstäubung, was letztlich einer Widerstandsänderung gleichkommt. Der charakteristische Unterschied zwischen Reinstplatin und handelsüblichem Platin liegt im Widerstandsverhältnis

$$\frac{R(100\,°C)}{R(0\,°C)} \qquad (6.16)$$

Dieses Verhältnis beträgt für reines Platin 1,391 und für technisches Platin 1,385.

Metallwiderstände werden in Form sehr dünner Drähte auf Wicklungsträger oder in Wendelform auf Schutzkörpern aufgebracht.

Je nach Einsatzbereich bestehen die Träger aus temperaturbeständigen Kunststoffen, Keramik, Glas oder Glimmer. Oft wird auch der bewickelte Trägerkörper mit einer Schutzschicht aus Glas überzogen (siehe auch Abb. 6.6).

Technische Platin-Widerstandsthermometer werden meist mit Grundwerten von 100 Ω (Pt 100), 500 Ω (Pt 500) und 1000 Ω (Pt 1000) gefertigt. Pt 100 werden meist als gewickelte Widerstände gefertigt, wogegen Pt 500 und Pt 1000 aus aufgedampften, dünnen Metallfilmen bestehen. Die Stabilität der Widerstandswerte ist aufgrund langjähriger Erfahrungen bei gewickelten Drahtwiderständen besser als bei Schichtwiderständen, weshalb für Präzisionsmessungen praktisch nur gewickelte Widerstandsthermometer verwendet werden.

Wir wollen bei den Betrachtungen über Widerstandsthermometer noch einen kurzen Blick auf die **physikalischen Grundlagen** werfen.

Reduzieren wir unsere Überlegungen zunächst auf Metalle. Sie sind durch eine besonders hohe elektrische Leitfähigkeit σ ausgezeichnet. Diese ist proportional der Dichte der Ladungsträger n, die bei Metallen von der Größenordnung $10^{22}/cm^3$ ist, weiters der Elementarladung und der Beweglichkeit b der Ladungsträger, die ausschließlich von Elektronen gebildet werden.

$$\sigma = e\,n\,b \qquad (6.17)$$

Die Beweglichkeit der Elektronen hängt im wesentlichen von deren Masse und der Streuzeit τ_e wie folgt ab:

$$b = e\, \tau_e\, m_e \qquad (6.18)$$

Die Streuzeit ist dabei die mittlere Zeit zwischen zwei aufeinanderfolgenden Streuprozessen. Aus den Gleichungen (6.17) und (6.18) findet man nun für den spezifischen elektrischen Widerstand, den Kehrwert der elektrischen Leitfähigkeit:

$$\rho = \frac{1}{e\, n\, b} = \frac{m_e}{n^2\, e\, \tau_e} \qquad (6.19)$$

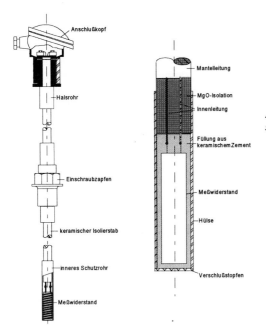

Abb.6.4: Aufbau eines Metall-Widerstandsthermometers: Kopfthermometer

Abb.6.5: Thermometer mit direkt angeschlossener Zuleitung

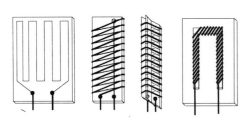

Abb.6.6: Ausführungsformen von Meßwiderständen für Widerstandsthermometer

Da die Stoß- oder Streuzeit proportional der absoluten Temperatur ist, folgt für den elektrischen Widerstand ebenfalls eine Proportionalität zu dieser. Tatsächlich gilt für alle Metalle angenähert ein gleicher Temperaturkoeffizient A von 0,004/K (siehe z.B. die Tabelle 6.3).

Diese Abhängigkeit rührt vom sogenannten **Phononenanteil** her, der seine Ursache in den temperaturabhängigen Schwingungen des Kristallgitters der Metalle hat (Abb. 6.7).

Bei den realen Kristallen, die sich von den Idealkristallen durch einen fehlerhaften Kristallaufbau unterscheiden, beobachtet man bei tiefen Temperaturen die Konvergenz gegen einen fixen Wert, den sogenannten **Restwiderstand**.

Die Erfahrung lehrt nun, daß die Temperaturabhängigkeit eines Widerstandsmaterials, ausgedrückt durch dR/dT, bei verschieden großen Restwiderständen gleich ist, während der Temperaturkoeffizient A, ausgedrückt durch

$$A = \frac{1}{R}\left(\frac{dR}{dT}\right), \qquad (6.20)$$

wegen dR/dT = R A = const mit Erhöhung des spezifischen Widerstandes fällt (Matthiessensche Regel), bzw. mit fallendem spezifischem Widerstand steigt.

Für die Temperaturmessung wird lediglich die Steigung der Kurve R(T) benützt und ein fixer Widerstand bei einer bestimmten Referenztemperatur, meist 0 °C, vorausgesetzt. Ändert sich der Widerstand bei der Referenztemperatur, dann muß dies zwangsläufig zu Fehlmessungen führen. Änderungen kann nur der Restwiderstandsanteil unterworfen sein, was beispielsweise beim Ausheilen von Gitterfehlern beobachtet wird.

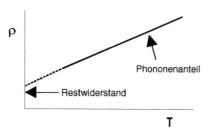

Abb 6.7.: Zur Definition des Phononenanteiles und des Restwiderstandes

6.4.2.2 Schaltungstechnische Probleme mit Widerstandsthermometern

Kontaktprobleme

Durch die Zusammenschaltung der Teilgeräte zu einem Wärmezähler treten Kontaktstellen auf, denen vor allem dann, wenn sie die Meßgenauigkeit beeinflussen, größte Beachtung zu schenken ist. Während die Übertragung der volumenproportionalen Impulse vom Volumenmeßteil an das Rechenwerk durch Kontaktwiderstände nahezu unbeeinflußt bleibt, beeinflussen Kontaktwiderstände in den Thermometerkreisen sehr wohl die Meßgenauigkeit. Die die Genauigkeit beeinflussenden Faktoren sind schön an Hand der Abb. 6.8 zu sehen, die das elektrische Ersatzschaltbild eines Widerstandsthermometers zeigt. Im Meßkreis befinden sich demnach neben dem eigentlichen Meßwiderstand R_m noch die Leitungswiderstände, aufgeteilt auf jeweils den halben Wert ($R_L/2$) auf beide Zuleitungen, die Innenleitungswiderstände (2 x $R_i/2$) und die Kontaktwiderstände am Anschlußkopf (R_{k1}, R_{k2}) und an den Klemmen des Multimeters (R_{k3}, R_{k4}).

Während die Leitungswiderstände R_L für die Zuleitungen zu den Vor- und Rücklaufwiderständen symmetrierbar sind und die Innenleitungswiderstände mit dem Meßwiderstand mitkalibriert werden, ist das zeitliche Verhalten der Kontaktwiderstände nicht vorhersagbar. Durch Verschmutzung, Ausbildung von sogenannten Anlaufschichten und infolge von Fließvorgängen kann es im Laufe der Zeit zu einer meßtechnisch merkbaren Veränderung der Kontaktwiderstände kommen, die sich letztlich in einem zusätzlichen Meßfehler für die Temperaturmessung auswirken kann. Die einzige Abhilfe wäre die Verwendung der Vierleiterschaltung, wie sie in Abb. 6.9 erläutert ist.

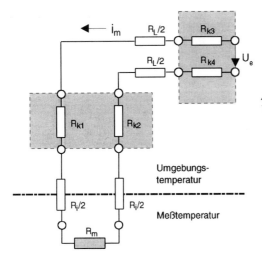

Abb. 6.8: Elektrisches Ersatzschaltbild eines Widerstandsthermometers mit Anschlußkopf

Für sehr lange Zuleitungen können durch die Verwendung der sogenannten Dreileiterschaltung Kosten gespart werden. Durch die Ausmessung der dritten Leitung kann der Zuleitungswiderstand zwar ermittelt werden, es wird aber strenge Symmetrie vorausgesetzt, die nicht immer herrscht.

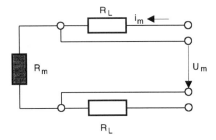

Abb. 6.9: Vierleitermethode: Der Meßstrom i_m durchfließt zwar auch die Leitungswiderstände R_L, die Potentialdifferenz U_m wird aber direkt am Meßwiderstand R_m abgenommen. Wird die Spannung U_m annähernd stromlos gemessen, dann folgt für den gesuchten Widerstand $R_m = U_m/i_m$

6.4.3 Halbleiter-Widerstandsthermometer

Elektrisch gesehen verhalten sich **Halbleiter** gänzlich anders: Während die Ladungsträgerdichte n bei Metallen praktisch nicht beeinflußt werden kann und durch die hohe Ladungsträgerdichte die Leitfähigkeit mit steigender Temperatur - wegen der steigenden Streuwahrscheinlichkeit - abnimmt, ist dies bei Halbleitern deutlich anders. Halbleiter haben eine Ladungsträgerdichte, die um einen Faktor 10^4 unter jener der Metalle liegt. Durch Dotierung nimmt die Ladungsträgerdichte exponentiell zu, wodurch im gleichen Sinne die Leitfähigkeit ansteigt. Für den Kehrwert der elektrischen Leitfähigkeit, den elektrischen Widerstand, bedeutet dies eine Abnahme mit der Temperatur, mit anderen Worten einen negativen Temperaturkoeffizienten. Werden Halbleiter zur Temperaturmessung eingesetzt, spricht man von **Thermistoren**. Man unterscheidet zwei Arten: NTC's und PTC's (siehe auch Abb. 6.10).

Die **Heißleiter (NTC)** bestehen meist aus Metalloxiden, die bei hohen Temperaturen zu Temperaturfühlern mit geringen Abmessungen gesintert werden und einen *negativen* Temperaturkoeffizienten aufweisen. Dadurch erreicht man zwar sehr günstige dynamische Eigenschaften, muß aber andererseits große Streuungen der Charakteristiken in Kauf nehmen, die auf den Herstellungsprozeß zurückzuführen sind. Sie können daher für gewisse Anwendungsfälle, wie beispielsweise für die Temperaturdifferenzmessung bei Wärmezählern, wo extrem hohe Betriebsgenauigkeiten benötigt werden, nicht eingesetzt werden.

Der Einsatzbereich von Thermistoren reicht von -100 °C bis 400 °C, wobei die obere Grenze durch die Langzeitdrift und den geringen Widerstandswert gegeben ist, während die untere Grenze der stark ansteigende Widerstand bestimmt. Wegen des hohen Grundwiderstandes kann man im allgemeinen auch vom Einfluß unterschiedlicher Leitungslängen absehen. Nach *Moser* [7] erreicht man mit NTC's im Temperaturbereich von -40 °C bis 180 °C bei gut gealterten Thermistoren Reproduzierbarkeiten über längere Zeit von etwa ± 0,2 K.

Die Temperaturabhängigkeit von **Thermistoren** läßt sich leider nicht so einfach beschreiben, wie jene der Metall-Widerstandsthermometer. Meist verwendet man halbempirische Funktionen der Form

---

[7] *Henning/Moser:* Temperaturmessung, Springer-Verlag, 1977

$$R(T) = R(T_o) e^{B(\frac{1}{T}-\frac{1}{T_o})} \quad (6.21)$$

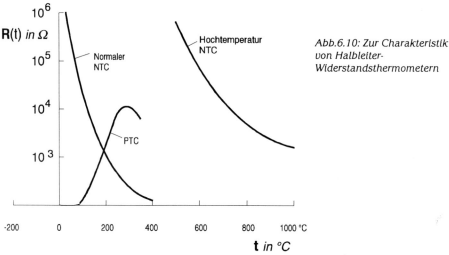

Abb.6.10: Zur Charakteristik von Halbleiter-Widerstandsthermometern

B ist eine Materialkonstante, deren Größe zwischen 3000 K ≤ B ≤ 4000 K liegt. Für höhere Genauigkeitsansprüche ist statt der Gl. (6.21) der folgende Ausdruck zu verwenden:

$$R(T) = R(T_o) e^{B(\frac{1}{T}-\frac{1}{T_o})+C(\frac{1}{T^2}-\frac{1}{T_o^2})} \quad (6.22)$$

Um Vergleiche mit Metall-Widerstandsthermometern anstellen zu können, definiert man einen linearen Widerstands-Temperaturkoeffizienten durch:[8]

$$A_{th} = \frac{1}{R}\frac{dR}{dT} = -\frac{B}{T^2} \quad (6.22)$$

Für t = 20 °C hat A_{th} etwa den Wert:

$A_{th} = -3 \cdot 10^{-2} \, K^{-1}$,

liegt also um einen Faktor 10 über jenem von Platin und Nickel.

Neben der verbesserungswürdigen Stabilität der Thermistoren ist vor allem die deutliche Nichtlinearität ein anzumerkender Nachteil. Man verwendet daher manchmal

---

[8] Ein Ansatz analog zu Gl. (6.14) bzw. (6.15) ist wegen der starken Nichtlinearität problematisch; er erfordert zumindest höhere Potenzen von T.

Netzwerke der in Abb. 6.11 skizzierten Form, die einen annähernd linearen Widerstands-Temperaturzusammenhang ergeben. Eine vollständige Linearisierung ist jedoch zumindest für Temperaturfühler mit B/A < 0 nicht möglich (siehe dazu [9]).

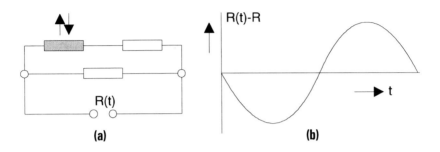

Abb.6.11: Zur Linearisierung der Kennlinie von Thermistoren
(a) Linearisierungsschaltung
(b) Restfehler nach Linearisierung (schematisch)

Die **Kaltleiter (PTC)** bestehen aus ferroelektrischen keramischen Werkstoffen wie Barium- und Strontiumtitanat und zeichnen sich in einem bestimmten Temperaturintervall durch einen positiven Temperaturkoeffizienten aus. Sie werden in einem Temperaturbereich von -20 °C bis 200 °C verwendet, wobei sich der Widerstandswert um mehrere Zehnerpotenzen ändert. Ihre Genauigkeit ist sehr eingeschränkt, weshalb sie weniger als Temperaturaufnehmer eingesetzt werden, als in Grenzschaltern in Übertemperatur-Überwachungssystemen.

6.4.4 Silizium-Temperatursensoren

Für relativ niedrige Temperaturen, z.B. im Bereich von - 50 °C bis 150 °C, eignet sich reines Silizium sehr gut als Widerstandsmaterial mit positivem Temperaturkoeffizienten, bei allerdings stark nichtlinearem Widerstands-Temperatur-Zusammenhang. Für ein Temperaturintervall von 0 °C bis 100 °C beträgt der lineare Temperaturkoeffizient $A \approx 0{,}01\ K^{-1}$.

---

[9] L. Bliek, E. Fay, W. Gitt: Ein Meßverfahren zur einfachen Ermittlung des Übertragungsverhaltens von Temperaturaufnehmern, tm-Technisches Messen 46(1979), Nr. 7/8, S. 283 ff; siehe dazu auch: H. Frohne, E. Ueckert: Grundlagen der elektrischen Meßtechnik, B.G. Teubner-Verlag, Stuttgart, 1984

6.4.5 Quarzthermometer

Grundlage der Quarzthermometer ist die Temperaturabhängigkeit der Resonanzfrequenz von Quarzkristallen, die eine annähernd lineare Abhängigkeit von der Temperatur zeigt.[10] Damit können sehr genaue Thermometer hergestellt werden, die in der Vergangenheit allerdings auf Laborverhältnisse beschränkt waren. In neuerer Zeit ist es möglich geworden, den frequenzbestimmenden Schnittwinkel sehr exakt einzuhalten und den Temperaturkoeffizienten mit dieser Maßnahme auf etwa 0,01 % zu stabilisieren. Typische Frequenzen sind: f = 16,25 MHz, bei einem Temperaturkoeffizienten von 90 ppm/K. Probleme bereitet noch die exakte Einhaltung der Quarzdicke, da sie unmittelbaren Einfluß auf die Genauigkeit der Temperaturmessung hat. Typische Meßbereiche sind: - 50 °C bis 250 °C, typische Genauigkeiten: ± 0,3 K.

6.4.6 Thermoelemente

6.4.6.1 Grundlagen

Thermoelemente können für die meisten Temperaturmessungen eingesetzt werden. Für die Wärmemengenmessung sind sie sogar die geeignetsten Meßgeräte, mißt man mit ihnen doch prinzipiell Temperaturdifferenzen.

Zunächst zum **Prinzip**: Lötet man zwei Drähte aus verschiedenen Metallen an den Enden zusammen und bringt die beiden Lötstellen auf unterschiedliche Temperaturen (t_1 und t_2), trennt weiters ein Metall auf, dann mißt man zwischen diesen Trennstellen eine Spannung, die von der Temperaturdifferenz $\Delta t = t_2 - t_1$ abhängt (**Seebeck-Effekt**, siehe Abb. 6.12). Meist läßt sich jene durch einen Ausdruck der Form

$$U_{th} = c_1 (t_2 - t_1) + c_2 (t_2 - t_1)^2 + c_3 (t_2 - t_1)^3 \quad (6.23)$$

darstellen. Die Größe U_{th} heißt **Thermospannung**, die Größe (dU_{th}/dt) **Thermokraft**. In Tabelle 6.4 sind die Koeffizienten der Gl. (6.23) für verschiedene Metalle gegen Kupfer angegeben.

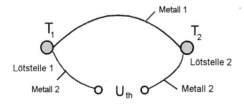

Abb. 6.12: Zum Prinzip des Seebeck-Effektes

---

[10] Es kann auch Technikern nicht schaden, wenn sie die deutsche Sprache beherrschen. Leider dürften sich gerade bei dieser Gruppe die Amerikanismen immer stärker einbürgern, was u.a. in der Schreibweise des Wortes Quarz deutlich wird. In der deutschen Sprache schreibt man bekanntlich Quarz ohne t, in der englischen Sprache dagegen mit t (Quartz). Leider findet man immer häufiger Mischungen der beiden Varianten wie Quartz-Uhr (statt quartz-clock) oder Quartz-Thermometer.

Für gewisse Kombinationen wie Kupfer-Konstantan bzw. Eisen-Konstantan ist $c_2 \approx 0$ und damit die Thermokraft konstant und in weiten Grenzen vom Temperaturniveau selbst unabhängig.

Ordnet man die Elemente nach der Größe ihrer Thermokräfte, so erhält man die thermoelektrische Spannungsreihe. Dabei setzt man willkürlich die Thermokraft für Platin Null; für Silber erhält man dann rund 5,8 µV/K und für Kupfer 5,9 µV/K (siehe auch Tabelle 6.4 und Abb. 6.13).

Den relativ geringen Thermokräften der reinen Metalle stehen wesentlich größere Thermokräfte der Legierungen gegenüber. Lötet man beispielsweise Platin (als Minusschenkel) und Platin-Rhodium (als Plusschenkel) zu einem Thermokreis zusammen, so erhält man eine Thermokraft von etwa 9 µV/K. Andere Thermopaare, wie Eisen/Konstantan liefern Thermospannungen bis etwa 50 µV/K.

Für eine zu messende Temperaturdifferenz von 5 K ergibt dies eine Meßspannung von etwa 50 bis 250 µV. Im Gegensatz dazu erreicht man mit Widerstandsthermometern Werte bis zu einigen mV, also um eine Größenordnung mehr (z.B. Pt 100, Meßstrom 1... 5 mA). Dies ist auch ein Grund dafür, warum heute Metall-Widerstandsthermometern trotz des höheren Preises der Vorzug gegeben wird. Ein anderer Grund ist in der geringeren Zuverlässigkeit und in der im allgemeinen hohen Nichtlinearität der Thermoelemente, vor allem bei größeren Temperaturdifferenzen, zu suchen.

Tabelle 6.4: Koeffizienten der Gl. (6.23) für verschiedene Metalle. Bezugsmaterial: Kupfer

Metall	$10^6 \, c_1$	$10^6 \, c_2$	$10^6 \, c_3$
Eisen	13,403	- 0,0275	- 0,000260
Molybdän	3,115	- 0,0337	-
Zink	0,270	- 0,0196	-
Gold	0,122	- 0,0004	- 0,000005
Silber	- 0,211	- 0,0011	-
Zinn	- 2,547	- 0,0110	-
Blei	- 2,777	- 0,0097	-
Aluminium	- 3,193	- 0,0095	- 0,000030
Platin	- 5,869	- 0,0064	-
Palladium	- 8,273	- 0,0449	-
Nickel	- 20,390	- 0,0453	-

Thermoelemente werden vor allem dort eingesetzt, wo die absolute Genauigkeit der Temperaturmessung nicht so entscheidend ist, i.a. keine Kalibrierung notwendig ist und wo eine billige Meßmethode gewünscht wird. Damit soll nicht ausgedrückt werden, daß die Genauigkeit von thermoelektrischen Messungen gering ist, doch erfordert eine präzise Temperaturmessung mit Thermoelementen stets eine sehr genaue Referenztemperatur, wie sie mit einer Tripelpunktszelle (0,01 °C) bzw. mit einem Wasser-Eis-Gemisch (0,00 °C) erzeugt werden kann. Für Temperaturen zwischen etwa 700 °C $\leq$ t

≤ 1500 °C wird das Thermoelement für Betriebsmessungen, aber auch zur Darstellung der ITS 90, herangezogen.[11]

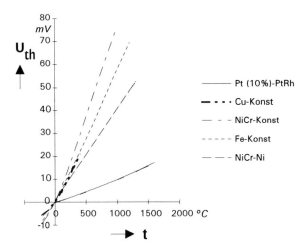

Abb. 6.13: Temperaturabhängigkeit der Thermospannungen gebräuchlicher Thermoelemente

6.4.6.2 Ausführungsformen von Thermoelementen

Die Genauigkeit von Thermoelementen hängt vom thermischen Kontakt mit dem Meßmedium ab. Durch die geringe Ausdehnung können sie auch an schwer zugängigen Stellen montiert werden. Je nach den Verhältnissen verwendet man **ummantelte** und **nichtummantelte Thermoelemente**. Erstere werden vor allem in aggressiven Medien und bei sehr hohen Temperaturen eingesetzt, letztere in allen anderen Fällen. Nichtummantelte Thermoelemente werden in der Regel als Drähte erzeugt (Durchmesser 0,1 mm bis 5 mm), manchmal auch in Form dünner Bänder oder Folien.

In Abb. 6.14 sind einige Beispiele von **Mantelthermoelementen** gezeigt, die industriell sehr häufig eingesetzt werden und durch ihren kompakten Aufbau sehr klein gehalten werden können; ihr Außendurchmesser reicht von 0,15 mm bis 6 mm! Das Thermopaar ist in hochtemperaturfestem keramischem Pulver eingebettet und erlaubt Biegeradien, die das Sechsfache des Außendurchmessers betragen. Manchmal können auch mehrere Thermopaare in einem Element untergebracht werden. Der Mantel ist oft aus Edelstahl, für bestimmte Zwecke auch aus Edelmetall hergestellt.

---

[11] Für Temperaturen größer als etwa 1500 °C werden praktisch ausschließlich optische Methoden angewendet

Tabelle 6.5: Thermospannungen gebräuchlicher Thermopaare in mV, bezüglich der Referenztemperatur 0 °C

t	Pt (10%)-PtRh	Cu-Konst	NiCr-Konst	Fe-Konst	NiCr-Ni
-200		-5,6	-8,82	-7,89	-5,89
-100		-3,38	-5,24	-4,63	-3,55
0	0	0	0	0	0
20	0,11	0,90	1,19	1,02	0,80
100	0,65	4,28	6,32	5,27	4,10
200	1,44	9,29	13,42	10,78	8,14
300	2,32	14,86	21,03	16,33	12,21
400	3,26	20,87	28,94	21,85	16,40
500	4,23		37,00	27,39	20,64
600	5,24		45,09	33,10	24,90
700	6,27		53,11	39,13	29,13
800	7,35		61,02	45,50	33,28
900	8,45		68,78	51,88	37,33
1000	9,59		76,36	57,94	41,27
1100	10,75			63,78	45,11
1200	11,95			69,54	48,83
1300	13,16				52,40
1400	14,37				
1500	15,58				
1600	16,77				

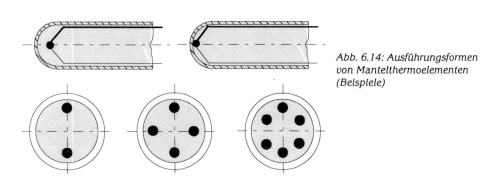

Abb. 6.14: Ausführungsformen von Mantelthermoelementen (Beispiele)

6.4.6.3 Elektrische Schaltungen von Thermoelementen

Die Länge der Thermopaare muß aus mehreren Gründen (Kosten, Widerstand) gering gehalten werden. In der Nähe der Meßstelle wird daher eine sogenannte Ausgleichsleitung angeschlossen, deren Eigenschaften unkritisch sind.

Für die Vergleichsstellentemperatur kann der Eispunkt (t = 0,00 °C) herangezogen werden.[12] Eine andere Möglichkeit wäre die Bereitstellung der Vergleichsstellentemperatur durch einen Thermostat, der auf eine bestimmte Temperatur erwärmt ist (z.B. 50 °C), oder die Einstellung einer elektronisch stabilisierten Gegenspannung, die der Vergleichsstellentemperatur entspricht.

6.4.6.4 Parasitäre Thermospannungen bei Widerstandsthermometern

Bei der Temperaturmessung mit Widerstandsthermometern können Thermospannungen als parasitäre Effekte auftreten. Wir wollen daher untersuchen, wo sie im Thermometerkreis auftreten können. In Abb. 6.15 ist dazu ein elektrisches Ersatzschaltbild eines Thermometers mit Anschlußkopf in Hinblick auf die möglichen Thermospannungen gezeigt.

Thermospannungen können nur dort auftreten, wo Temperaturunterschiede vorhanden sind und unterschiedliche Metalle aufeinandertreffen. Setzt man lediglich zwei unterschiedliche Temperaturniveaus voraus, dann können nur zwei Thermospannungen U_{t1} und U_{t2} gleicher Größe auftreten, die sich jedoch wegen des unterschiedlichen Vorzeichens gegenseitig aufheben. Diese Idealisierung ist aber aus zwei Gründen nicht zutreffend:

1. Erstens ist die Annahme zweier isothermer Temperaturniveaus schlichtweg unrealistisch. Es können beispielsweise innerhalb des Thermometerrohres unterschiedlich temperierte Innenleitungen eine Asymmetrie der Thermospannungen verursachen.

2. Weiters kann es an den Verbindungsstellen: Meßelement/Innenleitungen - vor allem beim Schweißen - zur Aufnahme von Fremdstoffen kommen, die zu zusätzlichen Thermospannungen führen, deren Größe von der Art der Stoffe abhängt. Letztlich ist auch die Entstehung von Primärelementen möglich, die erstens Störspannungen erzeugen und zweitens die Ursache von Korrosionen sein können.

---

[12] Bei der Verwendung des Eispunktes aus Leitungswasser ist Vorsicht geboten: Da im Leitungswasser immer Salze gelöst sind, wird dadurch stets der Gefrierpunkt erniedrigt!

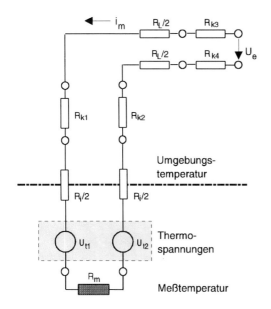

Abb. 6.15: *Elektrisches Ersatzschaltbild eines Widerstandsthermometers unter Einbeziehung der möglichen parasitären Thermospannungen*

6.5 Temperaturdifferenzmessung

6.5.1 Paarungsfehler

Für verschiedene Anwendungen, wie die später zu besprechende Wärmemessung, aber auch zur Ermittlung von Wärmeströmen - beispielsweise im Bauwesen: Ermittlung von Wärmeübergangs- und Wärmedurchgangszahlen - hat die Temperaturdifferenzmessung eine große Bedeutung. Ohne den Problemkreis im einzelnen zu diskutieren, wollen wir uns hier mit dem sogenannten Paarungsfehler beschäftigen, das ist jener Fehler, der durch die unterschiedlichen Sensorcharakteristiken auftritt.

Ohne Beschränkung der Allgemeinheit wollen wir für unsere Überlegungen nur elektrische Widerstandsthermometer voraussetzen und nehmen dazu an, daß beide Fühler exakt die zu messende Temperatur annehmen; wir interessieren uns also lediglich für jene Fehler der Temperaturdifferenzmessung, die aufgrund fertigungsbedingter Unterschiede in den Grundwiderständen R_o und den Temperaturkoeffizienten A und B auftreten.

Die beiden Meßfühler, die wir als Vor- und Rücklaufthermometer (Index V und R) eines Heizungskreislaufes annehmen wollen, werden abwechselnd vom gleichen Meßstrom I durchflossen, der an den Widerständen R_V und R_R die Spannungsabfälle U_V und U_R hervorruft.

Für die Differenzspannung folgt aus Gl. (6.15):

$$U_T = I \left[(R_{oV} - R_{oR}) + (A_V t_V - A_R t_R) + (B_V t_V^2 - B_R t_R^2) \right] \qquad (6.24)$$

Zur Abschätzung der Meßfehler aufgrund der Unterschiede der Grundwiderstände der Vor- und Rücklauffühler R_{oV} und R_{oR} und der Abweichungen der entsprechenden Koeffizienten A_V, A_R, B_V und B_R, bilden wir das totale Differential von U_T und erhalten, wenn wir Differentiale durch Differenzen nähern:

$$\delta U_T / I = \frac{\partial U_T}{\partial R_{oV}} \delta R_{oV} + \frac{\partial U_T}{\partial R_{oR}} \delta R_{oR} + \frac{\partial U_T}{\partial A_V} \delta A_V + \frac{\partial U_T}{\partial A_R} \delta A_R + \frac{\partial U_T}{\partial B_V} \delta B_V + \frac{\partial U_T}{\partial B_R} \delta B_R \quad (6.25)$$

Für den relativen Meßfehler folgt daraus:

$$F_T \approx \frac{\frac{R_{oV} - R_{oR}}{R_o} + (t_V \delta A_V - t_R \delta A_R) + (t_V^2 \delta B_V - t_R^2 \delta B_R)}{A_N \Delta t + B_N (t_V^2 - t_R^2)} \quad (6.26)$$

Die Größen δA_V, δA_R, δB_V und δB_R bedeuten dabei im einzelnen:

$$\delta A_V = A_V - A_N, \; \delta A_R = A_R - A_N, \; \delta B_V = B_V - B_N, \; \delta B_R = B_R - B_N, \quad (6.27)$$

mit den Normwerten A_N und B_N nach Tabelle 6.4. F_T stellt den Fehler aufgrund der unterschiedlichen Temperaturkoeffizienten und der Nullpunktsfehler dar.

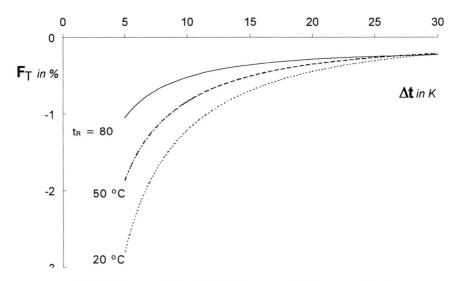

Abb. 6.16: Paarungsfehler F_T für ein Temperaturfühlerpaar aus Platin

Auf die speziellen Probleme bei der Paarung werden wir im Kapitel 8 (Prüfung von Wärmezählern) nochmals zurückkommen.

Im Ausdruck (R_{oV} - R_{oR}) ist u.U. noch der Einfluß unterschiedlicher Leitungslängen enthalten, der durch

$$F_L = \frac{\delta L}{A_o \sigma R_o} \qquad (6.28)$$

berechnet werden kann, wenn δL den Unterschied in den Leitungslängen bedeutet und $R_o \approx R_V \approx R_R$ gesetzt wird. Weiters wird angenommen, daß die Leitungsquerschnitte für die Zuleitung der Vor- und Rücklaufthermometer gleich sind (A_o).

In der Abb. 6.16 ist ein Beispiel für den Paarungsfehler F_T zweier Platin-Widerstandsthermometer gezeigt. Charakteristisch an diesem Bild ist, daß der Paarungsfehler

☞ erstens abhängig ist vom Temperaturniveau, das im gegenständlichen Beispiel durch eine konstante Rücklauftemperatur ausgedrückt wird und
☞ zweitens umso größer ist, je geringer die zu messende Temperaturdifferenz ist.

Daß der Paarungsfehler F_T nach Gl. (6.26) im wesentlichen der Temperaturdifferenz Δt indirekt proportional ist, leuchtet unmittelbar ein; die Aufspaltung der Fehlerkurven in Abhängigkeit von der Rücklauftemperatur hängt aber ab von den unterschiedlichen Krümmungsmaßen des Vor- und Rücklauffühlers, ausgedrückt durch die Quotienten B_V/A_V und B_R/A_R.

6.5.2 Dynamische Meßfehler

Wegen der endlichen Ansprechzeit der Temperaturmeßeinrichtungen kann es, je nach Meßaufgabe, zu bedeutenden Fehlmessungen kommen. Wie weiter unten gezeigt wird, hängen diese Meßfehler vom Verhältnis der Ansprechzeit der Temperaturmeßeinrichtung (TME) zur Änderungsgeschwindigkeit der Meßtemperatur ab.

Bevor wir dieses Zusammenspiel jedoch eingehender betrachten, wollen wir nochmals kurz die Problematik der Ansprechzeit von Temperaturmeßeinrichtungen wiederholen.

Um zu verallgemeinerbaren Aussagen zu kommen, untersucht man das Verhalten der TME gegenüber sprunghaften Temperaturänderungen, wie in der Abb. 6.3 gezeigt. Die Antwortfunktionen lassen sich im wesentlichen in zwei Klassen einteilen: Einmal gibt es TME, die eine für exponentielle Vorgänge charakteristische Antwortkurve zeigen. Andere TME zeigen wieder Antwortkurven - und diese sind die Regel - die nach einer Anfangsverzögerung allmählich in den Endwert übergehen.

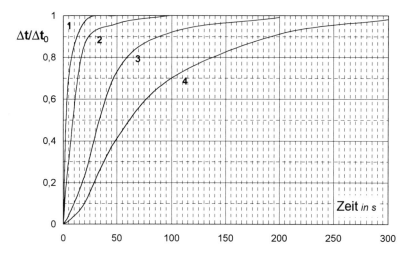

Abb. 6.17: Zeitverhalten vergleichbarer Temperaturmeßeinrichtungen (Sprungantwort)
1, 2 ... Fühler und Schutzrohr V2A, Fühler: $d_a = 6{,}7\oslash$, Schutzrohr: $d_i > 6{,}7 \oslash$, $d_a = 7{,}9 \oslash$
3, 4 ...wie 1, 2, nur Fühler: $d_a = 8{,}4 \oslash$, Schutzrohr: $d_i > 8{,}4 \oslash$, $d_a = 11{,}8 \oslash$
Beide TME haben eine Eintauchtiefe von 70 mm, 1,2 hat einen Anschlußkopf, 3,4 direkt angeschlossene Zuleitungen

Dieses unterschiedliche Verhalten ist aus dem bekannten Aufbau der TME zu erklären, aus der Zusammensetzung der TME aus dem Meßelement, dem inneren und dem äußeren Schutzrohr. Wird der Temperaturfühler mittels eines äußeren Schutzrohres in die Rohrleitung eingebaut, ist klar, daß eine höhere Ansprechzeit zu erwarten ist, als beim direkten Einbau, sind doch größere Massen zu erwärmen oder abzukühlen. Außerdem hat ein Temperaturänderungssignal eine größere Strecke bis zum Meßelement zurückzulegen, was letztlich zu dieser Anzeigeverzögerung führt.

Welche Größe man nun als **Ansprechzeit** definieren möchte, ist letztendlich Geschmacksache. Die in Abb. 6.3 links gezeigte Antwortkurve, die sich durch eine Gleichung der Form

$$\Delta t_F = \Delta t_o \left[1 - e^{-\tau/\tau_F}\right] \qquad (6.12)$$

beschreiben läßt, legt als Charakteristikum die Größe τ_F nahe. Diese Vorgangsweise ist aber nur dann möglich, wenn der experimentell ermittelte Kurvenverlauf durch die obige Gleichung eindeutig zu beschreiben ist. Bei der Antwortfunktion nach Abb. 6.3, rechts, ist dies jedoch nicht mehr möglich, weshalb man den Kurvenverlauf empirisch durch die Größen: $\tau_{0,1}$, $\tau_{0,5}$, $\tau_{0,9}$ und ähnliche zu beschreiben trachtet.

Für Fühler, deren Zeitverhalten durch eine einzige Zeitkonstante τ_F beschreibbar ist, ist die Ansprechzeit etwa $5 \cdot \tau_F$.

In Abb. 6.17 sind gemessene Ansprechzeiten an unterschiedlichen TME gezeigt. Die Ansprechzeit des Meßelementes selbst ist nicht dargestellt; sie ist vernachlässigbar gering. Auffallend ist der große Unterschied der an sich vergleichbaren TME 1, 2 bzw. 3, 4. Er läßt sich vor allem durch die unterschiedlichen Massen erklären.

Ebenso haben Temperaturfühler ohne äußeres Schutzrohr eine vergleichsweise geringe Ansprechzeit im Verhältnis zu Temperaturfühlern, die in äußere Schutzrohre eingebaut sind. Nachdem sich erstere analytisch meist durch eine einzige Zeitkonstante τ_F beschreiben lassen, wollen wir die folgenden Überlegungen auf diesen Fall beziehen. Es sei aber ausdrücklich vermerkt, daß die gleichen Überlegungen prinzipiell auch auf TME mit äußerem Schutzrohr anwendbar sind.

Für den vorliegenden Fall können wir nun die folgende Bilanz aufstellen: Der auf das innere Schutzrohr übertragene Wärmestrom ist durch

$$\Phi = \alpha_k \, A_F \, (t - t_F) \qquad (6.29)$$

gegeben und hängt damit von der Wärmeübergangszahl am Fühler α_k, der Fühleroberfläche A_F und letztlich vom Unterschied der Temperaturen des Fluids t und des Fühlers t_F selbst ab. Dieser Wärmestrom wird zum Teil dazu verwendet, die im Fühler gespeicherte Wärmemenge zu erhöhen oder zu erniedrigen (je nach Vorzeichen der gegenständlichen Temperaturdifferenz).

Nimmt man an, daß der Wärmeableitstrom vernachlässigbar ist, dann kann der zugeführte (oder abgeführte) Wärmestrom zur Erhöhung (bzw. Erniedrigung) der gespeicherten Wärmemenge in der Temperatur-Meßeinrichtung verwendet werden.
Die Bilanz

$$\alpha_k \, A_F \, (t - t_F) = m \, c \, \frac{dt_F}{d\tau}, \qquad (6.30)$$

die die Masse des Fühlers m_F mit der spezifischen Wärme c und der Änderungsgeschwindigkeit der Fühlertemperatur verbindet, führt letztlich zur Bestimmungsgleichung für den Verlauf der Fühlertemperatur t_F:

$$\frac{dt_F}{d\tau} + \frac{t_F}{\tau_F} = \frac{t}{\tau_F} \qquad (6.31)$$

$$\text{mit} \quad \tau_F = \frac{c \, m_F}{\alpha_k \, A_F} \qquad (6.32)$$

als der Fühlerzeitkonstante. Wir wollen die Struktur der Lösungen der Gl. (6.31) an einem Beispiel zeigen (siehe Abb. 6.18)).

Beispiel 6.1: Lineare Temperaturänderung. Ab dem Zeitpunkt $\tau = 0$ steige die Temperatur zeitproportional an, wofür man schreiben kann:

$$\Theta = t - t_o = k \, \tau \qquad (6.33)$$

Für diesen Temperaturverlauf lautet die homogene Lösung der Gl. (6.31):

$$\Theta_h = C\, e^{-\tau/\tau_F} \qquad (6.34)$$

und ein partikuläres Integral:

$$\Theta_p = -k\, \tau_F \qquad (6.35)$$

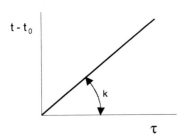

Abb. 6.18: Zeitlicher Verlauf der Temperaturänderung

Das allgemeine Integral als Summe der Gleichungen (6.34) und (6.35) findet man unter Berücksichtigung der Anfangsbedingungen, nämlich, daß für $\tau = 0$ auch der Temperaturunterschied $\Theta = 0$ sein muß, zu

$$t_F - t = k\, \tau_F\, (e^{-\tau/\tau_F} - 1) \qquad (6.36)$$

Die Größe (t_F-t) stellt den absoluten, zeitabhängigen Meßfehler dar. Für $\tau = 0$ ist er Null, um danach bis zum Wert

$$t_F - t = -k\, \tau_F \qquad (6.37)$$

anzusteigen. Es bleibt also ein konstanter und endlich großer Restfehler übrig. Er läßt sich nur durch Verringerung der Zeitkonstante beeinflussen.

In Abb. 6.19 ist der Fehlerverlauf für $k > 0$ bzw. $k < 0$ skizziert. Der Meßfehler ist grundsätzlich negativ für positive und positiv für negative Werte von k.

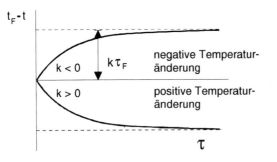

Abb. 6.19: Verlauf des Meßfehlers nach einer linearen Temperaturänderung

Beispiel 6.2: Dynamisches Verhalten einer Heizanlage

Wir wollen das Regelverhalten einer Heizanlage und die dabei unwillkürlich auftretenden dynamischen Meßfehler besprechen. Dazu betrachten wir zunächst eine vereinfachte Anordnung einer Beimischschaltung (siehe Abb. 6.20).

Wir wollen den Dynamikfehler abschätzen, wobei wir das folgende vereinfachte Modell zugrundelegen:

Zur Anpassung der Wärmelieferung an den tatsächlich benötigten Verbrauch wird eine Beimischschaltung verwendet, die die Wärmelieferung durch folgende Extremstellungen moduliert:

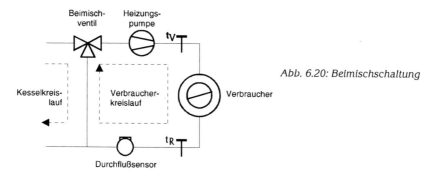

Abb. 6.20: Beimischschaltung

- Ist das Wärmeangebot zu hoch, schließt das Beimischventil so weit, daß der Heizmittelstrom lediglich im Verbraucherkreis fließt; aus dem Kesselkreis fließt kein Vorlaufwasser mehr zu. Die zugehörige Vorlauftemperatur ist t_{V_o}.
- Der Wärmeträger kühlt so lange ab, bis das Wärmeangebot deutlich unter dem Bedarf liegt. Die zugehörige Vorlauftemperatur ist nun t_{V_u}. Bei Erreichen dieses Grenzwertes macht das Beimischventil vollständig auf, und es fließt heißes Vorlaufwasser vom Kesselkreislauf zu.

In Wirklichkeit nimmt das Beimischventil alle möglichen Stellungen zwischen „voll geöffnet" und „voll geschlossen" ein. Wenn wir aber für unser Modell einmal annehmen wollen, daß es nur diese beiden Stellungen gibt, dann stellt sich ein Temperaturverlauf nach Abb. 6.21 ein. Wir nehmen eine 90/70-Heizung an und weiters, daß die Außentemperatur eine Vorlauftemperatur von 90 °C erfordere. Die entsprechende Rücklauftemperatur ist dann 70 °C. Nach Einschalten der Heizanlage steigt die Vorlauftemperatur so lange an, bis der Sollwert von 90 °C, bzw. ein wenig darüber, nämlich t_{V_o}, erreicht ist. Die Anzeige des zuständigen Temperatursensors hinkt, annähernd durch Gl. (6.36) beschrieben, der tatsächlichen Temperatur nach.[13] Danach koppelt das Beimischventil den Verbraucherkreislauf vom Kesselkreislauf ab und der Heizmittelstrom wird nur im Verbraucherkreislauf umgewälzt. Dies geschieht so lange, bis der untere Grenzwert der Vorlauftemperatur t_{V_u} erreicht wird und das Beimischventil wieder vollständig aufmacht. Es fließt wieder so viel heißes Vorlaufwasser aus dem Kesselkreis-

---

[13] Annähernd deshalb, weil der Aufheizvorgang nur näherungsweise linear erfolgt!

lauf zu, bis der obere Wert der Vorlauftemperatur erreicht wird. Es stellt sich somit ein periodischer Vorgang ein, dessen Periode lediglich durch den Wärmeverbrauch bestimmt ist.

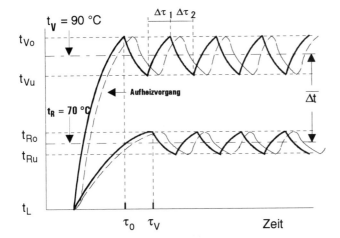

Abb. 6.21: Dynamisches Verhalten einer Heizanlage mit Beimischung

Vollausgezogene Linie: Temperaturverlauf, strichlierte (dünne) Linie: Anzeige der Temperatursensoren

Die Anzeige des Temperatursensors für den Vorlauf hinkt stets dem tatsächlichen Temperaturverlauf nach. Ähnlich ist es auch bei der Erfassung der Rücklauftemperatur t_R. Sie steigt zunächst ähnlich wie die Vorlauftemperatur an, um nach Erreichen des Wertes t_{Ro} in einen stationären Zustand überzugehen. Während aber zum Zeitpunkt τ_0 der eigentliche stationäre Regelungsvorgang mit der periodischen Schwankung der Vorlauftemperatur beginnt, setzt dieser Prozeß im Rücklauf um die Verzögerungszeit τ_V später ein. Diese Verzögerung ist durch die Fließzeit des Wärmeträgers durch das Versorgungssystem bedingt. Nimmt man also konstante Verbraucherleistung an, stellt sich erst nach der Zeit $\tau_0 + \tau_V$ die strenge Periodizität ein, die wir für unsere weiteren Betrachtungen benötigen.

Wir wollen nun noch die folgenden Annahmen treffen:

- Es werden lediglich stationäre Zustände betrachtet, die für $\tau \geq \tau_0 + \tau_V$ auftreten,
- die Vorlauftemperatur ändere sich zwischen t_{Vu} und t_{Vo} linear mit den Steigungen k_1 (Anstieg) und k_2 (Abfall),
- die in unserem Modell verwendeten Temperatursensoren werden als fehlerfrei im Sinne einer statischen Meßabweichung angenommen,
- für den dynamischen Fehler wird ein Ansatz entsprechend Gl. (6.36) angenommen.

Für den über eine Periode $\Delta \tau_P = \Delta \tau_1 + \Delta \tau_2$ gemittelten Fehler erhält man dann:

Temperatur- und Temperaturdifferenzmessung

$$\overline{F}_P(\Delta\tau_1) = \frac{k_1 \tau_F}{\Delta\tau_1} \int_0^{\Delta\tau_1} (e^{-\frac{\tau}{\tau_F}} - 1)\, d\tau = \frac{\Delta t_V}{\Delta\tau_1} \tau_F \left[\frac{\tau_F}{\Delta\tau_1} (e^{-\frac{\Delta\tau_1}{\tau_F}} - 1) - 1 \right] \quad (6.38)$$

$$\overline{F}_P(\Delta\tau_2) = -\frac{\Delta t_V}{\Delta\tau_2} \tau_F \left[\frac{\tau_F}{\Delta\tau_2} (e^{-\frac{\Delta\tau_2}{\tau_F}} - 1) - 1 \right] \quad (6.39)$$

Die Summe aus Gl. (6.38) und (6.39) ergibt den Dynamikfehler (in Kelvin) für die Vorlauftemperaturmessung. Er hängt ab

- vom Verhältnis $\tau_F/\Delta\tau_1$ (für $\tau_F \to 0$ verschwindet der Dynamikfehler),
- von der Schwankung der Vorlauftemperatur Δt_V.

Für die Rücklauftemperaturmessung ergibt sich ein ähnlicher Betrag.

Für den Dynamikfehler der Temperatur*differenz*messung ist nun die Differenz aus den entsprechenden Dynamikfehlern für Vor- und Rücklauf zu bilden und auf die tatsächlich herrschende Temperaturdifferenz $\Delta t = t_V - t_R$ zu beziehen. Man erhält:

$$\overline{F}_P = \frac{1}{t_V - t_R} \left\{ \begin{array}{l} \frac{\Delta t_V}{\Delta\tau_1} \tau_{F,V} \left[\frac{\tau_{F,V}}{\Delta\tau_1} (e^{-\frac{\Delta\tau_1}{\tau_{F,V}}} - 1) - 1 \right] - \frac{\Delta t_V}{\Delta\tau_2} \tau_{F,V} \left[\frac{\tau_{F,V}}{\Delta\tau_2} (e^{-\frac{\Delta\tau_2}{\tau_{F,V}}} - 1) - 1 \right] - \\ \frac{\Delta t_R}{\Delta\tau_1} \tau_{F,R} \left[\frac{\tau_{F,R}}{\Delta\tau_1} (e^{-\frac{\Delta\tau_1}{\tau_{F,R}}} - 1) - 1 \right] + \frac{\Delta t_R}{\Delta\tau_2} \tau_{F,R} \left[\frac{\tau_{F,R}}{\Delta\tau_2} (e^{-\frac{\Delta\tau_2}{\tau_{F,R}}} - 1) - 1 \right] \end{array} \right\} \quad (6.40)$$

Er hängt ab von:

- den Zeitkonstanten des Vor- und Rücklauffühlers $\tau_{F,V}$ und $\tau_{F,R}$,
- der Temperaturdifferenz zwischen Vor- und Rücklauf $\Delta t = t_V - t_R$ und
- den Zeiten $\Delta\tau_1$ und $\Delta\tau_2$ bzw. deren Verhältnis, dem Symmetriegrad $\xi = \Delta\tau_1/\Delta\tau_2$.

Für die folgenden Randbedingungen zeigt Abb. 6.22 den Dynamikfehler:

$t_V = 90\ °C$, $\Delta t_V = 5\ K$, $t_R = 70\ °C$, $\Delta t_R = \frac{5}{7} \Delta t_V = 3{,}5\ K$ und $t_{F,V} = \tau_{F,R} = \tau_F$

Er ist abhängig

- vom Verhältnis $\tau_F/\Delta\tau_1$,
- vom Symmetriegrad ξ und
- vom Verhältnis der Schwankungen der Vorlauf- und der Rücklauftemperatur $\Delta t_V/\Delta t_R$.

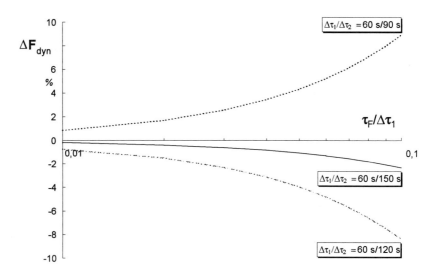

Abb. 6.22: Dynamischer Differenzfehler für t_V = 90 °C, t_R = 70 °C, Δt_V = 5 K und Δt_R = 3,5 K, also $\Delta t_V/\Delta t_R$ = 1,4, aufgetragen über dem Verhältnis $\tau_F/\Delta \tau_1$, dem Verhältnis der Fühlerzeitkonstante zur Anstiegszeit einer Regelperiode. $\Delta \tau_1/\Delta \tau_2$ ist als Parameter angegeben.

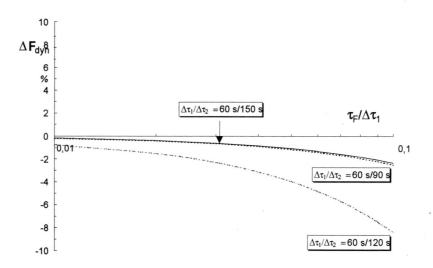

Abb. 6.23: Dynamikfehler entsprechend Abb. 6.22, lediglich $\Delta t_V/\Delta t_R$ = 5.

Bei der Darstellung nach Abb. 6.22 war das Verhältnis $\Delta t_V/\Delta t_R = 5/3,5 \approx 1,4$. In Abb. 6.23 wurde, bei ansonsten gleichen Parametern, dieses Verhältnis auf 5 erhöht. Es ändert sich der Verlauf der parametrisierten Kurven wenig, lediglich bei geringem Symmetriegrad ist eine starke Änderung zu beobachten. Da mehrere Parameter den Dynamikfehler beeinflussen, ist lediglich die Aussage möglich, daß das Verhältnis $\tau_F/\Delta\tau_1$ so klein als möglich sein muß, um Dynamikfehler zu vermeiden. Kleinere Verhältnisse als 0,01 dürften allerdings in der Praxis kaum realisierbar sein.

6.6 Temperaturverteilung in der Rohrströmung

Für die Wärmemessung ist die Frage wesentlich, wo in einer Rohrleitung die für den Energietransport repräsentative Temperatur auftritt. Wir wollen uns im folgenden mit dieser Frage beschäftigen und dazu die Temperatur- und Wärmeübertragungsverhältnisse an einem Rohrstück der Länge dx untersuchen (siehe Abb. 6.24).

Besitzt der Wärmeträger am Ort x die spezifische Enthalpie h(x), dann ändert sich dieser Energieinhalt am Ort x+dx um $(\partial h/\partial x)\,dx = -dh_v$, um jenen Betrag, der über die Oberfläche des Rohrstückes an die Umgebung abgegeben wird.

Für $dh_v = 0$ tritt eine Temperaturverteilung innerhalb der Strömung auf, die im wesentlichen von (t_m-t_{wi}) bestimmt wird. Wegen der im allgemeinen guten Wärmeleitfähigkeit der Rohrwand kann man für die folgenden Überlegungen $t_{wi} \approx t_{wa} = t_w$ setzen. In Abhängigkeit von der Strömungsform kommt man zu folgenden Ergebnissen:

6.6.1 Turbulente Rohrströmung

Theorie wie Experiment liefern übereinstimmend, daß die Temperatur über den Großteil des Rohrquerschnittes konstant ist, mit Ausnahme eines schmalen Bereiches in der Nähe der Rohrwand, in dem sich die Temperatur von t_m auf t_w ändert.

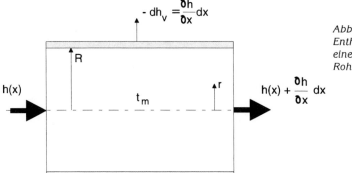

Abb.6.24: Temperatur- und Enthalpieverhältnisse in einem infinitesimalen Rohrstück der Länge dx

6.6.2 Laminare Rohrströmung

Die Theorie ergibt für die Temperaturverteilung über den Rohrquerschnitt den Ausdruck:[14]

$$t(r) = t_w + \delta (1 - x^2) \qquad (6.41)$$

mit $\delta = (t_m - t_w)$ und $x = \dfrac{r}{R}$

Mit diesen Vorgaben kann man nun versuchen, eine für den Energietransport repräsentative Temperatur, die Energietemperatur t_E zu finden.

6.6.3 Energietemperatur

Wegen der obigen Überlegungen ist die Energietemperatur im Falle turbulenter Rohrströmung gleich der Temperatur in der Rohrmitte t_m. Im Fall laminarer Strömung ist die Energietemperatur nicht so ohne weiteres anzugeben.
Wegen der radialen Temperaturverteilung ist es naheliegend, eine flächengewichtete Mittelung vorzunehmen:

$$t_E = t_w + \frac{\delta}{\pi R^2} \int_0^R 2\pi r (1 - x^2)\, dr = t_w + \frac{\delta}{2} \qquad (6.42)$$

Die Energietemperatur ist demnach das Mittel aus der Rohrwandtemperatur und der Temperatur in der Rohrmitte.

6.6.4 Linear gemittelte Temperatur

Während die Energietemperatur die eigentlich interessierende Meßgröße darstellt, mißt ein in die Strömung ragender Temperaturfühler eine über seine wirksame Einbaulänge linear gemittelte Temperatur t_L.
Für turbulente Rohrströmungen ist t_L gleich der Energietemperatur; für laminare Strömung ist wieder eine Mittelung ähnlich Gl. (6.42) durchzuführen:

$$t_L = \frac{1}{L_w} \int_0^{L_w} \left[t_w + \delta (1 - x^2) \right] dr = t_w + \frac{\delta L_w}{R}\left(1 - \frac{L_w}{3R}\right) \qquad (6.43)$$

---

[14] F. Adunka: Einbaufehler von Widerstandsthermometern in Rohrleitungen, Forschungsbericht FW 10, herausgegeben vom Fachverband der Gas- und Wärmeversorgungsunternehmungen, 1989; siehe auch: Zum Einbaufehler von Widerstandsthermometern, Gas,Wasser,Wärme 44(1990), H. 3, S. 76 ff

worin L_w die wirksame Länge des Fühlers ist, also jene Länge, die der Fühler senkrecht in die Strömung ragt.

6.6.5 Fehlerbetrachtungen

Geometriebedingte Fehler treten praktisch nur bei laminarer Strömung auf. Die Energie- oder Referenztemperatur wird durch Gl. (6.42) ausgedrückt, während die tatsächlich erfaßte, linear gemittelte Temperatur durch Gl. (6.43) beschrieben wird. Die Differenz stellt den geometriebedingten Meßfehler F_G dar:

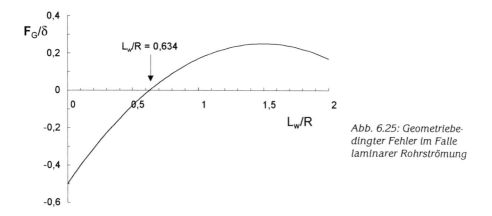

Abb. 6.25: Geometriebedingter Fehler im Falle laminarer Rohrströmung

$$F_G = \delta \left[\frac{L_w}{R} (1 - \frac{L_w}{3R}) - \frac{1}{2} \right] \quad (6.44)$$

Für $F_G = 0$ erhält man daraus die optimale Fühlerlänge

$$L_w = 0{,}634 \cdot R \quad (6.45)$$

In Abb. 6.25 ist dieser Fehler in Abhängigkeit vom Verhältnis L_w/R dargestellt. F_G ist dabei auf $\delta = 1$ K normiert. Beträgt beispielsweise in einer Rohrleitung DN 100 die wirksame Einbaulänge 75 mm ($L_w/R = 1{,}5$), dann tritt ein geometriebedingter Fehler von 0,25 K auf, wenn $\delta = 1$ K ist.

Wie die dargestellten Überlegungen zeigen, tritt ein geometriebedingter Meßfehler nur bei laminarer Rohrströmung und dann auch nur bei wesentlicher Abweichung des Verhältnisses L_w/R vom Idealwert 0,634 auf. Tatsächlich ist die laminare Rohrströmung in Heizungsnetzen eher selten; sie tritt beispielsweise bei Rohrnennweiten DN 20 erst unterhalb 70 l/h auf, bei DN 100 erst unterhalb 0,3 m³/h.

Damit kann der geometriebedingte Meßfehler auf nur wenige Anwendungsfälle beschränkt angesehen werden; im speziellen hat er bei der Temperaturmessung in Heizungsnetzen nur eine geringe Bedeutung.

6.7 Einbaufehler von Temperaturfühlern

6.7.1 Allgemeines

Der weiter oben besprochene Paarungsfehler entsteht aus der Unvollkommenheit der Sensorcharakteristiken, und kann prinzipiell beliebig klein gestaltet werden. Ganz entscheidend ist dabei, daß der Paarungsfehler immer im Labor bestimmt wird.

Anders ist die Situation beim Einbaufehler. Er entsteht erst durch den Einbau der Temperaturfühler in die Rohrleitung. Wie er zustande kommt, wollen wir jetzt etwas näher untersuchen.

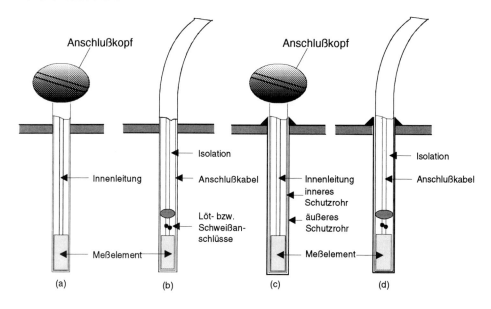

Abb. 6.26: Einbausituationen von Temperaturfühlern
(a) Direkter Einbau ohne äußeres Schutzrohr, Thermometer mit Anschlußkopf
(b) Direkter Einbau ohne äußeres Schutzrohr, Thermometer mit direkt angeschlossener Zuleitung
(c) Einbau mittels äußerem Schutzrohr, Thermometer mit Anschlußkopf
(d) Einbau mittels äußerem Schutzrohr, Thermometer mit direkt angeschlossener Zuleitung

Betrachten wir dazu die Einbausituationen von Thermometern in Rohrleitungen, wie sie in Abb. 6.26 gezeigt sind.

Man unterscheidet dabei grundsätzlich zwischen Thermometern, die direkt in die Rohrleitung eingebaut werden, und solchen, die mittels vorhandener äußerer Schutzrohre (auch Tauchhülsen genannt) montiert werden. Weiters ist noch hinsichtlich Thermometern mit und ohne fix angeschlossener Zuleitung zu unterscheiden. Alle diese Ausführungsformen sind gebräuchlich und haben, wie bereits erwähnt, ihre spezifischen Anwendungsfelder.

Bevor wir die mit dem Einbau von Thermometern in Rohrleitungen auftretenden Phänomene näher untersuchen, wollen wir einige typische Einbausituationen und die daraus resultierenden Einbaufehler studieren.

Grundsätzlich wäre zu bemerken, daß bei der Installation von Temperaturfühlern folgendermaßen vorgegangen wird: Zuerst wird eine sogenannte Einschweißmuffe am Rohr angebracht, in die das äußere Schutzrohr eingeschraubt und letztlich der eigentliche Temperaturfühler montiert wird. Diese Anordnung zeigt schematisch die Abb. 6.27.

Problematisch ist diese Vorgangsweise erst dann, wenn die wirksame Einbaulänge L_w durch die Länge des Einschweißstutzens L_{es} einen Minimalwert $L_{w,krit}$ unterschreitet.

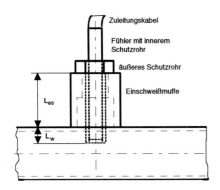

Abb.6.27: Übliche Einbauanordnung der Temperaturfühler im Heizungsrohr

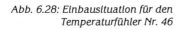

Abb. 6.28: Einbausituation für den Temperaturfühler Nr. 46

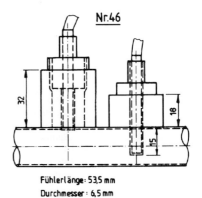

Fühlerlänge: 53,5 mm
Durchmesser: 6,5 mm

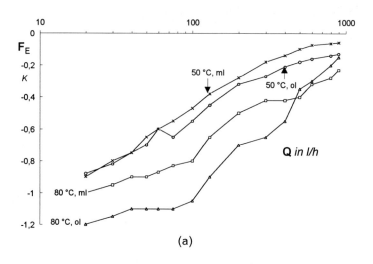

(a)

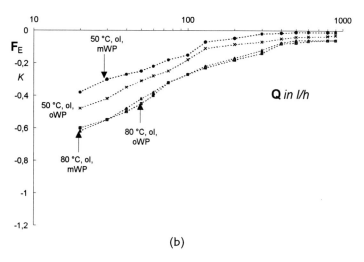

(b)

Abb. 6.29: Einbaufehler der Bauart Nr. 46
(a) lange Muffe, alle Ergebnisse ohne Wärmeleitpasta,
(b) kurze Muffe
Symbole:
ol   ...   ohne Isolierung
mI   ...   mit Isolierung
oWP   ...   ohne Wärmeleitpasta
mWP   ...   mit Wärmeleitpasta

6.7.2 Thermometer für Kleinwärmezähler

Bei Kleinwärmezählern werden gerne Temperaturfühler mit einer Baulänge zwischen 45 mm und 70 mm und angeschlossenem Kabel verwendet. Die tasächliche Einbaulänge ist allerdings, wegen der beschränkten Rohrdurchmesser, meist sehr gering. In Abb. 6.28 ist die Einbausituation einer Temperatur-Meßeinrichtung gezeigt: Im konkreten Fall, der auch praktisch realisiert wurde, wird eine Einschweißmuffe von 32 mm auf das Rohr aufgesetzt und angeschweißt, wodurch sich eine wirksame Einbaulänge L_w von etwa 1 mm ergibt. Erst nach Verkürzung der Einschweißmuffe auf 18 mm steigt L_w auf 15 mm an (siehe Abb. 6.28 und die zugehörigen Einbaufehler nach Abb. 6.29).

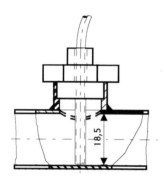

Als weitere Beispiele wurden die Fühler Nr. 44 und 45 untersucht, deren Meßfehler bezüglich der Einbauanordnung nach Abb. 6.30 in Abb. 6.31 und 6.32 dargestellt sind. Es fällt auf, daß der relativ große Einbaufehler auch bei maximaler Einbaulänge von 18,5 mm nicht mehr weiter reduziert werden kann; der Restfehler kann daher nur durch eine verbesserte Fühlerkonstruktion verringert werden.

Abb.6.30: Einbauanordnung für die Fühler Nr. 44 und 45

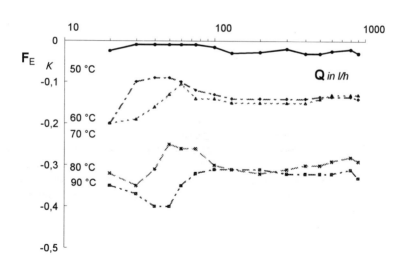

Abb 6.31.: Einbaufehler für die Bauart Nr. 44 in der Anordnung nach Abb. 6.30

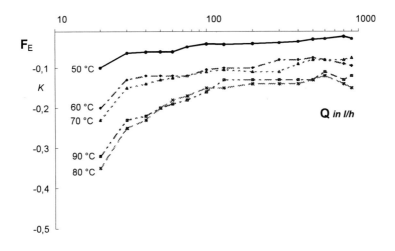

Abb 6.32.: Einbaufehler für die Bauart Nr. 45 in der Anordnung nach Abb. 6.30

Wegen der unbefriedigenden Einbaufehler wurden von der einschlägigen Industrie Einbauanordnungen vorgeschlagen, die den Meßfehler zumindest stark reduzieren sollen. Durch einen Direkteinbau der Temperaturfühler, d.h. ohne äußeres Schutzrohr, glaubt man dieses Ziel zu erreichen.

6.7.3 Thermometer für größere Rohrnennweiten

Ähnliche Aussagen wie bei Kleinwärmezählern lassen sich auch hinsichtlich der Einbaufehler von Temperaturfühlern in Rohre größerer Nennweiten (z.B. ab DN 40) treffen.

Neben der Einbaulänge, die bei größerem Rohrdurchmesser natürlich auch größer gewählt werden kann, ist die Konstruktion des Fühlers bzw. der gesamten Temperaturmeßeinrichtung von entscheidender Bedeutung.

In Abb. 6.33 ist als Beispiel ein Widerstandsthermometer mit Anschlußkopf, in Abb. 6.34 der entsprechende Einbaufehler in Abhängigkeit vom Durchfluß und der wirksamen Einbaulänge L_w gezeigt. Wie bereits weiter oben dargestellt, variiert der Einbaufehler sehr stark mit dem Durchfluß Q, aber auch mit der wirksamen Einbaulänge.

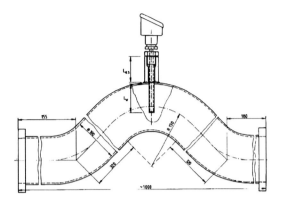

Abb. 6.33: Einbauanordnung für ein Widerstandsthermometer mit Anschlußkopf im Rohrbogen. Diese experimentelle Anordnung wurde gewählt, damit sowohl

- die Luftansammlung untersucht,
- die Fühlerlänge variiert werden kann
- und auch sehr lange Fühler untersucht werden können, deren Einbaulänge größer als der Rohrdurchmesser ist

Die Absolutwerte der Einbaufehler können, in Abhängigkeit von der Fühlerkonstruktion, beträchtlich schwanken. Prinzipiell bleibt aber die Abhängigkeit vom Volumendurchfluß und der Einbaulänge L_w erhalten.

Je nach Rohrdurchmesser ist es manchmal erforderlich, eine Temperaturmeßeinrichtung schräg in die Rohrleitung oder in einen Rohrbogen einzubauen. Beide Möglichkeiten sind zulässig, wenn nur eine Mindesteintauchtiefe von etwa 60 mm realisiert werden kann.

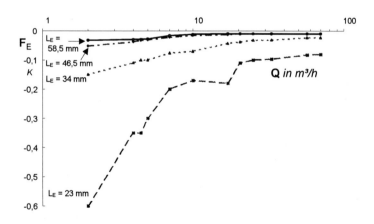

Abb. 6.34: Einbaufehler für die Temperaturmeßeinrichtung nach Abb. 6.33

6.7.4 Bewertung

Wie aus den gezeigten Beispielen geschlossen werden kann, hat sowohl die spezielle Fühlerkonstruktion, als auch die Einbauanordnung einen entscheidenden Einfluß auf die Güte der Temperaturmessung.

Welche Größen sind nun für den Einbaufehler verantwortlich? Zum Verständnis der entscheidenden Einflußgrößen sind starke Vereinfachungen nötig. In diesem Sinne ist auch die Abschätzung des Längeneinflusses in Abb. 6.35 zu verstehen.

6.7.4.1 Längeneinfluß

Die Theorie zeigt, daß bei der einfachst möglichen Anordnung, einem Rohr, das in das Meßgut eintaucht, die Temperatur der Rohrspitze t_s um den Betrag

$$t_s - t_m = \frac{t_m - t_w}{\cosh(K L_w)} \qquad (6.46)$$

niedriger ist, als die zu messende Temperatur t_m (siehe Abb. 6.35). In K sind die Wärmeübergangszahl α_k und die Rohrwandstärke δ enthalten. Einen unmittelbaren Einfluß hat aber auch die Wärmeleitzahl λ des Rohrmaterials.

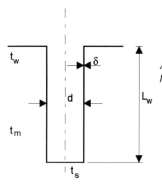

Abb. 6.35: Zur Berechnung des Längeneinflusses auf den Einbaufehler

Für $\delta \ll d$ gilt: $K^2 = \dfrac{\alpha_k}{\delta \lambda}$ \qquad (6.47)

Da die Funktion $\cosh(K L_w)$ sehr rasch mit dem Argument wächst, wird der nach Gl. (6.46) definierte Einbaufehler mit steigender Einbaulänge L_w - bei ansonsten konstantem K - sehr rasch kleiner. Die genannte Beziehung bleibt auch für realistische Anordnungen näherungsweise gültig, wie beispielsweise die Analyse der Abb. 6.34 ergibt.

6.7.4.2 Einfluß des Volumendurchflusses

Auffällig ist bei Betrachtung der weiter oben gezeigten Bilder die starke Abhängigkeit des Einbaufehlers vom Volumendurchfluß Q. Diese Abhängigkeit kann man durch den Einfluß des Wärmeübergangswiderstandes $R_1 = 1/(\alpha_k A)$ erklären. Dieser nimmt wegen $\alpha_k \propto Q$ mit zunehmendem Volumendurchfluß ab.

Besonders kritisch wird der Einfluß von R_1 bei Vorhandensein von Luft im Heizungsrohr. Als besonders eindrucksvolles Beispiel zeigen die Abb. 6.36 und 6.37 die Verhältnisse bei der Montage des zu untersuchenden Fühlers im Rohrbogen, wobei sich durch eine Undichtheit in der Meßeinrichtung Luft am höchsten Punkt ansammelte.

Interessant ist dabei, daß sich eine stationäre Luftblase erst unterhalb eines kritischen Volumendurchflusses bildete, was sich in einer sprunghaften Erhöhung des Einbaufehlers äußerte. Diese Erhöhung kann durch die Verringerung der Wärmeübergangszahl α_k um den Faktor 250 (!), bei Änderung des Wärmeträgers von Wasser auf Luft erklärt werden.

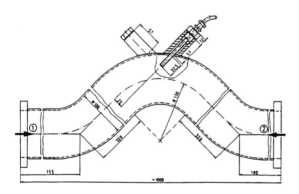

Abb. 6.36: Einbausituation für einen Fühler mit angeschlossener Zuleitung im Rohrbogen.
Luftansammlung im obersten Teil des Rohrbogens [15]

6.7.4.3 Weitere Einflüsse

Neben dem Volumendurchfluß und der Einbaulänge hat einen entscheidenden Einfluß auch die Wärmeträgertemperatur. Dieser Einfluß wird in erster Linie von der Übertemperatur Δt_E, aber auch vom Volumendurchfluß bestimmt.

---

[15] F. Adunka: Einbaufehler von Widerstandsthermometern in Rohrleitungen, Forschungsbericht FW 10, herausgegeben vom Fachverband der Gas- und Wärmeversorgungsunternehmungen, 1989; siehe auch: Zum Einbaufehler von Widerstandsthermometern, Gas,Wasser,Wärme 44(1990), H. 3, S. 76 ff

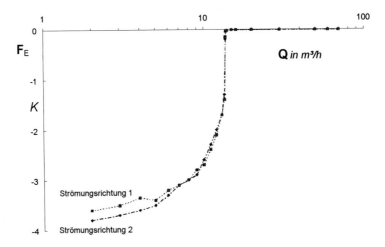

Abb. 6.37: Einbaufehler für die Anordnung nach Abb. 6.36 mit Lufteinschluß im Rohrbogen
Strömungsrichtung 1: Temperaturfühlerspitze weist stromaufwärts
Strömungsrichtung 2: Temperaturfühlerspitze weist stromabwärts

Bei Temperaturmeßeinrichtungen mit einer schlechten Passung zwischen innerem und äußerem Schutzrohr tritt ein Wärmedurchgangswiderstand auf, der in erster Linie durch die Dicke der Luftschicht gegeben ist. Durch Verwendung von Wärmeleitmitteln kann dieser Durchgangswiderstand zwar drastisch reduziert werden, es muß aber eine Verfestigung des Wärmeleitmittels im Laufe der Zeit in Kauf genommen werden. Besser wäre hier ganz sicher die Vermeidung großer Luftspalte, die die Verwendung von Wärmeleitmitteln unnötig macht.

Weitere Einflüsse sind noch durch

- fertigungsbedingte Unterschiede und
- betriebliche Einflüsse (Umgebungstemperatur, Luftbewegungen etc.)

gegeben.

6.7.5 Modellvorstellungen

Wie lassen sich nun die verschiedenen Einflußgrößen verstehen? Wir wollen dazu ein Analogmodell betrachten, wie es in der Elektrotechnik für elektrische Netzwerke verwendet wird.[16] In der Abb. 6.38 ist neben den interessierenden Wärmeströmen ein solches Netzwerk für eine Temperaturmeßstelle mit angeschlossener Fühlerleitung dar-

---

[16] F. Adunka: Ein theoretisches Modell für die thermische Kopplung von Widerstandsthermometern an flüssige Wärmeträger, HLH 42(1991), Nr. 3, S. 181 ff

gestellt. Dazu wird die Analogie zwischen Wärmewiderständen und elektrischen Widerständen, Wärmeströmen und elektrischen Strömen, Temperaturen und elektrischen Potentialen benützt.

6.7.5.1 Bestimmungsgleichungen

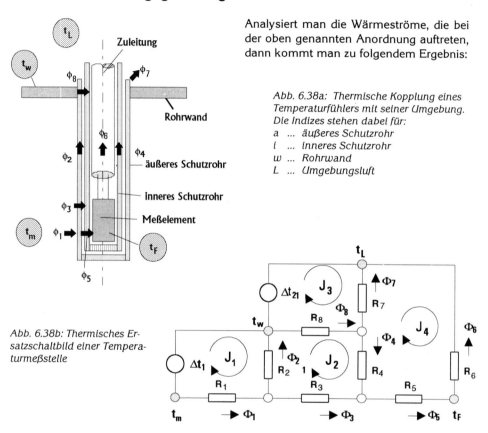

Analysiert man die Wärmeströme, die bei der oben genannten Anordnung auftreten, dann kommt man zu folgendem Ergebnis:

Abb. 6.38a: *Thermische Kopplung eines Temperaturfühlers mit seiner Umgebung. Die Indizes stehen dabei für:*
a ... *äußeres Schutzrohr*
i ... *inneres Schutzrohr*
w ... *Rohrwand*
L ... *Umgebungsluft*

Abb. 6.38b: *Thermisches Ersatzschaltbild einer Temperaturmeßstelle*

Treibende Kraft für die Wärmeströme, die zwischen Wärmeträger, Rohrwand, Fühler und Umgebung ausgetauscht werden, sind die beiden Temperaturdifferenzen $\Delta t_1 = t_m - t_w$ und $\Delta t_2 = t_w - t_L$. Mit Methoden der elektrischen Netzwerkanalyse, indem man für geschlossene Kreise Maschenströme J_1 bis J_4 ansetzt, deren Überlagerung die interessierenden Wärmeströme Φ_1 bis Φ_4 ergibt, erhält man ein Gleichungssystem, welches das Fehlverhalten des Temperaturfühlers ausreichend genau beschreibt:

$$\begin{bmatrix} R_1+R_2 & -R_2 & 0 & 0 \\ -R_2 & R_2+R_3+R_4+R_8 & -R_8 & -R_4 \\ 0 & -R_8 & R_7+R_8 & -R_7 \\ 0 & -R_4 & -R_7 & R_4+R_5+R_6+R_7 \end{bmatrix} \cdot \begin{bmatrix} J_1 \\ J_2 \\ J_3 \\ J_4 \end{bmatrix} = \begin{bmatrix} -\Delta t_1 \\ 0 \\ -\Delta t_2 \\ 0 \end{bmatrix} \quad (6.48)$$

Bevor wir versuchen, dieses Gleichungssystem zu lösen, wollen wir noch die Größe der in Betracht kommenden Wärmewiderstände untersuchen.

Widerstand R_1

Der Wärmeübergangswiderstand vom Wärmeträger auf das äußere Schutzrohr R_1 ist abhängig

- von der Größe der Strömungsgeschwindigkeit v im Bereich des angeströmten Fühlers
- von der den Wärmeübergang bestimmenden Fläche A_F
- von temperaturabhängigen Materialgrößen, wie der Wärmeleitzahl des Wärmeträgers und der kinematischen Viskosität

Man findet für die den Wärmeübergang bestimmende Kenngröße, die Nußeltzahl Nu nach [17]:

$$Nu = 0{,}3 + (Nu_L + Nu_T)^{1/2} = \qquad (6.49)$$

mit $\quad Nu_L = 0{,}664 \ Re^{1/2} \ Pr^{1/3} \qquad (6.50)$

als der Nußeltzahl bei laminarer und

$$Nu_T = \frac{0{,}037 \ Re^{0{,}8} \ Pr}{1+2{,}443 \ Re^{-0{,}1} \ (Pr^{2/3}-1)} \qquad (6.51)$$

als der Nußeltzahl bei turbulenter Rohrströmung. Aus diesen Gleichungen folgt mit Gl. (1.29) für den Wärmeübergangswiderstand R_1:

$$R_1 = \frac{1}{\alpha_F \ A_F} \qquad (6.52)$$

---

[17] F. Moeller: Oberflächenmessung der Temperatur. Berechnung der Wärmeströmung in das Thermometer, Archiv f. techn. Messen V 2165-2, Juli 1949

BRUNATA ELEKTRONISCHER HEIZKOSTENVERTEILER RME 95 NACH EN 834

DAS EINZIGARTIGE MESSPRINZIP des elektronischen Heizkostenverteilers Brunata RME 95 garantiert ganz präzise Heizkostenverteilung:

Der RME95 erfasst die vom Heizkörper in den Raum ausgestrahlte Wärme (Pluswärme, $\Delta t > 0$), und die vom Heizkörper aus dem Raum absorbierten Wärme (Minuswärme, $\Delta t < 0$).

Die Pluswärme abzüglich der Minuswärme ist gleich der von der Zentralheizungsanlage erzeugten Wärmemenge. Der Verbraucher zahlt nur für diese Wärmemenge - für Wärme der Sonne, Öfen u.a.m. nicht.

Das Brunata Messprinzip ist in den meisten Ländern zum Patent angemeldet.

Der Brunata RME 95
- wird mit austauschbaren umweltfreundlichen Batterien geliefert
- misst in Intervallen von ganz wenigen Minuten das ganze Jahr hindurch
- ist mit Fernablesung oder für Fernablesung vorbereitet lieferbar

2-Fühler-Messverfahren. Korrekter Befestigungsort. t_{min} = 20°C. Dänische Bauartzulassung nach EN 834: Nr. TS 27.21.014. Deutsche Bauartzulassung nach DIN EN 834: C3.01.1998. *(In Deutschland wird der Befestigungsort nach EN 834, Abs. 6.3, nicht nachgewiesen).*

Brunata HEIZKOSTENVERTEILUNG SEIT 1917

Brunata a/s · Vibevej 26 · DK 2400 Kopenhagen NV · Dänemark
Tel.: +45 38 34 40 44 · Fax +45 38 33 29 57 · brunata@brunata.dk · www.brunata.com

TECHEM HAT'S ERFASST®

Seit mehr als 40 Jahren können sich unsere Kunden auf die Kompetenz der Techem Dienstleistungen verlassen. Heute sind wir Österreichs Nr. 1 in der Erfassung und Abrechnung von Energie und Wasser.

Unsere übersichtliche, leicht nachvollziehbare Wärmekostenabrechnung entspricht dem neuesten Standard.

Europaweit betreut Techem mehr als 24 Millionen Meß- und Erfassungsgeräte. Wir bieten unseren Kunden ein flächendeckendes Servicenetz, entwickeln neue, zukunftsweisende Dienstleistungen und innovative Produkte, die den Wohnkomfort steigern und zum Energiesparen beitragen.

Wir sind Dienstleister – das verpflichtet.

Techem Meßtechnik Ges.m.b.H., A-6021 Innsbruck, St. Bartlmä 2 a
Tel.: (0512) 5349-0, Fax: (0512) 5349-770

Wärmeableitwiderstände R_2 und R_4

Nach [18] ergibt sich für die Größe des Wärmeableitwiderstandes:

$$R_i = \frac{\cosh(K_i L_w)}{\lambda_F A_{oi} K_i} \qquad (6.53)$$

mit L_w als der wirksamen Einbaulänge des Temperaturfühlers in die Rohrleitung, λ_F als der Wärmeleitzahl des Schutzrohrmaterials und A_{oi} als der Querschnittsfläche des Schutzrohres. K_i ist eine Größe, die durch

$$K_i = \left[\frac{\alpha_F d_F \pi}{\lambda_F A_{oi}}\right]^{1/2} \qquad (6.54)$$

definiert ist. In dieser Gleichung ist d_F der Fühlerdurchmesser. Der Index „i" steht für 2 bzw. 4.

Wärmedurchgangswiderstand R_3

R_3 setzt sich zusammen aus einem Anteil R_3^M, der von der Wärmeleitung durch die Wand des äußeren Schutzrohres herrührt, und einem Anteil R_3^L, der von der Wärmeleitung durch die Luftschicht zwischen äußerem und innerem Schutzrohr verursacht wird. Mit der Wandstärke des äußeren Schutzrohres δ_a, dem Durchmesser des äußeren d_a und des inneren Schutzrohres d_i, und schließlich der wirksamen Fühlerlänge L_w ergibt sich für den Anteil R_3^M:

$$R_3^M \approx \frac{2\delta_a}{\lambda_F (d_a + d_i) L_w} \qquad (6.55)$$

und analog für den Anteil der Luftschicht R_3^L:

$$R_3^L \approx \frac{\delta_L}{\lambda_L d_i L_w}, \qquad (6.56)$$

mit δ_L als der Dicke der Luftschicht und λ_L als deren Wärmeleitzahl.

Für eine Wandstärke δ_a = 1 mm, einen äußeren Durchmesser d_a = 7 mm, eine wirksame Länge des äußeren Schutzrohres L_w = 20 mm und Schutzrohrmaterial Mes-

---

[18] F. *Lieneweg:* Temperaturmeßfehler durch Aufbau und Einsatz von Thermometern, Archiv f. techn.Messen V 2165-2, Mai 1952

sing, mit $\lambda_F = 95$ W.m^{-1}.K^{-1} ergibt sich für den „metallischen" Anteil $R_3^M = 0{,}0279$ K/W. Dagegen ist der "Luftanteil" bei einer Luftspaltdicke von $\delta_L = 0{,}1$ mm: $R_3^L = 10{,}64$ K/W. Man kann daher den metallischen Anteil gegenüber dem Luftanteil in der Regel vernachlässigen.

Wärmedurchgangswiderstand R_5

Der Wärmedurchgangswiderstand R_5 beschreibt den Wärmedurchgang durch das innere Schutzrohr zum Fühlerelement. Er setzt sich ebenfalls aus zwei Anteilen zusammen, dem metallischen Anteil, entsprechend dem Wärmedurchgang durch das innere Schutzrohr, und dem Anteil vom Wärmedurchgang durch das Wärmeleitmittel zum Fühlerelement. Treten keine Luftschichten im zweiten Anteil auf, entspricht die Größe von R_5 annähernd dem Widerstandsanteil R_3^M, also ca. 0,03 K/W.

Wärmeableitwiderstand R_6

R_6 beschreibt die Wärmeableitung über das Fühlerkabel und wird definiert über die Wärmeleitfähigkeit des verwendeten Anschlußkabels (i.a. Kupfer). Die Größe von R_6 ist aber sehr sensitiv davon abhängig, wie der Übergang vom Fühlerelement auf das Zuleitungskabel gestaltet ist. Ist jenes direkt an das Fühlerelement angelötet oder angeschweißt, dann gilt für R_6:

$$R_6 = \frac{l_k}{\lambda_k A_k}, \qquad (6.57)$$

wobei l_k jene Länge des angeschlossenen Kabels bedeutet, innerhalb der die Temperaturdifferenz $(t_F - t_L)$ abgebaut wird. A_k ist der (zweifache) Querschnitt des Zuleitungskabels und λ_k die Wärmeleitzahl des Kabelmaterials. Ist $l_k = 0{,}1$ m, $A_k = 0{,}2$ mm$^2 = 2 \cdot 10^{-7}$ m^2 und das Leitermaterial Kupfer mit $\lambda_k = 372$ W.m^{-1}.K^{-1}, dann erhält man für R_6 ca. 1340 K/W. Durch Entkopplung des Fühlerelementes und der Zuleitung kann dieser Widerstand aber beträchtlich erhöht werden.

Wärmeübergangswiderstand R_7

R_7 beschreibt den Wärmeübergang jenes Teiles der Temperatur-Meßeinrichtung an die umgebende Luft, der aus dem Heizungsrohr herausragt. Dies betrifft in erster Linie das innere Schutzrohr. Für R_7 ergibt sich

$$R_7 = \frac{1}{\alpha_L A_L} \qquad (6.58)$$

In dieser Gleichung ist

α_L die Wärmeübergangszahl gegen Luft und
A_L die entsprechende Fläche

Setzt man für α_L etwa 8 $W.m^{-2}.K^{-1}$ an und rage das innere Schutzrohr 20 mm aus der Fühlerarmatur heraus, dann erhält man für R_7 ca 400 K/W.

Kontaktwiderstand R_8 zwischen dem inneren Schutzrohr und der Rohrwand

Oft werden die Temperaturfühler mittels einer Befestigungsschraube gegenüber dem äußeren Schutzrohr fixiert. Der so hergestellte thermische Kurzschluß beeinflußt ebenfalls das Anzeigeverhalten des Thermometers. Für R_8 kann man folgende Werte annehmen:

- Bei gutem thermischem Kontakt zwischen dem inneren Schutzrohr und der Rohrwand hat R_8 etwa den Wert 0,02 K/W.
- Liegt kein Kontakt vor, entspricht R_8 etwa dem Wert des Widerstandes R_3 (ca. 10 K/W).

Betrachten wir nun das Analogmodell nach Abb. 6.38, dann ist einleuchtend, daß der geringste Einbaufehler dann erreicht wird, wenn die "Längswiderstände" R_1, R_3 und R_5 annähernd gegen Null und die "Querwiderstände" R_2, R_4, R_6 und R_7 annähernd gegen Unendlich gehen. Für diesen Grenzfall kann R_8 beliebige Werte annehmen.

Dieser Grenzfall ist aber in der Praxis aus folgenden Gründen nicht erreichbar:

- Die Größe von R_1 ist durch die Rohr- und Fühlergeometrie und den herrschenden Durchfluß bestimmt, kann also kaum beeinflußt werden.
- Der Widerstand R_3 ist im wesentlichen durch die Dicke des Luftspaltes zwischen dem äußeren und inneren Schutzrohr bestimmt. Wie bereits weiter oben ausgeführt, wird für verschwindenden Luftspalt die Größe von R_3 lediglich durch den "metallischen Anteil" R_3^M bestimmt, der in der Regel sehr klein ist und - neben anderen Größen - von der Rohrwandstärke bestimmt wird. Aus Festigkeitsgründen ist aber die Rohrwandstärke oft schon vorgegeben, weshalb auch die
- Widerstände R_2 und R_4 nur durch die Wahl des Materials ($\lambda_{Ms} \approx 95$ $W.m^{-1}.K^{-1}$ für Messing bzw. $\lambda_{V2A} \approx 16$ $W.m^{-1}.K^{-1}$ für V2A-Stahl) und die wirksame Einbaulänge L_w, die meist konstruktiv vorgegeben ist, beeinflußt werden können.
- Eine völlige thermische Entkopplung des Fühlerelementes vom Zuleitungskabel ist ebenfalls nicht möglich.

Insgesamt gesehen müssen also für alle Widerstände endliche Werte angenommen werden. Durch die Abweichung der Widerstände von diesen Idealwerten wird das Analogmodell „undurchsichtig". Wie weiter unten gezeigt wird, ist vor allem der Einfluß einzelner Widerstände nicht streng voraussagbar, da er auch vom Wert aller anderen Widerstände abhängt.

6.7.5.2 Standardfühler

Wir wollen unsere Überlegungen auf zwei Standardfühler beziehen, die sich in der wirksamen Einbaulänge unterscheiden.

Als Einbaulänge des Standardfühlers 1 nehmen wir 100 mm an, als Einbaulänge des Standardfühlers 2: 20 mm. Als zweite Größe wird das Material der Schutzrohre variiert, das einmal aus Messing, das andere Mal aus V2A-Stahl besteht. In beiden Fällen sei der Rohrdurchmesser 20 mm, wobei einmal der Fühler senkrecht zur Strömung eingebaut wird (L_w = 20 mm), das andere Mal parallel (L_w = 100 mm).[19]

Der Durchmesser des äußeren Schutzrohres beträgt 7 mm, die Wandstärke des äußeren Schutzrohres 0,5 mm, jene des inneren Schutzrohres 0,25 mm.

Für die feststehenden Wärmewiderstände wollen wir unter Beachtung der obigen Angaben folgende Werte annehmen:

$$R_3 = 1{,}1 \text{ K/W}, \quad R_5 = 0{,}03 \text{ K/W}, \quad R_6 = 13400 \text{ K/W}, \quad R_7 = 400 \text{ K/W}, \quad R_8 = 0{,}03 \text{ K/W}$$

Für R_3 wurde ein Wert gewählt, der einer extrem guten Passung entspricht, für R_6 ein Wert, der eine gute thermische Entkopplung beschreibt. Die Widerstände R_1, R_2 und R_4 wurden durch Berechnung ermittelt.

In den Abbildungen 6.39 bis 6.42 sind die Einbaufehler für die genannten Fühler, in Abhängigkeit vom Durchfluß und der Temperatur gezeigt.

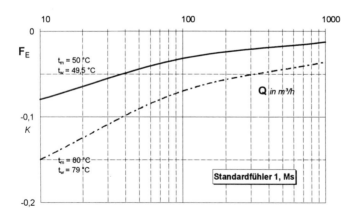

Abb. 6.39: Abhängigkeit des Einbaufehlers für den Standardfühler 1 vom Durchfluß Q und der Temperatur des Wärmeträgers t_m, L_w = 100 mm, Material: Messing (Ms)

---

[19] H. Magdeburg: Meßabweichungen der Temperaturfühler von Wärmezählern unter praxisnahen Bedingungen, Techn. Messen tm 55(1988), H. 11, S. 444 ff. Nach dieser Arbeit ist kein Einfluß der Einbaulage auf den Einbaufehler festzustellen, daher sind die beiden Einbausituationen auch vergleichbar.

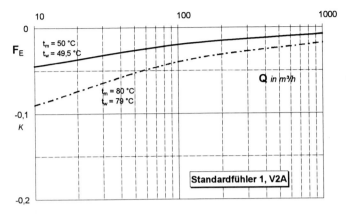

Abb. 6.40: wie Abb. 6.39, nur Material: V2A-Stahl

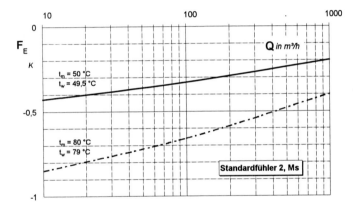

Abb. 6.41: Abhängigkeit des Einbaufehlers für den Standardfühler 2 vom Durchfluß Q und der Temperatur des Wärmeträgers t_m, L_w = 20 mm, Material: Messing

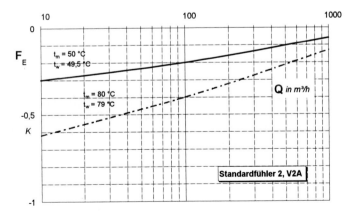

Abb. 6.42: wie Abb. 6.40, nur Material: V2A-Stahl

Einfluß einzelner Widerstände

Den Einfluß einzelner Widerstände erkennt man am besten daran, wenn man die Widerstände $R_2 \ldots R_8$ einzeln variiert. Man bezieht sich dabei auf die weiter oben definierten Standardfühler. Für die beiden Standardfühler und die Schutzrohrmaterialien Messing und V2A sind die Einbaufehler in Abhängigkeit vom Verhältnis R_i/R_i^s in den Abb. 6.43 bis 6.46 dargestellt.

Die Einflüsse einzelner Widerstände sind zwar etwas abhängig vom Durchfluß, der Übersichtlichkeit halber wollen wir uns aber auf den Durchfluß $Q = 100$ l/h beschränken.

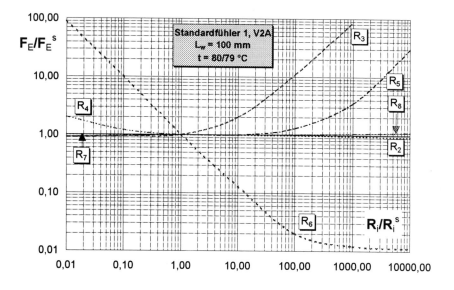

Abb. 6.43: *Änderung des Einbaufehlers mit den Widerständen R_i für den Standardfühler 1, Material: V2A. Die Widerstände, wie auch die entsprechenden Einbaufehler wurden auf die Standardwerte bezogen.*

Die Ergebnisse der Abb. 6.43 bis 6.46 lassen sich folgendermaßen zusammenfassen:
Beim Standardfühler 1, mit einer wirksamen Einbaulänge von 100 mm (Abb. 6.43 und 6.44), läßt sich eigentlich nichts Wesentliches verbessern, wenn man vom Einfluß der Größe R_6 absieht, dem Wärmeableitwiderstand über das Anschlußkabel. Dabei ist es auch gleichgültig, ob man als Schutzrohrmaterial Messing oder V2A verwendet.
Beim Standardfühler 2, mit einer wirksamen Einbaulänge von 20 mm (Abb. 6.45 und 6.46), ist der Einfluß von R_6 nicht so deutlich ausgeprägt. Aber auch die Veränderung anderer Widerstände, mit Ausnahme von R_2 - der allerdings bei vorgegebener Geometrie festliegt - ,verringert nicht den Einbaufehler.

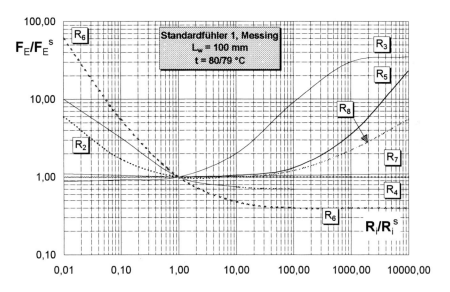

Abb. 6.44: Änderung des Einbaufehlers mit den Widerständen R_i für den Standardfühler 1, Material: Messing. Die Widerstände, wie auch die entsprechenden Einbaufehler wurden auf die Standardwerte bezogen.

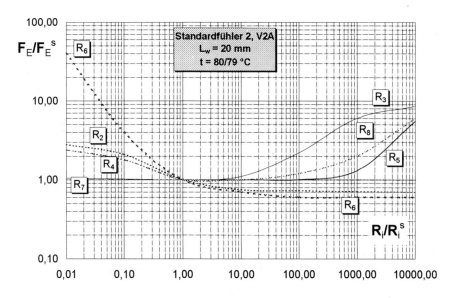

Abb. 6.45: Änderung des Einbaufehlers mit den Widerständen R_i für den Standardfühler 2, Material: V2A. Die Widerstände, wie auch die entsprechenden Einbaufehler wurden auf die Standardwerte bezogen.

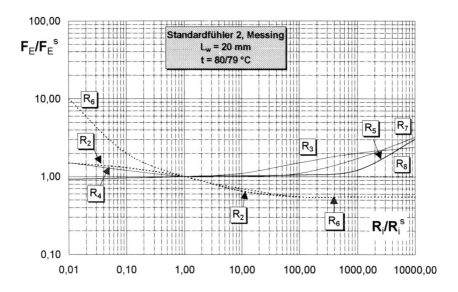

Abb. 6.46: *Änderung des Einbaufehlers mit den Widerständen R_i für den Standardfühler 2, Material: Messing. Die Widerstände, wie auch die entsprechenden Einbaufehler wurden auf die Standardwerte bezogen.*

Einzig und allein die Wandstärke des Schutzrohrmaterials beeinflußt beim Material Messing den Einbaufehler, beim Material V2A ist auch durch diese Maßnahme keine entscheidende Veränderung erzielbar.

Wie läßt sich dieses Verhalten erklären?

Offensichtlich ist der Widerstand R_1, der Wärmeübergangswiderstand vom Wärmeträger auf das äußere Schutzrohr, für die Größe des Einbaufehlers maßgebend. R_1 ist indirekt proportional zur Schutzrohrfläche bzw. -länge. Ist letztere groß genug, wobei hier eine Länge von weniger als 100 mm ausreichend sein dürfte, steht R_1 nur mehr in Konkurrenz mit dem Wärmeableitwiderstand R_6.

Für sehr kurze Fühler, wie sie üblicherweise in Rohrleitungen DN 20 verwendet werden, ist der Wärmeübergangswiderstand R_1 relativ klein und bestimmt zusammen mit R_6 den Einbaufehler, der nun aber wesentlich größer ist, als im Falle langer Schutzrohre.

Es zeigt sich also das auch durch Experimente belegte Verhalten, wonach neben dem Wärmeübergangswiderstand R_1, die wesentliche Rolle der Wärmeableitwiderstand R_6 vom Fühlerelement zur Umgebung spielt. Während R_1 möglichst klein sein sollte, was durch große Fühlerlänge und hohe Strömungsgeschwindigkeit erreicht wird, soll der Ableitwiderstand R_6 gegen Unendlich gehen. Dazu sind für Kleinfühler (bis 20 mm wirksamer Einbaulänge) allerdings besondere Konstruktionen nötig, die für die vollständige thermische Entkopplung des Fühlerelementes von der Umgebungsluft mit der Temperatur t_L sorgen.

6.7.6 Einbau-Differenzfehler

Liegen die Einbaufehler für den Vor- und Rücklauf in ihrer Abhängigkeit vom Volumendurchfluß parallel, dann tritt ein Einfluß auf den Meßfehler für die Temperaturdifferenz auf, der mit steigender Spreizung Δt abnimmt. Beträgt beispielsweise der Unterschied im Einbaufehler bei Δt = 5 K: 0,2 K, dann kommt zum maximalen zulässigen Paarungsfehler von 0,1 K (entsprechend ± 2 % von der Mindesttemperaturdifferenz Δt = 5 K) noch ein Fehler von der Größenordnung von 4 Prozentpunkten hinzu.

Die angenommene Parallelität der Einbaufehler für den Vor- und Rücklauffühler kann aber nicht für alle Fälle zwingend vorausgesetzt werden. Unterschiede in den Steigungen der Kurven $F_E(Q)$ führen so zu Unterschieden im Einbau-Differenzfehler, obwohl die Einbaufehler beider Fühler für Q_x identisch sind (siehe Abb. 6.47).

Ein Beispiel mag dies verdeutlichen: Als Vorlauffühler sei der Fühler Nr. 45 gewählt, als Rücklauffühler die bauartgleiche Nr. 44. Für ein Intervall der Rücklauftemperatur von 50 °C ≤ t ≤ 60 °C ergibt sich mit dem Einbaufehler nach Abb. 6.31 und 6.32 der Einbaudifferenzfehler ΔF_E, dargestellt in Abb. 6.48.

Für Q ≈ 20 l/h treten deutliche Überschreitungen der Eichfehlergrenzen auf, wobei nicht berücksichtigt wurde, daß in der Praxis zum Einbau-Differenzfehler noch ein Paarungsfehler hinzukommt.

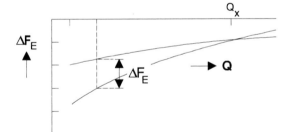

Abb. 6.47: Einbau-Differenzfehler für ein Fühlerpaar, das bei Q_x abgeglichen wurde (schematisch)

Für ein gutes Fühlerpaar muß daher gefordert werden, daß für alle zulässigen Betriebszustände

$|F_P + F_E|$ ≤ zulässige Fehlergrenzen

gilt, eine Forderung, die im Lichte der obigen Ausführungen nicht leicht zu erfüllen ist.

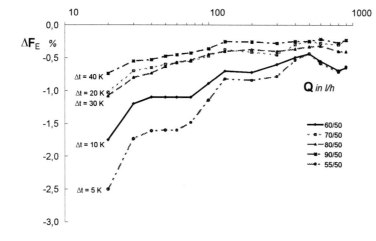

Abb. 6.48: Einbau-Differenzfehler für ein Fühlerpaar. Nähere Erläuterungen im Text

6.8 Anlegefühler

Wie aus den bisherigen Ausführungen gefolgert werden kann, ist die Temperaturdifferenzmessung mittels in die Rohrleitung eingebauter Temperaturfühler mit einigen Problemen verbunden. Es ist daher naheliegend, nach alternativen Lösungen zu suchen. Eine Möglichkeit ist beispielsweise, als Ersatztemperatur die Außentemperatur der Rohrwand heranzuziehen.

Wir wollen im folgenden untersuchen, inwieferne eine solche Oberflächentemperaturmessung brauchbare Ergebnisse liefert, und dazu vorerst den Wärmedurchgang durch eine Rohrwand zur Umgebung betrachten.

6.8.1 Betrachtungen zum Wärmedurchgang durch eine Rohrwand

Der Wärmeträger habe in der Rohrmitte die Temperatur t_m und an der Rohrinnenwand die Temperatur t_i (siehe Abb. 6.49).

Infolge Wärmeleitung sinkt die Temperatur zur Außenwand auf t_a, um schließlich in geringer Entfernung von der Rohrwand in die Umgebungstemperatur t_L überzugehen. Der Temperaturverlauf innerhalb der Flüssigkeit ist abhängig vom Strömungszustand. Im Falle laminarer Strömung ist der Temperaturverlauf durch die Gl. (6.41) bestimmt. Der innere Wärmeübergang ist mit der Temperaturdifferenz $(t_m - t_i)$ und der Grenzschichtdicke $\delta_L = d_i/2$ verbunden.

Im Fall turbulenter Strömung ist die mit dem Wärmeübergang verbundene Grenzschicht auf einen schmalen Bereich an der Rohrwand beschränkt; die zugeordnete Wärmeübergangszahl ist aber bedeutend größer als im Fall laminarer Strömung (siehe Abb. 6.50). Für den zur Umgebung abfließenden Wärmestrom gilt die Identität:

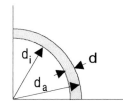

$$\Phi_V = \alpha_i A_i (t_m - t_i) = \frac{\delta}{\lambda A_m} (t_i - t_a) =$$
$$= \alpha_a A_a (t_a - t_L) = k A_a (t_m - t_L) \qquad (6.59)$$

wobei A_i die dem Rohrdurchmesser d_i und A_a die dem Rohrdurchmesser d_a entsprechende Fläche ist.

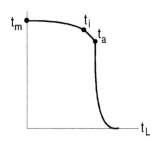

Abb. 6.49: Zum Wärmedurchgang durch ein Rohr
oben: geometrische Verhältnisse
unten: Temperaturverlauf

A_m ist die der Wärmeleitung durch die Rohrwand zugeordnete „mittlere" Fläche:

$$A_m = \frac{A_a - A_i}{\ln \frac{A_a}{A_i}} = \frac{(d_a - d_i) \pi L}{\ln \frac{d_a}{d_i}} \qquad (6.60)$$

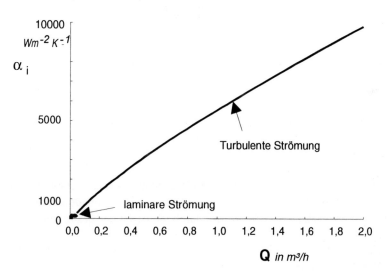

Abb. 6.50: Abhängigkeit der inneren Wärmeübergangszahl im Rohr DN 20 vom Volumendurchfluß Q, $t_m = 90\,°C$

k ist die Wärmedurchgangszahl, bezogen auf die Außenfläche A_a. Aus Gl. (6.59) folgt:

$$\frac{1}{k} = \frac{1}{\alpha_i}\frac{A_a}{A_i} + \frac{\delta}{\lambda}\frac{A_a}{A_m} + \frac{1}{\alpha_a} \qquad (6.61)$$

Kennt man die Temperaturen t_a und t_L - z.B. durch Messung - so kann man aus der Wärmeleitzahl des Rohres und der Rohrwandstärke die Temperatur t_i bestimmen.
Die Größenordnung der Temperaturdifferenzen $(t_m - t_i)$, $(t_i - t_a)$ und $(t_a - t_L)$ folgt aus den zugeordneten Widerständen

$$R_i = \frac{1}{\alpha_i}; \; R_L = \frac{\delta}{\lambda\,A_m} \text{ und } R_a = \frac{1}{\alpha_a\,A_a} \qquad (6.62)$$

Mit der Wärmeübergangszahl:

- für laminare Rohrströmung α_i^L:

$$\alpha_i^L = \frac{Nu_i^L\,\lambda_w}{d_i} = 3{,}65\,\frac{\lambda_w}{d_i} \qquad (6.63)$$

- für turbulente Rohrströmung α_i^T:

$$\alpha_i^T = \frac{Nu_i^T\,\lambda_w}{d_i} = \frac{\lambda_w}{d_i}\,0{,}037\,(Re^{3/4} - 180)\,Pr^{0{,}42}, \qquad (6.64)$$

folgen beispielsweise die in der Tabelle 6.6 in Abhängigkeit vom Volumendurchfluß dargestellten Temperaturdifferenzen für eine Wärmeträgertemperatur t_m = 90 °C und ein unisoliertes Edelstahlrohr der Nennweite DN 20 (Rohrwandstärke 2 mm).
In den Gleichungen (6.63) und (6.64) bedeuten:

λ_w ... die Wärmeleitzahl des Wassers
Re ... die der Rohrströmung entsprechende *Reynolds*zahl und
Pr ... die *Prandtl*zahl.

Nach Tabelle 6.6 ist $(t_i - t_a)$ über den gesamten Durchflußbereich konstant, während die innere Temperaturdifferenz $(t_m - t_i)$ stark vom aktuellen Volumendurchfluß abhängt. Durch Rohrleitungsisolation wird die Wärmedurchgangszahl der gesamten Anordnung verringert.
Ist die Isolationsdicke δ_i und die entsprechende Wärmeleitzahl λ_i, so folgt die neue Wärmedurchgangszahl aus:

$$\frac{1}{k} = \frac{1}{\alpha_i} \frac{A_a}{A_i} + \frac{\delta}{\lambda} \frac{A_a}{A_m} + \frac{\delta_i}{\lambda_i} \frac{A_a}{A_{mi}} + \frac{1}{\alpha_a} \frac{A_a}{A_{is}}, \qquad (6.65)$$

die ebenfalls auf die Fläche A_a bezogen ist.
In Gl. (6.65) bedeutet A_{is} die Außenfläche der Rohrleitungsisolation und A_{mi} die der Gl. (6.60) entsprechende mittlere Isolationsfläche.

Tabelle 6.6: Temperaturdifferenzen beim Durchgang durch eine Rohrwand aus Edelstahl DN 20 (λ = 16 W.m^{-1}.K^{-1}, t_m = 90 °C, t_L = 25 °C)

Q in l/h	900	750	500	200	100	50	20
$(t_m - t_i)$ in K	0,05	0,06	0,08	0,17	0,28	0,47	0,86
$(t_i - t_a)$ in K	0,64	0,64	0,64	0,64	0,64	0,64	0,64
$(t_a - t_L)$ in K	64,3	64,3	64,3	64,2	64,1	63,9	63,5
t_a in °C	89,3	89,3	89,3	89,2	89,1	88,9	88,5

6.8.2 Betrachtungen zur Meßgenauigkeit

Praktische Erfahrungen bestätigten die in Tabelle 6.6 angegebenen Werte. Es zeigt sich, daß zusätzlich zu den oben dargestellten systematischen Fehlern noch realisierungsbedingte Fehler auftreten, die von der Größenordnung einiger Zehntel Kelvin sind. Grundsätzlich ist der Meßfehler vom Ort der Fühlermontage und einigen anderen Einflußgrößen, wie Anpreßdruck, Isolation, Wärmeleitmittel etc. abhängig.

Soll mit Anlegefühlern jedoch die Temperaturdifferenz gemessen werden, dann ist der absolute Meßfehler von untergeordneter Bedeutung; dagegen wirken sich hier Unterschiede in der Montage ebenso verfälschend aus, wie Unterschiede in der thermischen Ankopplung an das Heizungsrohr.

Weiters muß noch berücksichtigt werden, daß auch das Temperaturniveau der Vor- und Rücklauftemperatur einen Einfluß auf den Meßfehler hat. Allerdings wirkt sich dieser Fehler nicht sehr gravierend aus.

Größer ist dagegen der Einfluß der Austausches eines Fühlers mit gleicher Charakteristik, bei ansonsten gleichen Bedingungen. Im besonderen kann dieser Fehler bei geringen Volumendurchflüssen von der Größenordnung 0,3 K sein, was sich bei der Messung geringer Temperaturdifferenzen deutlich bemerkbar macht.

7 Wärmezähler

7.1 Grundlegende Betrachtungen

Wie im Kapitel 3 dargelegt wurde, bestehen Wärmezähler aus den Komponenten Durchflußsensor, Temperaturfühlerpaar und Rechenwerk.[1] Die vom Durchflußsensor abgegebenen durchfluß- bzw. volumenproportionalen Impulse werden an das Rechenwerk weitergegeben, wo sie mit den von den Temperaturfühlern kommenden temperaturproportionalen Signalen nach der Gl. (4.1) verknüpft und unter Beachtung des von den Wärmeträgereigenschaften abhängigen Wärmekoeffizienten integriert werden. Durch entsprechende Impulsteilung erhält man an der Anzeigeeinrichtung die verbrauchte Wärmemenge, in vielen Fällen auch das Wärmeträgervolumen, die Wärmeleistung, die Vor- und Rücklauftemperatur, die Temperaturdifferenz und andere Größen.

Die Meßwerte können - wie bei mechanischen Rechenwerken - kontinuierlich verarbeitet werden oder - wie bei den meisten elektronischen Rechenwerken - gemischt kontinuierlich (analog/digital) oder rein digital. Bei mechanischen Wärmezählern sitzt das Rechenwerk direkt auf dem Mittelzeiger eines Flügelrad- oder Woltmanzählers, nimmt also das Volumensignal kontinuierlich ab, bei elektronischen Wärmezählern liegen einzelne Teilgeräte als bauliche Einheit vor (sog. "Splitversion").

Ein Volumenimpuls löst letztlich im Rechenwerk einen Rechenschritt aus, d.h. es wird in der Regel die einem Volumenimpuls entsprechende Wärmemenge durch Momentanmessung der Temperaturdifferenz erfaßt.

Die Häufigkeit der Tastung in der Zeiteinheit ist also ein Maß für die Meßgenauigkeit. Durch die diskontinuierliche Abfrage der Verhältnisse in der Heizanlage werden eventuelle Änderungen der Vor- bzw. Rücklauftemperatur nur beschränkt erfaßt und zwar zu jenen Zeitpunkten, zu denen gerade ein Volumendigit an das Rechenwerk gesandt wird. Es ist also nötig, die Impulswertigkeit so zu wählen, daß einerseits die relevanten Temperaturänderungen genügend genau erfaßt werden und andererseits das Ende der Lebensdauer der heute noch als Kontaktwerke dominierenden Reedkontakte nicht zu rasch erreicht wird. Bei batteriebetriebenen Geräten ist eine Limitierung auch durch den Strombedarf gegeben. Es bleibt dem Einzelfall überlassen, hier einen geeigneten Kompromiß zu finden.

Bei mechanischen Rechenwerken, die allerdings der Vergangenheit angehören, war es notwendig, einen geeigneten mittleren Wärmekoeffizienten zu verwenden. *Hoffmann* und *Sdunzig*[2] schlugen für diesen den Wert:

$$k_m = 1{,}146 \text{ kWh} \cdot \text{m}^{-3} \cdot \text{K}^{-1} \qquad (7.1)$$

---

[1] Diese Aufzählung geht davon aus, daß als Wärmeträgermenge das Volumen angesehen wird. Mit gleichem Recht kann man als solche auch die Masse zugrundelegen, was prinzipiell zwar möglich, aber aus Gründen, die im Kapitel 4.10 dargelegt wurden, nicht üblich ist.

[2] R. *Hoffmann*, W. *Sdunzig*: Anforderungen an Wärmemeßgeräte, Elektrizitätswirtschaft 68(1969), H. 4, S. 117 ff

vor, wenn der Volumendurchfluß, wie üblich, im Rücklauf gemessen wird. Die Wärmekoeffizienten, die bei praktisch vorkommenden Betriebszuständen tatsächlich auftreten, weichen von diesem Mittelwert mehr oder weniger ab, so daß sich beispielsweise die in den Abbildungen 7.1 und 7.2 dargestellten systematischen Fehler für die Volumenmessung im Vorlauf bzw. im Rücklauf ergeben. Diese Fehler beziehen sich auf den oben angegebenen konstanten Wärmekoeffizienten. Für einen großen Temperaturbereich sind diese Fehler oft recht bedeutend. Dies gilt aber nur bei der fehlerfreien Messung der Signale für die Temperaturdifferenz und das Volumen.

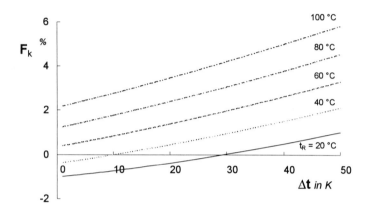

Abb. 7.1: Systematischer Fehler bei der Produktbildung im Rechenwerk. Volumendurchflußmessung im Vorlauf, mittlerer Wärmekoeffizient nach Gl. (7.1). Temperaturdifferenz und Volumendurchfluß werden als fehlerfrei gemessen angenommen. $k_m = 1{,}146 \ kWh.m^{-3}.K^{-1}$

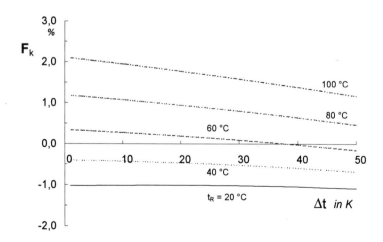

Abb. 7.2: wie Abb. 7.1, nur Volumendurchflußmessung im Rücklauf. $k_m = 1{,}146 \ kWh.m^{-3}.K^{-1}$

Speziell bei der Temperaturdifferenzmessung ist die Forderung nach Linearität oft nicht erfüllt. Welche Bedeutung dies für die Produktbildung im Rechenwerk hat, wird im folgenden näher untersucht.

7.2 Systematische Fehler bei der Produktbildung im Rechenwerk

Der oben erwähnte Fehler elektronischer Rechenwerke F_k kann durch die Wahl der Temperaturfühler in gewissen Grenzen beeinflußt werden. Dieser Einfluß soll nun etwas näher betrachtet werden.

Wie bereits erwähnt, wird durch die Wahl eines konstanten Wärmekoeffizienten k_m ein systematischer Fehler verursacht, der durch die Abweichung vom physikalischen Sollwert

$$k_i = \frac{\Delta h}{\Delta t} \rho_i$$

gegeben ist (siehe auch Gl. (3.16)).

Bei mechanischen Rechenwerken wird die Widerstandsdifferenz mit annähernd linear anzeigenden mechanischen Berührungsthermometern gemessen; als systematischer Fehler ist der in den Abb. 7.1 und 7.2 dargestellte anzusetzen.

Bei elektronischen Rechenwerken wird die Temperaturdifferenz meist mit Widerstandsthermometern in eine entsprechende Widerstandsdifferenz konvertiert. Für diese Konversion gilt mit den Bezeichnungen von Kapitel 6.4.2, speziell Gl. (6.14) und (6.15):

$$R(t_V, t_R) = A(t_V - t_R) + B(t_V^2 - t_R^2) = A \Delta t + B \Delta t (t_V + t_R) \qquad (7.2)$$

Ist das Rechenwerk für einen linearen Zusammenhang zwischen Widerstand und Temperatur der Form

$$R = A \Delta t \qquad (7.3)$$

programmiert, dann folgt mit Gl. (7.2)

$$\frac{R}{A} = \Delta t' = \Delta t + \frac{B}{A} \Delta t (t_V + t_R) = \Delta t [1 + \frac{B}{A} (t_V + t_R)] \qquad (7.4)$$

Für den systematischen Fehler eines Rechenwerkes mit konstantem Wärmekoeffizienten k_m und nichtlinearen Temperaturfühlern, die durch den Quotienten (B/A) charakterisiert sind, ergibt sich für den systematischen Fehler unter Berücksichtigung der Gl. (7.4):

$$F_{k,B} = \frac{P_i - P_s}{P_s} = \frac{k_m \Delta t \cdot V - k \Delta t V}{k(t_V, t_R) \Delta t V} = \frac{k_m [1 + \frac{B}{A}(t_V + t_R)]}{k(t_V, t_R)} - 1 \qquad (7.5)$$

In dieser Gleichung ist P_i der Istwert der Wärmeleistung, die der Wärmezähler bei Berücksichtigung einer Widerstands-Temperatur-Beziehung nach Gl. (6.15), und unter Voraussetzung eines konstanten Wärmekoeffizienten, erfaßt. P_s ist der Sollwert der Wärmeleistung (siehe auch Gl. (3.1)).

Für den Wärmeträger Wasser und Platinfühler mit einem Krümmungsmaß (B/A) = -1,49.10^{-4} sind in den Abbildungen 7.3 und 7.4 die resultierenden Fehler für die Volumendurchflußmessung im Vor- bzw. Rücklauf dargestellt. Bei geringen Temperaturdifferenzen sind die systematischen Fehler $F_{k,B}$ praktisch nicht mehr vom Temperaturniveau der Messung, charakterisiert durch die Lage der Rücklauftemperatur abhängig. Der für geringe Temperaturdifferenzen auftretende Restfehler von etwa - 4% bzw. -1,5 % ist unbedeutend, da er durch geeignete Wahl des mittleren Wärmekoeffizienten ohnehin kompensiert werden kann.

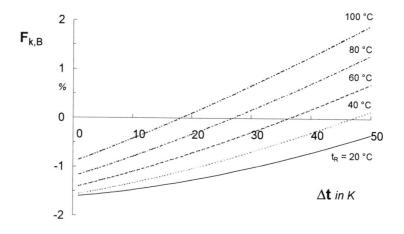

Abb. 7.3: *Systematischer Fehler $F_{k,B}$ für Volumendurchflußmessung im Vorlauf.*
k_m = 1,146 kWh.m^{-3}.K^{-1}

Für große Temperaturdifferenzen ist der systematische Fehler bei der Volumendurchflußmessung im Rücklauf deutlich geringer als bei der Messung im Vorlauf, wenn man - wie bereits erwähnt - den Restfehler außer acht läßt.

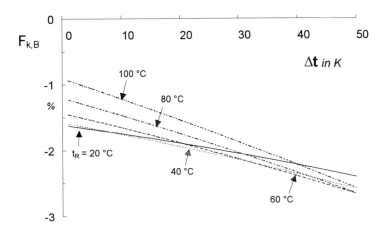

Abb. 7.4: *Systematischer Fehler $F_{k,B}$ für Volumendurchflußmessung im Rücklauf.*
$k_m = 1{,}146\ kWh.m^{-3}.K^{-1}$

Bei Verwendung von Nickelfühlern zur Temperaturmessung werden die resultierenden Fehler $F_{k,B}$ außerordentlich groß, da das positive Krümmungsmaß B/A den Fehler nicht kompensiert, sondern verstärkt.

Nickelfühler sind also in dieser Form bei der Wärmemessung für den Wärmeträger Wasser nicht geeignet. Für verminderte Genauigkeitsansprüche genügt eine Linearisierung, womit sich näherungsweise die in den Abbildungen 7.1 und 7.2 angegebenen systematischen Fehler ergeben.

Etwas anders sind die Verhältnisse bei der Massendurchflußmessung. Zur Erläuterung gehen wir von der Grundgleichung der Wärmemessung

$$P = \dot{m}\, \Delta h \tag{2.4}$$

aus und ersetzen die spezifische Enthalpie durch das Integral der spezifischen Wärme, dann kann man auch schreiben:

$$P = \dot{m}\, \overline{c_p}\, \Delta t, \tag{7.6}$$

wenn mit $\overline{c_p}$ der Mittelwert der spezifischen Wärme im Intervall $[t_V, t_R]$ bezeichnet wird.

Nimmt man an, daß dieser Mittelwert $\overline{c_p}$, der von den aktuellen Werten der Vor- und Rücklauftemperatur abhängt, durch einen konstanten Wert c_{pm} ersetzt wird, und die Temperaturmessung durch zwei nichtlineare Fühler ausgeführt wird, dann erhält man, wenn mit P' die scheinbare und mit P die physikalisch richtige Leistung und sinngemäß mit $\Delta t'$ die scheinbare Temperaturdifferenz bezeichnet wird:

$$P' = \dot{m} \, c_{pm} \, \Delta t' = \dot{m} \, \overline{c_p} \, \Delta t \, \frac{c_{pm} \Delta t'}{c_p \Delta t} \qquad (7.7)$$

Mit Gl. (7.2) erhält man schließlich für den systematischen Fehler

$$F_{c_p,B} = \frac{c_{pm}}{c_p} [1 + \frac{B}{A}(t_V + t_R)] - 1 \qquad (7.8)$$

In Abb. 7.5 ist dieser Fehler für streng lineare Fühler, d.h. B/A = 0 dargestellt, in Abb. 7.6 für Platinfühler. Es braucht nicht besonders betont zu werden, daß die Massendurchflußmessung nicht davon abhängt, ob sie im Vor- oder Rücklauf ausgeführt wird, da die Masse als Erhaltungsgröße, und damit auch der Massendurchfluß, konstant bleibt.

Wie man der Abb. 7.6 entnimmt, steigt der systematische Fehler durch Platinfühler gegenüber streng linearen Temperaturfühlern an, so daß weitere schaltungstechnische Maßnahmen herangezogen werden müssen, um diesen Zusatzfehler zu kompensieren.

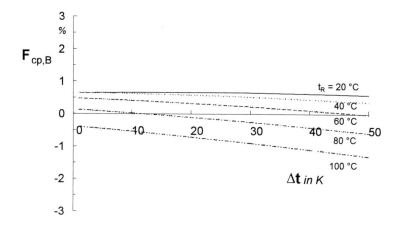

Abb. 7.5: *Systematischer Fehler der Wärmemessung bei Erfassung des Massendurchflusses, linearen[3] Temperaturfühlern und Verwendung eines konstanten Wertes der spezifischen Wärme:*
$c_{pm} = 4{,}2 \ kJ.kg^{-1}.K^{-1}$

Bei der Konstruktion von Rechenwerken wird ein Sollwert für die Charakteristik der Temperatursensoren angenommen. Die Fühler entsprechen aber nicht immer diesen Sollwerten. Wir wollen im folgenden die Konsequenzen aus dieser Tatsache untersu-

---

[3] Unter linearen Temperaturfühlern wollen wir hier Temperaturfühler verstehen, für die ein streng linearer Zusammenhang zwischen Temperatur und Widerstand besteht, was naturgemäß für Platin <u>nicht</u> gilt!

chen und für die weiteren Überlegungen wieder Platin-Widerstandsthermometer voraussetzen, deren Charakteristik der EN-DIN 60751 entspricht.

Im Paarungsfehler, der durch die Gl. (5.26):

$$F_T \approx \frac{\dfrac{R_{oV}-R_{oR}}{R_o} + (t_V\,\delta A_V - t_R\,\delta A_R) + (t_V^2\delta B_V - t_R^2\delta B_R)}{A_N\,\Delta t + B_N\,(t_V^2 - t_R^2)} \qquad (5.26)$$

berechnet wird, stellen die Größen δA_V, δA_R, δB_V und δB_R sowie R_{oV} und R_{oR} die Abweichungen der Widerstands-Temperatur-Charakteristiken vom Sollwert (Index N) dar. Für $\delta A_V = \delta A_R = \delta B_V = \delta B_R = (R_{oV}\text{-}R_{oR}) = 0$ ist der Paarungsfehler Null; gilt dies aber auch für $\delta A_V = \delta A_R$ und $\delta B_V = \delta B_R$, $R_{oV} = R_{oR}$, d.h. gleiche, aber nicht verschwindende Abweichungen der Widerstands-Temperatur-Charakteristiken der paarweise vorliegenden Temperaturfühler von den entsprechenden Sollwerten?

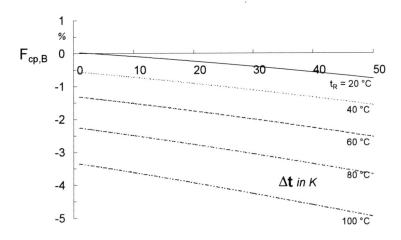

Abb. 7.6: wie Abb. 7.5, nur Temperaturmessung mit Platinfühlern

Die Abbildungen 7.7 bis 7.13 zeigen die Ergebnisse von Modellrechnungen, wobei folgende Fälle untersucht wurden:

1. Die Einflüsse auf den Paarungsfehler, wenn ein Koeffizient (z.B. A_V) geändert wird, während die anderen Koeffizienten gleich den Normwerten sind (Abb. 7.7 bis 7.9).
2. Wie wirken sich gleiche Änderungen der zusammengehörigen Koeffizienten (z.B. A_V und A_R) auf den Paarungsfehler aus (Abb. 7.10 bis 7.12).

3. Auch Unterschiede im Grundwert (d.h. R_o bei t = 0 °C) beeinflussen den Paarungsfehler, wie schön an der Abb. 7.13 zu erkennen ist. Allerdings ist dieser Einfluß unabhängig vom Temperaturniveau.

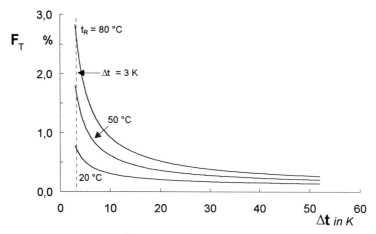

Abb. 7.7: Änderung der Steigung A_V um + 0,1 %.

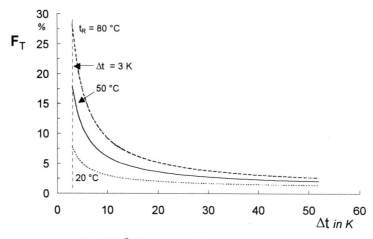

Abb. 7.8: Änderung der Steigung A_V um + 1 %.

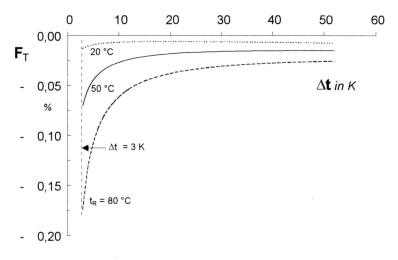

Abb. 7.9: Änderung der Steigung B_V um + 0,5 %.

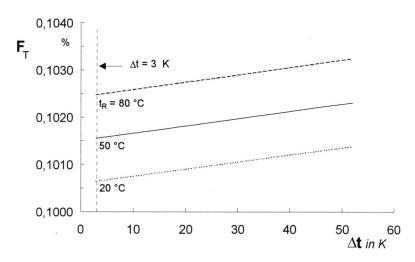

Abb. 7.10: Änderung der Steigungen A_V und A_R um + 0,1 %.

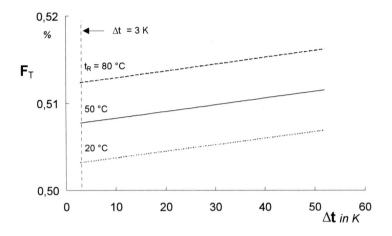

Abb. 7.11: Änderung der Steigungen A_V und A_R um + 0,5 %.

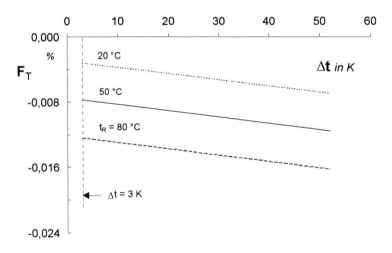

Abb. 7.12: Änderung der Steigungen B_V und B_R um + 0,5 %.

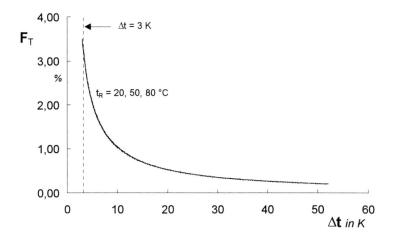

Abb. 7.13: Änderung des Grundwiderstandes des Vorlaufthermometers um 40 mΩ

Es zeigt sich also, daß sowohl die Abweichungen der Einzelsteigungen vom Sollwert als auch die gleichzeitige Änderung der Steigungen zweier zusammengehöriger Fühler einen Restfehler ergeben, der nicht vernachlässigbar ist. Betrachten wir dazu beispielsweise die Abbildungen 7.10 und 7.11, die den Einfluß der Steigungsabweichungen δA_V und δA_R beschreiben, dann fällt auf, daß trotz gleicher Änderungen der Restfehler von der Größenordnung dieser Änderungen ist. Eine analoge Änderung von B_V und B_R ist dagegen vernachlässigbar (siehe Abb. 7.12).

Als Konsequenz daraus wurde beispielsweise in den Österreichischen Eichanforderungen festgelegt, daß die Abweichung der mittleren Steigung von der Normsteigung für jeden Fühler $\leq 5 \cdot 10^{-3}$ sein muß, ein sehr großzügiger Wert, da man letztlich für das Paar einen Zusatzfehler von bis zu 1 % (= 10^{-2}) in Kauf nehmen muß. Eine Einschränkung auf geringere Werte der Steigungsabweichung wäre zumindest überlegenswert.[4]

7.3 Mechanische Wärmezähler

Diese Geräte werden nicht mehr erzeugt und werden, wenn noch wo vorhanden, durch elektronische Wärmezähler ersetzt. Wir werden uns daher nicht weiter damit beschäftigen und lediglich auf die Literatur hinweisen.[5]

---

[4] Eine solche Einschränkung könnte z.B. lauten: ± 0,35 % für das Fühlerpaar, entsprechend einem Zehntel der Eichfehlergrenzen. Die Abweichung der mittleren Steigung der Charakteristik des Einzelfühlers vom Sollwert wäre dann mit ± 0,175 % begrenzt

[5] siehe dazu die zweite Auflage dieses Handbuches ...., Vulkan-Verlag, Essen, 1991

7.4 Elektronische Wärmezähler

Wie bereits erwähnt, sind die mechanischen Wärmezähler praktisch ausgestorben. Dies hat vor allem zwei Gründe: Zum ersten ist die komplizierte Mechanik sehr kostenintensiv, zum anderen läßt sich mit elektronischen Mitteln eine wesentlich höhere Meßgenauigkeit erzielen, als mit mechanischen Methoden.

Diese Tatsache wurde schon frühzeitig erkannt, und man versuchte Wärmezähler zunächst nach analogen Meßprinzipien aufzubauen.[6]

7.4.1 Wärmezähler nach analogen Meßprinzipien

Die Temperaturdifferenz wird hier meist mit Widerstandsthermometern erfaßt, die einen Teil einer (Wheatstoneschen) Brückenschaltung bilden. Wird die Speisespannung dieser Brücke mit dem Volumen- oder Massendurchfluß gekoppelt, dann liegt eine Multiplikation im Sinne der Gl. (2.4) bzw. (7.6) vor. In einem nachgeschalteten Verstärker kann das Ausgangssignal auf einen Strom von 20 mA normiert werden. Damit kann einerseits die Wärmeleistung als Augenblickswert, andererseits aber auch die Wärmemenge durch Integration des Ausgangsstromes erfaßt und angezeigt werden.

Früher verwendete man zur Integration gerne Gleichstromzähler, die jedoch heute durch Analog/Digital-Wandler (AD-Wandler) mit nachgeschalteten elektronischen Zählern ersetzt werden. Analoge Rechenwerke werden vor allem im Zusammenhang mit Wirkdruckmeßeinrichtungen verwendet, die einen dem Massenstrom proportionalen Ausgangsstrom liefern. Erfolgt keine weitere Kompensation, dann treten die in Abb. 7.5 bzw. 7.6 dargestellten systematischen Meßfehler auf.

7.4.2 Wärmezähler nach digitalen Meßprinzipien

Bei Wärmezählern nach analogen Meßprinzipien gehen Fehler der Bauelemente unmittelbar in die Messung ein. Dies kann durch digitalisierte Meßwertverarbeitung zu einem Großteil vermieden werden. Betrachten wir dazu vorerst den Aufbau eines Wärmezählers mit digitaler Meßwerterfassung (siehe Abb. 7.14).

Ein elektronisch streng konstant gehaltener Meßstrom durchfließt abwechselnd die Temperaturfühler für den Vor- und Rücklauf. Die so entstehende Differenzspannung wird mittels eines AD-Wandlers - z.B. in der Form eines Dual-slope-Converters - in eine Impulsfolge umgewandelt.

---

[6] *J. Krönert (Hrsg.):* Handbuch der technischen Betriebskontrolle, Band III: Physikalische Meßmethoden, Akademische Verlagsgesellschaft, Geest & Portig KG, Leipzig, 1951

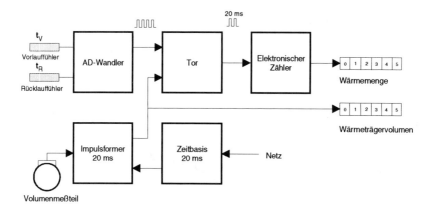

Abb. 7.14: Prinzipschaltbild eines Wärmezählers mit digitaler Meßwertverarbeitung[7]

Bei Verwendung eines Flügelrad- oder Woltmanzählers als Durchflußsensor wird in der Regel eine Zeigerumdrehung mittels eines Reed-Kontaktes in einen Schaltimpuls umgesetzt. Dieser Schaltimpuls wird in einen Rechteckimpuls definierter Höhe und Dauer umgeformt, der eine Torschaltung für die Impulsdauer öffnet. In diese Torschaltung werden die der Temperaturdifferenz entsprechenden Impulse für die Volumenimpulsdauer eingezählt. Anschließend erfolgt die Untersetzung der der Wärmemenge proportionalen Impulse und Anpassung an die gesetzlich zulässige Einheit, wie kWh, MWh oder GJ.

Bei dieser Schaltung, die eine annähernd lineare Integration gewährleistet, ist eine Nachbildung des Wärmekoeffizienten nicht vorgesehen. Für den Wärmeträger Wasser und Volumendurchflußmessung im Rücklauf ist jedoch, wie weiter oben bereits ausführlich besprochen, eine teilweise Kompensation des Wärmekoeffizienten möglich. Dazu sind jedoch Widerstandsthermometer mit einem negativen Krümmungsmaß, wie Platinfühler, nötig. Vor allem für nicht zu große Spreizungen reicht diese Art der Kompensation völlig aus, und zwar dann, wenn durch eine geeignete Gegenkopplung die Fehlerkurve begradigt wird.

Grundsätzlich muß bei elektronischen Wärmezählern eine Energieversorgung vorgesehen werden. Diese kann aus dem elektrischen Netz erfolgen, manchmal werden aber auch Batterien verwendet.

Die Schaltung nach Abb. 7.14 muß dann dahingehend abgeändert werden, daß der Strombedarf so gering als möglich ist, um eine lange Lebensdauer der Batterie zu gewährleisten. Dies kann beispielsweise dadurch erreicht werden, daß die Rechenschaltung nur dann mit Strom versorgt wird, wenn ein Volumenimpuls einen Rechenschritt auslöst.

---

[7] Richtlinien für Wärmemessung und Wärmeabrechnung, 2. Auflage, 1977, herausgegeben von der Arbeitsgemeinschaft Fernwärme e.V. bei der VDEW, Verlag und Wirtschaftsges. der Elektrizitätswerke mbH, VWEW

Wärmezähler, die nach diesen Meßprinzipien aufgebaut sind, erreichen heute Meßfehler, die eigentlich nur mehr durch die Güte der AD-Wandler und die Genauigkeit der Nachbildung des Wärmekoeffizienten gegeben sind.

7.4.3 Wärmezähler mit mikroprozessorgesteuerten Rechenwerken

Eine neue Generation von Wärmezählern ist in neuerer Zeit durch den Einsatz von Mikrocomputern, bzw. Mikrocontrollern entstanden. Die Mikrocomputer übernehmen die Verarbeitung der Meßsignale und steuern auch direkt die Anzeigeeinrichtung an, die in der Regel als LCD-Zählwerk ausgeführt ist. Diese Arbeitsweise hat folgende Vorteile:

1. Es können beliebige Wärmeträger verwendet werden, da die entsprechenden Wärmekoeffizienten softwaremäßig vorgegeben werden können. Ebenso ist die Verwendung beliebiger Temperaturfühler möglich; es muß lediglich der Zusammenhang zwischen Meßsignal und Temperatur eindeutig gegeben sein.
2. Es ist nur ein LCD-Zählwerk notwendig, da durch Umschaltung - z.B. durch Abdunkeln einer Infrarotdiode - neben der Wärmemenge weitere Größen wie das Wärmeträgervolumen, die Vorlauf- und die Rücklauftemperatur, die Temperaturdifferenz u.a. angezeigt werden können.
3. Darüberhinaus ist die Datenein- und -auslesung mittels Schnittstellen sehr einfach durchzuführen. Mit ihr kann auch die Justierung des Wärmezählers durch ein Datenwort erfolgen, was allerdings im eichpflichtigen Verkehr nur beschränkt zulässig ist. Mit dieser Möglichkeit eröffnet sich auch langfristig eine völlige Abkehr von bestehenden Ableseriten, da die Fernübertragung der gewünschten Zählerdaten in realisierbare Nähe gerückt ist.

Trotz dieser Vorteile gegenüber den „klassischen Wärmezählern" muß aber bedacht werden, daß die von der Peripherie, also den Temperaturmeßstellen und der Volumenerfassung kommenden Meßgrößen im allgemeinen in analoger Form vorliegen (z.B. Widerstandswert) und erst mittels AD-Wandlern in digitale Form gebracht werden müssen. Mit dieser Umsetzung sind letztlich Fehler verbunden, die als „Meßfehler" zu buchen sind, da die Meßwertverarbeitung selbst per definitionem fehlerfrei ist. Deshalb sind auch die erreichbaren Fehler von der gleichen Größenordnung wie bei den klassischen Wärmezählern.

In neuerer Zeit sind von der einschlägigen Industrie Quarzthermometer angeboten worden, die die Temperaturabhängigkeit der Schwingungsfrequenz des Quarzes benützen und somit ein digitales Signal zur weiteren Verarbeitung liefern.[8] Wird letztlich ein Durchflußsensor verwendet, der als durchflußproportionales Ausgangssignal eine Frequenz liefert, wie es beispielsweise Ultraschallzähler tun, dann liegt in Kombination mit einem mikroprozessorgesteuerten Rechenwerk ein volldigitaler Zähler vor. Die Realisierung dieses volldigitalen Zählers ist bislang vor allem am Preis der Quarzthermometer gescheitert. An der Gesamtgenauigkeit der Wärmezähler dürfte sich dadurch aber nichts Wesentliches ändern.

---

[8] *H. Ziegler:* Temperaturmessung mit Schwingquarzen, Technisches Messen tm 54(1987), H. 4, S. 124 ff

7.5 Ausführungsformen moderner Wärmezähler

Bezüglich der Ausführung von Wärmezählern muß grundsätzlich zwischen den sogenannten Splitgeräten und den Kleinwärmezählern unterschieden werden.

Als Splitgeräte (neuerdings: „Kombinierte Wärmezähler") bezeichnet man dabei jene Wärmezähler, bei denen die Teilgeräte wie Durchflußsensor, Temperaturfühler und Rechenwerk als eigene Geräte ausgeführt sind. Die Funktion des Wärmezählers entsteht erst durch Zusammenschalten dieser Teilgeräte.

Diese Vorgangsweise ist dann zweckmäßig, wenn Wärmezähler für größere Leistungen gebaut werden sollen und die einzelnen Teilgeräte erst am Aufstellungsort zusammengefügt werden können. Wärmezähler dieser Ausführung werden in erster Linie im Fernwärmebereich eingesetzt und umfassen nach Schätzungen einen Anteil von 20 - 30 % aller Zähler.

Im Gegensatz dazu bilden Kleinwärmezähler meist eine bauliche Einheit. Während Splitgeräte in weiten Grenzen aus beliebigen Bauteilen zusammengestellt werden können, ist diese Variationsvielfalt bei Kleinwärmezählern von Haus aus nicht vorgesehen, sind sie doch in erster Linie für den Einsatz im Wohnungsbereich oder für Kleinabnehmer gedacht. Die Grenze zwischen diesen beiden Grundtypen ist verwaschen, doch kann man sie bezüglich des Volumendurchflusses bei etwa Q_n = 2,5 m³/h ansetzen. Wegen der gesetzlichen Vorschriften zur Heizkostenverteilung werden sie oft in Konkurrenz zu Heizkostenverteilern verwendet und stellen den überwiegenden Anteil (70 - 80 %) aller verwendeten Wärmezähler dar.

Moderne Kleinwärmezähler bestehen aus einem Durchflußsensor, der meist als Flügelradzähler ausgebildet ist. Bei Billiggeräten verwendet man klassische Einstrahl-Flügelradzähler mit Zählwerk und Reedkontakt zur Abnahme der volumenproportionalen Impulse. Diese Geräte haben durch die Verwendung eines Zählwerkes den Nachteil eines geringen Meßbereiches. Seit einiger Zeit gibt es daher Ausführungsvarianten, die durch Direktabtastung des Flügelrades eine nahezu rückwirkungsfreie Messung gestatten. Die älteste Methode der Abtastung ist der induktive Direktabgriff, den *Düll* 1971 einführte.[9] Dazu werden Permanentmagnete im Flügel oder in einem Träger auf der Flügelwelle montiert. Bewegt sich das Flügelrad, dann wird in einer fix montierten Spule eine Wechselspannung induziert, deren Amplitude und Frequenz der Flügeldrehzahl und damit dem Durchfluß proportional ist. Dieses Verfahren besitzt nach *Düll* eine untere Frequenzgrenze, die immer unter der Anlaufgrenze des Flügelradzählers liegen muß. Als Nachteil ist anzuführen, daß die im Naßraum des Zählers angebrachten Magnete als „Magnetitfalle" wirken. Mit Geräten dieser Bauart konnte zwar die metrologische Klasse B, aber nicht C erreicht werden.

Wie noch später ausführlich dargelegt wird, ist gerade im Wohnungsbereich ein möglichst großer Meßbereich wünschenswert. Es wurden daher ab etwa Mitte der Achtzigerjahre bei Kleinwärmezählern Abgriffsysteme entwickelt, die die Realisierung der metrologischen Klasse C, also einen Meßbereichsumfang von 1 : 100 bei Flügelradzählern, ermöglichen; Beispiele dafür wurden im Kapitel 5.3.1 angeführt.

Es sind mehrere Methoden bekannt, beispielsweise ein optisches Verfahren, die Ultraschallabtastung, die Änderung des Flüssigkeitswiderstandes durch die Drehbewe-

---

[9] *P. Düll:* Direktabgriff bei Wärmezählern, Vortrag am Seminar "Neueste Entwicklungen der Wärmemessung" am 6. und 7. Juni 1988 in Wien, Veranstalter: Österreichisches Fortbildungs-Institut (ÖFI)

gung des Flügelrades und Verfahren, die Hochfrequenz von einer oder mehreren Spulen auf den Flügel übertragen oder umgekehrt (siehe Abb. 5.22).

Bei der optischen Abtastung wird eine Reflexlichtschranke im Zähler angebracht, bei der die Flügelpaletten den Lichtstrahl unterbrechen bzw. reflektieren. Die Ein- und Auskopplung des sichtbaren oder Infrarotlichtes muß über ein Fenster erfolgen, das sich mit Schmutz oder Magnetit belegen kann. Ebenso störend ist die Lichtabsorption in der Flüssigkeit, weswegen dieses Verfahren bei der Wärmemessung kaum einsetzbar ist. Eine Abart dieser Methode tastet dagegen photoelektrisch das Zählwerksgetriebe ab, was zwar hohe Impulsraten liefert, jedoch die Bremsung durch das Zählwerk nicht ausschaltet.

Bei der Ultraschallabtastung wird ein Ultraschallstrahl parallel zur Flügelachse ausgesandt. Befindet sich im Strahlweg keine Flügelpalette, so wird der Schallimpuls vom Meßkammerboden reflektiert und erzeugt im Ultraschallwandler ein Echo. Dieses Echo unterbleibt, wenn der Schallstrahl von einer Palette unterbrochen und absorbiert wird. Entscheidend für die einwandfreie Funktion der Geräte ist, daß sich keine Luft im Zähler befinden darf. Praktische Erfahrungen konnten mit ultraschallgetasteten Flügelradzählern in dem später beschriebenen Großversuch im Wiener Arsenal gewonnen werden. Von 48 Wohnungswärmezählern, die vier Jahre eingesetzt waren, waren praktisch alle Zähler innerhalb der Verkehrsfehlergrenzen, die meisten sogar innerhalb der Eichfehlergrenzen, lediglich ein Zähler zeigte einen groben Fehler von etwa - 50 %.[10]

Das dritte Prinzip nützt die elektrische Leitfähigkeit des Wassers. Dazu werden in der Meßkammer in der Nähe des Flügelrades drei oder mehr Elektroden angeordnet und mindestens zwei davon mit einer Wechselspannung beaufschlagt; so ergibt sich bei ruhendem Flügel eine bestimmte Leitfähigkeitsverteilung zwischen den Elektroden, die zu bestimmten el. Potentialen an den Elektroden führt. Bei geschickter Anordnung, z.B. bei drei Elektroden in Differentialschaltung ist die Spannung zwischen den Elektroden ein Minimum. Dreht sich der Flügel, so wird durch die Querschnittsänderung der Flüssigkeit der Potentialverlauf verändert und es tritt eine mit der Flügelumdrehung periodische Spannung auf.

Bei dieser Anordnung haben die Elektronik-Eingangskreise direkten galvanischen Kontakt mit der Flüssigkeit, dadurch besteht prinzipiell die Möglichkeit der Störbeeinflussung. Da aus Stromverbrauchsgründen einerseits, und wegen der u.U. sehr niedrigen Leitfähigkeit andererseits, hochohmige Elektronikeingänge verwendet werden müssen, besteht die Gefahr eines Kurzschlusses durch leitfähige Beläge.

Die letzte Methode der Hochfrequenzkopplung soll nach *Düll* die beste Ausführung darstellen, da sie robuste, einfache und preiswerte Lösungen zuläßt:[11]

In einer speziellen Ausführungsform kann ein Flügel ein Koppelelement tragen, das zwei oder mehrere Spulen in bestimmten Stellungen elektromagnetisch koppelt, so daß HF-Energie von einer auf eine andere Spule übertragen wird. In den Zwischenstellungen erfolgt keine Kopplung, so daß der drehende Flügel eine modulierte Hochfrequenzschwingung erzeugt. Als Koppelelement kann eine leitfähige Folie dienen, in der

---

[10] *A. Wischinka:* Abschlußbericht zum Forschungsprojekt Arsenal, Fernwärme international, Jahrbuch 1989

[11] *P. Düll:* Direktabgriff bei Wärmezählern, Vortrag am Seminar „Neue Entwicklungen der Wärmemessung" am 6. und 7. Juni 1988 in Wien, Veranstalter: Österreichisches Fortbildungs-Institut (ÖFI)

induzierte Wirbelströme auftreten. Eine ähnliche Ausführung wird von einem anderen Autor angegeben.[12]

Mit den besprochenen Methoden ist es gelungen, den Meßbereich für den Volumendurchfluß derart zu vergrößern, daß die Einhaltung der metrologischen Klasse C keine Probleme mehr verursacht.

Die erwähnten Verfahren sind bei den realisierten Ultraschall-Durchflußsensoren und den MID gegenstandslos, da die heute zur Eichung zugelassenen Bauarten problemlos die metrologische Klasse C erreichen. Allerdings liegt ihr Preis noch immer deutlich über jenen konventioneller Zähler.

Wie an anderer Stelle bereits ausgeführt, ist das Problem der Temperaturmessung bei Kleinwärmezählern noch nicht befriedigend gelöst, da die Einbaulängen aufgrund der geometrischen Verhältnisse sehr gering sind. Ein Teil der daraus resultierenden Einbaufehler wird zwar durch die Bildung der Temperaturdifferenz unwirksam, doch es bleiben Restfehler übrig, die nicht vernachlässigbar sind. Eine Lösung des Problems kann nur durch geeignete thermische Entkopplung des Meßelementes von der Rohrwand und der Umgebung erfolgen.

Als Temperaturmeßelemente verwendet man praktisch nur Platin-Widerstandsthermometer, die bei Kleinwärmezählern mit direkt angeschlossener Zuleitung ausgeführt sind, bei Großwärmezählern üblicherweise als Kopfthermometer. Der Grundwert der Platin-Meßwiderstände selbst liegt meist bei 100 Ω, seltener bei 500 Ω bzw. 1000 Ω (Bezeichnung: Pt 100, Pt 500, Pt 1000).

Bei den Rechenwerken scheint sich der mikroprozessorgesteuerte Typ durchzusetzen, erlaubt er doch, mit einem LCD-Zählwerk eine Vielzahl von Anlagenparametern zu erfassen.

Was bezüglich Kleinwärmezähler gesagt wurde, läßt sich im wesentlichen auch auf Großwärmezähler übertragen. Allerdings sind dort die Probleme mit extrem großen Meßbereichen nicht bekannt; auch die Temperaturmessung ist wesentlich unproblematischer, da die erforderlichen Einbaulängen in der Regel leicht realisierbar sind.

Für die Messung größerer Wärmeleistungen gibt es allerdings keine der oben angeführten „alternativen" Durchflußsensoren, wenn man von den fallweise zur Großwärmemessung eingesetzten magnetisch-induktiven Durchflußmessern absieht, die allerdings nicht speziell für die Wärmemessung konstruiert sind.

Für extrem große Volumendurchflüsse, wie sie im Kraftwerksbereich auftreten, werden gerne Wirkdruckmeßgeräte verwendet, da sie wegen der fehlenden Prüfmöglichkeiten oft die einzige Alternative darstellen. Wirkdruck-Meßgeräte sind nicht prinzipiell minderwertig, es ist nur zu bedenken, daß die "Meßgenauigkeit", vor allem für große Durchflüsse, rechnerisch ermittelt wird, da - wie bereits erwähnt - kaum Prüfeinrichtungen für große Durchflußstärken existieren.

Wir wollen nun noch auf einige Probleme näher eingehen, die bei Wärmezählern auftreten können. Dies sind die mit den Klemmstellen verbundenen Kontaktprobleme und die bei der Temperaturmessung auftretenden parasitären Thermospannungen, die Einflüsse der Leitungslängen, die Tastrate für das Wärmeträgervolumen und schließlich die Probleme, die mit der unsymmetrisch ausgeführten Messung der Vor- und Rücklauftemperatur möglich sind (siehe Abb. 7.15).

---

[12] E. Lacher: Volumenmeßteile mit magnetfreier Flügelradabtastung, Fernwärme international FWI 17(1988), H. 4, S. 271 ff

7.6 Spezielle Probleme bei Wärmezählern

7.6.1 Kontaktwiderstand

Bei der Beschaltung eines Wärmezählers treten einige Kontaktstellen auf, denen vor allem dann, wenn sie die Genauigkeit beeinflussen, die größte Beachtung zu schenken ist. So ein Fall liegt bei der Temperaturdifferenzmessung vor.

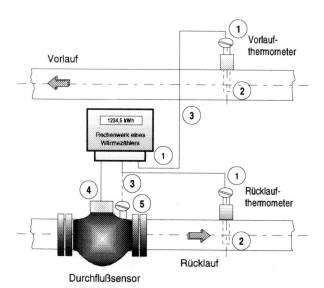

Abb. 7.15: Potentielle Problemstellen bei der Zusammenschaltung von Teilgeräten zu einem Wärmezähler
1 ... Klemmstellen
2 ... parasitäre Thermospannungen
3 ... Leitungslängen
4 ... Tastrate
5 ... Unsymmetrische Montage der Temperaturfühler

Betrachten wir den Fall der Temperaturdifferenzmessung mit Widerstandsthermometern mit Anschlußkopf etwas näher. Zunächst kann man das elektrische Ersatzschaltbild einer Temperaturmeßstelle angeben, wie es in Abb. 6.8 geschehen ist.

Der Meßkreis wird meist mit einem konstanten Meßstrom i_m gespeist, der in unserem Fall vom Rechenwerk stammt. Er durchfließt dabei die folgenden Widerstände:

1. den Meßwiderstand R_m, der sich auf der zu messenden Temperatur befindet (t_F),
2. den Innenleitungswiderstand R_i, verursacht durch die Verbindungsdrähte vom Meßwiderstand zu den Anschlußklemmen am Anschlußkopf,
3. den bzw. die Zuleitungswiderstände (R_L),
4. die Kontaktwiderstände am Anschlußkopf (R_{K1} und R_{K2}) und an den Klemmstellen am Rechenwerk (R_{K3} und R_{K4}).

Für die Messung von Temperaturdifferenzen (Index V und R) sind die folgenden Spannungen von Interesse, wenn angenommen wird, daß in die Meßkreise für Vor- und Rücklauf der gleiche Meßstrom i_m eingespeist wird:

$$U_i = U_V - U_R = i_m \left[(R_{m,V} - R_{m,R}) + (R_{i,V} - R_{i,R}) + (R_{L,V} - R_{L,R}) + (R_{K,V} - R_{K,R}) \right] \quad (7.9)$$

Der Sollwert dagegen wäre:

$$U_s = i_m (R_{m,V} - R_{m,R}) \qquad (7.10)$$

Alle Summanden in Gl. (7.9), mit Ausnahme von jenem, der U_s entspricht, verursachen Meßfehler, soferne sie nicht verschwinden.
Im einzelnen läßt sich zu den Summanden in Gl. (7.9) folgendes ausführen:

$R_{i,V} - R_{i,R}$: Da der Innenleitungswiderstand i.a. aus Silber besteht, ist er ähnlich wie Platin (oder auch Ni) temperaturabhängig. Unterschiedliche Temperaturniveaus im Vor- und Rücklaufstrang wirken sich daher als Meßfehler aus. Da der Innenleitungswiderstand aber sehr gering ist (< 100 mΩ), kann man seinen Einfluß meist vernachlässigen.

$R_{L,V} - R_{L,R}$: Wie *Magdeburg* zeigte, kann auch die Temperaturabhängigkeit des Leitungswiderstandes zu einem Fehlerbeitrag führen und zwar besonders dann, wenn die Leitungslänge groß ist und sich die Vor- und Rücklaufleitungen auf unterschiedlichem Temperaturniveau befinden.[13] Dieser Einfluß wird weiter unten noch näher erläutert.

$R_{K,V} - R_{K,R}$: Während die anderen Widerstandsbeiträge abschätzbar sind, ist der Einfluß der verschiedenen Kontaktwiderstände nicht so klar erfaßbar. Im folgenden sei daher kurz auf die Physik der Kontakte hingewiesen.

7.6.1.1 Zur Definition des Kontaktwiderstandes

Bei Berührung zweier Kontaktflächen kommt es nicht - wie man zunächst annehmen könnte - zu einem ungehinderten Stromfluß, sondern es treten zwei Effekte auf, die sich in ihrer Wirkung überlagern und den Kontaktwiderstand bilden.
In der Berührungsebene der beiden Kontaktstücke kommt es zu einer Stromleitung, die nur auf wenige Teilflächen beschränkt ist, die lediglich einen geringen Anteil an der scheinbaren, geometrischen Kontaktfläche umfassen (Abb. 7.16 a und b). In der Folge kommt es zu einer Einschnürung der Stromlinien - man spricht von Engegebieten - und einem Zusatzwiderstand, den man „Engewiderstand" nennt.

---

[13] *H. Magdeburg:* Vortrag am PTB-Seminar für Prüfstellenleiter, Berlin, 1984

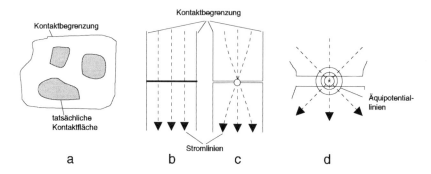

Abb. 7.16: Zur Definition des Engewiderstandes
a) tatsächliche Kontaktfläche
b) Stromlinien im Falle des ungehinderten Stromdurchganges
c) Stromlinien im Falle des Stromdurchganges durch eine Engstelle mit dem Durchmesser b
d) Zu (c) gehörige Äquipotentiallinien

Im einfachsten Fall kann man den Engewiderstand berechnen, indem man ein einziges Engegebiet mit dem Durchmesser b annimmt (Abb. 7.16 c). Zur idealisierten Beschreibung nimmt man ferner an, daß die Kontaktfläche durch eine unendlich gut wärme- und elektrizitätsleitende Kugel ersetzt werden kann. Die Äquipotentiallinien stellen dann Kugelflächen dar (Abb. 7.16d). Für den Widerstandsbeitrag einer solchen Engstelle mit dem Durchmesser b findet man [14]

$$R_E = \frac{\rho}{\pi b} \qquad (7.11)$$

Dieses Ergebnis hat - neben den angenommenen Modellbedingungen - zur Voraussetzung, daß der spez. elektr. Widerstand ρ auch in der Engstelle konstant ist und der rein Ohmsche Widerstand des Kontaktgebietes ohne Engstelle vernachlässigt werden kann.

Der Engewiderstand kann eigentlich nur durch Vergrößerung von b reduziert werden, was durch Erhöhung der auf den Kontakt wirkenden Kraft F erreicht wird. Durch Erhöhung der Kontaktlast steigt im Engebereich der örtliche Druck an, und zwar so lange, bis das Material fließen kann (Fließgrenze). Das Material fließt nun so lange, bis der Druck im Engegebiet unter die Fließgrenze fällt. Damit sinkt entsprechend Gl. (7.11) der Engewiderstand. Da im allgemeinen mehrere parallele Engstellen vorliegen, reduziert sich auch der resultierende Engewiderstand entsprechend.

Der zweite, den Kontaktwiderstand mitverursachende Effekt besteht in der Bildung von Fremdschichten auf der metallischen Kontaktoberfläche, die für den elektrischen Strom einen Widerstand, den „Hautwiderstand" R_H darstellen.

Auf dem blanken Metall bildet sich zunächst eine einmolekulare Schicht aus Sauerstoff- und Wassermolekülen. Diese adsorptiv gebundenen molekularen Schichten

---

[14] R. Holm: Kontaktphysik, Springer-Verlag, 1968

wandeln sich im Laufe der Zeit in eine atomare Bindung an das Trägermetall um, indem die Moleküle aufgespalten und die Atome der Fremdschicht in das Metallgitter eingebaut werden. Die molekulare, bzw. später atomare Fremdschicht ist so fest gebunden, daß sie praktisch nicht beseitigt werden kann. Auf dieser Hautschicht wächst dann eine Fremdschicht, die Flüssigkeitsstruktur hat - also nur eine beschränkte Ordnung zeigt - und deren Dicke im Laufe der Zeit zunimmt.

So wächst beispielsweise auf metallischem Kupfer eine Fremdschicht aus Cu_2O, die bekanntlich ein Halbleiter ist, und neben einer Erhöhung des Hautwiderstandes eine Asymmetrie bezüglich der Stromleitung verursacht. Die Dicke der Fremdschicht wächst - zumindest bei Kupfer - proportional zu U_τ, mit τ als der Zeit, was den mit der Zeit zunehmenden Haut- bzw. Kontaktwiderstand von Kupfer erklärt.[15]

Das Wachsen von Fremdschichten kann durch erhöhten Kontaktdruck verringert werden; grundsätzlich lassen sich die erwähnten Häute aber nicht verhindern. Sind sie dünn genug - was im Falle der atomaren Grundschicht sicher gilt - verursachen sie nur einen geringen Widerstandsbeitrag, der durch den Tunneleffekt weiter reduziert wird.

Bezüglich des Kontaktwiderstandes ist Kupfer sicher der denkbar schlechteste Werkstoff. Der Grund ist in erster Linie in den „dicken" Fremdschichten, manchmal auch „Anlaufschichten" genannt, zu suchen. Wesentlich bessere Eigenschaften haben dagegen Edelmetalle, wie Gold und Silber, da deren Anlaufschichten im Vergleich zu Kupfer sehr gering sind. Unter Berücksichtigung der ökonomischen Seite ist wahrscheinlich Silber der geeignetste Werkstoff. Dabei genügt eine hauchdünne Silberschicht auf einem Grundkörper aus Kupfer.

Für unseren Fall ist in erster Linie der Kontakt zwischen Leitungsdraht und Klemmschraube von Interesse. Es zeigt sich, daß für einen ausreichend stabilen Kontaktwiderstand eine Kontaktkraft von ca. 200 N ausreichend ist. Ab diesem Grenzwert ist sichergestellt, daß der Kontaktwiderstand zeitlich konstant bleibt.

Durch hohe Kontaktlasten fließt das Material zu stark und es kann der äußerst schädliche Effekt des „Kontaktatmens" auftreten. Dabei fließt das Material so stark, daß zwischen Leitungsdraht und Klemmschraube Luft eindringen kann, was zum Wachsen von Fremdschichten auf den Kontakten führt.

7.6.1.2 Praktische Auswirkungen des Kontaktwiderstandes

Der Kontaktwiderstand wäre für die Temperaturdifferenz-Messung dann wirkungslos, wenn die Summe der Kontaktwiderstände im Vor- und Rücklaufkreis gleich ist, was in der Praxis nicht zu erwarten ist. Mit anderen Worten: Es ist nicht anzunehmen, daß sich alle Kontaktwiderstände so verhalten, daß sich die resultierenden Werte im Vorlauf- und Rücklaufkreis kompensieren - und zwar zumindest für die Dauer der Eichgültigkeit.

Der Einfluß der Kontaktwiderstände läßt sich zwar durch Wahl von Widerstandsthermometern mit hohem Grundwert (z.B. Pt 1000) reduzieren, aber nicht beseitigen. Dies ist nur mit der „Vierleitermethode" möglich. Ihr Prinzip ist in Abb. 6.9 im Vergleich zur Zweileitermethode gezeigt.

---

[15] R. Holm: Kontaktphysik, Springer-Verlag, 1968

Kontaktwiderstände und in gleicher Weise auch - eventuell temperaturabhängige - Leitungswiderstände bleiben bei der Vierleitermethode wirkungslos. Der einzige Nachteil ist der größere Aufwand für Installation und das erhöhte Fehlerpotential gegenüber falschen Anschlüssen. Interessanterweise gibt es bis heute praktisch keine Wärmezähler, die die Vierleitermethode verwenden.

7.6.2 Einfluß der Leitungswiderstände auf die Genauigkeit der Temperaturdifferenzmessung

Zuleitungen von Widerstandsthermometern können sich in zweifacher Weise auf die Genauigkeit der Temperaturdifferenzmessung auswirken:

(1) Vorerst können unterschiedliche Leitungswiderstände im Vor- bzw. Rücklaufkreis, verursacht durch ungleiche Leitungslängen oder ungleiche Querschnitte, zu einer Veränderung des Paarungsfehlers führen (siehe Gl. (6.28).
(2) Weiters rufen aber auch unterschiedlich temperierte Zuleitungen einen zusätzlichen Meßfehler hervor. Solche Temperaturunterschiede sind bei ungünstiger Führung der Thermometer-Zuleitungen in Heizanlagen durchaus möglich. Die folgende Abschätzung mag die Größenordnung dieser möglichen Fehler verdeutlichen.

Es wird angenommen, daß die Zuleitung zum Vorlaufthermometer um Θ wärmer sei als die Zuleitung zum Rücklaufthermometer; die elektrische Leitfähigkeit σ wie auch der Leitungsquerschnitt A seien jedoch gleich.

Sei $R_L(0)$ der symmetrisch angenommene Leitungswiderstand für $\Theta = 0$ und setzt man für die Temperaturabhängigkeit des Leitungswiderstandes eine Beziehung der Form

$$R_L(\Theta) = R_L(0)(1 + \alpha \Theta) \qquad (7.12)$$

an, dann erhält man für den Unterschied der genannten Zuleitungswiderstände:

$$\Delta R_L = \frac{(L_V - L_R) + L_V \alpha \Theta}{\sigma A} \qquad (7.13)$$

wenn mit L_V und L_R die entsprechenden Leitungslängen bezeichnet werden. Nimmt man für die Leitfähigkeit für Kupfer $\sigma = 56\ \Omega\ mm^2/m$ und für $\alpha = 0{,}004\ K^{-1}$ an, dann erhält man für die Unsymmetrie des Leitungswiderstandes bei $L_V = L_R$:

$$\frac{\Delta R_L}{R_L(0)} = 0{,}004\ \Theta \qquad (7.14)$$

Ein Beispiel mag dies illustrieren: Die Leitungslänge der Zuleitungen für die Vor- und Rücklaufthermometer sei gleich und betrage $L = 10\ m$, der Querschnitt $A = 0{,}5\ mm^2$.

Qualität ist unser Erfolg

SVM-Produkte für die Wärmeverbrauchserfassung bestechen durch höchste Mess- und Speicherkapazität.

Unser breites Angebot: *Elektronische Rechenwerke, Widerstandsthermometer, Kleinwärmezähler, Volumenmessteile, Datenübertragung MBUS nach EN 1434, Fernablesung via PC, Prüfgeräte, elektronische Zusatzgeräte, Montage und Service.*

Wärmezähler-Produkte von ABB verschaffen einen klaren Überblick über den Energiehaushalt.

Wenn Sie mehr darüber wissen wollen, kontaktieren Sie: Ing. Peter Schneiberg, +43 1/601 09-4960

Wer A sagt, wird auch ABB sagen.

ABB Industrie &
Gebäudesysteme GmbH
Messtechnik
Wienerbergstraße 11 B
A-1810 Wien

SIEMENS

Landis & Staefa Division

SONOGYR® energy, messbeständiger Ultraschall-Wärmezähler

Landis & Staefa (Österreich) AG -
ein Siemens Unternehmen
zu Hd. Herrn Ing. Jacek Gromski

A-1231 Wien, Breitenfurter Straße 148
Telefon Nr. 01/801 08-0, Fax DW 313

Innovative Verbrauchserfassung: Metrix eröffnet neue Dimensionen

Das Metrix-System erfüllt sämtliche Aufgaben, die im Zusammenhang mit dem Verbrauch von Energie entstehen:
von der Erfassung und Übermittlung der Energiekosten bis hin zur Auswertung und der Rechnungsstellung an die Verbraucher.

Bernina Electronic Austria GmbH
Karl Lothringer Strasse 8
A-1210 Wien

Telefon 0043 (0) 1 292 62 10
Telefax 0043 (0) 1 292 62 10/20
E-Mail bernina-electronic@netway.at

http://www.metrix.ch

Der Leitungswiderstand für $\Theta = 0$ ist dann $R_L(0) = 0{,}357\ \Omega$. In der folgenden Tabelle sind der Unsymmetriewiderstand und die entsprechende Temperaturdifferenz Δt_F für unterschiedliche Temperaturdifferenzen dargestellt. Die Widerstandsthermometer haben Meßeinsätze Pt 100.

Tabelle 7.1: Unsymmetriefehler durch unterschiedlich temperierte Zuleitungen. Meßelement: Pt 100

Θ in K	ΔR_L in mΩ	Δt_F in mK
10	14	37
20	29	74
30	43	111
40	57	148

Nimmt man an, daß die Übertemperatur Θ maximal 30 K betrage, dann ist $\Delta R_L = 0{,}12 \cdot R_L(0)$. Ist weiters der zulässige Einfluß 10 % der Eichfehlergrenze, bei Pt 100-Thermometern z.B. 4 mΩ, dann wird $R_L(0) = 0{,}033\ \Omega$. So geringe Leitungswiderstände sind aber nur mit sehr geringen Leitungslängen bzw. sehr großen Querschnitten zu realisieren. Es sei auch hier darauf hingewiesen, daß dieses Problem am besten mit der Vierleitermethode zu umgehen ist.

7.6.3 Zur Größe der Tastrate

Entsprechend der Funktionsweise eines digital arbeitenden Rechenwerkes wird durch jeweils einen Volumenimpuls ein Rechenschritt ausgelöst. Verändern sich zwischen zwei Volumenimpulsen die relevanten Temperaturen, dann erhält man einen Tastungsfehler, den wir im folgenden abschätzen wollen (siehe Abb. 7.17).

Zu den Zeitpunkten τ_1, τ_2, ... erfolgen Rechenschritte. Der Einfachheit halber nehmen wir an, daß die Zeitdifferenz zwischen zwei aufeinanderfolgenden Rechenschritten konstant und gleich $\Delta\tau$ sei. Zwischen den Tastungen sei die Temperatur nicht konstant, sondern habe einen beliebigen Wert.

Da im allgemeinen Temperaturänderungen im Heizkreislauf eher langsam erfolgen, kann man aber annehmen, daß der Temperaturverlauf eine stetige Funktion bildet, für die man eine Taylorentwicklung nach

$$t(\tau) = t(\tau_o) + \left(\frac{dt}{d\tau}\right)_{\tau_o} \Delta\tau + \ldots \qquad (7.15)$$

ansetzen kann. Damit ergibt sich für den mittleren, relativen Fehler im Intervall $[t_o, t_1]$:

$$\overline{F} = \frac{t_o \, \Delta\tau}{\int_o^{\Delta\tau} t(\tau) \, d\tau} - 1 \qquad (7.16)$$

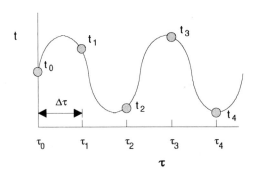

Abb. 7.17: Zur Berechnung des Tastungsfehlers [16]

Ändert sich beispielsweise die Temperatur zwischen zwei Tastungen linear nach

$$t(\tau) = t_o + k_\tau \, \tau \qquad (7.17)$$

mit $\quad k_\tau = \dfrac{t_1 - t_0}{\Delta\tau} , \qquad (7.18)$

dann folgt für den mittleren Fehler nach Gl. (7.16):

$$\overline{F} = \frac{1 - \dfrac{t_1}{t_0}}{2}$$

Für den Fall der gleichzeitigen Messung der Vor- und Rücklauftemperatur ergibt sich der Tastungsfehler sinngemäß zu:

$$\overline{F_V - F_R} = \frac{(t_{Vo} - t_{Ro}) \, \Delta\tau}{\int_0^{\Delta\tau} [t_V(\tau) - t_R(\tau)] \, d\tau} , \qquad (7.19)$$

der im allgemeinen kleiner ist, als der Fehler nach Gl. (7.16). Die Fehler sowohl nach Gl. (7.16) und (7.19) verschwinden für $\tau \to 0$ bzw. nach Gl. (7.19) für völlig symmetrische Temperaturänderungen im Vor- und Rücklauf. Diese Voraussetzungen sind je-

---

[16] *F. Adunka:* Meßtechnische Eigenschaften von Wärmezählern, Elektrotechnik u. Maschinenbau 99(1982), H. 8, S. 364 ff

doch in der Praxis selten erfüllt; man wird also versuchen, einen Kompromiß zwischen Tastzeit und zulässiger Temperaturschwankung zu ziehen.

Dazu ein Beispiel: Ein Woltmanzähler der Nennweite 50 mm wird bei einem Durchfluß von 10 m³/h betrieben. Der Impulswert sei 100 l/Impuls. Dem genannten Durchfluß entspricht eine Tastzeit von 30 s, d.h. alle 30 s wird ein Rechenschritt ausgelöst. In Übergangszeiten können allerdings sehr geringe Durchflüsse auftreten, z.B. 500 l/h, was einer Tastzeit von 10 Minuten entspricht.

Hohe Tastraten sind vom Standpunkt der Meßgenauigkeit immer günstig. Bei Rechenwerken mit Netzbetrieb kann dies auch immer realisiert werden; bei Rechenwerken mit Batteriebetrieb muß jedoch ein Kompromiß zwischen Stromverbrauch und Impulswert getroffen werden.

7.6.5 Unsymmetrische Montage der Temperaturfühler

Vor allem bei Kleinwärmezählern werden gerne die Temperaturfühler für die Messung des Rücklaufes im Durchflußsensor selbst oder im Ausgangsstutzen des Durchflußsensors eingebaut. Prinzipiell ist gegen diese Vorgangsweise nichts einzuwenden, da sie billig und einfach ist. Allerdings ist der Nachweis zu erbringen, ob symmetrische Einbaufehler auftreten. Daß hier große Unterschiede gegenüber dem klassischen, symmetrischen Einbau mittels äußeren Schutzrohren herrschen, konnte der Autor aufgrund eigener Messungen nachweisen.

Ein Beispiel mag dies illustrieren: Ein Kleinwärmezähler wurde in einer geraden Rohrstrecke so eingebaut, daß der Rücklauffühler in den Ausgangsstutzen des Durchflußsensors und der Vorlauffühler alternativ in ein äußeres Schutzrohr unmittelbar vor bzw. nach dem Durchflußsensor eingebaut werden kann (siehe Abb. 7.18).

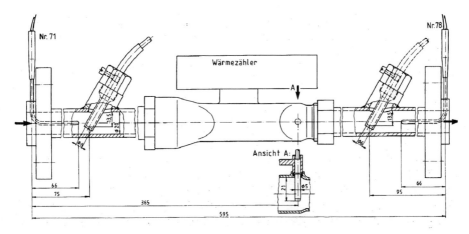

Abb. 7.18: Meßanordnung zur Bestimmung des Einbau-Differenzfehlers bei einem Kleinwärmezähler. Der Vorlauffühler wird alternativ in ein äußeres Schutzrohr vor bzw. hinter dem Durchflußsensor eingebaut, der Rücklauffühler in den Ausgangsstutzen des Durchflußsensors

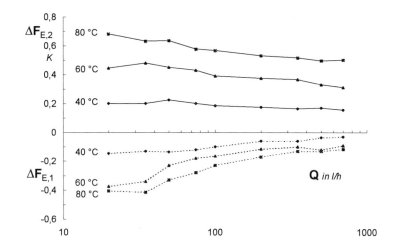

Abb. 7.19: Einbau-Differenzfehler für die Anordnung nach Abb. 7.18.
Es bedeutet $F_{E,1}$ den Einbau-Differenzfehler für den Fall, daß der Vorlauffühler in ein äußeres Schutzrohr in der Prüfstrecke eingebaut ist, $F_{E,2}$ den Einbau-Differenzfehler für den Fall, daß der Vorlauffühler in einen Flüssigkeitsthermostat mit der mittleren Temperatur der Meßstrecke eintaucht

Dadurch kann der Einbaufehler sowohl für den Vorlauffühler, als auch für den Rücklauffühler bestimmt werden. Die Prüfstrecke war thermisch gut isoliert, eventuell auftretende Temperaturdifferenzen wurden korrigiert. Bei der Bestimmung des Einbaufehlers wurde der Mittelwert der gemessenen Vorlauftemperaturen vor und hinter dem Durchflußsensor mit dem Wert der Rücklauftemperatur verglichen. Um eventuelle Paarungsfehler auszuschließen, wurde vorerst die Widerstands-Temperaturkurve der einzelnen Temperaturfühler bestimmt. Da aber in der Prüfpraxis der Vorlauffühler weder in der Prüfstrecke eingebaut, noch mittels eines äußeren Schutzrohres an den Wärmeträger angekoppelt wird, wurde auch dieser Fall dadurch berücksichtigt, daß der Vorlauffühler in einen Flüssigkeitsthermostat mit der mittleren Temperatur der Prüfstrecke so weit eingetaucht wird, daß keine Wärmeableitfehler zu erwarten sind. Die Ergebnisse sind in Abb. 7.19 dargestellt.

Für den ersten Fall, daß der Vorlauffühler in einer Tauchhülse montiert wird, ergibt die Auswertung den Einbau-Differenzfehler $F_{E,1} = F_{E,V} - F_{E,R}$, der in der unteren Halbebene der Abb. 7.19 dargestellt ist. Er ist sehr stark temperaturabhängig, was offensichtlich auf die asymmetrische Einbauweise zurückgeführt werden kann, und außerdem vom Volumendurchfluß abhängig. Da die Temperaturfühler selbst als fehlerfrei anzusehen sind, läßt sich das negative Vorzeichen des Einbau-Differenzfehlers auf das Überwiegen des Einbaufehlers für den Vorlauffühler $F_{E,V}$ zurückführen.

Ganz anders sind die Verhältnisse im zweiten Fall, bei dem der Vorlauffühler in ein thermostatisiertes Flüssigkeitsbad so weit eingetaucht wurde, daß sicher kein Wärmeableitfehler entsteht. Die Einbau-Differenzfehler, in Abb. 7.19 in der oberen Halbebene dargestellt und mit $F_{E,2}$ bezeichnet, sind stets positiv. Wenn daher bei der Kalibrierung

- oder eichtechnischen Prüfung - der Rücklauffühler im Durchflußsensor montiert und der Vorlauffühler in ein thermostatisiertes Flüssigkeitsbad getaucht wird, entsteht bei der Kompensation des Paarungsfehlers ein Restfehler, der dem negativen Wert des Einbaufehlers für den Rücklauffühler entspricht.

Durch diese Vorgangsweise bei der Kalibrierung kann also der resultierende Einbaufehler statt kleiner größer werden.

7.7 Zur Zuverlässigkeit von Wärmezählern

Zur Bewertung der folgenden Ausführungen wollen wir uns ins Gedächtnis rufen, welche Aussagen über einen geeichten oder beglaubigten und im rechtsgeschäftlichen Verkehr befindlichen Wärmezähler zulässig sind.

Ein geeichter/beglaubigter Wärmezähler hält die Eichfehlergrenzen zum Zeitpunkt der Eichung und am Prüfstand ein, auf dem die Eichung/Beglaubigung durchgeführt wurde.

Aufgrund der Zulassung zur Eichung kann angenommen werden, daß das geeichte Gerät innerhalb der Nacheichfrist (Eichgültigkeitsdauer) die Verkehrsfehlergrenzen nicht überschreitet. Die Verkehrsfehlergrenzen betragen - im deutschsprachigen Raum - das Doppelte der Eichfehlergrenzen und bringen zweierlei zum Ausdruck: Erstens verändert jedes Meßgerät im Laufe der Zeit, wenn auch oft nur geringfügig, sein Anzeigeverhalten, und zweitens wird mit den Verkehrsfehlern auch berücksichtigt, daß jeder Wärmezählerprüfstand einen Eigenfehler hat, der im Prüfergebnis enthalten ist. M.a.W.: Die Verkehrsfehlergrenzen berücksichtigen, daß ein Wärmezähler auf unterschiedlichen Prüfständen auch unterschiedliche Prüfergebnisse liefern kann. Da aber die Fehler der Prüfstände und der Vergleichsnormale i.a. wesentlich geringer sind als die zulässigen Toleranzen für das Meßgerät, ist die Verkehrsfähigkeit ein Maß für die Veränderung der Anzeigegenauigkeit eines Meßgerätes nach der Eichung.

Zur Überprüfung der Zuverlässigkeit eines Meßgerätes gibt es nun prinzipiell zwei Wege. Der einfachste, aber langwierigste ist, einen in eine Heizanlage eingebauten Zähler periodisch auszubauen und hinsichtlich der Veränderung seiner Anzeigegenauigkeit zu überprüfen. Das kann in einer Prüfstelle erfolgen, es sind aber auch Anordnungen angegeben worden, die auch eine Prüfung am Aufstellungsort des Meßgerätes erlauben.[17]

---

[17] *F. Adunka:* Background study about heat meter field test equipment, in „Heat meters", Report of research activities, Annex II, April 1990, herausgegeben von SINTEF, The Foundation for Scientific and Industrial Research at the Norwegian Institute of Technology, Trondheim, Norway

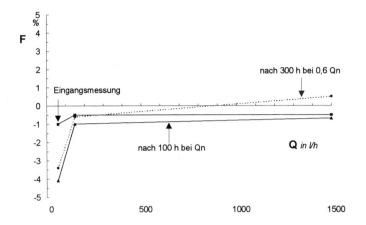

Abb. 7.20: Ergebnis eines Dauertests nach den Anforderungen der EG an einem Flügelrad-Heißwasserzähler

Ein weiterer Weg ist der, statt eines Feldversuches eine sogenannte beschleunigte Abnützungsprüfung durchzuführen, die in relativ kurzer Zeit ein Bewertungskriterium für ein Meßgerät erbringen kann. Solche beschleunigten Abnützungsprüfungen unter definierten Bedingungen sind in den PTB-Anforderungen an Wärmezähler, Ausgabe 1982 vorgesehen. Ein Beispiel für die Veränderung der Fehlerkurve eines Flügelradzählers nach einem solchen Test zeigt die Abb. 7.20.

Die genauen Testbedingungen sind der Bildunterschrift zu entnehmen. Am konkreten Beispiel sind die Veränderungen nicht allzu groß; in erster Linie betreffen sie den Bereich um den Mindestdurchfluß, dort also, wo bei mechanischen Durchflußsensoren die Antriebsmomente sehr gering sind im Vergleich zu den bremsenden Momenten.

Hinsichtlich der ersten Methode, die Meßgeräte periodisch auszubauen und zu prüfen, liegen zahlreiche, teils widersprechende Erfahrungen vor. Der Grund dafür liegt in der Verwendung unterschiedlicher Produkte durch die Berichterstatter.

Als Beispiel wollen wir zwei Untersuchungen präsentieren, für die dem Autor Daten vorgelegt wurden. In Österreich führte die zuständige Eichbehörde, das Bundesamt für Eich- und Vermessungswesen (BEV) Untersuchungen zur Verkehrsfähigkeit durch. Dazu wurden nach statistischen Gesichtspunkten etwa 260 Wärmezähler von den Herstellern angefordert, die zwischen zwei und vier Jahren eingebaut waren. Das Ergebnis, kurz zusammengefaßt, war das folgende (Tabelle 7.2).

Tabelle 7.2

Teilgerät	Eichfehlergrenzen	Verkehrsfehlergrenzen
Rechenwerke	99,2 %	100 %
Temperaturfühlerpaare	100 %	100 %
Durchflußsensoren	84 %	93 %

Eine ähnliche Untersuchung, die die Fernwärme Wien (vormals „HBW") durchführte, ergibt ein anderes Bild. Von 219 Durchflußsensoren, die etwa zwei Jahre eingebaut waren, lagen

- 44,7% innerhalb der Eichfehlergrenzen
- 70,3 % innerhalb der Verkehrsfehlergrenzen und
- 29,7 % außerhalb der Verkehrsfehlergrenzen bzw. hatten überhaupt einen Defekt.

Zu den Untersuchungen des BEV wäre zu bemerken, daß eine große Zahl der angeforderten Wärmezähler nicht mehr aufgefunden wurden (!), bzw. wahrscheinlich wegen des vorzeitigen Ausfalls dem BEV nicht vorgelegt werden konnten. So gesehen scheinen die Ergebnisse der FWW wesentlich realistischer zu sein.

Grundsätzlich ist jedoch festzuhalten, daß die Ausfallraten bei Rechenwerken tatsächlich sehr niedrig sind. Der Grund liegt sicher in der äußerst betriebssicheren modernen Elektronik. Auch Temperaturfühler verändern, bei entsprechender Vorbehandlung, kaum ihre Anzeigecharakteristik, abgesehen davon, daß ein totaler Ausfall fast nie vorkommt. Diesen Qualitätsstandard erreichen Durchflußsensoren zwar jetzt noch nicht, aber auch bei ihnen sind deutliche Verbesserungen spürbar.

Neuere Untersuchungen dazu sind vor allem von *G. Leitgen* und *Schupp* [18] und *R. Hoffmann* von der Arbeitsgemeinschaft Fernwärme (AGFW)[19] präsentiert worden.

Leitgen und Schupp geben Ergebnisse der Nachprüfung nach einer Einsatzdauer von fünf Jahren für Durchflußsensoren, die als Einstrahlzähler ausgeführt sind, bekannt. Dabei unterscheidet man nach Zählern ohne und mit elektronischer Abtastung des Flügelrades. Die Werte sind der Tabelle 7.3 zu entnehmen.

Tabelle 7.3: Nachprüfung von Einstrahl-Flügelradzählern Qn 0,6 ohne elektronische Abtastung des Flügelrades

Durchfluß	innerhalb der EFG		außerhalb der EFG		außerhalb der VFG	
	ohne Abtastung	mit Abtastung	ohne Abtastung	mit Abtastung	ohne Abtastung	mit Abtastung
Q_n	77 %	52 %	23 %	5 %	0 %	43 %
Q_t	96 %	38 %	4 %	5 %	0 %	57 %
Q_{min}	96 %	29 %	1 %	14 %	3 %	57 %

Die Ergebnisse sind überraschend: Während die Durchflußsensoren ohne elektronische Abtastung die Eichperiode recht gut überstehen - immerhin fallen nur 3 % bei

---

[18] *G. Leitgen und R. Schupp:* Methoden der Aufarbeitung von Wärmezählern nach einer Einsatzperiode - ein Report über Erfahrungen einer entsprechenden Serviceeinrichtung, Vortrag am Internationalen Symposium „Working Experiences on the Durability and Service Life of Heat Meters", Hamburg, 8. - 10. Dezember 1997

[19] *R. Hoffmann:* Die Meßbeständigkeit kleiner Durchflußsensoren - Ergebnisse der beschleunigten Abnutzung im AGFW-Wärmezähler-Prüfprogramm, Vortrag am Internationalen Symposium „Working Experiences on the Durability and Service Life of Heat Meters", Hamburg, 8. - 10. Dezember 1997

Q_{min} aus - sind die Ausfallraten bei Geräten mit elektronischer Abtastung sehr hoch. Die Erklärung der Autoren geht davon aus, daß der ersten Gruppe Geräte angehören, deren Design eine Benutzungsdauer von mehreren Eichperioden zuläßt, während die zweite Gruppe typische „Einweggeräte" repräsentieren, Geräte, die als Wegwerfgeräte lediglich für den Gebrauch in einer Nacheichperiode gedacht sind.

Hoffmann berichtet über das AGFW-Prüfprogramm, das 1985 beschlossen wurde[20] und seit 1987 bei der HEW, den Hamburgischen Electrizitäts-Werken AG läuft.[21] Die Detail-Ergebnisse sind in der erwähnten Literaturstelle nachzulesen; an dieser Stelle wollen wir lediglich einige ausgewählte Ergebnisse präsentieren:

Die Prüflinge wurden einer Belastungsdauer von insgesamt 4500 Stunden ausgesetzt, dabei zwei Drittel der Zeit bei Q_n und ein Drittel bei Q_{min} (Klasse B). In Tabelle 7.4 sind die Ergebnisse zusammenfassend dargestellt.

Tabelle 7.4: Ergebnisse des AGFW-Prüfprogramms II

Zeitpunkt	innerhalb der EFG	außerhalb der VFG
Anlieferung	92 %	1,5 %
Nach 600 h	82 %	1,5 %
Nach 4500 h	59 %	15 %

11 von 23 Bauarten, das sind 48 %, haben den Langzeittest nicht bestanden. In Tabelle 7.5 sind diese Ausfälle nach dem Meßprinzip aufgegliedert.

Tabelle 7.5: Ausgefallene Zähler nach dem Langzeittest (AGFW-Prüfprogramm II)

Meßprinzip	Ausfallrate	x von y Bauarten
Einstrahl-Flügelradzähler	57 %	4 von 7
Mehrstrahl-Flügelradzähler	63 %	5 von 8
Ultraschall-Laufzeitdifferenz	14 %	1 von 7
Magnetisch-induktive Zähler	100 %	1 von 1

Auf Grund dieser Ergebnisse vermutet der Autor der Studie, daß auch Zähler nach mechanischen Meßprinzipien weiterhin Chancen haben dürften, immerhin sind die Ausfälle bei den sogenannten statischen Zählern nicht vernachlässigbar.

---

[20] W. Sdunzig: Wärmezähler-Prüfprogramm der AGFW, Fernwärme international FWI - 15(1986), S. 274-276
[21] R. Hoffmann: Wärmezähler-Prüfprogramm - Erkenntnisse aus den laufenden Untersuchungen, Fernwärme international FWI - 17(1988), S. 183-188

7.8 Europäische Norm für Wärmezähler

Für Wärmezähler wurde mit dem Normenwerk EN 1434 ein im Europa der EU geltender Standard geschaffen, der vereinzelt vorhandene nationale Normen ersetzt.[22] Die gegenständliche Europanorm besteht aus sechs Teilen:

Teil 1: Allgemeine Anforderungen
Teil 2: Anforderungen an die Konstruktion
Teil 3: Datenaustausch und Schnittstellen
Teil 4: Prüfungen für die Bauartzulassung
Teil 5: Ersteichung
Teil 6: Einbau, Inbetriebnahme, Überwachung und Wartung

und hat insgesamt 132 Seiten (!). Sie ist sehr detailliert und wurde überdies mit dem Ziel geschaffen, Basis entsprechender Regelungen in einem künftigen europäischen Eichgesetz, der sogenannten Metrologierichtlinie (MID) zu sein.

7.8.1 Teil 1: Allgemeine Anforderungen

Der **Teil 1** schafft eine neue Nomenklatur, die bereits in diesem Buch verwendet wurde. Weiters enthält er die Fehlergrenzen, wie sie in Kapitel 4 erläutert wurden, legt Umgebungsklassen sowie die erforderlichen Wärmezählerdaten fest. Außerdem werden im Anhang Gleichungen zur Bestimmung der Wärmekoeffizienten auf der Basis der Untersuchungen von *Stuck* angegeben.[23] Für die meßtechnische Praxis sehr wichtig ist auch eine komplette Auflistung je eines Berechnungsprogrammes für den Wärmekoeffizienten in den PC-Sprachen BASIC und C.

7.8.2 Teil 2: Anforderungen an die Konstruktion

Im **Teil 2**, der sich mit konstruktiven Anforderungen an Wärmezähler beschäftigt, werden folgende Themen angesprochen:

- **Temperaturfühler**: Genormt sind lediglich Platin-Widerstandsthermometer als austauschbare Temperaturfühler; Fühler aus anderen Materialien dürfen nur verwendet werden, wenn sie untrennbar mit dem Rechenwerk verbunden sind. Für Platin-Widerstandsthermometer ist die Europanorm EN 60751 in Verbindung mit der Temperaturskala ITS 90 anzuwenden.
Es sind drei Typen - DS, DL und PL - genormt, die als Fühler mit fest angeschlossenen Signalleitungen oder als Kopfthermometer ausgeführt sein dürfen. Lediglich die Bauart DS darf nur über fest angeschlossene Signalleitungen verfügen. Die Abmessungen dieser genormten Bauarten sind genau so genormt wie jene der entsprechenden Tauchhülsen (äußere Schutzrohre). Eine wesentliche Forde-

---

[22] So gab es beispielsweise in Österreich eine dreiteilige Vorgängernorm (ÖNORM M 5920, 5921 und 5922)
[23] D. *Stuck*: Wärmekoeffizienten von Wasser, Wirtschaftsverlag NW, Bremerhaven, 1986

rung ist, daß kurze Temperaturfühler senkrecht zur Durchflußrichtung einzubauen sind, wobei die Spitze des Fühlers zumindest bis zur Rohrmitte reichen muß. Für lange Fühler gelten entsprechende Einbaurichtlinien, allerdings dürfen Fühler in ein gerades Rohrstück mit DN $\leq$ 50 auch unter einem Winkel von 45° zur Durchflußrichtung, unter Verwendung einer Einschweißmuffe eingebaut werden. Der Fühler muß dabei gegen die Durchflußrichtung zeigen.[24] Für Rohre mit DN $\geq$ 65 bis 250 sind die Fühler prinzipiell senkrecht zur Strömungsrichtung einzubauen.

☞ **Durchflußsensoren**: Bei diesen sind in erster Linie die Abmessungen und eine q_p-Reihe festgelegt. Jedem Nenndurchfluß entsprechen ganz bestimmte Baulängen, Anschlußgewinde bzw. Flansche. Da aber auch noch andere Zuordnungen in Gebrauch sind, hat man ausnahmsweise auch diese zugelassen. Abgesehen von den üblichen durchflußproportionalen Ausgangsimpulsen ist auch ein Prüfausgang vorzusehen, der entweder eine hohe Impulswertigkeit hat oder Daten über eine serielle Datenschnittstelle ausgibt.

☞ **Rechenwerke**: Für diese sind bestimmte Höchstmaße angegeben. Weiters sind die Anschlußklemmen eindeutig bestimmten Signalen zugeordnet. So sind in Zweileiteranschluß die Vorlauf-Temperaturfühler immer an die Klemmen 5 und 6 anzuschließen. An der Klemme 26 ist immer die Erde anzuschließen, an die Klemmen 27 und 28 das Zweileiternetz.

☞ **Vollständiger Wärmezähler**: Die Anforderungen an die einzelnen Teilgeräte gelten sinngemäß auch beim Vollständigen Wärmezähler. Für den Prüfsignal-Ausgang ist eine entsprechend hohe Auflösung vorzusehen, daß während einer Prüfdauer von 2 Stunden die Ableseabweichung 0,5 % nicht übersteigt.[25]

☞ **Schnittstellen zwischen Teilgeräten**: Die Signale, mit denen der Datenaustausch zwischen den einzelnen Teilgeräten bzw. Funktionseinheiten erfolgt, müssen vom Wärmezähler-Lieferanten klar bezeichnet sein.

☞ **Kennzeichnung und Sicherungsstempel**: Es werden die erforderlichen Beschriftungen auf Vollständigen Wärmezählern bzw. Kombinierten Wärmezählern festgelegt. Im Augenblick (1999) sind hier zwar die nationalen Festlegungen im Zuge von Zulassungen zur Eichung verbindlich, doch werden die Vorgaben der EN 1434 Basis der künftigen europäischen Eichrichtlinie (**MID** ... Metrologiericht-

---

[24] In der Norm steht „*mit der Spitze in Durchflußrichtung*", was genau das Verkehrte ausdrückt, was gemeint ist, nämlich, daß die Fühlerspitze **gegen** die Durchflußrichtung zeigt. Tatsächlich ist die Situation im Bild A.8 dieser Norm richtig dargestellt. Allerdings hat nach Messungen des Autors die Anströmrichtung praktisch keinen Einfluß auf den Einbaufehler (siehe dazu auch die Fußnote 15 im Kapitel 6).

[25] Die Ableseabweichung ist nicht mit der entsprechenden Meßunsicherheit zu verwechseln. Jene versteht sich als prozentuelles Verhältnis der Auflösung zum gesamten Prüfumfang, ausgedrückt in Einheiten der Auflösung.

linie) sein, die vermutlich ab etwa 2002 verbindlich sein wird. Konkret werden folgende Aufschriften gefordert:[26]

Am Temperaturfühlerpaar

a) Name des Lieferers oder seine Handelsmarke
b) Typ einschließlich Pt-Bezeichnung (z.B. Pt 100), Jahr der Herstellung und Seriennummer
c) Die Grenzen des Temperaturbereiches (Θ_{min} und Θ_{max})[27]
d) Grenzen für Temperaturdifferenzen ($\Delta\Theta_{min}$ und $\Delta\Theta_{max}$)
e) Zulässiger Betriebsdruck
f) Erforderlichenfalls die Fühlereinbauposition, Vorlauf bzw. Rücklauf

Am Durchflußsensor

a) Name des Lieferers oder seine Handelsmarke
b) Typ, Jahr der Herstellung, Seriennummer
c) Impulswert
d) Die Grenzen des Temperaturbereiches (Θ_{min} und Θ_{max})
e) Grenzwerte des Durchflusses (q_i, q_p und q_s)
f) Ein oder zwei Pfeile, um die Durchflußrichtung anzugeben
g) Der maximal zulässige Betriebsdruck
h) Meßgenauigkeitsklasse
i) Umgebungsklasse
j) Wärmeträger, wenn dieser nicht Wasser ist

Am Rechenwerk

a) Name des Lieferers oder seine Handelsmarke
b) Typ, Jahr der Herstellung, Seriennummer
c) Typ der Temperaturfühler (z.B. Pt 100, Pt 500)
d) Die Grenzen des Temperaturbereiches (Θ_{min} und Θ_{max})
e) Die Grenzwerte der Temperaturdifferenz ($\Delta\Theta_{min}$ und $\Delta\Theta_{max}$)
f) Impulswert für den Durchflußsensor
g) Ob der Durchflußsensor bei hohem oder niedrigem Temperaturniveau betrieben werden muß
h) Umgebungsklasse
i) Wärmeträger, wenn dieser nicht Wasser ist

Vollständiger Wärmezähler

a) Name des Lieferers oder seine Handelsmarke
b) Typ, Jahr der Herstellung, Seriennummer

---

[26] Es wurde die Aufzählung in EN 1434, Teil 2 wortwörtlich wiedergegeben!
[27] In der EN 1434 wird für die Temperatur der Buchstabe Θ verwendet

c) Die Grenzen des Temperaturbereiches (Θ_{min} und Θ_{max})
d) Die Grenzwerte der Temperaturdifferenz ($\Delta\Theta_{min}$ und $\Delta\Theta_{max}$)
e) Die Grenzwerte der Durchflußmenge (q_i, q_p und q_s)[28]
f) Ob der Wärmezähler bei einem hohen oder niedrigen Temperaturniveau eingebaut werden muß
g) Einer oder mehrere Pfeile, um die Durchflußrichtung anzugeben
h) Der maximal zulässige Betriebsdruck
i) Meßgenauigkeitsklasse
j) Umgebungsklasse
k) Wärmeträger, wenn dieser nicht Wasser ist

7.8.3 Teil 3: Datenaustausch und Schnittstellen

Der Teil 3 beschäftigt sich mit dem Datenaustausch und Schnittstellen an Wärmezählern. Er legt den Datenaustausch zwischen einem Wärmezähler und einem Auslesegerät sowie zwischen mehreren Wärmezählern und einer Zentraleinheit in einem örtlichen Netz fest. Dieser Normteil erfordert gewisse Grundkenntnisse der Datenübertragung, die im Anhang A.5 dieses Buches vermittelt werden.

7.8.4 Teil 4: Prüfungen für die Bauartzulassung

Dieser Teil legt Prüfverfahren für die Bauartzulassung von Wärmezählern fest. Sie sind derzeit, wie bereits an anderer Stelle erwähnt, nur dann rechtsverbindlich, wenn sie auch in nationale Rechtsvorschriften übernommen werden, was beispielsweise in der Bundesrepublik Deutschland, in Österreich und der Schweiz geschehen ist. Letztlich beruht dies aber derzeit noch auf freiwilliger Übereinkunft.

Tabelle 7.6: Referenzwerte für die Bauartprüfung von Wärmezählern

Referenzgröße	$q_p \leq 3,5$ m³/h	$q_p > 3,5$ m³/h
Bereich der Temperaturdifferenz in K	(40 ± 2)	(40 ± 2)
Durchflußbereich	$(0,7 ... 0,75) \cdot q_p$	$(0,7 ... 0,75) \cdot q_p$
Rücklauftemperatur in °C	(50 ± 5) oder die obere Grenze der Rücklauftemperatur, wenn diese kleiner als 50 °C ist	-
Wassertemperatur im Durchflußsensor in °C	-	(50 ± 5) oder Umgebungstemperatur

---

[28] Mit „Durchflußmenge" ist wohl der Durchfluß gemeint. Dies ist offenbar eine genau so unsinnige Bezeichnung wie im Englischen „flowrate" statt „flow"; schließlich heißt flow Durchfluß.

Die Bauartzulassung hat den Sinn, bei einem oder mehreren Baumustern festzustellen, ob sie den metrologischen Anforderungen entsprechen, die in einem bestimmten Staat gelten. Werden Zulassungsprüfungen bereits nach dieser Norm durchgeführt, dann wird später, nach Inkrafttreten der Metrologierichtlinie die Anerkennung als europäische Bauartzulassung vermutlich problemlos möglich sein.

Prinzipiell werden für die Zulassungsprüfung sogenannte Referenzwerte festgelegt. Man unterscheidet dabei Referenzwerte für $q_p \leq 3,5$ m³/h und $q_p > 3,5$ m³/h (siehe dazu Tabelle 7.6).

Prinzipiell gelten die Referenzwerte für einen Vollständigen Wärmezähler, wobei allerdings für Teilgeräte die auf das Teilgerät zutreffenden Referenzwerte gelten. Für Wärmezähler mit $q_p > 3,5$ m³/h darf der Durchfluß bei der Prüfung des Wärmezählers auch simuliert werden.

In Tabelle 7.7 ist das Prüfprogramm bei der Zulassungsprüfung angegeben.

Tabelle 7.7: Prüfprogramm für Wärmezähler und ihre Teilgeräte

Prüfung auf	Benennung	TFP	DFS	RW	V-WZ	Anzahl Muster
	Einflußfaktoren					
FG	Prüfung des Betriebsverhaltens	◆	◆	◆	◆	2
FG	Trockene Wärme		▲	◆	◆	2
FG	Kälte		▲	◆	◆	2
FG	Änderung der Versorgungsspannung		▲	◆	◆	2
	Störeinflüsse					
FFa	Meßbeständigkeit	◆	◆		◆	2
FFd	Wasserdampfatmosphäre, zyklisch		▲	◆	◆	1
FFd	Kurzzeitige Reduzierung der Netzspannung		▲	◆	◆	3
FFa	Elektrisch transiente Störgrößen		▲■	■	◆	3
FFd	Elektromagnetisches Feld		▲■	■	◆	3
FFa	Elektrostatische Entladung		▲	◆	◆	3
FFd	Statisches Magnetfeld		◆	◆	◆	3
FFd	Elektromagn. Feld mit Netzfrequenz		▲	◆	◆	3
FFa	Innerer Druck		◆		◆	1
	Druckverlust		◆		◆	1
	Funkstörungen		▲	■	◆	3

Erläuterung zur Tabelle 7.7:
TFP ... Temperaturfühlerpaar
DFS ... Durchflußsensor
RW ... Rechenwerk
V-WZ ... Vollständiger Wärmezähler
FG ... Fehlergrenzen
FFa ... nach der Prüfung darf kein bedeutender Funktionsfehler auftreten
FFd ... während der Prüfung darf kein bedeutender Funktionsfehler auftreten
◆ ... durchzuführende Prüfung
▲ ... nur für Durchflußsensor mit Elektronikteil
■ ... diese Prüfung ist mit angeschlossenen Verbindungsleitungen durchzuführen

Die Durchführung der vorgesehenen Prüfungen ist dem Teil 2 der Norm zu entnehmen.

Ein wesentlicher Punkt betrifft die Meßunsicherheit der Prüfeinrichtungen, die für die „vorgesehene Aufgabe geeignet, rückverfolgbar und Teil eines anerkannten Kalibrierprogrammes sein" muß. „Die Unsicherheiten bezüglich dieser Gebrauchsnormale, Verfahren und Meßgeräte müssen immer bekannt sein. Sie dürfen entweder

a) 1/5 der Fehlergrenze des Wärmezählers oder der Teilgeräte nicht überschreiten oder müssen, falls sie 1/5 der Fehlergrenze überschreiten,
b) von den Fehlergrenzen des zu prüfenden Gerätes subtrahiert werden, um eine neue Fehlergrenze zu erhalten.

Die Anwendung von a) wird empfohlen.
Nur für $\Delta\Theta \leq 3$ K darf b) verwendet werden."

Wie im Kapitel über Meßunsicherheitsermittlung (Kapitel 9) noch ausführlich dargelegt wird, sollten allerdings Temperaturdifferenzen kleiner als 3 K vermieden werden.

7.8.5 Teil 5: Ersteichung

Wie bereits mehrfach erwähnt, ist die Eichung national zu regeln. Eine Ausnahme stellt die Ersteichung dar, die künftig, nach Inkrafttreten der MID, von jedem Mitgliedstaat der Europäischen Union vorgenommen werden kann. In diesem Sinne war es auch sinnvoll, die eichtechnische Prozedur in einer Norm festzulegen.[29]

Der Teil 5 gilt sowohl für die Ersteichung als auch die Nacheichung. Diese bestehen aus der meßtechnischen Prüfung, der Beschaffenheitsprüfung und der Stempelung. Der gegenständliche Normteil behandelt darüberhinaus auch die Meßunsicherheit von Prüfeinrichtungen, die durchzuführenden Prüfungen sowie die vorzulegende Dokumentation.

Wie im Teil 4 werden hier gleichlautende Anforderungen an die bei der meßtechnischen Prüfung verwendeten Gebrauchsnormale, Meßgeräte und Verfahren hinsichtlich der Meßunsicherheit gemacht (siehe Kapitel 7.8.4).

Anschließend werden die durchzuführenden Prüfungen aufgelistet, wobei generell folgende Forderung aufgestellt wird: „Wenn der ermittelte Fehler außerhalb der Fehlergrenzen liegt, muß die meßtechnische Prüfung zweimal wiederholt werden. Die Prüfung gilt als bestanden, wenn
- das arithmetische Mittel der Ergebnisse aus den drei Prüfungen und

---

[29] Normen sind Empfehlungen, müssen daher auch nicht zwingend angewendet werden, haben also in der Regel keinen Rechtscharakter. Anders ist es mit der Eichung eines Meßgerätes, die letztlich auf ein (nationales) Gesetz zurückgeführt werden kann. Eine Norm kann daher nicht ein Gesetz substituieren, außer die Norm erhält Gesetzescharakter, was dann geschehen wird, wenn die Metrologierichtlinie in den nationalen Eichgesetzen berücksichtigt (Fachausdruck: umgesetzt) wird. Speziell für Wärmezähler gibt es den Anhang MI-004, der im Anhang A.6 wiedergegeben ist.

- wenigstens zwei der Prüfergebnisse innerhalb der Fehlergrenzen liegen."

Folgende Prüfungen sind vorzunehmen:

☞ Durchflußsensor

Wassertemperatur: $(50 \pm 5)\,°C$
Prüfpunkte:

$$q_i \leq q \leq 1{,}1\,q_i$$
$$0{,}1\,q_p \leq q \leq 0{,}11\,q_p$$
$$0{,}9\,q_p \leq q \leq 1{,}0\,q_p$$

Interessanterweise ist auch eine Prüfung mit kaltem Wasser nicht ausgeschlossen, soferne dies im Zulassungszertifikat [30] erlaubt ist.

☞ Temperaturfühlerpaar

Es sind drei Prüfpunkte vorgesehen, die der Tabelle 7.8 zu entnehmen sind.

Tabelle 7.8: Temperaturfühlerprüfung

Nr	Θ_{min}	Prüftemperaturbereich
1	< 20 °C	Θ_{min} bis (Θ_{min} + 10 K)
	≥ 20 °C	35 °C bis 45 °C
2	für alle Θ_{min}	75 °C bis 85 °C
3	für alle Θ_{min}	(Θ_{max} - 30 K) bis Θ_{max}
Anmerkung: Abweichungen von diesen Temperaturbereichen und der Anzahl der Temperaturen sind erlaubt, wenn es im Baumuster-Zulassungszeugnis vermerkt ist.		

Im besonderen wird hier darauf hingewiesen, daß die Eintauchtiefe der Temperaturfühler die Mindesteintauchtiefe nicht unterschreiten darf. Außerdem muß der Isolationswiderstand zwischen jeder Zuleitung und dem Schutzrohr geprüft werden. Dazu wird eine Gleichspannung zwischen 10 V und 100 V angelegt, wobei eine Umgebungstemperatur zwischen 15 °C und 35 °C herrschen muß und die relative Luftfeuchtigkeit 80 % nicht überschreiten darf. Der so bestimmte Isolationswiderstand muß mindestens 100 MΩ betragen.

---

[30] Im Text steht zwar Bezugsschein, gemeint ist aber offenbar das Zulassungszertifikat.

☞ **Rechenwerk**

Die Meßfehler sind innerhalb der drei folgenden Temperaturdifferenzbereiche zu prüfen, wobei die Rücklauftemperatur im allgemeinen zwischen 40 °C und 70 °C liegen muß:

a) $\quad \Delta\Theta_{min} \leq \Delta\Theta \leq 1{,}2\, \Delta\Theta_{min}$
b) $\quad 10\text{ K} \leq \Delta\Theta \leq 20\text{ K}$
c) $\quad \Delta\Theta_{max} - 5\text{ K} \leq \Delta\Theta \leq \Delta\Theta_{max}$

Zur Prüfung selbst dürfen die sogenannten schnellen Impulse verwendet werden (siehe dazu auch die Ausführungen im Kapitel 8); eine Prüfung ist jedoch stets mittels der Anzeigeeinrichtung durchzuführen.

☞ **Rechenwerk mit angeschlossenem Temperaturfühlerpaar**

Es sind die Festlegungen, geltend für das Temperaturfühlerpaar und das Rechenwerk, sinngemäß anzuwenden.

☞ **Vollständige Wärmezähler**

Die eichtechnische Prüfung ist bei den in Tabelle 7.9 angegebenen Prüfpunkten vorzunehmen.

Tabelle 7.9: Prüfpunkte bei Vollständigen Wärmezählern

	Temperaturdifferenz	Durchfluß
a)	$\Delta\Theta_{min} \leq \Delta\Theta \leq 1{,}2\, \Delta\Theta_{min}$	$0{,}9\, q_p \leq q \leq q_p$
b)	$10\text{ K} \leq \Delta\Theta \leq 20\text{ K}$	$0{,}1\, q_p \leq 0{,}11\, q_p$
c)	$\Delta\Theta_{max} - 5\text{ K} \leq \Delta\Theta \leq \Delta\Theta_{max}$	$q_i \leq q \leq 1{,}1\, q_i$

7.8.6 Teil 6: Einbau, Inbetriebnahme, Überwachung und Wartung

In diesem Normteil sind einige allgemeine Forderungen angeführt, die bereits im Titel enthalten sind, beispielsweise daß „das Heizungssystem .. so auszulegen ist, daß die Einbauvorschriften des Wärmezulieferers erfüllt werden." [31]

Im besonderen werden u.a. die folgenden sinnvollen Forderungen aufgestellt:

☞ Vor dem Einbau des Wärmezählers ist die Rohrleitung zu spülen.
☞ Der Wärmezähler darf keinen Stößen oder Vibrationen ausgesetzt sein.

---

[31] In der Regel wird es wohl genau umgekehrt sein.

- Der Wärmezähler darf keinen Spannungen ausgesetzt sein, die von Rohren oder Formstücken verursacht sind.
- Die Rohrleitungen vor und hinter dem Wärmezähler sind hinreichend zu verankern.
- Es sind die Anschlußvorschriften an das elektrische Netz zu beachten.
- Die Netzversorgung muß gegen unbeabsichtigtes Unterbrechen geschützt sein.
- Signalleitungen dürfen nicht unmittelbar neben Versorgungsleitungen verlegt werden. Der Abstand muß mindestens 50 mm betragen.
- Jede Signalleitung zwischen Temperaturfühler und Rechenwerk muß in der Länge kontinuierlich sein und darf keine Verbindungen aufweisen.
- Wärmezähler sind vor hydraulischen Einflüssen wie Kavitation, Rückschläge und Druckstöße zu schützen.
- Nach dem Einbau des Wärmezählers ist eine Abschlußkontrolle durch einen Vertreter der verantwortlichen Stelle vorzunehmen, der auch Sicherungsstempel an den Schutzeinrichtungen des Wärmezählers vornimmt.

8 Prüfung von Wärmezählern

> 35. Jhr sollt nicht unrecht handeln im Gericht,
> mit der Elle, mit Gewicht, mit Maß.
> 36. Rechte Waage, rechte Pfunde, rechte Scheffel,
> rechte Kannen sollen bei euch sein;
> denn ich bin der Herr, euer Gott, der euch aus
> Ägyptenland geführt hat.
>
> Aus der Bibel, Altes Testament, 3. Buch Moses 19,
> auch *Levitikus* genannt

Mit dem komplexen Aufbau von Wärmezählern ist eine aufwendige Prüftechnik verbunden. Wir werden uns daher im folgenden mit der Prüfung, Kalibrierung oder Eichung der Wärmezähler bzw. ihrer Teilgeräte einerseits und den Prüfeinrichtungen andererseits beschäftigen. Die Rückführbarkeit (traceability) der Normale auf jene höherer Hierarchiestufe wird immer wichtiger, da im Zuge der Akkreditierung einer Prüf-, Beglaubigungs- oder Kalibrierstelle der Nachweis der Rückführbarkeit eine wichtige Voraussetzung ist, die bewiesen werden muß. Dies sind die Themen, die uns in diesem Kapitel beschäftigen werden.

8.1 Übersicht über Prüftechniken

Bei der Prüfung von Wärmezählern sollte der reale Betrieb so gut als möglich simuliert werden. Dies ist schwierig, da der Betriebszustand eines Wärmezählers stets durch die beiden Meßgrößen Temperaturdifferenz und Durchfluß in beliebiger Kombination bestimmt ist. Man ist daher aus ökonomischen Gründen gezwungen, eine Auswahl zu treffen.

Prinzipiell ist es sinnvoll, Wärmezähler als komplette Geräte (Vollständige Wärmezähler) zu prüfen, was aber nur bei Kleinwärmezählern möglich ist. In diesem Fall wird der zu prüfende Durchfluß aufgebracht und unabhängig davon die geforderte Temperaturdifferenz. In der Regel werden dann bestimmte Kombinationen von Δt und Q eingestellt, bei denen der Wärmezähler geprüft wird. Ein Beispiel dafür zeigt die Tabelle 8.1.

Die übliche Prüftechnik für Vollständige Wärmezähler geht davon aus, daß an der Prüfeinrichtung der Durchfluß und die Temperaturdifferenz getrennt aufgebracht werden, daß also die Prüfeinrichtung lediglich die Verlustleistung des Durchflußprüfstandes und der Flüssigkeitsthermostaten aufbringen muß.

Einen anderen Weg geht *Kovacs u.a.*, der eine Prüfeinrichtung angibt, bei der die zu messende Wärmeleistung direkt aufgebracht und elektrisch gemessen wird.[1] Diese Methode hat zwar den Vorteil, die Wärmeleistung elektrisch, und damit sehr genau, messen zu können, andererseits muß die produzierte Wärmeenergie, die dem umliegenden Raum zugeführt wird, wieder abgeführt werden. Nach Angabe der Autoren sind dies je nach Prüfpunkt zwischen 0,5 kW und 3 kW. Trotzdem ist diese Methode für

---

[1] T. Kovács, T. Magyarlaki, G. Szilágyi: Calibration of compact heat meters by electrical energy measurement, OIML Bulletin, Volume XXXIX (1998), Number 2, Seite 21 - 25

Kleinwärmezähler eine interessante Prüftechnik, erreicht man doch eine erweiterte Meßunsicherheit von U = 0,4 % (siehe dazu auch Kapitel 9.2.5).

Für Geräte, die als Kombinierte Wärmezähler vorliegen, bietet sich die Methode der getrennten Prüfung der Teilgeräte eines Wärmezählers an. Dies hat den Vorteil der einfachen Prüftechnik, aber den Nachteil, daß für den zusammengebauten Wärmezähler kein Meßfehler bekannt ist. Allerdings kann man bei bekannter Kombination der Komponenten den Gesamtfehler aus den Einzelergebnissen ermitteln.

Wir wollen im folgenden diese Prüftechniken besprechen und dazu mit der Prüfung von Durchflußsensoren beginnen.

Tabelle 8.1: Übliche Prüfpunkte für einen Vollständigen Wärmezähler mit folgenden Charakteristika: Verhältnis des Nenn- und des Mindestdurchflusses q_p/q_i (= Q_N/Q_{min})= 100, Verhältnis der Nenn- und der Mindesttemperaturdifferenz $\Delta t_{max}/\Delta t_{min}$ = 80/3

Prüfpunkt	Durchfluß q (Q)		Temperaturdifferenz Δt		EFG
	Vorschrift	Werte	Vorschrift	Werte	in %
1	q_p	1500 l/h	Δt_{min}	3 K	±8
2	0,1 q_p [2]	150 l/h	10 K	10 K	±5,7
3	q_i	15 l/h	Δt_{max}	80 K	±6,15

8.2 Prüfung der Durchflußsensoren

Für die Prüfung von Durchflußsensoren kommen mehrere Verfahren in Frage, die jedoch alle auf dem gleichen Prinzip basieren: Es wird stets ein Prüfling mit einem um zumindest eine Größenordnung genaueren Normal verglichen und aus dem Ergebnis der relative Meßfehler F mittels der Beziehung:[3]

$$F = \frac{\text{Istwert} - \text{Sollwert}}{\text{Sollwert}} \cdot 100 \,\% \qquad (8.1)$$

bestimmt, wobei bereits berücksichtigt wurde, daß der relative Meßfehler *immer* in Prozent angegeben wird.

Die Prüfung der Durchflußsensoren verfolgt den Zweck, eine Aussage zur Genauigkeit zu erhalten. Dazu werden in der Regel die den Meßbereich definierenden Durchflüsse, der Nenndurchfluß q_p (= Q_n) und der Mindestdurchfluß q_i (= Q_{min}), und weitere Punkte innerhalb dieses Intervalles seitens der Prüfeinrichtung vorgegeben und die Genauigkeit durch Vergleich mit einem Normal ermittelt. Die Auswahl der Prüfpunkte in

---

[2] ≈ Q_t

[3] Nach dem Dokument EAL-R2 ist der Begriff des Fehlers genaugenommen nur mehr für eine grobe Meßabweichung reserviert bzw. für Fälle, bei denen die systematische Meßabweichung wesentlich größer ist als die zufällige. Für den hier vorliegenden Fall, bei dem es stets um systematische Meßabweichuungen geht, darf man getrost statt Meßabweichung Meßfehler sagen.

dem durch q_i (Q_{min}) und q_p (Q_n) definierten Intervall wird durch den vermuteten Verlauf der Fehlercharakteristik nahegelegt. So genügen beim Woltmanzähler meist drei Prüfpunkte, während der Flügelradzähler wegen seines stark modulierten Kurvenverlaufes meist noch einen vierten Prüfpunkt zwischen $0,1.q_p$ ($\approx Q_t$) und q_p (Q_n) erfordern würde (siehe Abb. 5.10). In der Praxis wird die Prüfung aus wirtschaftlichen Gründen auf drei Punkte reduziert, und zwar auf q_p, $0,1.q_p$ und q_i (Q_n, Q_t und Q_{min}). Der Höchstdurchfluß q_s (= maximaler Durchfluß Q_{max}), mit dem der Zähler während begrenzter Zeiträume betrieben werden darf, spielt in der Praxis nur eine untergeordnete Rolle und wird daher auch kaum als Prüfpunkt herangezogen.

Ein strittiger Punkt ist nach wie vor die Festlegung der Prüftemperatur. Die einzelnen Meßsysteme zeigen eine mehr oder weniger starke Temperaturabhängigkeit der Fehlerkurve; es ist daher wichtig, die Prüfung bei einer, für den späteren Einsatz repräsentativen Temperatur vorzunehmen. Als eine solche repräsentative Temperatur ist sinnvollerweise die mittlere Betriebstemperatur der Heizungsanlage zu wählen, in die der Zähler später eingebaut wird. Leider sind diese Temperaturen in der Regel nicht exakt bekannt, sodaß bei Meßsystemen mit deutlicher Temperaturabhängigkeit der Fehlerkurve allein dadurch eine Meßunsicherheit induziert wird. Eine Meßunsicherheit ergibt sich aber auch dadurch, daß ein Durchflußsensor im Laufe einer Beobachtungsperiode einem Spektrum verschiedener Temperaturen ausgesetzt ist. Bei turbinenartigen Zählern, mit ihrer deutlichen Temperaturabhängigkeit im unteren Meßbereich, ergeben sich daher im Betrieb Meßunsicherheiten, die einige Prozent betragen können. Während die Temperaturabhängigkeit der Meßfehler von turbinenartigen Zählern systembedingt ist, zeigen andere Meßsysteme temperaturabhängige Verlagerungen der Fehlerkurve, die weder eindeutig geklärt, noch voraussagbar sind. Auch zeigen Meßsysteme, deren Anzeigecharakteristik in der Regel als unabhängig von der Temperatur angesehen wird, oft trotzdem einen nicht vernachlässigbaren Temperatureinfluß, wie beispielsweise magnetisch-induktive Durchflußzähler (MID).

Aus Gründen der Manipulation und Verbrühungsgefahr hat sich daher für die Prüfpraxis eine mittlere Prüftemperatur von 50 °C bis 55 °C als sinnvoll herausgestellt.

Für die Prüfung der Durchflußsensoren kann als Vergleich ein als genügend genau anzusehendes Normal (Behälter oder Wägeeinrichtung in Verbindung mit Dichte- und Auftriebskorrektur) herangezogen werden, oder ein sogenannter „Mutter- oder Masterzähler". An diesen sind naturgemäß höhere Anforderungen als an den Prüfling zu stellen. Solche Forderungen sind z.B.: Genauigkeit, Verkehrsfähigkeit, Störsicherheit, Meßbereich und geringe Temperaturabhängigkeit.

Die Genauigkeit ist an sich nicht so entscheidend, kann doch der Verlauf der Fehlerkurve in der Regel gespeichert werden. Dagegen läßt die Verkehrsfähigkeit eine Aussage zur zeitlichen Konstanz der Fehlerkurve zu. Wünschenswert wäre aus ökonomischen Gründen obendrein, wenn der Meßbereich des Masterzählers ausreichend groß ist, um mit wenigen Geräten in einer Anlage das Auslangen zu finden. Der Störsicherheit ist ebenfalls ein hoher Stellenwert zuzuordnen.

Als Masterzähler haben sich heutzutage vor allem MID bewährt. Es sind zwar auch Zähler nach anderen Meßprinzipien wie Turbinenzähler, Vortexzähler und Massendurchflußzähler nach dem Coriolis-Prinzip diskutiert und zum Teil auch eingesetzt worden, doch erfüllen sie in der Regel nicht alle die oben angeführten Bedingungen. Beispielsweise ist von Zählern nach dem Vortexprinzip die Beeinflussung durch Druckschwankungen bekannt, wie sie durch einseitig geschlossene Rohrstrecken induziert werden.

Um nun einen MID als Masterzähler verwenden zu können, ist erstens der Meßbereich so einzuschränken, daß die untere Meßbereichsgrenze zumindest einer Geschwindigkeit zwischen den Elektroden von ≥ 0,25 m/s entspricht. Da im Fernwärmebereich kaum größere Geschwindigkeiten als 5 m/s auftreten, kann aus obiger Bedingung mit einem typischen Meßbereich von 1:20 gerechnet werden. Zum zweiten ist auf eine geringe bzw. kalkulierbare Temperaturabhängigkeit zu achten. Bereits in Abb. 5.43 wurde ein Beispiel für die Fehlerkurve(n) eines MID gezeigt. Der Meßbereich kann durch die Bedingung festgelegt werden, daß die Meßfehler gering sind und die Temperaturabhängigkeit konstant ist. Beide Forderungen werden im konkreten Fall für Rohrgeschwindigkeiten v ≥ 0,17 m/s erfüllt. Die Temperaturkorrektur beträgt dabei ca. -0,027 %.K^{-1}.

Aus der dargestellten Temperaturabhängigkeit der Fehlerkurve eines Gerätes einer speziellen Bauart darf jedoch nicht geschlossen werden, daß alle MID eine vergleichbare Temperaturabhängigkeit aufweisen. Aus Messungen, die der Autor und andere durchgeführt haben, geht ganz im Gegenteil hervor, daß durchaus auch ein entgegengesetzter Trend auftreten kann. Dieses Verhalten läßt sich zum ersten auf die Rohrauskleidung zurückführen, aber auch auf die spezielle Konstruktion. Ein Beispiel dafür zeigt die Abb. 8.1, die die Fehlerkurve eines MID mit rechteckigem Rohrquerschnitt zeigt. Zumindest im unteren Meßbereich ist die Temperaturabhängigkeit der Fehlerkurve gerade umgekehrt wie im Falle der Abb. 5.43.

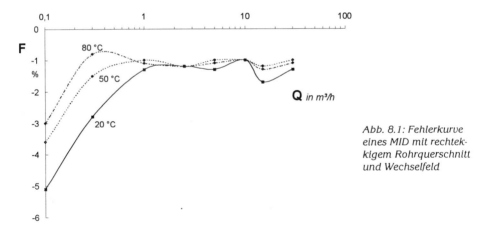

Abb. 8.1: Fehlerkurve eines MID mit rechteckigem Rohrquerschnitt und Wechselfeld

Nach den möglichen Prüftemperaturen unterscheidet man heute zwei Arten von Prüfeinrichtungen für Durchflußsensoren, nämlich sogenannte *offene Systeme*, die praktisch drucklos arbeiten, und *geschlossene Systeme*, deren maximale Prüftemperatur im wesentlichen vom Systemdruck abhängt.

Am häufigsten werden offene Systeme verwendet, da man sich, zumindest im deutschsprachigen Raum, auf die obengenannten Prüftemperaturen von 50 °C bis 55 °C geeinigt hat. Für spezielle Zwecke (z.B. Typenprüfungen) sollte aber auch die Prüfung bei Wärmeträgertemperaturen über 90 °C möglich sein.

Aus ökonomischen Gründen ist die Serienprüfung der Durchflußsensoren wünschenswert. Dies setzt voraus, daß sich die Zähler untereinander nicht beeinflussen.

Bei Mehrstrahl- Flügelradzählern ist dies praktisch immer erfüllt, vor allem dann, wenn Beruhigungsstrecken vor und nach dem Zähler vorgesehen werden. Für Einstrahl- Flügelradzähler gilt diese Aussage nicht, da die durch Störungen im Zulaufrohr verursachten Veränderungen des Geschwindigkeitsprofils der Strömung unmittelbar auf die Drehmomentenbildung des Flügelrades einwirken. Für die Reihenprüfung sollten daher zumindest *Wabengleichrichter*, wie sie in Abb. 8.2 dargestellt sind, verwendet werden.

Noch kritischer ist die Situation bei Woltmanzählern: Die Strömung auf ihrer Ausgangsseite hat einen Drehimpuls, der sich der Eingangsströmung des nächstfolgenden, stromabwärts montierten Zählers überlagert. Dies führt zu einer Verzerrung des Geschwindigkeitsprofiles und zu einer Änderung der Grenzschichtströmung auf den Turbinenschaufeln, was eine Verlagerung der Fehlerkurve zur Folge hat. Die Größe der Verlagerung ist von Bauart zu Bauart verschieden; Abhilfe schaffen nur genügend lange Beruhigungsstrecken vor und nach den Zählern (zumindest 10 mal die Nennweite des Anschlußrohres, üblicherweise als „10 D" bezeichnet) oder ebenfalls die Verwendung von Strömungsgleichrichtern.

Eine Beeinflussung wird nicht nur bei Hintereinanderschaltung von Prüflingen beobachtet, sondern auch durch Krümmer, Absperrschieber, Reduzierungen und Aufweitungen des Rohrquerschnittes etc. Für Kaltwasser hat *Kalkhof* solche Einflüsse auf Woltmanzähler untersucht.[4] Soferne genügend lange Ein- und Auslaufstrecken, z.B. 10D und 5D, eingehalten werden, sind die o.a. Einflüsse auf das Anzeigeverhalten geringfügig. Entsprechende Erfahrungen bei Warmwasser ergeben ein ähnliches Bild; allerdings scheinen die Zähler bei höheren Betriebstemperaturen empfindlicher zu werden. Nähere Ausführungen zu diesem Thema sind im Kapitel 10.4 zu finden.

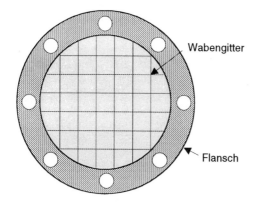

Abb. 8.2: Querschnitt durch einen Strömungsgleichrichter (Wabengleichrichter)

Durchflußsensoren nach anderen Meßprinzipien erfordern z.T. andere Prüfanordnungen. So sind z.B. MID in der Regel unempfindlicher als turbinenartige Zähler gegenüber Störungen in der Einlauf- und Auslaufstrecke. Auch zeigen sie in der Regel keine große Temperaturabhängigkeit, so daß sie für den eichpflichtigen Verkehr oft mit Kaltwasser geprüft werden können.[5]

---

[4] H. G. *Kalkhof*: Experimentelle Ermittlung des Einflusses von Querschnittsänderungen, Krümmern und Absperrschiebern in der Rohrleitung auf das meßtechnische Verhalten von Woltmanzählern, Wasser/Abwasser 116(1975), H. 3, S 117 ff

[5] Die Prüfung von MID´s mit Kaltwasser ist eigentlich nur in den Fällen erlaubt, wo keine Prüfeinrichtungen für Warmwasserzähler vorhanden sind. Dies trifft in Europa in der Regel für Durchflüsse größer als etwa 200

Durchflußsensoren von elektronischen Wärmezählern besitzen eine Abtastung der Flügelradumdrehungen, des Zählwerkes oder sonst einen Impulsausgang, der einer bestimmten Menge des Wärmeträgers proportional ist. Die Impulswertigkeit, also die Zahl der Impulse pro Liter oder m³, darf nicht zu klein sein, da sonst bei der Messung von sogenannten „Schleichmengen", also sehr geringen Durchflüssen, Registrierungsfehler auftreten können, weshalb bei Durchflußsensoren neuerer Bauart der Impulswert entsprechend angehoben wird. Dies hat auch bei der Prüfung dieser Durchflußsensoren große Vorteile. Bei Durchflußsensoren mit einem geringen Impulswert, z.B. 0,1 Impuls/Liter (oder anders ausgedrückt: 10 Liter/Impuls) erfolgt die Prüfung entweder mittels der Ausgangsimpulse oder durch Zählwerksablesung. Läßt man einen Ablesefehler von ± 0,5 % zu, dann ist zumindest eine Prüfmenge von 200 mal der kleinsten Registrierungseinheit erforderlich. Letztere ist beim Zählwerk gleich dem sogenannten *Skalenwert* oder *Skalenteilungswert* (DIN 1319[6], siehe auch Abb. 8.3), beim *Kontaktwerk* ein Impuls, im obigen Beispiel 1 Impuls = 10 Liter. Bei der Zählwerksprüfung mit einem Skalenwert von 0,1 l ist daher eine Prüfmenge von 200 x 0,1 l = 20 l, bei der Prüfung über das Kontaktwerk dagegen 200 x 10 l = 2000 l erforderlich.

Prinzipiell ist der Prüfung über das Kontaktwerk der Vorzug zu geben, da sie der Wirklichkeit am nächsten kommt. Es ist jedoch stets ein Kompromiß mit der Wirtschaftlichkeit, anders ausgedrückt mit der Prüfzeit, zu suchen. Die *klassischen* Durchflußsensoren, also Flügelrad- und Woltmanzähler mit Zähl- und Kontaktwerk, werden wegen ihres geringen Impulswertes (meist < 1 Impuls/Liter) mittels der Zählwerksanzeige geprüft, Meßwerke klassischer Durchflußsensoren mit höherfrequenter Abtastung der Flügelumdrehungen und alternative Durchflußsensoren besitzen in der Regel einen Impulsausgang, der mit der obigen Randbedingung eine wirtschaftlich vernünftige Prüfzeit zuläßt.

Wie bereits weiter oben erwähnt, werden zur Prüfung von Durchflußsensoren außer Behälter und Waagen auch *Masterzähler*, meist in der Form von MID's, verwendet. Da diese Zähler eine sehr hohe Impulswertigkeit besitzen, kann die Prüfmenge durch Vorgabe einer bestimmten Impulszahl ersetzt werden. Diese Vorgangsweise erlaubt desweiteren die Berücksichtigung der Fehlerkurve des Masterzählers durch entsprechende Impulsvorwahl. Ist F_N der Fehler des Masterzählers in % und das gewünschte Prüfvolumen V_s, dann ist das vorzuwählende Volumen

$$V_v = V_s \left(1 + \frac{F_N}{100}\right), \qquad (8.2)$$

bzw., wenn mit I_N die Impulswertigkeit des Masterzählers in Impuls pro Volumeneinheit bezeichnet wird, die Impulsvorwahl

$$I_v = I_N \cdot V_v \qquad (8.3)$$

---

m³/h zu. Es gibt zwar Meßeinrichtungen für deutlich größere Durchflüsse; sie sind aber als Experimentierprüfstände nicht für eich- bzw. beglaubigungstechnische Prüfungen zugänglich.

[6] DIN 1319: Grundlagen der Meßtechnik, Teil 1 bis 4

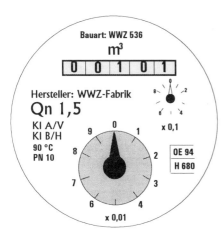

Abb. 8.3: Beispiel für ein Zählwerk eines Durchflußsensors.
Die Auflösung, also der sogenannte Skalen- oder Skalenteilungswert ist im konkreten Beispiel 0,1 l, also ein Zwanzigstel der Umdrehung des Zeigers des kleinsten Stellenwertes

8.3 Prüfung der Temperaturfühler

Der Temperaturdifferenzmessung kommt als Teil der Wärmemengenmessung eine besondere Bedeutung zu. Man beschreibt für Widerstandsthermometer den Zusammenhang zwischen Widerstand und Temperatur durch die Gleichung

$$R_t = R_o (1 + A t + B t^2) \qquad (8.4)$$

Da die Genauigkeit der Temperaturdifferenzmessung besonders von den Unterschieden der Größen Grundwiderstand R_o, lineare (A) und quadratische Steigung (B) im Vorlauf- und Rücklaufstrang abhängt, ist die Bestimmung dieser Werte bei der Prüfung von ausschlaggebender Bedeutung. Je nach Ausführung des Wärmezählers, als Gerät mit fix angeschlossenen oder als Splitgerät mit separierbaren Temperaturfühlern, ist die Vorgangsweise bei der Prüfung eine unterschiedliche.

8.4 Wärmezähler mit fix angeschlossenen Temperaturfühlern

In diesem Fall ist der Fehler der Temperaturdifferenzmessung im zulässigen Meßfehler für das Rechenwerk integriert. Da nicht alle möglichen Betriebszustände bei der Prüfung simuliert werden können, beschränkt man sich in der Regel auf eine konstante Rücklauftemperatur von z.B. 50 °C und variiert die Temperaturdifferenz von der Mindest- bis zur Nenntemperaturdifferenz. Ein solches Meßprotokoll ist in Abb. 8.4 dargestellt.

In der Praxis werden aber - zumindest bei der Ersteichung oder Erstbeglaubigung - die Temperaturfühler vor dem Anschluß an das Rechenwerk einzeln geprüft und hinsichtlich der Einhaltung der Fehlergrenzen selektiert. Parallel dazu wird auch die Einhaltung der Fehlergrenzen für das Rechenwerk getestet. Nach Komplettierung des Gerätes erfolgt letztlich eine Gesamtprüfung.

Prüfprotokoll eines Wärmezähler-Rechenwerkes

Daten des Prüflings:

Hersteller:	XYZ
Type:	ABC
Temperaturbereich in °C:	0-200
Nenntemperaturdifferenz in K:	120
Mindesttemperaturdifferenz in K:	5
Impulswertigkeit in Imp/l:	1
Herstellernummer:	942312345

Prüfungsdaten:

Impulsfrequenz in Hz:	50
Raumtemperatur in °C	22
Versorgungsspannung in V:	220

Prüfungen:

Zählwerksstände:	vor Prüfung	nach Prüfung
Energie:	3,8 MWh	6,8 MWh
Volumen:	52 m³	78 m³

Differenz der Zählwerksstände:	Istwert	Sollwert
Energie:	3,000 MWh	3,053573 MWh
Volumen:	26,000 m³	26,369 m³

Δt	t_R	Istwert	Sollwert	k-Faktor	Fehler	Betriebsart
in K	in °C	Imp.	Imp.	kWh.m⁻³.K⁻¹	%	
119,995	30,003	30	29,739	1,166	0,88	ZW
60,019	49,987	5671	5665,977	1,152	0,09	SI
19,998	49,987	1879	1880,332	1,148	-0,07	SI
9,989	49,987	2812	2815,896	1,147	-0,14	SI
5,006	49,987	2353	2351,372	1,147	0,07	SI

Prüfer:	Prüfstellenleiter:	Prüfstelle:

Abb. 8.4: Prüfprotokoll für ein Wärmezähler-Rechenwerk mit angeschlossenen Temperaturfühlern ZW bedeutet Prüfung über die Anzeige des Zählwerkes, SI bedeutet Prüfung über die „schnellen Impulse" bzw. bei mikroprozessorgesteuerten Rechenwerken mittels des Prüfbetriebes

8.5 Einzelprüfung der Temperaturfühler

Auch hier gibt es wieder zwei prinzipiell unterschiedliche Methoden. Bei der ersten Methode wird die Einhaltung der Fehlergrenzen für die Temperaturdifferenz überprüft, wobei man sich auf einen Sollwert, z.B. für Pt-Fühler nach DIN-EN 60751, bezieht. Die Fehlergrenzen müssen im gesamten zulässigen Temperaturbereich eingehalten werden.

Beispiel 8.1: Temperaturbereich 0 °C bis 180 °C, Temperaturdifferenzbereich: 3 K ≤ Δt ≤ 100 K. Prüfbereich: t_R = 0 °C, t_V = 3 °C bis t_R ≤ 177 °C, t_V = 180 °C

Diese Prüfung ist schwierig, da man eigentlich alle möglichen Kombinationen, wie im obigen Beispiel gezeigt, auf Einhaltung der Fehlergrenzen überprüfen müßte.

In der Praxis geht man daher einen anderen Weg: Man überprüft die zusammengehörigen Temperaturfühler bei mehreren Temperaturen und leitet aus dem Ergebnis eine indirekte Aussage zu den Meßfehlern ab. Nehmen wir ohne Beschränkung der Allgemeinheit als Temperaturfühler Platin-Widerstandsthermometer an, für die als Zusammenhang zwischen Widerstand und Temperatur die Gl. (8.4) anzusetzen ist, dann kann man die folgenden Aussagen treffen:

Werden die Temperaturfühler bei mindestens drei Temperaturen t_1, t_2 und t_3 geprüft und sind für jeden Prüfling (x) die Meßwerte für die Widerstände R_{x1}, R_{x2} und R_{x3}, dann erhält man für jeden Fühler (x) drei Gleichungen mit drei Unbekannten:

$$R_{x1} = R_{xo} (1 + A_x t_1 + B_x t_1^2)$$
$$R_{x2} = R_{xo} (1 + A_x t_2 + B_x t_2^2)$$
$$R_{x3} = R_{xo} (1 + A_x t_3 + B_x t_3^2), \qquad (8.5)$$

die die Meßwerte (R_{xi}) mit den Temperaturen (t_i) verknüpfen. Aus dem Gleichungssystem (8.5) erhält man dann die den einzelnen Fühler charakterisierenden Koeffizienten (R_o, A, B), woraus der Paarungsfehler F_T in % folgt:

$$F_T \approx \frac{\frac{R_{oV} - R_{oR}}{R_o} + (t_V \delta A_V - t_R \delta A_R) + (t_V^2 \delta B_V - t_R^2 \delta B_R)}{A_N \Delta t + B_N (t_V^2 - t_R^2)} \cdot 100 \, [\%] \qquad (6.26)$$

Der Paarungsfehler F_T ist natürlich begrenzt und muß für alle in Frage kommenden Betriebszustände die Eichfehlergrenzen einhalten.

Wie man vermuten kann, setzt sich der Paarungsfehler in erster Linie aus einem Konstantanteil und aus einem, der Temperaturdifferenz Δt indirekt proportionalen Anteil zusammen:

$$F_T \approx C_\infty + \frac{C_o}{\Delta t} \qquad (8.6)$$

Für Δt → 0 wächst F_T über alle Grenzen, für Δt → ∞ nähert sich F_T einem konstanten Anteil C_∞. In Abhängigkeit von den individuellen Koeffizienten der einzelnen Fühler (A_V, A_R, B_V, B_R) wird eine mehr oder weniger große Modulation der Fehlerkurve $F_T(\Delta t)$ auftreten.

Da im wesentlichen Δt_{min} den Paarungsfehler bestimmt, genügt oft ein verkürztes Prüfverfahren, das die Paarung der zusammengehörigen Temperaturfühler bei drei Temperaturen, z.B. 40 °C, 80 °C und 130 °C vornimmt. Dieses Verfahren hat den unschätzbaren Vorteil, daß eine Fehlerermittlung in der oben dargestellten Weise mittels Gl. (8.5) unterbleiben kann, da der Widerstandswert - und damit die "scheinbare" Temperaturdifferenz bei einer bestimmten Prüftemperatur - direkt an einem Multimeter abgelesen werden kann.

Da dieses Verfahren den Paarungsfehler nur näherungsweise bestimmt, ist neben der Prüfung auf Einhaltung der zulässigen Toleranzen auch noch der Einfluß der Absolutlage, gegeben durch die Größen A und B, der Widerstands-Temperaturkurve bezüglich einer Sollkurve von Interesse.

8.6 Prüfung des Rechenwerkes

Wegen der unterschiedlichen Bauprinzipien sind auch dem Rechenwerk angepaßte Prüfverfahren zu verwenden, wenn sich auch einige Prüfmodalitäten wegen ihrer universellen Brauchbarkeit durchgesetzt haben.

Mechanische Wärmezähler mit integrierten Temperaturfühlern müssen grundsätzlich gemeinsam mit den Temperaturfühlern geprüft werden.

Anders ist die Situation bei den meisten elektronischen Rechenwerken, die gestatten, sowohl den Volumendurchfluß (bzw. das Volumen) als auch die Temperaturdifferenz fehlerfrei zu simulieren. Zur Simulation der Volumensignale werden meist Schaltschritte, in einigen Fällen auch elektrische Impulse herangezogen, die ein dem Impulswert entsprechendes Volumen darstellen. Für die Simulation der Temperaturdifferenz verwendet man Festwiderstände, deren Widerstandswert einer bestimmten Temperatur entspricht; durch Kombination mehrerer Widerstände können dann bestimmte Temperaturdifferenzen simuliert werden.

Bei der eigentlichen Prüfung werden bestimmte Betriebszustände simuliert und die Meßfehler bestimmt, die nun eindeutig dem Rechenwerk zuzuordnen sind. Dabei bedient man sich meist der hochauflösenden wärmemengenproportionalen Impulse, die ja in eindeutiger Relation zur untersetzten Anzeige des Zählwerkes stehen. Aus dem simulierten Volumen, der simulierten Temperaturdifferenz und dem Wärmekoeffizienten, der für den Wärmeträger Wasser durch:

$$k_i(t_V, t_R) = \frac{(4{,}1818 - 2{,}929 \cdot 10^{-4}\,(t_V + t_R) + 3{,}095 \cdot 10^{-6}\,(t_V^2 + t_V t_R + t_R^2)}{3600} \cdot (1001{,}914 - 7{,}36 \cdot 10^{-2}\,t_i - 4{,}23 \cdot 10^{-3}\,t_i^2 + 6{,}1 \cdot 10^{-6}\,t_i^3) \quad (8.7)$$

in der Einheit: $kWh\ m^{-3}\ K^{-1}$, gegeben ist, errechnet man den Sollwert für die Wärmemenge aus der Beziehung

$$W_s = k_i(t_V, t_R)\,V\,\Delta t \quad (8.8)$$

In Gl. (8.7) soll der Index „i" auf den Ort der Volumendurchflußmessung hinweisen. Für Messung im Vorlauf ist $i = V$, für Messung im Rücklauf ist $i = R$.

Bei Rechenwerken mit mechanischer Anzeigeeinrichtung ist es sinnvoll, neben der oben erläuterten *schnellen Prüfung* auch die Funktion des Zählwerkes zu überprüfen. Dazu ist prinzipiell keine Genauigkeitsprüfung erforderlich, sondern lediglich eine

Überprüfung der richtigen Untersetzung der schnellen Impulse und der mechanischen Funktion des Zählwerkes.

Manche Bauarten von Rechenwerken, nämlich die, die einen Mikroprozessor zur Meßwertverarbeitung verwenden, sind mit einer softwaremäßigen Simulation eines bestimmten Prüfvolumens ausgestattet. Dies erleichtert die Prüfung in manchen Fällen.

8.7 Normalmeßeinrichtungen für die Prüfung von Wärmezählern

Für die Prüfung von Wärmezählern ist eine Reihe von Meßeinrichtungen notwendig, deren Genauigkeit letztlich die Genauigkeit der Wärmezähler bestimmt. Ihrer Besprechung wollen wir uns nun zuwenden.

8.7.1 Normalmeßeinrichtungen zur Bestimmung des Volumens bzw. der Masse

Prinzipiell kann man sowohl die Masse, als auch das Volumen als Teilgröße bei der Bestimmung der Wärmemenge heranziehen. Wie bereits mehrmals erwähnt, wird aber aus gerätetechnischen Gründen in der Praxis meist das Volumen und nicht die Masse ermittelt. Als Normalmeßeinrichtungen für das Volumen bieten sich daher Behälter an. Behälter haben aber eine Auflösung, die relativ begrenzt ist; außerdem muß mit einer nichtvernachlässigbaren Temperaturkorrektur gerechnet werden. In der Wärmemengen-Meßtechnik haben sich daher nicht Behälter, sondern Wägeeinrichtungen durchgesetzt, mit denen das Volumen über Wägung in Verbindung mit einer Dichte- und Auftriebskorrektur bestimmt werden kann. Mit diesen Meßeinrichtungen wollen wir uns nun beschäftigen.

Grundbegriffe der Wägung

Die *Masse* ist eine einen Körper kennzeichnende physikalische Größe, die unabhängig von der Fallbeschleunigung ist und daher prinzipiell an jedem Ort gleich ist. Im Gegensatz dazu ist das *Gewicht* eine Kraft, und zwar jene Kraft, mit der ein ruhender Körper auf seine Unterlage wirkt. Da jedoch die Fallbeschleunigung von der geographischen Breite und örtlichen Inhomogenitäten abhängt, erzeugt eine vorgegebene Masse an jedem Ort eine etwas unterschiedliche Gewichtskraft.

In der Praxis wird oft nicht zwischen Masse und Gewichtskraft unterschieden - was auch durch die nahezu zahlenmäßige Gleichheit in den alten Einheiten: *kg* für die Masse und *kp* für die Kraft nahegelegt wird. In SI-Einheiten unterscheiden sich jedoch Kraft und Masse zahlenmäßig annähernd um einen Faktor 10, wenn man die Kraft in Newton (N) und die Masse, wie auch schon früher, in Kilogramm (kg) einsetzt.

Bei Wägungen wird nun meist ein Masse-, oft aber auch ein Kräftevergleich vorgenommen. Ein Beispiel für die erste Kategorie stellen die allseits bekannten gleicharmigen Balkenwaagen dar, wogegen die für die Wärmemengenmessung relevanten Waagentypen die Massebestimmung meist auf eine Kraftmessung zurückführen. Hinsichtlich der Waagenfunktion unterscheidet man nach

- dem **Ausschlagsverfahren**, bei dem aufgrund der Einwirkung der Gewichtskraft ein bestimmter Meßweg zurückgelegt wird, der ein Maß für die Masse ist, und
- dem **Weg-Kompensationsverfahren**, bei dem durch einen manuellen oder automatischen Regelungsvorgang ein auftretender Meßweg kompensiert wird.

Wägezellen (Meßwertaufnehmer)

Aus der Unzahl der möglichen Wägezellen sollen im folgenden jene Meßverfahren besprochen werden, die in Prüfstellen für Wärmezähler tatsächlich angewendet werden [7].

Dehnungsmeßstreifen-Wägezellen

Das Grundelement dieser Wägezelle ist ein Dehnungsmeßstreifen. Der Meßeffekt beruht auf der Änderung des elektrischen Widerstandes bei mechanischer Beanspruchung. Der Meßwiderstand besteht dabei aus einem wenige Mikrometer starken, mäanderförmigen Metallgitter, das auf einem Träger aufgedampft oder aufgeklebt wird (siehe Abb. 8.5).

Im Waagenbau ist der Träger meist eine sehr steife „Feder", die bei Vollast einen Meßweg von etwa 0,3 mm hat. Die Feder kann in den verschiedensten Formen vorliegen, relativ häufig sind der Zylinder (Druck- bzw. Zugbelastung) und der Biegestab.

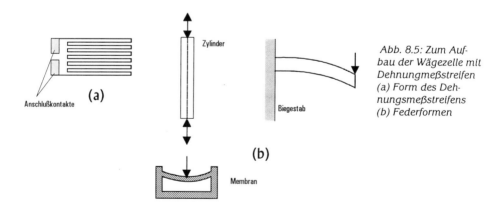

Abb. 8.5: Zum Aufbau der Wägezelle mit Dehnungmeßstreifen (a) Form des Dehnungsmeßstreifens (b) Federformen

---

[7] H. Reiter: Übersicht über die neuen Wägeverfahren, Vortrag am Seminar: Neue Verfahren der Wäge- und Dosiertechnik, am 3. April 1990 in Wien, Veranstalter: ÖFI (Österr. Fortbildungs-Institut)

Auf die Feder wird eine Wheatstonesche Brückenschaltung mit verschiedenen Korrekturgliedern appliziert, wobei sich je zwei Dehnungsmeßstreifen auf zwei entgegengesetzten, etwa gleich stark gedehnten Stellen der Feder befinden.

Um eine ausreichende Genauigkeit der entsprechenden Wägezellen zu erreichen, muß die Speisespannung der Brücke sehr konstant sein. Weiters ist ein Einfluß der Umgebungstemperatur bemerkbar, der allerdings durch eine spezielle Schaltung, die *Sechsleiterschaltung* eliminiert werden kann.

Wägezellen auf dem Prinzip der elektromagnetischen Kraftkompensation

Diese Wägezellen beruhen auf dem elektrodynamischen Wandlerprinzip, also der Beeinflusssung eines elektrischen Leiters durch ein Magnetfeld: Eine in einem Magnetfeld befindliche stromdurchflossene Spule ist über Hebel mit dem Lastträger verbunden. Bei Aufbringung einer Last wird das Gleichgewicht gestört und die Spule ausgelenkt (siehe die Abb. 8.6).

Die Auslenkung kann beispielsweise durch einen optischen Sensor oder einen induktiven Positionsgeber erkannt werden. Das Ausgangssignal dieses Sensors wird dann zur Nachregelung des Spulenstromes in dem Sinne benützt, daß die ursprüngliche Gleichgewichtslage wieder erreicht wird.

Bei dieser Wägezelle handelt es sich also um eine weglose Messung, wobei der Spulenstrom ein Maß für die Gewichtskraft ist.

Waagen, die nach diesem Prinzip aufgebaut sind, stellen die derzeit genauesten Ausführungsformen dar. Es lassen sich Unsicherheiten von $\pm\ 10^{-5}...10^{-6}$ erreichen. Mit anderen Worten: Eine Waage mit einer Höchstlast von 100 kg hat im gesamten Meßbereich einen maximalen Meßfehler von $\pm\ 0,1$ g bis $\pm\ 1$ g. In Tabelle 8.2 ist ein typisches Meßprotokoll für eine Waage nach diesem Meßprinzip gezeigt.

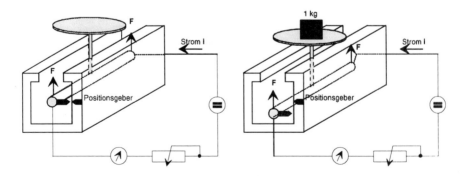

Abb. 8.6: Zum Prinzip der Kraftkompensation
links: Waage im unbelasteten Zustand, rechts: Verhalten bei Belastung
F ... elektrische Kompensationskraft

Saitenwägezellen

Die Eigenfrequenz einer eingespannten, durch einen Oszillator angeregten Saite hängt u.a. über den Elastizitätsmodul von der Zugspannung ab. Bei bekanntem Querschnitt ist daher die Eigenfrequenz ein Maß für die Gewichtskraft. Der Zusammenhang ist nichtlinear, was allerdings im Zeitalter des Mikroprozessors kein Problem ist. Bevor Mikroprozessoren zur Meßwertverarbeitung eingesetzt wurden, wurde ein Zweisaitensystem verwendet, wobei eine Saite stets mit einem eingebauten Gewichtsstück belastet war. Man erhält bei diesem System ein Frequenzverhältnis, das der Belastung proportional ist.

Kreisel-Wägezellen

Wirkt auf einen mit konstanter Winkelgeschwindigkeit angetriebenen Kreisel normal zur Rotationsachse exzentrisch eine Kraft, hat dies eine Präzessionsbewegung zur Folge. Deren Winkelgeschwindigkeit, die leicht meßbar ist, ist ein Maß für die Masse.

Tabelle 8.2: Typisches Meßprotokoll einer Waage nach dem Prinzip der elektromagnetischen Kraftkompensation

Technische Daten:

Wägeprinzip:	Kraftkompensation
Bauart:	KCC 300/ID 1
Fabrikationsnummer:	S/N 19 52 964
Meßbereich:	
Kleinster Wägewert:	5 kg
größter Wägewert:	120 kg
Teilung d:	2 g

Meßergebnis:

Belastung	Fehler bei steigender Last	fallender Last
in kg	in g	in g
0	± 0	± 0
2	- 1	+ 2
3	± 0	+ 2
5	- 2	+ 2
10	-2	± 0
15	-2	± 0
20	- 2	+ 2
40	- 2	± 0
60	- 2	± 0
80	- 2	+ 1
100	- 2	± 0
120	- 2	- 2

Mechanischer Aufbau der Waagen

Die Wägezelle selbst verarbeitet meist nur geringe Kräfte. Es ist daher eine mechanische Übersetzung vom Lastträger zur Wägezelle notwendig. Diese Übersetzung sollte so konstruiert sein, daß kein Zusatzfehler entsteht.

Für den Fall der Volumenermittlung des Wärmeträgers durch Messung der Masse müssen zwei Einflußgrößen berücksichtigt werden: Die Temperaturabhängigkeit der Dichte des Wärmeträgers und der Luftauftrieb. Im folgenden wird ein entsprechender Korrekturfaktor ermittelt.

8.7.2 Ermittlung des Volumens durch Wägung und Temperaturmessung

Bei der Wägung wird eigentlich nicht die Masse des Wägegutes bestimmt, sondern entweder eine Gewichtskraft oder, im Falle der Massenbestimmung durch Vergleich, eine Größe, die als **konventioneller Wägewert** bezeichnet wird. Der konventionelle Wägewert bestimmt sich aus der Tatsache, daß beim Vergleich einer unbekannten Masse (m_x) mit Normalgewichtsstücken der Masse m_N auch deren Dichte berücksichtigt werden muß.[8]

Die beiden Körper (Index x und N) haben die Volumina V_x und V_N mit den Dichten ρ_x und ρ_N. Bei der Wägung gilt dann die Identität:

$$m_x - V_x \rho_L = m_N - V_N \rho_L$$

oder

$$m_x (1 - \frac{\rho_L}{\rho_x}) = m_N (1 - \frac{\rho_L}{\rho_N}) \qquad (8.9)$$

Verwendet man Gewichtsstücke aus Stahl mit einer Dichte von ρ_N = 8000 kg/m³ und setzt für Luft eine mittlere Dichte von ρ_L = 1,2 kg/m³ an, dann gilt:

$$m_x = m_N \frac{0{,}99985}{1 - \frac{1{,}2}{\rho_x}}, \qquad (8.10)$$

wenn man die Massen in *kg* und die Dichten in *kg/m³* einsetzt.

Für $\rho_x = \rho_N$ stimmt der konventionelle Wägewert mit der Masse überein; für $\rho_x \approx$ 1000 kg/m³ (Wasser) sind Abweichungen zu erwarten.

Wegen der im allgemeinen beschränkten Genauigkeit für den hier vorliegenden Zweck kann die Temperaturabhängigkeit der Luftdichte und des Luftdruckes vernachlässigt werden. Auf 20 °C bezogen wäre beispielsweise die Abweichung der Luftdichte für eine Lufttemperatur von 100 °C: + 0,035 % ! Ebenso kann der auftretende Temperaturunterschied zwischen Prüfling und Waage vernachlässigt werden. Beträgt dieser z.B. 5 K, dann tritt ein maximaler Fehler auf von + 15 ppm (= 0,0015 %), ein Wert, der vernachlässigbar ist.

---

[8] R. Balhorn, M. Kochsiek: Der konventionelle Wägewert und seine Anwendung im Eichwesen, wägen+dosieren 2/1980, S. 44 ff

Für die Dichte von Wasser ist jene beim Druck von 1 bar einzusetzen. Es gilt die folgende Näherungsgleichung:[9]

$$\rho_w = \frac{\sum_{n=0}^{5} a_n t^n}{1+bt},\qquad(8.11)$$

wobei die Koeffizienten a_n und b aus der Tabelle 8.3 zu entnehmen sind.

Daraus folgt letztlich für die Beziehung zwischen Wägewert und gesuchtem Volumen $V_x = V_w$:

$$V_w = m_N \frac{999{,}850}{\rho_w - 1{,}2},\qquad(8.12)$$

wobei V_w in *Liter*, m_N in *kg* und die Temperatur t in °C einzusetzen ist. Die Werte des Quotienten $f = V_w/m_N$ sind in der folgenden Tabelle 8.4 in Schritten von 1 °C angegeben.

Tabelle 8.3: Werte der Koeffizienten in Gl. (8.11)

n	a_n	b
0	$9{,}9983952 \cdot 10^2$	$1{,}6887236 \cdot 10^{-2}$
1	$1{,}6952577 \cdot 10^1$	
2	$-7{,}9905127 \cdot 10^{-3}$	
3	$-4{,}6241757 \cdot 10^{-5}$	
4	$1{,}0584601 \cdot 10^{-7}$	
5	$-2{,}8103006 \cdot 10^{-10}$	

Der konventionelle Wägewert gilt an sich nur für Waagen, die einen Massenvergleich durchführen. Aber auch Waagen, die, wie bei der Wärmemengenmessung üblich, auf einer Kraftmessung beruhen, sind werksseitig auf den konventionellen Wägewert kalibriert.

---

[9] H. Wagenbreth, W. Blanke: Die Dichte des Wassers im Internationalen Einheitensystem und in der Internationalen Praktischen Temperaturskala von 1968, PTB-Mitteilungen Nr. 6/1971, S. 412 ff
H. Bettin, F. Spieweck: Die Dichte des Wassers als Funktion der Temperatur nach Einführung der Internationalen Temperaturskala von 1990, PTB-Mitteilungen Nr. 3/1990, S. 195 ff

Tabelle 8.4: Faktor $f = V_w/m_N$ nach Gl. (8.12)

t in °C	ρ_w in kg/m³	f in l/kg	t in °C	ρ_w in kg/m³	f in l/kg	t in °C	ρ_w in kg/m³	f in l/kg
1	999,8395	1,0000	31	995,3386	1,0057	61	982,6733	1,0187
2	999,9399	1,0011	32	995,0236	1,0061	62	982,1500	1,0193
3	999,9642	1,0011	33	994,7003	1,0064	63	981,6209	1,0198
4	999,9720	1,0011	34	994,3686	1,0067	64	981,0861	1,0204
5	999,9638	1,0011	35	994,0288	1,0071	65	980,5455	1,0209
6	999,9401	1,0011	36	993,6810	1,0074	66	979,9994	1,0215
7	999,9014	1,0012	37	993,3253	1,0078	67	979,4476	1,0221
8	999,8481	1,0012	38	992,9618	1,0082	68	978,8902	1,0227
9	999,7807	1,0013	39	992,5906	1,0085	69	978,3274	1,0233
10	999,6994	1,0014	40	992,2119	1,0089	70	977,7591	1,0238
11	999,6048	1,0014	41	991,8257	1,0093	71	977,1854	1,0245
12	999,4971	1,0016	42	991,4321	1,0097	72	976,6063	1,0251
13	999,3767	1,0017	43	991,0313	1,0101	73	976,0219	1,0257
14	999,2439	1,0018	44	990,6234	1,0105	74	975,4321	1,0263
15	999,0991	1,0020	45	990,2084	1,0110	75	974,8372	1,0269
16	998,9424	1,0021	46	989,7864	1,0114	76	974,2370	1,0276
17	998,7742	1,0023	47	989,3575	1,0118	77	973,6316	1,0282
18	998,5948	1,0025	48	988,9219	1,0123	78	973,0210	1,0288
19	998,4043	1,0027	49	988,4795	1,0127	79	972,4054	1,0295
20	998,2031	1,0029	50	988,0304	1,0132	80	971,7847	1,0302
21	997,9914	1,0031	51	987,5748	1,0137	81	971,1589	1,0308
22	997,7693	1,0033	52	987,1128	1,0141	82	970,5281	1,0315
23	997,5372	1,0035	53	986,6443	1,0146	83	969,8923	1,0322
24	997,2951	1,0038	54	986,1694	1,0151	84	969,2515	1,0328
25	997,0433	1,0040	55	985,6883	1,0156	85	968,6058	1,0335
26	996,7820	1,0043	56	985,2010	1,0161	86	967,9552	1,0342
27	996,5114	1,0046	57	984,7075	1,0166	87	967,2997	1,0349
28	996,2315	1,0048	58	984,2079	1,0171	88	966,6394	1,0356
29	995,9427	1,0051	59	983,7024	1,0177	89	965,9742	1,0364
30	995,6450	1,0054	60	983,1908	1,0182	90	965,3043	1,0371

8.7.3 Masterzähler

Die typischen Meßgenauigkeiten von Durchflußsensoren für Wärmezähler sind von der Größenordnung ± 3 % im oberen und ± 5 % im unteren Meßbereich. Will man die Genauigkeit eines Durchflußsensors überprüfen, muß vom entsprechenden Normal eine Genauigkeit gefordert werden, die um zumindest eine Größenordnung über jener des Prüflings liegt. Mit den oben besprochenen Waagen läßt sich diese Forderung sehr leicht einhalten, wenn das Prüfvolumen einen unteren Grenzwert nicht unterschreitet. Wie an anderer Stelle ausgeführt wurde, sollten als Mindestprüfmenge 5 l bzw. 5 kg nicht unterschritten werden. Bei einer Unsicherheit der Waage von ± 10 g ist die entsprechende Unsicherheit der Prüfmenge ± 0,2 %. Mit Erhöhung der Prüfmenge sinkt dann auch die Unsicherheit des Wägeergebnisses.

Die Waage hat in einer Prüfstrecke für Durchflußsensoren die Funktion eines Hauptnormals. Aus Gründen der Rationalität und der Automatisierbarkeit werden aber meist Masterzähler eingesetzt, an die Forderungen gestellt werden, wie sie bereits im Kapitel 8.2 erläutert wurden.

8.7.4 Normalthermometer

Als Normalthermometer kommen prinzipiell hochauflösende Quecksilberthermometer und Metall-Widerstandsthermometer in Frage. Mit Quecksilberthermometern wurden eher schlechte Erfahrungen gemacht, da zur richtigen Temperaturmessung mit diesen Geräten Korrekturen bezüglich der Abkühlung des Quecksilberfadens, die sogenannte Fadenkorrektur, und gegebenenfalls noch Fadenkompressibilitätseffekte (Druckeinfluß!) vorgenommen werden müssen. Nach Erfahrungen des Autors sind Temperaturmessungen mit einer zulässigen Unsicherheit von ca. ± 0,02 K bis zu Temperaturen von etwa 80 °C möglich. Darüberhinaus steigen die Unsicherheiten stark an und erreichen bei 130 °C einen Wert von etwa ± 0,1 K. Diese Angaben setzen natürlich eine entsprechend feine Teilung, in der Regel 0,01 K, voraus, wobei noch anzumerken wäre, daß dabei die Ablesung schon große Schwierigkeiten bereitet. In Tabelle 8.5 sind typische Unsicherheitsangaben für Quecksilberthermometer in Abhängigkeit von der Teilung aufgelistet.

Tabelle 8.5: Erweiterte Meßunsicherheit in K für Quecksilberthermometer in Abhängigkeit von der Teilung (Auszug)

Temperatur in °C	Teilung in K						
	0,01	0,02	0,05	0,1	0,2	0,5	1
-20				0,08	0,13	0,30	0,6
-10	0,04	0,04	0,05	0,07	0,13	0,30	0,6
0	0,03	0,03	0,04	0,07	0,12	0,30	0,6
50	0,03	0,03	0,04	0,07	0,12	0,30	0,6
110	0,04	0,04	0,05	0,07	0,13	0,30	0,6
210					0,13	0,30	0,6

Aus den genannten Gründen werden in den letzten Jahren praktisch nur mehr Widerstandsthermometer eingesetzt. In dieser Gruppe haben sich nur Platin-Widerstandsthermometer bewährt, da mit keinem anderen Widerstandsmaterial eine derart günstige Kombination von Empfindlichkeit und zeitlicher Stabilität erreicht werden kann. Eine besondere Bedeutung kommt der Einbaulänge und der thermischen Entkopplung des Fühlerelementes von der Zuleitung zu. Ein Normalthermometer sollte daher eine

Baulänge von ≥ 200 mm aufweisen und möglichst weit in das zu messende Medium reichen.

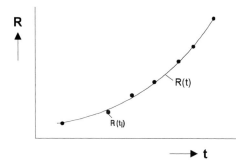

Abb. 8.7: Empirischer Zusammenhang zwischen dem gemessenen Widerstand R_i und der Temperatur t_i.
$R(t)$ stellt einen idealisierten Verlauf dar

Für ein Normalthermometer werden die Koeffizienten des Polynoms nach Gl. (8.4) durch Vergleich mit einem noch genaueren Thermometer oder bei einigen Temperatur-Fixpunkten bestimmt. Prinzipiell reichen für ein quadratisches Polynom, wie es die obige Gleichung darstellt, drei Gleichungen aus. Die unweigerlich auftretenden Unsicherheiten lassen sich aber durch Ausgleichung stark reduzieren. Dabei geht man folgendermaßen vor:

Man bestimmt bei den Temperaturen t_i die Widerstandswerte R_i. Diese Meßwerte sind mit einer unbekannten Meßunsicherheit behaftet. Zeichnet man den Zusammenhang $R_i(t_i)$ graphisch auf, dann erhält man ein Diagramm, wie es Abb. 8.7 darstellt.

Um vom empirischen Verlauf ($R_i(t_i)$) zu einem funktionellen Zusammenhang zwischen dem Widerstand und der Temperatur zu kommen, sucht man jene Funktion, für die die Summe der quadratischen Abweichungen ein Minimum ist (**Gaußsche Methode der kleinsten Quadrate**). Diese Funktion sei R(t) und hat die Struktur der Gl. (8.4).

Es gilt, daß die Summe der Quadrate der Abweichungen der Meßwerte aller Meßpunkte vom unbekannten Sollwert ein Minimum sein soll. Dazu muß gelten:

$$S = \sum_i \left[R_i(t_i) - R(t)\right]^2 \ldots \text{Minimum} \qquad (8.13)$$

Die Funktion S hat ein Minimum für

$$\frac{\partial S}{\partial R_0} = 0; \quad \frac{\partial S}{\partial A} = 0; \quad \frac{\partial S}{\partial B} = 0 \qquad (8.14)$$

und

$$\frac{\partial^2 S}{\partial R_0^2} > 0; \quad \frac{\partial^2 S}{\partial A^2} > 0; \quad \frac{\partial^2 S}{\partial B^2} > 0 \qquad (8.15)$$

Diese Bedingungen führen auf das folgende Gleichungssystem:

$$\sum_i [R_o + A\,t_i + B\,t_i^2] = \sum_i R_i$$
$$\sum_i [R_o\,t_i + A\,t_i^2 + B\,t_i^3] = \sum_i R_i\,t_i \qquad (8.16)$$
$$\sum_i [R_o\,t_i^2 + A\,t_i^3 + B\,t_i^4] = \sum_i R_i\,t_i^2$$

mit dem Zahlentripel (R_o^*, A^*, B^*) als Lösung. In Verbindung mit der Gleichung (8.4) hat man dann eine Gleichung für den Zusammenhang zwischen Widerstand und Temperatur für das Normalthermometer. Die Auflösung dieser Gleichungen und die Abschätzung der verbleibenden Meßunsicherheit ist z.B. in [10] nachzulesen.

8.7.5 Prüf- und Normalwiderstände

Zur Simulation der Vor- und Rücklauftemperaturen zur Rechenwerksprüfung werden Simulationswiderstände, die den Widerstandswerten von Widerstandsthermometern bei einer bestimmten Temperatur entsprechen, verwendet.

Für Pt 100 ist beispielsweise der Zusammenhang zwischen Widerstand und Temperatur durch die Gl. (8.4), mit den Koeffizienten

$R_o = 100\ \Omega$
$A = 3{,}90802 \cdot 10^{-3}\ K^{-1}$
$B = -5{,}802 \cdot 10^{-7}\ K^{-2}$

gegeben. Für jede Temperatur läßt sich danach der zugehörige Wert des Widerstandes berechnen, wie auch zu jedem Widerstandswert die zugehörige Temperatur.

An Simulationswiderstände sind die folgenden Forderungen zu stellen:

- Robustheit
- langzeitliche Konstanz des Widerstandswertes
- geringer Widerstands-Temperaturkoeffizient

Für eine Widerstandskonstanz von 20 ppm/Jahr, die einem realistischen Erfahrungswert entspricht, und eine zweijährige Nachkalibrierperiode ist für die Temperaturdifferenzsimulation mit einer maximalen Unsicherheit von 80 ppm zu rechnen. Für Pt 100-Simulationswiderstände bedeutet dies eine Unsicherheit in der der Temperaturdifferenz entsprechenden Widerstandsdifferenz von 8 mΩ, entsprechend 0,02 K, ein gerade noch tolerierbarer Wert.

Für die praktische Verwendung von Simulationswiderständen ist ein von der Umgebungstemperatur unabhängiger Widerstandswert erforderlich. Es sollten daher stets die von der einschlägigen Industrie angebotenen Widerstände mit einem Temperaturkoeffizienten von ca. ± 1 ppm/K verwendet werden.

---

[10] F. Adunka: Meßunsicherheiten. Theorie und Praxis, Vulkan-Verlag, Essen, 1998

Ähnliche, wenn auch strengere Anforderungen sind an Normalwiderstände zu stellen, die als Referenznormal für die Widerstandsmessung verwendet werden. So sollte beispielsweise die Widerstandsänderung kleiner als 5 ppm/Jahr und der Meßkreis, der den Normalwiderstand enthält, thermospannungsfrei sein. Während diese Anforderungen von guten Normalwiderständen erfüllt werden, macht die Realisierung eines Widerstandsmaterials mit einem Widerstands-Temperaturkoeffizienten wesentlich kleiner als 1 ppm/Jahr unüberwindliche Schwierigkeiten.

8.8 Randbedingungen beim Bau von Wärmezähler-Prüfständen

Der Bau von Wärmezähler-Prüfständen orientiert sich an der üblichen Ausführung der Wärmezähler, nämlich dem Aufbau aus Teilgeräten (Komponenten). Demzufolge liegen in der Regel für die drei Teilgeräte: Durchflußsensor, Rechenwerk und Temperaturfühler getrennte Prüfeinrichtungen vor. Die Tendenz beim Bau von Wärmezählern geht aber, besonders bei Kleinzählern, zu Kompaktgeräten oder zumindest Geräten, die mit dem Rechenwerk integrierte Fühler aufweisen. Es existieren daher auch bereits Prüfeinrichtungen, die die Gesamtprüfung von Wärmezählern zulassen.

8.8.1 Volumenprüfstand

Der prinzipielle Aufbau einer Prüfeinrichtung für Durchflußsensoren von Wärmezählern oder Warmwasserzählern (Kaltwasserzählern) ist in Abb. 8.8 gezeigt. Aus einem Vorratsbehälter wird mittels einer Umwälzpumpe der Wärmeträger entnommen, durchfließt die häufig in Serie geschalteten Durchflußsensoren, anschließend den oder die Masterzähler und wird in einer Umschaltvorrichtung entweder wieder zum Vorratsbehälter zurückgeführt oder fließt in den Behälter einer Waage zur Ermittlung des Sollvolumens. Manche Prüfstände verzichten auf Masterzähler; einfachere Einrichtungen - speziell für Kaltwasserzähler - ersetzen die Wägung durch genau kalibrierte Behälter. Wieder andere Systeme arbeiten mit zwei Behältern, einem Vorrats- und einem Auffangbehälter, um die Temperatur des Wärmeträgers im Vorratsbehälter nicht allzusehr zu stören.

Prinzipielle Forderung ist, einen eingestellten Durchfluß für die Dauer der Prüfung ausreichend konstant zu halten. Daneben gilt die Forderung nach Temperaturstabilität des Wärmeträgers, die möglichst die gesamte Prüfstrecke betrifft.[11] Weiters ist die Drallfreiheit der Strömung, vor allem für Woltmanzähler, eine unverzichtbare Forderung.

Die Konstanz des Durchflusses kann durch Verwendung guter Regelventile erreicht werden; als Randbedingung wäre erwähnenswert, daß die Regelventile stets nach der eigentlichen Prüfstrecke zu plazieren sind, so daß in der Auslaufstrecke stets ein minimaler Vordruck vorhanden ist. Dies ist deshalb wichtig, weil es sonst zu Ablöseerscheinungen kommen kann, die vor allem bei Flügelradzählern und Woltmanzählern zu systematischen Fehlern führen. Eine ausreichend konstante und drallfreie Strö-

---

[11] G. Sonneck: Randbedingungen beim Bau von Wärmezähler-Prüfständen
Vortrag am Seminar "Neue Entwicklungen der Wärmemessung" des ÖFI, Mai 1990 in Wien

mung ist weiters durch Verwendung von Pumpen erreichbar, die stets bei ihrem Nenndurchfluß betrieben werden. Es hat sich als sinnvoll herausgestellt, durch Verwendung eines Bypasses aus dem Hauptstrang nur gerade jenen Durchfluß zu entnehmen, der benötigt wird, und den Rest auf den Nenndurchfluß der Pumpe über die Bypassleitung in den Vorratsbehälter zurückzuführen.

Ohne spezielle Maßnahmen ist es schwierig, die Temperatur über die gesamte Prüfstrecke ausreichend konstant zu halten. Die Ursache liegt in der mit fallendem Durchfluß steigenden Abkühlung des Wärmeträgers. Durch Isolation der Prüfstrecke, durch Verwendung doppelwandiger, mit heißem Wasser durchspülter Rohre bzw. durch Heizung der Luft über der Prüfstrecke ist zwar eine Verringerung der Temperaturdifferenz erreichbar, doch sind diese Maßnahmen mit großem Aufwand verbunden. Eine weitere Möglichkeit gibt *Sonneck* an, der vorschlägt, die Prüfstrecke durch Verwendung eines verschiebbaren Einspannkopfes auf die unbedingt erforderliche Länge zu begrenzen. Allerdings wäre dazu anzumerken, daß dieser verschiebbare Einspannkopf einen entsprechenden konstruktiven Mehraufwand erfordert, der die gesamte Prüfeinrichtung nicht unwesentlich verteuert.

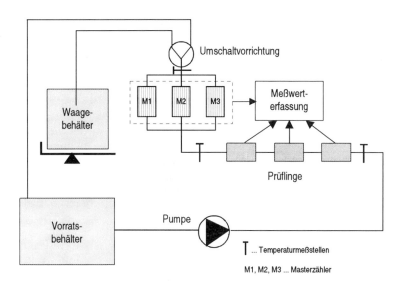

Abb. 8.8: Prinzipieller Aufbau einer Prüfeinrichtung für Durchflußsensoren

In der Regel werden Prüfstände für Durchflußsensoren für maximale Temperaturen von 90 °C gebaut. Sollen Durchflußsensoren auch mit Wärmeträgertemperaturen über 90 °C geprüft werden, dann sind geschlossene Systeme erforderlich. Während für offene Systeme die Verwendung von Normalmeßgeräten - in der Regel Waagen - keinerlei Probleme verursacht, liegt das Hauptproblem bei geschlossenen Systemen im Volumen- bzw. Massennormal. Bei den wenigen ausgeführten Prüfeinrichtungen für Temperaturen über 90 °C bedient man sich dafür entweder magnetisch-induktiver Zähler oder Verdrängungskolben.

Bezüglich MID's muß jedoch nochmals auf die nichtverschwindende Temperaturabhängigkeit der Anzeigecharakteristik hingewiesen werden, die eine entsprechende Korrektur erforderlich macht.[12]

8.8.2 Flüssigkeitsthermostate

Die Prüfung separierbarer Temperaturfühler erfolgt, wegen der leicht nichtlinearen Charakteristik von Widerstandsthermometern, üblicherweise bei drei Temperaturen. Für eine rasche Durchführung der Prüfung sind daher zumindest drei Flüssigkeitsthermostate erforderlich. Für diese Geräte ist zu fordern, daß innerhalb einer geeignet zu definierenden „Eichzone" die Flüssigkeit zeitlich ausreichend stabil und räumlich temperaturhomogen ist. Mit geeigneten Konstruktionen sind heute zeitliche Stabilitäten und räumliche Homogenitäten von etwa ± 0,01 K erreichbar. Dies ist auch notwendig, wenn statt der oben beschriebenen Prüfmethode echte Temperaturdifferenzen überprüft werden sollen. (Für eine Mindesttemperaturdifferenz von 3 K und eine zulässige Unsicherheit von ± 2 % dürfen keine größeren Paarungsfehler als ± 0,06 K auftreten!).

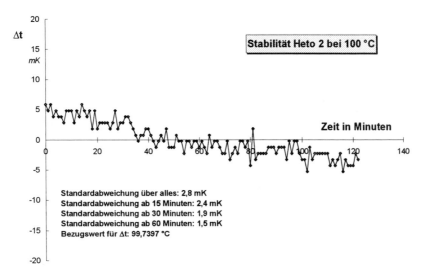

Abb. 8.9: Stabilität eines Flüssigkeitsthermostates für die Kalibrierung von Temperaturfühlern für Wärmezähler. Typische Stabilität: ± 2 mK

---

[12] Es ergibt sich hierbei allerdings das Problem, daß vorerst die Anzeigecharakteristik des Masterzählers - z.B. des MID - auch bei Temperaturen größer als 90 °C ermittelt werden müßte, wozu - als noch genaueres Normal - beispielsweise ein Verdrängungskolben verwendet werden kann, oder es wird der Temperaturfehler aus dem bekannten Verlauf bei niedrigeren Temperaturen extrapoliert, ein Verfahren, das nicht ganz unproblematisch ist.

Sonneck schlägt ein Zweikammersystem in runder Bauweise vor, wobei die Eichzone mit der inneren Kammer identisch ist. Besondere Anforderungen sind dabei an den Regler zu stellen. Ein typische Meßunsicherheit eines Flüssigkeitsthermostates im stationären Zustand ist in Abb. 8.9 gezeigt.

8.8.3 Prüfeinrichtungen für das Rechenwerk

Diese Prüfeinrichtungen müssen so gebaut sein, daß sie eine möglichst vollautomatische Prüfung der Rechenwerke ermöglichen. Die übliche Ausführung verwendet als Steuereinheit einen Mikroprozessor, der neben der Selektion der spezifischen Simulationswiderstände für Vor- und Rücklauf und der Ausgabe der volumenproportionalen Testimpulse auch die erforderlichen Berechnungen vornimmt. In der Regel werden die gerätespezifischen Daten abgespeichert und bei Bedarf aufgerufen.

Alle neuen Bauarten von Wärmezählern legen das Prüfvolumen softwaremäßig fest. Die Aufgabe des Prüfgerätes besteht dann in der Übernahme des meist als Datentelegramm vorliegenden Prüfergebnisses, das mittels PC leicht zu verarbeiten ist.

8.9 Rückverfolgbarkeit[13]

Durch das moderne Wirtschaftsleben, das durch eine starke Vernetzung der politischen Staaten gekennzeichnet ist, hat auch das quantitative Messen einen hohen qualitativen Stellenwert bekommen, sollen doch Meßergebnisse, die von einer bestimmten Stelle in einem Staat stammen, auch in einem beliebigen anderen Staat Gültigkeit besitzen.[14] Bezugnehmend auf die derzeitige Entwicklung Europas zu einer politischen Union ist zunächst das Wörtchen **beliebig** auf Mitgliedsstaaten dieser Europäischen Union zu beziehen, wenn auch bereits zahlreiche darüber hinausgehende Tendenzen zu einer Internationalisierung zu beobachten sind.

Gradmesser für die laufende Entwicklung sind Normen, im speziellen Europanormen (**EN**), wenn man die Wirtschaft auf die EU beschränkt; zunehmend werden aber auch internationale Normen wie **ISO**, Normen also, die auf der ganzen Erde gelten, wichtig.

Die Zuverlässigkeit von Messungen, um die es ja bei der Rückverfolgbarkeit, auch „traceability" genannt, geht, ist u.a. Gegenstand der Qualitätssicherung, die durch Europanormen wie auch internationale Normen vereinbart ist. So existiert für das Meßwesen die Europanorm EN 29001, die gleichlautend mit der ISO 9001 ist und u.a. festlegt, daß

1. „die im Rahmen der Qualitätsprüfungen eingesetzten Prüfmittel bezüglich der für die Messungen erforderlichen Richtigkeit und Genauigkeit geeignet sind und

---

[13] siehe dazu im besonderen: DKD-4: Rückführung von Meß- und Prüfmitteln auf nationale Normale, Herausgeber: Deutscher Kalibrierdienst, Ausgabe 1998

[14] Die vormaligen Prüfungsscheine heißen nun **Kalibrierscheine (Calibration certificate)** und sollen von **allen Staaten der EU** anerkannt werden, soferne bestimmte Voraussetzungen eingehalten werden. Eine der **Voraussetzungen ist die Akkreditierung der ausstellenden Stelle.**

2. alle für die Produktqualität relevanten Prüfmittel in vorgegebenen Prüfintervallen oder vor ihrem Einsatz mit zertifizierten Prüfmitteln kalibriert und justiert werden müssen, die an anerkannte internationale oder nationale Normale angeschlossen sind [15]."

Im Wörterbuch der Metrologie ist der Begriff der Rückverfolgbarkeit wie folgt definiert:

„6.10 **Rückverfolgbarkeit**: Eigenschaft eines Meßergebnisses oder des Wertes eines Normals, durch eine ununterbrochene Kette von Vergleichsmessungen mit angegebenen Meßunsicherheiten auf geeignete Normale, im allgemeinen internationale oder nationale Normale, bezogen zu sein"

Das heißt mit anderen Worten, daß der von einem Prüfmittel angezeigte Wert über einen oder mehrere Schritte mit einem geeigneten nationalen oder internationalen Normal für die betreffende Größe verglichen werden kann.[16]

Hier ist noch ein neuer Begriff eingeführt, der Begriff des **Prüfmittels**, der zwar im Wörterbuch der Metrologie (abgekürzt **VIM**) nicht definiert ist, aber üblicherweise verwendet wird. Man versteht darunter sowohl Meßgeräte (auch Meßmittel genannt) oder Meßanlagen, die einen Meßwert mittels einer Skala, einer Digitalanzeige oder eines Datenwortes ausgeben, als auch Maßverkörperungen, die für einen bestimmten Wert einer Meßgröße stehen. Auf der anderen Seite steht der Begriff des Normals, den wir bereits kennengelernt haben.

Mikovits meint dazu: „Der Unterschied zwischen einem Prüfmittel und einem Normal liegt im Verwendungszweck begründet: Prüfmittel dienen zum Ermitteln einer bestimmten Meßgröße (z.B. der Masse eines Sackes Kartoffeln mit der Meßgröße: 10,25 kg), Normale hingegen zur Festlegung vorgebbarer Größenwerte, wie beispielsweise die Länge von 1 m, und zum Vergleich mit anderen Meßgeräten. Der Unterschied in den metrologischen Eigenschaften liegt z.B. in der Auflösung, der Empfindlichkeit, insbesondere aber in der Genauigkeit der Meßgeräte."

Mit Bezug auf die Rückverfolgbarkeit ist es üblich, eine Hierarchie der Prüfmittel, ein Hierarchieschema, aufzustellen. Innerhalb eines Staates stellt das **nationale Normal** die höchste Hierarchieebene dar. Am Beispiel der Darstellung der Basiseinheit der Temperatur ist die thermodynamische Temperaturskala das nationale Normal, das in den meisten Staaten durch einen Fixpunktsatz realisiert wird.

An das nationale Normal werden **Bezugsnormale** angeschlossen, die ebenfalls Normale darstellen, mit der an einem bestimmten Ort höchstverfügbaren Genauigkeit. Dazu zählen beispielsweise Normalthermometer, die in einem anderen Labor als dem Basislabor für die Temperatur verwendet werden.

Schließlich gibt es noch **Gebrauchs- oder Arbeitsnormale**, die für die routinemäßigen Messungen verwendet werden. Um bei unserem Beispiel zu bleiben, werden Thermometer als Gebrauchs- oder Arbeitsnormale in Eichämtern oder Kalibrierstellen für die tägliche Arbeit verwendet.

Manchmal verwendet man noch **Transfernormale**, wenn der Vergleich von Normalen unterschiedlicher Hierarchie, weil diese ortsfest oder schwer zu transportieren

---

[15] Damit ist rückverfolgbar gemeint!
[16] Wir folgen hier einer Darstellung von *W. Mikovits* in „Rückverfolgbarkeit von Prüfmitteln", Eich- und Vermessungsmagazin, evm Nr. 85/Juni 1997, S. 9 - 17.

sind, nicht direkt möglich ist. So wird der internationale Vergleich der Spannungseinheit, die durch ein Josephson-Normal realisiert wird, durch ein transportables Josephson-Normal durchgeführt, das lediglich aus einem Satz von vielen in Serie geschalteten Josephson-Kontakten besteht.

In Abb. 8.10 ist die Prüfmittel-Hierarchie für die Längenmessung dargestellt. Als nationales Normal wird üblicherweise ein jod-stabilisierter Helium-Neon-Laser verwendet, der eine geschätzte relative Unsicherheit von ± 2,5.10^{-11} hat. Das bedeutet eine Unsicherheit in der Längenmessung von ± 0,25 nm auf 1 m![17] Ist kein derartiger Laser verfügbar, arbeitet man mit einem Interferenzkomparator, mit dem Endmaße bis 100 mm verglichen werden können. Die Unsicherheit dieses Gerätes beträgt etwa ± 1.10^{-7}. An die beiden als nationales Normal anzusehenden Geräte kann einerseits ein Laser-Interferometer als Bezugsnormal angeschlossen werden, das ein sogenannter Zeeman-stabilisierter Laser ist. Mit ihm können Längenmessungen bis 30 m mit einer Auflösung von ± 0,01 µm ausgeführt werden. Andererseits kann dem Interferenzkomparator noch ein mechanischer Endmaßkomparator als Bezugsnormal angeschlossen werden, dessen Unsicherheit ebenfalls nur ± 7.10^{-7} beträgt, der also nicht entscheidend ungenauer als der Interferenzkomparator selbst ist.

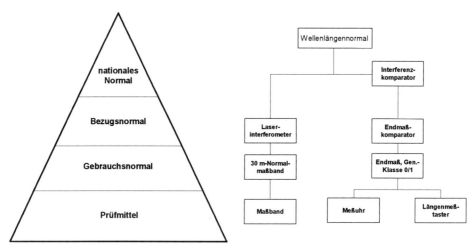

Abb. 8.10: Prüfmittel-Hierarchie am Beispiel der Längenmessung

Zumindest in Staaten der Europäischen Union wird die Darstellung der gesetzlichen Einheiten in der Regel von der obersten Eichbehörde (NMI) wahrgenommen. Innerhalb dieser Institute existieren dann auch **Fachlabors**, die sich mit speziellen Meßgrößen beschäftigen, wie beispielsweise jenen der Wärmeenergie. Diese, als zusammengesetzte Größe, benötigt die Grundgrößen Temperatur und Volumen bzw. Volumendurchfluß.

---

[17] Der typische Atomdurchmesser ist 10^{-8} cm = 10^{-10} m = 0,1 nm. Die Unsicherheit der Meterdarstellung ist also von der Größenordnung eines Atoms!

Die Anforderungen an die Temperaturbestimmung in der Wärmemengenmeßtechnik sind sehr hoch, da in erster Linie Temperaturdifferenzen, oft mit sehr geringem Betrag, zu messen sind. Dazu muß in diesem Fachlabor eine Temperaturskala aufgebaut werden, die an das Hauptnormal, eben die Temperaturskala ITS 90, mit möglichst geringer Unsicherheit anzuschließen ist.[18] Die Weitergabe der Basiseinheit Temperatur an das Fachlabor ist also mit einem Genauigkeitsverlust verbunden. Ähnlich ist mit der Darstellung des Volumens bzw. des Volumen- oder Massendurchflusses zu verfahren.

Ein weiterer Genauigkeitsverlust tritt bei der Weitergabe der entsprechenden Einheiten an Prüfstellen auf. In Abb. 8.11 ist für ein Wärmezählerlabor die Rückverfolgbarkeit der Temperatur dargestellt. In Tabelle 8.6 sind die bei der Wärmeenergiemessung maßgebenden physikalischen Größen mit den derzeit erreichbaren Genauigkeiten angegeben.

Dazu einige Erläuterungen: Im Basislabor für die Temperatur eines NMI wird die Internationale Temperaturskala ITS 90 dargestellt. Sie entspricht der thermodynamisch definierten Temperatur. Die Weitergabe der Temperaturskala erfolgt durch Präzisions-Widerstandsthermometer; die entsprechende Unsicherheit beträgt im Bereich von $0\ °C \leq t \leq 200\ °C$ ca. ± 1 mK.

Im Wärmezählerlabor des NMI (z.B. in Deutschland die Physikalisch-Technische Bundesanstalt [PTB], in Österreich das BEV) wird die Temperatur durch Vergleichsmessungen in thermostatisierten Prüfbädern an Abfertigungs-, Beglaubigungs- oder Kalibrierstellen weitergegeben. Die entsprechende Unsicherheit beträgt ± 10 mK. Schließlich wird die Temperatur in Abfertigungs-, Beglaubigungs- bzw. Kalibrierstellen durch Thermometer dargestellt, die in der PTB oder im BEV eingemessen wurden; die Darstellungsunsicherheit kann (günstigstenfalls) mit ± 20 mK angenommen werden. Ähnlich ist die Vorgangsweise bei anderen Größen.

Welche Elemente charakterisieren nun zusammenfassend die Rückverfolgbarkeit?[19] Die wichtigsten sind:

1. Eine **ununterbrochene Kette von Vergleichsmessungen** bis zu einem geeigneten nationalen oder internationalen Normal. Diese Kette muß schlußendlich bis zu sogenannten Primärnormalen reichen, mit denen die Maßeinheiten des SI unmittelbar und mit den höchsten meßtechnischen Anforderungen realisiert werden. Wir haben solche Normale schon kennengelernt, z.B. die Atomuhr für die Zeit, den Kilogramm-Prototyp für die Masse.

2. Stellen, die Vergleichsmessungen innerhalb dieser Kette ausführen, müssen ihre technische **Kompetenz** dafür nachweisen, beispielsweise durch die Akkreditierung als Kalibrierstelle.

---

[18] Im Temperaturlabor wird die physikalische Größe Temperatur im gesamten interessierenden Bereich (theoretisch von -273,15 °C bis + ∞) dargestellt. Im Wärmezählerlabor wird aber die Temperatur nur in einem Bereich von etwa 0 °C bis < 200 °C benötigt. Es ist also nicht nötig, auch dort ein Fixpunktset aufzubauen. Im konkreten Fall erfolgt der Transfer von einem Labor zum anderen durch sehr genaue Widerstandsthermometer, die regelmäßig im Temperaturlabor an die Temperaturfixpunkte angeschlossen werden.

[19] Wir folgen hier der erwähnten Arbeit von *Mikovits*!

3. Jeder Schritt innerhalb der Kette muß nach dokumentierten und allgemein anerkannten Verfahren durchgeführt und die Daten und Ergebnisse der Vergleichsmessungen müssen aufgezeichnet werden (**Dokumentationspflicht**).

4. In jedem Schritt der Kette muß die **Meßunsicherheit** nach anerkannten Methoden ermittelt und angegeben werden, so daß die Meßunsicherheit für die gesamte Meßkette berechenbar wird.

5. Die Vergleichsmessungen müssen nach angemessenen Zeitintervallen **wiederholt** werden. Die Länge dieser Zeitintervalle hängt von der Art und Häufigkeit der Verwendung, der benötigten Genauigkeit, der zeitlichen Stabilität der Prüfmittel etc. ab.

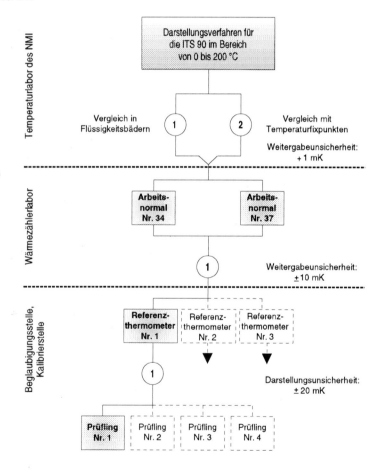

Abb. 8.11: *Hierarchieschema für die Darstellung der Temperatur in einem NMI*

Tabelle 8.6: Relevante physikalische Größen bei der Wärmeenergiemessung

(a) allgemeine Angaben

Größe	Maßverkörperung(en)		
	Primärlabor (NMI)	**Fachlabor**	**Prüfstelle**
Elektrischer Widerstand (R)	v.-Klitzing-Effekt, Normalwiderstände	Normalwiderstände	Normalwiderstände, Prüfwiderstände
Elektrische Spannung (U)	Josephson-Effekt, Normalelemente, Transfernormale	Transfernormale	hochpräzise Multimeter
Temperatur (t)	(Gasthermometer),[20] Temperaturfixpunkte	(Temperaturfixpunkte), Präzisions-Widerstandsthermometer	(Präzisions-Widerstandsthermometer), Arbeitsnormale
Masse (m)	Gewichtsstücke höchster Präzision [21]	Präzisionsgewichtsstücke [22]	Präzisionsgewichtsstücke [22]

(b) Angaben über die Unsicherheiten

Größe	typischer Meßbereich	Unsicherheit der Weitergabe		
		Primärlabor	**Fachlabor**	**Prüfstelle**
Elektrischer Widerstand	100 Ω ... 1000 Ω	100 Ω: 10^{-6} 1000 Ω: 2. 10^{-6}	5. 10^{-6} 5. 10^{-6}	10^{-5} 10^{-5}
Elektrische Spannung	1 V	10^{-9}	10^{-6}	10^{-5}
Temperatur	0 ... 150 °C	1 mK	10 mK	50 mK
Masse	5 kg	<5.10^{-8}	10^{-5}	10^{-4}

---

[20] Die in Klammern stehenden Maßverkörperungen werden nicht in allen Labors tatsächlich verwendet.

[21] Die Physikalisch-Technische Bundesanstalt (PTB) gibt für ein 1 kg-Stück aus Stahl eine Unsicherheit von ± 50 µg, entsprechend einer relativen Unsicherheit von 5.10^{-8} an (3 σ-Wert)

[22] Für den hier vorliegenden Zweck sollten Gewichtsstücke der Genauigkeitsklasse F2 nach OIML verwendet werden. Diese Gewichtsstücke haben bei einer Masse von 5 kg eine Unsicherheit von ± 75 mg (bei m = 10 kg: ± 150 mg)

9 Meßunsicherheitsermittlung in der Wärmeverbrauchsmessung

Wir haben bereits im Kapitel 8 die Wichtigkeit qualitätssichernder Maßnahmen bei Messungen erwähnt. Das ist zum einen die Rückführbarkeit der Meßgrößen auf nationale oder internationale Normale und zum anderen die Ermittlung der Meßunsicherheit von Meßprozessen. Wir werden uns daher im folgenden mit der Methode der Meßunsicherheitsermittlung nach dem Dokument EAL-R2 beschäftigen, das Anweisungen für die Ermittlung der Meßunsicherheit gibt.[1] Wir werden anschließend Meßsysteme analysieren, die im Zusammenhang mit der Prüfung (Eichung, Beglaubigung) und Kalibrierung von Wärmezählern wichtig sind.[2] Dazu müssen wir aber vorerst im Kapitel 9.1 die Grundlagen für die Bewertung schaffen.

9.1 Erläuterung der Methode

9.1.1 Modellannahmen

Vorweg wurde festgelegt, daß man künftig nicht mehr von Meßfehlern spricht, sondern von Meßabweichungen. Der Begriff „Fehler" ist nur mehr für zwei Bereiche reserviert, für

- grobe Meßabweichungen (beispielsweise ein sichtbar verbogener Zeiger eines anzeigenden Meßgerätes) und
- für systematische Meßabweichungen, und zwar dann, wenn die systematischen Meßabweichungen in einer Fehlerkurve eines Meßgerätes dargestellt werden, wobei die Nebenbedingung verlangt, daß der zufällige Anteil gegenüber dem systematischen in den Hintergrund tritt.

Ausgangspunkt der Überlegungen zur Festlegung einer normierten Vorgangsweise ist die Annahme, daß nach Beseitigung aller als systematisch anerkannter nicht weiter zwischen systematischen und zufälligen Meßabweichungen unterschieden wird. Das wäre auch gar nicht möglich, da die Unterscheidung zwischen den beiden Arten der Meßabweichungen vom Stand der Meßtechnik abhängt. Zum gegenwärtigen Zeitpunkt

---

[1] Dokument EAL-R2: **Expression of the Uncertainty of Measurement in Calibration**, Edition 1, April 1997, herausgegeben von EAL, deutsch: DKD-3: Angabe der Meßunsicherheit bei Kalibrierungen, 1998 DKD
Siehe auch: **Guide to the expression of uncertainty in measurement**, first edition, 1993, verbesserter Neudruck 1995, International Organization of Standardisation (Geneva, Switzerland)
Deutsche Ausgabe: **Leitfaden zur Angabe der Unsicherheit beim Messen**, 1. Auflage 1995, herausgegeben vom DIN Deutsches Institut für Normung e.V., Beuth Verlag GmbH, Berlin, Wien, Zürich

[2] Das Dokument EAL-R2 ist auch die Basis für das Buch: *F. Adunka*, Meßunsicherheiten. Theorie und Praxis, Vulkan-Verlag, Essen, 1998, das neben der Theorie auch viele Beispiele enthält. Dieses Kapitel lehnt sich an Kapitel 9 des zitierten Buches an.

als zufällig bezeichnete Meßabweichungen könnten zu einem späteren Zeitpunkt als zum Teil systematischer Natur erkannt werden.

Im Gegensatz zu früheren Überlegungen bezieht man sich nicht auf den wahren Wert einer Meßgröße, da dieser in der Regel nicht bestimmt werden kann, sondern auf den wahrscheinlichsten Wert, der das Meßergebnis repräsentiert.

Zur Beschreibung der Streuung einer Messung bzw. einer Meßreihe werden Varianzen herangezogen. Sie stellen ein Maß für die Streuung von Wiederholmessungen dar. Sie sind aber auch ein Maß dafür, wie stark der arithmetische Mittelwert vom sogenannten Erwartungswert abweicht. Meßergebnisse liegen aber nicht nur aus Wiederholmessungen vor; manchmal kann lediglich eine einzelne Messung ausgeführt werden. Trotzdem möchte man ein Streuungsmaß als Güte der Messung angeben. Dazu kann man sich auf die eigene Erfahrung beziehen, auf Messungen, die man zuvor selbst gemacht hat, auf Erfahrungen anderer, aber auch auf Werte aus der Literatur. Manchmal kann man für den „Vertrauensbereich" einer Messung lediglich Grenzwerte angeben, die per Übereinkunft festgelegt werden. So wird beispielsweise bei einem Gewichtsstück angegeben, daß die Masse seinem Nennwert entspricht und der Toleranzbereich durch eine Klassenangabe definiert wird. So hat z.B. ein Gewichtsstück mit dem Nennwert 5 kg in der Klasse F2 eine zulässige Toleranz von ± 75 mg. Der Nennwert des Gewichtsstückes kann nun leicht mit dem arithmetischen Mittelwert einer Wiederholmessung verglichen werden. Ebenso kann aus der Wiederholmessung eine Varianz bestimmt werden; wie aber erhält man aus einer Klassenangabe eine Varianz?

Es ist also klar, daß die beiden Fälle

- Ermittlung der Varianz aus Wiederholmessungen (Typ A) und
- Ermittlung der Varianz aus anderen Quellen (Typ B)

nicht unmittelbar vergleichbar sind. Trotzdem ist man gezwungen, bei der Unsicherheitsermittlung eines Meßprozesses beide Typen zu mischen. Wird zum Beispiel der Widerstandswert eines Normalwiderstandes bestimmt, dann führt man zur Ermittlung einer Unsicherheitsangabe eine Reihe von Wiederholmessungen x_i aus, ermittelt zunächst einen arithmetischen Mittelwert x_o nach der Beziehung:

$$x_o = \frac{1}{N}\sum_{i=1}^{N} x_i = \mu, \qquad (9.1)$$

und die empirische Varianz: $s^2 = u^2(x_i) = \dfrac{1}{N-1}\sum_{i=1}^{N}(x_i - x_o)^2 \qquad (9.2)$

N ist die Zahl der Wiederholmessungen. Die Wurzel aus der Varianz, die Standardabweichung $u(x_i)$, die im Zusammenhang mit der Meßunsicherheitsermittlung auch Standardunsicherheit genannt wird, ist ein Maß für die Streuung der Meßwerte in einer Wiederholmessung. Mit diesen beiden Größen: arithmetischer Mittelwert x_o und Varianz $u^2(x_i)$ bzw. Standardunsicherheit $u(x_i)$ hat man eine vollständige Beschreibung eines Meßprozesses, der aus Wiederholmessungen besteht. Auf die gesamte „erweiterte Meßunsicherheit" haben aber auch andere Größen noch einen Einfluß. So beispielsweise die Meßunsicherheitsangabe des verwendeten Multimeters, eventuell Meßstellenumschalter u.ä. Für diese Einflüsse liegen oft nur Angaben des Herstellers vor, so daß man gezwungen ist, aus den üblichen Klassenangaben (z.B. „die Anzeige des Multimeters ist mit einer Unsicherheit von ± 0,5 mΩ behaftet") eine Varianz abzuleiten. Wie man das machen kann, werden wir später besprechen. Für hier sei nur festgehalten, daß man nach geeigneten Methoden suchen muß, um die beiden verschiedenen Typen der Varianzermittlung zu verknüpfen.

Handelt es sich um eine einzige Meßgröße, ist im Falle von Wiederholmessungen, künftig Typ A-Ermittlung genannt, die Beschreibung des Meßergebnisses durch den arithmetischen Mittelwert nach Gl. (9.1) und der Varianz nach Gl. (9.2) ausreichend. Setzt sich allerdings das Meßergebnis aus mehreren Größen zusammen, dann bedarf es zunächst einer Vorschrift, wie sich der Mittelwert des Meßergebnisses aus den Teilgrößen zusammensetzt, sowie einer analogen Anweisung für die „kombinierte Varianz".

Beispiel 9.1: Wird als Meßgröße beispielsweise die Wärmeleistung y = P_w betrachtet, die sich aus den Meßgrößen Durchfluß X_1 = Q und Temperaturdifferenz X_2 = Δt zusammensetzt,[3] dann kann man zunächst zeigen, daß sich der Mittelwert der Wärmeleistung $P_{w,o}$ aus den Mittelwerten für den Durchfluß Q_o und die Temperaturdifferenz Δt_o nach folgender Beziehung ergibt:

$$P_{w,o} = Q_o \, \Delta t_o \qquad (9.3)$$

Zur Vollständigkeit brauchen wir noch eine Vorschrift für die Zusammensetzung der Varianzen für die Durchfluß- ($u^2(Q)$) und jene für die Temperaturdifferenzmessung ($u^2(\Delta t)$). Sie folgt aus dem Fortpflanzungsgesetz für zufällige Meßabweichungen:

$$u_c^2(y) = \sum_{i=1}^{N} (\frac{\partial f}{\partial x_i})^2 \, u^2(x_i), \qquad (9.4)$$

das auf unser spezielles Problem angewendet, folgendes Ergebnis liefert:

$$u_c^2(P_w) = \sum_{i=1}^{2} (\frac{\partial P_w}{\partial x_i})^2 \, u^2(x_i) = \left(\frac{\partial P_w}{\partial Q}\right)^2 u^2(Q) + \left(\frac{\partial P_w}{\partial \Delta t}\right)^2 u^2(\Delta t) = \qquad (9.5)$$
$$= \Delta t^2 \, u^2(Q) + Q^2 \, u^2(\Delta t)$$

oder

$$\frac{u_c^2(P_w)}{P_w^2} = \frac{u^2(Q)}{Q^2} + \frac{u^2(\Delta t)}{\Delta t^2} \qquad (9.6)$$

---

[3] Genaugenommen setzt sich die Wärmeleistung aus dem Durchfluß, der Temperaturdifferenz Δt und dem Wärmekoeffizienten k, der die physikalischen Eigenschaften des Wärmeträgers beschreibt, nach der Formel P_w = Q Δt k zusammen. Für Wasser als Wärmeträger ist k ≈ 1 kWh.m^{-3}.K^{-1}. Aus diesem Grund wollen wir ihn für unsere Überlegungen gleich 1 setzen.

Die Teilvarianzen addieren sich also zur **kombinierten Varianz** $u_c^2(y)$. Als Ergebnis des Meßprozesses, der die Ermittlung der Wärmeleistung aus einer Durchfluß- und Temperaturdifferenzmessung zum Ziel hat, kann man also formulieren:

Mittelwert: $P_{w,o} = Q_o \Delta t_0$ (9.7)

Standardabweichung: $u_c(P_w) = u(P_w) = \sqrt{\Delta t^2 u^2(Q) + Q^2 u^2(\Delta t)}$ (9.8)

Nach Gl. (9.5) setzt sich die kombinierte Varianz aus den Teilvarianzen ($u^2(Q)$ und $u^2(\Delta t)$) zusammen, wobei allerdings noch sogenannte **Empfindlichkeitskoeffizienten** zu berücksichtigen sind, die partiellen Ableitungen der sogenannten **Ausgangsgröße** Y, die in unserem Fall die Leistung ist, nach der jeweiligen Eingangsgröße X_i (Q und Δt). Die Eingangsgrößen sind im konkreten Fall Q und Δt; als Eingangsgrößen können aber auch alle anderen Größen berücksichtigt werden, die den Meßprozeß beeinflussen. Wenn eine solche Eingangsgröße beispielsweise der Luftdruck p ist, vielleicht auch noch die Umgebungstemperatur t_u, dann kann unser Meßprozeß durch:

$P_w = P_w(Q, \Delta t, p, t_u)$ (9.9)

beschrieben werden. Die kombinierte Varianz für die Wärmeleistungsmessung lautet nun, wenn mit c_p und c_t die Empfindlichkeitskoeffizienten für den Einfluß des Druckes p und der Umgebungstemperatur t_u bezeichnet werden:

$u_c^2(P_w) = \Delta t^2 u^2(Q) + Q^2 u^2(\Delta t) + c_p^2 u^2(p) + c_t^2 u^2(t_u)$ (9.10)

Allgemein kann man die Gl. (9.9) auch als

$Y = Y(X_1, X_2, X_3, X_4, ...)$ (9.11)

schreiben, wobei nun $X_1, X_2, X_3, ...$ unmittelbare Meßgrößen, in unserem Beispiel Q und Δt, sein können, aber auch Einflußgrößen wie der Druck und die Umgebungstemperatur.

In der Gl. (9.11) wurden die Eingangs- wie auch die Ausgangsgrößen mit Großbuchstaben bezeichnet. Dies soll andeuten, daß es sich bei X_i und Y um die wahren Werte physikalischer Größen handelt, während das Ergebnis einer Messung stets Schätzwerte liefert, Schätzwerte für die wahren Werte der Größen. Die Näherung kann sehr gut sein, wie im Falle der Zeit, wo Meßwerte erzielt werden können, die sich vom wahren Wert um weniger als 10^{-13} unterscheiden. Aber: 10^{-13} ist nicht gleich Null!
  Um diesen Sachverhalt auszudrücken, werden die Schätzwerte von Größen mit Kleinbuchstaben bezeichnet, wobei in der Praxis die Unterscheidung oft unterbleibt. Trotzdem soll darauf hingewiesen werden, daß hier Unterschiede zwischen wahrem Wert und Meßergebnis, ausgedrückt durch den arithmetischen Mittelwert, existieren. Nur in den seltensten Fällen sind diese Unterschiede tatsächlich vernachlässigbar.

Beispiel 9.2: Bei der **Fertigpackungskontrolle** wird eine bestimmte Packung automatisch abgefüllt. Die mittlere Masse der Verpackung ist $m_1 = 80$ g mit der Standardunsicherheit $u_1 = 5$ g. Die Gesamtmasse von Inhalt und Verpackung ist $m_3 = 600$ g mit der Standardunsicherheit $u_3 = 9$ g. Gefragt ist nach dem Mittelwert und der Standardunsicherheit des Meßgutes: $m_2 = m_3 - m_1$.
Der Mittelwert ist: $m_2 = m_3 - m_1 = 520$ g
Die Standardunsicherheit ist:

$$u_2 = \sqrt{(\frac{\partial m_2}{\partial m_1})^2 u_1^2 + (\frac{\partial m_2}{\partial m_3})^2 u_3^2} = \sqrt{(-1)^2 \, 5^2 + 1^2 \, 9^2} = 10,3 \text{ g} \qquad (9.12)$$

Beispiel 9.3: Die elektrische Leistung kann man beispielsweise dadurch bestimmen, daß man den Spannungsabfall U_e an einem Normalwiderstand mit dem Nennwert R_o mißt (siehe Abb. 9.1). Die Temperatur des Normalwiderstandes sei t_o, seine Temperaturabhängigkeit durch einen (linearen) Temperaturkoeffizienten α beschrieben.

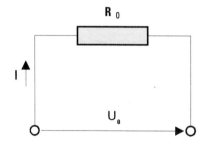

Abb. 9.1: Meßanordnung zur Bestimmung der elektrischen Leistung

Es gilt die Leistungsgleichung: $\quad P = f(U_e, R_o, \alpha, t) = \dfrac{U_e^2}{R_o \, [1 + \alpha(t - t_o)]} \qquad (9.13)$

Die gesamte Meßunsicherheit der Leistungsmessung ist durch

$$u_P^2 = \left(\frac{\partial P}{\partial U_e}\right)^2 u_U^2 + \left(\frac{\partial P}{\partial R_o}\right)^2 u_{R_o}^2 + \left(\frac{\partial P}{\partial \alpha}\right)^2 u_\alpha^2 + \left(\frac{\partial P}{\partial t}\right)^2 u_t^2 \qquad (9.14)$$

gegeben. Für die **Empfindlichkeitskoeffizienten** c_i gilt:

$$c_U = \left(\frac{\partial P}{\partial U_e}\right) = \frac{2 U_e}{R_o \, [1 + \alpha(t - t_o)]} = \frac{2 P}{U_e} \qquad (9.15)$$

c_U ist der Empfindlichkeitskoeffizient für den Einfluß der Spannung U_e. Angewendet auf unser Beispiel ergeben sich die folgenden weiteren Empfindlichkeitskoeffizienten:

$$c_{R_o} = \left(\frac{\partial P}{\partial R_o}\right) = -\frac{U_e^2}{R_o^2 [1+\alpha(t-t_o)]} = -\frac{P}{R_o} \qquad (9.16)$$

$$c_\alpha = \left(\frac{\partial P}{\partial \alpha}\right) = -\frac{U_e^2 (t-t_o)}{R_o [1+\alpha(t-t_o)]^2} = -\frac{P(t-t_o)}{1+\alpha(t-t_o)} \qquad (9.17)$$

$$c_t = \left(\frac{\partial P}{\partial t}\right) = -\frac{U_e^2 \alpha}{R_o [1+\alpha(t-t_o)]^2} = -\frac{P\alpha}{1+\alpha(t-t_o)} \qquad (9.18)$$

Die kombinierte Varianz des Meßergebnisses lautet daher:

$$u_P^2 = c_U^2 \, u_U^2 + c_{R_o}^2 \, u_{R_o}^2 + c_\alpha^2 \, u_\alpha^2 + c_t^2 \, u_t^2 \qquad (9.19)$$

Wenn man zur Erzielung einer guten Schätzung die Messung oftmals wiederholt, wird die Abweichung des arithmetischen Mittelwertes vom Erwartungswert immer kleiner. Ein Maß für die Restabweichung ist die Varianz des Mittelwertes:

$$u_{x_{i,0}}^2 = \frac{u^2(x_i)}{N} \qquad (9.20)$$

Sie steht mit der Varianz, die aus einer Wiederholmessung der Größe X_i stammt, in Zusammenhang, ist aber wesentlich kleiner, nämlich um den Faktor $N^{-½}$. Führt man beispielsweise N = 100 Wiederholmessungen durch, so streut der arithmetische Mittelwert um den Faktor 10 (= $\sqrt{100}$) weniger als die Einzelwerte.

9.1.2 Verteilungsfunktionen

Wir haben bisher stillschweigend angenommen, daß im Falle von Wiederholmessungen alle Einzelergebnisse $x_1, x_2, ... x_N$ als gleichwertig angesehen werden können. Ist diese Annahme berechtigt?

Führt man Wiederholmessungen aus, erhält man Ergebnisse, wie sie in Abb. 9.2 gezeigt sind. Man trägt die Ergebnisse einer Meßreihe in einem Diagramm so auf, daß auf der Abszisse der eventuell in Klassen der Breite Δx unterteilte Meßwert seiner auf der y-Achse entsprechenden Häufigkeit gegenübersteht. Es fällt zunächst auf, daß besonders viele Werte um den arithmetischen Mittelwert x_o angesiedelt sind, während Werte, die weiter weg vom Mittelwert liegen, weniger häufig auftreten. Diese Tatsache war schon in der ersten Hälfte des 19. Jahrhunderts bekannt und wurde von *Karl Friedrich Gauß* untersucht. Das Ergebnis war die sogenannte *Gaußsche* Normalverteilung oder schlicht Normalverteilung.

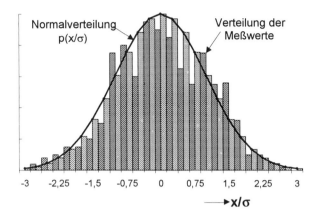

Abb. 9.2: Beispiel für die Stichprobe aus einer Normalverteilung. Die Meßwerte werden entsprechend ihrer Häufigkeit in Klassen der Breite Δx eingeteilt. Ordinate: willkürliche Einheiten

Man muß dabei streng unterscheiden zwischen der

☞ **Dichtefunktion**, die einer Aussage über die Wahrscheinlichkeit des Auftretens eines ganz bestimmten Wertes von x entspricht; sie wird mit p(x) bezeichnet. Man berechnet sie durch:

$$p(x) = \frac{1}{\sigma \sqrt{2\pi}} \exp\left[-\frac{(x-\mu)^2}{2\sigma^2}\right] \qquad (9.21)$$

μ ist der Erwartungswert (Mittelwert) und σ^2 die Varianz.

☞ **Wahrscheinlichkeitsverteilung**, die die Wahrscheinlichkeit P(x) angibt, daß alle Werte bis zu x auftreten. Die Dichtefunktion ist dabei die Ableitung der Wahrscheinlichkeitsverteilung:

$$P(x) = \int_{\xi=-\infty}^{x} p(\xi)\, d\xi \qquad (9.22)$$

Mit dem Instrumentarium der **Normalverteilung**, wie sie in Abb. 9.3 dargestellt ist, können - näherungsweise - Meßvorgänge beschrieben werden, die mit zufälligen Meßabweichungen unter Wiederholbedingungen verknüpft sind. Dem Erwartungswert entspricht der arithmetische Mittelwert; er tritt dort auf, wo die Dichtefunktion ein Maximum hat. Die Varianz bzw. die ihr zugeordnete Standardabweichung σ kann als Intervall der x-Achse um den wahren Wert der Meßgröße interpretiert werden, an dessen Grenzen die Dichtefunktion einen Wendepunkt hat.[4] Bildet man das Integral über die-

---

[4] Folgende Konvention ist üblich: Bezieht man die Standardabweichung auf den wahren Wert, so bezeichnet man die Standardabweichung mit σ; bezieht man sie auf eine Stichprobe, für die N < ∞ gilt, mit s. Im Zuge der Meßunsicherheitsermittlung wird die Standardabweichung als **Standardunsicherheit** mit dem Formelzeichen u bezeichnet.

ses Intervall, so zeigt sich, daß 68,3 % aller möglichen x-Werte enthalten sind. Vergrößert man das Intervall auf 2σ, sind bereits 95,45 % aller x-Werte enthalten usw.

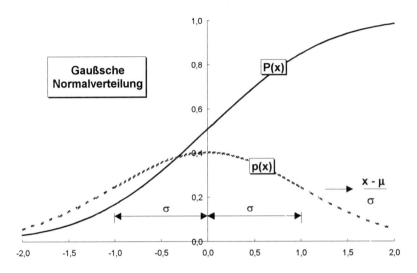

Abb. 9.3: *Gaußsche Normalverteilung: Auf der Abszisse ist die Abweichung eines bestimmten Wertes x vom Erwartungswert μ, normiert auf die Standardabweichung σ aufgetragen.*

Die Normalverteilung bezieht sich als **stetige Verteilung** auf unendlich viele Messungen. Tatsächlich zieht man aber stets nur eine „Stichprobe", die lediglich N < ∞ Werte enthält. Es ist klar, daß vor allem für kleine N (z.B. N < 10) die Normalverteilung eine mehr oder weniger gute Näherung an die tatsächlichen Verhältnisse liefern wird. So kann auch der arithmetische Mittelwert nur eine mehr oder weniger gute Näherung des wahren Wertes und die empirische Varianz nur eine Näherung für die Varianz der Normalverteilung darstellen. Die Verhältnisse bei Meßprozessen mit N Wiederholungen, bei denen man zufällige Meßabweichungen erhält, werden deshalb besser durch die sogenannte **Student- oder t-Verteilung** beschrieben. Die Studentverteilung ist der Normalverteilung sehr ähnlich und geht für N → ∞ auch in diese über (siehe dazu die Abb. 9.4). Die Abweichungen gegenüber der Normalverteilung werden durch den **Studentfaktor t** beschrieben, der in der meßtechnischen Praxis eine große Bedeutung hat. Bei der Normalverteilung entspricht einer Auftrittswahrscheinlichkeit von 68,3 % ein Bereich um den Erwartungswert von ± σ. Bestimmt man bei der Studentverteilung einen Bereich um den Erwartungswert, der ebenfalls einer Auftrittswahrscheinlichkeit von 68,3 % entspricht, dann ist dieser Bereich meist deutlich größer und beträgt: ± $t_{68,3}σ$. Analog ist für die Auftrittswahrscheinlichkeiten von P = 95,45 % die Intervallbreite: $t_{95,45}σ$ und für P = 99,73 %: $t_{99,73}σ$.

Für große N nähert sich für P = 68,3 % der Studentfaktor $t_{68,3}$ dem Wert 1, für P = 95,45 % $t_{95,45}$ dem Wert 2 bzw. für P = 99,73 % $t_{99,73}$ dem Wert 3; für kleine N (vor allem N < 10) sind größere Abweichungen von den Grenzwerten zu erwarten. Besonders wichtig ist aber festzuhalten, daß **nicht** gilt: $t_{95,45} = 2\ t_{68,3}$ und $t_{99,73} = 3\ t_{68,3}$! Die Zusammenhänge sind nichtlinear, da bei der Studentverteilung mehr Wahrscheinlichkeit in den Ausläufern, den „Schwänzen", enthalten ist als bei der Normalverteilung. Dies erkennt man gut an der Abb. 9.5, die den Verlauf des Studentfaktors t für die genannten Fälle zeigt.

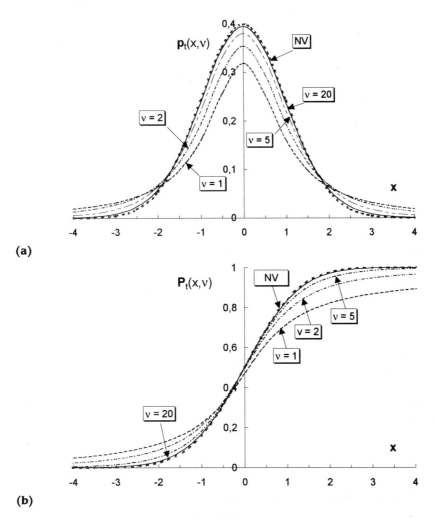

Abb. 9.4: Student (t-)-Verteilung $p_t(x,v)$ bzw. $P_t(x,v)$ für verschiedene Freiheitsgrade v. Zum Vergleich ist die Normalverteilung (NV, normierte Form: $\mu = 0$, $\sigma = 1$) eingezeichnet. Zwischen dem Freiheitsgrad v und der Zahl der Messungen N besteht die Relation: $v = N - 1$. [5]
a... Dichtefunktion, b ... Wahrscheinlichkeitsverteilung

---

[5] siehe dazu die Fußnote 2 in diesem Kapitel

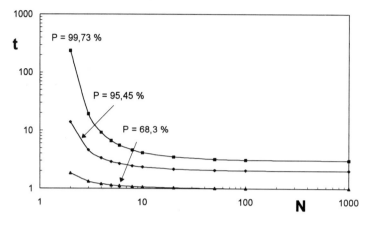

Abb. 9.5: Verlauf des Studentfaktors für die Auftrittswahrscheinlichkeiten 68,3 %, 95,45 % und 99,73 % in Abhängigkeit von der Anzahl N der Messungen

Als Vertrauensbereich wird nun ein Bereich um den arithmetischen Mittelwert definiert, in dem Meßwerte mit einer bestimmten Wahrscheinlichkeit, z.B. 68,3 %, 95,45 % oder 99,73 % enthalten sind. Bei streng normalverteilten Wiederholmessungen ($N \to \infty$) handelt es sich um Intervallbreiten von $\pm \sigma$, $\pm 2\sigma$ bzw. $\pm 3\sigma$; bei realistischen Messungen ist dagegen die Intervallbreite: $\pm t_{68,3}\sigma$, $\pm t_{95,45}\sigma$ und $\pm t_{99,73}\sigma$. In Abb. 9.6 sind die Verhältnisse der Studentfaktoren $t_{99,73}$ und $t_{95,45}$ in Relation zu $t_{68,3}$ dargestellt.

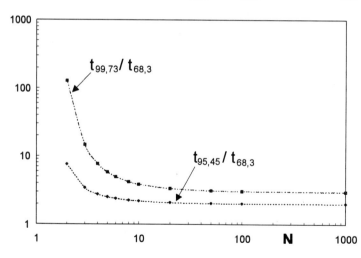

Abb. 9.6: Verhältnis der Studentfaktoren für verschiedene Auftrittswahrscheinlichkeiten, aufgetragen über N, der Zahl der Messungen. Auf der Ordinate ist der Zahlenwert dieser Verhältnisse dargestellt

Neben den Verteilungsfunktionen für Wiederholmessungen werden aber in der Praxis noch weitere Verteilungsfunktionen benötigt. Sie werden vor allem bei der Typ B-Ermittlung angewendet. Da ist zunächst die Rechteckverteilung, die überall dort anzuwenden ist, wenn von einer Größe nur bekannt ist, daß sie innerhalb einer Toleranzklasse, z.B. ± a, liegt. Betrachten wir zur Konkretisierung ein Beispiel: Von einem Gewichtsstück sei der Nennwert m_o bekannt und seine Toleranzklasse ± a. Der Nennwert kann dann mit dem Erwartungswert gleichgesetzt werden; die Enden der Toleranzklasse (± a) definieren dann die Grenzen der Verteilungsfunktion, die im Gegensatz zur Normalverteilung endlich sind. Bestimmt man die Varianz für diesen Fall, dann erhält man:

$$\sigma^2 = \frac{a^2}{3} \qquad (9.23)$$

Während bei der Normalverteilung das Verhältnis der Grenzen zur Varianz ∞ wird, ist hier das Verhältnis $\sqrt{3}$. Die Rechteckverteilung wird überall dort anzuwenden sein, wo von einer Einflußgröße lediglich die Grenzen bekannt sind. Das tritt, wie wir den bisherigen Beispielen entnehmen konnten, sehr häufig auf. Ähnliche Ergebnisse erhält man auch mit der Dreieckverteilung, bei der der Erwartungswert wieder der Nennwert ist und die zugeordnete Varianz:

$$\sigma^2 = \frac{a^2}{6} \qquad (9.24)$$

Sie wird dort anzuwenden sein, wo vermutet werden kann, daß die Meßwerte um den Erwartungswert besonders dicht gedrängt liegen.

In Tabelle 9.1 ist ein Vergleich der besprochenen Verteilungsfunktionen gezeigt. **k** ist in dieser Tabelle der Multiplikator von σ, entsprechend einer Normalverteilung. Für die Normalverteilung selbst bedeutet k = 1: σ = 1 und P = 68,3 %, k = 2: σ = 2 und P = 95,45 % usw. Bei anderen Verteilungen gilt diese Zuordnung keineswegs. So erhält man für eine Rechteckverteilung und k = 1, entsprechend dem Intervall ± σ, lediglich eine Auftrittswahrscheinlichkeit von 57,74 %, wogegen k nicht beliebig groß werden kann, sondern nur: $k_{max} = 3^{½} \approx 1,73$

Tabelle 9.1: Vergleich verschiedener Verteilungsfunktionen

Verteilung	$P_{1\sigma}$ in %	P = 95,45 %	P = 100 %
Normalverteilung	68,3	k = 2	k $\to \infty$
Rechteckverteilung	57,74	k = 1,653	k = $\sqrt{3}$
Dreieckverteilung	65,00	k = 1,927	k = 2

Werden experimentell andere als die besprochenen Verteilungen festgestellt, dann kann der Erwartungswert für diskrete und stetige Verteilungen, und die entsprechenden Varianzen ermittelt werden. Ein Beispiel mag dies illustrieren.

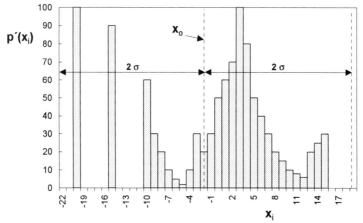

Abb. 9.7: Experimentell beobachtete Verteilungsfunktion einer Größe X (Meßwerte: x_i). p' stellt hier die Häufigkeit dar, mit der bestimmte Werte x_i auftreten.

Beispiel 9.4: Es liege eine experimentelle Verteilungsfunktion nach Abb. 9.7 vor. Zur Bestimmung des Mittelwertes sind die einzelnen x_i mit der Häufigkeit p_i' zu multiplizieren, die festgestellt wurde. Dann sind die Produkte $x_i \cdot p_i'$ zu bilden, zu summieren und anschließend durch die Summenhäufigkeit $\sum_i p_i$ zu dividieren. Diese Vorgangsweise ergibt für den arithmetischen Mittelwert $x_o = -1{,}52$. Analog geht man bei der Ermittlung der Varianz vor, für die sich ergibt: $u^2(x_i) = 2939{,}52$. Aus der Zahl der Meßwerte (N = 28) folgt schließlich für die Standardabweichung des Mittelwertes: $u(x_o) = 10{,}25$.

9.1.3 Kombinierte Verteilungsfunktion

Bei der Ermittlung der kombinierten Varianz haben wir es in der Regel mit Varianzen zu tun, die unterschiedlichen Verteilungsfunktionen zuzuordnen sind. Es stellt sich daher die Frage, ob die Kombination dieser Varianzen überhaupt zulässig ist.

Betrachten wir zunächst Rechteckverteilungen, zum Beispiel - der Einfachheit halber - mehrere Tetraeder, also „Würfel" mit nur vier Seiten. Bei einem solchen Würfel kann man die Zahlen von 1 bis 4 würfeln; die entsprechende Wahrscheinlichkeitsdichte ist eine Rechteckverteilung mit der Wahrscheinlichkeit 1/4. Würfelt man gleichzeitig mit zwei Tetraedern, so kann man die Zahlen 2 bis 8 erzielen; die entsprechende Dichtefunktion ist ein Dreieck mit der Breite 6 und einem Maximum bei 5. Würfelt man mit 3 Tetraedern, liegen die erreichbaren Augenzahlen zwischen 3 und 12 (Breite 9). Die entsprechenden Dichtefunktionen sind in Abb. 9.2 dargestellt. Die höchste Wahrscheinlichkeitsdichte erreicht man beim Würfeln mit nur einem Tetraeder. Je mehr Tetraeder man verwendet, um so breiter aber niedriger wird die Dichtefunktion, die sich schließlich für große Tetraederzahlen einer Normalverteilung nähert. Dies ist auch die Aussage des **Zentralen Grenzwertsatzes der Wahrscheinlichkeitstheorie**.

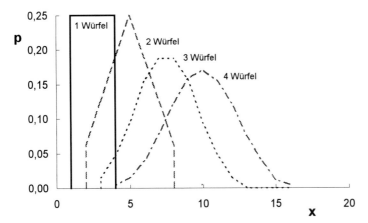

Abb. 9.8: Erzielbare Dichtefunktionen beim Würfeln mit einem oder mehreren Tetraedern (hier als Würfel bezeichnet)

Er besagt, daß bei der Verknüpfung normalverteilter Eingangsgrößen das Ergebnis, die Ausgangsgröße Y, ebenfalls normalverteilt ist. Entscheidend ist aber für unseren Zusammenhang, daß auch die Verknüpfung nicht normalverteilter Eingangsgrößen näherungsweise eine normalverteilte Ausgangsgröße ergibt.[6] Sogar die Verknüpfung dreier gleicher Rechteckverteilungen, Verteilungen, die extrem von der Normalverteilung abweichen, ergibt annähernd eine Normalverteilung. Man kann also, ohne einen großen Fehler zu begehen, für die kombinierte Varianz eine Normalverteilung ansetzen. Wenn aus der kombinierten Varianz die sogenannte **erweiterte Meßunsicherheit U** gebildet werden soll, die einer Auftrittswahrscheinlichkeit von 95,45 % entspricht, kann somit - meist - ein **Erweiterungsfaktor k = 2** angenommen werden, der einem Intervall von ± 2σ um den Erwartungswert entspricht. Man schreibt:

$$U = k\, u_c \quad \text{bzw.} \quad U = 2\, u_c \qquad (9.25)$$

Die Meßunsicherheitsermittlung ist, wie jede Messung, stets eine Schätzung. Es ist also im allgemeinen nicht so entscheidend, ob der Erweiterungsfaktor $k = 2$ ist oder um einige Prozent größer. $k = 2$ ist in jedem Fall eine Näherung. Für bestimmte Fälle kann auch das Konzept der **effektiven Freiheitsgrade** angewendet werden, um eine bessere Näherung für den Erweiterungsfaktor zu finden. Die Anwendung dieses Konzeptes sollte dann Platz greifen, wenn Beiträge zur kombinierten Varianz aus Wiederholmessungen mit jeweils $N < 10$ gewonnen werden.

---

[6] Tatsächlich ist die kombinierte Verteilungsfunktion nie exakt eine Normalverteilung, wenn sie sich ihr auch beliebig nähern kann.

9.1.4 Korrelierte Eingangsdaten

Hängen Eingangsdaten voneinander ab, spricht man von Korrelation. Korrelieren Eingangsdaten, hat dies Auswirkung auf die kombinierte Varianz, von der auf die erweiterte Meßunsicherheit geschlossen wird. Als Maß für die Korrelation zweier Größen x_i und x_j wird der **Korrelationskoeffizient** $r(x_i,x_j)$ eingeführt, der Werte zwischen -1 und +1 annehmen kann. Sind $u^2(x_i)$ und $u^2(x_j)$ die Varianzen der Größen x_i und x_j, so findet man für die sogenannte **Kovarianz**:

$$u(x_i,x_j) = u(x_i)\, u(x_j)\, r(x_i,x_j),. \qquad (9.26)$$

die mittels des Korrelationskoeffizienten $r(x_i,x_j)$ die Abhängigkeit der Varianzen $u(x_i)$ und $u(x_j)$ ausdrückt.

Die kombinierte Varianz schreibt man dann im Falle zweier korrelierter Eingangsgrößen:

$$u_c^2(y) = c_i^2\, u^2(x_i) + c_j^2\, u^2(x_j) + 2u(x_i,x_j) \qquad (9.27)$$

mit $u(x_i,x_j)$ nach Gl. (9.26). Je nachdem, welche Größe und welches Vorzeichen $u(x_i,x_j)$ hat, wird die kombinierte Varianz größer oder kleiner als im unkorrelierten Fall sein. Besonders einfach wird die Ermittlung der kombinierten Varianz, wenn der Korrelationskoeffizient $r = 1$ wird; dann sind die beiden Größen x_i und x_j streng korreliert. Aus Gl. (9.27) folgt:

$$u_c^2(y) = c_i^2\, u^2(x_i) + c_j^2\, u^2(x_j) + 2c_i\, u(x_i)\, c_j\, u(x_j) = \left[c_i\, u(x_i) + c_j\, u(x_j)\right]^2 \qquad (9.28)$$

Die kombinierte Standardunsicherheit setzt sich dann <u>linear</u> aus den Standardunsicherheiten der Größen x_i und x_j zusammen. Dies ist ein entscheidender Unterschied zum unkorrelierten Fall. Dort ergab sich die kombinierte Standardunsicherheit aus der Wurzel der Varianzen $u^2(x_i)$ der einzelnen Größen x_i.

Haben beispielsweise die beiden Größen x_i und x_j die gleiche Standardunsicherheit vom Betrag 1 ($c_i = 1$), dann folgt daraus für die kombinierte Standardunsicherheit

- im unkorrelierten Fall: $u_c(y) = \sqrt{u^2(x_i) + u^2(x_j)} = \sqrt{1+1} = \sqrt{2}$ (9.29)
- im korrelierten Fall mit $r = 1$: $u_c(y) = u(x_i) + u(x_j) = 1 + 1 = 2$ (9.30)

Im Fall streng korrelierter Größen liefert die Ermittlung der kombinierten Varianz aus Gl. (9.4) immer zu niedrige Werte, im konkreten Fall um den Faktor $\sqrt{2}$!

Betrachten wir den Fall, daß der Korrelationskoeffizient $r = -1$ ist, dann erhält man aus Gl. (9.26) für die kombinierte Varianz:

$$u_c^2(y) = c_i^2\, u^2(x_i) + c_j^2\, u^2(x_j) - 2c_i\, u(x_i)\, c_j\, u(x_j) = \left[c_i\, u(x_i) - c_j\, u(x_j)\right]^2 \quad (9.31)$$

Ist wieder wie im obigen Beispiel $c_i = 1$ und $u(x_i) = u(x_j)$, dann verschwindet in diesem speziellen Fall die kombinierte Varianz überhaupt.

Wird also Korrelation vermutet, dann sollte unbedingt eine strenge Analyse der Meßwerte vorgenommen werden. Liegen Wiederholmessungen vor, kann man die empirische Kovarianz aus der Beziehung

$$u(x_1, x_2) = \frac{1}{N(N-1)} \sum_{k=1}^{N} \left(x_{1,k} - x_{1,o}\right)\left(x_{2,k} - x_{2,o}\right) \quad (9.32)$$

berechnen. In dieser Gleichung sind $x_{1,o}$ und $x_{2,o}$ die arithmetischen Mittelwerte der Größen x_1 und x_2.

Beispiel 9.5: Bestimmung des elektrischen Widerstandes R_P aus simultanen Spannungs- und Strommessungen, wobei die Spannung am Prüfling U_e direkt mit einem Multimeter, der Strom I über den Spannungsabfall an einem Normalwiderstand R_N mit dem gleichen Multimeter bestimmt wird (U_N).

Es ergaben sich die folgenden Mittelwerte:

$U_{e,o}$ ... Mittelwert der Spannung = 0,1010 V
I_o ... Mittelwert des Stromes als Spannungsabfall an einem Normalwiderstand mit dem Wert 1Ω: 0,001002 A

Weiters folgten aus den Wiederholmessungen die folgenden Standardunsicherheiten:

$u(U_e)$... Standardunsicherheit der Spannungsmessung mit dem Betrag: $7 \cdot 10^{-4}$ V
$u(I)$ ... Standardunsicherheit der Strommessung $7 \cdot 10^{-6}$ A

Weiters bedeutet in den folgenden Gleichungen $r(U_e, I)$ den Korrelationskoeffizienten von U_e und I.

Aus der Bestimmungsgleichung: $R_P = \dfrac{U_e}{I}$ ergibt sich für die kombinierte Varianz:

$$u_c^2(R_P) = c_U^2\, u^2(U_e) + c_I^2\, u^2(I) + 2 c_U\, c_I\, u(U_e, I) \quad (9.33)$$

Bezieht man die kombinierte Varianz auf den Widerstand selbst, dann folgt weiters:

$$\frac{u_c^2(R_P)}{R_P^2} = \frac{u^2(U_e)}{U_e^2} + \frac{u^2(I)}{I^2} + \frac{2\, u(U_e)\, u(I)\, r(U_e, I)}{U_e\, I} \quad (9.34)$$

Da sowohl die Spannung U_e als auch der Strom I mit dem gleichen Multimeter bestimmt werden, liegt Korrelation mit $r(U_e,I) = 1$ vor. Der Normalwiderstand hat einen Nennwert von 100 Ω; eventuelle Abweichungen von diesem Nennwert wollen wir vernachlässigen, da sie auf die weiteren Betrachtungen keinen Einfluß haben.

Als Ergebnis erhält man für die auf den Prüfwiderstand bezogene kombinierte Standardunsicherheit:

$$\frac{u_c(R_P)}{R_P} = \sqrt{2} \cdot 10^{-2} = 1{,}4142 \, \% \tag{9.35}$$

Das Meßergebnis für den mittleren Widerstand des Prüflings kann daher folgendermaßen geschrieben werden:

$$R_{P,o} = \frac{U_{e,o}}{I_o} = 100{,}7984 \, \Omega \tag{9.36}$$

Mit Gl. (9.25) folgt daher für den Vertrauensbereich mit $k = 2$:

$$97{,}9474 \, \Omega \leq R_P \leq 103{,}6494 \, \Omega \tag{9.37}$$

Ignoriert man in Gl. (9.34) das Kovarianzglied, erhält man statt Gl. (9.35):

$$\frac{u_c(R_P)}{R_P} = 0{,}01 \equiv 1\% \tag{9.38}$$

Der Vertrauensbereich lautet in diesem Fall:

$$98{,}7824 \, \Omega \leq R_P \leq 102{,}8144 \, \Omega, \tag{9.31}$$

ist also um den Faktor $\sqrt{2}$ schmäler als im Falle von Korrelation.

Um den Einfluß des Strommeßwiderstandes auf die Korrelation von U_e und I zu untersuchen, betrachten wir die Abb. 9.9. Der Einfluß verschwindet nahezu, wenn das Verhältnis $R_P/R_N \geq 100$ oder $\leq 10^{-2}$ ist. Die Wahl des Strommeßwiderstandes $R_N \approx R_P$ stellt jedenfalls den schlechtesten Fall dar.

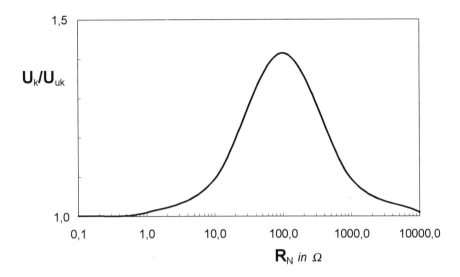

Abb. 9.9: Einfluß der Größe des Normalwiderstandes auf die Korrelation der Strom- und Spannungsmessung. U_k bedeutet die erweiterte Meßunsicherheit im korrelierten Fall, U_{uk} im unkorrelierten Fall

9.2 Meßunsicherheitsermittlung bei der Wärmezählerprüfung

Wir wollen nun im folgenden ein paar Meßunsicherheitsermittlungen zeigen, die für Wärmezähler wichtig sind. Um nicht die Übersicht zu verlieren, wird die entsprechende Vorgangsweise nur schematisch gezeigt; nähere Details sind in der Literatur nachzulesen (siehe Fußnote 2).

Wir werden drei Problemkreise studieren:

- Die Meßunsicherheit bei der Prüfung von Durchflußsensoren auf einem klassischen Warmwasserzähler-Prüfstand
- Die Meßunsicherheit der Temperaturdifferenzmessung
- Die Meßunsicherheit bei der Prüfung des Rechenwerkes mit und ohne angeschlossene Temperaturfühler

Schließlich soll aus diesen Ergebnissen die gesamte Meßunsicherheit bei Wärmezählern mit unterschiedlicher Konfiguration geschätzt werden.

9.2.1 Prüfung von Durchflußsensoren nach dem Wägeverfahren [7]

9.2.1.1 Allgemeines

Das Schema eines Warmwasserprüfstandes zeigt die Abb. 9.10. Als Volumennormal dienen Waagen in Verbindung mit Dichte- und Auftriebskorrektur.

Es sind die folgenden Prüftechniken möglich:

1. **Prüfung im Start-Stopp-Betrieb**, bei dem zu Beginn der Durchfluß von Null bis zum Sollwert sehr rasch aufgebaut wird; am Ende des Prüfvorganges wird der Durchfluß sehr rasch wieder abgebaut. Dadurch wird die Fehlerkurve des Prüflings in beiden Richtungen durchlaufen. Mit einer standardisierten Fehlerkurve eines Flügelradzählers und experimentell ermittelten Ein- und Ausschaltzeiten ergibt sich ein systematischer Fehler von der Größenordnung 0,1 %, der einer Varianz von $3,3 \cdot 10^{-7}$ entspricht.

2. **Prüfung im fliegenden Betrieb** (1): Dabei wird der Durchfluß vor dem eigentlichen Prüfdurchgang aufgebaut, wobei das den Zähler durchflossene Prüfgut nicht in die Waage sondern in einen Vorratsbehälter geleitet wird. Zu einem bestimmten, meist vom Prüfling selbst ausgelösten Zeitpunkt wird das Prüfgut in den Waagebehälter geleitet. Nach einer vorgewählten, wieder vom Prüfling ausgelösten Prüfmenge wird die Registrierung unterbrochen, indem wieder in den geschlossenen Betrieb umgeschaltet wird.

3. **Prüfung mittels Masterzähler** (fliegender Betrieb (2)): Als Variante zum oben beschriebenen fliegenden Betrieb ist es auch möglich, den Prüfling unmittelbar mit dem Masterzähler zu vergleichen. Dabei wird ein Ausgangssignal des Prüflings zum Start des Prüfvorganges, bei dem Ausgangssignale des Masterzählers registriert werden. Nach einer vorgewählten Zahl von Ausgangsimpulsen des Prüflings wird der Registriervorgang unterbrochen. Die Ermittlung des Meßfehlers erfolgt dann durch Vergleich der volumenbewerteten Ausgangsimpulse des Prüflings und des Masterzählers. Der Fehler des Masterzählers kann leicht berücksichtigt werden.

Nach Beendigung eines Meßdurchganges ist mit der Ablesung der Waage so lange zu warten, bis keine Änderung der Anzeige mehr auftritt. Es darf allerdings auch nicht zu lange gewartet werden, da sich durch Abkühlung des Wärmeträgers die Dichte und die Auftriebskorrektur ändern kann.

Die Ermittlung des Meßfehlers kann auf zwei Arten erfolgen: Im ersten Fall durch Ablesung der Zählerstände vor und nach dem Meßvorgang, Differenzbildung und Vergleich mit dem aus der Wägung, nach Anbringung aller Korrekturen und Umrechnungen folgenden Normalvolumen. Im Falle eines Impulsausganges sind die Impulse mit dem Impulswert (Liter pro Impuls) zu multiplizieren und anschließend wie oben der Meßfehler zu ermitteln.

---

[7] Die folgenden Abschätzungen gehen in wesentlichen Zügen auf *A. Witt* zurück!

Bei jedem Meßvorgang, in den ein Wägeergebnis eingeht, sind systematische Fehler, die beispielsweise durch bekannte Korrekturen der Waage auftreten, zu berücksichtigen (Kalibrierschein der Waage!). Es sind aber auch systematische Meßabweichungen, beispielsweise eines Masterzählers, zu korrigieren.

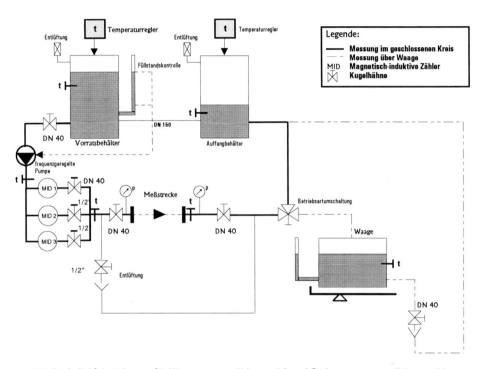

Abb. 9.10: *Prüfeinrichtung für Warmwasserzähler und Durchflußsensoren von Wärmezählern*

Bei der Verwendung einer Waage als Volumennormal ist jedenfalls mit der Dichte unter Berücksichtigung der Auftriebskorrektur das Sollvolumen zu ermitteln. Das zu bestimmende Volumen V_w (in Liter) folgt aus der angezeigten Masse (Wägewert in kg):

$$V_w = m_N \frac{999{,}850}{\rho_w - 1{,}2}, \qquad (9.32)$$

ρ_w ist die Dichte des Wassers in *kg/m³* bei der jeweiligen Temperatur.

9.2.1.2 Ermittlung der Meßunsicherheit

Verursacht durch den Prüfling selbst und die Prüfeinrichtung können nun die folgenden Fehlerquellen auftreten:[8]

(1) Auflösung des Prüflingsergebnisses (f_1): Ein Prüfling hat in der Regel einen Impulsausgang, und da der Impulsausgang um eine Einheit schwanken kann (Rundungsfehler) ist die Schwankungsbreite $\pm a/2$. Es ist also eine Rechteckverteilung anzuwenden und man erhält für die entsprechende Varianz:

$$u_A^2 = \frac{\delta V_P^2}{12\, V_P^2} \tag{9.33}$$

Ist das Verhältnis Skalenwert des Prüflings zur Prüfmenge 1 : 500, dann folgt daraus für $\delta V_P/V_P = 2.10^{-3}$ und für $u_A^2 = 3{,}3.10^{-7}$. Dies gilt, wenn keine Synchronisation der Prüfsignale mit dem Referenznormal (= Masterzähler) möglich ist. Ist sie jedoch möglich, kann dieses Ergebnis auf die Beurteilung der Qualität der Synchronisierung angewendet werden, deren Unsicherheit etwa ein Promille der Prüfmenge sein sollte.

(2) Auflösung des Masterzählers (MID) (f_2): Dafür ergibt sich ein zu Gl. (9.33) analoger Beitrag:

$$u_{MZ}^2 = \frac{\delta V_{MZ}^2}{12\, V_P^2} \tag{9.34}$$

(3) Genauigkeit der Waage, bzw. Reproduzierbarkeit des Masterzählers (f_3). Aus experimentellen Ergebnissen erhält man für den Varianzbeitrag:

$$u_W^2 = \frac{1}{3}\left(\frac{\delta m}{m}\right)^2 = 8{,}3.10^{-8} \tag{9.35}$$

(4) Einfluß der Temperaturmessung auf die Volumenermittlung mittels Wägung (f_4): Aus dem Wägeergebnis m_N erhält man das Sollvolumen V_w mittels der Gl. (9.32). Ist $f = V_w/m_N$, verwendet man die Dichtebeziehung nach Tabelle 3.1 und wird f durch

$$f \approx \frac{999{,}850}{1000{,}338 - 7{,}36.10^{-2}t - 4{,}23.10^{-3}t^2 + 6{,}1.10^{-6}t^3} \tag{9.36}$$

---

[8] siehe dazu: F. *Adunka*, A. *Witt*, Prüfung von Wärmezählern in Hinblick auf die Qualitätssicherung, Euroheat & Power - Fernwärme international Heft 9/1995, Seite 460 - 474

ausgedrückt, dann ist der entsprechende Varianzbeitrag

$$u_{D,A}^2 = (\frac{\partial f(t)}{\partial t})^2 \, u_t^2 \qquad (9.37)$$

Für t = 50 °C und Δt, die geschätzte Meßunsicherheit der Temperaturbestimmung des Wärmeträgers von ± 1 K, ergibt sich:

$$u^2{}_{D,A} = 6{,}7 \cdot 10^{-8} \qquad (9.38)$$

(5) Einfluß des Temperaturabfalls bzw. einer Temperaturänderung des Rohrleitungssystems (f_5): Durch geringe Durchflüsse entstehen zwischen dem/den Prüfling/en und dem Masterzähler Temperaturunterschiede. Aufgrund unterschiedlicher Ausdehnungskoeffizienten von Metallen und Wasser entsteht somit ein Volumenfehler, für dessen Varianz sich ergibt:

$$u_{T\ddot{A}}^2 = \frac{2{,}42 \cdot 10^{-7}}{3} \Delta t^2 \left(\frac{V_R}{V_P}\right)^2 \qquad (9.39)$$

Für ein Rohrvolumen von V_R = 4 l zwischen Prüfling und Waage, ein Prüfvolumen von V_P = 5 l und eine Temperaturänderung von 1 K, erhält man für die Varianz:

$$u_{T\ddot{A}}^2 = 5{,}1 \cdot 10^{-8} \qquad (9.40)$$

(6) Einfluß von Luft im Rohrleitungssystem (f_6): Befindet sich Luft in prüftechnisch relevanten Rohrteilen, z.B. in toten Ecken, Ventilen, nicht vollständig entlüfteten Prüflingen, so können sich Druckänderungen aufgrund der Kompressibilität der Luft störend auswirken (z.B. druckmäßig asymmetrisches An- und Abfahren bei stehendem Start). Es ergibt sich unter Annahme einer Rechteckverteilung mit

$$u_{L1}^2 = \frac{1}{3} \frac{[V_L(1-\frac{P_1}{P_2})]^2}{V_P^2} \qquad (9.41)$$

für ein Prüfvolumen von V_P = 5 l, eine Luftblase von V_L = 100 ml und einen Druckunterschied von 6 %: $u_{L1}^2 = 4{,}8 \cdot 10^{-7}$.
Erfährt Luft in relevanten Rohrleitungsteilen auch eine Temperaturänderung, so ergibt sich aus dem so resultierenden Fehlvolumen V_L ein Varianzbeitrag von:

$$u_{L2}^2 = \frac{1}{3} 1{,}34 \cdot 10^{-5} \, \Delta t^2 \left(\frac{V_L}{V_P}\right)^2 \qquad (9.42)$$

Ist beispielsweise $V_P = 5$ l und die Abkühlung der Luftblase 5 K, dann ergibt sich für ein Luftvolumen von 0,3 l: $u_{L2}^2 = 4.10^{-7}$.

(7) Verdunstung im Waagebehälter (f_7): Da während des Prüfdurchganges zufließendes Wasser im Behälter auch verdunstet, ergibt sich ein Fehlvolumen, das einem Varianzbeitrag von:

$$u_V^2 = \frac{1}{3}\left(\frac{2{,}6.10^{-4}.5}{5}\right)^2 = 2{,}2.10^{-8} \qquad (9.43)$$

entspricht.

(8) Ungenauigkeit der Umschaltvorrichtung (f_8): Durch die Dauer der Umschaltung von einem Meßzustand in den anderen tritt ein Fehlvolumen auf. Wird z.B. eine Prüfung bei einem Durchfluß von 1500 l/h durchgeführt, beträgt das Prüfvolumen 50 l und hat die Umschaltvorrichtung eine Schaltzeit von 100 ms, dann entspricht dies einem „Umschaltvolumen" ½ ΔV_u = 42 ml. Dieses Volumen ist doppelt zu zählen, da es bei Zu- und Abschalten auftritt. Für die Varianz erhält man damit:

$$u_u^2 = \frac{1}{3}\frac{\Delta V_u^2}{V_P^2} = \frac{1}{3}\left(\frac{0{,}084}{50}\right)^2 = 9{,}4 \cdot 10^{-7} \qquad (9.44)$$

(9) Unsicherheitsbeitrag vom Masterzähler (f_9): Die systematische Meßabweichung des Masterzählers wird korrigiert. Da diese aber auch einen zufälligen Anteil hat, folgt daraus eine Varianz, die aufgrund der bekannten „Streuung" des Meßfehlers von $\Delta V_{MZ}/V_P \approx 0{,}2\ \%$ zu

$$u_{MZ,u}^2 = \frac{1}{3}\left(\frac{\Delta V_{MZ}}{V_P}\right)^2 = 1{,}3 \cdot 10^{-6} \text{ folgt.} \qquad (9.45)$$

9.2.1.3 Erweiterte Meßunsicherheit

Faßt man alle bisher gewonnen Meßunsicherheitsbeiträge zusammen, ergibt sich die erweiterte Meßunsicherheit nach der Tabelle 9.2. Je nach der eingangs erwähnten Prüfmethode sind alle oder nur einige Varianzbeiträge relevant.

Tabelle 9.2: Meßunsicherheitsbeiträge des betrachteten Warmwasser-Prüfstandes ($k = 2$)

Beiträge zur Meßunsicherheit	ohne Prüfling	mit Prüfling	ohne Prüfling	mit Prüfling	ohne Prüfling	mit Prüfling
	Start-Stopp-Betrieb		Fliegender Betrieb (1)		Fliegender Betrieb (2)	
Auflösung des Prüflings u_A^2	-	$3,3.10^{-7}$	-	$3,3.10^{-7}$	-	$3,3.10^{-7}$
Auflösung des Masterzählers u_{MZ}^2	-	-	-	-	$3,3.10^{-7}$	$3,3.10^{-7}$
Kalibrierunsicherheit des Masterzählers $u_{MZ,u}^2$	-	-	-	-	$1,3.10^{-6}$	$1,3.10^{-6}$
Waage u_W^2	$8,3.10^{-8}$	$8,3.10^{-8}$	$8,3.10^{-8}$	$8,3.10^{-8}$	-	-
Volumenermittlung mittels Waage $u_{D,A}^2$	$6,7.10^{-8}$	$6,7.10^{-8}$	$6,7.10^{-8}$	$6,7.10^{-8}$	-	-
Temperaturänderung des Rohrleitungssystems $u_{T\bar{A}}^2$	$5,1.10^{-8}$	$5,1.10^{-8}$	$5,1.10^{-8}$	$5,1.10^{-8}$	-	-
Luft im Rohrleitungssystem $u_{L1}^2+u_{L2}^2$	$4,8.10^{-7}$ $+4.10^{-7}$	$4,8.10^{-7}$ $+4.10^{-7}$	$4,8.10^{-7}$ $+4.10^{-7}$	$4,8.10^{-7}$ $+4.10^{-7}$	$4,8.10^{-7}$ $+4.10^{-7}$	$4,8.10^{-7}$ $+4.10^{-7}$
Umschaltung u_u^2	-	-	$9,4.10^{-7}$	$9,4.10^{-7}$	-	-
Verdunstung u_v^2	$2,2.10^{-8}$	$2,2.10^{-8}$	$2,2.10^{-8}$	$2,2.10^{-8}$		
Start-Stopp-Einfluß auf den Prüfling u_{SS}^2	-	$3,3.10^{-7}$	-	-	-	-
Kombinierte Varianz ohne Prüfling u_c^2	$110,3.10^{-8}$	$143,3.10^{-8}$	$204,3.10^{-8}$	$204,3.10^{-8}$	251.10^{-8}	251.10^{-8}
Kombinierte Varianz mit Prüfling u_c^2	$110,3.10^{-8}$	$176,3.10^{-8}$	$204,3.10^{-8}$	$237,3.10^{-8}$	251.10^{-8}	284.10^{-8}
Erweiterte Meßunsicherheit U ohne Prüfling	$2,1.10^{-3}$ = **0,21 %**	$2,4.10^{-3}$ = **0,24 %**	$2,9.10^{-3}$ = **0,29 %**	$2,9.10^{-3}$ = **0,29 %**	$3,2.10^{-3}$ = **0,32 %**	$3,2.10^{-3}$ = **0,32 %**
Erweiterte Meßunsicherheit U mit Prüfling	$2,1.10^{-3}$ = **0,21 %**	$2,7.10^{-3}$ = **0,27 %**	$2,9.10^{-3}$ = **0,29 %**	$3,1.10^{-3}$ = **0,31 %**	$3,2.10^{-3}$ = **0,32 %**	$3,4.10^{-3}$ = **0,34 %**

9.2.2 Prüfung von Temperaturdifferenzsensoren für die Wärmemessung

9.2.2.1 Allgemeines zur Temperatursensorprüfung

Nach den Ausführungen im Kapitel 8 wird in der Praxis diese Prüfung auf zwei Arten vorgenommen:

1. Die Temperatursensoren für den Vor- und Rücklaufstrang sind fix mit dem Wärmezähler verbunden. In thermostatisierten Prüfbädern werden unterschiedliche Temperaturen erzeugt, denen die Temperatursensoren ausgesetzt werden. Voraussetzung dieser Methode ist, daß die Temperaturen in diesen Prüfbädern ausreichend konstant sind, was dann auch für die zu messende Temperaturdifferenz gilt. Abweichungen der erfaßten von der tatsächlich herrschenden Temperaturdifferenz ergeben den sogenannten **Paarungsfehler**.

2. Häufig werden die Temperatursensoren jedoch paarweise, aber unabhängig vom Wärmezähler selbst, geprüft und dabei der Paarungsfehler bei drei Temperaturen

(z.B.: 40 °C, 80 °C und 130 °C) bestimmt. Bei Einhaltung von Nebenbedingungen entspricht diese Methode der direkten Überprüfung der Temperaturdifferenz.

9.2.2.2 Quellen der Meßunsicherheit

Es sind die folgenden Meßunsicherheitsquellen bekannt:

(1) **Meßsystem**: Für die zulässige Unsicherheit des Meßsystems folgt aus der Erfahrung ein Wert, der einer Temperaturänderung von etwa $\delta t_{MS} = \pm 2{,}5 \cdot 10^{-3}$ K entspricht. Der entsprechende Varianzbeitrag ist daher auf der Basis einer Rechteckverteilung:

$$u_{MS}^2 = \frac{1}{3} \delta t_{MS}^2 = 2{,}1 \cdot 10^{-6} \qquad (9.46)$$

(2) Unsicherheit der **Normalthermometer** im Bereich von 30 °C bis 150 °C: $\delta t_{NT} = \pm 5 \cdot 10^{-3}$ K. Der Varianzbeitrag ist daher:

$$u_{NT}^2 = \frac{1}{3} \delta t_{NT}^2 = 8{,}3 \cdot 10^{-6} \qquad (9.47)$$

(3) Räumliche und zeitliche **Inhomogenitäten der thermostatisierten Prüfbäder**. Ähnlich wie oben ist aus der Erfahrung ein Wert von $\delta t(x,y,z,\tau) = \pm 5 \cdot 10^{-3}$ K anzunehmen. (Diese extreme, räumliche (x,y,z) und zeitliche (τ) Stabilität während des Prüfdurchganges ist nur mit besonders stabilen, thermostatisierten Flüssigkeitsbädern zu erreichen.) Der Varianzbeitrag ist daher:

$$u_{PB}^2 = \frac{1}{3} \delta t_{PB}^2 = 8{,}3 \cdot 10^{-6} \qquad (9.48)$$

(4) **Wärmeableitfehler** durch zu geringe Eintauchtiefe der Prüflinge: Aus Analysen, für die auf die Literatur verwiesen werden muß,[9] erhält man:

$$u_{WA}^2 = \frac{1}{3} \delta t_A^2 = 3{,}3 \cdot 10^{-5} \qquad (9.49)$$

(5) **Kontakt- und Zuleitungswiderstände**: Für den entsprechenden Varianzbeitrag erhält man:

$$u_{K,L}^2 = 4{,}1 \cdot 10^{-6} \qquad (9.50)$$

---

[9] siehe Fußnote 8

(6) unterschiedlich temperierte Zuleitungen: Sind die Zuleitungswiderstände unterschiedlich temperiert, dann tritt ebenfalls eine systematische Meßabweichung auf, die den folgenden Varianzbeitrag liefert:

$$u_L^2 = 4{,}1 \cdot 10^{-6} \qquad (9.51)$$

9.2.2.3 Erweiterte Meßunsicherheit

In Tabelle 9.3 sind die Meßunsicherheitsbeiträge bei der Prüfung von Temperaturfühlern für Wärmezähler zusammengefaßt.

Tabelle 9.3

Temperaturfühlerprüfung	Einzelprüfung	Paarung	Anmerkung
Unsicherheit des Meßsystems u_{MS}^2	2,1·10⁻⁶	4,2·10⁻⁶	1)
Normalthermometer u_{NT}^2	8,3·10⁻⁶	8,3·10⁻⁶	2)
Prüfbäder u_{PB}^2	8,3·10⁻⁶	8,3·10⁻⁶	2)
Wärmeableitfehler u_{WA}^2	3,3·10⁻⁵	6,6·10⁻⁵	1)
Kontakt- und Zuleitungswiderstände $u_{K,L}^2$	4,1·10⁻⁶	8,2·10⁻⁶	1)
Unterschiedlich temperierte Zuleitungen u_L^2	4,1·10⁻⁶	8,2·10⁻⁶	1)
Kombinierte Varianz u_c^2	59,9·10⁻⁶ K	103,2·10⁻⁶	
Erweiterte Meßunsicherheit U (k = 2)	**15,4 mK**	**20,3 mK**	

Anmerkungen zu Tabelle 9.3:
1) diese Unsicherheiten treten bei der Paarung doppelt auf
2) diese Unsicherheiten treten bei der Paarung nur einzeln auf, da die Messung der zusammengehörigen Thermometer praktisch gleichzeitig erfolgt

Werden Temperaturfühler einzeln geprüft und anschließend gepaart, dann ergibt sich aus Tabelle 9.3 für die erweiterte Meßunsicherheit ein etwas höherer Betrag, nämlich $U(\Delta t) = \sqrt{2}\, U = 21{,}8$ mK.

9.2.3 Meßunsicherheitsermittlung von Rechenwerken von Wärmezählern

9.2.3.1 Allgemeines

Bei der Prüfung von Rechenwerken für Wärmezähler werden die Signale für den Durchfluß und die Temperaturdifferenz simuliert. Während die Simulation des Volumendurchflusses problemlos ist, können die Prüfwiderstände Ursache einiger Meßunsicherheiten sein. Bei der Prüfung eines Rechenwerkes treten daher i.w. die folgenden Fehlerquellen auf:

9.2.3.2 Meßunsicherheitsbeiträge (relative Varianzen)

(1) **Auflösung des Prüflings**. Wird die Energie W mit der Auflösung des Prüflings δW bestimmt, dann folgt für die relative Unsicherheit:

$$U = \pm \frac{\delta W}{2W} \qquad (9.52)$$

Damit wird:

$$u_A^2 = \frac{(\delta W / 2)^2}{3\,W^2} = \frac{\delta W^2}{12\,W^2} \qquad (9.53)$$

Bei einer Auflösung des Rechenwerkes von 1 Wh und einem Prüfumfang von ca. 500 Wh folgt daraus für die Varianz: $u_A^2 = 3{,}3 \cdot 10^{-7}$

(2) **Unsicherheit der Simulationswiderstände** für Vor- und Rücklauf: Dafür werden sehr stabile Prüfwiderstände verwendet, die in der Regel jährlich nachkalibriert werden. Die zwangsläufigen Veränderungen der Prüfwiderstände werden zum Zeitpunkt der Kalibrierung zwar beseitigt, zwischen den Kalibrierungen können aber unbekannte Veränderungen auftreten. Wir wollen dazu die folgende Abschätzung machen:
Auswirkungen von Veränderungen der Prüfwiderstände werden in erster Linie bei der Mindesttemperaturdifferenz auftreten. Wird diese mit Δt_{min} = 3 K vorausgesetzt, ist die dort gültige Eichfehlergrenze nach EN 1434, Teil 1: ± 3,5 % oder ± 0,105 K. Bei einem Widerstandsthermometer Pt 100 entspricht die Eichfehlergrenze von ± 3,5 % einer Widerstandsänderung um 41 mΩ. Da die Meßunsicherheit der Normalgeräte maximal 20 % der Eichfehlergrenze betragen darf (siehe EN 1434, Teil 5), für eine Temperaturdifferenzmessung jedoch zwei Widerstandsthermometer benötigt werden, kann man die maximal zulässige Unsicherheit für ein Thermometer mit 10 % der Eichfehlergrenze ansetzen. Dies entspricht in unserem Fall etwa 4 mΩ (oder relativ $4 \cdot 10^{-5} \equiv 40$ ppm). Daraus erhält man für die Varianz des Widerstandes für die Temperaturdifferenzmessung

$$u_{TD}^2 = 2\,\frac{1}{3}\left(\frac{\delta R}{\Delta R}\right)^2 = \frac{2}{3}\left(\frac{0{,}004}{1{,}2}\right)^2 \approx 7{,}4 \cdot 10^{-6} \qquad (9.54)$$

Dieses Ergebnis erhält man unter der Voraussetzung, daß die Änderung der einzelnen Simulationswiderstände nicht größer als 40 ppm ist. Geringere Änderungen erfordern speziell ausgesuchte Widerstände und sind mit beträchtlichen Kosten für Anschaffung und Kalibrierung verbunden.

(3) Einfluß der **Temperaturkoeffizienten der Simulationswiderstände** für Vor- und Rücklauf: Die Simulationswiderstände sind aus Widerstandsmaterialien gefertigt, die einen sehr geringen Temperaturkoeffizienten haben. Die Temperaturabhängigkeit eines Simulationswiderstandes kann in der Form:

$$R_t = R_o (1 + \alpha (t - t_o)) = R_o (1 + \alpha \Delta t_u), \qquad (9.55)$$

geschrieben werden. In dieser Gleichung bedeuten:

R_t ... Widerstand bei der Temperatur t,
R_o ... Widerstand bei der Referenztemperatur t_o (z.B. 20 °C),
t_u ... Umgebungstemperatur
α ... Temperaturkoeffizient des Simulationswiderstandes mit Werten von $\leq 10^{-6}$

Setzt man für die Schwankung der Umgebungstemperatur ein Intervall von ± 5 K voraus, dann erhält man für die entsprechende relative Widerstandsänderung ± 5·10⁻⁶. Sind diese Werte rechteckverteilt, ergibt sich für die entsprechende Varianz: $u_\alpha^2 \approx 8 \cdot 10^{-12}$. Da dieser Varianzbeitrag im Vorlauf und Rücklauf auftritt, ist er zweimal zu berücksichtigen.

(4) **Kontakt- und Leitungswiderstände**: Die Summe der Kontaktwiderstände im Vorlauf- und im Rücklaufkreis wird mit je ± 2 mΩ angenommen. Daraus folgt ein Varianzbeitrag von:

$$u_K^2 = 2 \frac{1}{3} (\frac{2 \cdot 10^{-3}}{100})^2 = 2{,}6 \cdot 10^{-10} \qquad (9.56)$$

(5) **Wärmekoeffizient**: Für diesen ist aus der Literatur eine Unsicherheit von etwa ± 0,1 % bekannt. Daraus folgt mit einer Rechteckverteilung: $u_{WK}^2 = 3{,}3 \cdot 10^{-7}$.

(6) **Zählunsicherheit der Volumenimpulse**: Es werden entweder eine Synchronisation der Impulse mit der Anzeigeeinrichtung vorgenommen oder so viele Volumenimpulse vorgegeben, daß die Auflöseunsicherheit kleiner als 10^{-3} ist. Für den letzten Fall, den ungünstigsten, ergibt sich ein Varianzbeitrag von: $u_{VImp}^2 = 3{,}3 \cdot 10^{-7}$.

9.2.3.3 Gesamtunsicherheit der Rechenwerksprüfung bei separierbaren Widerstandsthermometern

In Tabelle 9.4 sind die entsprechenden Meßunsicherheiten für die Rechenwerksprüfung angegeben, bei der die Widerstandsthermometer für Vor- und Rücklauf durch Fixwiderstände simuliert werden. Im Rechenwerk mit separierbaren Temperaturfühlern wird die Wärmemenge W nach der „Meßgleichung":

$$W = k \, \Delta t \, V \tag{9.57}$$

ermittelt, wobei die Temperaturdifferenz Δt durch Fixwiderstände, die den Temperaturen im Vor- und Rücklauf entsprechen, simuliert wird. Ebenso wird das Wärmeträgervolumen V durch elektrische Impulse nachgebildet und die Wärmeträgereigenschaften durch den Wärmekoeffizienten k berücksichtigt.

Tabelle 9.4: Abschätzung zu den Meßunsicherheiten bei der Rechenwerksprüfung mit separierbaren Temperaturfühlern für Simulationswiderstände unterschiedlicher Klassengenauigkeit

Unsicherheitsbeitrag	$\delta R/R =$		
	40 ppm	20 ppm	10 ppm
u_A^2	$3,3 \cdot 10^{-7}$	$3,3 \cdot 10^{-7}$	$3,3 \cdot 10^{-7}$
u_{TD}^2 [1)]	$7,4 \cdot 10^{-6}$	$1,85 \cdot 10^{-6}$	$4,63 \cdot 10^{-7}$
u_α^2	$1,6 \cdot 10^{-11}$	$1,6 \cdot 10^{-11}$	$1,6 \cdot 10^{-11}$
u_k^2	$2,6 \cdot 10^{-10}$	$2,6 \cdot 10^{-10}$	$2,6 \cdot 10^{-10}$
u_{WK}^2	$3,3 \cdot 10^{-7}$	$3,3 \cdot 10^{-7}$	$3,3 \cdot 10^{-7}$
u_{VImp}^2	$3,3 \cdot 10^{-7}$	$3,3 \cdot 10^{-7}$	$3,3 \cdot 10^{-7}$
Kombinierte Varianz u_c^2	$8,4 \cdot 10^{-6}$	$2,84 \cdot 10^{-6}$	$1,45 \cdot 10^{-6}$
Erweiterte Meßunsicherheit U ($k = 2$)	0,58 %	0,34 %	0,24 %

1) In u_{TD}^2 sind alle Varianzbeiträge zusammengefaßt, die von der Stabilität und dem Temperaturkoeffizient herrühren

Man erkennt, daß der entscheidende Anteil an der Meßunsicherheit von den Simulationswiderständen herrührt (u_{TD}^2). Wird beispielsweise die Veränderung der Simulationswiderstände halbiert (40 ppm → 20 ppm), erhält man für die erweiterte Meßunsicherheit statt 0,58 % nur mehr 0,34 %. Eine weitere Halbierung (20 ppm → 10 ppm) verringert die erweiterte Meßunsicherheit schließlich auf 0,24 %. Eine weitere Verringerung dürfte auszuschließen sein, da man dann bereits in den Bereich der Normalwiderstände kommt. Mit guten Simulationswiderständen, die regelmäßig und in geringen Intervallen kalibriert werden, erreicht man somit erweiterte Meßunsicherheiten von ca. 0,3 %.

9.2.4 Gesamtunsicherheit der Rechenwerksprüfung mit fix angeschlossenen Temperatursensoren

In Tabelle 9.5 sind die entsprechenden Meßunsicherheiten für die Rechenwerksprüfung angegeben, bei der die Widerstandsthermometer für Vor- und Rücklauf fix an das Rechenwerk angeschlossen sind.

Für die Meßunsicherheitsermittlung sind hier aber die folgenden Einflußfaktoren zu berücksichtigen:

- **Auflösung der Anzeige**
- Varianz der **Temperaturdifferenzmessung** (aus Tabelle 9.3)
- Unsicherheit des **Wärmekoeffizient**en k. Für diesen ist aus der Literatur die Unsicherheit von ± 0,1 % bekannt
- **Zählunsicherheit der Volumenimpulse**. Es wird entweder eine Synchronisation der Impulse mit der Anzeigeeinrichtung vorgenommen oder so viele Volumenimpulse vorgegeben, daß die Auflöseunsicherheit kleiner als 10^{-3} ist.

Tabelle 9.5: Abschätzung zu den Meßunsicherheiten bei der Rechenwerksprüfung mit fix angeschlossenen Temperaturfühlern, $\Delta t_{min} = 3$ K

Unsicherheitsbeitrag	Δt_{min}		
	3 K	10 K	80 K
u_A^2	$3,3.10^{-7}$	$3,3.10^{-7}$	$3,3.10^{-7}$
u_{TD}^2 1)	$1,14.10^{-5}$	$1,03.10^{-6}$	$1,61.10^{-8}$
u_{KF}^2 2)	$3,3.10^{-7}$	$3,3.10^{-7}$	$3,3.10^{-7}$
u_{VImp}^2 3)	$3,3.10^{-7}$	$3,3.10^{-7}$	$3,3.10^{-7}$
Kombinierte Varianz u_c^2	$1,25.10^{-5}$	$2,00.10^{-6}$	$1,00.10^{-6}$
Erweiterte Meßunsicherheit U (k = 2)	**0,70 %**	**0,28 %**	**0,20 %**

1) Die Unsicherheit der Temperaturdifferenzmessung ist nach Tabelle 9.3: **20,3 mK** (2σ)
2) Wärmekoeffizient
3) Volumenimpulse

9.2.5 Vollständige Wärmezähler

Wir haben nun alle Grundlagen beisammen, um auch die Unsicherheitsermittlung bei der Prüfung von „Vollständigen Wärmezählern" durchführen zu können.
Die Eichfehlergrenzen setzen sich algebraisch aus den Fehlergrenzen für die Teilgeräte zusammen. In Tabelle 8.1 wurden sie bereits für den Fall: $q_p/q_i = 100$, $\Delta t_{max}/\Delta t_{min} = 80/3$ aus den Gleichungen (4.8) und (4.9) berechnet.

Zur Ermittlung der Meßunsicherheit für diesen Fall werden für die Durchflußsensorprüfung die Ergebnisse aus Tabelle 9.2, fliegender Betrieb (1) benützt,[10] für das Rechenwerk mit angeschlossenen Temperatursensoren die Tabelle 9.5. Dann ergeben sich die in Tabelle 9.6 angegebenen Meßunsicherheiten und deren Relation zu den Eichfehlergrenzen. Die Gesamtunsicherheit wird dabei geometrisch nach:

---

[10] Genaugenommen wurde in Tabelle 9.2 die Meßunsicherheit lediglich für einen Durchfluß bestimmt. Wir wollen diesen kleinen Schönheitsfehler aber hier unberücksichtigt lassen.

$$U_{WZ} = \sqrt{U_V^2 + U_{R+T}^2} \qquad (9.58)$$

zusammengesetzt.

Nach EN 1434, Teil 5 darf das Verhältnis der Gesamtunsicherheit zu den Eichfehlergrenzen nicht größer als 0,2 sein, was hier in allen Fällen eingehalten wird.

Tabelle 9.6: Prüfung Vollständiger Wärmezähler der Klasse 3 mit:
$q_p/q_i = 100$, $\Delta t_{max}/\Delta t_{min} = 80/3$

Prüfpunkt	± EFG in %	U in %	$\varepsilon = \dfrac{U}{EFG}$	Einhaltung der Bedingung $\varepsilon \leq 0{,}2$
1	8	0,77	0,10	ja
2	5,7	0,42	0,07	ja
3	6,15	0,37	0,06	ja

10 Einbau und Dimensionierung von Wärmezählern

In diesem Kapitel wollen wir Probleme besprechen, die beim Einbau von Wärmezählern in die Heizanlage auftreten, und auch jene Aspekte beleuchten, die für die Auswahl und Dimensionierung eines bestimmten Wärmezählers wichtig sind. Zunächst wollen wir uns den möglichen Anordnungen von Wärmezählern in Heizanlagen zuwenden.

10.1 Einbau der Wärmezähler

Wärmezähler werden üblicherweise an der Schnittstelle zwischen dem Wärmenetz und dem Verbraucher installiert. Da an dieser Stelle üblicherweise auch Wärmeaustauscher montiert sind, muß man unterscheiden, ob die Messung die Verluste im Wärmeaustauscher mit erfassen soll oder nicht. Man unterscheidet daher:

- Messung vor dem Wärmeaustauscher und
- Messung hinter dem Wärmeaustauscher.

10.1.1 Messung vor dem Wärmeaustauscher

Bei Messung vor dem Wärmeaustauscher treten im allgemeinen höhere Temperaturen und Drücke auf (siehe Abb. 10.1). Bei primärseitig geregelten Anlagen wirken sich aber die oft geringen Durchflüsse nachteilig auf die Meßgenauigkeit aus.

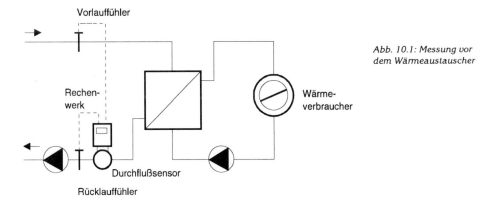

Abb. 10.1: Messung vor dem Wärmeaustauscher

10.1.2 Messung hinter dem Wärmeaustauscher

Erfolgt die Messung hinter dem Wärmeaustauscher, dann treten meist geringe Temperaturdifferenzen und Drücke auf. Den geringen Temperaturdifferenzen stehen als Vorteil jedoch oft nahezu konstante Durchflüsse gegenüber (siehe Abb. 10.2).

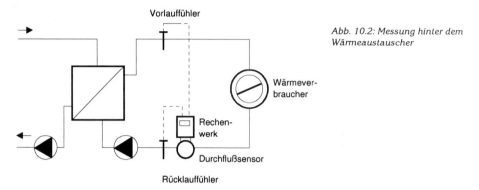

Abb. 10.2: Messung hinter dem Wärmeaustauscher

10.1.3 Anlagen mit Beimischung

Um im Verbraucher eine konstante, von der herrschenden Außentemperatur abhängige Leistung zur Verfügung zu stellen, wird dem Wärmeträger mit konstanter Vorlauftemperatur ein Anteil des kühleren Rücklaufwassers beigemischt. Dadurch läßt sich die Vorlauftemperatur im Verbraucher im Prinzip zwischen der Vorlauftemperatur hinter dem Wärmeaustauscher (bzw. Wärmeerzeuger) und der Rücklauftemperatur einstellen.

Bei **Anlagen mit Messung vor der Beimischung** (Abb. 10.3) treten meist höhere Temperaturdifferenzen auf, da die Vorlauftemperatur vor dem Regelventil höher ist als dahinter. Bei fast geschlossenem Regelventil können aber sehr geringe Durchflüsse auftreten.

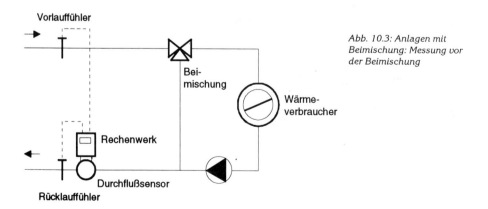

Abb. 10.3: Anlagen mit Beimischung: Messung vor der Beimischung

Erfolgt hingegen die **Messung hinter der Beimischung** (Abb. 10.4), dann treten zeitweise oft geringe Temperaturdifferenzen auf, bei allerdings relativ konstantem Durchfluß.

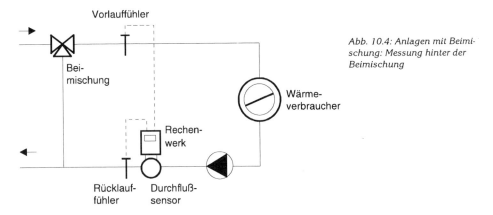

Abb. 10.4: Anlagen mit Beimischung: Messung hinter der Beimischung

10.1.4 Anlagen zur Versorgung mehrerer parallel angeschlossener Einzelabnehmer

Es gibt in der Praxis zwei grundsätzlich verschiedene Versorgungssysteme von Wärmebeziehern. Einmal können die einzelnen Heizkörper innerhalb einer Wohnungseinheit zusammengeschlossen sein und einen sogenannten Wohnungsring bilden. Hier unterscheidet man wiederum das sogenannte Einrohrsystem und das Zweirohrsystem (Abb. 10.5 und 10.6).

Beim Einrohrsystem werden die Heizkörper reitend auf das Rohrsystem aufgesetzt. Dabei treten oft geringe Temperaturdifferenzen auf. Werden die Heizkörper jedoch im Zweirohrsystem parallel angespeist, so ist zwar eine größere Temperaturdifferenz zu erwarten, jedoch auch fallweise ein geringerer Durchfluß.

Zum anderen können die Einzelabnehmer aber auch über mehrere vertikal geführte Steigstränge versorgt werden, was vor allem bei älteren Anlagen realisiert wird. Eine exakte Messung mittels Wärmezähler ist allerdings problematisch, da jeder an einem separaten Steigstrang angeschlossene Teilkreis getrennt gemessen werden müßte, was meist als wirtschaftlich unzumutbar empfunden wird.

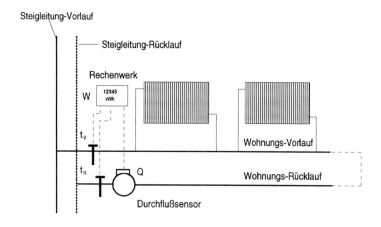

Abb. 10.5: Einrohrsystem

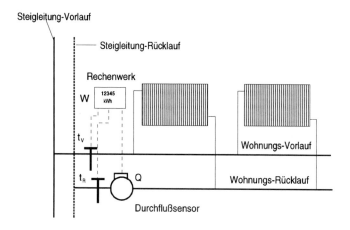

Abb. 10.6: Zweirohrsystem

10.2 Dimensionierung von Wärmezählern

10.2.1 Allgemeines

Für die Auswahl eines bestimmten Wärmezählers müssen die an der Einbaustelle herrschenden Betriebsbedingungen sorgfältig berücksichtigt werden. Dabei sind einige grundsätzliche Nebenbedingungen zu beachten, wie beispielsweise die folgenden:

1. Die in der Anlage in Betracht kommenden Betriebstemperaturen und Temperaturdifferenzen müssen sich mit den entsprechenden Angaben am Zähler decken.

2. Da jeder Durchflußsensor nur einen ganz bestimmten, durch den Mindest- und den Nenndurchfluß (bzw. maximalen Durchfluß) bestimmten Meßbereich hat, ist darauf zu achten, daß der benötigte Durchflußbereich im Meßbereich des Zählers enthalten ist. Unter Umständen muß der anlagenseitig benötigte Durchflußbereich mit mehreren Zählern, oder einem Verbundzähler, abgedeckt werden. Daneben ist noch zu berücksichtigen, daß der oder die Zähler weder ständig beim minimalen, noch beim maximalen Durchfluß betrieben werden sollen. Dieser sollte - bei mechanischen Zählern - wegen der Lebensdauer und des Druckverlustes vermieden werden, jener wegen der mit der Lebensdauer zunehmenden Meßunsicherheit.

3. Extreme klimatische Bedingungen, wie hohe Luftfeuchtigkeit, niedrige oder hohe Umgebungstemperatur, eventuell vorhandene elektrische, magnetische oder elektromagnetische Felder.

10.2.2 Durchflußsensoren

Für die Zuordnung zwischen der nach DIN 4701[1] bzw. ÖNORM M 7500 [2] erforderlichen Heizleistung P und dem zugehörigen Volumendurchfluß gibt *Lutz* die folgende Beziehung an: [3]

$$Q = \frac{P\,a}{1{,}146\,\Delta t_k} \qquad (10.1)$$

In dieser Gleichung bedeuten

Q ... den Volumendurchfluß in m³/h
P ... die Heizleistung in kW
Δt_k ... die Auskühlung am kältesten Tag der Heizperiode in K und
a ... einen Minderungsfaktor mit dem Zahlenwert
0,56 bei Wohngebäuden mit einer 90/70-Heizung,[4]
0,60 bei Geschäftshäusern

Für die Auswahl der Durchflußsensoren gilt das bereits in Abschnitt 10.2.1 Gesagte. Daneben ist noch zu berücksichtigen, daß im Betrieb weder die Nenntemperatur noch der zulässige Druckverlust überschritten werden sollen. Während bei Niederdruckheizungen die Nenndruckstufe PN 10 (10 bar) ausreichend ist, werden in Fernheiznetzen aus zweierlei Gründen höhere Druckstufen bevorzugt. Zum einen sind dort die Betriebstemperaturen wesentlich höher als bei Hauszentralheizungsanlagen. Zum anderen wird wegen der zunehmenden Leitungslängen der Fernheiznetze der Betriebsdruck

---

[1] DIN 4701: Regeln für die Berechnung des Wärmebedarfes von Gebäuden
[2] ÖNORM M 7500: Heizlast von Gebäuden, Teil 1 bis 5
[3] *H. Lutz, E. Firl:* Wärmezählung, gesetzliche Grundlagen und Gerätetechnik, Skriptum zu einer Vortragsreihe an der Technischen Akademie Wuppertal, 1983
[4] siehe dazu die Definition des Normzustandes im Kapitel 2.3.1.5

erhöht. So verwendet man üblicherweise die Nenndruckstufen PN 25 und PN 40. Die Konstruktion der Durchflußsensoren muß diesem Druck standhalten können, wozu eine geeignete Gehäusekonstruktion notwendig ist (z.B. Stahlguß).

Das Heizungswasser enthält stets einen mehr oder weniger großen Anteil an Eisenoxiden (Magnetit), der zwar wichtig für den Korrosionsschutz von Leitungen ist, im Durchflußsensor selbst aber als Störfaktor wirkt. Magnetit setzt sich nicht nur am Gehäuse selbst, sondern auch am Flügelrad und in den Lagern ab, wo er zu einer Erhöhung des Anlaufmomentes führt. Um einen Magnetitbelag zu vermeiden, ist daher die Verwendung von unmagnetischen, rostfreien Stählen zu empfehlen, ebenso wie die aus anderen Gründen immer stärker zur Anwendung kommenden Kunststoffe (Ryton u.a.).

Nach *Lutz* und *Firl* sind als wesentliche Anforderungen an Durchflußsensoren noch zu nennen:

1. Die Prüfbarkeit der Zähler. Dazu sollen mechanische Zähler mit einem schnellaufenden, lichtabtastenden Stern versehen werden. Außerdem ist eine Außenregulierung und ein hohes Auflösungsvermögen der Volumenanzeige wünschenswert. Bei neuartigen Zählern übernimmt die gesamte Meßwertverarbeitung ein Mikroprozessor, der in der Regel einen Prüfmodus aufweist, der eine rasche, hochauflösende Prüfung des Gerätes ermöglicht.

2. Wegen der geringeren thermischen Belastung sind Durchflußsensoren von Wärmezählern nach Möglichkeit im Rücklauf einzubauen. Eine Ausnahme stellen die sogenannten „Kältezähler" dar, die in Klimaanlagen verwendet werden. Dort ist der Rücklauf die wärmere Leitung und der Vorlauf die kältere. Bei Durchflußsensoren von Kältezählern ist die thermische Belastung gering, da die in Frage kommenden Temperaturen zwischen 0 °C und 30 °C liegen.

3. Zur Registrierung des erfaßten Volumens im Rechenwerk werden bei mechanischen Durchflußsensoren Kontaktwerke benötigt, die entweder Schaltspiele, Spannungsimpulse oder durchflußproportionale Ströme liefern. Bei Flügelrad- und Woltmanzählern verwendete man früher fast ausschließlich Reedkontakte, neuerdings gibt es aber auch andere Abtasteinrichtungen wie Ultraschallabtastung des Flügelrades u.ä. (siehe dazu die Ausführungen im Kapitel 7). Im Falle der Verwendung von Kontaktwerken werden diese entweder aufgesetzt (bei älteren Bauarten) oder fix eingebaut. Zur Sicherstellung der richtigen Impulsübertragung können jedoch nur fest eingebaute Kontaktwerke empfohlen werden, da sie den Durchflußsensor mit einem fixen Drehmoment belasten, das auch bei der Prüfung des Zählers wirksam ist.

10.2.3 Temperaturfühler

Wie bereits dargelegt wurde, ist auf die Auswahl der verwendeten Temperaturfühler besonderes Augenmerk zu richten. Neben den rein meßtechnischen Prämissen ist zur Vermeidung der zeitlichen Veränderung der Meßgröße (bei Widerstandsthermometern der Größe $R(t)$) eine Beschleunigung des Alterungsprozesses vorzunehmen. Dies geschieht meist beim Hersteller des Thermometers, und zwar durch Alterung bei Temperaturen von 180 °C bis 200 °C. Die Erfahrung lehrt, daß die Stabilität bei ausreichender

Alterung der Fühler ausreichend gut ist. In diesem Zusammenhang sei besonders auf die Untersuchung von *Thulin* hingewiesen.[5]

Zur Vermeidung von Einbaufehlern sollten die Fühler so lang als möglich sein und möglichst tief in das Medium reichen (siehe dazu die Ausführungen im Kapitel 7). Müssen äußere Schutzrohre verwendet werden, dann sollten diese aus schlecht wärmeleitendem Material, z.B. Edelstahl, gefertigt sein. Soferne es die Festigkeit zuläßt, sollte die Gesamtmasse dieser Schutzrohre, wegen der Ansprechzeit, so gering als möglich gestaltet werden. Wegen der geringen Wärmeleitfähigkeit ist nach Möglichkeit als Schutzrohrmaterial Edelstahl zu verwenden. Weiters ist darauf zu achten, daß - von wenigen Ausnahmen abgesehen - die Längen der Zuleitungen gleich sind und sich außerdem auf gleichem Temperaturniveau befinden.

10.2.4 Rechenwerke

Aus Genauigkeitsgründen wurden in den letzten Jahren mechanische durch elektronische Rechenwerke ersetzt. Während netzbetriebene Rechenwerke im allgemeinen unproblematisch arbeiten, werfen batteriebetriebene Geräte eine Reihe von Problemen auf, die aus der bei Batterien bekannten Schwankung in der Lebensdauer und begrenzter Kapazität resultieren. Für eine längere Einsatzdauer (mehr als fünf Jahre) kommen eigentlich nur Lithiumbatterien in Frage.

Um einen Zählwerksüberlauf zu verhindern, wurde in den einschlägigen Eichvorschriften vorgeschrieben, daß die Zählwerkskapazität des Wärmemengenzählwerkes einem Betrieb von 3000 Stunden bei der Nennleistung entsprechen muß. Bei der Kombination verschiedener Teilgeräte zu einem Wärmezähler ist auf diese Vorschrift zu achten. Für die Prüfung der Wärmezähler muß in jedem Fall ein geeigneter Prüfausgang vorliegen, eine Forderung, die zum Teil bereits in den nationalen Eich-Zulassungsbedingungen festgelegt ist. Moderne Ausführungen von Rechenwerken zeigen, nach Aufforderung durch Tastendruck, Abdunkelung einer Leuchtdiode etc., wichtige Anlagenparameter, wie Vorlauf- und Rücklauftemperatur, Wärmeleistung, Durchfluß an.

10.2.5 Messung dampfförmiger Wärmeträger

Das Meßverfahren hängt grundsätzlich davon ab, an welcher Stelle man die Messung vornimmt.

Auf der Kondensatseite (Rücklauf) wird bei drucklosen Systemen die Kondensatmenge mit Trommelzählern erfaßt, bei unter Druck stehenden Systemen mit turbinenartigen Zählern. *Lutz* (siehe Fußnote 3) weist darauf hin, daß zur Vermeidung von Kavitation der Wärmeträger völlig entgast sein muß.

Bei der eigentlichen Dampfmessung im Vorlauf muß stets überhitzter Dampf vorliegen. Es bietet sich hier nur das Wirkdruckverfahren mit Blenden, Düsen oder Ven-

---

[5] A. *Thulin:* High precision thermometry using industrial resistance sensors, Journal of Physics E: Scientific Instruments Vol. 4(1971), S. 764 ff

turirohren an. Da üblicherweise der Volumenstrom gemessen, aber der Massenstrom angezeigt wird, sind auch Druck- und Temperaturkorrekturen vorzunehmen.

Wir wollen uns nun mit praktischen Erfahrungen bezüglich des Einsatzes von Wärmezählern im Wohnungsbereich beschäftigen. Diese Frage ist besonders für die Frage der Geräteausstattung im Zusammenhang mit der Heizkostenermittlung von großem Interesse.

10.3 Praktische Erfahrungen mit der Erfassung von Betriebszuständen in Heizanlagen

Um zu klären, welche Betriebszustände in Heizanlagen tatsächlich auftreten, wurde ein Großversuch durchgeführt, von dem man sich neben Aussagen zu den erforderlichen Meßbereichen von Wärmezählern auch Aussagen zur Erfassungsgenauigkeit der Heizkostenverteiler erwartete. Als Versuchsobjekt wurde von der Bundesbaudirektion Wien eine Wohnanlage im Wiener Arsenal zur Verfügung gestellt.

Dieser Wohnblock besteht aus vier Stiegen[6] mit je 12, also insgesamt aus 48 Wohneinheiten. Die Wohnungen der Stiege 1 haben ca. 100 m², jene der anderen Stiegen ca. 70 m². Im Sommer 1985 wurden an diesem Objekt Sanierungsmaßnahmen mit dem Ziel durchgeführt, die Wärmedämmung zu verbessern; am Zustand der Heizanlage wurde jedoch nichts geändert. Gegenüber der Heizperiode 1984/85, mit einem Gesamtwärmebedarf von 483 MWh, wurde in der Heizperiode 1985/86 ein Wärmebedarf von 349,5 MWh ermittelt. Bei annähernd gleicher Gradtagszahl wird durch die Isolierung eine Energieeinsparung von 27,6 % erreicht.

Das gegenständliche Wohnobjekt ist fernwärmeversorgt. Der Hauptwärmezähler ist primärseitig in der Umformerstation eingebaut. Sekundärseitig werden die vier Stiegenhäuser mit je einem senkrechten Steigstrang versorgt, wobei an jedem Steigstrang 12 Wohneinheiten angeschlossen sind. Die Wärmeversorgung der Wohneinheiten erfolgt mittels eines Wohnungsringes mit Zweirohrheizung. Der Gesamtwärmebedarf einer Stiege wird mit je einem Stiegenzähler erfaßt (siehe Abb. 10.7).

Zur Erfassung des Wohnungswärmebedarfes wurden Klein-Wärmezähler verwendet, die einen besonders großen Meßbereich für den Volumenstrom aufweisen (Q_n = 0,6 m³/h, metrologische Klasse C, mit einer tatsächlichen Anlaufgrenze von etwa 1 l/h).

Die Temperaturfühler für den Vorlauf und den Rücklauf wurden zur Verhinderung von Wärmeableit- und Ankoppelfehlern ohne Tauchhülsen direkt in die Rohrleitung eingebaut. Die Wärmezähler wurden so kalibriert, daß sie die halben in Österreich gültigen Eichfehlergrenzen einhalten. Zur Weiterverarbeitung der Meßsignale wurde ein Zusatzgerät gebaut, das die Daten an je einen PC pro Stiegenhaus weiterleitet.

---

[6] Stiege = Treppenhaus

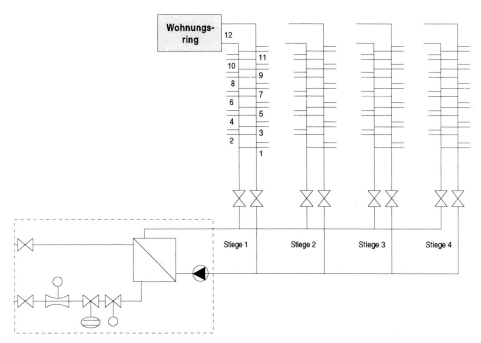

Abb. 10.7: *Schema der Wärmeversorgung des im Text beschriebenen Forschungsobjektes* [7]

An Daten wurden erfaßt:

- Die Temperaturdifferenz mit einer Kalibrierunsicherheit von ± 0,05 K,
- der Volumendurchfluß mit einer Kalibrierunsicherheit von ± 1,5 % im obersten und ± 2,5 % im unteren Meßbereich,
- die Außentemperatur und
- die Vorlauftemperatur.

Daraus wurden durch Berechnung die Rücklauftemperatur und die Wärmeleistung ermittelt. Der Volumenstrom wurde mit einer sehr hohen Tastrate quasikontinuierlich erfaßt, während die Temperaturdifferenz und alle anderen Meßgrößen im Takt von 15 s gemessen wurden. Zur Auswertung wurden alle Daten halbstündlich gemittelt.

Neben der automatischen Registrierung der Wärmezählerdaten wurden alle Wärmezähler regelmäßig abgelesen (meist wöchentlich), um rechtzeitig Ausfälle erkennen zu können.

---

[7] F. Adunka, R. Ivan, A. Penthor: Bericht über das Forschungsprojekt: Vergleich von Wärmezählern und Heizkostenverteilern in einem Wohnobjekt; Ermittlung der Häufigkeit von Meßzuständen, Fernwärme international FWI 17(1988), H. 1, S. 23 ff

Bezüglich des bereits erwähnten Wärmeverbrauches des Objektes in der Heizperiode 1985/86 kann man folgende Bilanz ziehen (Tabelle 10.1):

Tabelle 10.1: Wärmebilanz des im Text beschriebenen Wohnobjektes (Heizperiode 1985/86)

	Verbrauch in MWh	Anteil in %
Primärzähler	349,5	100
Summe der vier Stiegenzähler	297,83	85,22
Summe der 48 Wohnungswärmezähler	265,29	75,91
Trockenraum	6,14	1,76
Waschküche	6,53	1,87
Summe der 48 Wohnungszähler inklusive Trockenraum und Waschküche	277,96	79,54
Gesamtverluste	71,54	20,46

Während zwischen der Anzeige des Primärzählers und der Summenanzeige der Wohnungswärmezähler doch eine beachtliche Differenz von etwa 20 % besteht, stimmen die entsprechenden Anzeigen für die Volumina auf besser als 0,1 % überein. Das weist zumindest darauf hin, daß keine Schleichmengen verlorengingen.

Die über das Jahr gemittelten Temperaturdifferenzen im Wohnungsbereich reichten von 1,7 K bis 31,8 K, wobei im Schnitt eine Temperaturdifferenz von 9,74 K auftrat. Dieser letzte Wert ist überraschend hoch; er erklärt sich daraus, daß im gegenständlichen Wohnobjekt zwei extreme Betriebszustände beobachtet wurden:

1. Geringe Temperaturdifferenzen bei relativ großen Volumendurchflüssen. Diese Betriebsweise ist typisch für nicht- oder schwachgedrosselte Heizkörper. Noch dazu dürften im konkreten Fall die eingestellten Volumendurchflüsse oft ein Vielfaches des Normheizmittelstromes der Heizkörper betragen haben.

2. Große Temperaturdifferenzen bei extrem niedrigen Durchflüssen. Diese Betriebsweise ist typisch für stark gedrosselte Heizkörper und resultiert aus der schlechten Einstellbarkeit niedriger Heizkörperleistungen. Eine vernünftige Regelung der erforderlichen Heizkörperleistung und damit der Raumlufttemperatur ist eigentlich nur mit Thermostatventilen möglich, die aber im gegenständlichen Wohnobjekt nur in einem Fall verwendet wurden.

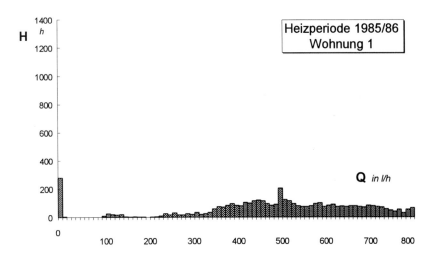

Abb. 10.8a: Häufigkeitsverteilung für den Durchfluß für die Wohnung 1 (Stiege 1)

In den Abb. 10.8a - f sind für zwei Wohnungen, die dem oben definierten Extremverhalten zugeordnet werden können, Häufigkeitsverteilungen für die Temperaturdifferenz, den Volumenstrom und die Wärmeleistung gezeigt.

Neben den oft extrem niedrigen Temperaturdifferenzen und deren großer Häufigkeit fällt vor allem auf, daß der Bereich für den Durchfluß von etwa 800 l/h bis zu wenigen l/h reichen kann, ein Meßbereich, der nur von wenigen Durchflußsensoren erfaßt werden kann. Das ist ein Ergebnis, das eigentlich sehr überrascht, wurde doch vor diesem Großversuch angenommen, daß Durchflüsse kleiner als 30 l/h kaum, und wenn schon, dann mit einer sehr geringen Häufigkeit auftreten. Die obige Darstellung liefert ein anderes Bild. Nebenbei sei bemerkt, daß die dargestellten extremen Zustände eigentlich nicht extrem sind, sondern eher die Regel darstellen, eine Tatsache, auf die allerdings bereits früher von *Lutz* und *Kröhner* hingewiesen wurde.[8]

---

[8] H. Lutz, P. Kröhner: Wärmezählung bei kleinen Durchflüssen, Fernwärme international FWI 13(1984), H. 1, S. 39 ff

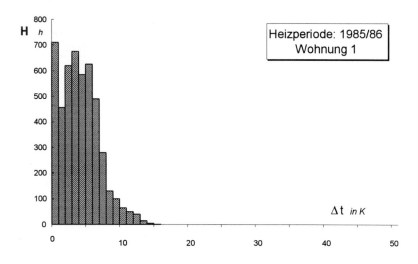

Abb. 10.8b: *Häufigkeitsverteilung für die Temperaturdifferenz für die Wohnung 1 (Stiege 1)*

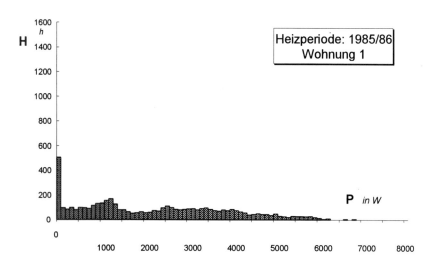

Abb. 10.8c: *Häufigkeitsverteilung für die Wärmeleistung für die Wohnung 1 (Stiege 1)*

Obwohl die einzelnen Wohneinheiten - bis auf jene der Stiege 1 - etwa gleich groß sind, unterscheiden sie sich hinsichtlich des erforderlichen Meßbereiches für die Wärmezähler oft grundlegend; diese Tatsache läßt sich offensichtlich nur durch ein sehr unterschiedliches Nutzerverhalten erklären. Zur Erhärtung dieser Behauptung ist in den Abbildungen 10.9 und 10.10 jeweils ein Ausschnitt aus der zeitlichen Entwicklung der Meßgrößen gezeigt. Während der erste Nutzer beispielsweise im wesentlichen kontinuierlich heizt, heizt der zweite nur stundenweise. Interessanterweise ergab eine nähere Untersuchung, daß im konkreten Fall die kontinuierliche Heizung energiesparender ist als der intermittierende Betrieb.

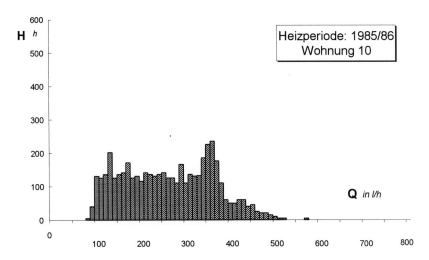

Abb. 10.8d: Häufigkeitsverteilung für den Durchfluß für die Wohnung 10 (Stiege 1)

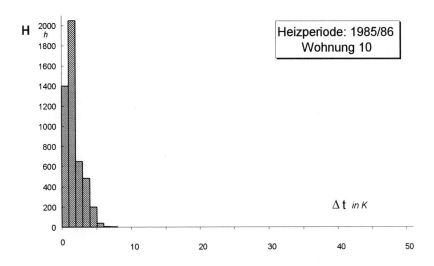

Abb. 10.8e: Häufigkeitsverteilung für die Temperaturdifferenz für die Wohnung 10 (Stiege 1)

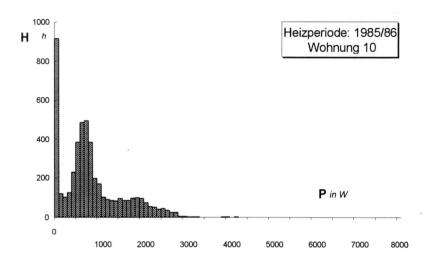

Abb. 10.8f: Häufigkeitsverteilung für die Wärmeleistung für die Wohnung 10 (Stiege 1)

Der beschriebene Versuch wurde bis zum Ende der Heizperiode 1987/88 weitergeführt, wobei sich trotz flankierender Maßnahmen, wie Einbau von Differenzdruckreglern zur Senkung der hohen Durchflüsse auf maximal 400 l/h und Einbau von Thermostatventilen, an den dargestellten Verhältnissen nichts Wesentliches änderte. Interessant war die Veränderung der eingesetzten Wärmezähler über den Beobachtungszeitraum von drei Jahren. Wie erwähnt wurden die Zähler zu Beginn des Versuches von Eichbeamten hinsichtlich der Einhaltung der halben Eichfehlergrenzen überprüft. Die analogen Messungen wurden am Ende der Heizperiode 1987/88 im Mai 1988 wiederholt.

Der Vergleich zur Erstprüfung ergab zwar eine Veränderung der Anzeigegenauigkeit, doch waren bis auf ein einziges Exemplar alle Zähler innerhalb der Verkehrsfehlergrenzen, die meisten Zähler aber sogar innerhalb der Eichfehlergrenzen, ein Ergebnis, das besonders für Kleinwärmezähler mit magnetfreier Abtastung spricht, die im konkreten Fall verwendet wurden.[9]

---

[9] A. Wischinka: Abschlußbericht über das Forschungsprojekt Arsenal, Vortrag am Seminar: "Neue Entwicklungen der Wärmemessung", am 29. und 30. Mai 1990, Wien, Veranstalter: Österreichisches Fortbildungs-Institut (ÖFI)

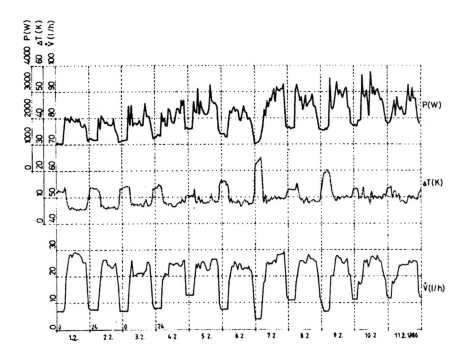

Abb. 10.9: Ausschnitt aus einem Zeitdiagramm für die Meßgrößen: Durchfluß, Temperaturdifferenz und Wärmeleistung. Quasikontinuierlicher Betrieb

Die in den gegenständlichen Untersuchungen festgestellten äußerst geringen Durchflüsse bei der Wohnungswärmemessung können nach einem Vorschlag von *van der Meulen* und *Verberne* auch dadurch vermieden werden, daß in Zeiten geringen Wärmebedarfes eine kontinuierliche Wärmeversorgung durch einen Impulsbetrieb ersetzt wird.[10] Dem Verbraucher wird dabei bei einem relativ hohen Volumendurchfluß so lange Wärme geliefert, bis ein bestimmter Sollwert der Raumlufttemperatur erreicht ist. Das nächste Energie-Impulspaket wird bei Unterschreiten einer unteren Schranke der Raumlufttemperatur geliefert. Die zulässige Schwankung der Raumlufttemperatur geben die Autoren in einem konkreten Beispiel mit 0,17 K an, ein Wert, der sicherlich akzeptabel ist.

---

[10] S. *van der Meulen*, J. *Verberne:* Impulse value, flow threshold and dynamic range in small heat meters, Fernwärme international FWI 14(1985), H. 5, S. 219 ff

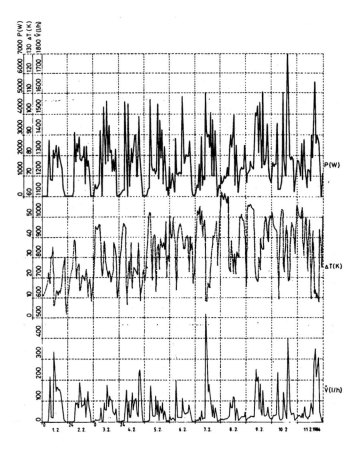

Abb. 10.10: Ausschnitt aus einem Zeitdiagramm für die Meßgrößen: Durchfluß, Temperaturdifferenz und Wärmeleistung. Intermittierender Betrieb

Allerdings sind mit der getakteten Wärmelieferung wesentliche Temperaturänderungen verbunden, die in Abhängigkeit vom zeitlichen Verlauf des Prozesses unter Umständen nichtakzeptable dynamische Temperatur-Meßfehler ergeben können. Auf diese Fehler weisen in einer weiteren Arbeit Veersma und Verberne hin.[11] Nach ihren Untersuchungen ergeben sich während des Impulsbetriebes Augenblickswerte des Meßfehlers bis zu 6 %. Da das obige Verfahren aber nur während begrenzter Zeiträume - im allgemeinen während der Übergangsperiode - angewendet wird, ist die Auswirkung auf den Jahresmeßfehler eher gering (die Autoren sprechen von weniger als 0,3 %!).

Das beschriebene Verfahren ist zwar interessant, hat aber den Nachteil von merklichen Investitionskosten und des Auftretens eines dynamischen Temperaturmeßfehlers, der u.U. in der Größenordnung des durch Nichterfassen von Schleichdurchflüssen

---

[11] A. Veersma, J. Verberne: Effects of Sensor dynamics on Heat Metering, Fernwärme international FWI 19 (1990), H. 3, S. 195 ff

möglichen Meßfehlers liegt. Die Autoren argumentieren zwar mit der geringen Auswirkung auf den Jahres-Wärmeverbrauch, die gleiche Argumentation gilt aber auch bei der Nichterfassung von Schleichdurchflüssen. Außerdem werden nun schon seit geraumer Zeit Durchflußsensoren mit extrem großen Meßbereichen (metrologische Klasse C und besser) angeboten, so daß das Problem der Erfassung von Schleichdurchflüssen als gelöst betrachtet werden kann.

10.4 Hydraulische Störungen

Im Kapitel 6 wurde bereits die Wechselwirkung einer Temperaturmeßeinrichtung mit der Anlage besprochen. Analog wollen wir uns nun mit dem Zusammenwirken eines Durchflußsensors mit der „hydraulischen Umgebung" beschäftigen, ein Thema, das immer wieder für Diskussionen sorgt, weil einfach zu wenig gesicherte Ergebnisse vorlagen. Im folgenden werden wir neuere Ergebnisse vorstellen und diskutieren.

10.4.1 Allgemeines

Beim Einbau von Durchflußsensoren in die Anlage ist zu beachten, daß hydraulische Störungen vermieden werden, die das Anzeigeverhalten der Durchflußsensoren beeinträchtigen könnten. Um den Einfluß der wichtigsten Störungen zu ermitteln, wurden von der Fernwärme Wien und dem Bundesamt für Eich- und Vermessungswesen entsprechende Untersuchungen durchgeführt. Dabei interessierte vor allem der Einfluß der folgenden hydraulischen Störungen:

- Kugelhahn
- 90°-Bogen
- Raumkrümmer
- Reduzierung bzw. Erweiterung um eine Rohrdimension, also beispielsweise DN 25 → DN 40

Aus der Vielzahl der am Markt befindlichen Zähler wurden repräsentative Bauarten ausgewählt. Von jeder Bauart wurden im allgemeinen drei Muster ausgewählt und die Fehlerkurven bei Vorhandensein der verschiedenen Störungen aufgenommen. Zur Eingrenzung wurden Durchflußsensoren mit Qn 1,5, als Repräsentanten der Kleinwärmezähler, und Qn 15, als Repräsentanten der Großwärmezähler (Fernwärmebereich) ausgewählt. Zur Verringerung der zufälligen Streuungen in den Fehlerwerten wurde jeder Meßpunkt dreimal wiederholt.

- Folgende **Einlaufstrecken** wurden vorgegeben: 0D/ 2D/ 5D/ 10D/ 20D/ 30D/ 40D/ 50D; die **Auslaufstrecken** betrugen jeweils die Hälfte der Einlaufstrecken. Alle **Verbindungen** wurden gepreßt; **Rohrmaterial**: V4A-Stahl.
- Die Fehlerkurven aller Zähler wurden zunächst „ungestört" ermittelt. Prüfpunkte waren bei Qn 1,5: 1500/750/300/150/60/30 l/h, und bei Qn 15: 15000/7500/3000/1500/750/300 l/h.

- Nach der „Eingangsprüfung" wurde die Fehlerkurve an den erwähnten Prüfpunkten mit und ohne Störungen ermittelt, jeder Prüfpunkt wurde dabei 3 mal gemessen und der Mittelwert gebildet.
- Bei der Versuchsdurchführung war die Prüftemperatur 55 °C.
- Vor, zwischen und nach den Untersuchungen wurden die Fehlerkurven der Zähler nochmals bestimmt.

Die Meßanordnung ist in Abb. 10.11 dargestellt.

Kugelhahn, halb geöffnet

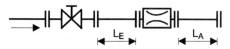

Abb. 10.11: Anordnung der Störquellen vor den Prüflingen. L_E ist die Einlauf- und L_A die Auslaufstrecke, L_{RB} der Abstand zwischen den zwei 90°-Rohrbögen bzw. den beiden Raumkrümmern

90°-Bogen

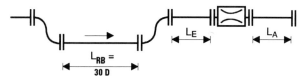

Raumkrümmer

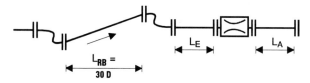

Reduzierung der Rohrnennweite um eine Dimension

→ Strömungsrichtung

10.4.2 Ausgewählte Ergebnisse

In den folgenden Abbildungen sind einige typische Meßergebnisse dargestellt. Bei der Darstellung der Fehlerverschiebungen (ΔF) sind unterschiedliche Maßstäbe gewählt worden; dies mit Absicht, um die Größenordnung des/der Effekte/s deutlich zu machen.

Flügelradzähler

Diese Zählergattung ist von besonderem Interesse, waren doch in der Vergangenheit fast ausschließlich Mehrstrahl-Flügelradzähler Durchflußsensoren für Kleinwärmezähler. Später wurden dann für Wohnungs-Wärmezähler (bis etwa $Qn = 2,5$ m³/h) auch Einstrahl-Flügelradzähler verwendet. Ihr einfacher und robuster Aufbau ließ eine starke Beeinflußbarkeit vermuten.

Die Abbildungen 10.12 und 10.13 zeigen Meßergebnisse an je einem Mehrstrahl- und einem Einstrahl-Flügelradzähler. Zumindest an der gewählten Bauart des Mehrstrahlzählers war die Wirkung von hydraulischen Störungen erschreckend groß. Andere Bauarten zeigten Wirkungen der Störungen, die um eine Größenordnung kleiner waren.

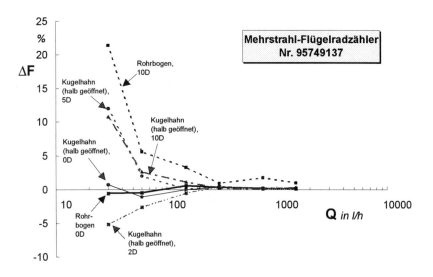

Abb. 10.12: Mehrstrahlzähler Qn 1,5, Nr. 95749137. Einflüsse eines 90°-Doppelbogens und eines halb geöffneten Kugelhahnes

Es soll nicht unerwähnt bleiben, daß auch analoge Untersuchungen an Mehrstrahlflügelrad-Kaltwasserzählern durchgeführt wurden, die aber wesentlich geringere Einflüsse erbrachten.[12] Nach etwa gleicher Versuchsanordnung wurden Verschiebungen der Fehlerkurven beobachtet, die in der Regel innerhalb von einem Prozentpunkt (!) lagen (siehe z.B. Abb. 2.15). Offenbar spielt hier die spezielle Bauart eine dominante Rolle.

Ein wieder anderes Verhalten zeigte ein untersuchter Einstrahlzähler. In Abb. 10.13 ist der Einfluß eines halb geöffneten Kugelhahnes gezeigt. Dabei fällt auf, daß die Fehlerverschiebungen abhängig sind vom Abstand der Störung **vor** dem Zähler, aber nicht so, wie man vermuten würde. So zeigt sich bei einem Abstand von L_E = 2 D ein Störeinfluß bei $q_i = Q_{min}$ von etwa $\Delta F \approx + 1{,}5$ %, während beim gleichen Durchfluß der Einfluß mit zunehmender Distanz der Störung vor dem Zähler größer wird (bei L_E = 5 D: ca 2 %). Bei L_E = 10 D kehrt sich das Vorzeichen um und der Einfluß liegt bei etwa -9,5 %. Bei weiterer Vergrößerung von L_E wird der Einfluß zunächst wieder kleiner (bei L_E = 20 D: $\approx$ 0,1 %) um dann bei L_E = 30 D und 40 D wieder nach plus und größeren Absolutbeträgen zu wandern. Bei L_E = 50 D kehrt sich wieder das Vorzeichen um usw.

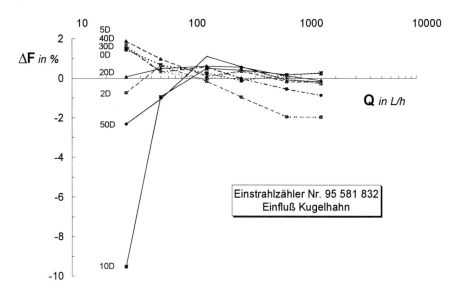

Abb. 10.13: Einstrahlzähler Qn 1,5, Nr. 95 581 832. Einflüsse eines halb geöffneten Kugelhahnes

Dieses eigenartige Verhalten konnte auch bei anderen Störungen beobachtet werden. Eine Erklärung dafür steht noch aus.

Für große Durchflußstärken, in der Regel über 15 m³/h dominiert der Woltmanzähler der Bauart WS. Sein Verhalten war daher, vor allem für Wärmeversorgungsunternehmungen, von besonderem Interesse. In der Folge werden daher Meßergebnisse an

---

[12] Diese Untersuchungen wurden vom Wiener Wasserwerk gemeinsam mit der Elin Wasserwerkstechnik 1997/98 durchgeführt.

dieser Bauart, aber auch an der Bauart WP gezeigt, die sich als besonders störempfindlich erwies.

Woltmanzähler der Bauart WS

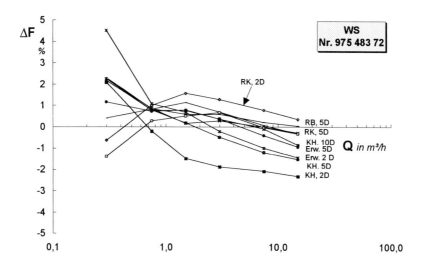

Abb. 10.14: Woltmanzähler der Type WS; Nr. 975 483 72

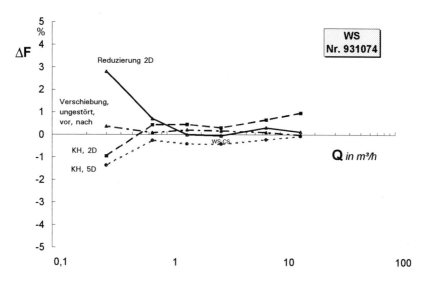

Abb. 10.15: Woltmanzähler der Type WS; Nr. 93 10 74

Woltmanzähler der Bauart WP

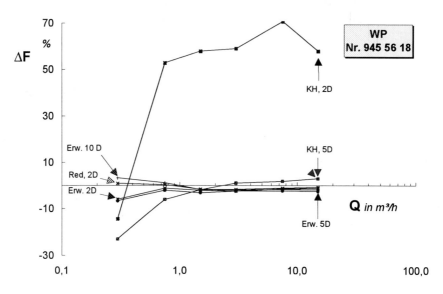

Abb. 10.16: Woltmanzähler der Type WP; Nr. 945 56 18

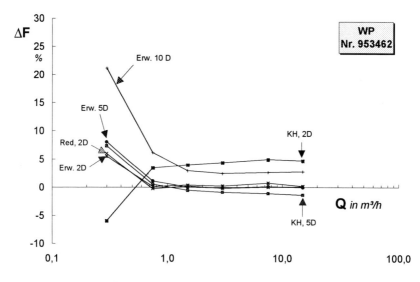

Abb. 10.17: Woltmanzähler der Type WP; Nr.: 95 34 62

Der Einfluß hydraulischer Störungen bei Woltmanzählern der Bauart WS hält sich in Grenzen und übersteigt in keinem Fall 5 %-Punkte. Anders bei der Bauart WP, wo, abhängig von der speziellen Bauart, durchaus Fehlerverschiebungen bis über 70 %-Punkte beobachtet wurden. Die Verwendung der Bauart WP ist daher an eine besonders hydraulisch „saubere" Ein- und Auslaufstrecke geknüpft.

In den letzten beiden Jahrzehnten wurde versucht, die üblichen mechanischen, auf dem Turbinenrad basierenden Durchflußsensoren durch „statische Zähler" zu ersetzen. Darunter versteht man jedenfalls Zähler, die keine beweglichen Organe aufweisen. Besonders dem Ultraschallzähler nach dem Laufzeitverfahren (siehe Kapitel 5) wurde besonderes Augenmerk geschenkt mit dem Erfolg, daß etwa 2/3 der Neuzugänge Durchflußsensoren auf Ultraschallbasis sind. Natürlich war daher auch deren Verhalten von besonderem Interesse und in die Untersuchungen einbezogen. In den folgenden Abbildungen sind daher je zwei Beispiele für einen Kleinwärmezähler (Abb 10.18 und 10.19) und einen „Fernwärmezähler" (Abb. 10.20 und 10.21) gezeigt. Bei den Kleinwärmezählern waren die Einflüsse jeweils in einem Band mit der Breite von ± 2 %-Punkten und wurden daher nicht näher bezeichnet. Beim Fernwärmezähler fällt besonders der starke Einfluß eines halb geöffneten Kugelhahnes im Abstand von 2D vor dem Zähler auf. Mit Vergrößerung des Abstandes L_E wird dieser Fehler rasch kleiner und verschwindet im Band ± 2 %-Punkte.

Ähnliche Aussagen gelten für den Magnetisch-induktiven Zähler (MID), dessen hydraulische Beeinflußbarkeit in der Regel sich ebenfalls in einem Intervall von ± 2 %-Punkten bewegt (Abb. 10.22 und 10.23).

Ultraschallzähler nach dem Laufzeit-Differenzverfahren

Qn 1,5

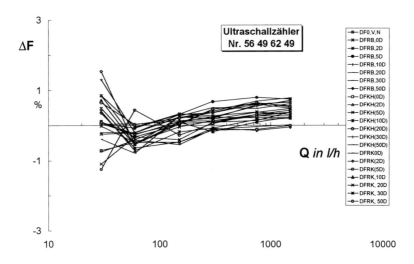

Abb. 10.18: Ultraschallzähler für den Wohnungsbereich Qn 1,5; Nr. 5649 6249

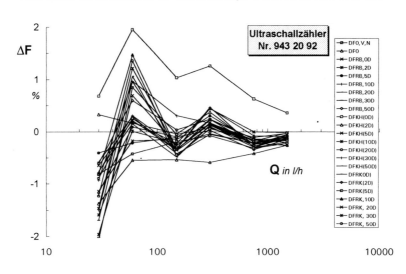

Abb. 10.19: Ultraschallzähler für den Wohnungsbereich Qn 1,5; Nr. 943 20 92

Qn 15

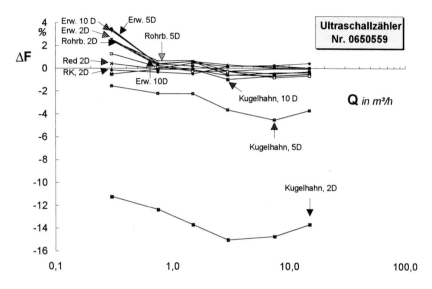

Abb. 10.20: Ultraschallzähler nach dem Laufzeit-Differenzverfahren; Nr.:0650559

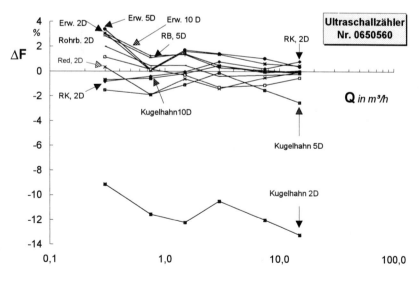

Abb. 10.21: Ultraschallzähler nach dem Laufzeit-Differenzverfahren; Nr.: 0650560

Magnetisch-induktive Zähler

Qn 2,5

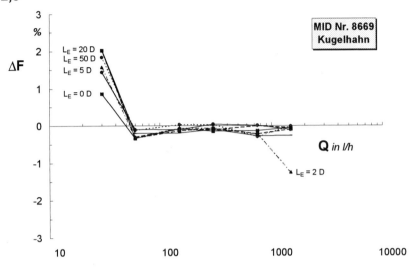

Abb. 10.22: MID für den Wohnungsbereich Qn 2,5; Nr.: 8669. Dargestellt ist die Wirkung eines halbgeöffneten Kugelhahnes im Abstand L_E vor dem Zähler. Andere Einflüsse wie Rohrbogen etc. sind noch deutlich geringer

Qn 15

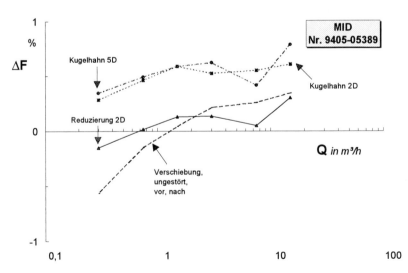

Abb. 10.23: MID für den Fernwärmebereich; Nr.: 9495-05389

10.4.3 Diskussion der Ergebnisse, Regeln für den Einbau von Durchflußsensoren

Wie man den vorstehenden Bildern entnehmen kann, treten bei praktisch allen Geschwindigkeitszählern mehr oder weniger starke Beeinflussungen durch Rohrleitungseinbauten auf. Bei manchen Meßprinzipien sind die Einflüsse stärker ausgeprägt, bei manchen kaum merkbar. Aber auch bei Zählern, die nach dem gleichen Meßprinzip ausgeführt sind, wie beispielsweise bei Woltmanzählern der gleichen Type (WS oder WP) treten Unterschiede auf, die offenbar konstruktionsbedingt sind. Interessant war festzustellen, daß bei Warmwasser-Flügelradzählern bedeutende Meßabweichungen beobachtet werden, die bei den typischen Hauswasserzählern für kaltes Wasser nahezu verschwinden.

Für die Praxis stellt sich nun die Frage nach der richtigen Handhabung des Einbaues von Durchflußsensoren. Zunächst sollte man das grundsätzliche Verhalten der speziellen Bauart untersuchen. Aus den bisher vorliegenden Messungen kann geschlossen werden, daß vor allem ein halb geöffneter Kugelhahn (oder eine ähnlich wirkende hydraulische Störung) zu merkbaren Fehlmessungen führt. Eine derartige Störung läßt sich leicht erzeugen und man erhält somit relativ rasch ein Gefühl für das Störverhalten der Bauart. Wenn ein halb geöffneter Kugelhahn unmittelbar vor dem Zähler keinen Einfluß zeigt, kann i.a. von weiteren Störmessungen abgesehen werden. Ist dies nicht der Fall, muß das Störverhalten näher untersucht werden. Sind derartige Messungen nicht möglich, sollten als Richtwert zumindest 10 D ungestörte Rohrstrecke vor dem Zähler und 5 D nach dem Zähler eingehalten werden.

10.4.4 Luft im Wärmeträger

Großen Einfluß auf die Anzeigegenauigkeit zeigt auch **Luft im Wärmeträger**. Während geringe Luftmengen (z.B. 10 % Volumenanteil) wie das Wärmeträgervolumen gezählt werden, bewirken höhere Luftanteile bei einzelnen Zählergattungen eine völlige Unterbrechung der Registrierung. Dies gilt im besonderen für Ultraschallzähler, da das Ultraschallsignal an der Grenzfläche Luft/Wärmeträger reflektiert wird und ein für die Elektronik unakzeptables Laufzeitsignal liefert. Die Durchflußsensoren sind daher stets so einzubauen, daß eine Luftansammlung im Zählerbereich unterbunden wird (siehe Abb. 10.24).

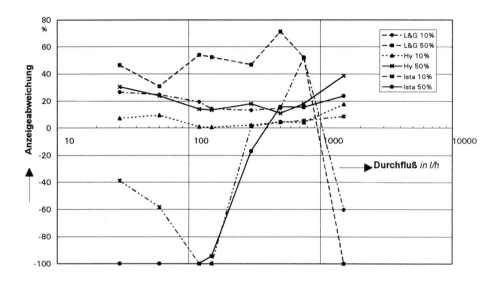

Abb. 10.24: Abweichung der Anzeige des reinen Flüssigkeits-Volumenanteiles bei eingeschlossener Luft im Zähler
L&G... Ultraschallzähler; Hy ... Mehrstrahl-Flügelradzähler
Ista ... Mehrstrahl-Flügelradzähler, Einbau in Einrohr-Anschlußstück

11 Theorie der Heizkostenverteilung

Im folgenden wird ein Überblick über die Grundlagen, oder besser gesagt, die Theorie der Heizkostenverteilung gegeben. Es wird nur am Rande auf die Gerätetechnik eingegangen, deren detaillierte Besprechung in einem späteren Kapitel erfolgt. Für die grundsätzlichen Überlegungen ist außerdem die genaue Kenntnis der Gerätetechnik ziemlich belanglos.

11.1 Allgemeine Überlegungen

Die energetischen Aufwendungen für Heizung und Warmwasserbereitung sind beträchtlich. So werden dafür in Mitteleuropa etwa 40 % des Endenergieverbrauches eingesetzt (siehe Abb. 11.1).

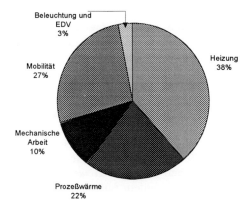

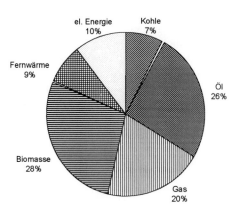

Abb. 11.1: Aufteilung der Endenergie nach den verschiedenen Verbrauchsformen, Basis: Energiebericht 1996, Werte für 1994

Abb. 11.2: Energieträger für Heizzwecke
Die Angaben beziehen sich auf den gesamten Endenergieverbrauch für die Wärmeversorgung (= 100 %), der 38,63 % des gesamten Endenergieverbrauches beträgt (Basis: 1994)[1]

Noch bedenklicher ist dieser hohe Anteil zu sehen, wenn man berücksichtigt, daß Österreich mit etwa 64 % des Primärenergiebedarfes von Importen abhängig ist, von Importen aus teilweise politisch instabilen Regionen. In Abb. 11.2 ist die Aufteilung der

---

[1] Die Werte sind dem Energiebericht 1996 der österreichischen Bundesregierung entnommen. Sie sind typisch für die meisten Länder der EU.

Energieaufwendungen auf die einzelnen Energieträger gezeigt. Von den gesamten Endenergieaufwendungen für Heizung und Warmwasserbereitung entfallen auf den Energieträger Öl 26 %, auf Erdgas 20 % und auf Kohle immer noch 7 %. Wie aus Abb. 11.2 entnommen werden kann, sind zumindest 53 % der Energieträger fossilen Ursprungs (Öl, Kohle, Gas), tragen somit zum Treibhauseffekt bei. Bei Fernwärme und elektrischer Energie ist der Anteil von klimarelevanten Stoffen unklar, dürfte aber auch einige Prozentpunkte betragen.[2] Mit Blick auf die hinlänglich bekannten Klimaprobleme der Erde ist daher künftig mit einer drastischen Reduzierung fossiler Energieträger, auch für Heizwecke, zu rechnen. Die Anteile der Energieträger für Heizzwecke (Abb. 11.2) werden sich also zu erneuerbaren Energieträgern verschieben müssen!

Den Energieaufwand für Heizung und Warmwasserbereitung zu senken, ist daher nicht nur aus volkswirtschaftlichen Gründen wichtig, sondern ist auch eine Überlebensstrategie der Spezies Mensch. Wir werden künftig kein Energieproblem, sehr wohl aber ein Klimaproblem haben!

Da die Energiekosten von Nutzern einen beachtlichen Teil des Haushaltsbudgets ausmachen, ist aber Energiesparen auch aus betriebswirtschaftlichen Gründen mehr als sinnvoll.

Mit welchen Maßnahmen kann man Energiesparen fördern?

(1) **Senkung des Energieverlustes von Gebäuden durch ausreichende thermische Dämmung.** Die entsprechenden Maßnahmen, dieses Ziel zu erreichen, wurden in den letzten zwanzig Jahren propagiert, durch steuerlichen Anreiz durchgesetzt, wurden vom schlechten Gewissen unterstützt[3] und haben auch voll „gegriffen".

(2) Wenn aus verschiedenen Gründen die erste Maßnahme nicht möglich ist, hilft letztlich, aber immer, die **Komfortreduzierung.** Da seit dem zweiten Weltkrieg die mittlere Raumlufttemperatur von ursprünglich 20 °C auf Werte gestiegen ist, die deutlich darüberliegen, ist auch ein erhöhter Energieaufwand für Heizzwecke zu beobachten. Die Senkung der mittleren Raumlufttemperatur eines Nutzers bringt Energieeinsparungen, deren Größe einfach abgeschätzt werden kann: Nimmt man für mitteleuropäische Großstädte eine mittlere Außentemperatur in der Heizperiode von 2 °C an, dann bedeutet eine Senkung der mittleren Raumtemperatur von 22 °C auf 21 °C eine Energie-Einsparquote von etwa 5 % (siehe dazu auch Abb. 11.3).

Die Komfortreduzierung läßt sich aber wirkungsvoll nur durchsetzen, wenn sie von einer kontrollierten Verbrauchsmessung begleitet wird. Aus zahlreichen Erfahrungen ist bekannt, daß durch Einsatz eines verbrauchsabhängigen Abrechnungssystems der

---

[2] Dies hängt damit zusammen, <u>wie</u> elektrischer Strom bzw. Fernwärme erzeugt werden. Wird elektrischer Strom in Wasserkraftwerken erzeugt, ist der emittierte CO_2-Anteil Null; wird er in Dampfkraftwerken erzeugt, ist die CO_2-Emission aus dem eingesetzten Brennstoff ermittelbar. Ähnliche Überlegungen gelten für die Fernwärme.

[3] Zwischenzeitlich dürfte allen gebildeten und/oder reisewütigen Menschen bekannt sein, daß es uns Menschen der westlichen Welt sehr gut geht. Immerhin verbrauchen 25 % der Weltbevölkerung etwa 75 % des Welt-Primärenergiebedarfes! Zumindest den Gebildeten dürfte klar sein, daß dieser Zustand nicht in alle Ewigkeit andauern wird.

Durchschnittsverbrauch eines Nutzers um bis zu 40 % reduzierbar [4] ist, wird doch dieser zum Sparen motiviert. Nach *Fantl*[5] bringt die verbrauchsabhängige Heizkostenabrechnung im Vergleich zur pauschalen eine Reduzierung des Wärmeverbrauchs von 15 - 20 %. Dies deckt sich auch mit *Peruzzo*[6], der empirische Untersuchungen zitiert, die eine Einsparung von 15 % nachweisen. *Riemer*[7] quantifiziert das Sparpotential mit 10-30 %.

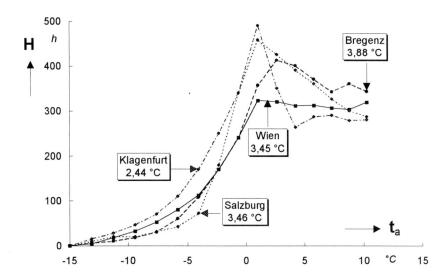

Abb. 11.3: Häufigkeit bestimmter Außentemperaturen für vier österreichische Städte. Bei einer angenommenen Heizgrenze von $t_a = 10\ °C$ ergeben sich die bei den einzelnen Verteilungen angegebenen mittleren Außentemperaturen in der Heizperiode[8]

Dem Abrechnungssystem kommt also eine zentrale Bedeutung zu, die auch der Gesetzgeber erkannt hat. Durch Rechtsnormen wird nun sowohl die Installation von Wärmeverbrauchs-Erfassungsgeräten wie auch die Abrechnung nach diesen Geräten selbst vorgeschrieben.

Die Erfassung und Verteilung von Heizkosten mit einem Abrechnungssystem ist mit zahlreichen Vorteilen, aber auch Nachteilen verbunden, die wir im folgenden zusammenfassend anführen:

---

[4] Private, aber auch öffentlich geäußerte Meinung von *Herwig Neubauer*, vormals langjähriger Chef der Abteilung für Heizkostenabrechnung bei der Fernwärme Wien Ges.m.b.H.

[5] K. *Fantl*: Einflüsse der Heizkostenverrechnung auf den Energieverbrauch. Beiträge zur regionalen Energiepolitik Österreichs, Band 2, 2. Auflage. Wien (1978), S. 101.

[6] G. *Peruzzo*: Heizkostenabrechnung nach Verbrauch. München: J. Schweitzer Verlag. (1981).

[7] W. *Riemer*: Verbrauchsabhängige Heizkostenverrechnung. In: Außeninstitut der Technischen Universität Wien (Hg.): Verbrauchsabhängige Heizkostenverrechnung. Beiträge und Berichte zum Seminar vom 16. 2. 1982, TU-Wien. Wien (1982), S. 13

[8] modifiziert nach F. *Adunka*, W. *Kolaczia*: Lokales Klima und Potenzgesetz für Heizkörper, HLH 36(1985), Nr. 5, S. 230 ff

Vorteile:

- Die zeitgerechte Anpassung der Wärmeabgabe der Heizkörper an den Bedarf wird gefördert, wenn sich die Vermeidung der Verschwendung direkt auf die Heizkosten auswirkt.
- Diese Art der Abrechnung ist daher für den Kunden wesentlich gerechter.
- Der Verbraucher bezahlt lieber etwas, was er durch die Anzeige am Gerät sehen und kontrollieren kann (soziale Akzeptanz).

Nachteile:

- Das Abrechnungssystem wird komplexer und ist daher für den Kunden möglicherweise schwer durchschaubar.
- Diskussionen über die Genauigkeit der Erfassungsgeräte und somit die Angst, mehr zu bezahlen, als man verbraucht hat.
- Da für diese Art der Heizkostenabrechnung Erfassungsgeräte benötigt werden, fallen Anschaffungs-, Installations- und Wartungskosten an. Bei der Geräteauswahl ist besonders darauf zu achten, daß die Energieeinsparungen nicht durch die Kosten für die Anschaffung und den Betrieb der Erfassungsgeräte kompensiert werden. Wie später noch gezeigt wird, sind mit den am Markt befindlichen Meßgeräten hinreichend genaue Meßergebnisse zu erzielen, wobei die ideale, exakte Verbrauchserfassung nicht möglich ist. Physikalisch exakte Meßergebnisse (Wärmezähler) sind mit erheblich höheren Kosten verbunden, während ein mäßig genaues Ergebnis (Heizkostenverteiler) auch wesentlich geringere Kosten verursacht.

Die Säulen der verbrauchsorientierten Heizkostenabrechnung sind daher:

Volkswirtschaftliche Forderung:
- Verringerung des Energieeinsatzes

Klimaschutz:
- Sparsamster Umgang mit den Rohstoffen, vor allem fossilen Rohstoffen, und Reduktion der Emissionen

Betriebswirtschaftliche Forderungen:
- Schaffung einer gerechten Grundlage für die Heizkostenverteilung
- Vermeidung von Streitigkeiten
- Förderung des Interesses am wirtschaftlichen Heizungsbetrieb
- Verlängerung der Lebensdauer der Heizungsanlage

Die verbrauchsabhängige Heizkostenabrechnung leistet einen nachhaltigen Beitrag zur Energieeinsparung und zum Umweltschutz. Ein wesentlicher Nachteil der österreichischen Rechtsgrundlage, des Heizkostenabrechnungsgesetzes, aber auch anderer Gesetze im EU-Raum, besteht allerdings darin, daß die erforderliche Meßgenauigkeit nicht definiert wird, es spricht lediglich von Verfahren, die dem **Stand der Technik** entsprechen, und von Vorrichtungen zur Ermittlung der Verbrauchsanteile. Hier müßte man präzisieren, innerhalb welcher Fehlergrenzen die Meßergebnisse akzeptiert werden können und müssen.[9]

Wir wollen im folgenden die Einflüsse auf die Heizkostenverteilung untersuchen, wobei aus dem Gesagten folgt, daß wir nach technischen und sonstigen Einflüssen unterscheiden werden müssen. Wenn wir mit den technischen Einflußgrößen beginnen, ist dies auf die Quantifizierbarkeit zurückzuführen, alle anderen Einflüsse, wie wir sie später kennenlernen werden, lassen sich leider nicht immer quantitativ ausdrücken. In einer Welt, in der das Kausalgesetz eine dominante Rolle spielt, wird dies auch als großer Mangel empfunden.

Bei den technischen Einflüssen kommt naturgemäß den Wärmeströmen aus den Gebäuden zur Umgebung und innerhalb der Gebäude eine dominante Rolle zu. Mit ihrer Ermittlung wollen wir uns nun beschäftigen.

11.2 Bauphysikalische Einflüsse

11.2.1 Wärmeflüsse in Gebäuden

Wird ein Gebäude, das Arbeits- oder Wohnzwecken dient, auf eine Temperatur t_L erwärmt, die über der Außenlufttemperatur t_a liegt, so ist Energiezufuhr nötig. Dies kann durch interne Energiequellen, z.B. die Heizung oder Beleuchtung erfolgen, aber auch durch externe Energiequellen, wie beispielsweise den durch die Sonneneinstrahlung verursachten Glashauseffekt.

Für die Aufrechterhaltung einer bestimmten Raumlufttemperatur ist jedoch eine ganz bestimmte Wärmeleistung zuzuführen, die sowohl durch die herrschende Außentemperatur, als auch durch die Gebäudeeigenschaften und den Nutzer bestimmt ist. Diese Wärmeleistung ist als Verlustleistung zu buchen, fließt sie doch im stationären Gleichgewicht über die Gebäudehülle an die Umgebung ab. Für den Fall eines Gebäudes, bestehend aus einem einzigen Raum mit der Raumlufttemperatur t_L, ist die Verlustleistung des Gebäudes lediglich durch die Außentemperatur t_a und die Wärmedurchgangszahlen k_{ai} der einzelnen Abschnitte der Gebäudehülle sowie durch den Lüftungsverlust $P_{Lüftung}$ definiert.

Die gesamte Verlustleistung P_v ist daher letztlich durch den Ausdruck:

---

[9] Das ist allerdings nicht ganz so einfach; beispielsweise müßte geklärt werden, auf welchen Anteil des Wärmeverbrauches sich der Fehler beziehen soll. So müssen nach dem österreichischen Heizkostenabrechnungsgesetz mindestens 50 % des Wärmekonsums über Heizflächen abgegeben werden, der restliche Anteil, also bis zu 50 %, dürfen auch über die Zuleitungen abgegeben werden

$$P_V = \sum_i k_{ai}(t_L - t_a)A_{ai} + P_{Lüftung} \quad {}^{10} \qquad (11.1)$$

gegeben, wobei die Summierung über alle Außenflächen mit unterschiedlicher Wärmedurchgangszahl auszuführen ist (siehe dazu Abb. 11.4).
Die thermische Verlustleistung P_V ist aber, nach den eingangs gemachten Bemerkungen, nicht identisch mit der aufzubringenden Heizleistung P_H; beide Größen unterscheiden sich um die thermisch nutzbaren Anteile anderer Energiequellen (Beleuchtung, Kochen etc.) und letztlich um den thermisch nutzbaren Glashauseffekt.
Faßt man diese Anteile zu P_{zu} zusammen, dann kann man schreiben:

$$P_H = P_V - P_{zu} \qquad (11.2)$$

Die aufzubringende Heizleistung ist stets geringer als die Verlustleistung des Gebäudes; im Extremfall, wenn $P_V \approx P_{zu}$ ist, kann auf eine eigene Heizung verzichtet werden. Diesen Fall, dem man mit den sogenannten Sonnenhäusern, reinen Experimentalhäusern, nahekommt, wollen wir hier aber nicht näher betrachten. Unser Interesse orientiert sich mehr am realistischen Fall, für den gilt

$$P_H \approx P_V \qquad (11.3)$$

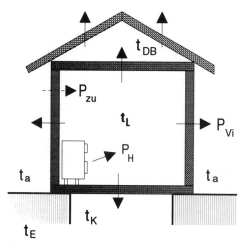

Abb. 11.4: Zum Wärmeverlust eines Gebäudes, das aus einem einzigen Raum besteht [11]

Für die Heizkostenverteilung ist nicht so sehr der eingangs betrachtete Fall des aus einem Raum bestehenden Hauses von Interesse, als das Mehrfamilienhaus. Bezüglich der Gebäudehülle gelten prinzipiell die obigen Überlegungen, der Unterschied zum ersten Fall, der ja im wesentlichen dem Einfamilienhaus entspricht, kommt erst im Gebäude selbst zur Geltung. Es sind die zwischen den einzelnen Räumen - oder Wohneinheiten - ausgetauschten Wärmeströme, die die Aufteilung der Verlustleistung des Gebäudes auf die einzelnen Nutzer erschweren. Die damit verbundene Problematik ist unter dem Schlagwort **Wärmediebstahl** bekannt. Es geht dabei um folgendes: Die

---

[10] Bei modernen Wohnbauten ist der Lüftungsanteil $P_{Lüftung}$ etwa 50 % des Transmissionsanteiles!

[11] *F. Adunka:* Zur Technik der Heizkostenverteilung, Vortrag auf dem Seminar „Neue Entwicklungen der Heizkostenverteilung", im Juni 1989, Wien. Veranstalter: Österreichisches Fortbildungs-Institut (ÖFI)

einer Nutzereinheit über die Heizung zugeführte Heizleistung repräsentiert nur zum Teil den Wärmeverbrauch, da ein Teil der Heizleistung mit Nachbarnutzern mit höherem oder tieferem Temperaturniveau ausgetauscht wird (siehe dazu Abb. 11.5).

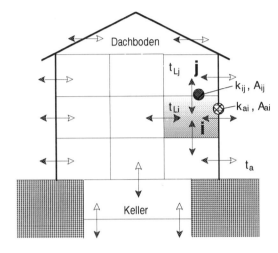

Abb. 11.5: Wärmeströme innerhalb eines Mehrfamilienhauses

Eine der Voraussetzungen einer ordnungsgemäßen Heizkostenverteilung ist nun, ob es gelingt, die zwischen einzelnen Nutzereinheiten ausgetauschten Wärmeströme zu erfassen, bzw. durch bautechnische Maßnahmen weitgehend zu verhindern.

Wir wollen zunächst annehmen, daß eine Nutzereinheit i aus einem einzigen Raum besteht. Die Wärmeströme zwischen dieser (Temperatur t_{Li}) und den benachbarten Nutzereinheiten N (Index j), mit den Temperaturen t_{Lj} sind dann durch

$$P_{T,i} = \sum_{j=1}^{N} k_{ij} A_{ij} (t_{Li} - t_{Lj})$$ (11.4)

gegeben, wobei mit k_{ij} die Wärmedurchgangszahl der Zwischenwände zwischen den Nutzereinheiten i und j bezeichnet wird und A_{ij} die entsprechenden Trennflächen sind.

Zusätzlich treten durch natürliche Fugenundichtheiten bzw. gewollte oder ungewollte Lüftung erhebliche Lüftungswärmeverluste P_L auf.

Wie bereits weiter oben ausgeführt, wird durch interne Wärmequellen sowie durch Sonneneinstrahlung, insbesondere bei südseitig gelegenen Wohnungen, der Nutzereinheit i Wärme zugeführt ($P_{zu,i}$).

Im Gleichgewicht wird diesen Wärmeströmen zur Erzielung einer konstanten Raumlufttemperatur in der Nutzereinheit i von den über die Heizung zugeführten Wärmeströmen die Waage gehalten.

Da die Temperaturdifferenzen zwischen benachbarten Wohneinheiten stets kleiner sind als jene zur Außentemperatur, sind die „Transferwärmeströme" zwischen benachbarten Nutzereinheiten wesentlich kleiner als die Verlustleistung der betrachteten Nutzereinheit selbst, ist doch diese durch die wesentlich größere Temperaturdifferenz zur Außentemperatur gegeben. Diese Aussage gilt jedoch nur solange, als alle Nutzereinheiten etwa die gleiche Raumlufttemperatur besitzen. Heizt beispielsweise ein Nutzer seine Wohneinheit nicht, dann empfängt er, je nach der räumlichen Lage seiner Nut-

zereinheit, wesentliche Wärmeströme seiner nächsten Nachbarn, sodaß die obige Voraussetzung nicht mehr gilt.
Für eine exakte Heizkostenverrechnung sollte daher der Quotient

$$\frac{\left|\sum_j (t_{Li} - t_{Lj}) k_{ij} A_{ij}\right|}{\left|\sum_i (t_{Li} - t_a) k_{ai} A_{ai}\right|}, \qquad (11.5)$$

in dem der Zähler die Bilanz der über Nachbarwohnungen zu- und abfließenden Wärmeströme der Nutzereinheit i und der Nenner die Verlustleistung ohne Lüftung darstellt, für alle betrachteten Räume verschwinden. Das ist zwar für außenliegende Räume näherungsweise erfüllt, nicht aber für Räume, die von keinen Außenwänden begrenzt werden.
Im Quotienten nach (11.5), in dem

k_{ai} ... die Wärmedurchgangszahl der Außenwände der Nutzereinheit i
k_{ij} ... die Wärmedurchgangszahl der Zwischenwände zwischen den Nutzereinheiten i und j und
A_{ai}, A_{ij} ... die entsprechenden Flächen

bedeuten, ist berücksichtigt, daß neben den in Frage stehenden Temperaturdifferenzen auch die Wärmedurchgangszahlen und die zugeordneten Flächen eine entscheidende Rolle spielen. Da die Innenwände in der Regel relativ schlecht wärmegedämmt sind, können damit Wärmeströme zwischen benachbarten Nutzereinheiten auftreten, die in die Größenordnung der über Heizflächen abgegebenen Wärmeströme kommen und damit die Heizkostenabrechnung ad absurdum führen.[12]

11.2.2 Nutzerverhalten

11.2.2.1 Grundsätzliche Überlegungen

In Abb. 11.6 ist die mögliche Lage von Wohnungen in einem Gebäude dargestellt. Man unterscheidet dabei grundsätzlich sechs Wohnungstypen, von denen vor allem zwei hervorstechen:

Typ A (außenliegend im obersten Geschoß) als besonders exponiert und
Typ D (innenliegend, mittleres Geschoß) als besonders geschützt.

Im ungünstigsten Fall hat die Wohnung A vier Außenflächen (inklusive Decke), dagegen die Wohnung D nur zwei. Es ist daher zu erwarten, daß sich für diese beiden Wohnungen sehr große Unterschiede im Wärmebedarf ergeben. Für die restlichen Wohnungen wird der Wärmebedarf zwischen diesen beiden Extremen liegen.

---

[12] Allerdings existiert dieses Problem natürlich auch bei Einzelofenheizungen. Niemand fragt hier nach dem „Wärmediebstahl".

Neben der Wohnungslage hat auch die Grundrißform einen wesentlichen Einfluß auf den Wärmebedarf einer Wohnung, wie es die Abb. 11.7 für drei Wohnungen schematisch veranschaulicht.

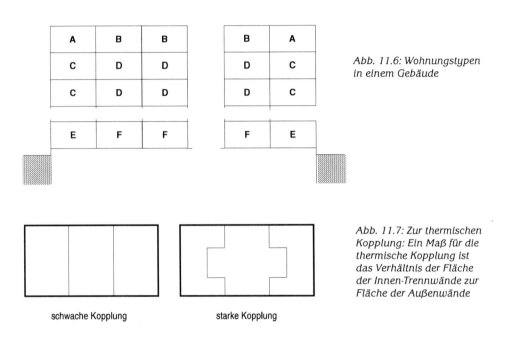

Abb. 11.6: Wohnungstypen in einem Gebäude

Abb. 11.7: Zur thermischen Kopplung: Ein Maß für die thermische Kopplung ist das Verhältnis der Fläche der Innen-Trennwände zur Fläche der Außenwände

Danach haben Wohnungen mit einer auf die Grundfläche bezogenen niedrigen Außenwandfläche auch einen niedrigen spezifischen Wärmebedarf. Weiters wird der Wärmeverbrauch auch noch durch die Höhe der Raumlufttemperaturen moduliert, die von der sogenannten Basis-Raumlufttemperatur 20 °C wesentlich abweichen.

Untersuchungen zu diesem Thema stammen vor allem von *Hampel*.[13] Er betrachtete jeweils eine niedriger temperierte Wohnung umgeben von normalbeheizten Wohnungen (t_L = 20 °C) und kam dabei zu folgendem Ergebnis:

---

[13] A. Hampel: Nichtveröffentlichte Untersuchung, ca. 1980

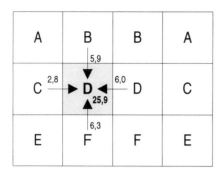

Abb. 11.8: Wärmegewinn einer unterbeheizten Wohnung (ca. 18 °C) von den normalbeheizten Wohnungen (20 °C). Die eingetragenen Zahlen bedeuten den prozentuellen Wärmeverlust der umliegenden Wohnungen bzw. den Wärmegewinn der Nutzereinheit D

Der Nutzer der niedriger temperierten Wohnung hat demgemäß einen wesentlichen Wärmegewinn bedingt durch die Wärmespende der umliegenden Wohnungen. Die Wärmeverluste der normalbeheizten Wohnungen liegen aber erheblich unter dem Wert des Wärmegewinnes der unterbeheizten Wohnung. Betrachtet man den umgekehrten Fall einer überbeheizten Wohnung, die umgeben ist von normalbeheizten Nutzereinheiten, so ist der Wärmegewinn einer normalbeheizten Wohnung relativ gering, der Verlust der überbeheizten Wohnung jedoch beträchtlich. Noch krasser wird die Situation bei Kombination von unter- und überbeheizten Wohnungen, wo sich - je nach Annahme der Temperaturverteilung - erhebliche Wärmeströme zwischen den Wohnungen ergeben können. So gibt *Hampel* in einem Beispiel an, daß bei guter Wärmedämmung der Außenwände, aber schlechter Dämmung der Innenwände eine unterbeheizte, innenliegende Wohnung einen Wärmegewinn von ca. 26 % verzeichnen kann.

Von ähnlichen Untersuchungen berichtet das Österreichische Forschungs- und Prüfzentrum Arsenal (ÖFPZ) in Wien.[14] Dabei wurde ein noch wesentlich ausgeprägteres Nutzerverhalten bezüglich der gewünschten Raumlufttemperaturen angenommen, die zwar willkürlich und als Extremwerte zu betrachten sind, aber aus eigener Erfahrung als nicht unwahrscheinlich anzusehen sind.

Der genannten Untersuchung liegen die folgenden Voraussetzungen zugrunde:

1. Die Wärmedämmung entspreche den Wärmeschutzgruppen I und III nach ÖNORM B 8110 [15] und dem laut einer Richtlinie des Bundesministeriums für Bauten und Technik geforderten Wärmeschutz [16] (siehe auch die Tabelle 11.1).
2. Der Wohnungsgrundriß wurde unter Vernachlässigung der Stiegenhäuser etc. quadratisch mit einer Fläche von 81 m² (9 m x 9 m) angenommen.
3. Das Nutzerverhalten wurde entsprechend Abb. 11.9 vorausgesetzt.
4. Die Heizanlage wurde soweit überdimensioniert angenommen, daß die in Abb. 11.9 angegebenen Temperaturniveaus während der gesamten Heizperiode realisiert sind.
5. Die Raumlufttemperatur des **Sparers** beträgt 17 °C, die des **Normalverbrauchers** 20 °C und jene des **Verschwenders** 23 °C.

---

[14] Untersuchung des ÖFPZ Arsenal, Wien, betreffend die bauphysikalischen Einflußgrößen auf die Heizkostenverteilung, 1986 (Verfasser: Dipl.-Ing. *Peter Schleißner*)

[15] ÖNORM B 8110: Hochbau - Wärmeschutz, Ausgabe 1978 (zwischenzeitlich überholt)

[16] Erhöhter Wärmeschutz. Richtlinien für den staatlichen Hochbau, 1. Teil, herausgegeben vom Bundesministerium für Bauten und Technik, Österreich, 1980

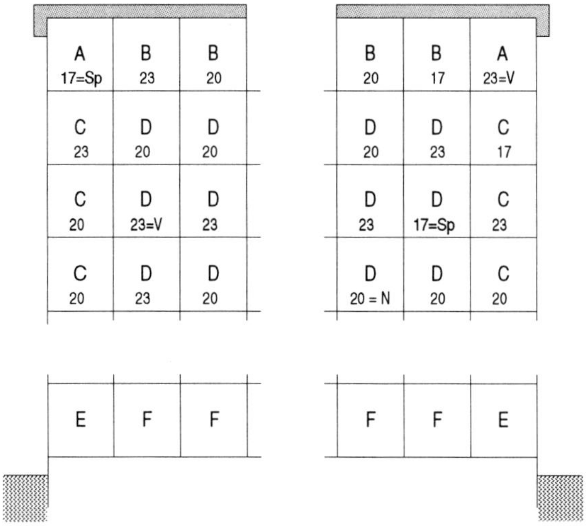

A 17=Sp	B 23	B 20		B 20	B 17	A 23=V
C 23	D 20	D 20		D 20	D 23	C 17
C 20	D 23=V	D 23		D 23	D 17=Sp	C 23
C 20	D 23	D 20		D 20=N	D 20	C 20
E	F	F		F	F	E

Abb. 11.9: Nutzerverhalten des Rechenmodells des ÖFPZ Arsenal. Die angegebenen Zahlen bedeuten die mittleren Raumlufttemperaturen

In Tabelle 11.2 sind die Ergebnisse für die beiden extremen Wohnungstypen A und D dargestellt. Die Abkürzungen in der Abbildung und der Tabelle entsprechen dabei folgendem Nutzerverhalten:

Sp ... Sparer: Raumlufttemperatur 17 °C mit Fremdwärmekonsum
17 ... Nutzer mit Raumlufttemperatur 17 °C ohne Fremdwärmekonsum
N ... Normalverbraucher mit Raumlufttemperatur 20 °C ohne Wärmeaustausch mit den Nachbarn
23 ... Nutzer mit Raumlufttemperatur 23 °C ohne Wärmeaustausch mit den Nachbarn
V ... Verschwender mit Raumlufttemperatur 23 °C und Wärmeabgabe an die Nachbarn

Insbesondere bei hohen Wärmeschutzgruppen mit sehr guter Außendämmung und vergleichsweise schlechter Innendämmung ergeben sich beträchtliche Wärmeströme zwischen benachbarten Wohnungen.

Grundsätzlich wäre festzuhalten, daß der Sparer, insbesondere bei innenliegenden Wohnungen, nicht unerhebliche Einsparungen hat, daß sich aber die Verluste der Nachbarn in Grenzen halten, solange die Temperaturunterschiede nicht groß sind. Bei stärker ausgeprägten Unterschieden im Nutzerverhalten steigt der Vorteil des Sparers noch weiter an, während der Verschwender in diesem Fall mit erheblichen Wärmeverlusten an die umliegenden Wohnungen zu rechnen hat.

Tabelle 11.1: Auszug aus ÖNORM B 8110: Wärmeschutzgruppen
Anmerkung: D = s/λ, s = Wandstärke, λ = Wärmeleitzahl [17]

Bauteil	Wärmedurchlaßwiderstände D in $m^2\ K/W$			
	I	II	III	IV
Außenwände	0,54	0,82	1,08	1,63
Trennwände gegen unbeheizte Räume	0,48	0,72	0,72	0,72
Trennwände gegen beheizte Räume	0,26	0,39	0,39	0,39
Außendecken				
Flachdächer	1,03	1,29	1,55	2,06
Decken und Durchfahrten	1,55	1,94	2,32	3,10
Geschoßdecken				
zwischen beheizten Räumen	0,48	0,60	0,60	0,60
über Keller und gegen Geschäftsräume	0,69	0,86	0,86	0,86
zwischen Wohnungen einerseits und Dachraum, Gang, Stiegenhaus, geschlossener Hauslaube oder Erdboden andererseits	1,03	1,29	1,55	2,06
Erhöhung (in %) über die Mindestwerte				
bei Außenwänden	0	50	100	200
bei Außendecken	0	25	50	100

Tabelle 11.2: Wärmebedarf für die beiden Wohnungstypen A und D in kW, ermittelt bei einer Außentemperatur von -15 °C [18]

Wohnungstyp	Verbrauchertyp	Wärmeschutzgruppe		
		I	III	BMBT
A	V	9,5	6,3	5,1
	23	8,3	5,6	4,2
	N	7,8	5,1	3,9
	17	6,8	4,7	3,5
	Sp	6	4,0	2,85
D	V	4,8	3,7	3,15
	23	4,4	3,25	2,9
	N	4,1	3,1	2,5
	17	3,6	2,85	2,3
	Sp	2,3	1,3	1,2

Wie bereits erwähnt, sind diese Effekte bei hoher Wärmeschutzgruppe besonders ausgeprägt. Besonders in milden Wintern besteht in Extremfällen die Möglichkeit, daß der Sparer seinen Wärmebedarf zu einem hohen Anteil aus den Verlusten seiner Nachbarn deckt.

---

[17] ÖNORM B 8110: Hochbau - Wärmeschutz
[18] siehe Fußnote 14

Insgesamt darf aber nicht vergessen werden, daß der Gesamtwärmebedarf des Objektes in milden Wintern auch entsprechend niedrig ist. Am Rande sei erwähnt, daß Wärmebrücken und Bauschäden häufig auch die Heizkostenverteilung beeinflussen können.

11.2.2.2 Praktische Erfahrungen

Der Einfluß der Wohnungslage auf den Wärmeverbrauch ergibt sich aus Untersuchungen in der Wiener Wohnhausanlage Arsenal, die den Zweck verfolgten, empirische Daten zur Genauigkeit von Heizkostenverteilern zu erhalten.[19] Später wurden die vorliegenden Daten noch nach anderen Gesichtspunkten analysiert und durch eine sozialwissenschaftliche Umfrage ergänzt.[20] Zunächst interessiert aber der Einfluß der Wohnungslage. Dazu ist in Tabelle 11.3 die Lage der einzelnen Wohnungen gezeigt. Jene Wohnungen, die an der sozialwissenschaftlichen Umfrage teilgenommen haben, sind **fett** und *kursiv* gesetzt; jene, deren Mieter seit den o.a. Messungen gewechselt haben, schattiert.

Da die Lage der Wohnung einen wesentlichen Einfluß auf den Verbrauch hat, ist es erforderlich, die spezifischen Verbräuche unter diesem Aspekt näher zu untersuchen. Unterscheidet man die Jahresverbräuche nach der unterschiedlichen Lage der Wohnungen, so kann man folgende Durchschnittswerte angeben:

(1) **Besonders exponierte** Lage der Wohnung (Typ A und E), Eckwohnung über Keller oder unter Dach, insgesamt 4 Wohneinheiten: im Durchschnitt 31 Wh/(m² HGT)[21]
(2) **Exponierte Lage** der Wohnung (Typ B, C, F), Eckwohnung im Zwischengeschoß, Mittelwohnung über Keller oder unter Dach, insgesamt 20 Wohneinheiten: im Durchschnitt 25,3 Wh/(m² HGT)
(3) **Innenlage** der Wohnung (Typ D), Mittelwohnung im Zwischengeschoß, insgesamt 24 Wohneinheiten: im Durchschnitt 17,9 Wh/(m² HGT)

---

[19] F. Adunka, R. Ivan, A. Penthor: Bericht über das Forschungsprojekt: Vergleich von Wärmezählern und Heizkostenverteilern in einem Wohnobjekt; Ermittlung der Häufigkeit von Meßzuständen, Fernwärme international FWI 17(1988), H. 1, S. 23 ff

[20] H. Juri, F. Adunka: Technische und psychosoziale Einflußfaktoren auf den Wärmeverbrauch von Wohngebäuden, Gas/Wasser/Wärme 49(1995), Nr. 6, S 216 ff

[21] HGT = Gradtagszahl: Differenz zwischen der mittleren Raumlufttemperatur von 20 °C und der mittleren täglichen Außentemperatur, multipliziert mit der Häufigkeit in Tagen der Heizperiode

Tabelle 11.3: Wohnhausanlage Arsenal. Spezifischer Verbrauch in Wh/(m².HGT). Durchschnittswert für die Heizperioden 1985/86, 1986/87 und 1987/88, Systemschnitt

	STIEGE 1		STIEGE 2		STIEGE 3		STIEGE 4	
5.OG	Top 11	Top 12	Top 11	*Top 12*	*Top 11*	Top 12	Top 11	*Top 12*
	19,6	25,8	34,8	*35,7*	*22,4*	24,4	35,6	*41,7*
4.OG	Top 9	*Top 10*	Top 9	Top 10	Top 9	*Top 10*	*Top 9*	Top 10
	22,6	*19,3*	16,4	10,4	16,2	*19,9*	*23,2*	36,3
3.OG	Top 7	Top 8	*Top 7*	Top 8	Top 7	*Top 8*	Top 7	*Top 8*
	22,9	14,4	*26,5*	20,6	23,4	*14,9*	17,4	*15,1*
2.OG	Top 5	*Top 6*	Top 5	*Top 6*	Top 5	Top 6	Top 5	*Top 6*
	12,7	*19,6*	29,2	*7,3*	*18,3*	11,3	26,1	*27,7*
1.OG	*Top 3*	*Top 4*	Top 3	Top 4	*Top 3*	*Top 4*	Top 3	*Top 4*
	24,7	*11,6*	1,3	19,6	*21,9*	*25,2*	15,4	*13,2*
EG	*Top 1*	Top 2	Top 1	Top 2	Top 1	*Top 2*	Top 1	Top 2
	25,6	16,0	45,0	20,7	23,5	*18,6*	27,8	37,1
KG								

Obwohl die einzelnen Werte auch bei ungünstiger Lage der Wohnung einer breiten Streuung unterliegen, sieht man bei Mittelung der Verbräuche eindeutig den Zusammenhang zwischen der Lage der Wohnung und dem unterschiedlichen Verbrauch. Besonders exponierte Wohnungen verbrauchen eindeutig am meisten Energie, Wohnungen in Mittellagen verbrauchen im Schnitt 43 % weniger als die besonders exponierten, exponierte Wohnungen verbrauchen im Schnitt 19 % weniger als die besonders exponierten. Das heißt, daß auch bei gleichem Nutzerverhalten der Wärmebedarf einer Wohnung innerhalb einer Wohnhausanlage sehr unterschiedlich sein kann. Durch den in der Heizkostenabrechnung vorgesehenen fixen Preisanteil von 40 % (Grundpreis) kommt es zu einer gewissen „Verschmierung" dieses nicht beeinflußbaren Mehrverbrauchs einiger exponierter Wohneinheiten. Dieser Anteil hat eine wichtige Ausgleichsfunktion gegenüber bautechnischen und fremdbestimmten Einflüssen.

Trotzdem kommt es zu einer Begünstigung der innen liegenden Wohnungen, die geringere Heizkosten aufweisen, ohne ihren Wärmekomfort einschränken zu müssen, bei gleichzeitiger Benachteiligung der exponiert liegenden Wohnungen, die unter Umständen trotz Einschränkung des Wärmekomforts höhere Heizkosten zu zahlen haben.

11.3 Methoden der Heizkostenverteilung

Wir wollen uns nun mit der Frage beschäftigen, welche **technischen** Möglichkeiten es für die Heizkostenverteilung gibt und welchen Anwendungsbereich diese Verfahren haben.

Geht man davon aus, daß der gesamte Wärmeverbrauch W_{ges} eines Gebäudes in der Heizperiode bekannt ist, dann folgt daraus der Anteil des Nutzers i: m_i^* aus:

$$m_i^* = \frac{W_i}{W_{ges}}, \qquad (11.6)$$

wenn man unter W_i die der Nutzereinheit zugeführte Wärmemenge versteht und unter W_{ges} den gesamten Wärmeverbrauch des Objektes. Läßt sich W_i nicht ermitteln, dann müssen bezüglich des Anteiles m_i^* vernünftige Annahmen getroffen werden.

11.3.1 Pauschalverrechnung

Die häufigste Annahme ist die, den Verbrauchsanteil nach dem Verhältnis der Wohnflächen festzulegen. Weitere Kriterien könnten sich theoretisch auch an der Anzahl der Bewohner einer Nutzereinheit orientieren oder auch nach deren sozialem Status.

11.3.2 Verbrauchsorientierte Heizkostenverteilung

Die Annahme, den Verbrauchsanteil nach der Wohnfläche zu gewichten, ist sicher nicht grundsätzlich falsch, führt aber in der Praxis zu Schwierigkeiten. Warum dies so ist, wurde implizit bereits ausgedrückt. Die Ursache liegt offensichtlich im Unterschied zwischen der Verlustleistung einer Nutzereinheit und dem über Heizflächen zugeführten Wärmestrom. Eine Verbesserung der Heizkostenverteilung geht daher in folgenden Schritten vor sich:

1. Erfassung der Wärmeabgabe von Heizkörpern,
2. Erfassung der Wärmeabgabe von Heizkörpern und der Zuleitungen,
3. Erfassung der Wärmeabgabe von Heizkörpern, der Zuleitungen und der Kopplungswärmeströme.

Der Idealfall wäre der Punkt (3), dessen Realisierung mit einem großen, meist wirtschaftlich nicht zu vertretenden Aufwand verbunden ist. Daher geht man in der Regel davon aus, daß die Erfassung der Wärmeabgabe von Heizkörpern einen ausreichend genauen Aufteilungsschlüssel liefert.

Zur Ermittlung der Wärmeabgabe von Heizkörpern (und hier auch einschließlich der Zuleitungen) dienen einerseits Wärmezähler, für die allerdings die entsprechenden Voraussetzungen, wie ein Wohnungsring, gelten müssen, und andererseits Heizkostenverteiler (HKV), die zwar eine kostengünstige Lösung darstellen, aber aus technischen Gründen so manches Problem aufwerfen.

Die Verwendung von Wärmezählern hat darüberhinaus den Vorteil, daß nicht nur die Wärmeabgabe der Heizflächen bestimmt wird, sondern auch die Wärmeabgabe der Zuleitungen (siehe dazu auch Abb. 1.21), was mit Heizkostenverteilern prinzipiell nicht gelingt.

Betrachten wir dazu die Abb. 11.10, die schematisch die Messung der Wärmeabgabe mit Heizkostenverteilern erläutert.

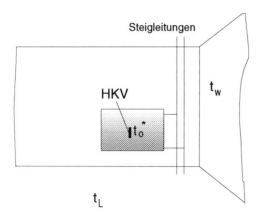

Abb. 11.10: Anordnung des Heizkostenverteilers am Heizkörper und Angabe der relevanten Temperaturen

Der HKV wird im allgemeinen in Längsrichtung in der geometrischen Mitte und in Höhenrichtung etwas über der geometrischen Mitte montiert. Er erfaßt dort eine Temperatur t_o^* bzw. eine Temperaturdifferenz ($t_o^*-t_L$), woraus auf die Wärmeleistung der Heizfläche P_H, wegen der Beziehung

$$P_H \approx \alpha_H A_H (t_o^* - t_L) \tag{11.7}$$

geschlossen wird. α_H bedeutet die Wärmeübergangszahl und A_H die Heizkörperoberfläche. Da die Wärmeübergangszahl an der Oberfläche sowohl von den konvektiven, als auch den Strahlungseigenschaften der Umgebung abhängt, ist als Referenztemperatur der Umgebung nicht nur die Lufttemperatur t_L, sondern auch die Strahlungstemperatur heranzuziehen. Desweiteren ist die Heizkörperoberfläche nicht lediglich durch die geometrische Oberfläche zu ersetzen. Letztlich stellt sich auch die Frage nach dem Montageort des Heizkostenverteilers, der nicht einfach im geometrischen Mittel anzunehmen ist, sondern vom Betriebszustand des Heizkörpers abhängt (Drosselzustand).

Diese kurzen Bemerkungen zeigen bereits, daß die Verwendung von Heizkostenverteilern mit einer Reihe von Problemen verknüpft ist, die das Verteilergebnis verzerren können. Dies zusätzlich zu den prinzipiellen Fragen der Heizkostenaufteilung, die weiter oben behandelt wurden. Das Verfahren wird weiters noch dadurch verkompliziert, daß das Meßergebnis erst durch Bewertung mit einer Reihe von Größen zu einem echten Verbrauchswert führt.

So muß zunächst die Anzeige auf eine absolute Größe der Heizkörperleistung in einem definierten Zustand, z.B. dem Normzustand, umgerechnet werden. Als nächstes ist zu berücksichtigen, daß der Oberflächen-Temperatursensor aus konstruktiven Gründen eine etwas niedrigere Temperatur anzeigt, als die Oberflächentemperatur.

Diese thermische Kopplung, ausgedrückt durch den sogenannten c-Wert, beeinflußt das Verteilergebnis sogar ganz entscheidend. Letztlich spielt auch die Beziehung zwischen Wärmeleistung und Übertemperatur, sowie die tatsächlich herrschende Umgebungstemperatur, die ja in der Regel nicht der Basis-Raumlufttemperatur von 20 °C entspricht, eine wichtige Rolle.

Wegen der angeführten Schwierigkeiten trachtete man danach, einfachere Verfahren einzusetzen, die davon ausgehen, daß die Verlustleistung einer Wohneinheit, neben den Wärmedurchgangszahlen der Außenwände, durch den Temperaturunterschied zur Außenluft gegeben ist (siehe Gl. (11.1)). Da die Wärmedurchgangszahlen für alle Außenwände meist als gleich vorausgesetzt werden können, läßt sich ein Verteilschlüssel einfach durch die Erfassung der Raumlufttemperaturen finden. Diese Methode, die von vielen Seiten, teilweise sogar berechtigt, angezweifelt wird, ist nach Auffassung des Autors durchaus mit den anderen Methoden vergleichsfähig. Da man mit ihr ein Maß für den Komfort erhält, läßt sich ganz zwanglos auch der Fremdwärmekonsum erfassen, da Wohnungen, die nicht geheizt werden, durch den Wärmegewinn von Nachbarwohnungen auf ein Temperaturniveau gehoben werden, das dem Fremdwärmekonsum entspricht. Allerdings muß zugegeben werden, daß diese Methode zu übertriebenem Lüftungsverhalten führen kann, was wiederum dem Energiespargedanken entgegen steht.

Problematisch ist allerdings die Beeinflußbarkeit der Temperatursensoren sowie die Nichterfassung unterschiedlichen Lüftungsverhaltens.

Alle drei bisher besprochenen Methoden, die Pauschalabrechnung, die Bestimmung individueller Anteile durch Verbrauchsmessung und die Messung der Raumlufttemperaturen, haben Nachteile, da sie immer den einen oder anderen Parameter vernachlässigen. Auf den tatsächlichen Wärmeverbrauch eines Nutzers läßt eigentlich kein Verfahren schließen. Es ist daher zumindest die Idee bestechend, nicht ein einziges Verfahren als Grundlage für die Verbrauchsermittlung heranzuziehen, sondern alle drei, und die individuellen Verbrauchsanteile durch eine vernünftige Schätzung zu ermitteln (siehe *Mauro* [22]):

$$W_i^* = \alpha \, m_i \, W_{ges} + \beta \, W_i^V + \gamma W_i^T \qquad (11.8)$$

In dieser Gleichung bedeuten

W_{ges} ... die gesamte, dem Objekt zugeführte Wärmemenge in der Heizperiode
m_i ... den pauschalen Verrechnungsanteil der Nutzereinheit i
W_i^V ... den durch eine Verbrauchsmessung ermittelten Verbrauchsanteil der Heizflächen in der Nutzereinheit i
W_i^T ... den aufgrund der Raumlufttemperatur ermittelten Wärmeverbrauch der Nutzereinheit i

Die Größen m_i, bzw. α, β und γ sind durch geeignete Schätzungen empirisch zu ermitteln.

---

[22] *F. Mauro:* Microcomputer Network for Heating System, Energy Conservation in buildings, Den Haag, 1983

Durch das genannte Verfahren sind zwar die Probleme nur verschoben, ist doch letztlich die Ermittlung des richtigen Zahlenquartetts (m_i, α, β, γ) das Hauptproblem, scheint es aber andererseits doch einen Vorteil dadurch zu bringen, daß man sich nicht nur auf eine Methode verläßt, die ja in Einzelfällen total versagen kann.

11.4 Verhaltensbestimmte Einflußfaktoren auf den Wärmeverbrauch

11.4.1 Allgemeines

Wie bekannt sein dürfte, spielen die individuell stark unterschiedlichen Heizgewohnheiten eine wesentliche Rolle beim Gesamtenergieverbrauch. Technische Verbesserungen (etwa der thermischen Qualität der Gebäudehülle oder der Optimierung der Heizanlage) sind immer mit relativ hohen Investitionskosten verbunden und müssen daher auf ihre Wirtschaftlichkeit hin untersucht werden. Demgegenüber sind durch Änderungen des individuellen Heizverhaltens noch beachtliche Einsparpotentiale möglich, die bis zum heutigen Zeitpunkt noch zu wenig Beachtung gefunden haben. Hier kann durch gezielte Verhaltensänderung der Bewohner Primärenergie - ohne Komfortverlust - eingespart werden, ohne daß Investitionen in großem Maßstab getätigt werden müssen.

Wir wollen im folgenden die bereits erwähnte Studie zum Heizverhalten aufgreifen und versuchen, die individuellen Motive, Gründe und Ursachen, die das Heizverhalten bedingen, aufzuspüren. Es wurden folgende Aspekte näher untersucht:

- Analyse des Heizverhaltens und der Heizgewohnheiten
- Physische und psychische Faktoren beim Heizverhalten
- Analyse des Lüftungsverhaltens
- Analyse der Einstellung der Bewohner zur Heizkostenverteilung
- Untersuchung der Akzeptanz der Fernwärme/Vergleich mit anderen Heizungen

11.4.2 Befragungseinheit

Von den bestehenden 48 Wohneinheiten wurden 24 Nutzer befragt. Bei der Auswahl dieser Wohneinheiten wurde darauf Wert gelegt, daß sowohl durchschnittliche Verbraucher als auch „Verschwender" und „Sparer" erfaßt sind, um die signifikanten Unterschiede herausarbeiten zu können. Ebenso wurde die Auswahl unter den Aspekten exponierte Lage, besonders exponierte Lage und Innenlage getroffen. Zur Kontrolle wurde von der Gruppe der befragten Bewohner der durchschnittliche Verbrauch erhoben. Dieser liegt bei 22,8 Wh/(m² HGT), also sehr nahe bei dem Durchschnittswert, der für das gesamte Objekt berechnet wurde und der bei 22,0 Wh/(m² HGT) liegt.

Die Mieter dieser Anlage sind zum Großteil Beamte. Um etwaige soziale Unterschiede erfassen zu können, wurden die Berufsposition, die Ausbildung sowie das Nettoeinkommen erhoben. Zur Überprüfung der Übereinstimmung der befragten Mieterstruktur mit den Meßergebnissen aus den Jahren 1985 bis 1988, wurde die Wohndauer der Mieter erhoben.

In dieser Anlage gibt es drei unterschiedliche Wohnungsgrößen: 6 Wohnungen haben eine Nutzfläche von 108,51 m², 24 Wohnungen weisen eine Nutzfläche von 73,16 m² auf und 18 Wohnungen haben eine Fläche von 70,37 m².

In der untersuchten Wohnhausanlage sind mit Ausnahme des Vorraums und des WCs alle Räume beheizbar. Die meisten Wohnungen sind noch mit den ursprünglichen Heizkörpern (Gliederradiatoren) ausgerüstet, die in der Regel im Normanschluß an das Zweirohr-Heizsystem angebunden sind. Bei einigen Wohnungen wurden diese bereits durch Plattenheizkörper ersetzt. In allen Wohnungen ist ein Kaminanschluß vorhanden. Alle Wohnungen verfügen über Jalousien, die zwischen den Scheiben der Verbundfenster angebracht sind. Die Fenster sind - dem Baualter entsprechend - nur mehr mäßig dicht.

11.4.3 Heizbeginn

Beim Heizverhalten und bei den Lüftungsgewohnheiten lassen sich eine Vielzahl von automatisierten, unbewußt ablaufenden Verhaltensweisen feststellen.

Beim Großteil der befragten Mieter (83,4 %) ist der Heizbeginn willkürlich, man beginnt zu heizen, sobald man das Gefühl hat, zu frieren. Sollte noch keine Fernwärme verfügbar sein, verwenden einige Nutzer eine Zusatzheizung (elektrische Heizlüfter, Ölradiator), die aber mit Beginn der Fernwärmelieferung nicht mehr in Betrieb genommen wird.

Einige Bewohner (16,6 %) heizen **immer**, sobald die Fernwärmeversorgung den Betrieb aufnimmt. Auf den Hinweis, daß dies bei hohen Außentemperaturen nicht nötig sei, antwortet ein Bewohner, daß die Thermostatventile dies ausgleichen würden.

Nur drei Bewohner (12,5 %) versuchen, den Heizbeginn hinauszuzögern. Zwei Mieter begründen dies damit, daß sie Heizkosten einsparen wollen. Einer dieser Bewohner hat ein Einkommen von ATS 10.000 und betont, daß er sparen muß, der andere Bewohner gehört zur Gruppe der Spitzenverdiener und möchte durch das Hinauszögern des Heizbeginns ebenfalls Kosten sparen. Interessant dabei ist, daß dieser Bewohner (zweithöchster Verbrauch der gesamten Anlage) der Meinung ist, Fernwärme sei „eben teuer" und im übrigen die Lage der Wohnung (besonders exponiert) am hohen Verbrauch schuld. Das eigene Verhalten hinsichtlich einer möglichen Kosteneinsparung wird hier nicht hinterfragt. Es werden ausschließlich externe Faktoren für die hohen Heizkosten verantwortlich gemacht. Abschließend ist hier noch zu vermerken, daß alle anderen Wohnungen in vergleichbarer Lage geringere jährliche Verbräuche aufweisen.

11.4.4 Heizverhalten

Die überwiegende Mehrheit der Bewohner beheizt die Wohnungen, die mit 5 - 6 Heizkörpern ausgestattet sind, mit 2 - 3 Heizkörpern, das heißt, die übrigen 2 - 3 bleiben die ganze Heizperiode über abgedreht. 45,8 % der Mieter betreiben ausschließlich die Heizkörper im Wohnzimmer und im Bad oder die Heizkörper im Wohnzimmer und im Kabinett. Nur ein Mieter gibt an, sämtliche Heizkörper in Betrieb zu haben, da er nur so eine ausgewogene Temperaturverteilung in der ganzen Wohnung erzielen kann. Jeder fünfte Befragte (20,8 %) heizt die ganze Wohnung ausschließlich mit nur einem Heizkörper, und zwar mit dem zentral im Wohnzimmer gelegenen Radiator.

Alle befragten Bewohner wollen den Fernwärmenetzanschluß behalten, da dieser die bequemste, rascheste und komfortabelste Möglichkeit ist, die Wohnung zu beheizen. Die Heizkosten spielen dabei eine untergeordnete Rolle (hoher sozialer Status), man ist bereit, für den erhöhten Komfort auch mehr zu bezahlen.

11.4.5 Vorzugstemperaturen

Im Wohnzimmer werden von 8,3 % der befragten Mieter Temperaturen von 18 bis 19 °C angestrebt, 25 % benötigen Temperaturen von 20 bis 21 °C, 45,8 % der Befragten wünschen Temperaturen, die im Bereich von 22 bis 23 °C liegen, 12,5 % finden Temperaturen zwischen 24 und 25 °C als angenehm, 4,2 % streben Temperaturen zwischen 25 und 26 °C an und 4,2 % wissen nicht, welche Temperatur ihnen angenehm ist.

Da 41,7 % die Heizung während der Nacht nicht drosseln, werden diese hohen Temperaturen bei dieser Gruppe durchgehend erreicht. Bedenkt man, welche Einsparungen bei Absenken der Raumtemperatur um nur 1 °C möglich sind, dann ergeben sich hier sehr große Energieeinsparpotentiale, die durch verstärkte Aufklärung und Information genutzt werden könnten.

Im Schlafzimmer liegen die Vorzugstemperaturen erwartungsgemäß unter jenen, die im Wohnzimmer gewünscht werden:
Temperaturen zwischen 10 °C und 15 °C werden von 12,5 % der Befragten angestrebt, 20,8 % wünschen Temperaturen um die 18 °C, weitere 20,8 % ziehen Temperaturen zwischen 18 und 20 °C vor, 45,9 % wissen nicht, welche Temperaturen sie im Schlafzimmer bevorzugen.

11.4.6 Regelung

20,8 % der Befragten geben an, ausschließlich den Raum zu beheizen, in dem sie sich gerade aufhalten. Dies ist insofern überraschend, gibt doch die Mehrheit an, großen Wert auf den Komfort der leicht verfügbaren Wärme zu legen. Sieht man sich die Verbräuche dieser Gruppe etwas genauer an, dann wird deutlich, daß hier offensichtlich andere Verhaltensweisen - im Gegensatz zu den intendierten - vorliegen. Die Tatsache, daß nur ein oder zwei Radiatoren aufgedreht sind, wird gleichgesetzt mit sparsamem Heizverhalten, ja der Konsument ist sogar der Meinung, nur einen Raum zu beheizen.

58,4 % der befragten Bewohner geben an, alle Räume gleich stark zu beheizen, während des Aufenthalts im jeweiligen Raum jedoch stärker, 20,8 % geben an, alle Räume gleich stark zu heizen.

Wenn die Wohnung für einige Stunden verlassen wird, stellen nur 20,8 % der befragten Mieter die Heizung kleiner, 8,3 % drehen die Heizung ganz ab, die übrigen 70,9 % ändern gar nichts.

Etwas anders sieht diese Verteilung aus, wenn die Wohnung für einige Tage verlassen wird:

45,8 % der Mieter stellen die Heizung kleiner, 25 % stellen die Heizung ganz ab und 29,2 % verändern nichts.
Bei dieser Frage vermerkten 20,8 %, daß sie überhaupt nie die Einstellung der Heizung verändern. Die einmal gewählte Einstellung wird den ganzen Winter über beibehalten. Begründet wird dies mit dem Vorhandensein des Thermostatventils, das selbständig immer die gewünschte Temperatur hält. Weiters hört man den Satz „Man soll da nicht herumdrehen" oder „Ich gehöre nicht zu denen, die den ganzen Tag an der Heizung herumschrauben" sehr häufig.
Dies begründet den gemessenen Mehrverbrauch der gesamten Anlage von 3 % unmittelbar nach Einbau der Thermostatventile im Winter 1987/88. Wurde damals angenommen, daß das mögliche Einsparpotential bereits durch Einregulierung der Heizanlage und durch Anbringen einer Wärmedämmung ausgeschöpft war, stellt sich dies nun aus anderer Sicht dar:

Da es nun im Vergleich zur ersten Heizperiode, bei der Thermostatventile verwendet wurden, weiter beträchtliche Mehrverbräuche gibt [im Winter 1992/93 liegt der Verbrauch 10 % über dem in der Heizperiode 1987/88 registrierten (gradtagszahlbereinigt)], ist anzunehmen, daß zu Beginn noch „herumgedreht wurde", sich aber im Laufe der Zeit die Meinung „Man soll da nicht herumdrehen" durchgesetzt hat. Dadurch kommt es natürlich speziell beim Lüften zu erheblichen Mehrverbräuchen. Da jedoch angenommen wird, daß das so viel gelobte Thermostatventil „eh alles von selbst macht", weiß niemand, wie diese Regelung funktioniert. Einige wenige Mieter haben immerhin festgestellt, daß „beim Lüften der Heizkörper schon sehr heiß wird", sind aber ansonsten zufrieden mit der Heizung und vermuten, daß die Thermostatventile öfters ausgetauscht gehörten.
Dies zeigt, daß der -in den Medien so oft geforderte- Einbau der Thermostatventile kontraproduktiv sein kann. Eine detaillierte Erklärung der Heizanlage und der Funktionsweise der Ventile durch den Wärmelieferanten oder seinen Beauftragten ist daher unerläßlich. Die Einsparungen, die durch Verbesserungen wie den Einbau der Thermostatventile erzielbar sind, müssen unbedingt ausführlich erläutert werden.

Sollten die Bewohner den Raum, in dem sie sich gerade befinden, als überheizt empfinden, drosseln 41,7 % die Heizung, 8,3 % drosseln die Heizung und öffnen das Fenster, 20,8 % öffnen das Fenster, ohne die Heizung kleiner zu drehen. Überraschend dabei ist, daß 29,2 % der befragten Mieter angeben, daß eine Überheizung gar nie vorkomme, da ja das Thermostatventil automatisch die gewünschte Temperatur aufrechterhält. Diese Aussage zu Ende gedacht würde auch bedeuten, daß es im Raum nie zu kühl werden kann. Bei der Frage, wie man auf zu niedrige Raumtemperaturen reagiere, geben 91,7 % an, daß sie die Heizung stärker aufdrehen, nur 8,3 % ziehen es vor, sich etwas Wärmeres anzuziehen. Bei dieser Frage weist niemand darauf hin, daß dies nicht vorkomme bzw. nicht vorkommen könne. Dies zeigt deutlich, daß die Menschen sehr empfindlich auf „zu kühle" Raumtemperaturen reagieren und umgehend die Heizung höher aufdrehen. Im Gegensatz dazu gibt es kaum Raumtemperaturen, die als „zu warm" empfunden werden, und daher auch selten den Wunsch, die Heizung kleiner zu drehen. Dies ist sicher auch unter dem Aspekt des sozialen Status zu sehen, die befragte Gruppe unterliegt keinem besonderen ökonomischen Druck, sparsam zu heizen.

11.4.7 Lüftungsverhalten

Die Heizung läuft bei 62,5 % der befragten Mieter auch dann, wenn sie lüften, nur 37,5 % drehen die Heizung ab, während gelüftet wird. Die überwiegende Mehrheit (75 %) gibt an, das Wohnzimmer zwei- bis dreimal bis zu 15 Minuten zu lüften. Im Schlafzimmer haben immerhin 33,3 % das Fenster durchgehend einen „Spalt" offen, während 41,7 % angeben, auch das Schlafzimmer zwei- bis dreimal bis zu 15 Minuten zu lüften. Erwartungsgemäß wird in den Küchen mehr gelüftet: 45,8 % geben an, hier das Fenster einige Stunden täglich offenzuhalten.

Eine Untersuchung des ÖIBF[23] kommt bei der Erhebung des Lüftverhaltens in der Tendenz zu ähnlichen Ergebnissen: Diese Studie ergab, daß in Wohnräumen kürzer gelüftet wird als in Schlafräumen. Bei der ÖIBF-Studie gaben 66,8 % der Gemeinschaftsheizer an, bei laufender Heizung zu lüften, 22,2 % halten in den Schlafräumen ununterbrochen das Fenster offen.

11.4.8 Gegenüberstellung der konträren Typen

Die unterschiedlichen individuellen Verhaltensweisen können sehr gut bei der exemplarischen Gegenüberstellung zweier konträrer Typen beobachtet werden. Mieter A gehört zum Typ des „Verschwenders", Mieter B ist ein „Sparer".

Beide Mieter wohnen in Wohnungen mit vergleichbaren Nutzflächen. Während Mieter A eine Wohnung in mittlerer Lage in einem Zwischengeschoß bewohnt, ist die Wohnung von Mieter B eine Eckwohnung im Zwischengeschoß. Der durchschnittliche Verbrauch einer Wohnung in mittlerer Lage betrug in der Testperiode 17,9 Wh/(m² HGT), während der Mieter der Wohnung A mit 26,5 Wh/(m² HGT) um 48 % mehr als die vergleichbaren Wohneinheiten verbraucht. Dieser Mieter gehört zu jener Gruppe, die betont, den ganzen Winter über nichts an der einmal gewählten Einstellung zu verändern.

Demgegenüber hat Mieter B in der Testperiode deutlich weniger verbraucht als Wohneinheiten in vergleichbarer Lage: der Durchschnittswert liegt hier bei 25,3 Wh/(m² HGT). Mieter B liegt mit seinem Verbrauch von 13,2 Wh/(m² HGT) um 47,8 % unter dem vergleichbarer Wohneinheiten. Darüber hinaus liegt er auch absolut gesehen unter dem Verbrauch der Wohnung A, obwohl er durch die Lage seiner Wohnung benachteiligt ist. Weiters ist noch darauf hinzuweisen, daß die Wohnung B ein Fünf - Personen - Haushalt ist, in dem auch Kinder unter 6 Jahren leben. Die Vermutung, daß Haushalte mit Kleinkindern immer einen erhöhten Wärmebedarf aufweisen, trifft bei diesem und auch bei den anderen Haushalten dieser Anlage nicht zu.

Beiden Mietern ist gemeinsam, daß sie das einmal eingelernte Verhalten über lange Zeiträume hindurch nicht mehr verändern. Vergleicht man die jährlichen Heizkosten, so zeigt sich in diesem Fall eine beachtliche Diskrepanz. Ein 2 - Personen - Haushalt in **bevorzugter Innenlage** hat um 43,1 % mehr Heizkosten zu bezahlen als eine fünfköpfige Familie in exponierter Lage.

---

[23] Österreichisches Institut für Berufsbildungsforschung (Hg.): Einstellung zur Heizkostenverteilung und zum Heizverhalten. Wien (1987).

Die zwei Mieter unterscheiden sich in ihrem Heizverhalten grundlegend. Mieter B legt ein äußerst sparsames Verhalten an den Tag.
Der Heizbeginn wird hinausgezögert, bei Verlassen der Wohnung sowie in der Nacht wird die Heizung zurückgedreht. Dieser Mieter verfügt auch über ein wesentlich effizienteres Lüftverhalten. Während hier mehrmals am Tag nur kurz gelüftet wird, hat Mieter A in den Schlafräumen das Fenster immer einen "Spalt" offen.
Bezeichnend ist, daß Mieter A mit den Heizkosten bereits unzufrieden ist und das Gefühl hat, daß diese hoch sind. Mieter B findet im Gegensatz dazu, daß die Kosten angemessen sind. Ähnlich ist auch die Einstellung zur Verbrauchserfassung mittels Heizkostenverteiler. Mieter A ist überzeugt, daß die Geräte unzureichend und ungenau sind und daß er daher so hohe Kosten zu tragen hat. Der sparsame Mieter hingegen ist mit dieser Verbrauchserfassung zufrieden. Obwohl der „Verschwender" über ein wesentlich höheres Einkommen verfügt als der „Sparsame", zeigt er doch mehr Mißtrauen gegenüber der Verbrauchserfassung und der Abrechnung. Dies zeigt, daß Menschen einer höheren sozialen Schicht zwar - wie weiter oben ausgeführt - grundsätzlich mehr Akzeptanz der Abrechnung und Erfassung gegenüber haben, aber auch, daß die Akzeptanz bei extremen „Verschwendern" schlagartig sinkt. Diese Gruppe der „Verschwender" hat immer die Tendenz, externe Faktoren für die hohen Kosten aufzuspüren und zu benennen.
Unter diesem Aspekt wird einmal mehr deutlich, wie dringend eine umfassende Verhaltensänderung nötig ist. Da es sich hier um Gewohnheiten handelt, die bereits sehr lange „falsch" ablaufen, liegt es auf der Hand, welche Überzeugungsarbeit hier geleistet werden muß, um eine Verhaltensänderung herbeizuführen. Schlagwortartige Tips, wie sie oft in den Medien publiziert werden, greifen hier viel zu kurz. Oft führen gerade diese bruchstückhaft empfangenen Informationen zu einer weiteren Verschlechterung der Situation (z.B. Einbau von Thermostatventilen = sparsames Heizen).

11.4.9 Einstellung zur Heizkostenverteilung

Die große Mehrheit (83,3 %) ist mit der Art der Abrechnung einverstanden. Überraschend hoch ist auch die Zufriedenheit mit der Erfassung des Wärmeverbrauchs mittels Heizkostenverteiler. 75 % sind mit dieser Art der Verbrauchsmessung zufrieden, wobei aber von vielen Bewohnern hinzugefügt wird, daß sie nichts anderes kennen. Ein Teil dieser Bewohner glaubt zwar, daß die Geräte ungenau sind. Durch die erhöhte Sparmotivation, die mit dieser Erfassung einhergeht, möchten sie aber diese Art der Verbrauchsmessung beibehalten.
Trotzdem geben 30 % der befragten Bewohner an, daß ihnen die Erfassung mittels Wärmezähler lieber wäre. Begründet wird dies damit, daß Ablesung und Wartung außerhalb der Wohnung stattfinden. Auch bei dieser Frage hatten offensichtlich Komfort und Bequemlichkeit höchste Priorität.
Jene, die mit der Verbrauchserfassung mittels Heizkostenverteiler nicht zufrieden sind (25 %), geben an, daß die Geräte ungenau sind und mehr anzeigen als verbraucht wird. Diese Gruppe beklagt sich auch darüber, daß es stets auch eine Anzeige bei jenen Heizkörpern gibt, die den ganzen Winter über nicht in Betrieb waren. Als extremes Beispiel sei hier ein Bewohner angeführt, der eine Anzeige von 13 Einheiten hatte, obwohl er versichert, daß dieser Radiator nie in Betrieb war. Hier gibt es offensichtlich große Diskrepanzen zwischen vermeintlichem und tatsächlichem Verhalten.

Die Zufriedenheit mit der Verbrauchserfassung und der Heizkostenabrechnung hängt offensichtlich mit der Höhe des Einkommens zusammen. Die Bewohner der untersuchten Anlage im Arsenal sind häufig Bezieher „höherer" Einkommen und können sich daher die Heizkosten leisten. Es gibt eine hohe Akzeptanz gegenüber der Fernwärme. Bezieher „niedriger" Einkommen haben - wie die Studie des ÖIBF zeigt - viel größere Vorbehalte gegenüber der Fernwärme, dem Abrechnungssystem und den Erfassungsgeräten. Gerade bei dieser Bevölkerungsgruppe kann verstärkte Aufklärung nicht nur helfen, die Heizkosten zu senken, sondern auch die Akzeptanz zu erhöhen.

Sehr aufschlußreich sind auch die Übereinstimmungen beider Erhebungen. Sowohl beim Heiz- als auch beim Lüftverhalten kommen beide Umfragen zu ähnlichen Ergebnissen. Das heißt, das es gewisse Verhaltensmuster gibt, die unabhängig von der Schichtzugehörigkeit immer ähnlich ablaufen.

11.4.10 Die kognitive Dissonanz

Bei der Diskussion um die Heizkostenverteiler zeigt sich, wie auch in anderen Bereichen, das Phänomen der „kognitiven Dissonanz", das Auseinanderklaffen von erwünschtem und tatsächlichem Verhalten.

Die Theorie der kognitiven Dissonanz wurde von dem an der Stanford University in Kalifornien tätigen Psychologen *Leon Festinger* [24] dargestellt:

Dieses Theoriegebäude erklärt die seelische Dynamik vor, während und insbesondere nach Entscheidungsprozessen. Die Grundaussage dieser Theorie ist, daß vor, während und nach einer Entscheidung gewisse innere Antriebe auftreten, die Wahrnehmungen, Denken und Empfindungen beeinflussen, so daß eine einmal gefällte Entscheidung das Seelenleben in eine bestimmte Bahn steuert.

Daraus ergeben sich in der Praxis bedeutsame Folgen. Bisher war man nämlich vielfach geneigt, den Vorgängen nach der Entscheidung wenig Gewicht beizulegen. Die Bemühungen von Information, Werbung und anderen Maßnahmen des "social engineering" begnügen sich damit, bestimmte Entscheide herbeizuführen, ohne weiter auf den Stil und die Art der Entscheidung oder die nachfolgenden Prozesse zu achten.

Die Theorie läßt sich in fünf Axiome zusammenfassen:

(1) Im Bewußtsein jedes Menschen gibt es eine große Zahl von Wissensstücken, kognitiven Elementen: es handelt sich dabei um etwas, was jemand

- über sich selbst (über eigene Eigenschaften, Gefühle),
- über das eigene Verhalten und
- über seine Umwelt weiß

(2) Die kognitiven Elemente eines Menschen können miteinander in Konsonanz oder in Dissonanz stehen. Zwei Elemente sind dissonant, wenn sie miteinander in Widerspruch geraten. Die Dissonanz zwischen zwei Elementen kann logischer Art sein:

---

[24] *Leon Festinger:* A Theory of Cognitive Dissonance, 1957

☛ Ein typischer Fall von Dissonanz ist der Raucher, der weiß, daß ihm das Rauchen schadet - das Wissen um die Schädlichkeit steht im Widerspruch zum Wissen um sein Verhalten.

☛ Dissonanz kann auch auf sozialen Druck oder Sachzwang zurückgehen. Das Individuum hat Wünsche, die von der Gesellschaft sanktioniert werden. Die Bedürfnisse können aufgrund materieller Gegebenheiten nicht befriedigt werden.

(3) Wenn zwei Elemente in Dissonanz stehen, ist die Dissonanz umso stärker, je wichtiger die Elemente für den Betroffenen sind.

(4) Kognitive Dissonanz wirkt als Trieb oder Bedürfnis, sie bewirkt eine innere Spannung zur Reduktion der Dissonanz. Da Dissonanz unangenehm ist, ruft sie seelische Reaktionen zur Beseitigung auf den Plan.

(5) Zur Verringerung der kognitiven Dissonanz gibt es mehrere psychische Strategien:

☛ Verhaltensänderung (der Raucher gibt das Rauchen auf)

☛ Verdrängung des dissonanten Wissens (der Raucher verdrängt die schädlichen Folgen seines Handelns)

☛ Gezielte Auswahl bei der Aufnahme neuer Informationen (der Raucher liest Meldungen über die Schädlichkeit des Rauchens nicht mehr, er provoziert von anderen Rauchern zuversichtliche Bemerkungen)[25]

Es gibt seit einigen Jahren intensive Bemühungen, durch Broschüren und Medienberichte „Energiespartips" zu vermitteln. Des weiteren wird der Einsatz von alternativen Heizsystemen und Warmwasseraufbereitungsanlagen vielfach beworben und staatlich gefördert. Der verstärkte Einsatz von Fernwärme wird unter dem Aspekt des sparsamen Umgangs mit Primärenergie vorangetrieben. Solange die nach einer getroffenen Entscheidung (z.B. ich möchte Energie sparen, Ressourcen schonen etc.) ablaufenden Prozesse nicht weiter beachtet werden, greifen diese Ansätze stets zu kurz, der Mensch fällt wieder den „althergebrachten", eingelernten Verhaltensmustern zum Opfer.

Darüber hinaus kommt es zu einer Verdrängung des eigenen, verschwenderischen Verhaltens durch Statements wie „Auf mich kommt es ja gar nicht an" oder „Unsere Generation ist sowieso sehr sparsam". Auch bei der untersuchten Befragungseinheit sind diese Statements häufig gefallen, meist bei jener Gruppe, deren Verbrauch deutlich über dem durchschnittlichen Verbrauch liegt. Hier gibt es offensichtliche Dissonanzen, die durch Verdrängung („Auf mich kommt es nicht an") und Beruhigung („Ich bin sowieso sparsam") ausgeräumt werden.

Bei der Fragestellung, ob die Heizkörper bei Verlassen der Wohnung gedrosselt werden, kam, ohne daß gezielt nachgefragt wurde, eine überraschende Vielzahl von Rechtfertigungen zu Tage, die ebenfalls auf Dissonanzen hindeuten:

---

[25] Das gibt's auch als alten Witz:
A: Ich habe gelesen, daß Rauchen gesundheitsschädlich ist.
B: Und ?
A: Ich habe daraufhin das Lesen aufgegeben.

☞ „Ich kann wegen der Blumen den/die Heizkörper nicht drosseln."
☞ „Wenn ich die Heizkörper abschalte, würden die Fliesen im Bad herunterfallen. Dies ist schon einmal passiert, seitdem behalte ich den ganzen Winter über die gleiche Einstellung bei."
☞ „Ich darf die Heizung nicht drosseln. Man soll bei den Thermostatventilen nicht dauernd herumdrehen, diese regeln alles von selbst."

Abgesehen vom Problem der Kaltverdunstung, das unbestritten ist, beteuern einige der befragten Mieter, gewisse Heizkörper nie in Betrieb gehabt zu haben, und stellen das Ergebnis der Ablesung dann in Frage, wenn dennoch Einheiten angezeigt werden. Bei einem Mieter wurden 13 Einheiten bei einem angeblich nie in Betrieb gewesenen Heizkörper festgestellt. Auch hier kann verstärkte Aufklärung helfen, solche Mißverständnisse zu beseitigen. In diesem Zusammenhang wäre es wichtig, den Betroffenen die Vor- und Nachteile der einzelnen Meßverfahren zu erläutern, um das oft nicht näher definierte und konkretisierte "Unbehagen" auszuräumen.

11.4.11 Schlußfolgerungen

Aufgrund der referierten Forschungsergebnisse kann man den Schluß ziehen, daß das individuelle Heizverhalten einen starken Einfluß auf den Wärmeverbrauch von Wohngebäuden hat. Auf diesem Gebiet sind noch große Sparpotentiale vorhanden, die nur durch ein Umdenken der Betroffenen ausgeschöpft werden können. Eine breit angelegte Aufklärungskampagne sollte die Bevölkerung dahingehend informieren, daß Energieeinsparungen nur dann möglich sind, wenn

☞ gegenüber früher das Temperaturniveau in der Wohnung abgesenkt wird,
☞ energiebewußter gelüftet wird und
☞ einzelne Heizkörper tagsüber stärker gedrosselt werden

Außerdem sollte darauf hingewiesen werden, daß Heizanlagen durch eine schlecht eingestellte Regelung ungünstig betrieben werden, was hohe Verluste und damit auch Kosten verursacht.

Vor allem bei einem Heizungswechsel ziehen die „alten", eingelernten, unreflektierten Verhaltensweisen einen erhöhten Energiebedarf und somit erhöhte Heizkosten nach sich. Es wäre daher wünschenswert, die Bewohner bereits bei Übernahme der Wohnung über die wichtigsten Faktoren, die den Energieverbrauch mitbestimmen, zu informieren:

☞ Richtige Handhabung der Heizung (Beheizen aller Räume der Wohnung, Absenken der Temperaturen)
☞ Anleitung zu sparsamem Lüftverhalten (Heizung abdrehen, nicht permanent ein Fenster offenhalten)
☞ Hinweise auf mögliche Kosteneinsparungen durch das Absenken der Raumtemperatur während der Nacht

- Aufklärung über die Benützung der Thermostatventile
- Erläuterung der Heizkostenabrechnung (Preisgestaltung)
- Erklärung der Erfassungsgeräte (Funktionsweise, Kosten, Genauigkeit, Kosten - Nutzen - Analyse)

Insgesamt können diese Sparmotivationen noch durch Hinweise auf den Umweltschutz und den begrenzten Vorrat an fossilen Brennstoffen verstärkt werden.

11.5 Künftige Entwicklungen

Mit welchen Änderungen ist künftig bei der Heizkostenverteilung (HKV) zu rechnen?

An den dargestellten Grundprinzipien wird sich nichts Wesentliches ändern. Durch Information kann allerdings die Einstellung zum Energiemanagement im allgemeinen und zur HKV im besonderen geändert werden.

Bei der Gerätetechnik sind allerdings einige langfristige Änderungen zu erwarten:

- Ersetzung von Heizkostenverteilern, so weit als möglich, durch Wärmezähler,
- bei allen Meßsystemen Möglichkeit der Fernauslesung durch Bus-Systeme oder durch Funk. Die Installation dieser Hightech-Systeme wird vorerst nur in Neubauten, später auch in Altbauten erfolgen. Bei Nachinstallationen wird die Akzeptanz durch die Nutzer sehr davon abhängen, ob damit ein äquivalenter Vorteil verbunden ist. Ob Zwangsmaßnahmen, beispielsweise durch Rechtsnormen, sinnvoll und machbar sind, bleibe dahingestellt.

12 Heizkostenverteiler

Wir haben uns im Kapitel 11 mit der Theorie der Heizkostenverteilung beschäftigt. Dabei haben wir festgestellt, daß als Erfassungsgeräte meist Heizkostenverteiler eingesetzt werden, mit deren Technik wir uns nun beschäftigen wollen.

12.1 Übersicht und Einteilung der Meßsysteme

Heizkostenverteiler (kurz **HKV**) sind Geräte, die in der Regel die Temperatur an einer Heizkörperoberfläche erfassen und durch verschiedene Bewertungsfaktoren auf Wärmeleistungen umrechnen. Je nach Meßsystem und je nach Wahl der Bewertungsfaktoren erhält man eine mehr oder weniger gute Näherung für die Wärmeleistung. Durch Integration des erhaltenen Signales über einen definierten Zeitraum, meist die Heizperiode, erhält man dann einen Verbrauchswert, der ein Maß für die konsumierte Wärmeenergie ist.

Für eine erste Orientierung wollen wir zunächst eine Einteilung der Heizkostenverteiler versuchen. Nach dem Sensorprinzip unterscheidet man:

- Heizkostenverteiler nach dem Verdunstungsprinzip, kurz HKVV und
- Heizkostenverteiler nach elektronischen Meßprinzipien, kurz HKVE.

Nach anderen Einteilungskriterien unterscheidet man:

- HKV, die lediglich eine Oberflächentemperatur erfassen und eine konstante Raumlufttemperatur, z.B. 20 °C voraussetzen. Abweichungen von der Raumlufttemperatur von 20 °C äußern sich als systematische Meßabweichungen. Diese Geräte nennt man **Einfühlergeräte**.
- HKV mit zusätzlicher Erfassung der Raumlufttemperatur. In diesem Fall wird eine annähernd richtige - konvektive - Übertemperatur gemessen. Man spricht vom **Zweifühlergerät**.
- Beim **Dreifühlergerät** wird von der logarithmischen Übertemperatur Δt_{ln} ausgegangen, die die Relation zur Wärmeleistung im Sinne der Forderung nach einer repräsentativen Übertemperatur der Heizfläche herstellt. Dazu werden die Vorlauf- und Rücklauftemperaturen einerseits und die Raumlufttemperaturen andererseits bestimmt.

Die Übertemperatur, die das Zweifühlergerät erfaßt, stellt dabei eine erste Näherung an die logarithmische Übertemperatur im Sinne der arithmetischen Übertemperatur dar.
Nach den Ausführungen des Kapitels 11 unterscheidet man weiters nach

☞ verbrauchsabhängigen Heizkostenverteilern und
☞ komfortabhängigen Heizkostenverteilern.

Verbrauchsabhängige HKV erfassen im wesentlichen die Übertemperaturen von Heizkörpern, wogegen komfortabhängige HKV den Temperaturunterschied zwischen Raumluft- und Außentemperatur als Meßgröße verwenden. Das letztere Meßprinzip zielt auf die Bestimmung der Wärmeleistung ab, die durch die Außenflächen und Wärmedurchgangskoeffizienten eines Objektes und die Temperaturdifferenz zwischen Raumluft- und Außentemperatur gegeben ist.

Von den angegebenen Meßsystemen sind in sehr großer Stückzahl Heizkostenverteiler auf Verdunstungsbasis (HKVV) im Einsatz, werden aber zunehmend durch elektronische Heizkostenverteiler (HKVE) ersetzt. Sie verdanken ihre weite Verbreitung ihrem einfachen Aufbau und damit auch niedrigen Preis. Sie haben neben unzweifelhaften Vorteilen einen gravierenden Nachteil, der in ihrer Anzeigecharakteristik begründet liegt. Mit ihnen wollen wir uns nun beschäftigen.

12.2   Heizkostenverteiler nach dem Verdunstungsprinzip

HKVV bestehen im wesentlichen aus

☞ einem gut wärmeleitenden Gehäuse,
☞ einer Ampulle mit der Meßflüssigkeit,
☞ einer Abdeckung, die die Ableseskala enthält sowie
☞ Befestigungselementen und Sicherungselementen (Plomben).

Sie werden am Heizkörper in geeigneter Höhe gut wärmeleitend montiert.[1] Die in der Ampulle befindliche Meßflüssigkeit verdunstet in Abhängigkeit von der am Ort der Ampulle auftretenden mittleren Temperatur. Diese ist naturgemäß etwas niedriger als die Temperatur an der Heizkörperoberfläche bzw. in den wärmeträgerführenden Kanälen. Dieser Temperatursprung wird mit dem wärmeträgerseitigen **c-Wert** berücksichtigt, der durch die Beziehung

$$c = \frac{t_m - t_F}{t_m - t_L} \qquad (12.1)$$

definiert ist. Mit Gl. (12.1) ist ein Zusammenhang zwischen der mittleren Wärmeträgertemperatur t_m und der Meßflüssigkeitstemperatur t_F (bzw. in Hinblick auf später: der Temperatur des Meßfühlers) hergestellt.

Früher wurde auch noch ein weiterer c-Wert definiert, der den Temperaturunterschied zwischen der Heizkörperoberfläche an der Montagestelle des HKV und dem

---

[1] Das Problem des Montageortes wurde bereits im Kapitel 2 angesprochen und wird weiter unten noch näher kommentiert (Kapitel 12.8).

Meßröhrchen in normierter Form beschrieb.[2] Man bezeichnete diese Größe als **oberflächenabhängigen c-Wert**

$$c_o = \frac{t_o - t_F}{t_o - t_L} \qquad (12.2)$$

Sowohl der c_o-, als auch der c-Wert sollten möglichst klein sein. c_o ist ein Kriterium für die Güte des Wärmekontaktes und stellt den relativen Temperaturabfall zwischen Oberfläche und Meßflüssigkeit (bzw. Meßfühler) dar.

Für jede Kombination Heizkörper/Heizkostenverteiler gibt es einen ganz bestimmten c- bzw. c_o-Wert, dessen genaue Kenntnis für die Festlegung der Skala unbedingt erforderlich ist.

Die Funktion des HKVV besteht in der Verdunstung der Meßflüssigkeit in Abhängigkeit von der mittleren Oberflächen- bzw. Wärmeträgertemperatur. Die Abnahme des Flüssigkeitsstandes ist somit ein Maß für die vom Heizkörper in einer bestimmten Zeit, die im allgemeinen mit der Heizperiode identisch ist, abgegebene Wärmemenge.

Zur näheren Erläuterung der Vorgänge betrachten wir die Abb. 12.1, die die allgemeine Form einer zylindrischen Ampulle mit Einschnürung im oberen Teil zeigt. Für den Spezialfall der nichteingeschnürten Ampulle ist $A_1 = A_2$ und $h_2 = 0$ zu setzen.

Der bei der Verdunstung entstehende Dampfstrom diffundiert durch die oberhalb der Flüssigkeit ruhende Luft in den Außenraum. Für den Dampfstrom $\dot{m}_F$ ergibt sich:[3]

$$\dot{m}_F = \frac{D\,p}{R_G\,T_F} \frac{A_1}{h_1 + h_i + h_2 \frac{A_1}{A_2}} \ln \frac{1}{1 - \frac{p_D}{p}} \qquad (12.3)$$

In dieser Gleichung bedeuten

D ... den Diffusionskoeffizienten des Flüssigkeitsdampfes in Luft
R_G ... die Gaskonstante des Dampfes
p ... den Luftdruck
p_D ... den Sättigungsdruck der Flüssigkeit
t_F ... die Temperatur der Flüssigkeit

Für die in der Praxis verwendeten Flüssigkeiten, wie Hexalin, Tetralin, Methylbenzoat u.a. kann man nach *Benes* [4] folgendes schließen:

---

[2] Diese Unterscheidung wurde bei der Konzipierung der Europanormen EN 835 (HKVV) und EN 834 (HKVE) fallengelassen.
[3] *J. Stefan:* Sitzungsberichte der Wiener Akademie der Wissenschaften, Mathematisch-Naturwiss. Klasse 73(1973), S. 385 ff
[4] *E. Benes:* Meßverfahren für die verbrauchsabhängige Heizkostenverrechnung, Elektrotechnik und Maschinenbau 99(1982), H. 8, S. 355 ff

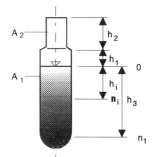

Abb. 12.1: Zylindrische Ampulle mit Einschnürung. h_3 stellt den maximalen Verbrauch in einer Heizperiode dar, h_i den Momentanwert des Flüssigkeitsstandes (siehe dazu auch Seite 12-37).

Die Abhängigkeit des Massenstromes $\dot{m}_F$ vom Luftdruck p ist in der Praxis vernachlässigbar. Weiters ist der Massenstrom außer von der Flüssigkeitstemperatur auch noch vom Flüssigkeitsstand in der Ampulle abhängig, da mit der Länge der Diffusionsstrecke der Diffusionswiderstand zunimmt. In der Praxis ist es daher nötig, nichtlineare Skalen zu verwenden, die den Vorteil haben, daß die Änderung der Skalenteile pro Zeiteinheit nur noch von der Meßflüssigkeitstemperatur t_F (bzw. hier als absolute Temperatur mit T_F bezeichnet) in folgender Form abhängt: [5]

$$\dot{h} \propto \frac{p}{T_F} \ln \frac{1}{1-\frac{p_D}{p}}, \qquad (12.4)$$

worin $\dot{h}$ die Änderung der Skalenteile pro Zeiteinheit darstellt. Die Nichtlinearität kann durch die Einschnürung der Ampulle am oberen Ende gemildert werden.

Für die Berechnung des Verdunstungsverhaltens ist die Kenntnis des Zusammenhanges zwischen Flüssigkeitstemperatur T_F und Sättigungsdampfdruck p_D erforderlich, der durch die Clausius-Clapeyronsche Gleichung gegeben ist.

Dazu setzt man voraus:

1. Der Flüssigkeitsdampf verhält sich wie ein ideales Gas,
2. die Dichte des Dampfes ist weit niedriger als die der Flüssigkeit und
3. die latente Wärme Q_L ist näherungsweise temperaturunabhängig.

Die Integration der Clausius-Clapeyronschen Gleichung liefert für den Sättigungsdampfdruck p_D eine Abhängigkeit der Form

$$p_D = C \exp\left(-\frac{Q_L}{R_G T_F}\right) \qquad (12.5)$$

---

[5] *A. Hampel:* Anwendungstechnische Grundlagen der ista-Heizkostenverteiler auf Verdunstungsbasis, herausgegeben von der ista-Verwaltung, Mannheim, 1980; siehe auch: *A. Hampel u.a:* Heizkostenverteilung, Udo Pfriemer-Verlag, München, 1981

mit „C" als einer berechenbaren Konstanten. Für ein Mehrkomponentensystem, das heute praktisch nicht mehr verwendet wird, gilt analog:

$$p_D = x_1 \exp(-\frac{Q_{L1}}{R_G T_F}) + x_2 \exp(-\frac{Q_{L2}}{R_G T_F}) + \ldots \qquad (12.6)$$

In der technischen Praxis wird die Gl. (12.5) in der Form

$$p_D \propto 10^{a-\frac{b}{T_F}} \qquad (12.7)$$

geschrieben; die Entsprechung zur Gl. (12.6) lautet sinngemäß.

Die Koeffizienten a und b sind für einige Flüssigkeiten der Tabelle 12.1 zu entnehmen. T_F ist als absolute Temperatur zu verstehen und in K einzusetzen.

Mit den Gleichungen (12.1), (12.3) und (12.7) erhält man schließlich die Verdunstungsgeschwindigkeit in Abhängigkeit von der Oberflächen- bzw. Wärmeträgertemperatur und vom c-Wert und - nach entsprechender Bewertung - von der Heizkörperleistung.

Wir wollen für alle künftigen Überlegungen die Meßflüssigkeit Tetralin voraussetzen, die ein Einkomponentensystem darstellt und für die die Dampfdruckformel Gl. (12.7) mit den Koeffizienten a und b nach Tabelle 12.1 zu verwenden ist.

Auf der Basis der obigen Voraussetzungen ist in Abb. 12.2 die Anzeigecharakteristik eines HKVV für den einfachsten Fall c = 0 bestimmt worden. Daß dieser Fall nicht unbedingt repräsentativ ist, wird später noch gezeigt werden, ist aber für die gegenständlichen Überlegungen belanglos. Nimmt man zwecks Normierung an, daß die Anzeige bei einer Übertemperatur von 35 K der fehlerfreien Anzeige entspricht, dann kann man drei charakteristische Bereiche unterscheiden:

Tabelle 12.1: Einige Werte für die Koeffizienten in Gl. (12.7)

Meßflüssigkeit	a -	b in K
Tetralin	5,697	2666
Hexalin	5,393	2372
Oktylalkohol	5,816	2600

☞ **Bereich I**: Bereich der Kaltverdunstung - hier wird auch bei abgeschaltetem Heizkörper ($\Delta t \approx 0$) bzw. bei sehr niedriger Heizleistung ($\Delta t \leq 10$ K) eine Verdunstung registriert. Bei $\Delta t = 0$ beträgt der Meßfehler $F = \infty$.

☞ **Bereich II**: Bereich der unterproportionalen Anzeige - hier ist die Anzeige des HKVV stets niedriger als es der idealen Anzeigecharakteristik entspricht.

☞ **Bereich III**: Bereich der überproportionalen Anzeige - für hohe Übertemperaturen ($\Delta t \geq 35$ K) wird die Anzeige des HKVV überproportional im Vergleich zur idealen Anzeigecharakteristik.

In Abb. 12.3 ist die der Anzeigecharakteristik zugeordnete Fehlerkurve gezeigt. Erwartungsgemäß zeigt sich die schon nach Abb. 12.2 vermutete Modulation. Ihr bizarrer Verlauf darf aber nicht zum voreiligen Schluß führen, daß dieser Momentanfehler dem Fehler entspricht, mit dem die jährliche Heizkostenabrechnung behaftet ist.

Nachdem die Übertemperaturen einer Häufigkeitsverteilung unterliegen, kommt es sehr darauf an, wie das individuelle Nutzerverhalten ist. Bei unterschiedlichen Heizgewohnheiten wird man daher auch unterschiedliche Durchschnittsfehler, im folgenden Jahresmeßfehler genannt, erhalten, jene Fehler also, mit denen die Erfassung der in der Heizperiode von den Heizkörpern einer Nutzereinheit abgegebenen Wärmemengen behaftet ist.

Grundsätzlich wäre anzumerken, daß der Bereich I, der Bereich der Kaltverdunstung, als besonders störend empfunden wird: Anzeige ohne Verbrauch! Es hat daher nicht an Versuchen gefehlt, diesen Fehler zu mindern, bzw. überhaupt zu eliminieren. Einen interessanten Vorschlag hat dazu *Benes* gemacht: Er schlägt die Verwendung von Meßflüssigkeiten vor, die oberhalb der Raumlufttemperatur von 20 °C einen Phasenwechsel erleiden.[6] Voraussetzung für die Brauchbarkeit dieser Geräte wäre jedoch, daß der Dampfdruck unterhalb des Umwandlungspunktes drastisch reduziert ist. Es gibt zwar eine ganze Reihe von Meßflüssigkeiten, die oberhalb von 20 °C einen Umwandlungspunkt haben; leider nimmt bei den meisten der Dampfdruck im festen Zustand nicht in erwünschter Weise ab.

Ein weiterer Vorschlag stammt von *Basta*, der die Verwendung eines thermisch vom Heizkörper entkoppelten zweiten Röhrchens vorschlägt.[7] Die Anzeige dieses Röhrchens wird am Ende der Heizperiode von der Anzeige des ersten Röhrchens abgezogen und man erhält dann unter Idealbedingungen eine kaltverdunstungsfreie Verbrauchsanzeige. So bestechend dieser Vorschlag auch erscheint, so problematisch ist die Realisierung u.a. wegen der Gefahr der Manipulation.

Ein Angriffspunkt gegen HKVV liegt in der Verwendung organischer Meßflüssigkeiten mit eventuell toxischen Wirkungen. In den meisten Fällen dürfte dies aber auf Einbildung zurückzuführen sein, ist doch erstens die in der Heizperiode verdunstete Flüssigkeitsmenge schon sehr klein und zweitens kann man sagen, daß unter normalen Bedingungen kaum mit nennenswerten Umweltbelastungen zu rechnen ist. In Einzelfällen, z.B. bei Zerstörung von Ampullen, sind allerdings gesundheitliche Gefährdungen nicht auszuschließen.

---

[6] *E. Benes:* Heizkostenverteiler nach dem Verdunstungsprinzip, Österr. Patentanmeldung 4 A 561-82, Priorität 1982 02 15

[7] *W. Basta:* Wärmemengenmeßgerät, Österreichische Patentanmeldung Nr. 26560/Br. , A 911/85

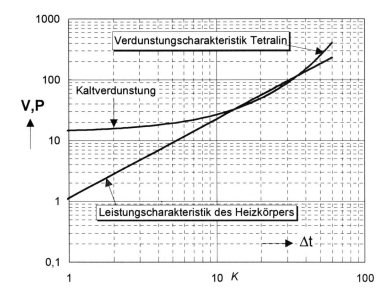

Abb. 12.2: Zur Anzeigecharakteristik eines Heizkostenverteilers nach dem Verdunstungsprinzip (HKVV). Für die Heizkörpercharakteristik wurde das Potenzgesetz zugrundegelegt. V bedeutet die Verdunstungsrate, z.B. in mm/Tag, P die Heizkörperleistung

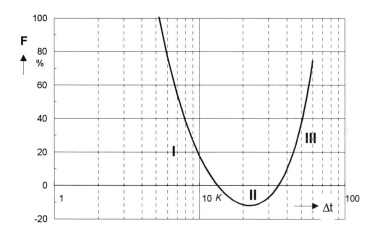

Abb. 12.3: Fehlerkurve zu der in Abb. 12.2 dargestellten Anzeigecharakteristik eines HKVV (schematisch). Dargestellt ist der Meßfehler F als Momentanwertfehler

Die Anzeige der HKVV ist für sich gesehen keineswegs aussagekräftig, ist doch die Verdunstungsrate an einem kleinen Heizkörper mit gleicher mittlerer Wärmeträgertemperatur, aber geringem c-Wert höher als an einem großen Heizkörper mit hohem c-

Wert. Um von der Verdunstungsrate (d.i. der verdunstete Massenstrom pro Zeiteinheit) zum tatsächlich konsumierten Wärmeverbrauch oder Anteil am Verbrauch der Abrechnungseinheit zu kommen, müssen Bewertungsfaktoren eingeführt werden.

Im einzelnen sind dies die in den alten Normen[8] definierten und für theoretische Überlegungen sehr brauchbaren Bewertungsfaktoren:[9]

1. Der **Bewertungsfaktor K_Q** für die Heizkörperleistung. Er berücksichtigt die individuell unterschiedlichen Wärmeleistungen der Heizkörper einer Abrechnungseinheit.
2. Der **Bewertungsfaktor K_C** für den Einfluß unterschiedlicher c-Werte. Sein Einfluß wurde weiter oben angedeutet: Bei gleicher Oberflächentemperatur verdunstet am gleichen Heizkörper bei größerem c weniger als bei geringerem.
3. Der **Bewertungsfaktor K_T** für Raumtemperaturen, die von der Basis-Raumlufttemperatur, die mit 20 °C anzusetzen ist, abweichen. Obwohl die Raumlufttemperatur oft deutlich von diesem Wert abweicht, bleibt sie doch im allgemeinen unberücksichtigt. Bei HKVV kann die tatsächliche Raumlufttemperatur nicht berücksichtigt werden, weshalb eine Bewertung sich nur auf eine einmal ermittelte bzw. angenommene Raumlufttemperatur beziehen kann.
4. Der **Bewertungsfaktor K_A** für besondere Heizkörperanschlüsse. Bei speziellen Anschlüssen, z.B. unterem Mittelanschluß tritt eine Temperaturverteilung auf, die von der Standard-Temperaturverteilung bei oberem Vorlauf- und unterem Rücklaufanschluß deutlich abweicht. Die Größe K_A hat also den Einfluß dieser speziellen Anschlüsse, mit ihren Auswirkungen auf die Wärmeleistung, zu berücksichtigen. Nach den beiden Europanormen EN 834 und EN 835 ist der Bewertungsfaktor K_A nicht mehr explizit angeführt, sondern muß im Faktor K_Q enthalten sein.

Allen diesen Korrekturen werden sogenannte Basisheizkörper und Basiszustände zugrundegelegt.

Ein **Basisheizkörper** ist dabei ein im Prinzip beliebiger Heizkörper, auf den man sich bei der Abrechnung bezieht und dessen Eigenschaften sehr genau bekannt sind.

Ein **Basiszustand** ist ein bestimmter, für die Berechnung eines Bewertungsfaktors charakteristischer Zustand. In diesen Basiszustand ist in der Regel auch die Basis-Raumlufttemperatur von 20 °C eingeschlossen.

Für HKVV wird in der Europanorm EN 835 folgender Basiszustand empfohlen:

- Obere Vorlaufeinführung
- mittlere Heizmediumtemperatur t_m = 50 °C bis 65 °C
- Referenz-Lufttemperatur t_L = (20 ± 2) °C, die in einer klimastabilen Prüfkabine 0,75 m über dem Boden in einem Abstand von 1,5 m vom Heizkörper zu messen ist.
- Heizmediumstrom (Wasserstrom durch den Heizkörper bei $t_V/t_R/t_L$ = 90 °C/70 °C/20 °C)

---

[8] z.B. DIN 4713: Verbrauchsabhängige Wärmekostenabrechnung und DIN 4714: Aufbau der Heizkostenverteiler, zurückgezogen nach Inkrafttreten der entsprechenden Europanormen

[9] *F. Adunka:* Ermittlung des Wärmeverbrauches: Zur Anwendung der Bewertungsfaktoren bei Heizkostenverteilern auf Verdunstungsbasis, HLH 36(1985), Nr. 9, S 463 ff

Neben diesen Größen ist auch noch die sogenannte **Basis-Flüssigkeitstemperatur** wichtig. Diese Größe bezieht sich auf HKVV und stellt die Temperatur der Meßflüssigkeit im Basiszustand dar; ihr zugeordnet ist eine entsprechende Anzeigegeschwindigkeit, also die in Skalenteilen ausgedrückte Änderungsgeschwindigkeit der Anzeige eines HKVV. Durch eine nichtlineare Skalenteilung erreicht man, daß die Anzeigegeschwindigkeit unabhängig von der Flüssigkeitsstandhöhe ist.

12.3 Elektronische Heizkostenverteiler

12.3.1 Meßsysteme

Wegen der schlechten Korrelation zwischen Verdunstungsrate und Wärmeleistung des Heizkörpers, an dem der HKVV montiert ist, wurden in den letzten Jahren elektronische Heizkostenverteiler (HKVE) entwickelt, die - je nach Bauart - die folgenden Vorteile bieten:

- bessere Nachbildung der Leistungs-Übertemperatur-Beziehung
- Vermeidung der Kaltverdunstung
- bessere Auflösung der Ableseskala durch Verwendung von LCD-Anzeigen
- Möglichkeit der Meßwertspeicherung
- Erfassung der Raumlufttemperatur

Im Gegensatz zu HKVV ist bei den HKVE die Typenvielfalt durch die oben erwähnten Meßmöglichkeiten drastisch erhöht. Trotzdem läuft die Wärmeverbrauchserfassung immer auf die Messung von einer oder mehreren Temperaturen hinaus. Aus diesen Temperaturen wird entweder die arithmetische oder die logarithmische Übertemperatur gebildet, um in Verbindung mit den o.a. Bewertungsfaktoren ein verbrauchsabhängiges Signal zu erhalten. In den meisten Ausführungsformen wird aber lediglich eine Temperatur gemessen, die mit der mittleren Oberflächentemperatur des Heizkörpers über den c-Wert korreliert ist und - wie bei HKVV - die Raumlufttemperatur als Fixgröße voraussetzt.

Wie bei HKVV hat man auf die Definition eines oberflächenabhängigen c-Wertes verzichtet. Der c-Wert ist hier durch die folgende Gleichung definiert:

$$c = 1 - \frac{\Delta t_s}{\Delta t} = \frac{t_m - t_F + (t_{RL} - t_L)}{\Delta t} \tag{12.8}$$

In dieser Gleichung bedeuten

Δt ... die Heizmittelübertemperatur: $\Delta t = t_m - t_L$ oder die logarithmische Übertemperatur nach Gl. (2.34)

Δt_s ... die Temperaturdifferenz für die Temperatur des heizkörperseitigen Sensors t_F und des raumseitigen Sensors t_{RL}

Die Definition nach Gl. (12.8) unterscheidet sich von der c-Wert-Definition nach Gl. (12.1) durch den Term im Zähler: $(t_{RL} - t_L)$, der den Temperaturunterschied zwischen dem Raumluftsensor mit der Temperatur t_{RL} und der tatsächlichen Raumlufttemperatur t_L (zumindest jener laut Definition) darstellt.

Bei Geräten, die die Vorlauf- und Rücklauftemperatur durch Anlegefühler und die Raumlufttemperatur erfassen, ist zu berücksichtigen, daß bei Messungen an Oberflächen eine vom Temperaturniveau abhängige Meßabweichung entsteht.

Wie auch bei HKVV ist der Schwachpunkt elektronischer Verteiler die exakte Festlegung der richtigen Bewertungsgrößen.

Man kennt heute die folgenden, auch realisierten Meßprinzipien:

Einfühlergeräte: Sie erfassen die mittlere Oberflächentemperatur der Heizfläche oder des Heizmediums. Bei Annahme der richtigen Raumlufttemperatur und Temperatur der Umschließungswände stellt diese Messung sicherlich ein Maß für die vom Heizkörper abgegebene Wärmemenge dar.

Zweifühlergeräte: Aus der Tatsache, daß die Raumlufttemperatur neben der mittleren Heizkörper-Oberflächentemperatur die Wärmeabgabe des Heizkörpers bestimmt, ist es nur folgerichtig, aus dem aktuellen Wert der Raumlufttemperatur die tatsächliche Übertemperatur zu ermitteln. Aus Gründen der Manipulierbarkeit wird aber meist auf eine getrennte Messung der Raumlufttemperatur verzichtet und statt dessen eine Ersatztemperatur herangezogen, die mit der Raumlufttemperatur korreliert ist. Meist ist der Fühler für die Ersatztemperatur an der vorderen, dem Heizkörper abgewandten Seite des HKVE montiert. Eine andere Form des Zweifühlergerätes mißt die Vor- und Rücklauftemperatur durch Anlegefühler und setzt den Wert der Raumlufttemperatur als Fixwert voraus. Aus den Meßwerten und dem Fixwert für die Raumlufttemperatur wird entweder die arithmetische (nach Gl. (2.38)) oder die logarithmische Übertemperatur (nach Gl. (2.34)) berechnet.

Dreifühlergeräte: Wird neben der Vor- und Rücklauftemperatur auch noch die Raumlufttemperatur gemessen, dann liegt ein sogenanntes Dreifühlergerät vor. Es kann - zumindest theoretisch - die physikalisch wirksame logarithmische Übertemperatur erfassen.[10] Eine Sonderform ist das sogenannte Vierfühlergerät, bei dem im obersten Drittel des Heizkörpers ein zusätzlicher Meßfühler angebracht ist, um daraus eine weitere Information über den Drosselzustand abzuleiten.

Mehrfühlergeräte: Werden Ein-, Zwei- oder Dreifühlergeräte mit Meßfühlern verknüpft, die den Transmissionswärmestrom zwischen einzelnen Wohneinheiten zu bestimmen gestatten, dann liegt ein Meßsystem vor, das den tatsächlichen Wärmeverbrauch mißt und nicht nur jenen, der durch die Wärmeabgabe von Heizflächen gege-

---

[10] K. Engelhardt: Neuartige elektronische Heizkostenverteilersysteme mit direkter Wärmeerfassung HLH 32(1981), Nr. 3, S. 136 ff

ben ist (siehe auch Kapitel 2). Eine Realisierung dieses Meßprinzips konnte sich allerdings wegen der hohen Investitions- und Installationskosten nicht durchsetzen.[11]

In der Europanorm EN 834 wurde für HKVE der Basiszustand folgendermaßen festgelegt:

- Obere Vorlaufeinführung
- mittlere Heizmediumtemperatur t_m = 40 °C bis 60 °C
- Referenz-Lufttemperatur t_L = (20 ± 2) °C, die in einer klimastabilen Prüfkabine 0,75 m über dem Boden in einem Abstand von 1,5 m vor der Heizfläche zu messen ist
- Heizmediumstrom (Wasserstrom durch den Heizkörper bei $t_V/t_R/t_L$ = 90 °C/70 °C/20 °C)

12.4 Betrachtungen zur Anzeigegenauigkeit von Heizkostenverteilern

12.4.1 Allgemeines

Die Angabe von Meßfehlern ist eigentlich nur auf echte Meßgeräte anwendbar, also auf Geräte, die nach einem exakt definierbaren Verfahren arbeiten.[12] Trotzdem ist bei Betrachtung der Anzeigecharakteristik nach Abb. 12.2 die Angabe eines Fehlerverlaufes sinnvoll, wie es ja auch in Abb. 12.3 geschehen ist.

Wir wollen daher die Angabe von Meßfehlern etwas weiter fassen und grundsätzlich dort anwenden, wo ein eindeutig definierbarer Bezugswert existiert. Im Falle der Darstellung in Abb. 12.2 bzw. 12.3 ist dieser Bezugswert die Heizkörperleistung, wobei die Verdunstungsgeschwindigkeit auf einen Wert normiert ist, der einer Übertemperatur von 35 K entspricht. Einer bestimmten Heizkörperleistung läßt sich auf diese Art ein Sollwert der Anzeigegeschwindigkeit (= Änderung der Skalenteile pro Zeiteinheit) zuordnen. Das zeitliche Integral der Anzeigegeschwindigkeit stellt dann ein Maß für die in einem bestimmten Zeitraum vom Heizkörper abgegebene Wärmeenergie dar.

Sei a die tatsächliche Anzeigegeschwindigkeit, dann ist der zugeordnete Sollwert a_N proportional der Heizkörperleistung. Damit läßt sich ein relativer Meßfehler durch die Gleichung

$$F = \frac{a - a_N}{a_N} \tag{12.9}$$

definieren.

---

[11] U. Schmitz, H. Winterhoff: Elektronisches Meßsystem für die Heizkostenverteilung, Elektrotechnik u. Maschinenbau 97(1980), H. 3, S. 125 ff; siehe auch: Elektronisches Meßsystem für die Heizkostenverteilung, HEIKOZENT, Techn. Mitt. AEG-TELEFUNKEN 68(1978),Nr. 6/7, S. 209 ff

[12] Trotzdem werden in EN 834/835 Heizkostenverteiler als registrierende „Meßgeräte" bezeichnet (jeweils Kapitel 3)

In dieser Betrachtungsweise werden allerdings zwei Fehlerarten vermischt: Zum ersten erhält praktisch jedes Meßsystem eine durch die Temperaturaufnehmer verursachte systematische Abweichung gegenüber dem Sollwert. Diese Eigenschaft hat grundsätzlich jedes Exemplar einer Bauart. Man spricht auch von bauartspezifischen Fehlern. Andererseits hat aber auch jedes Exemplar eine Abweichung gegenüber einer Sollkurve für die Bauart. Ihn wollen wir als Exemplarfehler bezeichnen. Zur Verdeutlichung sind diese beiden Fehlerarten in Abb. 12.4 dargestellt.

Für den Nutzer ist wesentlich, daß der durch Gl. (12.8) gegebene Fehler beschränkt ist. Bei Wärmezählern erfolgt dies durch die von den nationalen Eichbehörden festgelegten Eichfehlergrenzen.

Für HKV gibt es zwar keine Eichpflicht, da nur das System HKV/Heizkörper ein Meßgerät im physikalischen Sinne darstellen würde, für das aber eine Eichpflicht schon aus praktischen Gründen nicht in Frage kommt, trotzdem versucht man auch für die gegenständliche Gerätegattung meßtechnische Anforderungen durch Normen aufzustellen. Wir werden später noch darauf eingehen.

Im Sinne des Verwendungszweckes der HKV ist zwar die Angabe des Meßfehlers ein Qualitätskriterium, für die Genauigkeit der Heizkostenverteilung selbst aber relativ bedeutungslos. Wirklich interessiert eigentlich nur die Meßunsicherheit des Jahresverbrauches eines Nutzers. Dazu ist neben der Kenntnis des Meßfehlerverlaufes im Sinne der Abb. 12.3 bzw. Abb. 12.4 auch zu berücksichtigen, daß

- verschiedene Betriebszustände bzw. Wärmeleistungen verschieden häufig vorkommen. Dies kommt im Gewichtungsfaktor g(P) zum Ausdruck.
- Meßfehler bei großen Wärmeleistungen auf die Ermittlung der jährlich registrierten Wärmemenge einen größeren Einfluß haben als bei kleinen. Diese Tatsache wird durch den folgenden Gewichtungsfaktor berücksichtigt (siehe auch Gl. (2.53)):

$$\frac{P}{P_{max}} \approx \left(\frac{\Delta t}{\Delta t_{max}}\right)^n$$

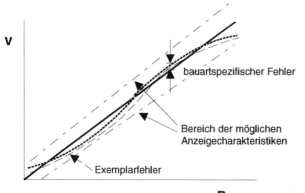

Abb. 12.4: Zur Verdeutlichung der Begriffe: bauartspezifischer Fehler und Exemplarfehler
V bedeutet die Anzeigegeschwindigkeit in Skalenwerten pro Zeiteinheit,
P die Heizkörperleistung

Für den Jahresmeßfehler findet man daher:[13]

$$F_J = \frac{\int_0^{P_{max}} F(P) g(P) \frac{P}{P_{max}} dP}{\int_0^{P_{max}} g(P) \frac{P}{P_{max}} dP} = \frac{\int_0^{\Delta t_m} F(\Delta t) g(\Delta t) \left(\frac{\Delta t}{\Delta t_{max}}\right)^n d\Delta t}{\int_0^{\Delta t_m} g(\Delta t) \left(\frac{\Delta t}{\Delta t_{max}}\right)^n d\Delta t} \quad (12.10)$$

Verteilung der Übertemperaturen — Leistungsgewichtung

Um den Jahresmeßfehler ermitteln zu können, müssen wir zunächst die Häufigkeitsverteilungen der Wärmeleistungen bzw. der Übertemperaturen in der Heizperiode bzw. im Kalenderjahr untersuchen.

12.4.2 Häufigkeitsverteilung der Wärmeleistungen bzw. Übertemperaturen

Die in einem Objekt benötigte Wärmeleistung ist einerseits mit der Außentemperatur korreliert,[14] andererseits aber auch mit der Übertemperatur des Heizkörpers Δt und damit mit der Heizmitteltemperatur t_m und der Temperatur t_F des heizkörperseitigen Sensors eines HKV. Für den Zusammenhang zwischen Außentemperatur t_a und Heizungsleistung P_H gilt daher:

$$P_H = P_T + P_L = (t_L - t_a) \left[\sum_i k_i A_{ai} + c_L \right] \quad (12.11)$$

In dieser Beziehung bedeuten

k_i ... die Wärmedurchgangskoeffizienten der Außenwände eines Objektes
A_{ai} ... die entsprechenden Flächen
P_T ... den Transmissionsanteil der Heizungsleistung
P_L ... den Lüftungsanteil der Heizungsleistung (= $c_L (t_L - t_a)$)
c_L ... die spezifische Wärme der Luft

Zwischen dem Transmissionsanteil der Heizungsleistung P_H^T im Objekt und den Übertemperaturen an den einzelnen Heizkörpern (Index j) gilt:

---

[13] F. Adunka: Meßtechnische Grundlagen der Heizkostenverteilung, VDI-Fortschrittsberichte, Reihe 19, Nr. 21, VDI-Verlag, Düsseldorf, 1987, Seite 72 ff
[14] Diese Korrelation besteht nicht nur mit der Außentemperatur sondern auch mit der Windgeschwindigkeit, was wir allerdings für unsere Überlegungen vernachlässigen wollen.

$$P_H^T = \sum_j P_{max} \left(\frac{\Delta t_j}{\Delta t_{max}} \right)^n \qquad (12.12)$$

In diesen Beziehungen wurde - vereinfachend - angenommen, daß die gesamte Verlustleistung eines Gebäudes durch Heizkörper aufgebracht wird und alle Heizkörper etwa im gleichen Betriebszustand sind (d.h. $\Delta t_j = \Delta t_k = ...$). Aus den Gleichungen (12.11) und (12.12) kann, unter Vernachlässigung des Lüftungsanteiles, auf die Beziehung:

$$\Delta t \propto (t_L - t_a)^{\frac{1}{n}} \approx (t_L - t_a)^{0,77} = t_P^{0,77} \qquad (12.13)$$

geschlossen werden, die aussagt, daß zwischen der Übertemperatur am Heizkörper Δt und der Außentemperatur t_a bzw. der sogenannten Leistungstemperatur $t_P = t_L - t_a$ im Idealzustand ein definierter Zusammenhang besteht, wenn

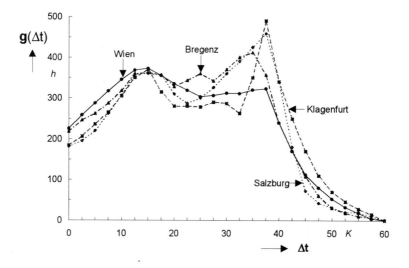

Abb. 12.5: *Häufigkeit der Übertemperaturen g(Δt) am Heizkörper entsprechend der Außentemperaturverteilung nach Abb. 11.3*

☛ die Raumlufttemperatur t_L annähernd konstant ist,
☛ der Heizkörperexponent mit n = 1,3 als konstant angenommen werden kann und
☛ alle Heizkörper voll in Betrieb sind.

Aus Gl. (12.13) folgert man, daß jeder Außentemperatur eine ganz bestimmte Übertemperatur am Heizkörper entspricht.

Bereits im Kapitel 11 wurde die Häufigkeit der Außentemperatur von einigen Städten gezeigt.[15] Berechnet man nun aus den Außentemperaturen mittels Gl. (12.13) die entsprechenden Übertemperaturen, dann erhält man die Kurven in Abb. 12.5.

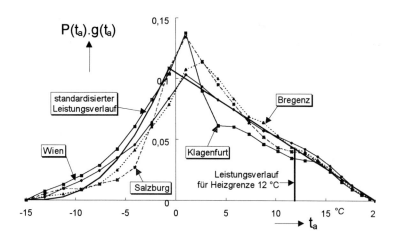

Abb. 12.6: *Gewichteter Leistungsbedarf, d.h. Leistung, die einer bestimmten Außentemperatur entspricht, multipliziert mit der entsprechenden Häufigkeit. Auf der Ordinate sind relative Einheiten aufgetragen*

In Abb. 12.6 ist darüberhinaus die Heizleistung noch mit der Häufigkeit multipliziert, mit der bestimmte Außentemperaturen verbunden sind. Man erkennt, daß - unabhängig vom speziellen Klima - das Maximum bei etwa 2 °C liegt. Das entspricht auch etwa jener Außentemperatur, die als mittlere Außentemperatur der Heizperiode gilt.

Trotz des unterschiedlichen lokalen Klimaverlaufes findet man eine mittlere Übertemperaturverteilung, die durch die folgende Beziehung ausgedrückt werden kann. Wir wollen sie als **Standardverteilung** $g^*(\Delta t)$ bezeichnen.[16]

$$\text{Standardverteilung:}^{17} \quad g^*(\Delta t) = \begin{cases} 1 & \text{für } 0 \leq \dfrac{\Delta t}{\Delta t_{max}} \leq \dfrac{2}{3} \\ 27(1 - \dfrac{\Delta t}{\Delta t_{max}})^3 & \text{für } \dfrac{2}{3} \leq \dfrac{\Delta t}{\Delta t_{max}} \leq 1 \end{cases} \quad (12.14)$$

Mit diesem Rüstzeug können wir nun versuchen, Aussagen zum Jahresmeßfehler von Heizkostenverteilern zu finden. Besonders aussagekräftig wird diese Größe beim HKVV

---

[15] siehe dazu: Klimadaten von Österreich, herausgegeben vom Fachverband der Maschinen- und Stahlbauindustrie, 1978
[16] F. Adunka, W. Kolaczia: Lokales Klima und Potenzgesetz für Heizkörper, HLH 36(1985), Nr. 5, S. 230 ff
[17] Die Annahme des Verlaufes der Standardverteilung orientiert sich an Abb. 12.5; die Zahlenwerte sind allerdings willkürlich gewählt.

sein, ist doch seine Anzeigecharakteristik durch physikalische Gesetze (Verdunstungsgesetze) gegeben, ein eventueller Jahresmeßfehler also auf den systematischen Fehler aufgrund der Verdunstungscharakteristik zurückzuführen, nicht aber auf zufällige Meßabweichungen.

12.4.3 Jahresmeßfehler von HKVV

Wir haben weiter oben (siehe Abschnitt 12.2) die meßtechnischen Eigenschaften von HKVV angesprochen und gefunden, daß, aufgrund ihrer Anzeigecharakteristik, eigentlich kein vernünftiges Meßresultat zustandekommen dürfte. Wir sind dabei vom Augenblickswert des Anzeigefehlers ausgegangen, was aber für die Heizkostenverteilung nicht die richtige Ausgangsbasis ist. Besser ist jedenfalls, wenn wir statt dessen einen mittleren Anzeigefehler über eine ganze Heizperiode ermitteln, den wir als Jahresmeßfehler bezeichnen wollen.

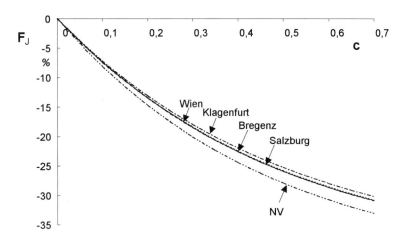

Abb. 12.7: Jahresmeßfehler für einen HKVV mit der Meßflüssigkeit Tetralin. NV ist die Standardverteilung nach Gl. (12.14). Auf der Ordinate ist der Jahresmeßfehler aufgetragen; er ist willkürlich so normiert, daß für c = 0 auch F_J = 0 ist.

In Abb. 12.7 ist dieser Jahresmeßfehler für einen HKVV auf der Grundlage der Gl. (12.10) dargestellt. Man erkennt, daß der Jahresmeßfehler in erster Linie vom c-Wert abhängt. Dies ist ein verblüffendes Ergebnis, ist es doch unabhängig vom Meßfehler und kaum abhängig vom lokalen Klima. In erster Linie beeinflussen also c-Wert-Unterschiede den Jahresmeßfehler. Wie stark Unterschiede im c-Wert, beispielsweise bei ansonsten bauartgleichen HKVV, die aber an unterschiedlichen Heizkörpern montiert sind, den Jahresmeßfehler beeinflussen, zeigt die Abb. 12.8.

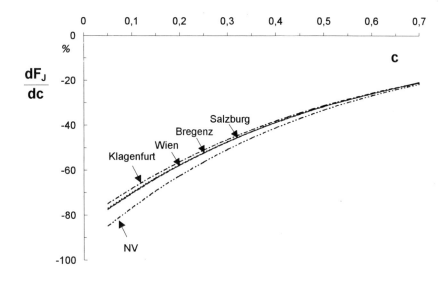

Abb. 12.8: Änderung des Jahresmeßfehlers mit dem c-Wert bei HKVV. NV bedeutet die Standardverteilung nach Gl. (12.14)

12.4.4 Jahresmeßfehler von HKVE

Bei HKVE ist die Anpassung der Anzeigecharakteristik an den Leistungsverlauf des Heizkörpers im Prinzip beliebig genau, woraus ein verschwindender Jahresmeßfehler folgen würde. Problematisch ist bei HKVE, daß ein Offsetfehler auftreten kann, der zu einer (Parallel-) Verschiebung der Anzeigecharakteristik führt (siehe dazu die Abb. 12.9). Wir wollen die Auswirkung des Offsetfehlers auf den Jahresmeßfehler untersuchen, der nun im Gegensatz zu HKVV ein zufälliger Fehler ist.

Beziehen wir unsere Überlegungen wieder auf eine komplette Heizperiode, dann führen diese Abweichungen ebenfalls zu einem Jahresmeßfehler, der aber nun eine andere Ursache hat als beim HKVV.

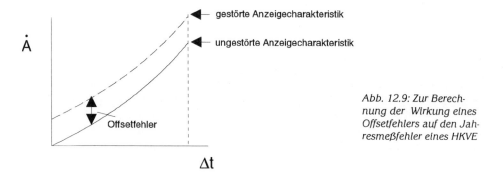

Abb. 12.9: Zur Berechnung der Wirkung eines Offsetfehlers auf den Jahresmeßfehler eines HKVE

Zur Abschätzung des Jahresmeßfehlers wollen wir die folgenden Annahmen treffen:[18]
Die ideale Anzeige des HKVE entspreche dem Leistungsverlauf nach dem Potenzgesetz:

$$\dot{A} = k\,\Delta t^n \qquad (12.15)$$

$\dot{A}$ sei die Anzeigegeschwindigkeit des HKVE, z.B. in der Einheit Skaleneinheiten pro Stunde,[19] k ein Skalierungsfaktor und n der Heizkörperexponent. Wird die Summation über die gesamte Heizperiode ausgeführt, ergibt sich mit τ als der Zeit:

$$W = \int_0^{\Delta t_{max}} \dot{A}\,d\tau = \int_0^{\Delta t_{max}} \dot{A}\,g(\Delta t)\,d\Delta t \qquad (12.16)$$

In dieser Gleichungskette wurde die Zeit in die Temperaturdifferenz transformiert, wobei die Größe $g(\Delta t)$ die Häufigkeit darstellt, mit der bestimmte Übertemperaturen auftreten.
Wenn wir vorerst annehmen, daß alle Übertemperaturen Δt gleich verteilt sind, daß also gilt: $g(\Delta t) = 1$, dann folgt daraus für das registrierte Verbrauchssignal:

$$W = \int_0^{\Delta t_{max}} k\,\Delta t^n\,d\Delta t = k\,\frac{\Delta t_{max}^{n+1}}{n+1} \qquad (12.17)$$

Nun überlagern wir dem Anzeigesignal eine Störung in der Form:

$$\dot{A}' = \dot{A} + \text{Störung} = k\,(\Delta t + \Delta t_o)^n, \qquad (12.18)$$

dann ergibt sich für das registrierte Verbrauchssignal:

$$W' = \int_0^{\Delta t_{max}} k\,(\Delta t + \Delta t_o)^n\,d\Delta t = \ldots = k\,\frac{\Delta t_{max}^{n+1}}{n+1}\left[1 + \frac{(n+1)\,\Delta t_o}{\Delta t_{max}}\right] \qquad (12.19)$$

Der Einfluß der Störung ergibt sich durch Vergleich von Gl. (12.17) und (12.19) zu:

$$\varepsilon = (n+1)\,\frac{\Delta t_o}{\Delta t_{max}} \qquad (12.20)$$

und ergibt den Betrag des Jahresmeßfehlers, der nun aber abhängig von der Größe der Störung (Δt_0) ist, also sozusagen einen zufälligen Fehler darstellt. Es sei nochmals betont, daß dieser Jahresmeßfehler nicht mit jenem des HKVV vergleichbar ist, der ja ein systembedingter, also systematischer Fehler ist und kaum zufällige Anteile enthält.

---

[18] *H. Ziegler:* Vorzüge und Probleme elektronischer Heizkostenverteiler, HLH 34(1983), Nr. 2, S. 54 ff
[19] Im Prinzip kann für den Skalenwert auch die Einheit Wh angenommen werden, dann bedeutet W den gesamten Energieverbrauch in der Heizperiode.

Beispiel 12.1: Die maximale Übertemperatur in der Heizperiode sei: $\Delta t_{max} = 60$ K, der Heizkörperexponent n = 1,3 und die Störung sei: $\Delta t_o = 3$ K, dann folgt daraus: $\varepsilon = 0,115$ bzw. ein Jahresmeßfehler von 11,5 %.

Wenn wir die gleiche Rechnung wie oben für die Standardverteilung der Übertemperaturen nach Gl. (12.14) durchführen, dann erhalten wir analog für den Einfluß der Störung:[20]

$$W' = \frac{\int_0^{\Delta t_{max}} k(\Delta t + \Delta t_o)^n \, g^*(\Delta t) \, d\Delta t}{\int_0^{\Delta t_{max}} g^*(\Delta t) \, d\Delta t} = \ldots = k \frac{\Delta t_{max}^{n+1}}{n+1} \left[1 + \frac{2,34 \, n \, \Delta t_o}{\Delta t_{max}} \right] \quad (12.21)$$

und $\quad \varepsilon = \dfrac{2,34 \, n \, \Delta t_o}{\Delta t_{max}}$ \hfill (12.22)

Beispiel 12.2: Mit den gleichen Annahmen wie in Beispiel 12.1 ergibt sich nun ein etwas größerer Jahresmeßfehler, nämlich etwa 15 %.

12.5 Bewertungsfaktoren

Heizkostenverteiler erfassen nicht die Wärmeleistung, bzw. in integrierter Form, die Wärmeenergie, sondern eine mehr oder weniger repräsentative Temperatur einer Heizfläche. Zur Umrechnung dieser Temperatur in die entsprechende Leistung sind Bewertungsfaktoren nötig. Je präziser diese Bewertungsfaktoren angewendet werden, um so besser wird die Heizkostenerfassung und in der Folge -aufteilung. Diese Vorgangsweise ist allerdings aus mehreren Gründen schwierig, wie z.B. in [21] ausgeführt wurde.

Wenn wir zunächst die Ermittlung der Leistung, als Augenblickswert der Wärmeabgabe eines Heizkörpers, betrachten, dann findet man, daß diese von der gemessenen Oberflächentemperatur t an der Stelle der HKV-Montage, dem c-Wert und der tatsächlichen Raumlufttemperatur t_L abhängt. Es gilt also:

$P = P(t, c, t_L)$ \hfill (12.23)

Betrachten wir ein differentielles Leistungselement dP, dann findet man für das totale Differential:

---

[20] Der Nenner in Gl. (12.21) dient zur Normierung analog Gl. (12.9).
[21] *F. Adunka*: Ermittlung des Wärmeverbrauches: Zur Anwendung der Korrekturfaktoren bei Heizkostenverteilern auf Verdunstungsbasis, HLH 36(1985), Nr. 9, S. 463
F. Adunka: Meßtechnische Grundlagen der Heizkostenverteilung, VDI-Fortschrittsberichte, Reihe 19, Nr. 21, VDI-Verlag, 1987

$$dP = \left(\frac{\partial P}{\partial t}\right)dt + \left(\frac{\partial P}{\partial c}\right)dc + \left(\frac{\partial P}{\partial t_L}\right)dt_L = p_t dt + p_c dc + p_{t_L} dt_L \qquad (12.24)$$

Die partiellen Differentialquotienten in Gl. (12.24) stellen eine Art Empfindlichkeitskoeffizienten dar, die die Abhängigkeit der zu bestimmenden Leistung von den einzelnen Einflußgrößen beschreiben. So bedeuten:

- p_t den Einflußkoeffizienten der Oberflächentemperatur auf die Leistung des Heizkörpers; dieser könnte prinzipiell mit Gl. (2.44) ermittelt werden
- p_c den Einflußkoeffizienten des c-Wertes und
- p_{tL} den Einflußkoeffizienten der Raumlufttemperatur

Die Ermittlung dieser Einflußkoeffizienten ist schwierig, im Fall des Einflußkoeffizienten p_t, wie im Kapitel 11 dargelegt wurde, nahezu unmöglich.

Man geht daher in der Praxis einen anderen Weg, indem man nicht die Absolutwerte der Wärmeleistung einzelner Heizflächen zu ermitteln trachtet, sondern sich mit Relativwerten zufriedengibt. Diese Vorgangsweise ist auch naheliegend, wenn der gesamte Wärmeverbrauch eines Ensembles bereits bekannt ist und es sich lediglich um die Aufteilung auf die einzelnen Nutzer handelt.

Dazu bedient man sich, wie bereits erwähnt, eines Basisheizkörpers, der auch für die Ermittlung der Bewertungsfaktoren nützlich ist, da man alle Bewertungsfaktoren nicht absolut, sondern in Relation zum Basisheizkörper bestimmt. Die Vorgangsweise wollen wir nun anhand der drei Bewertungsfaktoren erläutern.

12.5.1 Der Bewertungsfaktor K_Q

In der Regel wird der Bewertungsfaktor K_Q experimentell bestimmt. Um die Grenzen der Gültigkeit zu zeigen, wollen wir im folgenden einige theoretische Überlegungen anstellen.[22]

Betrachten wir dazu einen Basisheizkörper mit der Normleistung P_B und den zu bewertenden Heizkörper P_x, dann ist der Bewertungsfaktor für die Heizkörperleistung des Heizkörpers x, unter Beachtung des Potenzgesetzes:

$$K_Q = \frac{P_B}{P_x} = \frac{P_{B,N}}{P_{x,N}}\left(\frac{\Delta t}{\Delta t_N}\right)^{n_B - n_x} = \frac{P_{B,N}}{P_{x,N}} \cdot k_Q \qquad (12.25)$$

Für $n_B = n_x$ ist der Bewertungsfaktor K_Q unabhängig vom Betriebszustand der Heizkörper und stellt lediglich das Leistungsverhältnis dar; anderenfalls muß für Δt die Übertemperatur des Basiszustandes eingesetzt werden. Ist beispielsweise $n_x = 1{,}05$, $n_B = 1{,}3$, $\Delta t_B = 25$ K und $\Delta t_N = 60$ K, dann folgt für die Hilfsgröße k_Q in Gl. (12.25): 0,8034.

---

[22] In den noch zu besprechenden Europanormen EN 834/835 wird eine andere Definition des Bewertungsfaktors K_Q gewählt, die auf den Basisheizkörper verzichtet und den Bewertungsfaktor zahlenmäßig (ohne Einheit) der Leistung des Heizkörpers gleichsetzt. Für unsere Überlegungen ist es jedoch günstiger, sich auf einen Basisheizkörper zu beziehen, der im Prinzip auch fiktiv sein kann.

Mit anderen Worten: Wird k_Q in Gl. (12.25) vernachlässigt, wird der Bewertungsfaktor K_Q um etwa 20 % zu niedrig angesetzt. Für unser Beispiel ist der Verlauf der Hilfsgröße k_Q und ihr Differentialquotient in Abhängigkeit von Δt in Abb. 12.10 dargestellt. Je nach Wahl des Basiszustandes, ausgedrückt durch eine mittlere Übertemperatur Δt_B, erhält man unterschiedliche Werte, wenn auch die Änderungen von k_Q im Bereich von 25 K $\leq \Delta t \leq$ 35 K weniger als 1 % /K betragen.

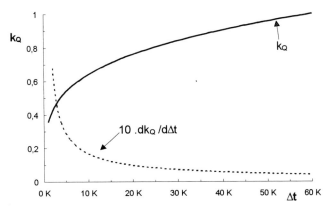

Abb. 12.10: Verlauf der Hilfsgröße k_Q mit der Übertemperatur. Eingezeichnet ist ferner der Differentialquotient $dk_Q/d\Delta t$

Der Bewertungsfaktor K_Q ist naturgemäß der wichtigste, da er das Verhältnis der Leistung des Basisheizkörpers zum bewerteten Heizkörper darstellt. In diesem Bewertungsfaktor steckt aber nach den neuen Normen jener für die Anschlußart. Da es durchaus vorkommen kann, daß man Heizkörper unterschiedlicher Anschlußart in einem Abrechnungsensemble mischt, muß man auf eventuelle Leistungseinbußen durch besondere Anschlußarten achten. Wie bereits im Kapitel 2 ausgeführt wurde, muß man dann aber auch auf eventuell geänderte Montageorte und geändertes Teillastverhalten (Heizkörperexponent n) Rücksicht nehmen.

12.5.2 Der Bewertungsfaktor K_C

Der Bewertungsfaktor K_C[23] dient dazu, die Auswirkungen unterschiedlicher c-Werte der einzelnen Kombinationen Heizkostenverteiler/Heizkörper zu kompensieren. K_C setzt sich aus den beiden Anteilen $K_{C,N}$ und ρ nach

$$K_C = K_{C,N}\, \rho \qquad (12.26)$$

---

[23] Auch K_C wird neuerdings etwas anders definiert: Bei HKVV wird er als Verhältnis der Verdunstungsgeschwindigkeiten bei der Basis-Meßflüssigkeitstemperatur und am zu bewertenden Heizkörper definiert. Bei HKVE stellt er das Verhältnis aus der Basis-Anzeigegeschwindigkeit und der Anzeigegeschwindigkeit am zu bewertenden Heizkörper im Basiszustand dar. Die Basis-Anzeigegeschwindigkeit wird im Basiszustand und bei c = 0 bestimmt.

zusammen, die man nach den folgenden Gleichungen berechnet:[24]

$$K_{C,N} = \frac{\dot{A}_B}{\dot{A}_x} = \frac{(t_B - t_L)^{n_B}}{(t_x - t_L)^{n_x}} = \frac{(1-c_B)^{n_B}}{(1-c_x)^{n_x}} \qquad (12.27)$$

und

$$\rho = \frac{(1 + \frac{t'_B - t_B}{\Delta t\,(1-c_B)})^{n_B}}{(1 + \frac{t'_x - t_x}{\Delta t\,(1-c_x)})^{n_x}} \qquad (12.28)$$

Für **HKVE, Heizkostenverteiler mit elektrischer Meßgrößenerfassung,** spielt der Term ρ nach Gl. (12.28) keine Rolle. Dafür ergibt sich in guter Näherung die folgende Gleichung für K_C, wenn man noch die Annahme $n_B \approx n_x \approx n$ trifft:

$$K_C \approx K_{C,N} \approx (1 + n\,\Delta c) \qquad (12.29)$$

Δc ist die Differenz der c-Werte des zu bewertenden Heizkörpers und des Basisheizkörpers und durch:

$$\Delta c = c_x - c_B \qquad (12.30)$$

definiert.

Für n = 1,3 und Δc = ± 0,1 ergibt sich eine Auswirkung auf den K_C-Wert von ± 0,13 oder 0,87 ≤ K_C ≤ 1,13. Mit anderen Worten: Durch die Unsicherheit in der Bestimmung von K_C ergibt sich ein Meßfehler von ± 13 %.

Für **HKVV** spielt der Term nach Gl. (12.28) eine entscheidende Rolle. Man erhält für diesen Fall: [25]

$$K_C = (\frac{T_{F,B}}{T_{F,x}})^{0,81} \frac{\ln(1 - \frac{p_B}{p})}{\ln(1 - \frac{p_x}{p})} , \qquad (12.31)$$

worin mit p_B und p_x die Dampfdrücke der Verdunsterflüssigkeiten bezeichnet werden und mit p der Luftdruck. Die Dampfdrücke kann man nach Gl. (12.7) berechnen.

---

[24] *F. Adunka:* Meßtechnische Grundlagen der Heizkostenverteilung, VDI-Fortschrittsberichte, Reihe 19, Nr. 21, VDI-Verlag, 1987

[25] Hier ist für die Flüssigkeitstemperatur die absolute Temperatur einzusetzen. Siehe dazu auch *A. Hampel:* Anwendungstechnische Grundlagen der ista-Heizkostenverteiler auf Verdunstungsbasis, herausgegeben von der ista-Verwaltung, Mannheim, 1980

12.5.3 Der Bewertungsfaktor K_T

K_T ist dann anzuwenden, wenn die Raumlufttemperatur vom Heizkostenverteiler nicht erfaßt wird (Einfühlergerät!) und wesentlich von der Basis-Raumlufttemperatur t_{LB} abweicht. Nach EN 834 und EN 835 muß dieser Faktor angewendet werden, wenn die Auslegungs-Raumlufttemperatur kleiner als 16 °C ist. Wir wollen überprüfen, ob diese Grenze sinnvoll ist, und dazu die folgenden Überlegungen anstellen.

Der Bewertungsfaktor setzt sich ebenfalls aus zwei Anteilen $K_{T,P}$ und $K_{T,M}$ zusammen:

$$K_{T,P} = (1 - \frac{\Delta t_L}{\Delta t_B})^n \qquad (12.32)$$

$$K_{T,M} = \frac{(1-c)^n}{(1-c\frac{\Delta t}{\Delta t_B})^n} \qquad (12.33)$$

Der erste Anteil $K_{T,P}$ berücksichtigt die Änderung der Heizkörperleistung durch die geänderte Raumlufttemperatur; der zweite Anteil den Einfluß des c-Wertes auf die gemessene Temperatur. Die Gl. (12.33) gilt unter der Voraussetzung, daß der Meßfühler i.w. die Oberflächentemperatur des Heizkörpers mißt. Für HKVV, für die diese Annahme sicher **nicht** gilt, erhält man die folgende Beziehung:

$$K_{T,M} = \frac{1}{1 + (\frac{0{,}81}{T_F} - \frac{p_D}{1-\frac{p_D}{p}} \cdot \frac{\ln 10}{\ln(1-\frac{p_D}{p})} \cdot \frac{b}{T_F^2}) \, c \, \Delta t_L} \qquad (12.34)$$

Im speziellen bedeutet in den Gleichungen (12.31) bis (12.34):

und
$$\Delta t_L = t_L - t_{LB}$$
$$\Delta t_B = t_m - t_{LB} \qquad (12.35)$$

12.5.4 Einfluß der Klimastatistik

Als entscheidender Klimaeinfluß kann wieder die Außentemperatur herangezogen werden. Wenn wir wie in Kapitel 12.4 die Standardverteilung für die Häufigkeit der Außentemperatur heranziehen (siehe Gl. (12.14)) und die weitere Annahme treffen, daß der Einfluß großer Übertemperaturen auf die Bewertungsgröße K_C, entsprechend der Wärmeleistung, stärker ausgeprägt ist als bei kleinen Werten, ergibt sich für den gemittelten Wert von K_C:

$$\overline{K}_C = \frac{1}{N} \int_0^{\Delta t_m} K_C(\Delta t)\, g*(\Delta t)\, \frac{P(\Delta t)}{P(\Delta t_m)}\, d\Delta t = \frac{1}{N} \int_0^{\Delta t_m} K_C(\Delta t)\, g*(\Delta t)\, (\frac{\Delta t}{\Delta t_m})^n\, d\Delta t \qquad (12.36)$$

In dieser Gleichungskette wurde für die Wärmeleistung das Potenzgesetz für Heizkörper

$$P = P_m \left(\frac{\Delta t}{\Delta t_m} \right)^n \qquad (12.37)$$

verwendet. N stellt in Gl. (12.36) einen Normierungsfaktor dar, der durch

$$N = \int_0^{\Delta t_m} g*(\Delta t)\, (\frac{\Delta t}{\Delta t_m})^n\, d\Delta t \qquad (12.38)$$

ermittelt werden kann.

Der Einfluß des Klimas soll hier am Beispiel von **HKVV** untersucht werden, da bei elektronischen Heizkostenverteilern (HKVE), wegen der Unabhängigkeit des K_C-Wertes von Δt, kein Klimaeinfluß auftritt.

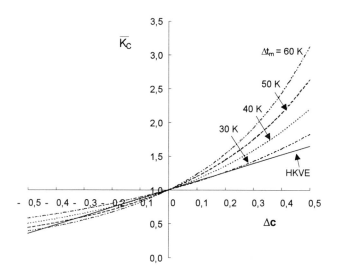

Abb. 12.11: $\overline{K}_C$ für Heizkostenverteiler nach dem Verdunstungsprinzip (HKVV). Zum Vergleich ist der klimaunabhängige c-Wert eines elektronischen Heizkostenverteilers (HKVE) eingezeichnet.

Δt_m ... maximale Übertemperatur entsprechend dem Auslegungszustand des Heizsystems

Δc ... $= c_x - c_B$ Unterschied der c-Werte zwischen dem zu bewertenden und dem Basisheizkörper

In Abb. 12.11 ist der klimakorrigierte Bewertungsfaktor $\overline{K_c}$ in Abhängigkeit von Δc für einen c_B-Wert von 0,1 im Intervall $-0,5 \leq c_x \leq 0,5$ dargestellt. Der Einfluß des Auslegungszustandes des Heizungssystems wurde durch Variation der maximal auftretenden Übertemperaturen berücksichtigt. So bedeutet $\Delta t_m = 60$ K die mittlere Übertemperatur einer 90/70-Heizung; hingegen ist durch $\Delta t_m = 30$ K eine typische Niedertemperaturheizung repräsentiert.

Auch K_T ist neben dem c-Wert auch vom Klima abhängig. In den Abb. 12.12 und 12.13 ist die Abhängigkeit des K_T-Wertes für **HKVE** von der Raumlufttemperatur einerseits und von Δt_m bzw. vom c-Wert andererseits dargestellt. Für HKVV ergeben sich ähnliche Bilder.

Der Bewertungsfaktor K_T ist für Raumlufttemperaturen $\neq 20$ °C (bzw. eine andere Basis-Raumlufttemperatur) $\neq 1$ und muß daher berücksichtigt werden. Die Bewertungsfehler können je nach Heizungssystem (gekennzeichnet durch Δt_m) und c-Wert bis zu ± 25 % betragen, sind also keineswegs vernachlässigbar.

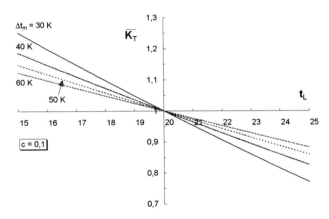

Abb. 12.12: $\overline{K_T}$ für elektronische Heizkostenverteiler (HKVE). c = 0,1, Parameter: Δt_m

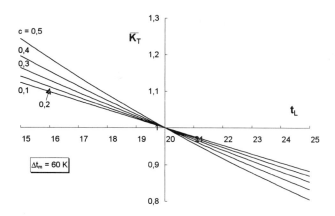

Abb. 12.13: $\overline{K_T}$ für elektronische Heizkostenverteiler (HKVE). $\Delta tm = 60$ K, Parameter: c-Wert

12.5.5 Zur Anwendung der Bewertungsfaktoren

Nach Messungen des Autors zeigte sich, daß auch bei bauartgleichen Heizkörpern beträchtliche Unterschiede im c-Wert auftreten können.[26] Wegen des Einflusses des c-Wertes auf die Bewertungsgrößen, insbesondere auf $\overline{K_C}$, treten somit Registrierungsfehler auf, die prinzipiell - weil durch die Herstellung der Heizkörper bedingt - nicht verhindert werden können. Die Größenordnung dieser Fehler läßt sich am Beispiel der Bewertungsgröße K_C abschätzen. Nach Abb. 12.11 ist die untere Grenze für $\overline{K_C}$ bei **HKVE** durch die Steigung der Geraden mit

$$\frac{dK_C}{d\Delta c} \approx 3{,}3 \qquad (12.39)$$

gegeben. Nach Messungen des Autors können bei manchen Heizkörpertypen innerhalb der gleichen Bauart, bei Normdurchfluß und an vergleichbaren Punkten der Heizkörperoberfläche c-Wertunterschiede Δc bis zu 0,2 auftreten. Nach Gl. (12.39) folgt daraus ein Einfluß auf die Bewertungsgröße von

$$|\Delta \overline{K_C}| \geq 0{,}66 \qquad (12.40)$$

Nimmt man als Bezug beispielsweise einen Heizkörper mit dem niedrigeren c-Wert an, dann müßte für den anderen Heizkörper ein höherer Bewertungsfaktor vorgesehen werden. Geschieht dies nicht, ist die Bewertung des nämlichen Heizkörpers um den Faktor $1/1{,}66 \approx 0{,}60$ zu niedrig; mit anderen Worten: es tritt ein Registrierungsfehler von ca - 40 % auf.

---

[26] F. Adunka: Zum c-Wert bei Heizkörpern mit Sonderanschlüssen, HLH 46(1995), Nr. 1, S. 14 - 17 und HLH 46(1995), Nr. 2, S. 78 - 81

12.5.6 Gesamtbewertungsfaktor

Die Anzeige der einzelnen Heizkostenverteiler nach dem Abrechnungszeitraum (z.B. Heizperiode: $\Delta\tau_{HP}$): $\int_{\Delta\tau_{HP}} \dot{A}_x \, d\tau = A_x$ ist nun mit den vorhin genannten Bewertungsfaktoren zu multiplizieren. Das Endergebnis W_x, das der Wärmeabgabe des Heizkörpers x entspricht, ist nun durch folgende Beziehung gegeben:

$$W_x = A_x \, K_Q \, K_C \, K_T \tag{12.41}$$

12.6 Skalenarten

Je nachdem, ob die Bewertung der Anzeige eines HKV nach der Ablesung, sozusagen am Papier, vorgenommen wird, oder bereits in der Skala integriert ist, unterscheidet man zwei Skalenarten:

Einheitsskalen: Sie zeigen bei allen HKV einer Abrechnungseinheit die gleiche Teilung (und auch Skalenbeschriftung); die Verbrauchsbewertung der Anzeige A_x nach Gl. (12.41) erfolgt erst nachträglich und gehört damit zum Abrechnungsverfahren.

Verbrauchsskalen (früher: **Produktskalen**): Sie haben eine Skalenteilung, die eine unmittelbare Zuordnung zum tatsächlichen Verbrauch zuläßt. Während für alle Heizkörper nur eine einzige Einheitsskala ausreichend ist, sind so viele Verbrauchsskalen nötig, wie es unterschiedliche Heizkörper bzw. Bewertungsfaktoren gibt. Die Zahl der Verbrauchsskalen ist naturgemäß sehr groß, wenn man sie auch in der Praxis durch Vereinfachungen reduzieren kann.

Beide Skalensysteme haben Vor- und Nachteile: Einheitsskalen erlauben einen Vergleich von Heizkörpern, die im gleichen Zustand betrieben werden, wobei allerdings keine unmittelbare Aussage zum tatsächlichen Wärmeverbrauch möglich ist, sehr wohl aber bezüglich der „Striche". Einen Verbrauchsvergleich gestatten zwar - näherungsweise - Verbrauchsskalen, wobei hier aufgrund der Vielzahl von möglichen Skalierungen nur eine eingeschränkte Anzahl verwendet wird. Damit ist aber eine in Grenzen tolerierbare Unschärfe der Verbrauchsanzeige möglich.

12.7 Ensembleverhalten, Verteilfehler

Bisher haben wir uns mit den Eigenschaften des einzelnen Heizkostenverteilers beschäftigt. Für die Heizkostenabrechnung ist aber nicht so sehr das Einzelgerät von Interesse, sondern das Zusammenwirken aller für die Abrechnung einer Einheit relevanten HKV. Den daraus resultierenden Fehler wollen wir als Verteilfehler bezeichnen.[27]

---

[27] Es sei darauf hingewiesen, daß der hier betrachtete Verteilfehler **nicht** identisch ist mit dem Jahresmeßfehler, der sich auf den einzelnen Heizkostenverteiler bezieht. Der Verteilfehler bezieht sich aber auf die Verteilung der Heizkosten der einzelnen Nutzer in einem Ensemble, die in der Regel mehrere Heizkostenverteiler verwenden.

Zur Problematik des Verteilfehlers gibt es eine ganze Reihe von ausgezeichneten Untersuchungen, auf die wir jedoch lediglich hinweisen wollen.[28] Der einzige Mangel dieser Arbeiten: sie sind theoretischer Natur; es fehlen die praktischen Erfahrungen im Großversuch. Zwar gibt es auch praktische Untersuchungen im größeren Stil, doch wurden meist nur Heizkostenverteilersysteme untereinander verglichen. Diese Vorgangsweise scheint dem Autor nicht zielführend zu sein, läßt sie doch keine absoluten Aussagen zu.[29]

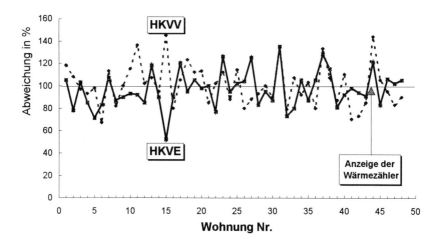

Abb. 12.14: *Ergebnisse der Heizkostenermittlung mit Wärmezählern und Heizkostenverteilern im Wohnobjekt Arsenal (Wien). Die Wärmeversorgung erfolgt durch eine Zweirohrheizung mit einer gut eingestellten Heizungskurve. Basis der Auswertung ist die Anzeige der Wohnungswärmezähler (100 %), die Abweichung von diesem Wert, ausgedrückt durch die Standardabweichung, beträgt für HKVV: 19,8 %, und für HKVE: 16,4 % (1σ-Intervall)*

Diese wurden beispielsweise in dem an anderer Stelle bereits erwähnten Großversuch gewonnen, in dem auch die Anzeigegenauigkeit von HKVV und HKVE in einer Wohnhausanlage mit 48 Wohneinheiten, durch Vergleich mit der Anzeige der entsprechenden Wohnungswärmezähler ermittelt wurde.[30] Zum Ergebnis muß festgehalten werden,

---

[28] G. Zöllner u.a: Systembedingte Fehler von Heizkostenverteilern nach dem Verdunstungsprinzip abhängig von den Betriebsbedingungen und dem Montageort, HLH 31(1980), Nr. 11, S. 408 ff
G. Zöllner: Technische Bedingungen für den Einsatz von Heizkostenverteilern, PTB-Mitt. 92(1982), H. 4, S. 254 ff
D. Goettling: Praxis der Heizkostenverrechnung mit Heizkostenverteilern, Elektrotechnik & Maschinenbau 99(1982), H. 8, S. 373 ff
P. Schleißner: Modellrechnungen zur Wärmeverbrauchsmessung mit HKVV, nichtveröffentlicht, private Mitteilung an den Autor, 1986

[29] Forschungsbericht F 1673: Erprobung von raumtemperaturabhängigen Heizkostenverteilern in einem bestehenden Bauvorhaben. Vergleichsmessungen zu Heizkostenverteilern auf Verdunstungsbasis, 1979

[30] F. Adunka, R. Ivan, A. Penthor: Bericht über das Forschungsprojekt: Vergleich von Wärmezählern und Heizkostenverteilern in einem Wohnobjekt; Ermittlung der Häufigkeit von Meßzuständen, Fernwärme international FWI 17 (1988), H. 1, S. 23 ff

daß sich die hier angegebenen Genauigkeiten auf die Summe der HKV einer Wohnung, also im allgemeinen von fünf bis sieben Geräten, beziehen und nicht auf das einzelne Gerät. Weiters ist noch anzumerken, daß als Vergleichsbasis die vom Wärmezähler angezeigte Wärmemenge pro Wohneinheit herangezogen wird, die immer noch Anteile enthält, die vom Rohrleitungssystem herrühren.

Als Bewertungsmaß wurde die Größe

$$\frac{\text{Wärmemenge}}{\text{Ableseeinheit}} = \text{spezifischer Wärmewert}$$

herangezogen, die in Abb. 12.14 für die 48 Wohnungen der betrachteten Wohnhausanlage gezeigt ist. Als Bezugswert, auf der Ordinate mit 100 % bezeichnet, wurde, wie bereits erwähnt, die Anzeige der Wohnungswärmezähler gewählt.

Die Abweichungen sind nach beiden Richtungen beträchtlich und zwar nicht nur für HKVV, sondern auch für HKVE.

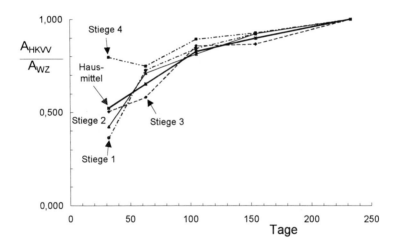

Abb. 12.15: *Zeitliche Entwicklung der Anzeige der HKVV in den vier Treppenhäusern in Relation zur Anzeige der Wärmezähler*
Verteiler: HKVV; Basis: Wohnungswärmezähler

Die summarische Darstellung über die gesamte Heizperiode läßt sich noch etwas konkretisieren, wenn man die Abbildungen 2.15 und 2.16 betrachtet. Sie stellen die Wärmeverbräuche für die einzelnen Wohneinheiten in ihrer zeitlichen Entwicklung, im Verhältnis zur Anzeige der entsprechenden Wärmezähler, dar. Durch die Normierung auf den Jahresverbrauch konvergieren die Anzeigeverhältnisse am Ende der Heizperiode gegen 1. Während der Grenzwert bei HKVV erst mit Ende der Heizperiode erreicht wird, erreichen HKVE diesen bereits nach relativ kurzer Zeit. Die Ursache für dieses unterschiedliche Verhalten ist in der Anzeigecharakteristik zu finden.

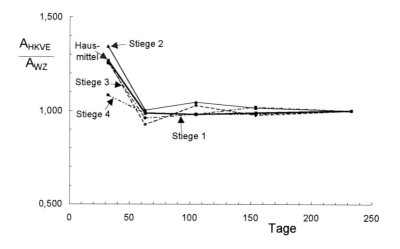

Abb. 12.16: *Zeitliche Entwicklung der Anzeige der HKVE in den vier Treppenhäusern in Relation zur Anzeige der Wärmezähler*
Verteiler: HKVE; Basis: Wohnungswärmezähler

Wie sehr die Mittelung über die HKV einer Wohnung die Meßabweichungen glättet, zeigt die Abb. 12.17, die die o.a. Verhältnisse für einzelne, ausgewählte Wohnungen darstellt.

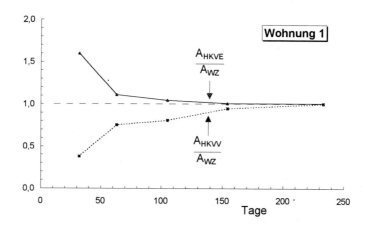

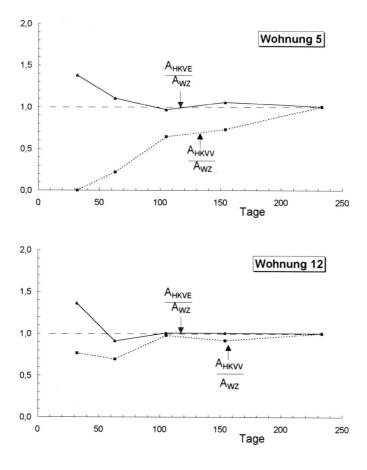

Abb. 12.17: Vergleich der zeitlichen Entwicklung der Anzeige der HKVV und der HKVE in drei willkürlich ausgewählten Wohnungen (Nr. 1, 5 und 12)

Obwohl also die zeitliche Entwicklung der Wärmeverbrauchserfassung bei HKVV und HKVE sehr unterschiedlich ist, folgen aus Abb. 12.17 annähernd gleiche Meßabweichungen, wenn die gesamte Heizperiode als Beobachtungszeitraum betrachtet wird. Dies ist ein beachtenswertes Ergebnis und zeigt die Schlüssigkeit der Überlegungen, die zum Jahresmeßfehler führten.

Dies läßt sich auch sehr schön an der Abb. 12.18 ablesen, die die sogenannten spezifischen Wärmewerte, ausgedrückt in Wh pro Einheit, der vier Treppenhäuser und für das Mittel der Anlage, für fünf Teile der Heizperiode, zeigt. Offensichtlich hängen die unterschiedlichen Wärmewerte in den fünf Teilperioden - die den Intervallen zwischen den Ablesezeitpunkten entsprechen - vom Außenklima, und damit von der herrschenden Vorlauftemperatur ab. Die Unterschiede in den Maxima und Minima werden noch ausgeprägter, wenn man statt der Stiegenmittel die spezifischen Wärmewerte einzelner Wohnungen betrachtet (Abb. 12.19).

Wie lassen sich nun die großen Abweichungen der Anzeigen der HKV gegenüber denen der Wärmezähler, die wegen der Aussagen im Kapitel 11 als nahezu fehlerfrei angenommen werden können, erklären?

Ein erster Anhaltspunkt ist durch die Tatsache gegeben, daß es nach den präsentierten Meßergebnissen den Anschein hat, als seien die Abweichungen unabhängig vom Meßsystem, also unabhängig davon, ob es sich um einen HKVV oder einen HKVE handelt. Der wesentliche Unterschied zwischen beiden Meßsystemen läßt sich ja auf die bessere Nachbildung der Heizkörpercharakteristik $P(\Delta t)$ zurückführen. Wie aber bereits ausführlich dargelegt wurde, ist die Form der Anzeigecharakteristik von untergeordneter Bedeutung, wenn man statt des bei Meßgeräten üblichen Meßfehlers den Jahresmeßfehler betrachtet, jenen Fehler also, der sich durch Mittelung über die Heizperiode, unter Berücksichtigung der Häufigkeit bestimmter Meßzustände und unter Berücksichtigung der Tatsache ergibt, daß Heizkörperzustände mit großer Leistung einen größeren Fehlerbeitrag liefern, als Zustände mit geringer Leistung. Der Jahresmeßfehler ist bei bekanntem c-Wert konstant und bei Dauerbetrieb des Heizkörpers kaum von der speziellen Verteilungsfunktion für die Übertemperatur $g(\Delta t)$ des lokalen Klimas abhängig. Dagegen wirken sich Unsicherheiten bei der Bestimmung des c-Wertes auch in einer Unsicherheit des Jahresmeßfehlers von der Größenordnung

$$\Delta F_J \approx 150 \; \Delta c \; [\%]$$

aus. Rechnet man bei der Bestimmung des c-Wertes mit einer Unsicherheit von $\pm 0{,}01$, folgt für den Jahresmeßfehler ein Unsicherheitsbereich von etwa $\pm 1{,}5 \%$.[31] Da die Art der Anbringung des HKV am Heizkörper ebenfalls eine Veränderung von c bewirkt, mag sich dadurch die Unsicherheit des Jahresmeßfehlers vielleicht verdoppeln.

Bei HKVE spielt der Jahresmeßfehler wegen der der Heizkörpercharakteristik angepaßten Anzeigecharakteristik kaum eine Rolle, weshalb er bei den Betrachtungen zum Verteilfehler praktisch vernachlässigt werden kann. Hier spielen dann aber in verstärktem Ausmaß die Exemplarfehler eine entscheidende Rolle.

Für die Bewertung der Anzeige von Heizkostenverteilern ist die Kenntnis des genauen c-Wertes von ausschlaggebender Bedeutung. So wurde im Abschnitt 12.5 gezeigt, daß die Korrekturfaktoren teilweise sehr stark von c abhängen. In erster Linie trifft dies auf den Korrekturfaktor K_C zu, der vom c-Wert-Unterschied der an der Verteilung beteiligten HKV abhängt. Für Verdunster ist es sogar angebracht, einen Korrekturfaktor $K_{\Delta c}$ einzuführen, der die Unterschiede im Jahresmeßfehler aufgrund unterschiedlicher c-Werte kompensiert.

Die Heizkostenabrechnung wird noch durch zwei weitere Größen beeinflußt: Zum ersten haben unterschiedliche Heizkörperexponenten einen bei Verdunstern nichtkompensierbaren und bei HKVE einen in der Regel nicht kompensierten Einfluß. Er ist leider nicht so klein, wie vermutet wird. Diese Fehleinschätzung beruht auf der von *Schlapmann* empfohlenen Verwendung eines mittleren Heizkörperexponenten von 1,33.[32] Abgesehen davon, daß dieser Wert nicht - wie vielfach vermutet wird - physikalisch begründet ist, was auch oft durch die Schreibweise n = 4/3 zum Ausdruck kommt, kann er vom Autor nicht bestätigt werden. Bei allen Leistungsmessungen, die

---

[31] Die Unsicherheitsangabe für c von 0,01 ist sehr günstig, wie weiter unten (Kapitel 12.8) noch gezeigt wird.

[32] *D. Schlapmann:* Wärmeleistung und Oberflächentemperaturen von Raumheizkörpern, HLH 27(1976), Nr. 9, S. 317 ff

der Autor bisher an handelsüblichen Heizkörpern ausführte, waren nämlich die Exponenten meist sogar wesentlich kleiner als 1,33, in der Regel bei n = 1,25.[33]

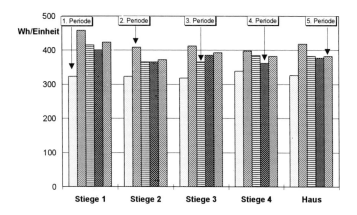

Abb. 12.18: Spezifischer Wärmewert für die vier Stiegen- und das Anlagenmittel
Periode 1: 30. 9. bis 1. 11.; Periode 2: 2. 11. bis 2. 12.; Periode 3: 3. 12. bis 13. 1.;
Periode 4: 14. 1. bis 3. 3.; Periode 5: 4. 3. bis 21. 5.

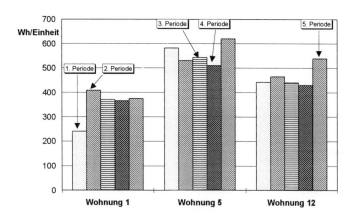

Abb. 12.19: Spezifische Wärmewerte einzelner ausgewählter Wohnungen
Periode 1: 30. 9. bis 1. 11.; Periode 2: 2. 11. bis 2. 12.; Periode 3: 3. 12. bis 13. 1.;
Periode 4: 14. 1. bis 3. 3.; Periode 5: 4. 3. bis 21. 5.

Weiters hat auch die Raumlufttemperatur einen Einfluß, der durch die Größe der Abweichung von der Basis-Raumlufttemperatur bestimmt ist. Die Abweichung der tatsächlichen von der Basis-Raumlufttemperatur, die durch K_T berücksichtigt wird, wirkt

---

[33] F. Adunka, L. Pongrácz: Zur Wärmeübertragung des Plattenheizkörpers, Gas, Wasser, Wärme 40 (1986), Nr. 12, S. 376 ff und HLH 38(1987), Nr. 2, S. 55 ff

sich, wie bereits in Kapitel 12.5 dargestellt, in zweifacher Weise aus: Erstens wird die Heizkörperleistung gegenüber jener bei der Basis-Raumlufttemperatur verändert, und zweitens sinkt bei steigender Raumlufttemperatur die Temperatur des Fühlerelementes. Dies führt zum grotesken Ergebnis, daß bei steigender Heizkörperleistung eine geringere Wärmeabgabe registriert wird. Alle die angesprochenen Fehlerquellen dürften beim dargestellten Großversuch zu den beobachteten Abweichungen beigetragen haben.

12.8 Kommentare zu den Europanormen EN 834 und 835

1995 wurden die in verschiedenen Ländern der Europäischen Union geltenden Normen für Heizkostenverteiler durch Europanormen ersetzt. Für HKVV existiert die Europanorm EN 835,[34] für HKVE die Europanorm EN 834.[35] Wir wollen im folgenden diese Europanormen kritisch diskutieren.

12.8.1 EN 835

Diese Norm hat den Titel:

**Heizkostenverteiler für die Verbrauchserfassung von Raumheizflächen
Geräte ohne elektrische Energieversorgung nach dem Verdunstungsprinzip**

Sie ist in 11 Kapitel geteilt und in vier informative Anhänge. Wir wollen die einzelnen Kapitel nicht taxativ aufzählen, sondern lediglich einige wesentliche Punkte, die für den Einsatz der Geräte wichtig sind, besprechen.

Anwendungsbereich (Kapitel 2)

Voraussetzung für den Einsatz von HKVV ist vorerst, „daß die Heizungsanlage

- dem Stand der Technik zum Zeitpunkt der Ausstattung mit Heizkostenverteilern entspricht und
- dem Stand der Technik entsprechend betrieben wird ....

Heizkostenverteiler nach dieser Norm dürfen für Heizsysteme nicht angewendet werden, bei denen die Temperatur-Einsatzgrenzen unter- bzw. überschritten werden, bei denen der Bewertungsfaktor K_Q für die Wärmeleistung nicht eindeutig definiert ist oder bei denen die Heizfläche nicht zugänglich ist. Dies trifft z.B. für folgende Heizsysteme zu:

---

[34] EN 835, Ausgabe 1. Mai 1995
[35] EN 834: Heizkostenverteiler für die Verbrauchswerterfassung von Raumheizflächen. Geräte mit elektrischer Energieversorgung, Ausgabe 1. Mai 1995 (siehe Kap. 12.8.2)

- Fußbodenheizungen,
- Deckenstrahlungsheizungen,
- klappengesteuerte Heizkörper,
- Heizkörper mit Gebläse,
- Warmlufterzeuger,
- Badewannenkonvektoren,
- Heizungssysteme, deren Heizkörper mit Dampf betrieben werden und
- horizontale Einrohrheizungen über mehr als eine Nutzeinheit."

Funktionsprinzip

In diesem Kapitel werden vorerst „Heizkostenverteiler ... [als] registrierende Meßgeräte für die über die Zeit integrierte Temperatur" bezeichnet, eine Definition, die zwar richtig ist, aber anders formuliert hätte werden sollen, da sonst die Gefahr besteht, HKV mit Wärmezählern zu verwechseln. Allerdings wird etwas später eine Präzisierung durch folgende Feststellung vorgenommen:

„Der Verbrauchswert [= bewerteter Anzeigewert = W nach Gl. (12.41)] ist demnach ein Meßergebnis, das Eigenschaften des Meßgerätes [HKV], der Raumheizfläche, weitere Randbedingungen sowie zusätzlich Unsicherheiten der Bewertungsfaktoren und der Montage enthält. Meßabweichungen (Meßfehler) der erfaßten Wärme sind demzufolge nicht allein vom Meßgerät abhängig. Hieraus folgt, daß Heizkostenverteiler nicht nach Art von Wärmezählern kalibriert werden können."

Definitionen

Neben bekannten Definitionen werden hier der Basiszustand (siehe Kapitel 12.2) und weitere Größen näher erläutert. Im besonderen sind dies

die „**Basis-Meßflüssigkeitstemperatur**: ...sie dient zur Bestimmung des Bewertungsfaktors K_C: Sie ist im Basiszustand zu bestimmen."

die **Auslegungs-Vorlauf-** $t_{V,A}$ und die **Auslegungs-Rücklauftemperatur** $t_{R,A}$: Sie sind die Temperaturen am Heizkörper, die bei der Auslegungs-Innentemperatur herrschen müssen, um bei der geographisch bestimmten Referenz-Außentemperatur die normgemäß zu bestimmende Heizlast (Wärmebedarf) decken zu können. Aus $t_{V,A}$ und $t_{R,A}$ ist die mittlere Auslegungs-Heizmitteltemperatur $t_{m,A}$ zu bestimmen. „Die Temperatur der Meßflüssigkeit unter diesen Bedingungen ist die **Auslegungs-Meßflüssigkeitstemperatur** $t_{Fl,A}$."

der „**Anzeigewert** ... ist allgemein die Absenkung der Flüssigkeitsstandhöhe in Skalenteilen gemessen vom Skalen-Nullpunkt. Der Anzeigewert kann unbewertet sein oder bereits den Verbrauchswert ... darstellen. Interpolation ist zulässig."

der **„Verbrauchswert** ... ist der mit den Bewertungsfaktoren ... bewertete Anzeigewert."

das **„Anzeigeverhältnis** ist der Quotient aus den Werten der Anzeigegeschwindigkeit bei 50 °C und bei 20 °C."

die **„Nominalverdunstung** ... ist der Anzeigewert ... bei einer Meßflüssigkeitstemperatur von 50 °C nach 210 Tagen."

Im besonderen ist zwischen der Verdunstungs- und der Anzeigegeschwindigkeit zu unterscheiden:
„Die **Verdunstungsgeschwindigkeit** v ist die Änderungsgeschwindigkeit der Flüssigkeitsstandhöhe. Sie ist eine Funktion der Temperatur und der Flüssigkeitsstandhöhe. Sie wird in Millimeter je Zeiteinheit angegeben."

„Die **Anzeigegeschwindigkeit** R ist die Änderungsgeschwindigkeit der Anzeige ausgedrückt in Skalenteilen je Zeiteinheit. Durch eine den Anforderungen dieser Norm entsprechende nichtlineare Skalenteilung wird erreicht, daß die Anzeigegeschwindigkeit unabhängig von der Flüssigkeitsstandhöhe ist."

Bewertungsfaktoren

In Kapitel 12.5 wurden Bewertungsfaktoren eingeführt, die etwas anders definiert sind als in den neuen Europanormen EN 834 und EN 835. Dies hatte dort den Grund, den Einfluß verschiedener Größen auf diese Bewertungsfaktoren zu ermitteln, beispielsweise deren Veränderung gegenüber einem Basisheizkörper.

Man ist schließlich davon abgegangen und definiert nun die Bewertungsfaktoren ohne Bezug auf einen Basisheizkörper. So drückt der Bewertungsfaktor K_Q unmittelbar die Leistung des zu bewertenden Heizkörpers als Zahlenwert aus. Ein Heizkörper mit der Normleistung 1200 W hat den Bewertungsfaktor K_Q = 1200.

Der Einfluß des c-Wertes wird durch den Bewertungsfaktor K_C ausgedrückt, der nun das Verhältnis aus der Anzeigegeschwindigkeit bei der Basis-Meßflüssigkeitstemperatur zur Meßflüssigkeitstemperatur am zu bewertenden Heizkörper im Basiszustand darstellt.

Schließlich berücksichtigt der Bewertungsfaktor K_T die Leistungsänderung und die Änderung der Meßflüssigkeitstemperatur, wenn die Auslegungs-Innentemperatur „von der Referenz-Lufttemperatur nach unten" abweicht." Raumlufttemperaturen über 20 °C werden nicht berücksichtigt! Diese an sich unverständliche Festlegung, besonders wenn man die Abb. 12.12 und 12.13 betrachtet, dürfte offenbar keinen technischen, sondern einen energiepolitischen Hintergrund haben.

Anforderungen an die Heizkostenverteiler

Neben allgemeinen Anforderungen an das Gehäuse und die Ampulle werden besonders Anforderungen an die Meßflüssigkeit formuliert:

„Die wasserfreie Meßflüssigkeit muß einen Reinheitsgrad von mindestens 98 % aufweisen."

Weiters darf die Meßflüssigkeit „bei 20 °C in einem Exsikkator bei Lagerung über gesättigter wässriger Kochsalzlösung (relative Luftfeuchtigkeit 77 %) im Gleichgewichtszustand bis 2 % Volumenanteile Wasser aufnehmen. Das Anzeigeverhältnis ... muß mindestens 7 betragen. Meßflüssigkeiten mit höherer Wasseraufnahme sind zulässig, wenn sie den Anforderungen an das Anzeigeverhältnis gemäß nachstehender Gleichung genügen und wenn ein Gleichgewichts-Wassergehalt von 6 % nicht überschritten wird:

$$R_{50}/R_{20} \geq 3 + 2\,r_w \quad \text{für } 2 \leq r_w \leq 6$$

r_w ... Gleichgewichts-Wassergehalt als Volumenanteil in % bei relativer Luftfeuchtigkeit"

Das Problem der **Kaltverdunstung** wird folgendermaßen gelöst: „Zum Ausgleich der Kaltverdunstung wird die Ampulle über den Skalen-Nullstrich hinaus gefüllt. Diese Kaltverdunstungsvorgabe ist für mindestens 120 Tage bei einer Meßflüssigkeitstemperatur von 20 °C zu bemessen. Bei Heizungssystemen mit mittleren Auslegungs-Heizmediumtemperaturen von weniger als 60 °C ist die Kaltverdunstungsvorgabe für mindestens 220 Tage bei der selben Meßflüssigkeitstemperatur zu bemessen."

Skalensystem: „Der Abstand eines Teilstriches vom Skalen-Nullstrich wird nach folgender Gleichung festgelegt:

$$h_i = \sqrt{K_a^2 + (h_3^2 + 2K_a \cdot h_3) \cdot \frac{n_i}{n_1}} - K_a$$

Hierin bedeuten:

h_i ... Abstand in mm vom Skalen-Nullstrich bis zur Markierung des Teilstriches i
n_i ... Anzeigewert des Teilstriches i
K_a ... Ampullenkonstante
h_3 ... Skalenhöhe in mm
n_1 ... Anzeigewert im Abstand h_3

Die Ampullenkonstante K_a ist entweder experimentell oder nach der folgenden Gleichung zu bestimmen:

$$K_a = h_1 + h_2 \frac{A_1}{A_2}\text{"}$$

Für Ampullen ohne Einschnürung ist $K_a = h_1$, also die Länge von der Ampullenöffnung bis zum Skalen-Nullstrich. Die Bezeichnungen entsprechen der Skizze nach Abb.12.1.

Anforderungen an den Einsatz und den Einbau

Wegen der im allgemeinen begrenzten Länge der HKVV gibt es Vorschriften über die untere und obere Temperatur-Einsatzgrenze:

„Untere Temperatur-Einsatzgrenze

Die untere Temperatur-Einsatzgrenze t_{min} ist als niedrigster zulässiger Wert der mittleren Auslegungs-Heizmediumtemperatur $t_{m,A}$ ... definiert. Für Heizkostenverteiler nach dieser Norm gilt:

t_{min} = 60 °C bei Anzeigeverhältnis kleiner als 12 oder Absenkung der Flüssigkeitsstandhöhe bei Nominalverdunstung kleiner als 60 mm
t_{min} = 55 °C bei Anzeigeverhältnis mindestens 12 und Wassergehalt der Meßflüssigkeit höchstens 4 % ... und Absenkung der Flüssigkeitsstandhöhe bei Nominalverdunstung mindestens 60 mm.

Obere Temperatur-Einsatzgrenze

... Für Heizkostenverteiler nach dieser Norm gilt als oberer Grenzwert für t_{max} 120 °C in Verbindung mit einer maximalen Auslegungs-Meßflüssigkeitstemperatur $t_{Fl,A}$ von 105 °C. ..." Die Norm schreibt vor, daß „unter Zugrundelegen der technischen Daten jeweils eine gerätespezifische obere Temperatur-Einsatzgrenze t_{max} festzulegen" ist.

Befestigung des Heizkostenverteilers

Die Befestigung des HKV am Heizkörper muß naturgemäß „dauerhaft und sicher gegen Manipulation sein. Eine Befestigung durch Klebung darf nur dann vorgenommen werden, wenn sie nicht ohne deutlich sichtbare Beschädigung des Heizkostenverteilers gelöst werden kann und wenn die Gleichmäßigkeit der c-Werte nicht beeinträchtigt wird." Dies ist allerdings ein Punkt, der nicht zu unterschätzen ist. Nach Messungen des Autors konnten, bei ansonsten gleichen Verhältnissen, bei geklebten in Relation zu geschweißten Heizkostenverteilern Verschiebungen der c-Werte um $\Delta c \leq 0{,}26$ beobachtet werden. Nach den weiter oben gemachten Ausführungen hat dies zahlreiche Konsequenzen: Es verändern sich dadurch die Bewertungsfaktoren K_C, K_T und der Jahresmeßfehler.

Ähnlich wichtig wie die Befestigungsart der HKV ist der

Befestigungsort am Heizkörper

Zunächst der Normtext: „Als Befestigungsort müssen solche Stellen auf der Heizfläche gewählt werden, an denen sich für einen möglichst großen Betriebsbereich ein hinreichender Zusammenhang zwischen Anzeigewert und Wärmeabgabe ergibt. In der Regel ist dies eine Stelle, an der das Heizmedium 25 % seines gesamten Strömungsweges zurückgelegt hat.

Die Höhe der Stelle liegt bei vertikal durchströmten Radiatoren (Glieder-, Rohr- und Plattenheizkörpern) zwischen 66 % und 80 % der Heizkörperbauhöhe (von unten gemessen) bezogen auf die Gerätemitte des Heizkostenverteilers. Im Hinblick auf den

Einsatz von thermostatischen Heizkörperventilen wird als Befestigungsort 75 % der Heizkörperbauhöhe empfohlen.

Der Befestigungsort in horizontaler Richtung soll in bzw. nahe der Mitte der Baulänge des Heizkörpers liegen. Bei zentrisch von unten angeschlossenen Heizkörpern [z.B. Minotherm !] liegt der Befestigungsort bei 25 % der Baulänge. Bei großen Heizkörpern (bezogen auf die Wärmeleistung oder die Baulänge) ist die Befestigung mehrerer Heizkostenverteiler zulässig.

Ausnahmen sind in Sonderfällen zulässig, z.B. bei Heizkörpern kleiner Bauhöhe.

Innerhalb einer Abrechnungseinheit muß der Befestigungsort nach einheitlichen Regeln festgelegt werden (z.B. einheitlich in 75 % der Heizkörperbauhöhe)."

Bei vertikaler Durchströmung des Heizkörpers ist es natürlich sinnvoll, die HKV in horizontaler Mitte zu montieren. Die Montagehöhe ist ein umstrittenes Thema und läßt sich nie exakt bestimmen, da auch die Durchströmung des Heizkörpers selbst Einfluß hat. Die EN 835 empfiehlt jedenfalls eine Montagehöhe von 66 % bis 80 % der Bauhöhe des Heizkörpers.[36] Werden Thermostatventile verwendet, wird eine Montagehöhe von 75 % der Heizkörperbauhöhe empfohlen. In allen Fällen wird die geometrische Mitte des HKV als Bezug verwendet, mit Ausnahme der von unten zentrisch angeschlossenen Heizkörper (Minotherm), bei denen eine Montage bei 25 % der Baulänge empfohlen wird.

In Tabelle 12.2 ist die Veränderung des c-Wertes mit der Montagehöhe am Heizkörper am Beispiel des Normanschlusses dargestellt. Die Meßpunkte sind der Abb. 12.20 zu entnehmen. Der Massendurchfluß zeigt dabei allerdings den größeren Einfluß, als die Montagehöhe.[37]

Vor allem bei Heizkörpern, die zentrisch von unten angeschlossen werden (z.B. Minothermanschluß), ist der „richtige" Anschlußort umstritten. Die EN 835 empfiehlt in solchen Fällen die Montage bei 25 % der Baulänge. Nach Messungen des Autors erhält man damit aber keineswegs immer reproduzierbare Ergebnisse. Um dies zu demonstrieren, seien in der folgenden Tabelle 12.3 Ergebnisse von Messungen gezeigt, die der Autor ausgeführt hat. Es wurden bauartgleiche Plattenheizkörper verglichen, die lediglich in unterschiedlicher Anschlußart vorlagen.

---

[36] siehe dazu G. Zöllner u.a: Systembedingte Fehler von Heizkostenverteilern nach dem Verdunstungsprinzip abhängig von den Betriebsbedingungen und dem Montageort, HLH 31(1980), Nr. 11, S. 408 ff

[37] F. Adunka: Zum c-Wert bei Heizkörpern mit Sonderanschlüssen, HLH 46(1995), Nr. 1, S. 14 - 17 und HLH 46(1995), Nr. 2, S. 78 - 81

Tabelle 12.2: Einfluß der Montagehöhe am Heizkörper und des Massendurchflusses.
Vorlauftemperatur: 60 °C.
Bauart: Einzelplatte, H = 600 mm, L = 1000 mm, Normanschluß.

Massendurchfluß in kg/h	L/4; H/2	L/4; 2H/3	3L/4; H/2	3L/4; 2H/3
100	0,10	0,10	0,12	0,10
50	0,11	0,11	0,15	0,12
25	0,13	0,12	0,16	0,13
12,5	0,18	0,17	0,22	0,19
6	0,37	0,36	0,41	0,38

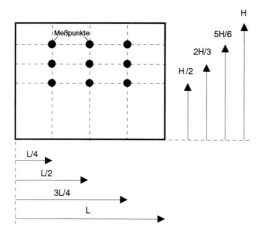

Abb. 12.20: Ausgewählte Meßpunkte zur Bestimmung der c-Werte von Heizkörpern bei Sonderanschlüssen

Wie man der Tabelle 12.3 entnimmt, treten bei bauartgleichen Heizkörpern (z.B. EP 600/1000), je nach Anschlußart, c-Wert-Unterschiede bis zu 0,1 auf, bei unterschiedlicher Bauhöhe (EP 600/1000 → EP 900/1000), aber gleicher Anschlußart, bis zu 0,16. Aber auch bei gleicher Bauart und gleicher Anschlußart (Nr. 3 und Nr. 4) gibt es Unterschiede bis zu $\Delta c = 0,14$.

Tabelle 12.3: c-Wert-Differenzen Δc bei bauartgleichen Heizkörpern in Sonderanschlüssen. Bezug: c-Werte in Normanschluß, Vorlauftemperatur: 60 °C, Q = 50 l/h.
EP x/y ... Einfachplatte: Höhe x mm, Länge y mm
DP x/y ... Doppelplatte

Anschluß-art	Nr.	Meßpunkt → Heizkörper ↓	L/4; H/2	L/4; 2H/3	3L/4; H/2	3L/4; 2H/3
Minotherm	1	EP 600/1000	-0,02	0,07	0,06	0,10
Minotherm	2	EP 900/1000	0,10	0,16	0,11	0,14
Minotherm	3	DP 600/1000	-0,08	-0,02	-0,03	0
Minotherm	4	DP 600/1000	-0,06	0,08	-0,03	-0,14
Diagonal	5	EP 600/1000	0,01	0,03	0,08	0,02
reitend	6	EP 600/1000	-0,01	0,02	0,08	0,04
Norm	7	EP 600/1000	0	0	0	0

Auch intermittierend betriebene Heizkörper verändern den c-Wert. So wurden vom Autor Messungen der Oberflächentemperatur an Plattenheizkörpern in Norm- und Minothermanschluß bei einer Montagehöhe: 80 %, 65 % und 50 % der Bauhöhe durchgeführt. Beim Normanschluß waren die Meßpunkte in 50 % der Baulänge, bei Minothermanschluß in 25 % und 75 % der Baulänge. Man kann die Meßergebnisse folgendermaßen zusammenfassen:

Beim **Normanschluß** liegen die Isothermen annähernd waagrecht, was dafür spricht, daß der Heizkörper - annähernd - gleichmäßig durchströmt wird. Der Montageort für Heizkostenverteiler ist also näherungsweise unabhängig von der Baulänge, wenn auch die „richtige" Montagehöhe nach wie vor strittig ist. Beim **Minothermanschluß** ändert sich dieses Bild entscheidend. Es ist weder ein eindeutiger Montageort in horizontaler noch in vertikaler Richtung anzugeben. Außerdem sind die Unterschiede zwischen korrespondierenden Montageorten im ersten und dritten Viertel der Heizkörperbaulänge auf geringe Unterschiede bei der Heizkörperherstellung zurückzuführen, die wieder ein unterschiedliches Strömungsbild ergeben.

Die hier getroffenen Aussagen betreffen die beiden extremen Anschlußarten: Norm und Minotherm und müssen bei den anderen, im Kapitel 2 erwähnten Anschlußarten, nicht ganz so deutlich ausgeprägt sein (siehe Abb. 2.10).

Anforderungen an die Bewertung

Von den diversen Festlegungen zur Abstufung der Skalen sind vor allem die folgenden wichtig:

Von den genannten Bewertungsfaktoren „muß in jedem Fall K_Q verwendet werden. K_C und K_T sind fallweise anzuwenden." Wichtig ist vor allem, daß „der Gesamtbewertungsfaktor bzw. eine zu diesem proportionale Zahl" am HKV oder in einem ausgehändigten Ausdruck für den Nutzer feststellbar sein muß! Außerdem: „Jedes Gerät muß mit einer Gerätenummer oder der zum Gesamtbewertungsfaktor proportionalen Zahl versehen sein."

c-Wert

„c-Werte mit c > 0,3, gemessen im Basiszustand, sind unzulässig. Ausnahmsweise sind in einer Abrechnungseinheit c-Werte bis zu 0,4 zulässig, wenn die davon betroffene beheizte Fläche 25 % der gesamten beheizten Fläche nicht überschreitet oder wenn die mittlere Auslegungs-Heizmediumtemperatur größer als 80 °C ist."

Anforderungen an die Wartung und Ablesung

Da HKV keiner Eichpflicht unterliegen, muß die Funktionsfähigkeit auf irgendeine andere Art überprüft werden. Dies geschieht im Zuge der jährlichen Ablesung. Nach EN 835 umfaßt der regelmäßige Meßzeitraum 12 Monate. „Wenn bei der Ablesung keine hinreichend einheitliche Temperatur der Meßflüssigkeit innerhalb der Abrechnungseinheit hergestellt werden kann oder wenn keine Umrechnung auf Raumtemperatur erfolgt, sollte der regelmäßige Meßzeitraum in der heizfreien Zeit beginnen und enden."

Durchführung der Prüfung

In diesem Kapitel werden Details zur Durchführung der Normprüfung festgelegt. Besonders interessiert zu unseren Ausführungen weiter oben der Unterabschnitt: Prüfung der c-Werte, Prüfumfang. Die Bestimmung der c-Werte ist an den folgenden sieben Grundheizkörpern vorzunehmen:

- Gußradiator
- Stahlradiator
- senkrecht profilierter Plattenheizkörper
- nicht profilierter Plattenheizkörper
- Röhrenradiator
- Rohrregisterheizkörper
- Plattenheizkörper mit waagerechter Wasserführung

Es werden also nicht ganz bestimmte Bauarten, Bauhöhen und Längen festgelegt, was besonders problematisch erscheint, wurde doch in Tabelle 12.3 gezeigt, daß auch bei völlig gleichen Bauarten - zumindest bei Plattenheizkörpern - c-Wert-Unterschiede bis $\Delta c = 0,14$ möglich sind. Die Forderung in EN 835, daß „ die c-Werte des Antragstellers ... von den Meßwerten der Prüfstelle unsystematisch bis zu ± 0,02" abweichen dürfen, erscheint nach den obigen Ausführungen problematisch.

Zusätzliche Korrekturen

Wir haben bereits im Kapitel 4 festgestellt, daß die Lage einer Wohnung Einfluß auf den Wärmekonsum hat. Im Anhang A.4.1 der Norm sind solche Korrekturen zulässig, wenn nationale Festlegungen dies zulassen und die Korrekturfaktoren nicht meßtechnischer Natur sind.

Ebenso zulässig ist ein Bewertungsfaktor K_E, der sich auf vertikale Einrohrheizungen bezieht, wenn die Auslegungs-Vorlauftemperatur der Heizanlage mehr als 95 °C beträgt oder die Spreizung zwischen Vor- und Rücklauftemperatur der Stränge im Auslegungsfall mehr als 20 K beträgt.[38] Dieser Bewertungsfaktor ist nach folgender Gleichung zu berechnen, wenn dies national zulässig ist:[39]

$$K_E = 1 + 0{,}35 \cdot (K_{E,AL} - 1)$$

mit: $K_{E,AL} = \dfrac{v_{AN}}{v_{HK}} \cdot \left(\dfrac{\Delta t_{HK}}{\Delta t_{AN}}\right)^n$

Hierin bedeuten:

v_{HK} ... Verdunstungsgeschwindigkeit bei Flüssigkeitsstandhöhe entsprechend Skalen-Null am zu bewertenden Heizkörper unter Auslegungsbedingungen

v_{AN} ... Verdunstungsgeschwindigkeit wie vorstehend an einem Heizkörper gleicher Bauart, berechnet mit den Auslegungswerten Vorlauf/Rücklauf der Heizungsanlage

Δt_{HK} ... Auslegungs-Heizmediumübertemperatur des zu bewertenden Heizkörpers

Δt_{AN} ... Heizmittelübertemperatur berechnet aus den Auslegungswerten Vorlauf/Rücklauf der Heizungsanlage

n ... Exponent der Heizkörper-Teillastkennlinie"

12.8.2 EN 834

Diese Norm hat den Titel:

Heizkostenverteiler für die Verbrauchserfassung von Raumheizflächen Geräte mit elektrischer Energieversorgung

Ebenso wie die Verdunsternorm EN 835 besteht diese Norm aus 11 Kapiteln und hat auch den gleichen Aufbau. Wesentliche Unterschiede bestehen in den unterschiedlichen Temperaturaufnehmern. Diese erlauben auch bei HKVE eine Erweiterung der Temperatur-Einsatzgrenzen. Anders wie HKVV haben HKVE in der Regel keine Entsprechung zur Kaltverdunstung. Andererseits ist ein Offsetfehler möglich, der, wie bereits ausgeführt, zu einem merkbaren Jahresmeßfehler führen kann. HKVE erlauben aber oft, geringe Temperaturdifferenzen zu unterdrücken und dadurch Registrierungsfehler zu verhindern. Man kann daher eine **Zählbeginntemperatur** definieren.
Man unterscheidet folgende Geräteelemente:

---

[38] Horizontale Einrohrheizungen über eine Nutzereinheit sind ausgenommen!
[39] G. Zöllner, J.-E. Bindler: Grundsatzuntersuchung für Heizkostenverteiler nach dem Verdunstungsprinzip zur oberen meßtechnischen Temperatur-Einsatzgrenze und zur Anwendbarkeit in Einrohrheizanlagen, HLH 42(1991), Nr.10, S. 547 - 553

- Stromversorgung
- Anzeigeeinrichtung
- Recheneinheit
- Sensoren
- externe Signalübertragungssysteme

Die **Bewertungsfaktoren** sind analog zu EN 835 definiert, nur ist der Basiszustand meist etwas anders definiert, da HKVE auch geringere Auslegungs-Heizmitteltemperaturen zulassen (siehe dazu auch die Definition des Basiszustandes in Kapitel 12.3, Seite 12-11). Zur Verhinderung des Einflusses einer eventuellen Leerlaufanzeige ist die Leerlauf-Anzeigegeschwindigkeit auf 1 % der Soll-Anzeigegeschwindigkeit bei Δt = 60 K begrenzt. Dabei liegt der Heizmittelstrom im Basiszustand und bei $c \leq 0,1$ vor.

Der **Zählbeginn** ist je nach Bauart des HKVE unterschiedlich vorgeschrieben: Für Einfühlergeräte und $t_{min} \geq 60\ °C$ ist

$$t_Z \leq 0,3\ (t_{min}-20) + 20\ [in\ °C]$$

und für $55\ °C \leq t_{min} \leq 60\ °C$: $t_Z \leq 28\ °C$.

Für Geräte mit raumseitigem Sensor gilt für den Zählbeginn t_Z die Beziehung:

$$t_Z - t_L \leq 5\ K$$

Durch die elektronische Anzeige von HKVE mit deren hoher **Auflösung** ist es möglich geworden, eine Verbrauchsänderung für den Nutzer sichtbar zu gestalten. Dazu fordert die Norm, daß bei einem Gliederheizkörper mit einer Normleistung von 1 kW bei einer Übertemperatur von 35 K und dem Heizmittelstrom des Basiszustandes nach 24stündigem Betrieb die Anzeigenänderung mindestens 10 Einheiten betragen muß.

Wie bei Wärmezählern lassen sich auch bei HKVE **Fehlergrenzen** festlegen. Beim Heizmediumstrom des Basiszustandes und $c \leq 0,1$ dürfen folgende Fehlergrenzen nicht überschritten werden:

Δt	Fehlergrenze
$5\ K \leq \Delta t < 10\ K$	± 12 %
$10\ K \leq \Delta t < 15\ K$	± 8 %
$15\ K \leq \Delta t < 40\ K$	± 5 %
$40\ K \leq \Delta t$	± 3 %

Ein besonderes Problem stellt auch die **Beeinflußbarkeit** dar. Neben der Störfestigkeit gegenüber elektrischen, elektrostatischen, magnetischen und elektromagnetischen Feldern ist hier vor allem die thermische Beeinflussung von HKVE sowohl in der Ausführung als Einfühlergerät als auch als Zweifühlergerät von Interesse. Entsprechend strenge Anforderungen nach dieser Norm reduzieren das Beeinflussungspotential auf ein Minimum.

Ein nicht gelöstes Problem stellt für HKVE der **Montageort** am Heizkörper dar. Die Norm fordert hier nur lapidar, daß als „Befestigungsort der Sensoren für Heizkostenverteiler" solche Stellen gewählt werden müssen, „an denen sich für einen möglichst großen Betriebsbereich ein hinreichender Zusammenhang zwischen Anzeigewert und Wärmeabgabe des Heizkörpers ergibt. Der Hersteller muß hierfür den Nachweis erbringen." Nach *Fischer Hansen* [40] ist die Praxis, zumindest in Deutschland die, daß man die HKVE in 75 % der Bauhöhe montiert, also wie bei Verdunstern vorgeht. Man begeht damit einen entscheidenden Fehler, da nach seinen Untersuchungen der „richtige" Montageort bei 66 % der Bauhöhe liegen sollte. Diese Aussagen werden von früheren Untersuchungen *Zöllners* an einem elektronischen Heizkostenverteiler unterstützt, der bei einem speziellen Bauartmuster eines HKVE einen Montagepunkt von 53 % empfiehlt.[41]

---

[40] J. P. Fischer Hansen: Varmefordelingsmålere påbudt ved lov (Heizkostenverteiler demnächst gesetzlich vorgeschrieben), VVS Nr. 1, 1998 (Dänemark)

[41] G. Zöllner, J.-E. Bindler, M. Konzelmann: Untersuchung eines Heizkostenverteilersystems mit elektrischer Meßwerterfassung, HLH 31 (1980); Nr. 12, S. 441 - 444

Anhänge

A.1 Physikalische Tabellen

In den folgenden Tabellen bedeuten:

- t ... Temperatur
- p ... Druck
- ρ ... Dichte
- c_p ... spezifische Wärme bei konstantem Druck
- λ ... Wärmeleitzahl
- r_w ... Verdampfungswärme
- Γ ... Raumausdehnungskoeffizient
- η ... dynamische Viskosität
- ν ... kinematische Viskosität
- a ... Temperaturleitzahl
- Pr ... Prandtlzahl
- σ ... Oberflächenspannung

Tabelle A.1.1: Stoffgrößen von Wasser beim Druck von 1 bar und beim Sättigungsdruck

t	p	ρ	c_p	r_w	$10^3 \Gamma$	λ	$10^6 \eta$	$10^6 \nu$	$10^6 a$	Pr	$10^2 \sigma$
°C	bar	kg/m³	kJ/kg	kJ/kg	K⁻¹	W/(m.K)	kg/(m.s)	m²/s	m²/s	-	N/m
0	1	999,8	4,218	2502	-0,07	0,569	1750	1,750	0,135	13	7,560
10	1	999,7	4,192	2478	0,088	0,587	1300	1,300	0,140	9,280	7,424
20	1	998,3	4,182	2454	0,206	0,604	1000	1,002	0,144	6,940	7,278
30	1	995,7	4,178	2431	0,303	0,618	797	0,800	0,149	5,390	7,123
40	1	992,3	4,178	2407	0,385	0,632	651	0,656	0,153	4,300	6,691
50	1	988,0	4,181	2383	0,457	0,643	544	0,551	0,156	3,540	6,793
60	1	983,2	4,184	2359	0,523	0,654	463	0,471	0,159	2,960	6,619
70	1	977,7	4,190	2334	0,585	0,662	400	0,409	0,162	2,530	6,440
80	1	971,6	4,196	2309	0,643	0,670	351	0,361	0,164	2,200	6,257
90	1	965,2	4,205	2283	0,698	0,676	311	0,322	0,166	1,940	6,069
100	1,013	958,1	4,216	2257	0,752	0,681	279	0,291	0,168	1,730	5,878
120	1,985	942,9	4,245	2202	0,860	0,687	230	0,244	0,172	1,420	5,485
140	3,614	925,8	4,285	2144	0,975	0,688	195	0,211	0,174	1,210	5,079
160	6,181	907,3	4,339	2081	1,098	0,684	169	0,186	0,174	1,070	4,659
180	10,03	886,9	4,408	2013	1,233	0,677	149	0,168	0,173	0,970	4,226
200	15,55	864,7	4,497	1939	1,392	0,665	134	0,155	0,171	0,904	3,781
220	23,20	840,3	4,613	1856	1,597	0,648	122	0,145	0,168	0,864	3,323
240	33,48	813,6	4,769	1765	1,862	0,628	111	0,136	0,161	0,846	2,856
260	46,94	784,0	4,983	1662	2,210	0,603	103	0,131	0,155	0,848	2,382
280	64,20	750,5	5,290	1544	2,700	0,575	96,1	0,128	0,145	0,883	1,907
300	85,93	712,2	5,762	1406	3,460	0,541	90,1	0,127	0,132	0,958	1,439

Tabelle A.1.2: Stoffgrößen für trockene Luft beim Druck von 1,013 bar

t °C	ρ kg/m³	c_p kJ/kg	$10^3 \Gamma$ K⁻¹	$10^6 \eta$ kg/(m.s)	$10^6 \nu$ m²/s	λ W/(m.K)	$10^6 a$ m²/s	Pr
-150	2,793	1,026	8,21	8,70	3,11	0,0120	4,19	0,74
-100	1,980	1,009	5,82	11,8	5,96	0,0165	8,28	0,72
-50	1,534	1,005	4,51	14,7	9,55	0,0206	13,4	0,715
0	1,2930	1,005	3,67	17,2	13,3	0,0243	18,7	0,711
20	1,2045	1,005	3,43	18,2	15,11	0,0257	21,4	0,713
40	1,1267	1,009	3,20	19,1	16,97	0,0271	23,9	0,711
60	1,0595	1,009	3,00	20,0	18,90	0,0285	26,7	0,709
80	0,9998	1,009	2,83	21,0	20,94	0,0299	29,6	0,708
100	0,9458	1,013	2,68	21,8	23,06	0,0314	32,8	0,704
120	0,8980	1,013	2,55	22,7	25,23	0,0328	36,1	0,700
140	0,8535	1,013	2,43	23,5	27,55	0,0343	39,7	0,694
160	0,8150	1,017	2,32	24,3	29,85	0,0358	43,0	0,693
180	0,7785	1,022	2,21	25,1	32,29	0,0372	46,7	0,690
200	0,7457	1,026	2,11	25,8	34,63	0,0386	50,5	0,685
250	0,6745	1,034	1,91	27,8	41,17	0,0421	60,3	0,680
300	0,6157	1,047	1,75	29,5	47,85	0,0454	70,3	0,680
350	0,5662	1,055	1,61	31,2	55,05	0,0485	81,1	0,680
400	0,5242	1,068	1,49	32,8	62,53	0,0516	91,9	0,680
450	0,4875	1,080	-	34,4	70,54	0,0543	103,1	0,685
500	0,4564	1,093	-	35,8	78,48	0,0570	114,2	0,690
600	0,4041	1,114	-	38,6	95,57	0,0621	138,2	0,690
700	0,3625	1,135	-	41,2	113,7	0,0667	162,2	0,700
800	0,3287	1,156	-	43,7	132,8	0,0706	185,8	0,715
900	0,3010	1,172	-	45,9	152,5	0,0741	210,0	0,725
1000	0,2770	1,185	-	48,0	173,0	0,0770	235,0	0,735

A.2 Wärmekoeffizienten von Wasser

Die Wärmekoeffizienten für Wasser werden entweder nach den VDI-Wasserdampftafeln nach Gl. (3.16) oder mittels entsprechender Näherungspolynome berechnet. Für Berechnungen mit beschränkter Genauigkeit, die allerdings für die meisten Zwecke ausreichend sein dürfte, ist das Näherungspolynom nach Gl. (8.7):

$$k_i(t_V, t_R) = \frac{(4{,}1818 - 2{,}929 \cdot 10^{-4} \, (t_V + t_R) + 3{,}095 \cdot 10^{-6} \, (t_V^2 + t_V t_R + t_R^2)}{3600} \cdot (1001{,}914 - 7{,}36 \cdot 10^{-2} \, t_i - 4{,}23 \cdot 10^{-3} \, t_i^2 + 6{,}1 \cdot 10^{-6} \, t_i^3) \quad (8.7)$$

zu empfehlen. In den Tabellen A.2.1 und A.2.2 sind die Wärmekoeffizienten für Volumendurchflußmessung im Vorlauf bzw. im Rücklauf, berechnet nach Gl. (8.7) angegeben.

Tabelle A.2.1

Wärmekoeffizienten für Wasser [in $kWh \cdot m^{-3} \cdot K^{-1}$]
Volumendurchflußmessung im Vorlauf

t_R [°C]

t_V \ t_R	0	10	20	30	40	50	60	70	80	90	100	110	120	130	140	150	160	170	180	190	200
0	1,164																				
10	1,162	1,161																			
20	1,159	1,158	1,158																		
30	1,155	1,155	1,155	1,154																	
40	1,151	1,151	1,151	1,151	1,151																
50	1,146	1,146	1,146	1,146	1,146	1,146															
60	1,141	1,141	1,141	1,141	1,141	1,141	1,142														
70	1,135	1,135	1,135	1,135	1,135	1,136	1,136	1,137													
80	1,128	1,128	1,128	1,129	1,129	1,130	1,130	1,131	1,133												
90	1,121	1,121	1,121	1,122	1,122	1,123	1,124	1,125	1,126	1,128											
100	1,114	1,114	1,114	1,115	1,115	1,116	1,117	1,118	1,119	1,121	1,122										
110	1,106	1,106	1,106	1,107	1,108	1,108	1,109	1,111	1,112	1,114	1,115	1,117									
120	1,098	1,098	1,098	1,099	1,100	1,101	1,102	1,103	1,104	1,106	1,108	1,110	1,112								
130	1,089	1,089	1,090	1,091	1,091	1,092	1,094	1,095	1,096	1,098	1,100	1,102	1,104	1,106							
140	1,080	1,080	1,081	1,082	1,083	1,084	1,085	1,086	1,088	1,090	1,092	1,094	1,096	1,098	1,101						
150	1,071	1,071	1,072	1,073	1,074	1,075	1,076	1,078	1,079	1,081	1,083	1,085	1,087	1,090	1,092	1,095					
160	1,062	1,062	1,063	1,064	1,065	1,066	1,067	1,069	1,071	1,072	1,074	1,077	1,079	1,081	1,084	1,087	1,090				
170	1,052	1,053	1,053	1,054	1,056	1,057	1,058	1,060	1,062	1,063	1,066	1,068	1,070	1,073	1,075	1,078	1,081	1,084			
180	1,042	1,043	1,044	1,045	1,046	1,047	1,049	1,051	1,052	1,054	1,056	1,059	1,061	1,064	1,066	1,069	1,072	1,075	1,079		
190	1,032	1,033	1,034	1,035	1,037	1,038	1,040	1,041	1,043	1,045	1,047	1,050	1,052	1,055	1,057	1,060	1,063	1,066	1,070	1,073	
200	1,023	1,023	1,024	1,026	1,027	1,028	1,030	1,032	1,034	1,036	1,038	1,040	1,043	1,045	1,048	1,051	1,054	1,057	1,061	1,064	1,068

t_V [°C]

Tabelle A.2.2

Wärmekoeffizienten für Wasser [in kWh·m⁻³·K⁻¹]
Volumenmessung im Rücklauf

t_R

t_V	0	10	20	30	40	50	60	70	80	90	100	110	120	130	140	150	160	170	180	190	200 °C
0	1,164																				
10	1,163	1,160																			
20	1,163	1,161	1,158																		
30	1,162	1,160	1,158	1,154																	
40	1,162	1,160	1,158	1,155	1,151																
50	1,162	1,160	1,158	1,155	1,151	1,146															
60	1,162	1,160	1,158	1,155	1,151	1,147	1,142														
70	1,162	1,161	1,159	1,156	1,152	1,148	1,143	1,137													
80	1,163	1,161	1,159	1,156	1,153	1,149	1,144	1,138	1,133												
90	1,163	1,162	1,160	1,157	1,154	1,150	1,145	1,140	1,134	1,128											
100	1,164	1,163	1,161	1,158	1,155	1,151	1,146	1,141	1,135	1,129	1,122										
110	1,165	1,164	1,162	1,160	1,156	1,152	1,148	1,143	1,137	1,131	1,124	1,117									
120	1,166	1,165	1,164	1,161	1,158	1,154	1,149	1,144	1,139	1,133	1,126	1,119	1,112								
130	1,168	1,167	1,165	1,163	1,160	1,156	1,151	1,146	1,141	1,135	1,128	1,121	1,114	1,106							
140	1,169	1,168	1,167	1,164	1,161	1,158	1,153	1,148	1,143	1,137	1,130	1,124	1,116	1,109	1,101						
150	1,171	1,170	1,169	1,166	1,163	1,160	1,155	1,151	1,145	1,139	1,133	1,126	1,119	1,111	1,103	1,095					
160	1,173	1,172	1,171	1,168	1,166	1,162	1,158	1,153	1,148	1,142	1,135	1,129	1,122	1,114	1,106	1,098	1,090				
170	1,175	1,174	1,173	1,171	1,168	1,164	1,160	1,156	1,150	1,144	1,138	1,132	1,124	1,117	1,109	1,101	1,093	1,084			
180	1,177	1,177	1,175	1,173	1,170	1,167	1,163	1,158	1,153	1,147	1,141	1,135	1,271	1,120	1,112	1,104	1,096	1,087	1,079		
190	1,179	1,179	1,178	1,176	1,173	1,170	1,166	1,161	1,156	1,150	1,144	1,138	1,131	1,123	1,116	1,108	1,099	1,091	1,082	1,073	
200 °C	1,182	1,182	1,180	1,179	1,176	1,173	1,169	1,164	1,159	1,154	1,148	1,141	1,134	1,127	1,119	1,111	1,103	1,094	1,086	1,077	1,068

A.3 Wärmekoeffizienten verschiedener Frostschutzmittel

Ist von einem Wärmeträger nicht die Enthalpie, dafür aber die spezifische Wärme bekannt und liegen für die Dichte und die spezifische Wärme Polynomentwicklungen nach den Gleichungen (3.15) und (3.18) vor, dann ergeben sich die Wärmekoeffizienten entsprechend Gl. (3.19). Die Größe der einzelnen Koeffizienten ist der folgenden Tabelle zu entnehmen.

Tabelle A.3.1

Wärmeträger	Tabelle A.3.	c_{p0}	$10^3 \cdot c_1$	$10^6 \cdot c_2$	$10^8 \cdot c_3$	ρ_0	b_1	$10^3 \cdot b_2$	$10^6 \cdot b_3$
Norcorsin 10	2/3	4,1000	0,715	0	0	1008,8	-0,1950	-1,825	7,5
Norcorsin 20	4/5	4,0186	1,414	-11,415	7,57	1018,1	-0,2514	-2,521	16,0
Norcorsin 30	6/7	3,8386	2,410	-1,958	1,14	1030,0	-0,3403	-2,602	18,2
Norcorsin 40	8/9	3,6715	2,950	4,113	-2,94	1042,5	-0,4262	-4,839	42,3
Norcorsin 50	10/11	3,4715	3,925	-2,334	0,65	1050,0	-0,5436	-3,255	32,5
Norcorsin 60	12/13	3,2286	4,789	0	-0,74	1055,0	-0,6471	-2,250	2916,7
Antifrogen L16	14/15	4,0612	1,584	31,400	22,70	1018,5	-0,0696	-5,313	2,1
Antifrogen L25	16/17	3,9272	2,160	-15,700	9,59	1030,0	-0,2660	-1,823	0
Antifrogen L38	18/19	3,7430	2,728	-8,370	8,72	1044,0	-0,3567	-2,875	-2,1
Antifrogen L47	20/21	3,5525	2,957	6,280	-1,31	1053,0	-0,4796	-2,719	0,5
Antifrogen N20	22/23	3,8800	1,892	-10,010	8,36	1034,0	-0,2131	-1,480	-17,0
Antifrogen N34	24/25	3,5500	2,993	-0,208	0,69	1058,0	-0,3035	-2,706	-1,4
Antifrogen N44	26/27	3,3000	3,096	21,200	-14,17	1076,0	-0,3540	-2,790	-4,5
Antifrogen N52	28/29	3,1400	3,164	4,377	0,67	1089,0	-0,4355	-1,950	-8,7
PKL 90	30/31	2,5812	3,437	27,108	-12,70	1086,3	-0,8613	3,018	-1,0
PKL 300	32/33	3,5894	2,991	-6,484	2,82	1050,3	-0,5778	-0,818	-8,3

Tabelle A.3.2 — Wärmekoeffizienten für Norcorsin 10 [in $kWh \cdot m^{-3} \cdot K^{-1}$]

Volumendurchflußmessung im Vorlauf

t_V \ t_R (°C)	-20	-10	0	10	20	30	40	50	60	70	80	90	100	110	120	130	140	150	160	170	180	190	200
-20	1,148																						
-10	1,148	1,149																					
0	1,147	1,148	1,149																				
10	1,145	1,146	1,147	1,148																			
20	1,144	1,145	1,146	1,147	1,148																		
30	1,142	1,143	1,144	1,145	1,146	1,147																	
40	1,139	1,140	1,141	1,142	1,143	1,144	1,145																
50	1,137	1,138	1,139	1,140	1,141	1,142	1,143	1,144															
60	1,134	1,135	1,136	1,137	1,138	1,139	1,140	1,141	1,142														
70	1,131	1,132	1,133	1,134	1,135	1,136	1,137	1,138	1,139	1,140													
80	1,128	1,129	1,130	1,131	1,132	1,133	1,134	1,135	1,136	1,137	1,138												
90	1,125	1,126	1,127	1,128	1,129	1,130	1,131	1,132	1,133	1,134	1,135	1,136											
100	1,122	1,123	1,124	1,125	1,126	1,127	1,128	1,129	1,130	1,131	1,132	1,133	1,134										
110	1,119	1,120	1,121	1,122	1,123	1,124	1,125	1,126	1,127	1,128	1,129	1,130	1,131	1,132									
120	1,117	1,118	1,119	1,120	1,121	1,122	1,123	1,124	1,125	1,126	1,127	1,128	1,129	1,130	1,131								
130	1,114	1,115	1,116	1,117	1,118	1,119	1,120	1,121	1,122	1,123	1,124	1,125	1,126	1,127	1,128	1,129							
140	1,112	1,113	1,114	1,115	1,116	1,117	1,118	1,119	1,120	1,121	1,122	1,123	1,124	1,125	1,126	1,127	1,127						
150	1,110	1,111	1,112	1,113	1,114	1,115	1,116	1,117	1,118	1,119	1,120	1,121	1,122	1,123	1,124	1,125	1,126	1,126					
160	1,109	1,110	1,111	1,112	1,113	1,114	1,115	1,116	1,117	1,118	1,119	1,120	1,121	1,122	1,123	1,124	1,125	1,125	1,126				
170	1,107	1,108	1,109	1,110	1,111	1,112	1,113	1,114	1,115	1,116	1,117	1,118	1,119	1,120	1,121	1,122	1,123	1,124	1,125	1,126			
180	1,107	1,108	1,109	1,110	1,111	1,112	1,113	1,114	1,115	1,116	1,117	1,118	1,119	1,120	1,121	1,122	1,123	1,124	1,125	1,125	1,127		
190	1,107	1,108	1,109	1,110	1,111	1,112	1,113	1,114	1,115	1,116	1,117	1,118	1,119	1,120	1,121	1,122	1,123	1,124	1,125	1,126	1,126	1,128	
200	1,107	1,108	1,109	1,110	1,111	1,112	1,113	1,114	1,115	1,116	1,117	1,118	1,119	1,120	1,121	1,122	1,123	1,124	1,125	1,126	1,127	1,128	1,128

Tabelle A.3.3

Wärmekoeffizienten für Norcorsin 10 [in $kWh \cdot m^{-3} \cdot K^{-1}$]
Volumendurchflußmessung im Rücklauf

t_R

t_V \ t_R (°C)	-20	-10	0	10	20	30	40	50	60	70	80	90	100	110	120	130	140	150	160	170	180	190	200
-20	1,148																						
-10	1,149	1,149																					
0	1,150	1,150	1,149																				
10	1,151	1,151	1,150	1,148																			
20	1,152	1,152	1,151	1,149	1,148																		
30	1,153	1,153	1,152	1,150	1,149	1,147																	
40	1,154	1,154	1,153	1,151	1,150	1,148	1,145																
50	1,155	1,155	1,154	1,152	1,151	1,149	1,146	1,144															
60	1,156	1,156	1,155	1,153	1,152	1,150	1,147	1,145	1,142														
70	1,157	1,157	1,156	1,154	1,153	1,151	1,148	1,146	1,143	1,140													
80	1,158	1,158	1,157	1,155	1,154	1,152	1,149	1,147	1,144	1,141	1,138												
90	1,159	1,159	1,158	1,156	1,155	1,153	1,150	1,148	1,145	1,142	1,139	1,136											
100	1,160	1,160	1,159	1,157	1,156	1,154	1,151	1,149	1,146	1,143	1,140	1,137	1,134										
110	1,161	1,161	1,160	1,158	1,157	1,155	1,152	1,150	1,147	1,144	1,141	1,138	1,135	1,132									
120	1,162	1,162	1,161	1,159	1,158	1,156	1,153	1,151	1,148	1,145	1,142	1,139	1,136	1,133	1,130								
130	1,163	1,163	1,162	1,160	1,159	1,157	1,154	1,152	1,149	1,146	1,143	1,140	1,137	1,134	1,131	1,129							
140	1,164	1,164	1,163	1,161	1,160	1,158	1,155	1,153	1,150	1,147	1,144	1,141	1,138	1,135	1,132	1,130	1,127						
150	1,165	1,165	1,164	1,162	1,161	1,159	1,156	1,154	1,151	1,148	1,145	1,142	1,139	1,136	1,133	1,131	1,128	1,126					
160	1,166	1,166	1,165	1,163	1,162	1,160	1,157	1,155	1,152	1,149	1,146	1,143	1,140	1,137	1,134	1,132	1,129	1,127	1,126				
170	1,167	1,167	1,166	1,164	1,163	1,161	1,158	1,156	1,153	1,150	1,147	1,144	1,141	1,138	1,135	1,133	1,130	1,128	1,127	1,126			
180	1,168	1,168	1,167	1,165	1,164	1,162	1,159	1,157	1,154	1,151	1,148	1,145	1,142	1,139	1,136	1,134	1,131	1,129	1,128	1,127	1,126		
190	1,169	1,169	1,168	1,166	1,165	1,163	1,160	1,158	1,155	1,152	1,149	1,146	1,143	1,140	1,137	1,135	1,132	1,130	1,129	1,128	1,127	1,127	
200	1,170	1,170	1,169	1,167	1,166	1,164	1,161	1,159	1,156	1,153	1,150	1,147	1,144	1,141	1,138	1,136	1,133	1,131	1,130	1,129	1,128	1,128	1,128
°C	1,171																						

Tabelle A.3.4 — Wärmekoeffizienten für Norcorsin 20 [in kWh·m⁻³·K⁻¹]

Volumendurchflußmessung im Vorlauf

t_v (°C) vs t_R (°C)

t_v \ t_R	-20	-10	0	10	20	30	40	50	60	70	80	90	100	110	120	130	140	150	160	170	180	190	200
-20	1,131																						
-10	1,132	1,135																					
0	1,132	1,134	1,137																				
10	1,131	1,133	1,135	1,137																			
20	1,129	1,132	1,134	1,135	1,137																		
30	1,127	1,129	1,131	1,133	1,134	1,136																	
40	1,125	1,127	1,128	1,130	1,131	1,133	1,134																
50	1,122	1,124	1,126	1,127	1,128	1,130	1,131	1,132															
60	1,119	1,121	1,122	1,124	1,125	1,127	1,128	1,129	1,130														
70	1,116	1,118	1,120	1,121	1,122	1,123	1,125	1,126	1,127	1,128													
80	1,114	1,115	1,117	1,118	1,119	1,121	1,122	1,123	1,124	1,125	1,127												
90	1,111	1,113	1,114	1,116	1,117	1,118	1,119	1,121	1,122	1,123	1,125	1,126											
100	1,109	1,111	1,112	1,114	1,115	1,116	1,117	1,119	1,120	1,121	1,123	1,124	1,126										
110	1,108	1,109	1,111	1,112	1,114	1,115	1,116	1,117	1,119	1,120	1,122	1,124	1,125	1,126									
120	1,107	1,109	1,110	1,112	1,113	1,114	1,116	1,117	1,118	1,120	1,122	1,123	1,124	1,125	1,128								
130	1,107	1,109	1,110	1,112	1,113	1,115	1,116	1,117	1,119	1,120	1,122	1,123	1,125	1,127	1,128	1,130							
140	1,109	1,110	1,112	1,113	1,115	1,116	1,117	1,119	1,121	1,122	1,124	1,126	1,129	1,131	1,134	1,137	1,140						
150	1,111	1,113	1,114	1,116	1,117	1,119	1,120	1,122	1,124	1,125	1,127	1,130	1,132	1,135	1,138	1,141	1,145	1,149					
160	1,115	1,116	1,118	1,120	1,121	1,123	1,124	1,126	1,128	1,130	1,132	1,134	1,137	1,140	1,143	1,146	1,150	1,154	1,159				
170	1,120	1,122	1,123	1,125	1,127	1,128	1,130	1,132	1,134	1,136	1,138	1,141	1,143	1,146	1,150	1,153	1,157	1,162	1,167	1,172			
180	1,127	1,128	1,130	1,132	1,134	1,135	1,137	1,139	1,141	1,143	1,146	1,149	1,152	1,155	1,158	1,162	1,166	1,171	1,176	1,182	1,188		
190	1,135	1,137	1,139	1,141	1,142	1,144	1,146	1,148	1,151	1,153	1,156	1,159	1,162	1,165	1,169	1,173	1,178	1,183	1,188	1,194	1,200	1,207	
200	1,145	1,147	1,149	1,151	1,153	1,155	1,157	1,160	1,162	1,165	1,168	1,171	1,174	1,178	1,182	1,186	1,191	1,196	1,202	1,208	1,215	1,222	1,230

Tabelle A.3.5

Wärmekoeffizienten für Norcorsin 20 [in $kWh \cdot m^{-3} \cdot K^{-1}$]

Volumendurchflußmessung im Rücklauf

t_R [°C] →

t_v \ t_R	-20	-10	0	10	20	30	40	50	60	70	80	90	100	110	120	130	140	150	160	170	180	190	200
-20	1,131																						
-10	1,134	1,135																					
0	1,136	1,137	1,137																				
10	1,138	1,139	1,138	1,137																			
20	1,140	1,141	1,140	1,139	1,137																		
30	1,142	1,142	1,142	1,140	1,138	1,136																	
40	1,144	1,144	1,143	1,142	1,139	1,137	1,134																
50	1,145	1,145	1,144	1,143	1,141	1,138	1,135	1,132															
60	1,147	1,147	1,146	1,144	1,142	1,139	1,136	1,133	1,130														
70	1,148	1,148	1,147	1,145	1,143	1,141	1,138	1,134	1,131	1,128													
80	1,149	1,149	1,148	1,147	1,144	1,142	1,139	1,136	1,133	1,130	1,127												
90	1,151	1,151	1,150	1,148	1,146	1,143	1,140	1,137	1,134	1,131	1,128	1,126											
100	1,152	1,152	1,151	1,149	1,147	1,144	1,142	1,139	1,135	1,133	1,130	1,128	1,126										
110	1,154	1,154	1,153	1,151	1,149	1,146	1,143	1,140	1,137	1,134	1,132	1,130	1,128	1,128									
120	1,155	1,155	1,154	1,153	1,150	1,148	1,145	1,142	1,139	1,136	1,134	1,131	1,130	1,130	1,130								
130	1,157	1,157	1,156	1,154	1,152	1,150	1,147	1,144	1,141	1,139	1,136	1,133	1,133	1,133	1,133	1,134							
140	1,159	1,159	1,158	1,156	1,154	1,152	1,149	1,146	1,144	1,141	1,139	1,136	1,136	1,136	1,136	1,138	1,140						
150	1,161	1,161	1,160	1,159	1,157	1,154	1,152	1,149	1,146	1,144	1,142	1,139	1,139	1,139	1,140	1,141	1,144	1,149					
160	1,164	1,164	1,163	1,161	1,159	1,157	1,154	1,152	1,149	1,147	1,145	1,143	1,143	1,143	1,143	1,145	1,148	1,153	1,159				
170	1,167	1,167	1,166	1,164	1,162	1,160	1,158	1,155	1,153	1,150	1,149	1,147	1,147	1,147	1,148	1,150	1,153	1,158	1,164	1,172			
180	1,170	1,170	1,169	1,167	1,166	1,163	1,161	1,159	1,156	1,154	1,153	1,151	1,151	1,151	1,152	1,155	1,158	1,163	1,170	1,178	1,188		
190	1,173	1,173	1,172	1,171	1,169	1,167	1,165	1,163	1,161	1,159	1,157	1,156	1,156	1,156	1,158	1,160	1,164	1,169	1,176	1,184	1,195	1,207	
200	1,177	1,177	1,176	1,175	1,173	1,172	1,169	1,167	1,165	1,163	1,162	1,161	1,161	1,162	1,163	1,166	1,170	1,175	1,182	1,191	1,202	1,215	1,230

Tabelle A.3.6

Wärmekoeffizienten für Norcorsin 30 [in kWh·m⁻³·K⁻¹]
Volumendurchflußmessung im Vorlauf

t_R

t_V	-20	-10	0	10	20	30	40	50	60	70	80	90	100	110	120	130	140	150	160	170	180	190	200 °C
-20	1,090																						
-10	1,091	1,095																					
0	1,091	1,095	1,098																				
10	1,091	1,094	1,098	1,101																			
20	1,090	1,093	1,097	1,100	1,104																		
30	1,089	1,092	1,095	1,099	1,102	1,105																	
40	1,087	1,091	1,094	1,097	1,100	1,104	1,107																
50	1,085	1,089	1,092	1,095	1,099	1,102	1,105	1,108															
60	1,084	1,087	1,090	1,094	1,097	1,100	1,103	1,107	1,110														
70	1,082	1,085	1,089	1,092	1,095	1,098	1,102	1,105	1,108	1,111													
80	1,081	1,084	1,087	1,091	1,094	1,097	1,100	1,103	1,106	1,110	1,113												
90	1,080	1,083	1,086	1,089	1,093	1,096	1,099	1,102	1,105	1,109	1,112	1,115											
100	1,079	1,082	1,086	1,089	1,092	1,095	1,098	1,102	1,105	1,108	1,111	1,114	1,118										
110	1,079	1,083	1,086	1,089	1,092	1,095	1,098	1,102	1,105	1,108	1,111	1,114	1,118	1,121									
120	1,080	1,083	1,087	1,090	1,093	1,096	1,099	1,102	1,106	1,109	1,112	1,115	1,118	1,122	1,125								
130	1,082	1,085	1,088	1,091	1,095	1,098	1,101	1,104	1,107	1,110	1,114	1,117	1,120	1,123	1,127	1,130							
140	1,085	1,088	1,091	1,094	1,097	1,100	1,104	1,107	1,110	1,113	1,116	1,120	1,123	1,126	1,130	1,133	1,136						
150	1,088	1,092	1,095	1,098	1,101	1,104	1,107	1,111	1,114	1,117	1,120	1,124	1,127	1,130	1,134	1,137	1,140	1,144					
160	1,093	1,097	1,100	1,103	1,106	1,109	1,113	1,116	1,119	1,122	1,126	1,129	1,132	1,136	1,139	1,142	1,146	1,149	1,153				
170	1,100	1,103	1,106	1,110	1,113	1,116	1,119	1,123	1,126	1,129	1,132	1,136	1,139	1,142	1,146	1,149	1,153	1,156	1,160	1,164			
180	1,108	1,111	1,115	1,118	1,121	1,124	1,128	1,131	1,134	1,137	1,141	1,144	1,147	1,151	1,154	1,158	1,161	1,165	1,169	1,172	1,176		
190	1,118	1,121	1,124	1,128	1,131	1,134	1,137	1,141	1,144	1,147	1,151	1,154	1,158	1,161	1,165	1,168	1,172	1,175	1,179	1,183	1,187	1,191	
200	1,129	1,133	1,136	1,139	1,143	1,146	1,149	1,153	1,156	1,159	1,163	1,166	1,170	1,173	1,177	1,180	1,184	1,188	1,192	1,196	1,200	1,204	1,208
°C																							

Tabelle A.3.7 Wärmekoeffizienten für Norcorsin 30 [in kWh·m^{-3}·K^{-1}]

Volumendurchflußmessung im Rücklauf

t_V \ t_R (°C)

t_V \ t_R	-20	-10	0	10	20	30	40	50	60	70	80	90	100	110	120	130	140	150	160	170	180	190	200
-20	1,131																						
-10	1,134	1,135																					
0	1,136	1,137	1,137																				
10	1,138	1,139	1,138	1,137																			
20	1,140	1,141	1,140	1,139	1,137																		
30	1,142	1,142	1,142	1,140	1,138	1,136																	
40	1,144	1,144	1,143	1,142	1,139	1,137	1,134																
50	1,145	1,145	1,144	1,143	1,141	1,138	1,135	1,132															
60	1,147	1,147	1,146	1,144	1,142	1,139	1,136	1,133	1,130														
70	1,148	1,148	1,147	1,145	1,143	1,141	1,138	1,134	1,131	1,128													
80	1,149	1,149	1,148	1,147	1,144	1,142	1,139	1,136	1,133	1,130	1,127												
90	1,151	1,151	1,150	1,148	1,146	1,143	1,140	1,137	1,134	1,131	1,128	1,126											
100	1,152	1,152	1,151	1,149	1,147	1,144	1,142	1,139	1,135	1,133	1,130	1,128	1,126										
110	1,154	1,154	1,153	1,151	1,149	1,146	1,143	1,140	1,137	1,134	1,132	1,130	1,128	1,128									
120	1,155	1,155	1,154	1,153	1,150	1,148	1,145	1,142	1,139	1,136	1,134	1,132	1,131	1,130	1,130								
130	1,157	1,157	1,156	1,154	1,152	1,150	1,147	1,144	1,141	1,139	1,136	1,134	1,133	1,133	1,133	1,134							
140	1,159	1,159	1,158	1,156	1,154	1,152	1,149	1,146	1,144	1,141	1,139	1,137	1,136	1,136	1,138	1,138	1,140						
150	1,161	1,161	1,160	1,159	1,157	1,154	1,152	1,149	1,147	1,144	1,142	1,140	1,139	1,140	1,141	1,144	1,145	1,149					
160	1,164	1,164	1,163	1,161	1,159	1,157	1,154	1,152	1,149	1,147	1,145	1,143	1,143	1,143	1,145	1,148	1,150	1,153	1,159				
170	1,167	1,167	1,166	1,164	1,162	1,160	1,158	1,155	1,153	1,151	1,149	1,147	1,147	1,148	1,150	1,153	1,155	1,158	1,164	1,172			
180	1,170	1,170	1,169	1,167	1,166	1,163	1,161	1,159	1,156	1,154	1,153	1,151	1,151	1,152	1,155	1,158	1,160	1,163	1,170	1,178	1,188		
190	1,173	1,173	1,172	1,171	1,169	1,167	1,165	1,163	1,161	1,159	1,157	1,156	1,156	1,158	1,160	1,164	1,166	1,169	1,176	1,184	1,195	1,207	
200	1,177	1,177	1,176	1,175	1,173	1,172	1,169	1,167	1,165	1,163	1,162	1,161	1,161	1,162	1,163	1,166	1,170	1,175	1,182	1,191	1,202	1,215	1,230

Tabelle A.3.8 Wärmekoeffizienten für Norcorsin 40 [in kWh.m^{-3}.K^{-1}]
Volumendurchflußmessung im Vorlauf

t_R

t_V \ t_R (°C)	-20	-10	0	10	20	30	40	50	60	70	80	90	100	110	120	130	140	150	160	170	180	190	200
-20	1,053																						
-10	1,054	1,059																					
0	1,055	1,059	1,063																				
10	1,054	1,058	1,063	1,067																			
20	1,053	1,057	1,061	1,066	1,070																		
30	1,051	1,056	1,060	1,064	1,069	1,073																	
40	1,049	1,054	1,058	1,062	1,067	1,071	1,076																
50	1,048	1,052	1,056	1,060	1,065	1,069	1,074	1,078															
60	1,046	1,050	1,054	1,059	1,063	1,067	1,072	1,076	1,081														
70	1,045	1,049	1,053	1,058	1,062	1,066	1,071	1,075	1,079	1,084													
80	1,045	1,049	1,053	1,057	1,062	1,066	1,070	1,075	1,079	1,083	1,088												
90	1,045	1,050	1,054	1,058	1,062	1,067	1,071	1,075	1,080	1,084	1,088	1,092											
100	1,048	1,052	1,056	1,060	1,065	1,069	1,073	1,077	1,082	1,086	1,090	1,094	1,098										
110	1,051	1,056	1,060	1,064	1,068	1,073	1,077	1,081	1,085	1,090	1,094	1,098	1,102	1,106									
120	1,057	1,061	1,065	1,070	1,074	1,078	1,082	1,087	1,091	1,095	1,099	1,103	1,107	1,111	1,115								
130	1,065	1,069	1,073	1,077	1,082	1,086	1,090	1,094	1,099	1,103	1,107	1,111	1,115	1,119	1,122	1,126							
140	1,075	1,079	1,083	1,088	1,092	1,096	1,100	1,105	1,109	1,113	1,117	1,121	1,125	1,129	1,132	1,136	1,139						
150	1,088	1,092	1,096	1,101	1,105	1,109	1,113	1,118	1,122	1,126	1,130	1,134	1,138	1,142	1,145	1,149	1,152	1,155					
160	1,104	1,108	1,112	1,117	1,121	1,125	1,130	1,134	1,138	1,142	1,146	1,150	1,154	1,158	1,161	1,165	1,168	1,171	1,174				
170	1,123	1,128	1,132	1,136	1,140	1,145	1,149	1,153	1,157	1,162	1,166	1,169	1,173	1,177	1,180	1,184	1,187	1,190	1,193	1,196			
180	1,146	1,150	1,155	1,159	1,164	1,168	1,172	1,176	1,181	1,185	1,189	1,193	1,196	1,200	1,204	1,207	1,210	1,213	1,216	1,219	1,221		
190	1,173	1,177	1,182	1,186	1,191	1,195	1,199	1,203	1,208	1,212	1,216	1,220	1,223	1,227	1,231	1,234	1,237	1,240	1,243	1,246	1,248	1,250	
200	1,204	1,208	1,213	1,217	1,222	1,226	1,231	1,235	1,239	1,243	1,247	1,251	1,255	1,259	1,262	1,265	1,269	1,271	1,274	1,277	1,279	1,281	1,283

Tabelle A.3.9 Wärmekoeffizienten für Norcorsin 40 [in kWh·m⁻³·K⁻¹]
Volumendurchflußmessung im Rücklauf

t_R

t_v \ t_R	-20	-10	0	10	20	30	40	50	60	70	80	90	100	110	120	130	140	150	160	170	180	190	200
-20	1,053																						
-10	1,057	1,059																					
0	1,061	1,063	1,063																				
10	1,065	1,067	1,068	1,067																			
20	1,070	1,071	1,072	1,071	1,070																		
30	1,074	1,076	1,076	1,075	1,073																		
40	1,079	1,080	1,081	1,080	1,079	1,077	1,076																
50	1,083	1,085	1,085	1,084	1,082	1,080	1,078																
60	1,088	1,089	1,090	1,089	1,088	1,086	1,084	1,082	1,081														
70	1,092	1,094	1,094	1,093	1,091	1,089	1,087	1,085	1,084														
80	1,097	1,098	1,099	1,098	1,097	1,095	1,093	1,091	1,089	1,088	1,088												
90	1,101	1,103	1,103	1,103	1,102	1,100	1,098	1,096	1,094	1,092	1,092	1,092											
100	1,106	1,107	1,108	1,107	1,106	1,104	1,102	1,100	1,098	1,097	1,096	1,096	1,098										
110	1,110	1,112	1,112	1,112	1,110	1,108	1,106	1,104	1,102	1,101	1,100	1,100	1,102	1,106									
120	1,114	1,116	1,117	1,116	1,115	1,113	1,110	1,108	1,106	1,105	1,104	1,104	1,106	1,109	1,115								
130	1,119	1,120	1,121	1,120	1,119	1,117	1,115	1,112	1,110	1,109	1,108	1,108	1,110	1,113	1,118	1,126							
140	1,123	1,125	1,125	1,124	1,123	1,121	1,119	1,116	1,114	1,112	1,112	1,112	1,113	1,117	1,122	1,129	1,139						
150	1,127	1,129	1,129	1,128	1,127	1,125	1,122	1,120	1,118	1,116	1,115	1,115	1,117	1,120	1,125	1,133	1,142	1,155					
160	1,131	1,133	1,133	1,132	1,131	1,129	1,126	1,124	1,121	1,120	1,119	1,119	1,120	1,123	1,128	1,136	1,146	1,158	1,174				
170	1,135	1,137	1,137	1,136	1,134	1,132	1,130	1,127	1,125	1,123	1,122	1,122	1,123	1,126	1,131	1,139	1,148	1,161	1,177	1,196			
180	1,139	1,140	1,141	1,140	1,138	1,136	1,133	1,131	1,128	1,126	1,125	1,125	1,126	1,129	1,134	1,141	1,151	1,164	1,179	1,198	1,221		
190	1,142	1,144	1,144	1,143	1,142	1,139	1,137	1,134	1,131	1,129	1,128	1,128	1,129	1,132	1,137	1,144	1,154	1,166	1,182	1,201	1,223	1,250	
200	1,146	1,147	1,148	1,147	1,145	1,142	1,140	1,137	1,134	1,132	1,131	1,131	1,132	1,135	1,139	1,146	1,156	1,168	1,184	1,203	1,225	1,252	1,283
°C																							

Tabelle A.3.10

Wärmekoeffizienten für Norcorsin 50 [in kWh.m^{-3}.K^{-1}]
Volumendurchflußmessung im Vorlauf

t_V \ t_R	-20	-10	0	10	20	30	40	50	60	70	80	90	100	110	120	130	140	150	160	170	180	190	200 °C
-20	0,998																						
-10	1,000	1,006																					
0	1,001	1,007	1,013																				
10	1,001	1,007	1,013	1,018																			
20	1,001	1,007	1,012	1,018	1,023																		
30	1,000	1,006	1,012	1,017	1,023	1,028																	
40	0,999	1,005	1,011	1,016	1,022	1,027	1,032																
50	0,999	1,004	1,010	1,015	1,020	1,026	1,031	1,036															
60	0,998	1,004	1,009	1,014	1,020	1,025	1,030	1,036	1,041														
70	0,998	1,003	1,009	1,014	1,019	1,025	1,030	1,035	1,040	1,045													
80	0,998	1,004	1,009	1,014	1,020	1,025	1,030	1,035	1,040	1,046	1,051												
90	1,000	1,005	1,010	1,016	1,021	1,026	1,031	1,036	1,042	1,047	1,052	1,057											
100	1,002	1,007	1,013	1,018	1,023	1,028	1,033	1,039	1,044	1,049	1,054	1,059	1,064										
110	1,006	1,011	1,016	1,021	1,027	1,032	1,037	1,042	1,047	1,052	1,057	1,062	1,067	1,072									
120	1,011	1,016	1,021	1,027	1,032	1,037	1,042	1,047	1,052	1,057	1,062	1,067	1,072	1,077	1,083								
130	1,018	1,023	1,028	1,033	1,039	1,044	1,049	1,054	1,059	1,064	1,069	1,074	1,079	1,084	1,089	1,094							
140	1,026	1,032	1,037	1,042	1,047	1,053	1,058	1,063	1,068	1,073	1,078	1,083	1,088	1,093	1,098	1,103	1,108						
150	1,037	1,043	1,048	1,053	1,058	1,064	1,069	1,074	1,079	1,084	1,089	1,094	1,099	1,105	1,110	1,115	1,120	1,125					
160	1,051	1,056	1,061	1,067	1,072	1,077	1,082	1,088	1,093	1,098	1,103	1,108	1,113	1,118	1,124	1,129	1,134	1,139	1,144				
170	1,067	1,072	1,078	1,083	1,088	1,093	1,099	1,104	1,109	1,114	1,120	1,125	1,130	1,135	1,140	1,146	1,151	1,156	1,161	1,166			
180	1,086	1,091	1,097	1,102	1,107	1,113	1,118	1,123	1,129	1,134	1,139	1,144	1,150	1,155	1,160	1,165	1,171	1,176	1,181	1,187	1,192		
190	1,108	1,113	1,119	1,124	1,130	1,135	1,141	1,146	1,151	1,157	1,162	1,167	1,173	1,178	1,183	1,189	1,194	1,199	1,205	1,210	1,216	1,221	
200 °C	1,133	1,139	1,145	1,150	1,156	1,161	1,167	1,172	1,178	1,183	1,188	1,194	1,199	1,205	1,210	1,216	1,221	1,227	1,232	1,238	1,243	1,249	1,254

Tabelle A.3.11

Wärmekoeffizienten für Norcorsin 50 [in $kWh \cdot m^{-3} \cdot K^{-1}$]

Volumendurchflußmessung im Rücklauf

t_R (°C) →, t_v (°C) ↓

t_v \ t_R	-20	-10	0	10	20	30	40	50	60	70	80	90	100	110	120	130	140	150	160	170	180	190	200
-20	0,998																						
-10	1,004	1,006																					
0	1,010	1,012	1,013																				
10	1,016	1,017	1,018	1,018																			
20	1,021	1,023	1,024	1,024	1,023																		
30	1,027	1,029	1,030	1,029	1,029	1,028																	
40	1,033	1,034	1,035	1,034	1,033	1,033	1,032																
50	1,038	1,040	1,041	1,040	1,039	1,038	1,038	1,036															
60	1,044	1,046	1,046	1,045	1,044	1,044	1,043	1,042	1,041														
70	1,050	1,051	1,052	1,051	1,051	1,050	1,050	1,048	1,047	1,046	1,045												
80	1,055	1,057	1,057	1,056	1,055	1,055	1,054	1,052	1,051	1,051	1,051												
90	1,061	1,062	1,063	1,062	1,061	1,060	1,060	1,059	1,057	1,056	1,056	1,057											
100	1,066	1,068	1,068	1,067	1,067	1,065	1,065	1,064	1,063	1,062	1,061	1,061	1,062	1,064									
110	1,072	1,073	1,073	1,072	1,071	1,069	1,069	1,068	1,067	1,066	1,066	1,067	1,069	1,072									
120	1,077	1,078	1,078	1,077	1,076	1,075	1,075	1,073	1,072	1,071	1,071	1,072	1,074	1,077	1,083								
130	1,083	1,084	1,084	1,083	1,081	1,080	1,080	1,078	1,077	1,076	1,076	1,077	1,079	1,083	1,088	1,094							
140	1,088	1,089	1,090	1,089	1,087	1,085	1,085	1,083	1,082	1,082	1,081	1,082	1,084	1,088	1,093	1,099	1,108						
150	1,093	1,095	1,095	1,094	1,092	1,090	1,090	1,088	1,087	1,086	1,086	1,087	1,089	1,093	1,098	1,105	1,114	1,125					
160	1,099	1,100	1,100	1,099	1,097	1,095	1,095	1,093	1,092	1,091	1,091	1,092	1,094	1,098	1,103	1,110	1,119	1,130	1,144				
170	1,104	1,105	1,106	1,104	1,102	1,101	1,101	1,099	1,097	1,097	1,097	1,097	1,099	1,103	1,108	1,115	1,124	1,135	1,149	1,166			
180	1,110	1,111	1,110	1,109	1,108	1,106	1,106	1,104	1,102	1,102	1,102	1,104	1,108	1,113	1,120	1,129	1,140	1,155	1,172	1,192			
190	1,115	1,116	1,116	1,114	1,113	1,111	1,111	1,109	1,108	1,107	1,108	1,109	1,112	1,118	1,125	1,134	1,146	1,160	1,177	1,197	1,221		
200	1,121	1,122	1,121	1,120	1,118	1,116	1,116	1,114	1,113	1,112	1,113	1,115	1,118	1,123	1,130	1,139	1,151	1,165	1,182	1,203	1,227	1,254	

Tabelle A.3.12

Wärmekoeffizienten für Norcorsin 60 [in kWh·m^{-3}·K^{-1}]
Volumendurchflußmessung im Vorlauf

t_R

t_V	-20	-10	0	10	20	30	40	50	60	70	80	90	100	110	120	130	140	150	160	170	180	190	200	°C
-20	0,928																							
-10	0,931	0,938																						
0	0,932	0,939	0,946																					
10	0,933	0,940	0,947	0,954																				
20	0,934	0,941	0,948	0,955	0,962																			
30	0,935	0,941	0,948	0,955	0,962	0,969																		
40	0,935	0,942	0,949	0,956	0,962	0,969	0,976																	
50	0,936	0,942	0,949	0,956	0,963	0,970	0,976	0,983																
60	0,937	0,943	0,950	0,957	0,964	0,970	0,977	0,984	0,990															
70	0,938	0,945	0,951	0,958	0,965	0,971	0,978	0,985	0,991	0,998														
80	0,940	0,947	0,953	0,960	0,967	0,973	0,980	0,986	0,993	0,999	1,006													
90	0,943	0,950	0,956	0,963	0,969	0,976	0,982	0,989	0,995	1,002	1,008	1,015												
100	0,947	0,953	0,960	0,966	0,973	0,980	0,986	0,993	0,999	1,006	1,012	1,018	1,025											
110	0,952	0,958	0,965	0,971	0,978	0,984	0,991	0,997	1,004	1,010	1,017	1,023	1,029	1,036										
120	0,958	0,965	0,971	0,978	0,984	0,991	0,997	1,004	1,010	1,017	1,023	1,029	1,036	1,042	1,048									
130	0,966	0,973	0,979	0,986	0,992	0,999	1,005	1,012	1,018	1,024	1,031	1,037	1,043	1,050	1,056	1,062								
140	0,976	0,982	0,989	0,995	1,002	1,008	1,015	1,021	1,028	1,034	1,041	1,047	1,053	1,059	1,066	1,072	1,078							
150	0,987	0,994	1,001	1,007	1,014	1,020	1,027	1,033	1,040	1,046	1,052	1,059	1,065	1,071	1,077	1,084	1,090	1,096						
160	1,001	1,008	1,014	1,021	1,028	1,034	1,041	1,047	1,054	1,060	1,067	1,073	1,079	1,085	1,092	1,098	1,104	1,110	1,116					
170	1,017	1,024	1,031	1,037	1,044	1,051	1,057	1,064	1,070	1,077	1,083	1,090	1,096	1,102	1,108	1,115	1,121	1,127	1,133	1,139				
180	1,036	1,043	1,050	1,056	1,063	1,070	1,076	1,083	1,090	1,096	1,103	1,109	1,115	1,122	1,128	1,134	1,140	1,146	1,153	1,158	1,164			
190	1,058	1,065	1,072	1,078	1,085	1,092	1,098	1,105	1,112	1,118	1,125	1,131	1,138	1,144	1,151	1,157	1,163	1,169	1,175	1,181	1,187	1,193		
200	1,083	1,089	1,096	1,103	1,110	1,117	1,124	1,130	1,137	1,144	1,150	1,157	1,164	1,170	1,176	1,183	1,189	1,195	1,202	1,208	1,214	1,220	1,225	
°C																								

Tabelle A.3.13 Wärmekoeffizienten für Norcorsin 60 [in kWh.m^{-3}.K^{-1}]
Volumendurchflußmessung im Rücklauf

t_R [°C] →

t_v [°C]	-20	-10	0	10	20	30	40	50	60	70	80	90	100	110	120	130	140	150	160	170	180	190	200
-20	0,928																						
-10	0,935	0,938																					
0	0,943	0,945	0,946																				
10	0,950	0,952	0,953	0,954																			
20	0,957	0,959	0,960	0,961	0,962																		
30	0,964	0,966	0,967	0,968	0,969	0,969																	
40	0,971	0,973	0,974	0,975	0,975	0,976	0,976																
50	0,978	0,980	0,981	0,982	0,982	0,983	0,983	0,983															
60	0,985	0,987	0,988	0,989	0,989	0,990	0,990	0,990	0,990														
70	0,992	0,994	0,995	0,996	0,996	0,996	0,997	0,997	0,997	0,998													
80	0,999	1,001	1,002	1,003	1,003	1,003	1,004	1,004	1,004	1,005	1,006												
90	1,006	1,008	1,009	1,010	1,010	1,010	1,010	1,011	1,011	1,013	1,013	1,015											
100	1,013	1,015	1,016	1,016	1,016	1,016	1,017	1,017	1,018	1,019	1,019	1,022	1,025										
110	1,020	1,022	1,023	1,023	1,023	1,023	1,023	1,024	1,026	1,026	1,028	1,031	1,031	1,036									
120	1,027	1,029	1,030	1,029	1,029	1,030	1,030	1,031	1,032	1,034	1,034	1,038	1,038	1,042	1,049								
130	1,034	1,035	1,036	1,037	1,036	1,036	1,036	1,037	1,038	1,041	1,041	1,044	1,044	1,049	1,055	1,063							
140	1,041	1,042	1,043	1,043	1,043	1,042	1,042	1,043	1,044	1,047	1,049	1,050	1,053	1,055	1,061	1,069	1,079						
150	1,047	1,049	1,050	1,050	1,049	1,049	1,049	1,050	1,051	1,053	1,055	1,056	1,059	1,061	1,067	1,075	1,085	1,097					
160	1,054	1,056	1,056	1,056	1,055	1,055	1,055	1,056	1,057	1,059	1,061	1,062	1,065	1,067	1,073	1,081	1,091	1,103	1,117				
170	1,061	1,062	1,063	1,063	1,062	1,062	1,061	1,062	1,063	1,065	1,068	1,069	1,071	1,074	1,079	1,087	1,097	1,109	1,123	1,140			
180	1,067	1,069	1,069	1,069	1,068	1,068	1,067	1,068	1,069	1,071	1,074	1,075	1,077	1,080	1,085	1,093	1,103	1,115	1,129	1,146	1,166		
190	1,074	1,075	1,076	1,075	1,074	1,074	1,073	1,074	1,075	1,077	1,080	1,081	1,083	1,085	1,091	1,098	1,108	1,120	1,135	1,152	1,172	1,195	
200	1,080	1,082	1,082	1,081	1,080	1,080	1,079	1,080	1,081	1,083	1,086	1,086	1,090	1,096	1,104	1,114	1,126	1,141	1,158	1,178	1,201	1,228	

Tabelle A.3.14

Wärmekoeffizienten für Antifrogen L16 [in kWh·m⁻³·K⁻¹]
Volumendurchflußmessung im Vorlauf

t_R

t_v \ t_R (°C)	-20	-10	0	10	20	30	40	50	60	70	80	90	100	110	120	130	140	150	160	170	180	190	200
-20	1,142																						
-10	1,144	1,146																					
0	1,146	1,147	1,149																				
10	1,146	1,148	1,150	1,153																			
20	1,146	1,148	1,151	1,154	1,158																		
30	1,146	1,148	1,151	1,155	1,159	1,164																	
40	1,145	1,148	1,151	1,155	1,160	1,166	1,172																
50	1,144	1,147	1,151	1,155	1,160	1,167	1,174	1,182															
60	1,143	1,146	1,150	1,155	1,161	1,168	1,175	1,184	1,194														
70	1,141	1,145	1,150	1,155	1,161	1,168	1,177	1,186	1,197	1,209													
80	1,140	1,144	1,149	1,155	1,162	1,169	1,178	1,188	1,200	1,212	1,226												
90	1,138	1,143	1,148	1,155	1,162	1,170	1,180	1,190	1,202	1,216	1,230	1,247											
100	1,137	1,142	1,148	1,155	1,162	1,171	1,181	1,193	1,205	1,219	1,234	1,251	1,270										
110	1,135	1,141	1,147	1,155	1,163	1,172	1,183	1,195	1,208	1,223	1,239	1,256	1,276	1,297									
120	1,134	1,140	1,147	1,155	1,164	1,174	1,185	1,197	1,211	1,226	1,243	1,261	1,281	1,303	1,327								
130	1,132	1,139	1,147	1,155	1,164	1,175	1,187	1,200	1,214	1,230	1,247	1,266	1,287	1,309	1,334	1,360							
140	1,131	1,138	1,146	1,155	1,165	1,176	1,189	1,202	1,217	1,234	1,252	1,271	1,292	1,315	1,340	1,367	1,396						
150	1,130	1,138	1,146	1,156	1,166	1,178	1,191	1,205	1,221	1,237	1,256	1,276	1,298	1,322	1,347	1,375	1,404	1,436					
160	1,129	1,137	1,146	1,156	1,167	1,179	1,193	1,208	1,224	1,241	1,260	1,281	1,303	1,328	1,354	1,382	1,412	1,444	1,478				
170	1,127	1,136	1,146	1,156	1,168	1,181	1,195	1,210	1,227	1,245	1,264	1,286	1,309	1,333	1,360	1,389	1,419	1,452	1,487	1,524			
180	1,126	1,135	1,145	1,157	1,169	1,182	1,197	1,212	1,230	1,248	1,268	1,290	1,314	1,339	1,366	1,395	1,426	1,459	1,494	1,532	1,572		
190	1,125	1,134	1,145	1,157	1,169	1,183	1,198	1,214	1,232	1,251	1,272	1,294	1,318	1,344	1,371	1,401	1,432	1,466	1,501	1,539	1,579	1,622	
200	1,123	1,133	1,144	1,156	1,169	1,184	1,199	1,216	1,234	1,254	1,275	1,297	1,322	1,348	1,376	1,406	1,437	1,471	1,507	1,545	1,586	1,629	1,674

Tabelle A.3.15

Wärmekoeffizienten für Antifrogen L16 [in $kWh \cdot m^{-3} \cdot K^{-1}$]
Volumendurchflußmessung im Rücklauf

t_R (°C) →, t_V (°C) ↓

t_V \ t_R	-20	-10	0	10	20	30	40	50	60	70	80	90	100	110	120	130	140	150	160	170	180	190	200
-20	1,142																						
-10	1,143	1,146																					
0	1,145	1,147	1,149																				
10	1,147	1,149	1,152	1,153																			
20	1,149	1,152	1,155	1,157	1,158																		
30	1,153	1,156	1,159	1,161	1,163	1,164																	
40	1,157	1,161	1,164	1,166	1,169	1,171	1,172																
50	1,162	1,166	1,170	1,173	1,175	1,178	1,180	1,182															
60	1,168	1,173	1,177	1,180	1,183	1,186	1,189	1,192	1,194														
70	1,175	1,180	1,185	1,189	1,193	1,196	1,199	1,203	1,206	1,209													
80	1,184	1,189	1,194	1,199	1,203	1,207	1,211	1,215	1,219	1,223	1,226												
90	1,193	1,199	1,205	1,210	1,215	1,220	1,224	1,229	1,233	1,238	1,242	1,247											
100	1,204	1,211	1,217	1,223	1,228	1,234	1,239	1,244	1,249	1,254	1,259	1,265	1,270										
110	1,217	1,224	1,231	1,237	1,243	1,249	1,255	1,261	1,267	1,273	1,279	1,285	1,291	1,297									
120	1,231	1,239	1,246	1,253	1,260	1,267	1,273	1,280	1,286	1,293	1,300	1,306	1,313	1,320	1,327								
130	1,247	1,255	1,263	1,271	1,279	1,286	1,293	1,301	1,308	1,315	1,322	1,330	1,337	1,345	1,352	1,360							
140	1,264	1,274	1,282	1,291	1,299	1,307	1,315	1,323	1,331	1,339	1,347	1,355	1,364	1,372	1,380	1,388	1,396						
150	1,284	1,294	1,303	1,313	1,322	1,331	1,339	1,348	1,357	1,366	1,374	1,383	1,392	1,401	1,410	1,419	1,427	1,436					
160	1,305	1,316	1,326	1,336	1,346	1,356	1,366	1,375	1,385	1,394	1,404	1,413	1,423	1,432	1,442	1,451	1,461	1,470	1,478				
170	1,329	1,340	1,352	1,362	1,373	1,384	1,394	1,404	1,415	1,425	1,435	1,445	1,456	1,466	1,476	1,486	1,496	1,506	1,515	1,524			
180	1,355	1,367	1,379	1,391	1,402	1,413	1,425	1,436	1,447	1,458	1,469	1,480	1,491	1,502	1,513	1,524	1,534	1,544	1,554	1,563	1,572		
190	1,383	1,396	1,409	1,421	1,433	1,446	1,458	1,470	1,482	1,494	1,505	1,517	1,529	1,541	1,552	1,564	1,575	1,585	1,596	1,605	1,614	1,622	
200	1,413	1,427	1,441	1,454	1,467	1,480	1,493	1,506	1,519	1,532	1,544	1,557	1,570	1,582	1,594	1,606	1,618	1,629	1,640	1,650	1,659	1,667	1,674

Tabelle A.3.16

Wärmekoeffizienten für Antifrogen L25 [in kWh.m^{-3}.K^{-1}]
Volumendurchflußmessung im Vorlauf

t_R

t_V \ t_R (°C)	-20	-10	0	10	20	30	40	50	60	70	80	90	100	110	120	130	140	150	160	170	180	190	200
-20	1,114																						
-10	1,116	1,120																					
0	1,117	1,120	1,124																				
10	1,117	1,120	1,123	1,126																			
20	1,116	1,120	1,123	1,125	1,128																		
30	1,115	1,118	1,121	1,124	1,126	1,128																	
40	1,113	1,116	1,119	1,122	1,124	1,126	1,128																
50	1,111	1,114	1,116	1,119	1,121	1,123	1,125	1,127															
60	1,108	1,111	1,113	1,116	1,118	1,120	1,122	1,123	1,125														
70	1,105	1,107	1,110	1,112	1,114	1,116	1,118	1,120	1,122	1,123													
80	1,101	1,103	1,106	1,108	1,110	1,112	1,114	1,116	1,117	1,119	1,121												
90	1,096	1,099	1,101	1,103	1,105	1,107	1,109	1,111	1,113	1,115	1,117	1,119											
100	1,092	1,094	1,096	1,099	1,101	1,103	1,104	1,106	1,108	1,110	1,112	1,115	1,117										
110	1,087	1,089	1,091	1,093	1,095	1,097	1,099	1,101	1,103	1,105	1,107	1,110	1,112	1,115									
120	1,081	1,084	1,086	1,088	1,090	1,092	1,094	1,096	1,098	1,100	1,102	1,105	1,108	1,111	1,114								
130	1,076	1,078	1,080	1,082	1,084	1,086	1,088	1,090	1,093	1,095	1,097	1,100	1,103	1,106	1,109	1,113							
140	1,070	1,072	1,074	1,076	1,078	1,081	1,083	1,085	1,087	1,089	1,092	1,095	1,097	1,101	1,104	1,108	1,112						
150	1,064	1,066	1,068	1,070	1,073	1,075	1,077	1,079	1,081	1,084	1,086	1,089	1,092	1,096	1,099	1,103	1,108	1,113					
160	1,057	1,060	1,062	1,064	1,066	1,069	1,071	1,073	1,075	1,078	1,081	1,084	1,087	1,091	1,094	1,099	1,103	1,108	1,114				
170	1,051	1,053	1,056	1,058	1,060	1,062	1,065	1,067	1,070	1,072	1,075	1,078	1,082	1,085	1,089	1,094	1,099	1,104	1,110	1,116			
180	1,044	1,047	1,049	1,051	1,054	1,056	1,058	1,061	1,064	1,066	1,069	1,073	1,076	1,080	1,084	1,089	1,094	1,100	1,106	1,112	1,119		
190	1,037	1,040	1,042	1,045	1,047	1,050	1,052	1,055	1,058	1,061	1,064	1,067	1,071	1,075	1,079	1,084	1,089	1,095	1,102	1,108	1,116	1,124	
200	1,031	1,033	1,036	1,038	1,041	1,043	1,046	1,049	1,052	1,055	1,058	1,062	1,065	1,070	1,074	1,079	1,085	1,091	1,097	1,104	1,112	1,120	1,129

Tabelle A.3.17

Wärmekoeffizienten für Antifrogen L25 [in kWh·m⁻³·K⁻¹]
Volumendurchflußmessung im Rücklauf

t_R (°C) →

t_V \ t_R	-20	-10	0	10	20	30	40	50	60	70	80	90	100	110	120	130	140	150	160	170	180	190	200
-20	1,114																						
-10	1,118	1,120																					
0	1,122	1,123	1,124																				
10	1,125	1,126	1,127	1,126																			
20	1,128	1,129	1,129	1,128	1,128																		
30	1,131	1,132	1,131	1,130	1,130	1,128																	
40	1,133	1,134	1,134	1,133	1,132	1,130	1,128																
50	1,136	1,136	1,135	1,134	1,134	1,132	1,130	1,127															
60	1,138	1,138	1,137	1,136	1,136	1,134	1,132	1,129	1,125														
70	1,140	1,141	1,139	1,138	1,138	1,136	1,133	1,131	1,127	1,123													
80	1,142	1,143	1,141	1,140	1,140	1,138	1,135	1,132	1,129	1,125	1,121												
90	1,144	1,145	1,143	1,142	1,142	1,140	1,137	1,134	1,131	1,127	1,123	1,119											
100	1,147	1,147	1,146	1,144	1,144	1,142	1,139	1,137	1,133	1,130	1,126	1,122	1,117										
110	1,149	1,149	1,148	1,146	1,146	1,144	1,142	1,139	1,136	1,132	1,128	1,124	1,120	1,115									
120	1,151	1,151	1,150	1,149	1,147	1,144	1,141	1,138	1,135	1,131	1,127	1,123	1,118	1,114									
130	1,154	1,154	1,153	1,151	1,149	1,147	1,144	1,141	1,138	1,134	1,130	1,126	1,122	1,117	1,113								
140	1,157	1,157	1,155	1,154	1,152	1,150	1,147	1,144	1,141	1,138	1,134	1,130	1,126	1,121	1,117	1,112							
150	1,160	1,160	1,159	1,157	1,155	1,153	1,151	1,148	1,145	1,141	1,138	1,134	1,130	1,126	1,122	1,117	1,113						
160	1,163	1,163	1,162	1,161	1,159	1,157	1,155	1,152	1,149	1,146	1,142	1,138	1,135	1,131	1,127	1,122	1,118	1,114					
170	1,167	1,167	1,166	1,165	1,163	1,161	1,159	1,156	1,153	1,150	1,147	1,143	1,140	1,136	1,132	1,128	1,124	1,120	1,116				
180	1,171	1,171	1,170	1,169	1,168	1,166	1,163	1,161	1,158	1,155	1,152	1,148	1,145	1,141	1,138	1,134	1,131	1,127	1,123	1,119			
190	1,175	1,175	1,174	1,172	1,171	1,169	1,166	1,164	1,161	1,158	1,155	1,152	1,149	1,146	1,142	1,139	1,136	1,132	1,127	1,124			
200	1,180	1,180	1,179	1,178	1,176	1,174	1,172	1,170	1,167	1,164	1,162	1,158	1,155	1,152	1,149	1,146	1,142	1,139	1,136	1,132	1,129		

t_V (°C)

Tabelle A.3.18

Wärmekoeffizienten für Antifrogen L38 [in kWh.m^{-3}.K^{-1}]
Volumendurchflußmessung im Vorlauf

t_v \ t_R °C	-20	-10	0	10	20	30	40	50	60	70	80	90	100	110	120	130	140	150	160	170	180	190	200
-20	1,075																						
-10	1,076	1,081																					
0	1,077	1,081	1,085																				
10	1,077	1,081	1,085	1,089																			
20	1,077	1,081	1,084	1,088	1,092																		
30	1,075	1,079	1,083	1,086	1,090	1,093																	
40	1,073	1,077	1,080	1,084	1,087	1,091	1,094																
50	1,070	1,074	1,077	1,081	1,084	1,088	1,091	1,095															
60	1,066	1,070	1,073	1,077	1,080	1,084	1,087	1,091	1,095														
70	1,062	1,065	1,069	1,072	1,076	1,079	1,083	1,087	1,090	1,094													
80	1,057	1,060	1,064	1,067	1,071	1,074	1,078	1,081	1,085	1,089	1,093												
90	1,051	1,054	1,058	1,062	1,065	1,069	1,072	1,076	1,080	1,084	1,088	1,092											
100	1,044	1,048	1,052	1,055	1,059	1,062	1,066	1,070	1,073	1,077	1,082	1,086	1,091										
110	1,037	1,041	1,045	1,048	1,052	1,055	1,059	1,063	1,067	1,071	1,075	1,080	1,085	1,090									
120	1,030	1,033	1,037	1,040	1,044	1,048	1,051	1,055	1,059	1,063	1,068	1,073	1,078	1,083	1,089								
130	1,021	1,025	1,029	1,032	1,036	1,039	1,043	1,047	1,051	1,056	1,060	1,065	1,070	1,076	1,082	1,088							
140	1,012	1,016	1,020	1,023	1,027	1,031	1,035	1,039	1,043	1,047	1,052	1,057	1,062	1,068	1,074	1,080	1,087						
150	1,003	1,006	1,010	1,014	1,017	1,021	1,025	1,029	1,034	1,038	1,043	1,048	1,053	1,059	1,065	1,072	1,079	1,086					
160	0,992	0,996	1,000	1,004	1,007	1,011	1,015	1,019	1,024	1,028	1,033	1,039	1,044	1,050	1,056	1,063	1,070	1,078	1,086				
170	0,982	0,985	0,989	0,993	0,997	1,001	1,005	1,009	1,013	1,018	1,023	1,028	1,034	1,040	1,047	1,053	1,061	1,068	1,077	1,086			
180	0,970	0,974	0,978	0,981	0,985	0,989	0,993	0,998	1,002	1,007	1,012	1,018	1,024	1,030	1,036	1,043	1,051	1,059	1,067	1,076	1,086		
190	0,958	0,962	0,965	0,969	0,973	0,977	0,982	0,986	0,991	0,996	1,001	1,006	1,012	1,019	1,025	1,032	1,040	1,048	1,057	1,066	1,075	1,086	
200	0,945	0,949	0,952	0,956	0,960	0,965	0,969	0,974	0,978	0,983	0,989	0,994	1,000	1,007	1,013	1,021	1,028	1,037	1,045	1,055	1,064	1,075	1,086

Tabelle A.3.19

Wärmekoeffizienten für Antifrogen L38 [in $kWh \cdot m^{-3} \cdot K^{-1}$]
Volumendurchflußmessung im Rücklauf

t_R

t_V \ t_R (°C)	-20	-10	0	10	20	30	40	50	60	70	80	90	100	110	120	130	140	150	160	170	180	190	200
-20	1,075																						
-10	1,079	1,081																					
0	1,083	1,085	1,085																				
10	1,087	1,089	1,089	1,089																			
20	1,091	1,093	1,093	1,093	1,092																		
30	1,095	1,096	1,097	1,096	1,095	1,093																	
40	1,099	1,100	1,100	1,099	1,097	1,094																	
50	1,103	1,104	1,104	1,102	1,101	1,098	1,095																
60	1,106	1,107	1,108	1,107	1,106	1,104	1,102	1,098	1,095														
70	1,110	1,111	1,111	1,111	1,110	1,108	1,105	1,102	1,098	1,094													
80	1,114	1,115	1,115	1,115	1,113	1,112	1,109	1,106	1,102	1,098	1,093												
90	1,118	1,119	1,119	1,119	1,117	1,116	1,113	1,110	1,107	1,102	1,098	1,092											
100	1,122	1,123	1,123	1,122	1,120	1,118	1,115	1,111	1,107	1,102	1,097	1,091											
110	1,126	1,127	1,127	1,126	1,124	1,122	1,119	1,116	1,112	1,107	1,102	1,096	1,090										
120	1,131	1,132	1,132	1,131	1,129	1,127	1,124	1,121	1,117	1,112	1,107	1,102	1,096	1,089									
130	1,135	1,137	1,137	1,136	1,134	1,132	1,130	1,126	1,122	1,118	1,113	1,108	1,102	1,095	1,088								
140	1,141	1,142	1,142	1,141	1,140	1,138	1,135	1,132	1,128	1,124	1,119	1,114	1,108	1,102	1,095	1,087							
150	1,146	1,147	1,148	1,148	1,146	1,144	1,141	1,138	1,135	1,131	1,126	1,121	1,115	1,109	1,102	1,094	1,086						
160	1,152	1,153	1,154	1,153	1,152	1,150	1,148	1,145	1,142	1,138	1,133	1,128	1,122	1,116	1,109	1,102	1,094	1,086					
170	1,158	1,159	1,160	1,160	1,159	1,157	1,155	1,152	1,149	1,145	1,141	1,136	1,130	1,124	1,118	1,111	1,103	1,095	1,086				
180	1,165	1,166	1,167	1,167	1,166	1,165	1,163	1,160	1,157	1,153	1,149	1,144	1,139	1,133	1,127	1,120	1,112	1,104	1,095	1,086			
190	1,172	1,174	1,175	1,175	1,174	1,173	1,171	1,168	1,165	1,162	1,158	1,153	1,148	1,142	1,136	1,129	1,122	1,114	1,105	1,096	1,086		
200	1,180	1,181	1,183	1,183	1,182	1,181	1,179	1,177	1,174	1,171	1,167	1,163	1,158	1,152	1,146	1,140	1,133	1,125	1,116	1,107	1,097	1,086	

Tabelle A.3.20

Wärmekoeffizienten für Antifrogen L47 [in kWh·m⁻³·K⁻¹]
Volumendurchflußmessung im Vorlauf

t_R

t_V \ t_R	-20	-10	0	10	20	30	40	50	60	70	80	90	100	110	120	130	140	150	160	170	180	190	200
-20	1,031																						
-10	1,031	1,036																					
0	1,031	1,040	1,040																				
10	1,030	1,044	1,039	1,043																			
20	1,029	1,034	1,038	1,042	1,047																		
30	1,028	1,032	1,036	1,041	1,045	1,050																	
40	1,026	1,030	1,034	1,039	1,043	1,048	1,053																
50	1,023	1,027	1,032	1,036	1,041	1,046	1,050	1,055															
60	1,020	1,024	1,029	1,033	1,038	1,043	1,047	1,052	1,057														
70	1,016	1,021	1,025	1,030	1,034	1,039	1,044	1,049	1,054	1,059													
80	1,012	1,016	1,021	1,025	1,030	1,035	1,040	1,045	1,050	1,055	1,060												
90	1,007	1,012	1,016	1,021	1,025	1,030	1,035	1,040	1,045	1,050	1,055	1,060											
100	1,002	1,006	1,011	1,015	1,020	1,025	1,030	1,035	1,039	1,044	1,050	1,055	1,060										
110	0,996	1,001	1,005	1,010	1,014	1,019	1,024	1,029	1,034	1,039	1,044	1,049	1,054	1,059									
120	0,990	0,994	0,999	1,003	1,008	1,013	1,017	1,022	1,027	1,032	1,037	1,042	1,047	1,052	1,057								
130	0,983	0,987	0,992	0,996	1,001	1,005	1,010	1,015	1,020	1,025	1,030	1,035	1,040	1,045	1,050	1,055							
140	0,975	0,980	0,984	0,989	0,993	0,998	1,003	1,007	1,012	1,017	1,022	1,027	1,032	1,037	1,042	1,047	1,052						
150	0,967	0,972	0,976	0,980	0,985	0,989	0,994	0,999	1,004	1,008	1,013	1,018	1,023	1,028	1,033	1,038	1,043	1,048					
160	0,959	0,963	0,967	0,972	0,976	0,981	0,985	0,990	0,995	0,999	1,004	1,009	1,014	1,019	1,024	1,029	1,034	1,039	1,044				
170	0,949	0,953	0,958	0,962	0,966	0,971	0,975	0,980	0,985	0,990	0,994	0,999	1,004	1,009	1,014	1,019	1,023	1,028	1,033	1,038			
180	0,939	0,943	0,947	0,952	0,956	0,961	0,965	0,970	0,974	0,979	0,984	0,988	0,993	0,998	1,003	1,008	1,013	1,017	1,022	1,027	1,032		
190	0,928	0,933	0,937	0,941	0,945	0,950	0,954	0,959	0,963	0,968	0,972	0,977	0,982	0,987	0,991	0,996	1,001	1,006	1,010	1,015	1,020	1,025	
200	0,917	0,921	0,925	0,929	0,934	0,938	0,942	0,947	0,951	0,956	0,960	0,965	0,970	0,974	0,979	0,984	0,988	0,993	0,998	1,002	1,007	1,012	1,016
°C																							

Tabelle A.3.21

Wärmekoeffizienten für Antifrogen L47 [in kWh·m⁻³·K⁻¹]
Volumendurchflußmessung im Rücklauf

t_R

t_V \ t_R (°C)	-20	-10	0	10	20	30	40	50	60	70	80	90	100	110	120	130	140	150	160	170	180	190	200
-20	1,031																						
-10	1,035	1,036																					
0	1,040	1,040	1,040																				
10	1,044	1,044	1,044	1,043																			
20	1,048	1,049	1,048	1,048	1,047																		
30	1,053	1,053	1,053	1,052	1,052	1,050																	
40	1,057	1,058	1,057	1,056	1,055	1,055	1,053																
50	1,062	1,063	1,062	1,061	1,060	1,060	1,058	1,055															
60	1,067	1,068	1,067	1,066	1,065	1,063	1,060	1,057															
70	1,072	1,072	1,072	1,071	1,070	1,068	1,065	1,062	1,059														
80	1,077	1,078	1,077	1,076	1,075	1,073	1,070	1,067	1,064	1,060													
90	1,082	1,083	1,082	1,081	1,080	1,078	1,076	1,073	1,069	1,065	1,060												
100	1,087	1,088	1,087	1,086	1,085	1,083	1,081	1,078	1,074	1,070	1,065	1,060											
110	1,093	1,093	1,092	1,091	1,090	1,089	1,086	1,083	1,080	1,075	1,071	1,065	1,059										
120	1,098	1,099	1,098	1,097	1,096	1,094	1,092	1,089	1,085	1,081	1,076	1,070	1,064	1,057									
130	1,103	1,104	1,103	1,102	1,101	1,100	1,097	1,094	1,090	1,086	1,081	1,076	1,069	1,063	1,055								
140	1,109	1,109	1,108	1,107	1,106	1,105	1,102	1,099	1,096	1,091	1,086	1,081	1,075	1,068	1,060	1,052							
150	1,114	1,115	1,114	1,113	1,112	1,111	1,108	1,105	1,101	1,097	1,092	1,086	1,080	1,073	1,066	1,057	1,048						
160	1,120	1,121	1,120	1,119	1,118	1,116	1,113	1,110	1,107	1,102	1,097	1,092	1,085	1,078	1,071	1,062	1,053	1,044					
170	1,125	1,126	1,125	1,124	1,123	1,122	1,119	1,116	1,112	1,108	1,103	1,097	1,091	1,084	1,076	1,068	1,059	1,049	1,038				
180	1,131	1,132	1,131	1,130	1,129	1,127	1,125	1,121	1,118	1,113	1,108	1,102	1,096	1,089	1,081	1,073	1,064	1,054	1,043	1,032			
190	1,136	1,137	1,136	1,135	1,134	1,133	1,130	1,127	1,123	1,119	1,113	1,108	1,101	1,094	1,086	1,078	1,069	1,059	1,048	1,037	1,025		
200	1,142	1,143	1,142	1,141	1,140	1,138	1,136	1,132	1,129	1,124	1,119	1,113	1,107	1,099	1,092	1,083	1,074	1,064	1,053	1,042	1,029	1,016	

Tabelle A.3.22

Wärmekoeffizienten für Antifrogen N20 [in kWh·m⁻³·K⁻¹]
Volumendurchflußmessung im Vorlauf

t_V \ t_R (°C)	-20	-10	0	10	20	30	40	50	60	70	80	90	100	110	120	130	140	150	160	170	180	190	200
-20	1,106																						
-10	1,108	1,111																					
0	1,109	1,112	1,114																				
10	1,109	1,112	1,115	1,117																			
20	1,109	1,111	1,114	1,117	1,119																		
30	1,108	1,110	1,113	1,115	1,118	1,120																	
40	1,106	1,109	1,111	1,113	1,116	1,118	1,120																
50	1,103	1,106	1,108	1,111	1,113	1,115	1,117	1,119															
60	1,100	1,102	1,105	1,107	1,109	1,111	1,113	1,116	1,118														
70	1,095	1,098	1,100	1,102	1,105	1,107	1,109	1,111	1,113	1,116													
80	1,090	1,092	1,094	1,097	1,099	1,101	1,103	1,105	1,108	1,110	1,113												
90	1,083	1,085	1,088	1,090	1,092	1,094	1,096	1,099	1,101	1,103	1,106	1,109											
100	1,075	1,077	1,080	1,082	1,084	1,086	1,088	1,091	1,093	1,095	1,098	1,101	1,104										
110	1,065	1,068	1,070	1,072	1,075	1,077	1,079	1,081	1,084	1,086	1,089	1,092	1,095	1,099									
120	1,055	1,057	1,059	1,061	1,064	1,066	1,068	1,071	1,073	1,076	1,079	1,082	1,085	1,089	1,093								
130	1,042	1,045	1,047	1,049	1,051	1,054	1,056	1,058	1,061	1,064	1,067	1,070	1,073	1,077	1,081	1,086							
140	1,028	1,030	1,033	1,035	1,037	1,040	1,042	1,045	1,047	1,050	1,053	1,056	1,060	1,064	1,068	1,073	1,078						
150	1,012	1,015	1,017	1,019	1,022	1,024	1,027	1,029	1,032	1,035	1,038	1,041	1,045	1,049	1,053	1,058	1,063	1,068					
160	0,995	0,997	0,999	1,002	1,004	1,007	1,009	1,012	1,015	1,018	1,021	1,024	1,028	1,032	1,036	1,041	1,046	1,052	1,058				
170	0,975	0,977	0,980	0,982	0,985	0,987	0,990	0,992	0,995	0,998	1,002	1,005	1,009	1,013	1,018	1,023	1,028	1,034	1,040	1,046			
180	0,953	0,956	0,958	0,960	0,963	0,965	0,968	0,971	0,974	0,977	0,980	0,984	0,988	0,992	0,997	1,002	1,007	1,013	1,019	1,026	1,033		
190	0,929	0,931	0,934	0,936	0,939	0,941	0,944	0,947	0,950	0,953	0,957	0,960	0,964	0,969	0,973	0,979	0,984	0,990	0,996	1,003	1,010	1,018	
200	0,903	0,905	0,907	0,910	0,912	0,915	0,918	0,921	0,924	0,927	0,931	0,934	0,939	0,943	0,948	0,953	0,958	0,964	0,971	0,977	0,985	0,993	1,001

Tabelle A.3.23

Wärmekoeffizienten für Antifrogen N20 [in kWh.m^{-3}.K^{-1}]
Volumendurchflußmessung im Rücklauf

t_V \ t_R (°C)

t_V \ t_R	-20	-10	0	10	20	30	40	50	60	70	80	90	100	110	120	130	140	150	160	170	180	190	200
-20	1,106																						
-10	1,110	1,111																					
0	1,113	1,114	1,114																				
10	1,115	1,116	1,117	1,117																			
20	1,118	1,119	1,120	1,119	1,119																		
30	1,121	1,121	1,122	1,122	1,121	1,120																	
40	1,123	1,124	1,124	1,124	1,123	1,122	1,120																
50	1,125	1,126	1,126	1,125	1,124	1,122	1,121	1,119															
60	1,128	1,128	1,129	1,128	1,126	1,124	1,121	1,121	1,118														
70	1,130	1,131	1,131	1,130	1,128	1,126	1,124	1,120	1,120	1,116													
80	1,132	1,133	1,133	1,132	1,131	1,128	1,126	1,123	1,118	1,118	1,113												
90	1,135	1,135	1,135	1,135	1,133	1,131	1,129	1,125	1,121	1,115	1,115	1,109											
100	1,137	1,138	1,138	1,137	1,136	1,134	1,131	1,128	1,123	1,118	1,112	1,112	1,104										
110	1,140	1,140	1,141	1,140	1,139	1,137	1,134	1,131	1,127	1,121	1,115	1,108	1,108	1,099									
120	1,143	1,143	1,144	1,143	1,142	1,140	1,137	1,134	1,130	1,125	1,119	1,111	1,103	1,103	1,093								
130	1,146	1,146	1,147	1,146	1,145	1,143	1,141	1,138	1,134	1,129	1,123	1,115	1,107	1,097	1,097	1,086							
140	1,149	1,150	1,150	1,150	1,149	1,147	1,145	1,142	1,138	1,133	1,127	1,120	1,111	1,102	1,090	1,090	1,078						
150	1,153	1,153	1,154	1,154	1,153	1,151	1,149	1,146	1,142	1,137	1,132	1,125	1,116	1,107	1,096	1,083	1,083	1,068					
160	1,157	1,157	1,158	1,158	1,157	1,156	1,154	1,151	1,147	1,142	1,137	1,130	1,122	1,112	1,101	1,089	1,074	1,074	1,058				
170	1,161	1,162	1,162	1,162	1,161	1,160	1,158	1,156	1,152	1,148	1,142	1,136	1,128	1,118	1,108	1,095	1,081	1,065	1,065	1,046			
180	1,166	1,167	1,167	1,167	1,166	1,165	1,163	1,161	1,158	1,154	1,149	1,142	1,134	1,125	1,114	1,102	1,088	1,072	1,054	1,054	1,033		
190	1,171	1,172	1,173	1,173	1,172	1,170	1,168	1,166	1,163	1,160	1,155	1,149	1,141	1,132	1,122	1,109	1,095	1,080	1,061	1,041	1,041	1,018	
200	1,176	1,178	1,178	1,179	1,179	1,178	1,177	1,175	1,171	1,167	1,162	1,156	1,149	1,140	1,130	1,117	1,104	1,088	1,070	1,050	1,027	1,027	1,001

Tabelle A.3.24 — Wärmekoeffizienten für Antifrogen N34 [in kWh.m^{-3}.K^{-1}]
Volumendurchflußmessung im Vorlauf

t_V \ t_R (°C)	-20	-10	0	10	20	30	40	50	60	70	80	90	100	110	120	130	140	150	160	170	180	190	200
-20	1,031																						
-10	1,033	1,037																					
0	1,035	1,039	1,043																				
10	1,036	1,040	1,044	1,049																			
20	1,036	1,041	1,045	1,049	1,054																		
30	1,036	1,041	1,045	1,049	1,054	1,058																	
40	1,036	1,040	1,044	1,049	1,053	1,057	1,062																
50	1,034	1,039	1,043	1,047	1,052	1,056	1,060	1,065															
60	1,033	1,037	1,041	1,045	1,050	1,054	1,058	1,063	1,067														
70	1,030	1,034	1,039	1,043	1,047	1,051	1,056	1,060	1,064	1,069													
80	1,027	1,031	1,035	1,040	1,044	1,048	1,052	1,057	1,061	1,065	1,070												
90	1,023	1,027	1,032	1,036	1,040	1,044	1,049	1,053	1,057	1,061	1,066	1,070											
100	1,019	1,023	1,027	1,031	1,035	1,040	1,044	1,048	1,052	1,057	1,061	1,065	1,070										
110	1,014	1,018	1,022	1,026	1,030	1,034	1,039	1,043	1,047	1,051	1,056	1,060	1,064	1,069									
120	1,008	1,012	1,016	1,020	1,024	1,028	1,033	1,037	1,041	1,045	1,049	1,054	1,058	1,062	1,067								
130	1,001	1,005	1,009	1,013	1,018	1,022	1,026	1,030	1,034	1,038	1,042	1,047	1,051	1,055	1,060	1,064							
140	0,994	0,998	1,002	1,006	1,010	1,014	1,018	1,022	1,026	1,031	1,035	1,039	1,043	1,048	1,052	1,056	1,061						
150	0,986	0,990	0,994	0,998	1,002	1,006	1,010	1,014	1,018	1,022	1,026	1,031	1,035	1,039	1,043	1,048	1,052	1,057					
160	0,977	0,981	0,985	0,989	0,993	0,997	1,001	1,005	1,009	1,013	1,017	1,021	1,026	1,030	1,034	1,038	1,043	1,047	1,052				
170	0,967	0,971	0,975	0,979	0,983	0,987	0,991	0,995	0,999	1,003	1,007	1,011	1,015	1,020	1,024	1,028	1,032	1,037	1,041	1,046			
180	0,957	0,961	0,965	0,969	0,973	0,977	0,981	0,985	0,989	0,993	0,997	1,001	1,005	1,009	1,013	1,017	1,021	1,026	1,030	1,035	1,039		
190	0,946	0,950	0,953	0,957	0,961	0,965	0,969	0,973	0,977	0,981	0,985	0,989	0,993	0,997	1,001	1,005	1,009	1,014	1,018	1,022	1,027	1,031	
200	0,934	0,937	0,941	0,945	0,949	0,953	0,957	0,960	0,964	0,968	0,972	0,976	0,980	0,984	0,988	0,992	0,997	1,001	1,005	1,010	1,014	1,018	1,023

Tabelle A.3.25

Wärmekoeffizienten für Antifrogen N34 [in $kWh \cdot m^{-3} \cdot K^{-1}$]
Volumendurchflußmessung im Rücklauf

t_R [°C]

t_V [°C]	-20	-10	0	10	20	30	40	50	60	70	80	90	100	110	120	130	140	150	160	170	180	190	200
-20	1,031																						
-10	1,035	1,037																					
0	1,039	1,042	1,043																				
10	1,044	1,046	1,048	1,049																			
20	1,048	1,050	1,052	1,053	1,054																		
30	1,053	1,055	1,056	1,058	1,058	1,058																	
40	1,057	1,059	1,061	1,062	1,062	1,062	1,062																
50	1,061	1,064	1,065	1,066	1,067	1,067	1,066	1,065															
60	1,066	1,068	1,070	1,071	1,071	1,070	1,069	1,068	1,067														
70	1,070	1,073	1,074	1,075	1,076	1,076	1,075	1,073	1,071	1,069													
80	1,075	1,077	1,079	1,080	1,080	1,079	1,078	1,077	1,076	1,073	1,070												
90	1,079	1,081	1,083	1,084	1,085	1,084	1,082	1,080	1,078	1,074	1,074	1,070											
100	1,084	1,086	1,088	1,089	1,089	1,088	1,087	1,085	1,083	1,079	1,078	1,074	1,070										
110	1,088	1,090	1,092	1,093	1,093	1,091	1,089	1,087	1,086	1,083	1,082	1,079	1,074	1,069									
120	1,093	1,095	1,097	1,098	1,098	1,097	1,094	1,091	1,089	1,087	1,086	1,083	1,078	1,073	1,067								
130	1,097	1,100	1,101	1,102	1,102	1,100	1,098	1,095	1,092	1,091	1,088	1,087	1,083	1,077	1,071	1,064							
140	1,102	1,104	1,106	1,107	1,107	1,105	1,103	1,100	1,096	1,095	1,092	1,088	1,087	1,082	1,076	1,069	1,061						
150	1,107	1,109	1,111	1,112	1,112	1,110	1,107	1,104	1,101	1,097	1,096	1,092	1,087	1,086	1,080	1,073	1,065	1,057					
160	1,111	1,114	1,115	1,116	1,116	1,114	1,112	1,109	1,106	1,102	1,097	1,096	1,092	1,091	1,085	1,078	1,070	1,061	1,052				
170	1,116	1,118	1,120	1,121	1,121	1,119	1,117	1,114	1,110	1,106	1,101	1,100	1,096	1,094	1,089	1,082	1,074	1,066	1,056	1,046			
180	1,121	1,123	1,125	1,126	1,126	1,124	1,121	1,119	1,115	1,111	1,106	1,100	1,101	1,096	1,094	1,087	1,079	1,070	1,061	1,050	1,039		
190	1,126	1,128	1,130	1,131	1,131	1,130	1,128	1,123	1,120	1,116	1,111	1,105	1,099	1,100	1,096	1,092	1,084	1,075	1,065	1,055	1,044	1,031	
200	1,131	1,133	1,134	1,135	1,136	1,133	1,131	1,128	1,125	1,121	1,116	1,110	1,104	1,096	1,088	1,104	1,088	1,080	1,070	1,060	1,048	1,036	1,023

Tabelle A.3.26

Wärmekoeffizienten für Antifrogen N44 [in $kWh.m^{-3}.K^{-1}$]
Volumendurchflußmessung im Vorlauf

t_V \ t_R	-20	-10	0	10	20	30	40	50	60	70	80	90	100	110	120	130	140	150	160	170	180	190	200 °C
-20	0,976																						
-10	0,977	0,981																					
0	0,978	0,982	0,986																				
10	0,979	0,983	0,988	0,993																			
20	0,980	0,984	0,989	0,994	0,999																		
30	0,980	0,985	0,989	0,995	1,000	1,006																	
40	0,980	0,985	0,990	0,995	1,001	1,007	1,013																
50	0,980	0,985	0,990	0,995	1,001	1,007	1,013	1,019															
60	0,979	0,984	0,989	0,994	1,000	1,006	1,012	1,018	1,024														
70	0,977	0,982	0,987	0,993	0,999	1,004	1,010	1,016	1,022	1,028													
80	0,975	0,980	0,985	0,990	0,996	1,002	1,008	1,014	1,019	1,025	1,031												
90	0,971	0,976	0,982	0,987	0,993	0,999	1,004	1,010	1,016	1,021	1,027	1,032											
100	0,967	0,972	0,977	0,983	0,988	0,994	1,000	1,005	1,011	1,016	1,021	1,026	1,031										
110	0,962	0,967	0,972	0,977	0,983	0,988	0,994	0,999	1,005	1,010	1,015	1,019	1,024	1,027									
120	0,955	0,960	0,965	0,971	0,976	0,981	0,987	0,992	0,997	1,002	1,007	1,011	1,015	1,019	1,022								
130	0,948	0,953	0,957	0,963	0,968	0,973	0,978	0,983	0,988	0,993	0,997	1,001	1,005	1,008	1,011	1,013							
140	0,939	0,943	0,948	0,953	0,958	0,963	0,968	0,973	0,978	0,982	0,986	0,990	0,994	0,996	0,999	1,001	1,002						
150	0,928	0,933	0,937	0,942	0,947	0,952	0,957	0,961	0,966	0,970	0,974	0,977	0,980	0,983	0,985	0,987	0,988	0,988					
160	0,916	0,921	0,925	0,930	0,934	0,939	0,944	0,948	0,952	0,956	0,959	0,963	0,965	0,968	0,970	0,971	0,971	0,971	0,970				
170	0,903	0,907	0,911	0,916	0,920	0,925	0,929	0,933	0,937	0,940	0,944	0,946	0,949	0,951	0,952	0,953	0,953	0,953	0,951	0,949			
180	0,888	0,892	0,896	0,900	0,904	0,908	0,912	0,916	0,920	0,923	0,926	0,928	0,930	0,932	0,933	0,934	0,933	0,932	0,931	0,928	0,925		
190	0,871	0,875	0,879	0,883	0,887	0,890	0,894	0,897	0,901	0,904	0,906	0,908	0,910	0,911	0,912	0,912	0,912	0,910	0,908	0,905	0,902	0,897	
200 °C	0,852	0,856	0,860	0,863	0,867	0,871	0,874	0,877	0,880	0,883	0,885	0,887	0,888	0,889	0,889	0,888	0,886	0,884	0,881	0,877	0,872	0,866	

Tabelle A.3.27

Wärmekoeffizienten für Antifrogen N44 [in $kWh \cdot m^{-3} \cdot K^{-1}$]
Volumendurchflußmessung im Rücklauf

t_R

t_V	-20	-10	0	10	20	30	40	50	60	70	80	90	100	110	120	130	140	150	160	170	180	190	200 °C
-20	0,976																						
-10	0,980	0,981																					
0	0,983	0,985	0,986																				
10	0,988	0,990	0,991	0,993																			
20	0,993	0,995	0,996	0,998	0,999																		
30	0,998	1,000	1,002	1,004	1,005	1,006																	
40	1,003	1,005	1,008	1,009	1,011	1,012	1,013																
50	1,009	1,011	1,013	1,015	1,017	1,018	1,019	1,019															
60	1,015	1,017	1,019	1,021	1,023	1,024	1,025	1,025	1,024														
70	1,021	1,023	1,025	1,027	1,029	1,030	1,031	1,031	1,030	1,028													
80	1,026	1,029	1,031	1,034	1,035	1,036	1,037	1,037	1,036	1,034	1,031												
90	1,032	1,035	1,037	1,039	1,041	1,042	1,043	1,042	1,041	1,039	1,036	1,032											
100	1,038	1,041	1,043	1,045	1,047	1,048	1,048	1,048	1,046	1,044	1,041	1,036	1,031										
110	1,044	1,046	1,049	1,051	1,052	1,053	1,053	1,053	1,051	1,049	1,045	1,041	1,035	1,027									
120	1,049	1,052	1,054	1,056	1,057	1,058	1,058	1,058	1,056	1,053	1,050	1,045	1,038	1,031	1,022								
130	1,054	1,057	1,059	1,061	1,062	1,063	1,063	1,062	1,060	1,057	1,053	1,048	1,041	1,034	1,024	1,013							
140	1,059	1,061	1,063	1,065	1,066	1,067	1,067	1,066	1,064	1,061	1,056	1,051	1,044	1,036	1,026	1,015	1,002						
150	1,063	1,065	1,068	1,069	1,070	1,071	1,070	1,069	1,067	1,063	1,059	1,053	1,046	1,037	1,027	1,016	1,003	0,988					
160	1,067	1,069	1,071	1,073	1,073	1,074	1,073	1,072	1,069	1,065	1,061	1,055	1,047	1,038	1,028	1,016	1,003	0,987	0,970				
170	1,070	1,072	1,074	1,075	1,076	1,076	1,075	1,074	1,071	1,067	1,062	1,055	1,048	1,038	1,028	1,016	1,002	0,986	0,969	0,949			
180	1,072	1,075	1,076	1,077	1,078	1,077	1,077	1,075	1,072	1,067	1,062	1,055	1,047	1,038	1,027	1,014	1,000	0,984	0,966	0,946	0,925		
190	1,074	1,076	1,078	1,079	1,079	1,079	1,077	1,075	1,072	1,067	1,062	1,055	1,046	1,036	1,025	1,012	0,997	0,981	0,962	0,942	0,921	0,897	
200 °C	1,075	1,077	1,079	1,079	1,079	1,077	1,075	1,071	1,066	1,060	1,053	1,044	1,034	1,022	1,008	0,993	0,977	0,958	0,938	0,915	0,891	0,866	

Tabelle A.3.28

Wärmekoeffizienten für Antifrogen N52 [in kWh·m^{-3}·K^{-1}]
Volumendurchflußmessung im Vorlauf

t_V \ t_R	-20	-10	0	10	20	30	40	50	60	70	80	90	100	110	120	130	140	150	160	170	180	190	200
-20	0,938																						
-10	0,939	0,944																					
0	0,940	0,945	0,950																				
10	0,941	0,946	0,951	0,956																			
20	0,942	0,946	0,951	0,956	0,961																		
30	0,942	0,946	0,951	0,956	0,961	0,966																	
40	0,941	0,946	0,951	0,956	0,961	0,966	0,971																
50	0,941	0,945	0,950	0,955	0,960	0,965	0,970	0,976															
60	0,939	0,944	0,949	0,954	0,959	0,964	0,969	0,974	0,980														
70	0,937	0,942	0,947	0,952	0,957	0,962	0,967	0,973	0,978	0,984													
80	0,934	0,939	0,944	0,949	0,954	0,959	0,965	0,970	0,975	0,981	0,987												
90	0,931	0,936	0,941	0,946	0,951	0,956	0,961	0,967	0,972	0,978	0,983	0,989											
100	0,927	0,932	0,937	0,942	0,947	0,952	0,957	0,962	0,968	0,973	0,979	0,985	0,991										
110	0,922	0,927	0,932	0,937	0,942	0,947	0,952	0,957	0,963	0,968	0,974	0,980	0,986	0,992									
120	0,916	0,921	0,926	0,931	0,936	0,941	0,946	0,951	0,957	0,962	0,968	0,974	0,980	0,986	0,992								
130	0,909	0,914	0,919	0,924	0,929	0,934	0,939	0,944	0,950	0,955	0,961	0,967	0,973	0,979	0,985	0,991							
140	0,901	0,906	0,911	0,916	0,921	0,926	0,931	0,936	0,942	0,947	0,953	0,959	0,965	0,971	0,977	0,983	0,989						
150	0,892	0,897	0,902	0,907	0,912	0,917	0,922	0,927	0,933	0,938	0,944	0,949	0,955	0,961	0,967	0,974	0,980	0,986					
160	0,882	0,887	0,892	0,896	0,901	0,906	0,912	0,917	0,922	0,928	0,933	0,939	0,945	0,951	0,957	0,963	0,969	0,975	0,982				
170	0,871	0,875	0,880	0,885	0,890	0,895	0,900	0,905	0,910	0,916	0,921	0,927	0,933	0,939	0,945	0,951	0,957	0,963	0,970	0,976			
180	0,858	0,863	0,867	0,872	0,877	0,882	0,887	0,892	0,897	0,903	0,908	0,914	0,919	0,925	0,931	0,937	0,943	0,949	0,956	0,962	0,969		
190	0,844	0,848	0,853	0,858	0,863	0,867	0,872	0,878	0,883	0,888	0,893	0,899	0,904	0,910	0,916	0,922	0,928	0,934	0,941	0,947	0,954	0,960	
200	0,828	0,833	0,837	0,842	0,847	0,851	0,856	0,861	0,867	0,872	0,877	0,882	0,888	0,894	0,899	0,905	0,911	0,917	0,923	0,930	0,936	0,943	0,950

Anhänge

Tabelle A.3.29 — Wärmekoeffizienten für Antifrogen N52 [in kWh·m^{-3}·K^{-1}]

Volumendurchflußmessung im Rücklauf

t_v \ t_R (°C)

t_v \ t_R	-20	-10	0	10	20	30	40	50	60	70	80	90	100	110	120	130	140	150	160	170	180	190	200
-20	0,938																						
-10	0,943	0,944																					
0	0,947	0,949	0,950																				
10	0,952	0,954	0,955	0,956																			
20	0,957	0,958	0,960	0,960	0,961																		
30	0,962	0,963	0,965	0,966	0,966	0,966																	
40	0,967	0,969	0,970	0,971	0,971	0,971	0,971																
50	0,972	0,974	0,975	0,976	0,977	0,977	0,977	0,976															
60	0,977	0,979	0,980	0,981	0,982	0,982	0,982	0,981	0,980														
70	0,983	0,984	0,986	0,987	0,987	0,988	0,987	0,987	0,985	0,984													
80	0,988	0,990	0,991	0,992	0,993	0,993	0,992	0,991	0,991	0,989	0,987												
90	0,994	0,995	0,997	0,998	0,999	0,999	0,998	0,997	0,995	0,992	0,989	0,989											
100	1,000	1,001	1,003	1,004	1,005	1,005	1,004	1,003	1,001	0,998	0,995	0,991											
110	1,005	1,007	1,009	1,010	1,011	1,011	1,010	1,009	1,007	1,004	1,001	0,997	0,992										
120	1,011	1,013	1,015	1,016	1,017	1,017	1,016	1,015	1,013	1,011	1,007	1,003	0,998	0,992									
130	1,017	1,019	1,021	1,022	1,023	1,023	1,022	1,021	1,019	1,017	1,014	1,009	1,004	0,998	0,991								
140	1,024	1,025	1,027	1,028	1,029	1,029	1,028	1,026	1,023	1,020	1,016	1,011	1,005	0,998	0,989								
150	1,030	1,032	1,033	1,035	1,036	1,036	1,035	1,034	1,032	1,030	1,027	1,022	1,017	1,011	1,004	0,996	0,986						
160	1,036	1,038	1,040	1,041	1,042	1,043	1,043	1,042	1,041	1,039	1,037	1,033	1,029	1,024	1,018	1,011	1,002	0,993	0,982				
170	1,043	1,045	1,046	1,048	1,049	1,049	1,049	1,048	1,046	1,043	1,040	1,036	1,031	1,025	1,018	1,009	1,000	0,989	0,976				
180	1,050	1,052	1,053	1,055	1,056	1,056	1,055	1,053	1,050	1,047	1,043	1,038	1,032	1,024	1,016	1,006	0,995	0,983	0,969				
190	1,056	1,058	1,060	1,062	1,063	1,063	1,062	1,060	1,058	1,054	1,050	1,045	1,039	1,032	1,023	1,013	1,002	0,990	0,976	0,960			
200	1,064	1,066	1,067	1,069	1,070	1,071	1,070	1,069	1,067	1,065	1,062	1,057	1,052	1,046	1,039	1,030	1,020	1,009	0,997	0,983	0,967	0,950	

Tabelle A.3.30

Wärmekoeffizienten für PKL 90 [in kWh·m^{-3}·K^{-1}]
Volumendurchflußmessung im Vorlauf

t_R

t_V	-20	-10	0	10	20	30	40	50	60	70	80	90	100	110	120	130	140	150	160	170	180	190	200 °C
-20	0,774																						
-10	0,771	0,775																					
0	0,770	0,774	0,779																				
10	0,768	0,773	0,778	0,784																			
20	0,768	0,772	0,778	0,784	0,790																		
30	0,767	0,772	0,778	0,784	0,790	0,797																	
40	0,767	0,772	0,778	0,784	0,791	0,798	0,805																
50	0,768	0,773	0,779	0,785	0,792	0,799	0,806	0,813															
60	0,768	0,773	0,779	0,786	0,793	0,800	0,807	0,814	0,822														
70	0,769	0,774	0,780	0,787	0,793	0,801	0,808	0,815	0,823	0,831													
80	0,769	0,775	0,781	0,788	0,794	0,802	0,809	0,816	0,824	0,831	0,839												
90	0,770	0,775	0,782	0,788	0,795	0,802	0,810	0,817	0,825	0,832	0,840	0,847											
100	0,771	0,776	0,783	0,789	0,796	0,803	0,810	0,818	0,825	0,833	0,840	0,847	0,854										
110	0,771	0,777	0,783	0,790	0,797	0,804	0,811	0,818	0,825	0,833	0,840	0,847	0,854	0,861									
120	0,771	0,777	0,784	0,790	0,797	0,804	0,811	0,818	0,825	0,833	0,840	0,847	0,853	0,860	0,866								
130	0,772	0,778	0,784	0,790	0,797	0,804	0,811	0,818	0,825	0,832	0,839	0,846	0,852	0,859	0,865	0,871							
140	0,771	0,777	0,784	0,790	0,797	0,804	0,810	0,817	0,824	0,831	0,838	0,845	0,851	0,857	0,863	0,868	0,873						
150	0,771	0,777	0,783	0,789	0,796	0,803	0,810	0,816	0,823	0,830	0,836	0,843	0,849	0,855	0,860	0,866	0,870	0,875					
160	0,770	0,776	0,782	0,788	0,795	0,801	0,808	0,815	0,821	0,828	0,834	0,840	0,846	0,852	0,857	0,862	0,867	0,871	0,874				
170	0,769	0,775	0,781	0,787	0,793	0,800	0,806	0,813	0,819	0,825	0,832	0,837	0,843	0,849	0,854	0,858	0,862	0,866	0,869	0,872			
180	0,767	0,773	0,779	0,785	0,791	0,797	0,804	0,810	0,816	0,822	0,828	0,834	0,839	0,844	0,849	0,853	0,857	0,861	0,863	0,865	0,867		
190	0,765	0,771	0,776	0,782	0,788	0,794	0,801	0,807	0,813	0,819	0,824	0,830	0,835	0,840	0,844	0,848	0,852	0,855	0,857	0,859	0,860	0,860	
200	0,762	0,768	0,773	0,779	0,785	0,791	0,797	0,803	0,809	0,814	0,820	0,825	0,830	0,834	0,838	0,842	0,845	0,848	0,850	0,851	0,852	0,852	0,851
°C																							

Tabelle A.3.31

Wärmekoeffizienten für PKL 90 [in kWh·m^{-3}·K^{-1}]
Volumendurchflußmessung im Rücklauf

t_R (°C) →, t_V (°C) ↓

t_V \ t_R	-20	-10	0	10	20	30	40	50	60	70	80	90	100	110	120	130	140	150	160	170	180	190	200
-20	0,774																						
-10	0,778	0,775																					
0	0,782	0,780	0,779																				
10	0,787	0,785	0,784	0,784																			
20	0,792	0,791	0,790	0,790	0,790																		
30	0,798	0,797	0,797	0,796	0,797	0,797																	
40	0,805	0,804	0,803	0,804	0,804	0,804	0,805																
50	0,811	0,811	0,810	0,810	0,811	0,811	0,812	0,813															
60	0,819	0,818	0,818	0,818	0,819	0,820	0,821	0,822															
70	0,826	0,825	0,825	0,826	0,827	0,828	0,829	0,830	0,831														
80	0,833	0,833	0,833	0,834	0,835	0,836	0,837	0,838	0,839														
90	0,841	0,841	0,841	0,842	0,843	0,844	0,845	0,846	0,846	0,847													
100	0,849	0,848	0,849	0,850	0,851	0,852	0,853	0,854	0,854	0,854													
110	0,856	0,856	0,857	0,858	0,859	0,860	0,861	0,861	0,861	0,861													
120	0,864	0,864	0,865	0,866	0,867	0,868	0,868	0,868	0,867	0,866													
130	0,871	0,871	0,872	0,873	0,874	0,875	0,875	0,874	0,873	0,872	0,871												
140	0,879	0,879	0,879	0,880	0,881	0,881	0,881	0,880	0,879	0,878	0,876	0,873											
150	0,886	0,886	0,886	0,887	0,887	0,887	0,887	0,886	0,885	0,883	0,881	0,878	0,875										
160	0,893	0,892	0,893	0,893	0,893	0,893	0,893	0,892	0,891	0,889	0,887	0,885	0,882	0,878	0,874								
170	0,899	0,899	0,899	0,899	0,899	0,898	0,898	0,897	0,895	0,894	0,891	0,889	0,885	0,881	0,877	0,872							
180	0,905	0,905	0,904	0,904	0,904	0,904	0,903	0,902	0,901	0,899	0,897	0,894	0,892	0,888	0,884	0,879	0,873	0,867					
190	0,911	0,910	0,910	0,910	0,909	0,909	0,908	0,907	0,906	0,905	0,903	0,900	0,898	0,894	0,890	0,886	0,880	0,874	0,868	0,860			
200	0,916	0,915	0,915	0,914	0,914	0,913	0,912	0,911	0,909	0,908	0,906	0,903	0,900	0,896	0,892	0,887	0,881	0,875	0,868	0,860	0,851		

Tabelle A.3.32

Wärmekoeffizienten für PKL 300 [in kWh·m⁻³·K⁻¹]
Volumendurchflußmessung im Vorlauf

t_R

t_V (°C)	-20	-10	0	10	20	30	40	50	60	70	80	90	100	110	120	130	140	150	160	170	180	190	200
-20	1,040																						
-10	1,039	1,044																					
0	1,038	1,043	1,047																				
10	1,037	1,041	1,046	1,050																			
20	1,035	1,039	1,044	1,048	1,052																		
30	1,033	1,037	1,041	1,045	1,049	1,053																	
40	1,030	1,034	1,039	1,042	1,046	1,050	1,054																
50	1,027	1,031	1,035	1,039	1,043	1,047	1,050	1,054															
60	1,023	1,027	1,031	1,035	1,039	1,043	1,046	1,050	1,053														
70	1,019	1,023	1,027	1,031	1,034	1,038	1,042	1,045	1,049	1,052													
80	1,014	1,018	1,022	1,026	1,029	1,033	1,036	1,040	1,043	1,047	1,050												
90	1,009	1,012	1,016	1,020	1,023	1,027	1,031	1,034	1,037	1,041	1,044	1,048											
100	1,002	1,006	1,010	1,013	1,017	1,020	1,024	1,027	1,031	1,034	1,037	1,041	1,044										
110	0,995	0,999	1,003	1,006	1,010	1,013	1,017	1,020	1,023	1,027	1,030	1,033	1,037	1,040									
120	0,987	0,991	0,995	0,998	1,002	1,005	1,008	1,012	1,015	1,018	1,022	1,025	1,028	1,032	1,035								
130	0,979	0,982	0,986	0,989	0,993	0,996	0,999	1,003	1,006	1,009	1,013	1,016	1,019	1,023	1,026	1,030							
140	0,969	0,973	0,976	0,979	0,983	0,986	0,989	0,993	0,996	0,999	1,003	1,006	1,009	1,013	1,016	1,020	1,023						
150	0,958	0,962	0,965	0,969	0,972	0,975	0,979	0,982	0,985	0,988	0,992	0,995	0,998	1,002	1,005	1,009	1,012	1,016					
160	0,947	0,950	0,954	0,957	0,960	0,963	0,967	0,970	0,973	0,976	0,980	0,983	0,986	0,990	0,993	0,997	1,000	1,004	1,008				
170	0,934	0,938	0,941	0,944	0,947	0,951	0,954	0,957	0,960	0,963	0,967	0,970	0,973	0,976	0,980	0,983	0,987	0,991	0,994	0,998			
180	0,920	0,924	0,927	0,930	0,933	0,937	0,940	0,943	0,946	0,949	0,952	0,956	0,959	0,962	0,966	0,969	0,973	0,976	0,980	0,984	0,988		
190	0,905	0,909	0,912	0,915	0,918	0,921	0,924	0,928	0,931	0,934	0,937	0,940	0,943	0,947	0,950	0,954	0,957	0,961	0,965	0,969	0,973	0,977	
200	0,889	0,892	0,896	0,899	0,902	0,905	0,908	0,911	0,914	0,917	0,920	0,923	0,927	0,930	0,933	0,937	0,940	0,944	0,948	0,952	0,956	0,960	0,964
°C																							

Tabelle A.3.33 Wärmekoeffizienten für PKL 300 [in kWh·m^{-3}·K^{-1}]
Volumendurchflußmessung im Rücklauf

t_v \ t_R (°C)	-20	-10	0	10	20	30	40	50	60	70	80	90	100	110	120	130	140	150	160	170	180	190	200
-20	1,040																						
-10	1,045	1,044																					
0	1,049	1,048	1,047																				
10	1,054	1,053	1,052	1,050																			
20	1,058	1,057	1,056	1,054	1,052																		
30	1,062	1,061	1,060	1,058	1,056	1,053																	
40	1,067	1,065	1,064	1,062	1,060	1,057	1,054																
50	1,071	1,069	1,068	1,066	1,063	1,061	1,058	1,054															
60	1,075	1,073	1,072	1,070	1,067	1,064	1,061	1,058	1,053														
70	1,079	1,077	1,075	1,073	1,071	1,068	1,065	1,061	1,057	1,052													
80	1,082	1,081	1,079	1,077	1,075	1,072	1,068	1,065	1,060	1,056	1,050												
90	1,086	1,085	1,083	1,081	1,078	1,075	1,072	1,068	1,064	1,059	1,054	1,048											
100	1,090	1,088	1,087	1,084	1,082	1,079	1,076	1,072	1,068	1,063	1,057	1,051	1,044										
110	1,094	1,092	1,090	1,088	1,086	1,083	1,079	1,075	1,071	1,066	1,061	1,055	1,048	1,040									
120	1,098	1,096	1,094	1,092	1,089	1,086	1,083	1,079	1,075	1,070	1,064	1,058	1,051	1,044	1,035								
130	1,102	1,100	1,098	1,095	1,093	1,090	1,086	1,083	1,078	1,073	1,068	1,062	1,055	1,047	1,039	1,030							
140	1,105	1,104	1,102	1,099	1,097	1,094	1,090	1,086	1,082	1,077	1,071	1,065	1,059	1,051	1,043	1,033	1,023						
150	1,109	1,107	1,105	1,103	1,100	1,097	1,094	1,090	1,086	1,081	1,075	1,069	1,062	1,055	1,046	1,037	1,027	1,016					
160	1,113	1,111	1,109	1,107	1,104	1,101	1,098	1,094	1,089	1,085	1,079	1,073	1,066	1,058	1,050	1,041	1,031	1,020	1,008				
170	1,117	1,115	1,113	1,111	1,108	1,105	1,102	1,098	1,093	1,088	1,083	1,077	1,070	1,062	1,054	1,045	1,035	1,024	1,012	0,998			
180	1,121	1,119	1,117	1,115	1,112	1,109	1,106	1,102	1,097	1,092	1,087	1,081	1,074	1,066	1,058	1,049	1,039	1,028	1,016	1,002	0,988		
190	1,125	1,124	1,121	1,119	1,116	1,113	1,110	1,106	1,102	1,097	1,091	1,085	1,078	1,071	1,062	1,053	1,043	1,032	1,020	1,007	0,992	0,977	
200	1,130	1,128	1,126	1,123	1,121	1,118	1,114	1,110	1,106	1,101	1,095	1,089	1,082	1,075	1,067	1,057	1,047	1,036	1,024	1,011	0,997	0,981	0,964

A.4 Wichtige Definitionen nach EN 1434

Im folgenden sollen einige wichtige Definitionen nach EN 1434 zusammengestellt werden:

3 Gerätebauarten
Wärmezähler sind Meßgeräte, die entweder als vollständiges Gerät oder als kombiniertes Gerät vorliegen.

3.1 Vollständiger Wärmezähler
Wärmezähler, der keine abtrennbaren Teilgeräte nach 3.4 besitzt.

3.2 Kombinierter Wärmezähler
Wärmezähler, der aus Teilgeräten nach 3.4 aufgebaut ist.

3.3 Hybrider Wärmezähler (oft Kompaktgerät genannt)
Wärmezähler, der für Zwecke der Zulassungsprüfung und Eichung als kombinierter Wärmezähler nach 3.2 angesehen wird. Nach der Eichung muß der Wärmezähler jedoch wie ein Vollständiger Wärmezähler behandelt werden.

3.4 Teilgeräte eines Wärmezählers, der ein kombiniertes Gerät ist
Durchflußsensor, Temperaturfühlerpaar und Rechenwerk oder eine Kombination dieser Teilgeräte.

3.4.1 Durchflußsensor
Teilgerät, durch welches der Wärmeträger fließt und das entweder im Vorlauf oder im Rücklauf eines Wärmeaustauscherkreislaufes eingebaut ist. Der Durchflußsensor gibt ein Signal ab, das eine Funktion des Volumens oder der Masse oder des Volumen- oder Massendurchflusses ist.

3.4.2 Temperaturfühlerpaar
Teilgerät (zur Montage in Tauchhülsen oder direkt eintauchend), das die Temperaturen des Wärmeträgers im Vor- und Rücklauf des Wärmeträgerkreislaufes erfaßt.

3.4.3 Rechenwerk
Teilgerät, das Signale vom Durchflußsensor und den Temperaturfühlern empfängt und daraus die ausgetauschte Wärmemenge berechnet und anzeigt.

3.5 Prüfungsmuster
Ein zur Prüfung vorgesehenes Teilgerät, ein kombiniertes Teilgerät oder ein vollständiger Wärmezähler.

4 Definitionen und Formelzeichen
Für die Anwendung dieser Norm gelten die folgenden Definitionen und Formelzeichen.

4.1 Einstelldauer $\tau_{0,5}$: Zeitspanne zwischen einer bestimmten, plötzlichen Änderung des Durchflusses oder der Temperaturdifferenz und dem Zeitpunkt, zu dem die Ausgangsgröße des Teilgerätes 50 % des Endwertes erreicht hat.

4.2 Schnell ansprechender Wärmezähler: Ein Wärmezähler, der für Wärmetauscher-Kreisläufe mit schnellen dynamischen Änderungen der ausgetauschten Wärme geeignet ist.

4.3 Bemessungswert der Netzspannung U_N: Spannung einer externen Stromquelle, bei der der Wärmezähler arbeitet und die üblicherweise die Netzspannung des Wechselstromnetzes ist.

4.4 Bemessungsbedingungen: Betriebsbedingungen, die die Wertebereiche der Einflußgrößen bestimmen, für die die Meßeigenschaften des Gerätes innerhalb der festgelegten Fehlergrenzen liegen.

4.5 Referenzbedingungen: Ein Satz festgelegter Werte von Einflußfaktoren, die einen Vergleich der Meßergebnisse untereinander sicherstellen sollen.

4.6 Einflußgröße: Eine Größe, die nicht Gegenstand der Messung ist, die aber den Wert der Meßgröße oder die Anzeige des Meßgerätes beeinflußt, mit Werten innerhalb der normalen Arbeitsbedingungen.

4.7 Einflußfaktor: Einflußgröße mit einem Wert innerhalb der festgelegten Bemessungsbedingungen.

4.8 Störeinfluß: Einflußgröße mit einem Wert außerhalb der festgelegten Bemessungsbedingungen.

4.9 Arten von Meßabweichungen

4.9.1 Meßabweichung (der Anzeige): Differenz zwischen dem vom Meßgerät angezeigten Wert und dem konventionell wahren Wert der Meßgröße.

4.9.2 Eigenabweichung: Meßabweichung eines Meßgerätes bei Referenzbedingungen.

4.9.3 Anfangsabweichung: Meßabweichung eines Meßgerätes, die einmalig vor der Prüfung des Betriebsverhaltens und der Meßbeständigkeit ermittelt wurde.

4.9.4 Meßbeständigkeitsfehler: Differenz zwischen der Eigenabweichung nach einer gewissen Nutzungszeit und der Anfangsabweichung des Meßgerätes.

4.9.5 Fehlergrenze (MPE): Die zulässigen Höchstwerte (positiv oder negativ) der Meßabweichungen.

4.10 Funktionsfehlerarten

4.10.1 Funktionsfehler: Differenz zwischen Meßabweichung und Eigenabweichung des Meßgerätes.

4.10.2 Vorübergehender Fehler: Zeitweise Änderung der Anzeigen, die jedoch nicht als Meßergebnisse interpretiert, gespeichert oder übermittelt werden können.

4.10.3 Bedeutender Funktionsfehler: Ein Funktionsfehler, der größer als der absolute Wert der Fehlergrenze (MPE) ist und kein vorübergehender Fehler ist.

4.11 Referenzwerte für die Meßgröße, RVM: Festgelegte Werte des Durchflusses, der Rücklauftemperatur und der Temperaturdifferenz, die Voraussetzung sind, um gültige Vergleiche der Meßergebnisse zu ermöglichen.

4.12 Konventionell wahrer Wert: Wert einer Größe, die in dieser Norm als der wahre Wert betrachtet wird.
Anmerkung: Ein konventionell wahrer Wert ist im allgemeinen ein Wert, dessen Abweichung vom wahren Wert so gering ist, daß diese für den gegebenen Zweck als unbedeutend betrachtet werden kann.

4.13 Baureihe: Unterschiedliche Größen eines Wärmezählers oder von Teilgeräten, die jedoch hinsichtlich der Arbeitsweise, Konstruktion und der Werkstoffe ähnlich sind.

4.14 Elektronikteil: Ein Gerät, das elektronische Bauteile enthält und eine bestimmte Funktion erfüllt.

4.15 Elektronisches Bauelement: Kleinstes komplettes Teil eines Elektronikteiles, dessen Funktion auf Elektronen-Loch-Wechselwirkung in Halbleitern oder Elektronenleitung in Gasen oder im Vakuum beruht.

4.16 Mindesteintauchtiefe eines Temperaturfühlers: Eintauchtiefe eines Temperaturfühlers in ein Thermostatbad mit einer Temperatur von (80 ± 5) °C, bei einer Umgebungstemperatur von (25 ± 5) °C, ab der bei tieferem Eintauchen die Änderung des Widerstandswertes weniger als 0,1 K entspricht.

4.17 Eigenerwärmung: Der Anstieg des Temperatursignals, der sich ergibt, wenn jeder Temperaturfühler eines Paares - bei Eintauchen in ein Wasserbad mit einer mittleren Wassergeschwindigkeit von 0,1 m/s bis zur Mindesteintauchtiefe - einem ständigen Leistungsverlust von 5 mW unterliegt.

5 Bemessungsbedingungen

5.1 Grenzwerte für den Temperaturbereich

5.1.1 Die obere Grenze des Temperaturbereiches Θ_{max} ist die höchste Temperatur des Wärmeträgers, bis zu der der Wärmezähler die Fehlergrenzen einhalten muß.[1]

5.1.2 Die untere Grenze des Temperaturbereiches Θ_{min} ist die niedrigste Temperatur des Wärmeträgers, bis zu der der Wärmezähler die Fehlergrenzen einhalten muß.

5.2 Grenzwerte für die Temperaturdifferenz

5.2.1 Die Temperaturdifferenz $\Delta\Theta$ ist der absolute Wert der Differenz zwischen den Temperaturen des Wärmeträgers im Vor- und Rücklauf des Wärmeaustauscherkreislaufes.

5.2.2 Die Temperaturdifferenz $\Delta\Theta_{max}$ ist die größte Temperaturdifferenz, bis zu welcher der Wärmezähler unter Beachtung der Obergrenze der Wärmeleistung die Fehlergrenzen einhalten muß.

5.2.3 Die untere Grenze der Temperaturdifferenz $\Delta\Theta_{min}$ ist die kleinste Temperaturdifferenz, oberhalb der der Wärmezähler die Fehlergrenzen einhalten muß.

5.3 Grenzwerte für den Durchfluß

5.3.1 Die obere Grenze des Durchflusses q_s ist der größte Durchfluß, bei dem der Wärmezähler für eine begrenzte Zeit (< 1h/Tag; <200 h/Jahr) betrieben werden darf, ohne die Fehlergrenzen zu überschreiten.

5.3.2 Der Nenndurchfluß q_p ist der höchste Durchfluß, bei dem der Wärmezähler kontinuierlich betrieben werden darf, ohne die Fehlergrenzen zu überschreiten.

5.3.3 Die untere Grenze des Durchflusses q_i ist der kleinste Durchfluß, ab dem der Wärmezähler die Fehlergrenzen einhalten muß.

5.4 Grenzwert für die Wärmeleistung

Die obere Grenze der Wärmeleistung P_s ist die größte Leistung, bei welcher der Wärmezähler betrieben werden muß [darf] [2], ohne die Fehlergrenzen zu überschreiten.

---

[1] Wir verwenden in diesem Buch für die (Celsius-) Temperatur statt Θ den Buchstaben t.
[2] In EN 1434, Teil 1 steht zwar „muß", was aber offensichtlich ein Übersetzungsfehler ist!

5.5 Maximal zulässiger Betriebsdruck, MAP
Der höchste positive, innere Druck, dem der Wärmezähler an der oberen Temperaturgrenze ständig standhalten kann, angegeben als PN-Reihe nach ISO 7268.

5.6 Maximal zulässiger Druckverlust
Druckverlust im Wärmeträgermedium beim Durchströmen des Durchflußsensors, wenn dieser Durchflußsensor beim Nenndurchfluß q_p betrieben wird.

A.5 Zur Metrologierichtlinie, Entwurf 1/1999, Anforderungen an Wärmezähler

Die Metrologierichtlinie (MID) besteht aus einem allgemeinen Teil und Anhängen, die die speziellen Anforderungen an einzelne Meßgerätegattungen enthalten. Im Entwurf der Anforderungen für Wärmezähler werden in knapper Form die Anforderungen der Europanorm EN 1434 wiederholt. Im folgenden wird der spezielle Anhang für Wärmezähler, ohne weiteren Kommentar, vorgestellt.

„Die maßgeblichen Anforderungen von Anhang 1, die spezifischen Anforderungen dieses Kapitels und die in diesem Kapitel angeführten Konformitätsbewertungsverfahren gelten für die nachfolgend definierten Wärmezähler.

Begriffsbestimmungen

Ein Wärmezähler ist ein Gerät, mit dem in einem Wärmetauscherkreislauf die absorbierte oder abgegebene Wärme mittels einer als Wärmeträgerflüssigkeit bezeichneten Flüssigkeit gemessen wird.

Ein Wärmezähler liegt entweder als vollständiges Gerät oder als Gerät vor, das aus den Teilgeräten Durchflußsensor, Temperaturfühlerpaar und Rechenwerk nach Artikel 3.2 oder einer Kombination aus diesen aufgebaut ist.

θ = die Temperatur der Wärmeträgerflüssigkeit;
θ_{in} = der Wert von θ am Einlaß des Wärmetauscherkreislaufs;
θ_{out} = der Wert von θ am Auslaß des Wärmetauscherkreislaufs;
$\Delta\theta$ = $\theta_{in} - \theta_{out}$;
θ_{max} = die obere Grenze von θ für die korrekte Funktion des Wärmezählers;
θ_{min} = die untere Grenze von θ für die korrekte Funktion des Wärmezählers;
$\Delta\theta_{max}$ = die obere Grenze von $\Delta\theta$ für die korrekte Funktion des Wärmezählers;
$\Delta\theta_{min}$ = die untere Grenze von $\Delta\theta$ für die korrekte Funktion des Wärmezählers;
q = der Durchfluß der Wärmeträgerflüssigkeit;
q_s = der höchste Wert von q, der für die korrekte Funktion des Wärmezählers kurzzeitig zulässig ist;
q_p = der höchste Wert von q, der für die korrekte Funktion des Wärmezählers dauerhaft zulässig ist;
q_i = der niedrigste Wert von q, der für die korrekte Funktion des Wärmezählers zulässig ist;
P = die Wärmeleistung des Wärmeaustauschs;
P_s = die obere Grenze von P, die für die korrekte Funktion des Wärmezählers zulässig ist.

Spezifische Anforderungen

Teil 1 - Zähler

Nennbetriebsbedingungen

1. Die Nennwerte der Betriebsbedingungen sind vom Hersteller wie folgt anzugeben:

(a) *Für die Temperatur der Flüssigkeit:*
θ_{max}, θ_{min}, $\Delta\theta_{max}$, $\Delta\theta_{min}$, die folgende Bedingungen erfüllen müssen:
$\Delta\theta_{max}/\Delta\theta_{min} \geq 10$;
$\Delta\theta_{min} = 2$ K.

(b) *Für den Druck der Flüssigkeit:*
Der höchste positive Innendruck, dem der Wärmezähler dauerhaft an der Obergrenze des Temperaturbereichs standhalten kann.

(c) *Für den Durchfluß der Flüssigkeit:*
q_s, q_p, q_i, wobei die Werte für q_p und q_i folgende Bedingungen erfüllen müssen:
$q_p/q_i \geq 10$.

(d) *Für die Wärmeleistung: P_s.*

(e) *Für die klimatischen und mechanischen Einflußgrößen:*
Klimatische und mechanische Umgebungsklasse, für die das Gerät ausgelegt ist: B, C, E oder F entsprechend Tabelle 1, Anhang I.

Genauigkeitsklassen

2. Folgende Genauigkeitsklassen werden für Wärmezähler festgelegt: Klasse 2, Klasse 3.

Fehlergrenzen

3. Die Fehlergrenzen für die Genauigkeitsklassen, ausgedrückt in Prozent des wahren Wertes, lauten wie folgt:

Für Klasse 2: Fehlergrenze = $(3 + 4 \dfrac{\Delta\Theta_{min}}{\Delta\Theta} + 0{,}02 \dfrac{q_p}{q})$

Für Klasse 3: Fehlergrenze = $(4 + 4 \dfrac{\Delta\Theta_{min}}{\Delta\Theta} + 0{,}05 \dfrac{q_p}{q})$

Zulässige Auswirkung von Störgrößen

4.1. Elektromagnetische Störfestigkeit
4.1.1 Der Hersteller muß angeben, für welche elektromagnetische Umgebung das Gerät ausgelegt ist (E1 oder E2 gemäß Anforderung 1.3.2 in Anhang I).[1]
4.1.2 Eine elektromagnetische Störgröße darf sich nur soweit auswirken, daß

---

[1] Entsprechende Anforderungen im Anhang der MID

- die Veränderung beim Meßergebnis nicht höher ausfällt als der unter 4.1.3 festgelegte Grenzwert, oder
- die Ausgabe des Meßergebnisses so erfolgt, daß es nicht als gültiges Ergebnis ausgelegt werden kann.

4.1.3 Der Grenzwert liegt bei 0,5 [-fachen] der Fehlergrenze der Menge (*ist noch nicht vollständig formuliert*).

Teil 2 - Teilgeräte

5. Besteht ein Wärmezähler aus Teilgeräten nach Artikel 4.3, so sind die grundlegenden Anforderungen für den Wärmezähler auch auf die entsprechenden Teilgeräte anzuwenden. Darüber hinaus gelten die folgenden Anforderungen:

1. Für den Durchflußsensor:
Klasse 2: $E_f = (2\% + 0{,}02\ q_p/q)$, jedoch höchstens ±5 %
Klasse 3: $E_f = (3\% + 0{,}05\ q_p/q)$, jedoch höchstens ±5 %
wobei die Abweichung E_f den angezeigten Wert zum wahren Wert des Verhältnisses zwischen dem Ausgangssignal des Durchflußsensors und der Masse bzw. dem Volumen in Beziehung setzt.

2. Für das Temperaturfühlerpaar:
$E_t = (0{,}5\% + 3\Delta\theta_{min}/\Delta\theta)$
wobei die Abweichung E_t den angezeigten Wert zum wahren Wert des Verhältnisses zwischen dem Ausgangssignal des Temperaturfühlerpaares und der Temperaturdifferenz in Beziehung setzt.

3. Für das Rechenwerk:
$E_c = (0{,}5\% + \Delta\theta_{min}/\Delta\theta)$
wobei die Abweichung E_c den angezeigten Wärmewert zum wahren Wert der Wärme in Beziehung setzt.

4. Für die Kombination von Teilabweichungen:
Werden die Abweichungen eines Wärmezählers anhand der Abweichungen der Teilgeräte ermittelt, so ist die Abweichung des Wärmezählers die arithmetische Summe der Abweichungen der Teilgeräte.

Konformitätsbewertung

Die in Artikel 7 genannten Konformitätsbewertungsverfahren lauten wie folgt: B+F, B+D, H1."

A.6 Datenübertragung

Für die Erfassung und Abrechnung von Verbrauchsmengen mittels Wärmezählern besteht vielfach der Wunsch, die Ablesung der Zählerdaten und eventuell auch eine Überprüfung des Meßgerätes selbst außerhalb des Einbauortes, z.B. von einer Erfassungszentrale aus vorzunehmen zu können. Zu diesem Zweck müssen Daten, wie Zählerstände, Momentanwerte und Fehlermeldungen aus dem Wärmezähler entnommen und fernübertragen werden. Aber auch für eine automatisierte Prüfung bzw. Eichung ist eine Übertragung von Zähl- und Meßwerten aus dem Gerät heraus notwendig.

Die Übertragungsstelle der Daten am Gerät wird *Schnittstelle* (Interface) genannt. Es ist wünschenswert, daß diese Schnittstelle einheitlich definiert, d.h. genormt wird, um verschiedenste Wärmezählerfabrikate mit den gleichen Datenabfrage- und Übertragungseinrichtungen verbinden zu können. Dazu genügt es aber nicht, nur die physikalischen Eigenschaften dieser Übergabestelle festzulegen, sondern es müssen auch die Form der übertragenen Signale und deren Bedeutung vereinbart werden. Wenn wir von einer genormten Schnittstelle sprechen, so meinen wir die Gesamtheit der Festlegungen an der Übergabestelle, sowohl hinsichtlich der Hardware, als auch softwaremäßig.

Im folgenden soll ein Überblick über die Technik der Datenübertragung gegeben werden. Die Abschnitte A.6.1 bis A.6.5 behandeln die leitungsgebundene Datenübertragung, der Abschnitt A.6.6 alternative Verfahren.

A.6.1 Allgemeines

In diesem Abschnitt werden grundlegende Überlegungen angestellt über

- offene Systeme,
- das ISO-OSI Referenzmodell und
- das vereinfachte ISO-OSI Referenzmodell.

Offene Systeme (gemäß IEEE 1003.0:1990): Sie besitzen öffentlich zugängliche Spezifikationen für die verwendeten

- Schnittstellen (Hardware),
- Dienste („Services") und
- Datenformate, z.B. Definitionen gemäß EN 1434-3:1997 (siehe Abschnitt A.6.5).

Sie erlauben eine Integration unterschiedlicher Komponenten ohne erheblichen Anpassungsaufwand. Der Anwender erhält dadurch

- interoperable Systeme,
- Portabilität von Anwendungen und
- eine einheitliche Oberfläche.

Für solche offenen Systeme existiert ein genormtes Modell, das von der ISO[1] für die Verbindung offener Systeme (Open Systems Interconnection - OSI) definierte ISO-OSI-Referenzmodell. Dieses Modell legt sieben (Software-) Schichten fest, die das einwandfreie Funktionieren des offenen Systems gewährleisten, und zwar (siehe dazu Abb. A.6.1):

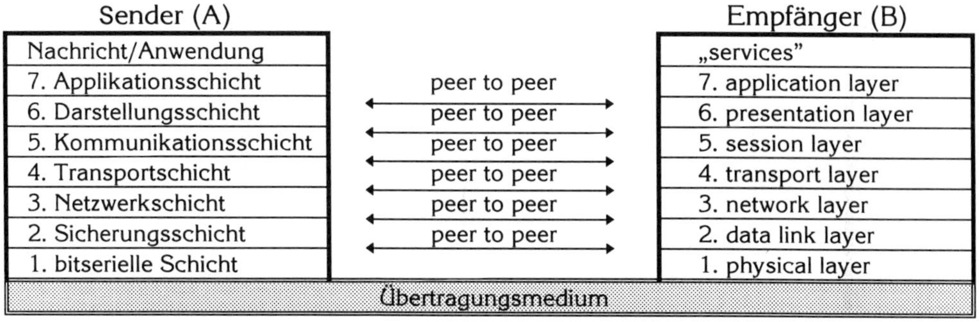

Sender (A)		Empfänger (B)
Nachricht/Anwendung		„services"
7. Applikationsschicht	peer to peer	7. application layer
6. Darstellungsschicht	peer to peer	6. presentation layer
5. Kommunikationsschicht	peer to peer	5. session layer
4. Transportschicht	peer to peer	4. transport layer
3. Netzwerkschicht	peer to peer	3. network layer
2. Sicherungsschicht	peer to peer	2. data link layer
1. bitserielle Schicht		1. physical layer
Übertragungsmedium		

Abb. A.6.1: Sogenanntes „peer to peer"-Protokoll: Nachrichtenaustausch zwischen gleichen Schichten. Zur Erläuterung der korrespondierenden englischen Begriffe sind diese beim „Empfänger" angegeben

Das Übertragungsmedium ist in dem Modell nicht enthalten, wohl aber die medienspezifische Anpassung/Ankopplung, die in **Schicht 1 (bitserielle Schicht, physical layer)** definiert ist.
Beispiele: V.24, V.28, X.21, etc., wobei V das analoge Fernsprechnetz betrifft, und X allgemein auf ein Datennetz hinweist.

In **Schicht 2 (Sicherungs- oder Verbindungsschicht, data link layer)** werden der Auf- und Abbau einer Verbindung, die Mittel für eine sichere Übertragung sowie eine allfällige Fehlererkennung und -behebung festgelegt. Auch die Überwachung der physikalischen Verbindung und die Begrenzung der Datenpakete sind hier einzuordnen.
Beispiele: Parity-Bit, Start-Stop-Bit, CRC (<u>c</u>yclic <u>r</u>edundancy <u>c</u>heck), HDLC, etc.

In **Schicht 3 (Netzwerkschicht, network layer)** wird der Übertragungsweg im einzelnen für die Nachricht festgelegt (Netz-Routing).
Beispiele: Datex-P, X.25, etc.

Schicht 4 (Transportschicht, transport layer) errichtet, steuert und beendet Transportverbindungen, d.h. die in Datenblöcke zerlegte Nachricht wird so oft gesendet, bis der Empfänger den ordnungsgemäßen Empfang quittiert.
Beispiele: Block-Reihenfolge und Verbindungsaufbau, paketvermittelte Netze, Datex-P, HDLC, etc.

---

[1] Internationale Organisation für Normung (International Standards Organisation)

In **Schicht 5 (Kommunikatiosschicht, session layer)** wird alles geregelt, was zur gegenseitigen Akzeptanz der Kommunikationspartner gehört
Beispiele: Passwortschutz, Handshake-Signale, etc.

In **Schicht 6 (Darstellungsschicht, presentation layer)** wird festgelegt, wie die Daten zu verstehen sind.
Beispiele: ANSI- und CEPT-Normen, ASCII, VTxxx (video terminal von DEC, VT100, V220, VT340,...), Grafik von BTX, etc.

In **Schicht 7 (Applikationsschicht bzw. Anwendungsschicht, application layer)** schließlich ist die Bedieneroberfläche definiert. Hier setzen die genormten Dienste (services) ein (vgl. EN 1434-3:1997).
Beispiele: Mailbox, BTX, FTP, Standard-Anwendungen im öffentlichen und privaten Bereich (edifact, ...), etc.

Der Inhalt der **Nachricht** bzw. **Anwendung**, der übermittelt wird, ist jedoch nicht mehr Gegenstand des ISO-OSI-Referenzmodells.

Das vereinfachte ISO-OSI-Referenzmodell entsteht durch Weglassen der Schichten 3 bis 6, sodaß sich ein scheinbares „3-Schichten-Modell" ergibt (siehe Abb. A.6.2).

Sender (A)	Empfänger (B)
Nachricht/Anwendung	„services"
7. Applikationsschicht	7. application layer
2. Sicherungsschicht	2. data link layer
LLC: logical link control	LLC: logical link control
1. bitserielle Schicht	1. physical layer
MAC: medium access control	MAC: medium access control
Übertragungsmedium	

Abb. A.6.2: ISO-OSI-Referenzmodell

Hier ist Schicht 2 um die **LLC** (**L**ogical **L**ink **C**ontrol) Funktion und Schicht 1 um die MAC (**M**edium **A**ccess **C**ontrol) erweitert. LLC übernimmt beispielsweise eine Fehlerkorrektur, während MAC die Anpassung/Ankopplung an das Hardware-Übertragungsmedium festlegt.

Dieses Modell findet meist dort Anwendung, wo einfache Netzstrukturen und kleine bzw. kurze in sich geschlossene Datenmengen vorliegen. Aber auch dort, wo meist innerhalb des logisch gleichen Netzes Daten ausgetauscht werden müssen und wo eben die Schichten 3 bis 6 nur unnötigen Ballast darstellen würden. Als Beispiele dafür sind Fernwirknetze, aber auch Zählerdatennetze zu nennen.

A.6.2 Physikalische Grundlagen

In diesem Abschnitt werden einige grundlegende Begriffe erläutert, auf die wir uns im nachfolgenden beziehen.

Unter **Kommunikation** versteht man den Austausch von Information zwischen zwei oder mehreren Beteiligten mittels einem System von Symbolen, die in Form von physikalischen Signalen ausgedrückt werden. Man nimmt hier die Methoden der elektrischen Nachrichtenübermittlung zu Hilfe. Das einfachste Kommunikationsmodell läßt sich somit folgendermaßen darstellen (Abb. A.6.3):

Abb. A.6.3: Einfachste Form des Kommunikationsmodells

Übertragungsmedien sind die Träger der physikalischen Signale, z.B.

- elektrische Bussysteme
- PLC (Power Line Carrier, d.h. die Information wird auf Elektrizitätsleitungen, die zur Versorgung mit elektrischer Energie dienen, aufmoduliert)
- Lichtwellenleiter (LWL)
- analoge und digitale Telefonnetzwerke
- Computernetzwerke, u.s.w.

Ein **Netzwerk** ist dabei ein System von zwei oder mehreren elektronischen Einheiten, die lokal oder via Fernverbindung Information austauschen.

Für die Darstellung der oben genannten Symbole werden in der Regel sogenannte **Codesets** verwendet, die aus Kombinationen kleinster Einheiten, den Bits, bestehen.
   Ein **Bit** kann nur den Status 1 (z.B. „Strom ein") oder den Status 0 (z.B. „Strom aus") annehmen, weswegen man hier von einer *binären* Darstellung spricht. Bekannte Codesets sind:

- ASCII (American Standard Code for Information Interchange), ein 7-Bit-Code mit 128 möglichen unterschiedlichen Zeichen
- EBCDIC (Extended Binary Coded Decimal Interchange Code), ein 8-Bit-Code, möglich sind 256 unterschiedliche Zeichen

Folgende Zeichen werden codiert:

- die Elemente des Alphabets (A,B,...,a,b,...),
- die Ziffern (0,1,2,3,...9),
- Sonderzeichen (%,$,!,...).

Ferner werden Steuerzeichen verwendet, spezielle Zeichen, die den Datenfluß zwischen Datenquelle und Datensenke steuern. Beispiele dafür sind

- Handshake-Signale,
- RTS (ready to send),
- STX (start of text),
- ETX (end of text),
- CR (carriage return) „Wagenrücklauf",
- LF (line feed) Zeilenvorschub, etc.

Ein **Übertragungskanal** verbindet jedenfalls eine Datenquelle mit einer Datensenke. Die folgenden Verfahren gemäß Tabelle A.6.1 finden Anwendung.

Tabelle A.6.1: Signalrichtungsverfahren

Verfahren	Beschreibung
Simplex	Nur *eine Richtung*, von Sender (A) zu Empfänger (B); nur A darf „sprechen", keine Quittierung Beispiel: Daten zu einem Drucker
Half-Duplex	*Zwei aufeinander folgende Richtungen*: A darf senden; B muß mit seiner Übertragung so lange warten, bis A den Übertragungskanal frei gibt
(Full-)Duplex	Zwei Richtungen werden simultan verwendet: A und B können gleichzeitig senden. Beispiel: Telefongespräch

Übertragungsarten

Man unterscheidet die

- **parallele Übertragung** (meist innerhalb eines Computers): Alle 7 (oder 8 oder mehr) Bits stehen gleichzeitig am Übertragungskanal an. Dazu sind 7 (oder 8 oder mehr) parallel geführte Leiterbahnen erforderlich.
- **serielle Übertragung**: Die Bits werden der Reihe nach übermittelt. In diesem Fall ist eine Synchronisation von Sender und Empfänger erforderlich.

In weiterer Folge beschränken wir uns auf serielle Übertragungen.

Synchronisationsmethoden

Man unterscheidet:

(1) Das **asynchrone Verfahren**: Jedes Zeichen wird separat gesendet. Das Synchronisieren des Empfängers erfolgt mittels einem Startbit und einem bis zwei Stoppbits pro gesendetem Zeichen.

(2) Das **synchrone Verfahren**: Es wird ein konstanter Datenstrom gesendet. Startbit und Stoppbits sind hier nicht erforderlich. Das Synchronisieren des Empfängers erfolgt über eine eigene Taktleitung („clock").

Signalarten

(1) **Analoge Signale** (im allgemeinen Sinuskurven oder geräteproportionale Gleichspannungen, ...)
(2) **Digitale Signale** (im allgemeinen Rechtecksignale).

Die Übertragungsgeschwindigkeit wird meist angegeben als **Bit-Rate** (Einheit: 1 bit/s) bzw. als **Baud-Rate** mit der Einheit: 1 Baud = 1 bit/s.

Während bei seriellen Übertragungen die Bit- und die Baudrate gleich sind, unterscheiden sie sich bei parallelen Übertragungen. So ist beispielsweise bei einem 8 Bit breiten Datenkanal die Baud-Rate achtmal so groß als die Bit-Rate, da gleichzeitig 8 Bit parallel übertragen werden können.

Topologie und Übertragungsgeschwindigkeit

Der Zusammenhang zwischen der Ausdehnung des Netzes (Kabellänge resistiv und kapazitiv), der Baud-Rate und der Anzahl der angeschlossenen Endgeräte wurde von *Ziegler et al.* untersucht.[2] Die Ergebnisse zeigen eine Palette von maximal 250 Endgeräten bei 9600 Baud (64 Endgeräten bei 38400 Baud) im Typ A (kleine Hausinstallation: kleine bis mittlere Wohngebäude, bei resistiven Kabellängen von max. 350 m, kapazitiven Kabellängen von maximal 1 km und einen Kabelquerschnitt von mindestens 0,5 mm² bis hin zu einem Endgerät (oder Repeater) bei 300 baud im Typ F (Maximalsegment, lineare Topologie, Kabellänge max. 10 km und Kabelquerschnitt mindestens 1,5 mm²).

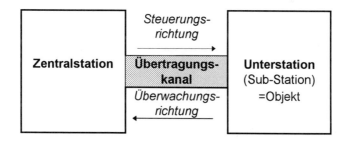

Abb. A.6.4: *Fernwirken*

---

[2] H. Ziegler, Carsten Bories, Univ. Paderborn: Der M-Bus: Ausdehnung des Netzes bei unterschiedlichen Baudraten. Version 1 vom 19. 12. 1995, private Mitteilung

Datenkommunikation wird häufig zur Steuerung bzw. Überwachung technischer Einrichtungen verwendet. Man spricht hier von **Fernwirken** bzw. **Fernwirktechnik**.
Dabei versteht man unter **Fernwirken** das Überwachen oder Steuern räumlich entfernter Objekte mittels signalumformender Verfahren von einer oder mehreren Stellen aus. Folgendes vereinfachte Modell kann angewendet werden (siehe Abb. A.6.4).
Um eine fehlerfreie Übertragung von Daten zu erreichen, werden **Protokolle** verwendet. Ein Protokoll stellt dabei die Menge aller anzuwendenden Regeln dar, um eine Verständigung auf einer der sieben Schichten des ISO-OSI-Referenzmodells zu erzielen.

Die **Fernwirktechnik** hat in der Normenreihe IEC 60870 (früher IEC 870) spezielle Protokolle festgelegt und zur Anwendung empfohlen. Diese Protokolle sind nach Format-Klassen geordnet, wobei als Maß für die Qualität der Übertragung der Hamming-Abstand (hamming-distance d) und die Integritätsklasse (In) angegeben werden.
Unter **Hamming-Abstand** „d" versteht man die minimale Anzahl von Bit-Fehlern, welche ein gültiges Code-Wort in ein anderes gültiges Code-Wort überführen. Die damit zusammenhängende Restfehler-Wahrscheinlichkeit ist in IEC 60870-5-1 (siehe Tabelle A.6.2) angegeben. Die für die Fernablesung geforderte Integritätsklasse I2, die durch die Festlegungen nach Tabelle A.6.2 definiert ist, korrespondiert mit einer Restfehler-Wahrscheinlichkeit von 10^{-10}, mit anderen Worten, daß zwischen zwei nicht entdeckten fehlerhaften Übertragungen ein Zeitraum von 26 Jahren liegt. Dabei werden folgende Annahmen:

a) Maximale Telegrammlänge: $n = 100$ bit
b) Datenrate: $v = 1200$ bit/s
c) Kanal mit weißem Rauschen, der eine Bitfehler-Rate von: $p = 10^{-4}$ verursacht

und folgende Festlegungen getroffen:

T ... mittlere Zeit zwischen zwei unerkannten fehlerhaften Nachrichten
R ... Restfehler-Wahrscheinlichkeit
n ... Telegramm-Länge in bit
v ... Übertragungsgeschwindigkeit in bit/s

Diese Größen hängen über die Beziehung: $T = \dfrac{n}{vR}$ (A.6.1)

zusammen. Daraus können folgende Integritätswerte für Telegramme ermittelt werden. Mit Tabelle A.6.2 ist für

$n = 100$ bit mit $v = 1200$ bit/s und $p = 10^{-4}$

Tabelle A.6.2: Zur Integritätsklasse

Integritätsklasse	Restfehler-Wahrscheinlichkeit R	Mittlere Zeit zwischen zwei unerkannten Fehlern T
I1	10^{-6}	1 Tag
I2	10^{-10}	26 Jahre
I3	10^{-14}	260 000 Jahre

A.6.3 Logik

Die Logik im Sinne der Datenübertragung besteht einerseits aus der Festlegung der (Software-) Werkzeuge und Hilfsmittel zur Erzielung der geforderten **Datensicherheit** und des **Datenschutzes**. Andererseits liefert sie die Grundlage für die Definition von Protokollen und Profilen.

Datensicherheit

Datensicherheit (data-security, data-integrity) entspricht einer bestimmten (Restfehler-) Wahrscheinlichkeit, mit der Daten *bei der Übertragung geschützt* („gesichert") werden können.[3] Es ist eigentlich die technisch/organisatorische Aufgabe, Dateien und Datenverarbeitung gegen Verfälschung/Zerstörung/Unterbrechung und Datenpreisgabe zu sichern.

Hier werden derzeit folgende Möglichkeiten angewendet, um Übertragungsfehler zu erkennen, wozu man die sogenannte Parität benützt, die folgendermaßen definiert ist:

- Paritätssicherung/Paritätskontrolle als Querparitätsverfahren (zeichenweises Informationssicherungsverfahren)
    * „even parity" (bei asynchronen Übertragungen): auf gerade Bitanzahl ergänzen
    * „odd parity" (bei synchronen Übertragungen): auf ungerade Bitanzahl ergänzen
- Blocksicherung (BCC, block cycle check, blockweises Informationssicherungsverfahren)
    * Prüfsummenbildung (Blockprüfsumme,). Addition der Daten eines Blockes ergibt die Prüfsumme, die auf Wortbreite begrenzt wird (Übertrag wird abgeschnitten). Die Prüfsumme wird als letztes Zeichen im Block übertragen ($\rightarrow$ Hamming-Distanz: d = 2).
- Kombination von Querparitätsverfahren und Blocksicherung ($\rightarrow$ Hamming-Distanz: d = 4).
- Zyklische Blocksicherung (CRC, cyclic redundancy check). Die Bits des Blocks werden als Binärzahl aufgefaßt. Diese Zahl wird durch das sogenannte Generatorpolynom dividiert. Der Divisionsrest wird invertiert und als Bitfolge gesendet. Als genormtes Generatorpolynom für eine 16-Bit-Prüfsumme ist beispielsweise ein als CRC-16 bezeichnetes Polynom in Verwendung, das folgendermaßen definiert ist: $x^{16} + x^{15} + x^2 + 1$ ($\rightarrow$ Hamming-Abstand: d = 4).

---

[3] Vergleiche: IEC60870-5-1 und IEC 60870-5-2: Formatklassen, Integritätsklassen In und die sich daraus ergebende Hamming-Distanz d

Datenschutz

Datenschutz (protection of data privacy) bedeutet die Sicherung der Daten gegen unbefugtes Abhören bzw. gegen unbefugte Zugriffe.[4] Es ist eigentlich die gesellschaftspolitische Aufgabe, Persönlichkeitsrechte des Menschen zu schützen vor den Folgen der Zweckentfremdung, Mißbrauch und totalen Erfassung seiner Individualdaten bei der manuellen und automatischen Datenerfassung. Kurz gesagt geht es um die Verhinderung des Mißbrauches von Dateninhalten.

So sollen beispielsweise in den Entwurf der Novelle zum österreichischen Datenschutzgesetz folgende neue Bestimmungen Eingang finden:

a) Der Sammelbegriff: *„verarbeiten"* (statt Daten ermitteln, erfassen, verarbeiten und weitergeben).
b) Für Unternehmen werden *erweiterte Informationspflichten* gegenüber Betroffenen bestehen.
c) Ein Unternehmen wird künftig von sich aus informieren müssen, wenn es mit erfaßten Daten Bestimmtes tun möchte (z.B. Daten an Dritte weitergeben).
d) Unternehmen sollen es in Zukunft leichter haben, überhaupt Daten zu verarbeiten, wenn es *zum berechtigten Zweck einer Firma* gehört.
e) Vorschriften über spezielle Daten sollen festgelegt werden, z.B. Gesundheit, Weltanschauung, Zugehörigkeit zu politischen Organisationen, Gewerkschaftsmitgliedschaft, etc.

Ein Übertragungsfehler ist die Verfälschung von Daten während der Übertragung auf Grund von Systemfehlern (zu geringe Empfangspegel, schlechtes Signal-Rausch-Verhältnis, ...) oder durch äußere Einflüsse (elektromagnetische Felder, Leitungsübersprechen, ...). Übertragungsfehler können aber nur erkannt werden, wenn die zu übertragende Information eine Redundanz[5] enthält.

Als Maß für die Qualität der Übertragung haben wir den Hamming-Abstand d (hamming-distance) bereits erwähnt. Für ihn gilt, daß

a) [d-1] Bit-Fehler noch *sicher erkannt* werden,
b) [(d-1)/2] Bit-Fehler *korrigiert* werden können ([x] ... größte ganze Zahl kleiner oder gleich x),

wobei die Schreibweise [x] bedeutet: die größte ganze Zahl $\leq$ x.

Beispiel: d = 4, d.h. 3-Bit-Fehler können noch sicher erkannt werden, ferner [(4-1)/2] = [3/2] = 1, also ein 1-Bit-Fehler kann noch korrigiert werden.

---

[4] Siehe dazu beispielsweise das Österreichische Datenschutzgesetz, Novelle 1998, im Entwurf
[5] Redundanz: Weitschweifigkeit, hier im Sinn von Reserve gebraucht

Datensicherung

Unter **Datensicherung (data protection)** versteht man alle Maßnahmen zum Erreichen von Datensicherheit, beispielsweise das Anlegen von Sicherungs-Duplikaten, backup/restore-Strategien u.ä.

Zusammenfassend können wir sagen: Datensicherheit ist Schutz der Daten vor den Menschen; aber Datenschutz ist aber auch Schutz der Menschen vor den Daten.
Die Sicherung der Daten im Sinne des Datenschutzes erfolgt durch **Verschlüsselung**. Der zugehörige Wissenschaftszweig, die **Kryptologie**, befaßt sich mit den Teilbereichen **Kryptographie** (Techiken der sicheren Kommunikation und Information)und **Kryptoanalyse** (Wissenschaft vom Aufdecken der Information, ohne den Schlüssel zu kennen).

Folgende **Sicherheitsdienste** und **Sicherheitsmechanismen** finden insbesondere Anwendung:

- Chiffrierung (Verschlüsselung, encipherement)
- Digitale Unterschrift (digital signature)
- Zugriffskontrolle (access control, z.B. Passwort)
- Datenintegrität (data integrity)
- Authentifizierung (authentication exchange): Sicherstellung von Echtheit und Unversehrtheit der Information
- Verkehrsauffüllung (traffic padding)
- Leitwegkontrolle (routing control)
- Beurkundung (notarization: Möglichkeit der Anerkennung der Übermittlung bzw. des Ursprungs der Information)

Als wichtigster Sicherheitsdienst sei hier die **Verschlüsselung** angeführt. Folgende Verfahren werden angewendet:

- **Symmetrische Verschlüsselung**: gleicher Schlüssel für Ver- und Entschlüsselung, veröffentlichter Algorithmus (z.B. DES: Data Encryption Standard über 20 Jahre alt) [6]
  Vorteil: schneller (wichtig bei großen Datenmengen).
  Nachteil: Die Sicherheit liegt im Schlüssel, nicht im Algorithmus.
- **Asymmetrische Verschlüsselung**: zwei Schlüssel, ein privater (private key) und ein veröffentlichter (public key) samt veröffentlichtem Algorithmus. Beispiel ist der RSA-(Rivest-Shamir-Adleman-) Algorithmus.
  Vorteil: fast unmöglich, einen Schlüssel vom anderen abzuleiten.
  Nachteil: ca. hundertmal langsamer als die symmetrische Verschlüsselung.

---

[6] Der neue Standard soll AES (Advanced Encryption Standard) heißen. Er soll eine minimale Schlüsselgröße von 128 Bit unterstützen (vorher bei DES-Standard 64 Bit) und die Verschlüsselung heikler Daten auch im nächsten Jahrhundert sicherstellen.

A.6.4 Architektur

In diesem Abschnitt wird der Aufbau von Netzen, d.h. deren **Architektur** besprochen. Oft wird synonym der Begriff „**Topologie**" verwendet. Wir unterscheiden zwischen

- physikalischer Architektur bzw. Topologie und
- logischer Architektur bzw. Topologie.

Die **physikalische Architektur** setzt sich aus einer oder mehreren der folgenden Strukturen (Topologien) zusammen (siehe Abb. A.6.5):

- **Linie**
- **Stern**
- **Baum**
- **Ring**

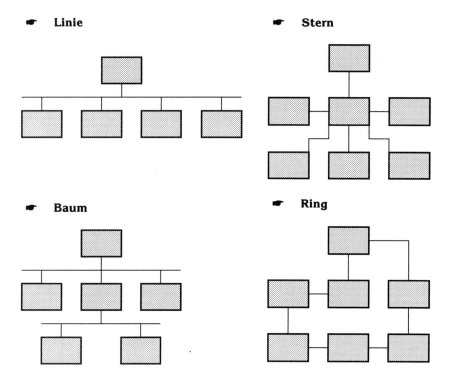

Abb. A.6.5: Mögliche Topologien zur Datenübertragung

- **Linie** (allg. heute als „Bus" bezeichnet): Alle Teilnehmer sind über Abzweigungen an ein gemeinsames Kabel angeschlossen. Jede Station kann mit jeder kommunizieren.

- **Baum**: Erweiterung der Linienstruktur durch „Äste", die an einen „Stamm" angebunden werden. So können große Netze realisiert werden, in die auch noch Teilnetze unterschiedlicher Topologien eingebunden werden können.

Ein Sonderfall ist der „binäre Baum". Er zeichnet sich durch einen Vorgänger und maximal zwei Nachfolger aus, wobei die Wurzel keinen Vorgänger hat. Vorgänger und Nachfolger sind hierbei wie oben angeführte Netzteilnehmer (Knoten bzw. Station) zu sehen.

☞ **Stern**: Jede Station ist an eine Zentralstation mittels eigener Schnittstelle angebunden.

☞ **Ring**: Jede Station besitzt zwei Schnittstellen zu den jeweiligen nächsten Nachbarn und ist über diese damit auch mit den anderen Teilnehmern verbunden. Alle Teilnehmer müssen ständig aktiv sein, damit die Nachrichten durchlaufen können.

A.6.5 Ausblick in die Zukunft

Der **M-Bus** (Meter-Bus) wurde ursprünglich speziell für Wärmezählerschnittstellen entwickelt. Mit der europäischen Normungstätigkeit wurde 1990 begonnen. Mittlerweile entstand aber die Europäische Norm EN 1434-3, die ihre Anwendung auf andere Zählerarten (Gas-, Wasser- und Elektrizitätszähler) ausdehnte. Weiters wird der M-Bus bereits als preiswerte Alternative für Regler, Sensoren, binäre I/O's und andere Netzwerkelemente eingesetzt.

Eigenschaften des M-Bus

a) einfacher Aufbau (2-Draht, verpolungssicher, Single-Chip-Lösung, TI-TSS721)
b) minimale Verkabelungs- und Installationskosten (Leitung unkritisch → Telefonkabel oder 1,5-mm²-Kabel)
c) beliebige Topologie (beliebige Verzweigungen, keine Kabelabschlüsse, eindeutige Adressierung, Nachinstallation und Zählerwechsel automatisierbar, unterscheidbare Hersteller bzw. Medien und Endgerätetypen)
d) Netzgröße unkritisch
e) integrierte Fernspeisung über den Bus möglich (Kommunikationsschnittstelle, Endgeräte und Sensoren)
f) alternative Speisekonzepte für Endgeräte (netzbetriebene und auch ferngespeiste Endgeräte mit Potentialtrennung, batteriegespeiste Endgeräte)
g) Baudrate flexibel an das Netz anpaßbar (300 Baud bis 38,4 kBaud)
h) für Batteriebetrieb geeignet
i) relativ störsicher (elektr. Signalpegel, Signal/Rauschabstand, EMV, ESD, EMI, Tests in Prüflabors bereits durchgeführt, Einzel-Zulassung aber konstruktionsabhängig)
j) relativ zerstörsicher (z.B. dauerkurzschlußfest)
k) anzapf- und abhörsicher durch Konstantstrom-Technik
l) optionelle Datenverschlüsselung und Zugangskontrolle
m) automatische Netz-Selbstdiagnose möglich

n) transparentes Kommunikationssystem (unabhängig von Übertragungsraten und Entfernungen, protokollunabhängig vom Kommunikationssystem)
o) Verbesserungen und Weiterentwicklungen[7]
p) alle Zählerdaten (auch komplexer Zähler) darstellbar
q) alle Werte mit Einheit und Darstellungsformat kodiert
r) flexible, variable Datenstruktur
s) standardisierte Datentypen
t) vielfältige Tarifstrukturen realisierbar
u) verfügbare Anwendungsprofile[8]
v) problemloser Betrieb auch bei Mehrfach-Dienstleistern
w) viele Systemkomponenten verfügbar (Pegel-Konverter, Schnittstellen-Wandler, Repeater, Impulszählgeräte, Zentralen, usw.)
x) Normung als Garant für Stabilität, Kompatibilität, Offenheit und Akzeptanz

Folgende Eigenschaften sind besonders hervorzuheben:

Physikalische Eigenschaften

Verkehrsabwicklung: Der Gemeinschaftsverkehr liegt dem M-Bus-Modell zu Grunde. Dabei ist ein einziger Master gleichzeitig in einem logisch abgeschlossenen M-Bus-Netzbereich zulässig. Nur der Master darf aktiv werden. Die angeschlossenen Slaves (Zähler, Sensoren, ...) sind passiv und melden sich nur, wenn sie vom Master dazu per eindeutiger Adresse aufgefordert werden. Die aktive Zentrale (PC) liefert die notwendige Energie für den Bus. Reicht die Energie für die Größe des Netzes nicht aus, muß die Topologie erweitert werden, Dies geschieht beispielsweise mittels Einbau von „Repeatern". Diese Geräte sind nicht nur einfache Pegelverstärker, sondern sie stellen die Form des ursprünglichen digitalen (Rechteck-) Signals wieder her.

Der Datenfluß erfolgt von einer **Zentrale zum Endgerät**, einem Zähler, Regler, Slave...

Die **Zentrale (PC...)** sendet die Bit-Information durch Änderung des Spannungspegels. An den Klemmen des Endgerätes (Slave) müssen die Pegel wie folgt sein (vgl. auch EN 1434-3 Anhang C, „Schnittstelle der Zentrale zum M-Bus" - Achtung! Liste von Anforderungen ist zu erfüllen !!):

☞ MARK: „H"... SPACE Spannung $+ \geq 10\ V$ (aber $\leq 42\ V$)
   MARK-Spannung = $(24\ V + R_c * I_{max})$ bis $42\ V$
☞ SPACE: „L"... $\geq 12\ V$
   SPACE-Spannung = MARK-Spannung minus ($\leq 12\ V$) ... vgl. Anhang C
   z.B. MARK Spannung = $42\ V$ minus $12\ V$ = $30\ V$ SPACE Spannung.
   Datengeschwindigkeit von 300 bis 9.600 Baud (38.400 Baud)

---

[7] Beispielsweise Industrie und Universität Paderborn, Angewandte Physik, AG Prof. Dr. *Ziegler*
[8] z.B. Fernwärme Wien/Wienstrom/Univ. Paderborn "Profil mit Schwerpunkt Netze", für Wärme-, Wasser- und Elektrizitätszähler, vgl. Internet: http://www.m-bus.com

- Schutz gegen Kurzschluß
- Schutz gegen EMC und ESD Störungen
- Stromversorgung für 1 ... N (250) M-Bus Lasteinheiten
- vgl. Schaltungsbeispiele „Pegelwandler für vor Ort Auslesung, für mittelgroße Lasten, für Maximallast", Anhang C, Bild C1,2,3.

Erfolgt die Kommunikation vom Endgerät zur Zentrale dann gilt: Der **Zähler (Slave, Regler...)** sendet seine Bit-Informationen durch **Stromimpulse**.

- MARK: „L"... **0 mA bis 1,5 mA**
  (1 Lasteinheit $UL = 1,5$ mA)
- SPACE: „H"... **(11 mA bis 20 mA)** + MARK Strom
- **Ruhezustand**...(Zentrale aktiv, aber es erfolgt <u>keine</u> Kommunikation):
  Zentraleinheit: (MARK) Spannungspegel „H"
  (Wärme-) Zähler: (MARK) Strompegel „L" → Langzeitstabilität siehe EN 1434-3, 4.1.1 (Zeit, Temperatur ...);

Galvanische Trennung

- M-Bus-Anschlüsse sind galvanisch gegen die Gehäuseerde zu isolieren
- weitere Anschlüsse (am Zähler) sind ebenfalls galvanisch gegen M-Bus Anschlüsse zu isolieren
- Isolationswiderstand mindestens 1 MΩ

Polarität der M-Bus Leitungen

- die M-Bus Leitungen sind vertauschbar

Elektrische Grenzwerte, Eigenschaften

- Spannungen ± 50 V ohne Zeitbegrenzung führen nicht zur Zerstörung der Schnittstelle
- Kurzschließen (ohne Zeitbegrenzung) der M-Bus Leitungen führt ebenfalls nicht zur Zerstörung der Schnittstelle

Kapazität der M-Bus Schnittstelle

- Eingangskapazität der Schnittstelle (inkl. aller Schutzelemente dabei berücksichtigt) höchstens 0,5 nF!

Übertragungsgeschwindigkeit

- **300** (600, 1200, 2400, 4800) ... **9600 Baud** (38400 Baud ...) → praktischer Einsatz: durchschnittlich 2400 Baud je nach Kabel-Topologie bzw. Kapazitätsbelag.

Startzeit nach Spannungsausfall auf dem M-Bus und notwendige Serienwiderstände

- Nach einem Spannungsausfall länger als 0,1 s muß die Erholungszeit kleiner als 3 s sein, vgl. EN 1434-3:1997, 4.1.8
- Um den Zusammenbruch der M-Bus Spannung im Fall eines Kurzschlusses zu vermeiden sind Serienwiderstände (215 +/- 5 Ohm) erforderlich, vgl. EN 1434-3:1997, 4.1.9;

Optische Schnittstelle

- Zweck: für die Auslesung vor Ort, "am Endgerät"
- physikalische Eigenschaften der opt. Schnittstelle werden nach EN 61107 definiert
- Kodierung Datensatz und Datensatz Kennziffer, spez. für Wärmezähler, siehe EN 1434-3:1997, ab 5.3 ff.
  Datensatz nach EN 61107:1992, Grafik, vgl. EN 1434-3:1997, 5.3.1, Beispiel, schematischer Aufbau der Datensatz-Kennziffer vgl. EN 1434-3:1997, 5.3.2;

Achtung: Einschränkungen und zusätzliche Erläuterungen betreffend der Verwendung des EN 61107 Protokolles siehe EN 1434-3:1997, Abschnitt 5 ff ! und Anhang E.3 „Werte für T - Werte - Herkunft".

Induktive Schnittstelle

- Zweck: für die Auslesung vor Ort, „am Endgerät"
- physikalische Eigenschaften der ind. Schnittstelle werden nach EN 1434-3:1997, 4.3 ff, inkl. Kenngrößen und Aufbau der induktiven Schnittstelle, definiert;

CL-Schnittstelle (CL ... "Current Loop")

- Art des Signales: 20 mA Stromschleife nach ISO/IEC 7498-1 mit galvanischer Trennung
- Stromversorgung: auf der Slave (Zähler, Regler) Seite muß die Schnittstelle passiv sein - das Auslesegerät (Zentrale) liefert den erforderlichen Strom;

Wärmezähler-Schnittstellen und Übersicht der Protokolle

nach EN 1434-3:1997, Abschnitt 3, siehe Tabelle A.6.3.

Weitere Hinweise und (Protokoll-) Beschreibung der ISO/OSI Anwendungsschicht 7 sind in folgenden Dokumenten zu finden:

- ☞ spez. für **Wärmezähler**: **ÖNORM EN 1434-3: 1997**
- ☞ spez. für die **Zentrale**: M-Bus User Club Dokumente, ab 4.7, (inkl. Verkehrsabwicklung, erweiterter VIF und DIF Tabellen etc.), in der jeweils neuest verfügbaren Version, via Internet: **http:// www.m-bus.com** abrufbar
- ☞ für **Wärme-, Wasser (kalt+warm)** sowie **Elektrizitätszähler** über die Standardisierungstätigkeit der CEN/TC 176 weit hinausgehend: Eine Anwender-Profilbeschreibung der Fernwärme Wien / Wienstrom / Universität Paderborn: **"Profil mit Schwerpunkt Netze"**, ist ebenfalls via Internet in der neuesten Version verfügbar (Achtung: besteht aus Einzeldokumenten):
- ☞ **Konstruktive Hinweise**, z.B.: (Überspannungsschutz, weitere Beschreibungen, aktuelle Arbeiten M-Bus betreffend der Arbeitsgruppe Prof.Ziegler, FB6, Uni Paderborn, Einsatz von Standardkabeln in div. Topologien usw.), ebenfallsvia: **http: // www.m-bus.com** abrufbar

Tabelle A.6.3: Wärmezählerschnittstellen und Übersicht der Protokolle

Hardware-Schnittstellentyp	Protokollnorm	Alternativprotokoll (nur mit Hinweisetikett am Endgerät)
Optisch	EN 61107:1992 Abschnitt 4 und 5	EN 60870-5-1 EN 60870-5-2 EN 60870-5-4
Induktiv	EN 60870-5-1 EN 60870-5-2 EN 60870-5-4	EN 61107:1992 Abschnitt 4 und 5
M-Bus	EN 60870-5-1 EN 60870-5-2 EN 60870-5-4	Keine Alternative
Stromschleife (CL) in EN 61107:1992	EN 61107:1992 Abschnitt 4 und 5	EN 60870-5-1 EN 60870-5-2 EN 60870-5-4

Netzwerkmanagement

Wie oben angeführt ist eine notwendige Netzwerweiterung/-änderung in Topologie oder Anzahl und Typ der Geräte leicht möglich. Die Diagnose des Netzes ist optional mittels spezieller Zentralen durchführbar. Hierbei wird auf eine bestimmte „M-Bus-Last" detektiert. Auch die Diagnose der kapazitiven Last und maximale Baudrate ist durch solche Zentralen bereits realisiert. Auf Wunsch kann eine automatische Identifizierung aller Endgeräte sehr einfach von der Zentrale aus gestartet werden.

Das Problem der Fehler-Lokalisation defekter Endgeräte ist durch Kurzschlußschutz und definierte M-Bus-Last integraler Bestandteil mancher Zentralen. Es kann damit von einem „fehlertoleranten" Busbetrieb gesprochen werden.

Das Netzwerk-Management wird bei größeren Systemen auf das Gesamtsystem angewandt, d.h. Zentralen, Daten-Konzentratoren, intelligente Repeater, etc. müssen in das Konzept mit einbezogen werden. Netzwerk-Management beinhaltet somit Funktionen für:

- Projektierung (Änderung- und Erweiterungsmanagement)
- Inbetriebnahme
- Überwachung
- Optimierung
- Diagnose

Wichtig ist, welcher Personenkreis das Netzwerk-Management benutzen darf. Daß dies nicht jeder in komplexen Netz-Strukturen uneingeschränkt machen darf, liegt in der Natur der Sache, weil eben Netzwerk-Management mit höchster Priorität und selten eingeschränkten Zugriffsrechten in der Praxis durchgeführt wird. Die Zugriffsrechte und unterschiedliche Änderungsmöglichkeiten sollten bereits vor der Errichtung der Anlage festgelegt werden und dann während des Betriebes vom verantwortlichen Systembetreuer flexibel angepaßt werden können. Zu diesem Personenkreis gehören insbesondere

- Anlagenplaner
- Inbetriebsetzer
- Verantwortlicher für Netz und Gesamtsystem (System-Manager)
- Wartungspersonal
- Diagnosespezialisten, Störungsdienst
- Datenbank-Administratoren

Weiters muß das Netzwerk-Management der Forderung leichter Erlernbarkeit und Bedienbarkeit genügen.

Netzwerk-Parameter müssen in größeren Systemen speziell verwaltet werden. Dazu sind spezielle backup/restore-Routinen erforderlich. Die Fernparametrierung, also das Laden von bestimmten Datensätzen von meist einer Zentrale aus, ist heute Bestandteil von komfortablen Systemen.

M-Bus, Wozu Standardisierung?

Die Standardisierung bzw. die Normung technischer Systeme ist ein Instrument der (europäischen) Wirtschaftspolitik. Sie soll sicherstellen, daß folgende Rahmenbedingungen letztendlich der Wirtschaft aber auch der Arbeitsplatzsicherung zugute kommen:

a) europaweit faire Bedingungen (einheitlicher Markenein- und -austritt und dadurch abschätzbare Risken für Unternehmen, Schutz gegen Verfälschungen, Innovation durch europaweit gleiche Bedingungen)
b) Verbraucherschutz (Schadensminimierung bzw. -ausschluß durch Einschränkung der Erzeugung, des Absatzes oder der technischen Entwicklung durch Übernahme von harmonisierten Bestimmungen in nationales, verbindliches Recht der EU-Mitgliedstaaten, Haftung und Sanktionen bei Nichtbefolgung)
c) Investitionsschutz (Kompatibilität, Portabilität, Interoperabilität, künftige Entwicklungen)
d) Umformung von (Handels-) Monopolen (Änderung der Preispolitik, Innovationsschub, neue Technologien)
e) Marktschutz (Schutz des EU-Binnenmarktes vor nicht normkonformen Produkten aus Drittländern)

Ein Standard legt bis zum breiten Industrieeinsatz einen längeren Weg zurück, der sich wie folgt darstellt:

- innovative Idee
- Das nationale Normungsinstitut bringt auf europäischer Ebene (CEN) einen neuen Arbeitsvorschlag ein
- Ein technisches Komitee (TC) von CEN übernimmt diesen Vorschlag zur Bearbeitung
- Bildung von Arbeitsgruppen (WG's)
- Ausarbeitung eines Vor-Entwurfes. Übersetzung in die Sprachen Deutsch, Englisch und Französisch
- Aussendung des Vor-Entwurfes an alle nationalen Normungsinstitute
- Abstimmung über diesen Vor-Entwurf
- Nach positiver Abstimmung entsteht der Schluß-Entwurf, gegebenenfalls Einarbeitung von Änderungen
- Abstimmung über diesen Schlußentwurf.
- Nach positiver Abstimmung Veröffentlichung der Norm
- Anwendung der Norm

Erst der Markt bestimmt letztendlich über die Lebensdauer einer solchen Norm. Wenn sie sich in der Anwendung bewährt, wird sie beibehalten, ansonsten geändert oder zurückgezogen.

Die Norm EN 1434-3:1997 befindet sich bereits im Stadium der Anwendung. Pilotprojekte, Hardware- und Softwaredesign, Entwicklung der Software, Festlegung der Testbedingungen, Entwicklung von Testsoftware, Produkte für den breiten Industrieeinsatz wurden von kompetenter Stelle bereits in die Realität umgesetzt. Zur Beurteilung der Frage nach der Stabilität einer Norm muß zwischen Grundnormen und Normprofilen unterschieden werden. Die EN 1434-3:1997 stellt die Grundnorm dar, der M-Bus-User-Club erstellte ergänzende Dokumente, anhand derer die Kommunikation von der Zentrale aus beschrieben wurde (M-bus a document). Ein Anwender-Profil, „Profil mit Schwerpunkt Netze", ergänzt die vorliegende Norm um die Typisierung von Dateninhalten.[9]

Den Reifegrad von Normen und Normentwürfen kann man an ihren Bezeichnungen dp (draft proposal), DIS (draft international standard) und IS (international standard) sowie auf europäischer Ebene prEN (project of european norm), EN (european norm) ablesen.

A.6.6 Alternative Datenübertragung

A.6.6.1 Funksysteme

Funksysteme haben den entscheidenden Vorteil gegenüber Festnetzen, daß die notwendige Infrastruktur leichter und kostengünstiger nachgerüstet werden kann, da bei der bestehenden Bausubstanz nur geringfügige Änderungen eforderlich sind. Großflächige Anwendung findet diese Art der Zähler-Datenübertragung nur in den angelsächsischen Ländern (UK und USA).

A.6.6.2 Änderungen in Funksystemen gegenüber leitungsgebundenen Systemen

Die Übetragung von Zählerdaten mittels Funksystemen erfordert insbesondere folgende Änderungen gegenüber leitungsgebundenen Übertragungssystemen:

- ☞ Anpassung der Netztopologie und des MAC (siehe Abschnitt A.6.1)
- ☞ Beachtung physikalischer Randbedingungen (Signal-Rausch-Abstand)
- ☞ Gewährleistung der Übertragungsqualität durch Verwendung einer höheren Integritätsklasse (FT.3 gemäß IEC 60870-5-1)

A.6.7 Übertragung von Zählerdaten - Ausblick in die Zukunft

M-Bus-Systeme finden derzeit eine erfolgreiche Anwendung in vielen Verteilnetzen. Auf internationaler Ebene (IEC und CEN bzw. CENELEC) wird an einem Modell zur Datenübertragung gearbeitet, das gestatten soll, viele unterschiedliche Übertragungssysteme in ein gesamtes Datennetz zusammenzuführen. Basis dafür ist die Normenreihe IEC 61334, deren bedeutendster Teil die Strukturierung der Anwendungsschicht darstellt. Das Werkzeug dazu ist DLMS (Distribution Line Message Specification), das eine nahtlose Einfügung von M-Bus-Systemen in komplexere Übertragungsstrukturen ermöglichen soll.

---

[9] vergleiche: Internet: http://www.m-bus.com

Index

Im folgenden Index sind die Stichworte Wärmezähler und Heizkostenverteiler nicht berücksichtigt

A

Abgriffsysteme	7-15
Abkühlung des Wärmeträgers	2-14
Ableseskala	12-9
Abrechnungssystem	11-4
Absoluter Nullpunkt	6-4
Analoge Signale	A-52
Änderung des Grundwiderstandes	7-11
Anergie	1-2
Anlaufbereich	5-22
Anlaufgeschwindigkeit	5-26
Anlegefühler	6-56
Ansprechgeschwindigkeit	5-15;6-7
Ansprechzeit	6-26
Anthropogener Treibhauseffekt	1-23
Anwendungsschicht	A-50
Anzeigegenauigkeit	12-11
Arbeit	1-5
Arbeitsnormale	8-25
Arithmetisch gemittelte Übertemperatur	2-16
ASCII	A-51
Asynchrone Synchronisation	A-52
Aufschriften	7-33
Ausgangsgröße	9-4
Außentemperaturverteilung	11-3

B

Basis-Flüssigkeitstemperatur	12-9
Basisheizkörper	12-8
Basiszustand	12-8
Bauartzulassung	7-34
Baud-Rate	A-53
Beeinflußbarkeit	12-44
Befestigungsort	12-38
Befragungseinheit	11-18
Beimischung	6-29;10-2
Bernoulli-Gleichung	5-3;5-52
Berührungsthermometer	6-9
Betriebsdruck	5-24
Beweglichkeit	6-11
Bewertungsfaktor K_A	12-8
Bewertungsfaktor K_C	12-8;12-21
Bewertungsfaktor K_Q	12-8;12-20
Bewertungsfaktor K_T	12-8;12-23
Bezugsnormale	8-25
Bindungsenergie	1-4
Biomasse	1-10;1-18
Bit-Rate	A-53
Blasius-Beziehung	5-9
Blenden	5-54;10-7
Boltzmannkonstante	1-3
Bremsendes Drehmoment	5-23

C

c-Wert	12-2
Carnotscher Wirkungsgrad	1-8
Celsius	6-1
CIPM	6-2
CL-Schnittstelle	A-62
Clausius-Clapeyronsche Gleichung	12-4
CO_2-Emissionen	1-18
CO_2-Konzentration	1-21
Coanda-Effekt	5-30
Codeset	A-51
Corioliskraft	5-58
Coriolisverfahren	5-21

D

Dampfförmige Phase	2-4
Dampfkraftwerk	1-12
Dampfnetze	1-33
Darstellungsschicht	A-50
Datenaustausch	7-34
Datensicherung	A-57
Dehnungsmeßstreifen-Wägezelle	8-12
Deponiegas	1-10
Deutsche Normdüse	5-54
Dichte	3-5
Dichtefunktion	9-7
Differenzverfahren	2-1
Diffusionskoeffizient	12-3
Diffusor	5-5
Digitale Meßwertverarbeitung	7-13
Digitale Signale	A-52
DIN-EN 60751	6-8
DIN 43 760	6-8
DIN 4701	10-5
Distickstoffoxid	1-22
Doppler-Effekt	5-42
Drehimpulsübertragung	5-21
Drehkolbenzähler	5-21
Drehwinkel	5-59
Dreieckverteilung	9-11
Dreifühlergeräte	12-1;12-10
Dreileiternetz	1-33
Drosselgeräte	5-55
Drosselzustand eines Heizkörpers	2-18

Druckeinfluß (auf k)	3-6
Druckenergie	5-4
Drucksonden	5-51
Druckverlust	5-11;5-56
Durchflußsensor	3-1
Durchströmung eines Heizkörpers	2-24
Düsen	5-54;10-7
Dynamischer Differenzfehler	6-32
Dynamischer Druck	5-4
Dynamischer Meßfehler	6-25;6-31

E

EAL-R2	9-1
EBCDIC	A-51
Effektiver Freiheitsgrad	9-13
Eichen	4-10
Eichfehlergrenze	5-13;7-28
Eichgültigkeitsdauer	7-27
Eigenversorgung	1-32
Einbau-Differenzfehler	6-55;7-26
Einbaufehler	6-38
Einbausituationen von Temperaturfühlern	6-36
Einfühlergeräte	12-1;12-10
Eingangsgröße	9-4
Einheitsskalen	12-27
Einleiternetz	1-33
Einrohrsystem	1-37;10-4
Einstellvorgang	6-7
Einstrahlzahlen	1-30
Einstrahlzähler	5-22;10-20
Einzelprüfung	9-25
Elektrische Heizungen	1-32
Elektromagnetische Energie	1-4
Emissionsverhältnis	1-29;2-11
Empfindlichkeit	5-14;6-5
Empfindlichkeitskoeffizienten	9-4
Empirische Varianz	9-2
EN 1434	4-1;7-31
EN 834	12-43
EN 835	12-34
Endenergie	1-9;11-1
Energiebericht	11-1
Energiedichte	1-12
Energiedienstleistung	1-9
Energieeinheiten	1-13
Energiefluß	1-10
Energiesatz	2-2
Energietemperatur	6-34
Energieträger	1-10
Energieumwandlung	1-2
Energieverluste von Gebäuden	11-2
Energieversorgung	3-1
Enthalpie	1-6;2-3
Enthalpieverhältnisse in einem Rohrstück	6-33
Entropiesatz	1-2
Erdgas	1-10
Erhaltungssatz der Energie	1-2
Ersatzschaltbild eines Widerstandsthermometers	6-14
Ersteichung	7-36
Erster Hauptsatz der Thermodynamik	1-2
Erweiterte Informationspflicht	A-56
Erweiterte Meßunsicherheit	9-13
Erzwungene Konvektion	1-26;2-25
Exemplarfehler	12-12
Exergie	1-2
Exergieverlust	1-3

F

Fehlergrenzen	4-5
Fehlergrenzen (MID)	A-46
Fehlerkurve des Mehrstrahlzählers	5-23
Fehlerkurve eines MID	8-4
Fernwärmeversorgung	1-32
Fernwirktechnik	A-54
Flachkollektoren	1-10
Flügelabtastung	5-29
Flügelradzähler	5-21
Fluide	5-1
Flüssigkeitsdampf	12-4
Flüssigkeitsthermostat	8-23
Fortpflanzungsgeschwindigkeit	5-35
Fortpflanzungsgesetz für zufällige Meßabweichungen	9-3
Fossile Energieträger	1-14
Freie Konvektion	1-27;2-25
Frequenzverschiebung	5-42
Frostschutzmittel	A-7
Frequenzverschiebung durch Streuung	5-35
Fühlerzeitkonstante	6-27
Full-Duplex	A-52
Funksysteme	A-66
Fusion	1-5

G

Gasthermometer	6-2
Gaußsche Methode der kleinsten Quadrate	8-19
Gebrauchsenergie	1-9
Gebrauchsnormale	8-25
Gemisch Wasser-Äthylenglykol	3-10
Gemittelte Geschwindigkeit	5-10

Index

Genauigkeit	6-8
Genauigkeitsklasse A	6-8
Genauigkeitsklasse B	6-8
Genauigkeitsklassen	4-5;5-17
Genauigkeitsklassen	A-46
Geometriebedingter Fehler	6-35
Geschwindigkeitsgrenzschicht	1-26
Geschwindigkeitsprofile	5-8
Gezeiten	1-10
Grashofzahl	1-27
Grauer Körper	1-28
Grenzschicht	2-8
Grenzschichtausbildung	5-27
Grenzschichtkonzept	1-25;5-2
Größenangaben	1-14
Grundwert	6-9
Grundwiderstand	4-5
	4-5

H

Hagen-Poisseuillesches Gesetz	5-8
Half-Duplex	A-52
Hamming-Abstand	A-54
Handshake-Signale	A-52
Häufigkeitsverteilung	12-13
Häufigkeitsverteilung Durchfluß	10-11;10-13
Häufigkeitsverteilung Temperaturdifferenz	10-12;10-13
Häufigkeitsverteilung Wärmeleistung	10-12;10-14
Heißdampfquellen	1-10
Heißleiter	6-15
Heißwasserzähler	4-5
Heizbeginn	11-19
Heizgradtage	1-34
Heizkörperanschlüsse	2-22
Heizkörperexponent	2-27
Heizkörperleistung	2-23
Heizkörperverkleidungen	2-25
Heizkreislauf	2-1
Heizmittelstrom	2-19
Heizperiode	2-26
Heizverhalten	11-19
Hexalin	12-3
Hierarchieschema	8-26
Hochfrequenzkopplung	7-16
Holz	1-10
Horizontale Verteilung	1-35
Hubkolbenzähler	5-21
Hydraulische Störquellen	10-18

I

Ideale Fluide	5-2
Ideale Wärmekraftmaschine	1-7
Induktionsgesetz	5-44

Induktive Schnittstelle	A-62
Interdigitalwandler	5-39
Interferenzbedingung	5-40
Internationale Praktische Temperaturskala ITS 90	6-3
Interoperable Systeme	A-48
ISO-OSI-Referenzmodell	A-48

J

Jahresmeßfehler	12-16

K

Kalibrieren	4-11
Kaltverdunstung	12-6;12-37
Kàrmànsche Wirbelstraße	5-32
Kernenergie	1-5
Kinetische Energie	1-3
Kleinwärmezähler	7-15
Klimastatistik	12-23
Kognitive Dissonanz	11-24
Kohle	1-10
Kombinierte Varianz	9-4
Kombinierte Verteilungsfunktion	9-12
Kombinierte Wärmezähler	4-7
Komfortansprüche	1-1
Komfortreduzierung	11-2
Kommunikation	A-51
Kommunikationsschicht	A-50
Kondensat	10-7
Kondensationsenthalpie	2-6
Konformitätsbewertung	A-47
Kontaktwiderstand	6-49;7-18; 9-24
Kontinuitätsgleichung	5-2
Konvektion	1-25;2-8
Konvektive Übertemperatur	2-13
Konventioneller Wägewert	8-15
Kopfthermometer	6-12
Korrelationskoeffizient	9-14
Kovarianz	9-14
Kraftkompensations-Prinzip	8-13
Kreisprozeß	1-7
Kritische Reynoldszahl	5-7
Kritischer Zustand	2-5

L

Ladungsträger	6-11
Lagerreibung	5-23
Lambda-Locked-Loop-Verfahren	5-41
Laminare Strömung	5-6
Längeneinfluß	6-42
Lang-Radius-Düse	5-54
Langzeittest	7-30
Laser-Doppler-Velozimetrie	5-61

Laserlicht	5-60	Minothermanschluß	2-22
Latente Wärme	12-4	Mittiger Vierwegeanschluß	2-22
Laufzeitdifferenzmessung	5-37	Montageort	12-45
Laufzeitmessung	5-36	Müll	1-10
Laufzeitverfahren	5-35	Multivalente Energiesysteme	1-32
Leistungseinheiten	1-13		
Leistungsgleichung für den Modellheizkörper	2-17	**N**	
		Nacheichung	7-36
Leistungstemperatur	12-14	Näherung für die Dichte	3-8
Leitungswiderstand	6-14	Näherung für die spezifische Enthalpie	3-8
Leitungswiderstände	7-22		
Linearisierung von Thermistoren	6-17	Naßdampfgebiet	2-5
LLC	A-50	Nennbetriebsbedingungen	A-46
Logarithmische Temperaturskala	6-4	Nenndruck	4-3;5-12
Logarithmische Übertemperatur	2-16;12-1	Nenndurchfluß	4-2;5-12
Luft im Wärmeträger	10-27	Nenntemperatur	4-3
Luft in Heizkörperkanälen	2-23	Nenntemperaturdifferenz	4-3
Lufteinschluß	6-44	Netzwerk	A-51
Lüftungsanteil	12-13	Netzwerkmanagement	A-63
		Netzwerkschicht	A-49
M		Newtonsches Schubspannungsgesetz	5-6
M-Bus	A-59		
Magnetfeld	5-44	Nichtummantelte Thermoelemente	6-20
Magnetisch-induktive Durchflußmessung	5-45		
		Nickelfühler	7-5
Magnetisch-induktive Zähler	5-21;10-23	Normalthermometer	8-18;9-24
Mantelthermoelemente	6-20	Normalverbraucher	11-10
Massendurchfluß, Massenstrom	5-2;2-14;3-1	Normalverteilung	9-7
Maßverkörperung	4-10;8-29	Normanschluß	2-22
Masterzähler	8-6	Normheizmittelstrom	2-18
Maximale Temperaturdifferenz	4-3	Normventuridüse	5-55
Maximaler Durchfluß	4-2;5-12	Nußeltzahl	1-26
Meeresströmungen	1-10	Nutzenergie	1-9;1-11
Meereswellen	1-10	Nutzerverhalten	11-8;11-11
Mehrfühlergeräte	12-10	Nutzsignal	5-44
Mehrstrahlzähler	5-22;10-19		
Meßbereich	4-2;5-11	**O**	
Messen	4-9	Oberflächen-Temperaturprofil	2-7
Meßfehler	5-13	Oberflächenabhängiger c-Wert	12-3
Meßgerät (Definition)	4-1	Oberflächenmethode	2-2
Meßsystem	9-24	Offene Systeme	A-48
Meßunsicherheit	8-18	Öl	1-10
Meßwiderstände für Widerstandsthermometer	6-12	Öleinheit	1-13
		ÖNORM M 7500	10-5
Metall-Widerstandsthermometer	4-5	Optische Schnittstelle	A-62
Methan	1-10;1-19; 1-22	Örtliche Übertemperatur	2-14
		Ovalradzähler	5-21
Methylbenzoat	12-3		
Metrologische Klassen	5-30	**P**	
MID mit geschaltetem Gleichfeld	5-49	Paarungsfehler	6-23;9-23; 9-25
MID mit Wechselfeld	5-48		
Mikrocontroller	7-14	Parallele Übertragung	A-52
Mindestdurchfluß	4-2;5-12	Paritätskontrolle	A-55
Mindesttemperaturdifferenz	4-3	Paritätssicherung	A-55

Index

Pauschalverrechnung	11-15	Schnittstellen	7-34;A-48
Peer to peer-Protokoll	A-49	Schwarzer Körper	1-4;1-28
Permanenter Durchfluß	5-12	Schwerkraft	1-4
Petajoule	1-12	Schwingstrahlzähler	5-21
Phasenübergang	2-5	Seitlicher Vierwegeanschluß	2-22
Phononen	6-13	Sekundärenergie	1-9
Physikalische Architektur	A-58	Sekundärnetz	1-36
Plancksches Strahlungsgesetz	1-28	Separierbare Widerstandsthermometer	9-27
Platin-Widerstandsthermometer	3-1;6-10	Serielle Datenübertragung	A-52
Plattenheizkörper	2-7	Sicherungsschicht	A-49
Plutonium	1-10	Silizium-Temperatursensoren	6-17
Potentielle Energie	1-4	Simplex	A-52
Potenzgesetz	2-26;12-24	Simulationswiderstände	8-20;9-26
Prandtlzahl	1-27;2-9	Solarkollektoren	1-16
Primär-Weltenergiebedarf	1-13	Solarzellen	1-10
Primärenergie	1-9	Sonnenenergie	1-16
Primärenergiebedarf	11-1	Sparer	11-10
Primärnetz	1-35	Spezifische Enthalpie	3-5
Profilparameter d	2-19	Spezifische Wärme	1-5;2-3
Prüfbäder	9-24	Spezifische Wärme der Luft	12-13
Prüfeinrichtung für Durchflußsensoren	8-22	Spezifischer elektrischer Widerstand	6-12
Prüfen	4-9	Spezifischer Wärmewert	12-29
Prüfprotokoll eines Rechenwerkes	8-8	Spreizung	2-4
		Sprungantwort	6-7
Q		Spurengase	1-22
Qualitatives Prüfen	4-10	Stabilität	5-17;6-9
Quantitatives Prüfen	4-10	Standardfühler	6-50
Quarzthermometer	6-18	Standardverteilung	12-15
		Statischer Druck	5-4
R		Staudruckzähler	5-21
Reale Fluide	5-3	Stefan-Boltzmannsches Strahlungsgesetz	1-29
Rechenwerk	3-2	Steigstränge	1-36
Rechteckverteilung	9-11	Steigungseinfluß	7-8
Regenerative Energieträger	1-23	Steinkohleneinheit	1-13
Relative Meßfehler	8-2	Störgrößen	A-46
Restwiderstand	6-13	Strahlungsaustausch	1-30
Resultierende Reynoldszahl	2-25	Strahlungskonstante	1-29;2-12
Resultierendes Emissionsverhältnis	2-11	Strahlungsleistung	1-4
Reynoldszahl	1-27;5-7	Strahlungsthermometer	6-9
Richtungsänderung (Abberation)	5-35	Strömungsgleichrichter	8-5
Ringkolbenzähler	5-21	Strouhalzahl	5-33
Rückströmung	5-33	Studentfaktor	9-8
Rückverfolgbarkeit	8-24	Studentverteilung	9-8
		Symmetriegrad	6-31
S		Synchrones Verfahren	A-52
Saitenwägezellen	8-14	Systematische Fehler bei der Produktbildung	7-2
Sättigungsdampfdruck	12-4		
Sättigungszustand	2-6	**T**	
Schallgeschwindigkeit	5-35	Tastrate	7-23
Schätzwerte	9-4	Tastungsfehler	7-24
Schleichmengen	8-6		

Technische Kompetenz	8-27	**V**	
Temperatur	1-3;5-18	Varianz	9-2
Temperatur-Einsatzgrenze	12-38	Venturidüse	5-54
Temperaturbereich	4-4	Venturirohr	10-7
Temperaturfixpunkte	6-4	Verbindungsschicht	A-49
Temperaturfühlerpaar	3-2	Verbrauchsskala	12-27
Temperaturgefälle	1-24	Verdunstungscharakteristik	12-7
Temperaturgradient	2-14	Verkehrsfehlergrenzen	5-17;7-28
Temperaturgrenzschicht	1-26	Verschlüsselung	A-57
Temperaturkoeffizient	4-5;9-27	Verschwender	11-10
Temperaturleitzahl	1-27	Verteilungsfunktion	9-6
Temperaturmeßeinrichtung	3-1;4-4	Vierleiternetz	1-33
Temperaturprofil	2-13	Vierwegeventil	2-22
Tetralin	12-3	Viskosität	5-18;5-28
Thermische Dämmung	11-2	Vollaststundenzahl	1-34
Thermische Kopplung	6-45	Vollhalogenierte Kohlenwasserstoffe	1-22
Thermische Verfahren	5-21		
Thermisches Ersatzschaltbild	6-45	Vollständige Wärmezähler	3-2;9-29
Thermistoren	6-15	Volumendurchfluß	3-1;5-2
Thermodynamische Temperaturskala	6-3	Volumenmeßteil	4-4
		Vortex-Prinzip	5-21
Thermodynamischer Wirkungsgrad	1-8	Vorzugstemperaturen	11-20
Thermoelektrische Spannungsreihe	6-19	**W**	
		Wägung	8-11
Thermokraft	6-18	Wahrscheinlichkeitsverteilung	9-7
Thermopaare	6-21	Wärmeableitfehler	9-24
Thermospannung	6-18	Wärmeableitwiderstand	6-47
Transfernormale	8-25	Wärmeaustauscher	10-1
Transmissionsanteil	12-13	Wärmediebstahl	1-39
Transportschicht	A-49	Wärmedurchgang	1-31
Trenngrenze	4-3;5-12	Wärmedurchgang durch Rohrwand	6-56
Trommelzähler	5-21;10-7		
Turbinenzählerprinzip	5-13	Wärmedurchgangswiderstand	6-47
Turbulente Strömung	5-6	Wärmedurchgangszahl	1-31;3-3;11-8
Typ A	9-2	Wärmekoeffizient	2-4;3-6; 8-10;9-27
Typ B	9-2		
		Wärmekoeffizienten für Antifrogen L16	A-20;A-21
Ü			
Übergangsdurchfluß	4-3;5-12	Wärmekoeffizienten für Antifrogen L25	A-22;A-23
Überhitzter Dampf	2-6		
Überhöhung	5-24;5-27	Wärmekoeffizienten für Antifrogen L38	A-24;A-25
Übertemperatur	2-15		
Übertemperatur am Heizkörper	12-14	Wärmekoeffizienten für Antifrogen L47	A-26;A-27
Übertragungsfehler	A-56		
Ultraschallabtastung	7-16	Wärmekoeffizienten für Antifrogen N 20	A-28;A-29
Ultraschallmessung	5-10		
Ultraschallwandler	5-38	Wärmekoeffizienten für Antifrogen N 34	A-30;A-31
Ultraschallzähler	5-21;10-23		
Umfangsgeschwindigkeit	5-26	Wärmekoeffizienten für Antifrogen N 44	A-32;A-33
Unsicherheiten der Weitergabe	8-29		
Unsymmetriefehler	7-23	Wärmekoeffizienten für Antifrogen N 52	A-34;A-35
Unterstation	A-53		
Uran	1-10		

Wärmekoeffizienten für Norcorsin 10	A8;A-9	Wertigkeit	5-45
Wärmekoeffizienten für Norcorsin 20	A-10;A-11	Wertigkeitsfunktion	5-46
		Wertigkeitsvektor	5-46
		Windkraft	1-17
Wärmekoeffizienten für Norcorsin 30	A-12;A-13	Wirbelablösung	5-31
		Wirbelfrequenz	5-33
Wärmekoeffizienten für Norcorsin 40	A-14;A-15	Wirbelzähler	5-21;5-34
		Wirkdruckverfahren	10-7
Wärmekoeffizienten für Norcorsin 50	A-16;A-17	Wirkdruckzähler	5-21
Wärmekoeffizienten für Norcorsin 60	A-18;A-19	Wirkungsgrad der Energieumwandlung	1-11
Wärmekoeffizienten für PKL 300	A-38;A-39	Wohnobjekt Arsenal	10-8
Wärmekoeffizienten für PKL 90	A-36;A-37	Wohnungslage	11-13
Wärmekoeffizienten für Wasser	A-5;A6	Wohnungswärmemessung	3-3
Wärmeleistung	4-2;9-4	Wohnungswärmezähler	10-8
Wärmeleistung der Heizfläche	11-16	Woltmanzähler	5-21
Wärmeleitbrücke	3-3	Woltmanzähler WP	5-24;10-22
Wärmeleitwiderstand	1-25	Woltmanzähler WS	5-24;10-21
Wärmeleitzahl	1-24		
Wärmepumpe	1-10	**Z**	
Wärmeschutzgruppen	11-12	Zählbeginn	12-44
Wärmestrom	1-24;11-7	Zählbeginntemperatur	12-43
Wärmeübergang	1-30	Zählen	4-10
Wärmeübergangswiderstand	6-46	Zählwerk	5-28
Wärmeübergangszahl	1-26;2-9;2-15	Zeitkonstante	6-7;6-26
Wärmeübertragungsvorgänge	1-1	Zeitverhalten	6-26
Wärmeverlust eines Gebäudes	11-6	Zentraler Grenzwertsatz	9-12
Wärmeversorgung	1-1;11-1	Zentralstation	A-53
Wärmezähler-Schnittstelle	A-63	Zuleitungswiderstände	7-22;9-24
Warmwasser-Zentralheizung	1-32	Zweifühlergeräte	12-1;12-10
Warmwassernetze	1-33	Zweileiternetz	1-33
Warmwasserzähler	4-5	Zweirohrsystem	10-4
Wasserdampf	1-20	Zweiter Hauptsatz der Thermodynamik	1-7
Wasserstoff	1-10		
Wasserstoffthermometer	6-2	Zylindrische Ampulle	12-4
Wattjahr	1-13		

Inserentenverzeichnis

**ABB Industrie &
Gebäudesysteme GmbH**
Messtechnik
Wienerbergstr. 11 B
A-1810 Wien
Tel. +43-1 / 60109-4960 .... A 7, nach S. 7-22

Allmess Schlumberger GmbH
Am Voßberg 11
D-23758 Oldenburg i. H.
Tel. 04361 / 625-0
Fax 04361 / 626-250 VI

AQUAMETRO AG
Ringstr. 75
CH-4106 Therwil
Tel. +41-61 / 7251122
Fax +41-61 / 7251595
Internet: http://www.aquametro.ch .... A 4, nach S. 6-2

Bernina Electronic Austria GmbH
Karl Lothringer Str. 8
A-1210 Wien
Tel. +43-1 / 2926210
Fax +43-1 / 2926210/20
E-mail: bernina-electronic@netway.at
Internet: http://www.metrix.ch .... A 8, nach S. 7-22

Brunata a/s
Vibevej 26
DK-2400 Kopenhagen NV
Tel. +45-38 / 344044
Fax +45-38 / 332957
E-mail: brunata@brunata.dk
Internet: http://www.brunata.com .... A 6, nach S. 6-46

**Engelmann
Feinwerktechnik-Elektronik GmbH**
Rudolf-Diesel-Str. 24-28
D-69168 Wiesloch
Tel. 06222 / 9800-0
Fax 06222 / 9800-90
e-mail: engelmann@heidelberg.she.de .... A 5, nach S. 6-46